Matemáticas 1

BACHILLERATO edebé 4-5

CÓMO ES ESTE LIBRO 6-7

UD 0. HERRAMIENTAS MATEMÁTICAS 8-19
1. Números racionales 10
2. Errores y notación científica 11
3. Álgebra 12
4. Geometría 13
5. Estadística y técnicas de recuento 15

BLOQUE 1. Aritmética y álgebra págs. 20-21

UD 1. NÚMEROS REALES 22-45
1. El conjunto de los números reales 24
2. Radicales 32
3. Logaritmos 35

ZONA

UD 2. POLINOMIOS Y FRACCIONES ALGEBRAICAS 46-65
1. Polinomios 48
2. Factorización de polinomios 51
3. Fracciones algebraicas 54

ZONA

UD 3. ECUACIONES, SISTEMAS E INECUACIONES 66-93
1. Ecuaciones 68
2. Sistemas de ecuaciones 73
3. Inecuaciones 77
4. Sistemas de inecuaciones 81

ZONA

MATEMÁTICAS Y LAS TIC 94-95

BLOQUE 2. Geometría págs. 96-97

UD 4. TRIGONOMETRÍA 98-123
1. Ángulos y medidas 100
2. Razones trigonométricas de un ángulo agudo . . 102
3. Razones trigonométricas de un ángulo cualquiera 104
4. Razones trigonométricas de operaciones con ángulos 108
5. Transformación de sumas en productos 111
6. Ecuaciones trigonométricas y sistemas 112

ZONA

UD 5. RESOLUCIÓN DE TRIÁNGULOS 124-141
1. Resolución de triángulos rectángulos 126
2. Teoremas del seno y del coseno 129

ZONA

UD 6. NÚMEROS COMPLEJOS 142-163
1. Número complejo 144
2. Operaciones en forma binómica 145
3. Representación gráfica 147
4. Forma polar de un número complejo 150
5. Ecuaciones con soluciones complejas 153

ZONA

UD 7. VECTORES 164-183
1. Vectores 166
2. Operaciones con vectores 168
3. Combinación lineal de vectores 169
4. Bases de V_2 170
5. Operaciones con componentes 171
6. Producto escalar de dos vectores 172
7. Coordenadas de un punto en el plano 174

ZONA

UD 8. ELEMENTOS DEL PLANO 184-207
1. Ecuaciones de la recta.................... 186
2. Posición relativa de dos rectas.............. 190
3. Distancias 194
4. Lugares geométricos 196

ZONA +

UD 9. CÓNICAS 208-231
1. Cónicas.............................. 210
2. Circunferencia......................... 210
3. Elipse 215
4. Hipérbola 218
5. Parábola 221

ZONA +

MATEMÁTICAS Y LAS TIC................ 232-233

BLOQUE 3. Análisis págs. 234-235

UD 10. FUNCIONES DE VARIABLE REAL 236-261
1. Concepto de función 238
2. Operaciones con funciones 240
3. Transformación de funciones 243
4. Características de una función 244
5. Tipos de funciones....................... 246
6. Interpolación y extrapolación 250

ZONA +

UD 11. SUCESIONES Y LÍMITES.............. 262-285
1. Sucesiones 264
2. Sucesiones en la matemática financiera....... 267
3. Límite de funciones...................... 269
4. Cálculo de límites 271
5. Límites y asíntotas 274
6. Continuidad de funciones 275

ZONA +

UD 12. DERIVADAS 286-309
1. Tasa de variación........................ 288
2. Derivada de una función 289
3. Cálculo de derivadas 292
4. Aplicación de las derivadas 295

ZONA +

MATEMÁTICAS Y LAS TIC................ 310-311

BLOQUE 4. Estadística y probabilidad págs. 312-313

UD 13. ESTADÍSTICA BIDIMENSIONAL 314-335
1. Variable estadística bidimensional 316
2. Relación entre variables estadísticas: correlación 318
3. Regresión lineal......................... 322

ZONA +

UD 14. PROBABILIDAD 336-355
1. Experimentos aleatorios................... 338
2. Sucesos 338
3. Probabilidad 340
4. Probabilidad condicionada................. 343

ZONA +

MATEMÁTICAS Y LAS TIC................ 356-357

BACHILLERATO edebé

COMPROMISO CON LOS VALORES PROPIOS DEL BACHILLERATO

RIGOR Y ACTUALIZACIÓN CIENTÍFICA

— Uso preciso y eficaz del conocimiento científico.

— Actualización y contextualización del conocimiento.

CULTURA DEL ESFUERZO

— Trabajo eficiente mediante actividades, problemas... que exigen una actitud proactiva por parte del alumnado.

CURIOSIDAD INTELECTUAL

— **Aprendizaje 360º:** el conocimiento más allá del aula.

— Descubrimiento del gusto por saber.

AUTONOMÍA Y RESPONSABILIDAD

— Capacidad para gestionar el propio aprendizaje por medio de retos abordables.

SEIS HABILIDADES PARA UNA SOCIEDAD GLOBAL

COOPERACIÓN

— Propuestas para un trabajo cooperativo.

— **PBL** (*Problem-based learning* / Aprendizaje basado en problemas).

COMPROMISO CON VALORES

— Compromiso ético para convivir en una sociedad cambiante, para crecer como persona...

PENSAMIENTO CRÍTICO

— Actividades de razonamiento y filtros científicos para hacer frente a la toxicidad de la información.

CREATIVIDAD

— Actitud creativa y superación de retos.

— Actitudes abiertas y flexibles para abordar retos aportando soluciones nuevas y creativas.

COMUNICACIÓN

— Gestión de la información y la comunicación de manera efectiva.

— Las TIC como herramienta de comunicación y fuente de aprendizaje.

INICIATIVA

— Toma de decisiones e iniciativa emprendedora mediante actividades y proyectos para la creación de miniempresas.

edebé On
proyecto global interactivo

LIBRO DIGITAL INTERACTIVO

Incluye los recursos digitales necesarios (simuladores, presentaciones y problemas interactivos) para que el profesorado gestione de forma eficaz el aprendizaje en el aula digital

SIMULADORES

Reproducción interactiva de procedimientos y demostraciones matemáticas.

PRESENTACIONES

Presentación multimedia de contenidos.

PROBLEMAS INTERACTIVOS

Propuesta de problemas de resolución guiada.

BIBLIOTECA DE RECURSOS DIGITALES

Un espacio fácilmente accesible donde encontrar recursos para consultar, descubrir y explorar el conocimiento.

Disponible en **tu espacio personal:** www.edebe.com

Multidispositivo

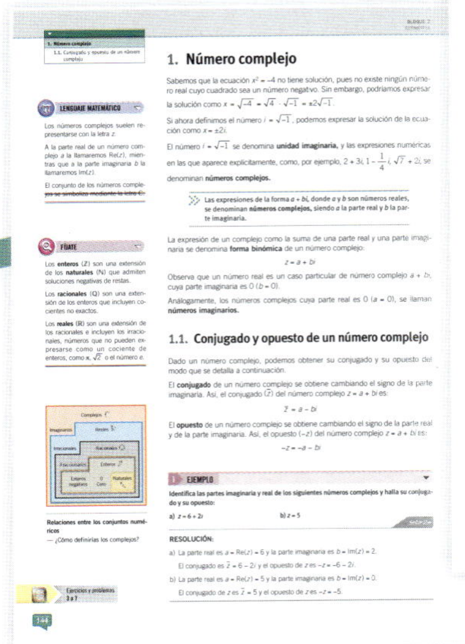

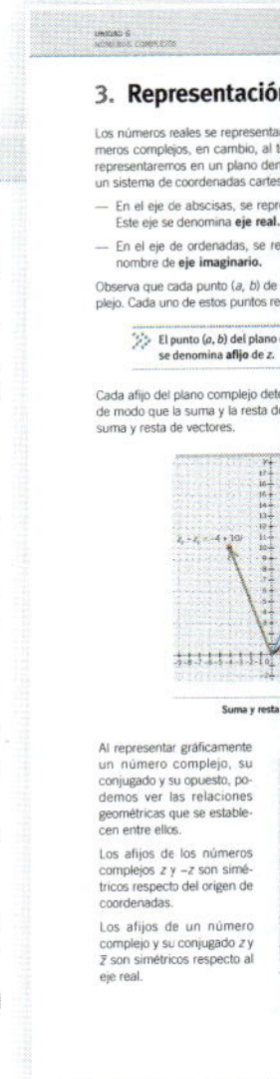

Los contenidos de la unidad se sitúan en **contextos reales** y **funcionales.**

edebé On

proyecto global interactivo

- Contacto con la **actualidad matemática y científica** que amplía los horizontes del conocimiento.
- **PBL** (*Problem-based learning* / aprendizaje basado en problemas):
  - Investigación
  - Creatividad
  - Cooperación / colaboración
  - Comunicación

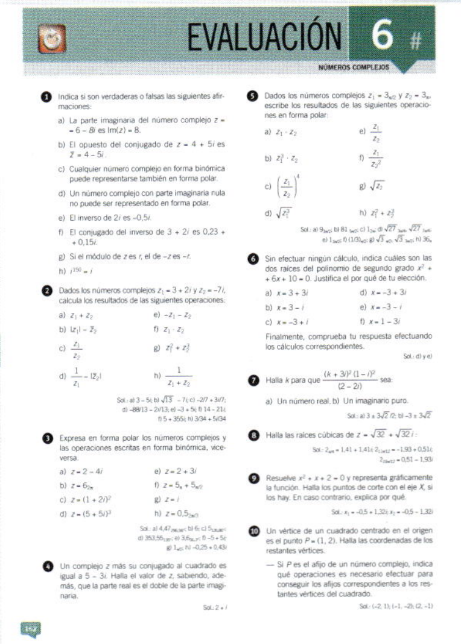

Evaluación: cuestiones y problemas para activar el razonamiento, el pensamiento crítico, la relación entre contenidos...

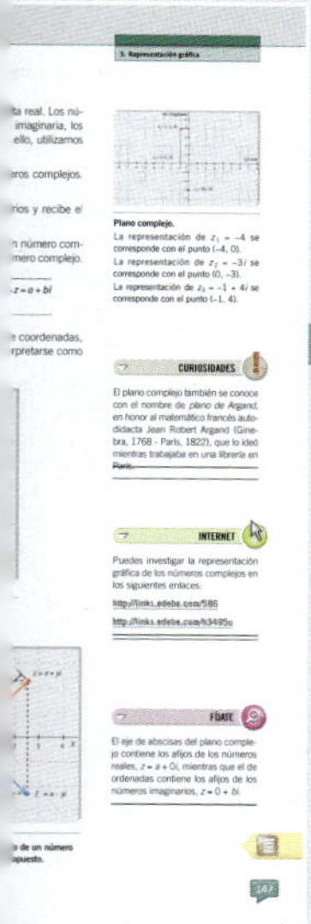

Exposición de **contenidos:**

- Rigor, orden y actualización matemática.
- **Apertura al mundo:** propuestas para aprender y ampliar fuera del aula.
- **Apoyo multimedia:** (simuladores, presentaciones, problemas interactivos).
- Uso de las TIC como apoyo al aprendizaje de los contenidos del bloque.

Aprendizaje modelado, con problemas resueltos.

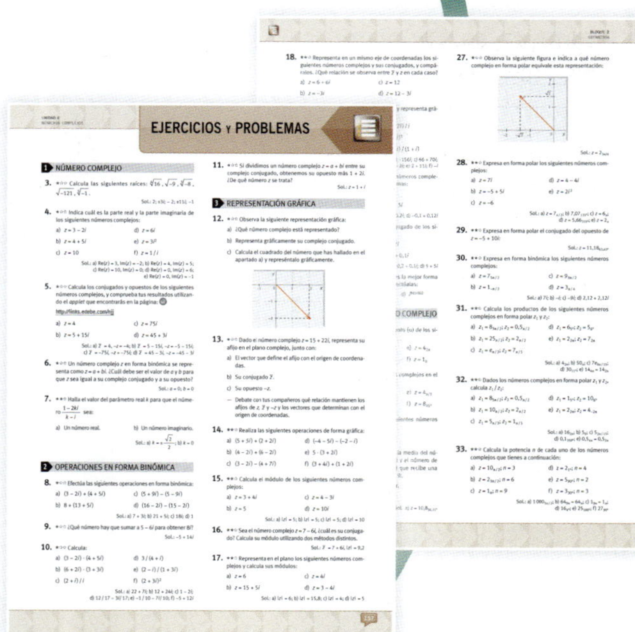

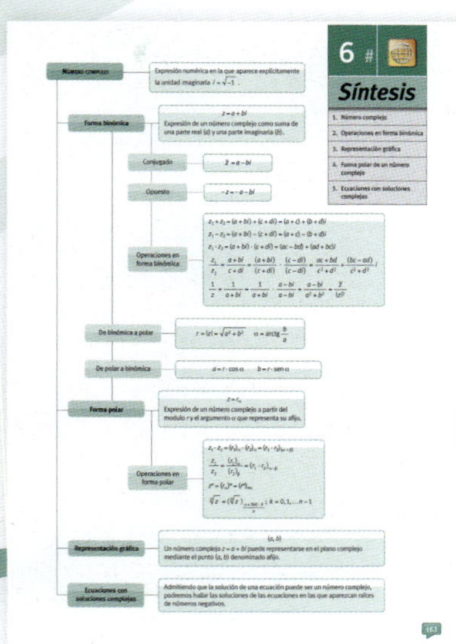

Síntesis de los conceptos clave de la unidad y sus relaciones.

- **Actividades** organizadas por **apartados** y **nivel de dificultad.**
- **Amplia propuesta de ejercicios y problemas** para resolver (aprendizaje autónomo).
- **Actividades** tipo:
  - Pruebas finales,
  - Trabajo en Internet,
  - Abiertas al mundo...

0

Herramientas matemáticas

1. Números racionales

2. Errores y notación científica
- 2.1. Error absoluto y error relativo
- 2.2. Notación científica

3. Álgebra
- 3.1. Identidades algebraicas
- 3.2. Ecuaciones de primer grado
- 3.3. Sistemas lineales de dos ecuaciones

4. Geometría
- 4.1. Triángulos semejantes
- 4.2. Rectas y puntos notables
- 4.3. Sistemas de coordenadas

5. Estadística y técnicas de recuento
- 5.1. Población y muestra
- 5.2. Variables estadísticas
- 5.3. Combinatoria

Noticias

«El consejo directivo del Observatorio Europeo Austral ha aprobado la construcción del telescopio óptico más grande del mundo. El proyecto planea instaurarse en el Cerro Amazones, al norte de Chile».

Consulta la noticia en el siguiente enlace:
http://links.edebe.com/8hym

Web

La observación y las herramientas matemáticas han sido la base para poder evolucionar en el conocimiento de las distintas ramas de las ciencias. En el siguiente documento se explica cómo Aristarco de Samos y su obra contribuyeron a la determinación del tamaño del Sol y de la Luna, y las distancias que les separa de la Tierra.
http://links.edebe.com/cww

EN CONTEXTO

a> Lee la noticia anterior y responde: 360°

¿Qué es un exoplaneta? ¿A qué distancia se encuentran los tres exoplanetas más cercanos a la Tierra?

Habrás observado que las distancias están expresadas en años-luz, pero ¿es esta magnitud realmente una magnitud de longitud? Averigua cómo se define año-luz, por qué se utiliza en las distancias muy grandes y su equivalencia con el metro.

b> Lee con detenimiento cómo en la época de Aristarco se determinó la distancia de la Tierra a la Luna.

— ¿Qué herramientas y relaciones matemáticas utilizaron que ya conocías?

— ¿Qué nuevas relaciones se propusieron para poder efectuar estas mediciones?

— ¿Qué es lo que sigue siendo confuso respecto a las mediciones llevadas a cabo?

1. Números racionales

INTERNET

Entra en http://links.edebe.com/qpb y encontrarás un resumen de los números racionales. Practica con los ejercicios que te proponen.

RECUERDA

Como contraposición a los números racionales, los **números irracionales** son aquellos que no se pueden expresar mediante la fracción de dos enteros. Son, de hecho, todos los números reales no racionales.

Algunos ejemplos de números irracionales son $\sqrt{2}$, $\sqrt{3}$, etc. Otros ejemplos con nombre propio son el número pi ($\pi = 3{,}14159...$), el número *e* o número de Euler ($e = 2{,}7182...$) y el número áureo ($\varphi = 1{,}6180...$).

CURIOSIDADES

Los números irracionales fueron descubiertos por la Escuela Pitagórica, que los llamó *números inconmensurables*. Los pitagóricos quisieron mantenerlos en secreto porque contradecían la idea de perfección atribuida a los números.

INTERNET

En el siguiente enlace, hallarás el procedimiento para transformar un número decimal cualquiera (exacto, periódico o periódico mixto) en una fracción: http://links.edebe.com/jgnfm

— Describe con tus propias palabras el procedimiento para transformar un número periódico (puro o mixto) en una fracción.

Ejercicios y problemas 1, 2 y 3

Los números que encontramos en cualquier expresión matemática pueden ser de distinta naturaleza. En realidad, cualquier número puede clasificarse en, al menos, una de las siguientes categorías: naturales ($\mathbb{N}$), enteros ($\mathbb{Z}$), racionales ($\mathbb{Q}$), irracionales ($\mathbb{I}$), reales ($\mathbb{R}$) y complejos ($\mathbb{C}$).

Los **números racionales** son los que pueden expresarse como fracción de dos enteros, como, por ejemplo, $\frac{4}{7}$, $-\frac{2}{3}$, 8, etc. y se rigen por las operaciones habituales de suma, resta, multiplicación, división y potencia.

	OPERACIÓN		FÓRMULA	EJEMPLO
FRACCIONES	Suma y resta	Mismo denominador	$\frac{a}{c} \pm \frac{b}{c} = \frac{a \pm b}{c}$	$\frac{5}{4} + \frac{7}{4} = \frac{12}{4}$
		Distinto denominador	$\frac{a}{c} \pm \frac{b}{d} = \frac{a \cdot d \pm b \cdot c}{c \cdot d}$	$\frac{4}{3} - \frac{2}{5} = \frac{4 \cdot 5 - 2 \cdot 3}{15} = \frac{14}{15}$
	Multiplicación		$\frac{a}{c} \cdot \frac{b}{d} = \frac{a \cdot b}{c \cdot d}$	$\frac{2}{4} \cdot \frac{3}{2} = \frac{6}{8} = \frac{3}{4}$
	División		$\frac{a}{c} : \frac{b}{d} = \frac{a \cdot d}{c \cdot b}$	$\frac{3}{4} : \frac{3}{5} = \frac{3 \cdot 5}{4 \cdot 3} = 1{,}25$
POTENCIAS	Multiplicación		$a^m \cdot a^n = a^{m+n}$	$7^3 \cdot 7^4 = 7^7$
	División		$\frac{a^m}{a^n} = a^{m-n}$	$\frac{3^2}{3^5} = 3^{-3}$
	Potencia		$(a^m)^n = a^{m \cdot n}$	$(5^3)^2 = 5^6$

Además de como números fraccionarios, los números racionales pueden expresarse como un decimal. Para transformar una fracción en un número decimal, dividimos el numerador entre el denominador. Para transformar un decimal exacto en una fracción, escribimos en el numerador, el número decimal completo sin la coma, y en el denominador la unidad (1) seguida de tantos ceros como decimales tenía el número original.

1 EJEMPLO

Expresa los siguientes números en forma de fracción: a) 56 b) 3,6 c) 0,32

— A continuación, multiplica las fracciones resultantes de b) y c).

Solución

COMPRENSIÓN: Para expresar un número entero en forma de fracción, multiplicaremos numerador y denominador por un mismo número. Para expresar los números decimales, expresaremos el número sin la coma y dividiremos entre la unidad seguida de tantos ceros como tenga el decimal.

RESOLUCIÓN:

a) $56 \cdot \frac{2}{2} = \frac{112}{2}$ b) $3{,}6 = \frac{36}{10} = \frac{18}{5}$ c) $0{,}320 = \frac{320}{1000} = \frac{8}{25}$

$$\frac{18}{5} \cdot \frac{8}{25} = \frac{144}{125} = 1{,}152$$

COMPROBACIÓN: Podemos comprobar fácilmente las soluciones dividiendo las fracciones en la calculadora. Los resultados tienen que ser los valores iniciales.

2. Errores y notación científica
2.1. Error absoluto y error relativo
2.2. Notación científica

2. Errores y notación científica

Las matemáticas son una herramienta fundamental a la hora de tomar medidas precisas en el mundo real. Para ello, es esencial conocer los errores asociados a las medidas que obtenemos, así como expresar los valores de las medidas en notación científica.

2.1. Error absoluto y error relativo

El **error absoluto** es la diferencia entre una medida real (que bien puede ser experimental o hallada mediante una fórmula) y el valor exacto de esta medida. Las unidades del error son las mismas que las de la medida.

El **error relativo** es el cociente entre el error absoluto y el valor exacto de la medida. El error relativo puede expresarse en porcentaje multiplicando este cociente por 100.

$$\varepsilon_{\text{relativo}} = \frac{\varepsilon_{\text{absoluto}}}{\text{valor exacto}} \cdot 100$$

AMPLÍA

Los errores también pueden clasificarse en **sistemáticos** y **aleatorios**.

Los errores **sistemáticos** son aquellos que se repiten en cada medida por alguna causa conocida. Es habitual, por ejemplo, encontrar un desajuste en un sistema de medición (balanza, amperímetro, etc.) que provoca un error sistemático en cada medición.

Los errores **aleatorios**, en cambio, son los que se producen de forma irregular, sin ninguna causa concreta o preestablecida.

Si bien los errores sistemáticos son fácilmente predecibles y pueden corregirse, los errores aleatorios son muy difíciles de prever o corregir.

2 EJEMPLO

A partir de un mapa, hemos calculado que la distancia en línea recta entre Córdoba y Buenos Aires, en Argentina, es aproximadamente de 650 km, cuando en realidad es de 648,29 km. ¿Qué error absoluto hemos cometido? ¿Cuál es el error relativo?

Solución

COMPRENSIÓN: Los 650 km corresponden al valor de la medida real. El valor exacto de esta medida es 648,29 km. Se trata de utilizar estos dos valores para encontrar los errores absoluto y relativo, según las definiciones anteriores.

RESOLUCIÓN: El error absoluto es la diferencia entre la medida real y su valor exacto:

$$\varepsilon_{\text{absoluto}} = 650 - 648{,}29 = 1{,}71 \text{ km}$$

El error relativo, expresado en porcentaje, vendrá dado por:

$$\varepsilon_{\text{relativo}} = \frac{\varepsilon_{\text{absoluto}}}{\text{valor exacto}} \cdot 100 = \frac{1{,}71}{648{,}29} \cdot 100 = 0{,}26\%$$

COMPROBACIÓN: El error es menor que 2 km. Es decir, hay un error aproximado de un kilómetro para cada 300 km, lo que justifica que el error relativo sea menor que el 1 %.

2.2. Notación científica

La **notación científica** se utiliza para facilitar la expresión de cantidades muy grandes y muy pequeñas, y los cálculos que se derivan de ellas. Los números se expresan mediante una parte entera con una única cifra (diferente de 0), una parte decimal y una potencia de 10 de exponente entero. La parte decimal generalmente tiene una o dos cifras.

3 EJEMPLO

La distancia media entre Neptuno y el Sol es de 30,07 unidades astronómicas (UA). Exprésala en kilómetros utilizando la notación científica.

Solución

COMPRENSIÓN: En notación científica expresamos las cantidades con una parte entera de una cifra, una parte decimal con las cifras restantes y la potencia correspondiente.

DATOS: 1 UA = 149 600 000 km.

RESOLUCIÓN: $30 \cdot 149\,600\,000 = 4\,498\,472\,000 = 4{,}498\,472 \cdot 10^9$ km

COMPROBACIÓN: Si desplazamos la coma decimal nueve posiciones a la derecha (como nos indica el exponente), recuperamos la expresión original.

CURIOSIDADES

La notación científica permite expresar medidas muy grandes o muy pequeñas, que son poco prácticas expresadas en el Sistema Internacional.

Algunas incluso tienen nombre propio, como la **unidad astronómica** (la distancia media entre el Sol y la Tierra) que equivale aproximadamente a $1{,}496 \cdot 10^8$ km.

— Busca en Internet otras medidas que en el Sistema Internacional se expresen mediante notación científica.

Ejercicios y problemas 4 a 7

3. Álgebra
3.1. Identidades algebraicas
3.2. Ecuaciones de primer grado
3.3. Sistemas lineales de dos ecuaciones

3. Álgebra

Conocer las identidades algebraicas, así como resolver ecuaciones y sistemas de ecuaciones lineales nos será de gran utilidad para resolver problemas algebraicos.

RECUERDA

Para resolver un sistema de dos ecuaciones con dos incógnitas, podemos utilizar uno de los siguientes métodos:

Método de igualación

Aislamos la misma incógnita en dos ecuaciones, e igualamos ambas expresiones.

Método de sustitución

Aislamos una de las incógnitas en una de las ecuaciones y sustituimos en la otra.

Método de reducción

Multiplicamos las dos ecuaciones de modo que una de las incógnitas tenga el mismo coeficiente en las dos, pero con signo contrario. De esta forma, sumando ambas ecuaciones, eliminamos dicha incógnita y podemos resolver fácilmente la segunda.

3.1. Identidades algebraicas

En esta tabla puedes encontrar algunas de las identidades algebraicas más habituales:

OPERACIÓN	DESARROLLO	EJEMPLO
$(a+b)^2$	a^2+b^2+2ab	$(x+2)^2 = x^2 + 2^2 + 2x \cdot 2 = x^2 + 4x + 4$
$(a-b)^2$	a^2+b^2-2ab	$(y-5)^2 = y^2 + 5^2 - 2y \cdot 5 = y^2 - 10y + 25$
$(a+b) \cdot (a-b)$	a^2-b^2	$(x+2) \cdot (x-2) = x^2 - 2^2 = x^2 - 4$

3.2. Ecuaciones de primer grado

Las ecuaciones de primer grado con una incógnita pueden transformarse en ecuaciones de la forma $ax + b = 0$. La solución de dicha ecuación es $x = -\frac{b}{a}$.

3.3. Sistemas lineales de dos ecuaciones

Los ecuaciones lineales de primer grado con dos incógnitas son de la forma:

$$ax + by + c = 0$$

Un **sistema lineal de dos ecuaciones** es un conjunto de dos ecuaciones que deben verificarse simultáneamente.

Existen tres métodos que permiten resolver algebraicamente un sistema de ecuaciones. Son los métodos de **sustitución,** de **igualación** y de **reducción.**

Ejercicios y problemas 8 a 11

4 EJEMPLO

Un satélite se encuentra cinco veces más alejado que otro de la Tierra, y la suma de sus dos distancias es de 42 960 km. ¿A qué distancia de la Tierra se encuentran los dos satélites? Expresa el resultado en notación científica.

Solución

COMPRENSIÓN: Si x e y son las distancias del primero y del segundo satélite, respectivamente, se trata de resolver el sistema de ecuaciones

$$\left.\begin{array}{r} x = 5y \\ x + y = 42960 \end{array}\right\}$$

RESOLUCIÓN: Puesto que en la primera ecuación la variable x ya está aislada, podemos resolver el sistema por **sustitución.**

$$\left.\begin{array}{r} x = 5y \\ x + y = 42960 \end{array}\right\} \rightarrow 5y + y = 42960 \rightarrow 6y = 42960$$

$$y = 7160 \text{ km} = 7{,}16 \cdot 10^3 \text{ km}$$

Por lo tanto,

$$x = 5y = 5 \cdot 7160 \text{ km} = 35800 \text{ km} = 3{,}58 \cdot 10^4 \text{ km}$$

Un satélite se encontrará a una distancia de $7{,}16 \cdot 10^3$ km, y el otro a $3{,}58 \cdot 10^4$ km.

COMPROBACIÓN. Podemos comprobar que el resultado es correcto si sustituimos las soluciones en las ecuaciones y las igualdades se verifican, o si resolvemos el sistema aplicando otro método.

En este último caso, los resultados obtenidos deberán ser los mismos.

4. Geometría
4.1. Triángulos semejantes
4.2. Rectas y puntos notables
4.3. Sistemas de coordenadas

4. Geometría

La geometría tiene un papel fundamental en el estudio y el desarrollo de otros campos de la ciencia. El conocimiento de los triángulos y las relaciones triangulares, por ejemplo, fueron de gran importancia en la evolución del conocimiento astronómico.

4.1. Triángulos semejantes

Tales de Mileto realizó grandes aportaciones en el campo de la geometría. Una de las más conocidas es el **teorema de Tales.**

Imaginemos dos rectas cualesquiera cortadas por varias rectas paralelas, tal como muestra la figura. El teorema de Tales establece que los segmentos que se forman en una de las rectas son proporcionales a los segmentos correspondientes en la otra recta. Es decir:

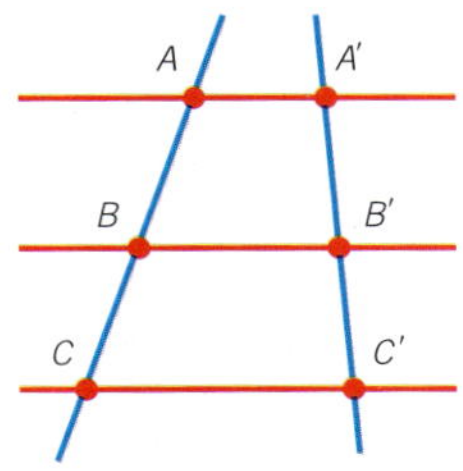

$$\frac{AB}{A'B'} = \frac{BC}{B'C'} = \frac{AC}{A'C'}$$

Si alargamos las dos rectas de la figura de modo que se crucen en un punto, obtenemos una serie de triángulos con una característica en común: sus tres ángulos son iguales. Decimos que son **triángulos semejantes**.

Puesto que partíamos del teorema de Tales, es fácil demostrar que los lados de los triángulos son proporcionales y cumplirán:

$$\frac{AB}{A'B'} = \frac{BC}{B'C'} = \frac{AC}{A'C'} = r$$

donde *r* es la **razón de semejanza.**

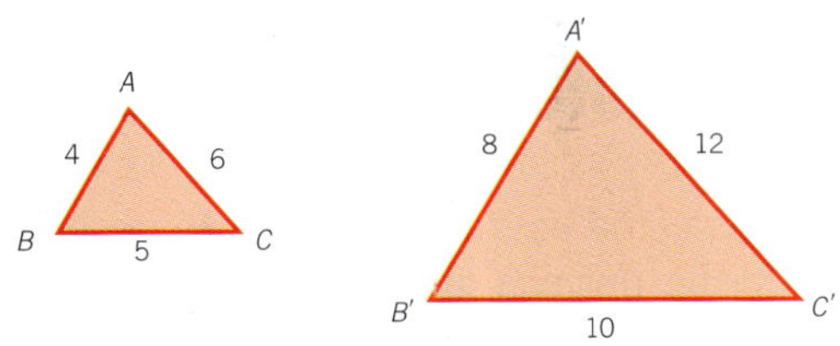

Triángulos semejantes de razón 2.

5 EJEMPLO

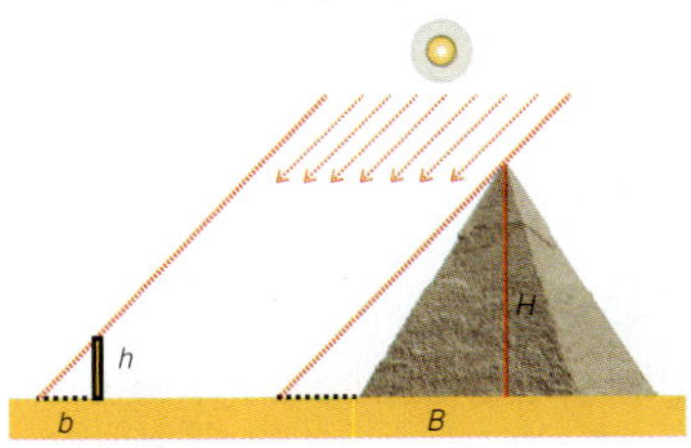

Dice la leyenda que Tales calculó la altura de la pirámide de Guiza a partir de su teorema y clavando una vara en el suelo, según la figura. Si la vara medía 1 m, su sombra 70 cm, y la sombra de la pirámide desde el centro de su base era de 100 m. ¿Qué altura calculó Tales que tenía la pirámide de Guiza?

Solución

COMPRENSIÓN: La pirámide y la vara, junto con sus sombras, forman dos triángulos semejantes. Aplicaremos así el teorema de Tales.

DATOS: Altura vara: $h = 1$ m; sombra vara: $b = 0,7$ m; sombra pirámide: $B = 100$ m.

RESOLUCIÓN: Como las variables *h*, *b* y *B* son conocidas, basta con aplicar Tales y aislar la altura de la pirámide:

$$\frac{h}{H} = \frac{b}{B}; \quad H = \frac{h \cdot B}{b} = \frac{1 \cdot 100}{0,7} = 143 \text{ m}$$

COMPROBACIÓN: Si la altura de la vara es mayor que su sombra, por semejanza, la altura de la pirámide también ha de ser mayor que la sombra, tal como podemos comprobar con el resultado obtenido.

Tales de Mileto

Tales de Mileto (624 a. C.-546 a. C.) nació y vivió en la ciudad de Mileto. Aunque destacó principalmente por sus conocimientos de filosofía y matemáticas, también es autor de importantes descubrimientos astronómicos. Fue el primero en afirmar que la Luna brillaba por el reflejo del Sol, y determinó con exactitud el número de días que tiene un año. También enseñó a los marineros a guiarse por la posición de la Osa Menor.

Sus conocimientos en geometría le sirvieron también para determinar las dimensiones de las pirámides de Egipto. El teorema de Tales es solamente uno de seis teoremas geométricos.

RECUERDA

El **teorema de Pitágoras** establece que, en un triángulo rectángulo, la suma de los cuadrados de los dos catetos es igual al cuadrado de la hipotenusa.

Es fácil representarlo gráficamente sumando las áreas que forman los cuadrados de sus tres lados:

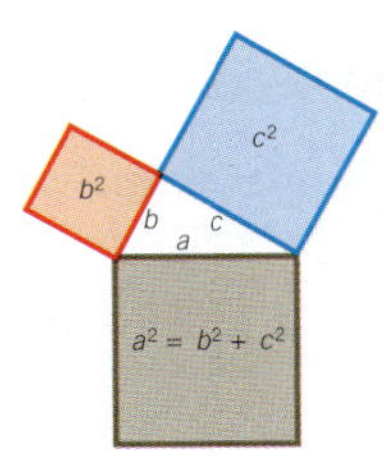

Demostración gráfica del teorema de Pitágoras.

Ejercicios y problemas
12 a 15

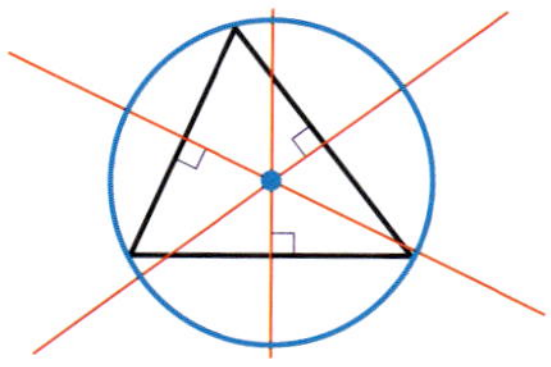

Las mediatrices de un triángulo se cortan en el circuncentro.

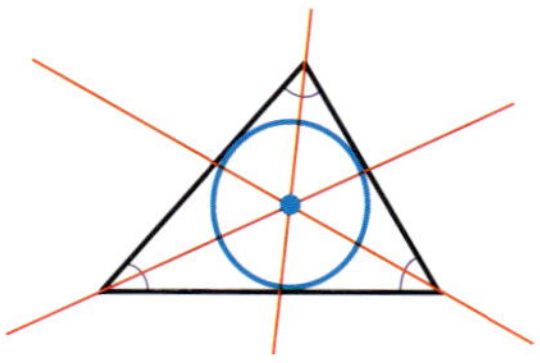

Las bisectrices de un triángulo se cortan en el incentro.

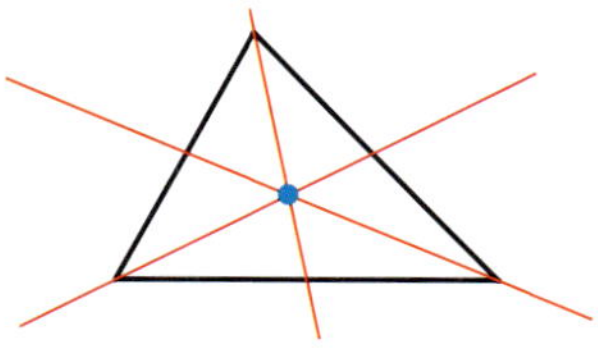

Las medianas de un triángulo se cortan en el baricentro.

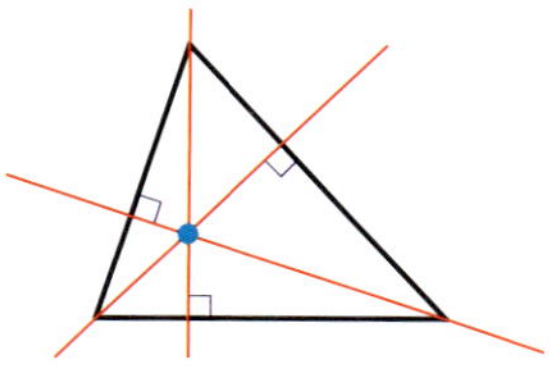

Las alturas de un triángulo se cortan en el ortocentro.

RECUERDA

Los **sistemas de referencia** son muy utilizados en física para situar un objeto en el espacio y el tiempo.

AMPLÍA

Las **coordenadas geográficas** son las que nos determinan la latitud y la longitud de un lugar de la Tierra. Las coordenadas también se utilizan en astronomía para determinar la posición de un cuerpo sobre la esfera celeste. Son las **coordenadas celestes.**

Ejercicios y problemas
16 a 18

4.2. Rectas y puntos notables

Las rectas y los puntos notables son elementos geométricos definidos a partir de un triángulo cualquiera. Los puntos notables resultan de la intersección de las rectas notables.

RECTAS NOTABLES		PUNTOS NOTABLES	
MEDIATRICES	Rectas perpendiculares a cada uno de los lados de un triángulo y que pasan por su punto medio.	CIRCUNCENTRO	Centro de la circunferencia que pasa por los tres vértices.
BISECTRICES	Rectas que cortan los ángulos interiores de un triángulo en dos ángulos iguales.	INCENTRO	Centro de la circunferencia inscrita en el triángulo.
MEDIANAS	Rectas que unen cada vértice del triángulo con el punto medio del lado opuesto.	BARICENTRO	Centro de gravedad del triángulo.
ALTURAS	Rectas perpendiculares a un lado que van hasta el vértice opuesto.	ORTOCENTRO	Punto donde se cortan las tres alturas del triángulo.

4.3. Sistemas de coordenadas

En geometría es muy útil poder representar de forma unívoca la posición de un punto respecto a otro punto de referencia. Un **sistema de referencia** es el conjunto de valores o **coordenadas** que nos permiten determinar esta posición.

Uno de los sistemas de coordenadas más utilizado es el **cartesiano,** que consta de uno, dos, o tres ejes, según trabajemos en una, dos, o tres dimensiones, respectivamente. Los ejes, perpendiculares entre sí, se cortan en el **origen de coordenadas.**

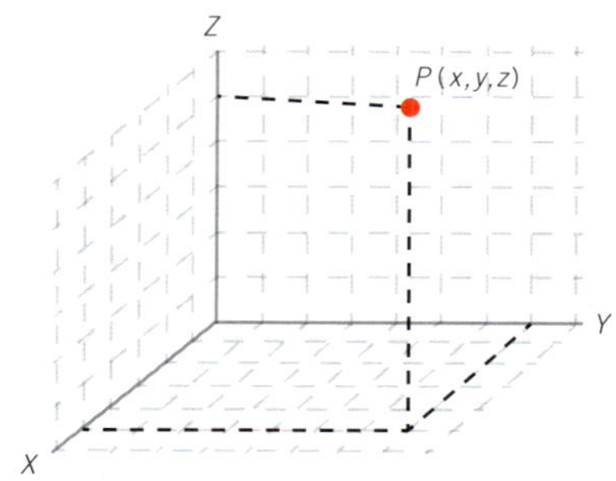

Sistema de coordenadas cartesiano de tres dimensiones.

El sistema de coordenadas **polares,** de dos dimensiones, también es muy utilizado en geometría. Cuando se extiende a tres dimensiones, se convierte en un sistema de coordenadas **cilíndricas** o **esféricas.** En la siguiente figura puedes observar cómo se representa un punto en estos tres sistemas de coordenadas.

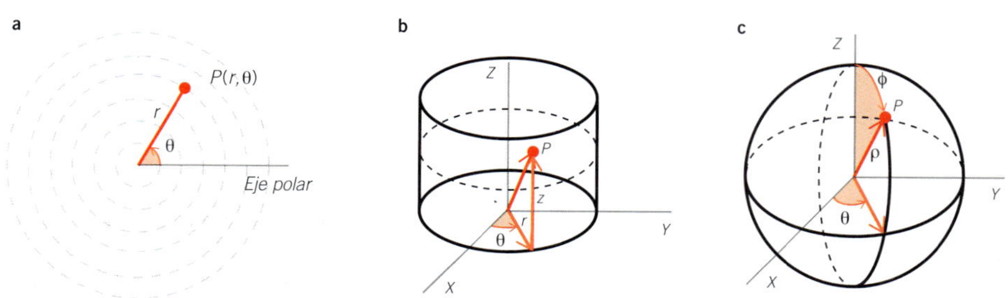

Representación de un punto *P* en coordenadas (a) polares, (b) cilíndricas y (c) esféricas.

5. Estadística y técnicas de recuento
5.1. Población y muestra
5.2. Variables estadísticas
5.3. Combinatoria

5. Estadística y técnicas de recuento

Muchas disciplinas, como la física, la economía, la ingeniería o las ciencias sociales, entre otras, requieren la utilización de herramientas estadísticas para recopilar, analizar, interpretar y representar datos. También en estas disciplinas es útil conocer técnicas de recuento que permitan tener en cuenta las distintas formas de contar objetos.

5.1. Población y muestra

La **población** representa el conjunto de personas, animales, objetos, etc. que presentan una característica en común. La **muestra,** en cambio, es la parte de la población que seleccionamos para analizar y extraer conclusiones acerca de esta población, ya que normalmente resulta imposible analizar cada uno de los elementos de la población.

6 EJEMPLO

Deseamos saber cuántas horas dedican los alumnos de 1.º de Bachillerato a estudiar matemáticas cada semana. ¿Cuáles son la población y la muestra?

Solución

La **población,** en este caso, serían todos y cada uno de los alumnos de 1.º de Bachillerato. (Su característica común es, justamente, *ser alumno de 1.º de Bachillerato*). Como no podemos preguntarles a todos ellos cuántas horas estudian a la semana, seleccionaremos una **muestra** de, por ejemplo, 500 estudiantes. La muestra debe ser representativa; es decir, tendremos en cuenta alumnos de ambos sexos; centros educativos distintos; de diferentes comunidades autónomas, ciudades y pueblos; de varias realidades socioeconómicas, etc.

5.2. Variables estadísticas

Una vez hemos seleccionado una determinada población, nos interesará analizar algunas de sus características o **variables estadísticas**. En el caso de los alumnos de Bachillerato, por ejemplo, las horas que dedican a estudiar sería una variable estadística. Pero también podríamos considerar muchas otras variables como el número de asignaturas que tienen, el número de hermanos, sus aficiones, etc.

Las variables estadísticas pueden representarse mediante diferentes gráficos. Los más habituales son el **diagrama de barras**, el **gráfico de sectores** y el **histograma.**

7 EJEMPLO

Hemos seleccionado 25 alumnos de 1.º de Bachillerato y hemos analizado las horas que dedican a estudiar matemáticas, en función de las notas que han sacado de la asignatura. Hemos obtenido la tabla adjunta. ¿Cómo puedes utilizar esta tabla para construir los tres diagramas?

NOTA	ALUMNOS	HORAS
Sobresaliente	2	18
Notable	10	12
Aprobado	8	11
Suspenso	5	2

Solución

El diagrama de barras se representa sobre unos ejes de coordenadas, con los valores de la variable (notas) en el eje de abscisas y las frecuencias (alumnos) en el eje de ordenadas. El gráfico de sectores se representa sobre un círculo, en el que el ángulo es proporcional a las frecuencias. El histograma es un diagrama de barras donde el eje vertical representa la cantidad de población (número de alumnos) para cada variable (sobresaliente, notable, aprobado y suspenso).

AMPLÍA

Las variables estadísticas pueden clasificarse en varios tipos. Las más habituales son:

Cualitativa. Es la que no puede expresarse mediante un número: la situación profesional (estudiante, empleado, jubilado...), etc.

Cuantitativa. Es la que puede expresarse mediante un número, y puede ser discreta o continua.

Discreta. Es la que toma valores específicos aislados: la edad de las personas (15 años, 65 años, 43 años, 22 años...), etc.

Continua. Es la que toma cualquier valor comprendido en un rango determinado: la altura de las personas (1,68 m, 1,75 m, 2,01 m, 1,97...), etc.

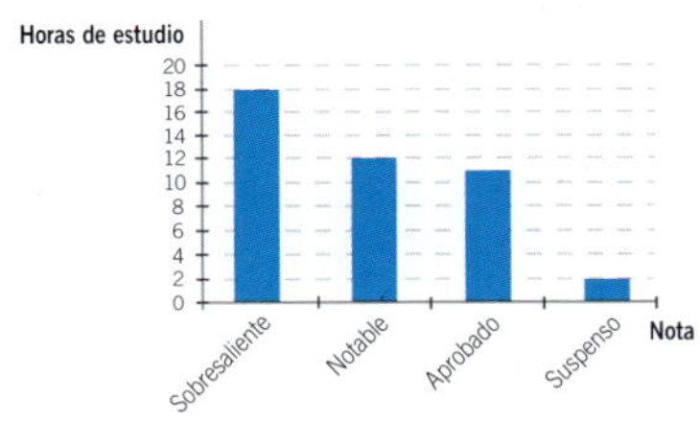

Diagrama de barras.

Gráfico de sectores.

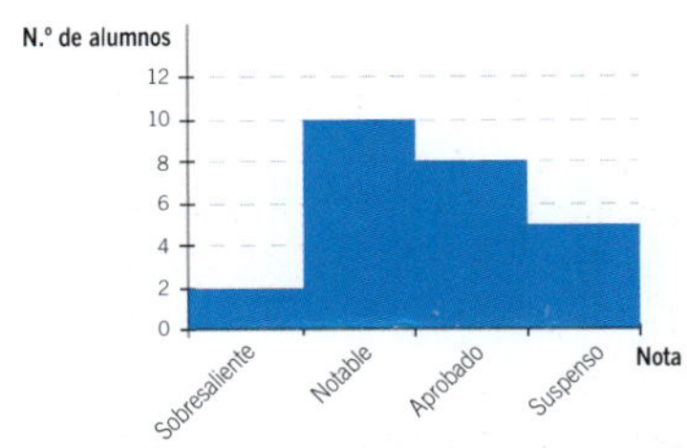

Histograma.

Ejercicios y problemas 19 a 22

5.3. Combinatoria

RECUERDA

— El factorial de un número n se calcula de la siguiente forma:

$n! = n \cdot (n-1) \cdot (n-2) \cdot \ldots \cdot 3 \cdot 2 \cdot 1$

Ej.: $4! = 4 \cdot 3 \cdot 2 \cdot 1 = 24$

— El factorial de 0 es 1:

$0! = 1$

AMPLÍA

C_m^n también puede escribirse de la forma $\binom{m}{n}$. Se lee «m sobre n» y se conoce como **número combinatorio.**

Este número combinatorio está relacionado con el **binomio de Newton,** que nos permite calcular las potencias de un binomio según la siguiente expresión:

$$(a \pm b)^n = \binom{n}{0} a^n \pm \binom{n}{1} a^{n-1} b \pm \pm \binom{n}{2} a^{n-2} b^2 \pm \ldots \pm \binom{n}{n} b^n$$

Ejercicios y problemas 23 a 26

Para *contar* el número de objetos que satisfacen un criterio, utilizaremos la **combinatoria.** Las diferentes maneras de contar los objetos dependerán de si se utilizan todos los elementos y de si el orden es importante. Según estos dos criterios, clasificaremos los métodos de recuento en **permutaciones (P), variaciones (V)** y **combinaciones (C)**, tal como se muestra en la tabla del margen.

	SE UTILIZAN TODOS LOS ELEMENTOS	IMPORTA EL ORDEN
P	Sí	Sí
V	No	Sí
C	No	No

Los tres métodos pueden permitir o no la repetición de elementos. La siguiente tabla muestra las fórmulas que definen cada técnica de recuento:

	SIN REPETICIÓN	CON REPETICIÓN
PERMUTACIONES	$P_n = n!$	$PR_n^{n_1, n_2, n_3 \ldots} = \frac{P_n}{n_1! \cdot n_2! \cdot n_3! \cdot \ldots}$
VARIACIONES	$V_m^n = \frac{m!}{(m-n)!}$	$VR_m^n = m^n$
COMBINACIONES	$C_m^n = \frac{m!}{n!(m-n)!}$	$CR_m^n = \frac{(m+n-1)!}{n!(m-1)!}$

donde m es el número de elementos del conjunto, n el número de elementos que escogemos, n_1 son las veces que se repite el primer elemento, n_2 las veces que se repite el segundo elemento, n_3 las veces que se repite el tercero, etc.

8 EJEMPLO

¿De cuántas maneras pueden ordenarse 8 libros en una estantería?

Solución

COMPRENSIÓN: En este caso utilizamos todos los elementos ($n = 8$) y solo podemos colocar cada libro una vez; así pues, será una permutación sin repeticiones.

RESOLUCIÓN: $P_8 = 8! = 40320$

9 EJEMPLO

Una sociedad astronómica de 12 miembros debe escoger por votación a tres de ellos. El primero será el presidente; el segundo, el vicepresidente y el tercero, el secretario. ¿Cuántas posibles elecciones existen?

Solución

COMPRENSIÓN: No se utilizan todos los elementos del conjunto y el orden sí importa, ya que según el orden que los escojamos ocuparán un cargo u otro. Por lo tanto, se tratará de una variación. Como la misma persona no puede tener más de un cargo no se permiten repeticiones. Así pues, tendremos una variación sin repetición.

DATOS: Hay 12 miembros y tenemos que escoger 3. Por lo tanto, $m = 12$ y $n = 3$.

RESOLUCIÓN:

$$V_m^n = \frac{m!}{(m-n)!} = \frac{12!}{(12-3)!} = \frac{12!}{9!} = \frac{12 \cdot 11 \cdot 10 \cdot \cancel{9!}}{\cancel{9!}} = 1320$$

10 EJEMPLO

¿Cuántos números de tres dígitos podemos formar con las cifras 1, 2, 4 y 7?

Solución

COMPRENSIÓN: No se utilizan todos los elementos del conjunto y el orden importa pues $247 \neq 274$. Por lo tanto, se tratará de una variación, en este caso con repetición, pues números como el 244 también son posibles.

DATOS: De un conjunto de 4 elementos (cifras diferentes), elegimos 3 (dígitos). Así pues, $m = 4$ y $n = 3$.

RESOLUCIÓN: Utilizamos la fórmula para las variaciones con repetición: $VR_m^n = m^n = 4^3 = 64$.

COMPROBACIÓN: Con un poco de paciencia podemos obtener los 64 números posibles: 111, 112, 114, 117, 121, 122, 124, 127, 222, 224, 227, etc.

EJERCICIOS Y PROBLEMAS

1 NÚMEROS RACIONALES

1. ★☆☆ Indica si los siguientes números son racionales o irracionales. Justifica tus respuestas.

a) 5,6
b) 7,4567234
c) π
d) e
e) $6,\widehat{6}$
f) 0,111111111

2. ★☆☆ Expresa los siguientes números en forma de fracción:

a) 5,6
b) 7
c) 3,333
d) $3,\widehat{3}$
e) 10,5061
f) 57,3

Sol.: a) 56 / 10; b) 7 / 1; c) 3333 / 10000; d) 10 / 3; e) 105061 / 10000; f) 573 / 10

3. ★★☆ Dados los números $a = \frac{4}{5}$, $b = 5,6$, $c = 3^4$ y $d = 3^5$, efectúa las siguientes operaciones sin utilizar la calculadora:

a) $a \cdot b$
b) $c \cdot d$
c) $\frac{c}{d}$
d) $a + b$
e) $\frac{a \cdot b \cdot c}{d}$
f) c^d

Sol.: a) 112 / 25; b) 3^9; c) 1 / 3; d) 32 / 5; e) 112 / 75; f) 3^{972}

2 ERRORES Y NOTACIÓN CIENTÍFICA

4. ★☆☆ Medimos experimentalmente con una técnica propia la distancia a una estrella del sistema solar y descubrimos que es de 6 años luz, cuando en realidad sabemos que es de 6,1 años luz. Calcula el error absoluto y el error relativo que hemos cometido.

Sol.: $\varepsilon_a = 0,1$ años luz; $\varepsilon_r = 1,7\,\%$

5. ★☆☆ Si un año luz corresponde a unos $9,46 \cdot 10^{12}$ km, expresa el error absoluto del ejercicio anterior en metros utilizando la notación científica.

Sol.: $\varepsilon_a = 9,46 \cdot 10^{14}$ m

6. ★★☆ Halla el valor que se atribuye al diámetro del Sol. Si realizamos una medida experimental y cometemos un error relativo del 1 % por encima de la medida encontrada en nuestras fuentes de información, ¿qué medida habremos llevado a cabo? Exprésala en kilómetros y en años-luz. @

Sol.: 1405920 km; $1,486 \cdot 10^{-7}$ años luz

7. ★★☆ Efectúa cinco medidas aleatorias con el siguiente *applet* y estudia los conceptos que se introducen: @

http://links.edebe.com/u2t3fx

Suponiendo que la primera medida es la buena, responde:

a) ¿Cuál es el error absoluto de la segunda medida?
b) ¿Cuál es el error relativo de la tercera medida?
c) ¿Cuál es el valor representativo de las cinco medidas?
d) ¿Qué es la imprecisión?

3 ÁLGEBRA

8. ★☆☆ Desarrolla estas potencias:

a) $(2 - x)^2$
b) $(a + 8) \cdot (a - 8)$
c) $(y + 4)^3$
d) $(y - x)^3$

Sol.: a) $x^2 - 4x + 4$; b) $a^2 - 64$; c) $y^3 + 12y^2 + 48y + 64$; d) $y^3 - 3y^2x + 3yx^2 - x^3$

9. ★☆☆ Si recorremos tres veces la distancia entre dos ciudades habremos recorrido un total de 1650 km. Formula el ejercicio mediante una ecuación de primer grado de la forma $ax + b = 0$, e indica claramente qué representan los coeficientes a y b y la variable x. ¿A qué distancia se encuentran las dos ciudades?

Sol.: 150 km

10. ★★☆ María es siete años mayor que su hermana Lidia, y la suma de sus edades dentro de dos años será el triple de la edad actual de Lidia. ¿Cuántos años tienen las dos hermanas?

Resuelve el problema por el método de igualación.

Sol.: María: 18 años; Lidia: 11 años

11. ★★★ Una administración de lotería reparte cinco premios diferentes. El segundo premio es la mitad (en euros) que el primero. El tercer premio es un tercio del segundo. El cuarto premio es una cuarta parte del tercero, y el quinto premio es la quinta parte del cuarto premio. La suma total de los cinco premios es de 4120 €. @

Resuelve el problema por el método de reducción. Luego, representa y comprueba las respuestas en el siguiente enlace: **http://links.edebe.com/2f3k4k**

Sol.: 1.º: 2400 €; 2.º: 1200 €; 3.º: 400 €; 4.º: 100 €; 5.º: 20 €

4 GEOMETRÍA

12. ★☆☆ Mide los lados y calcula la razón de semejanza de estos dos triángulos:

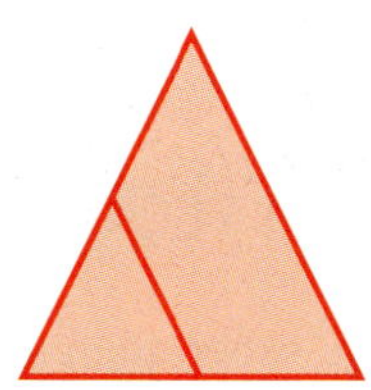

Sol.: $r = 2$

13. ★☆☆ Los siguientes triángulos tienen una razón de semejanza de 3,5. Halla la longitud de los lados que faltan.

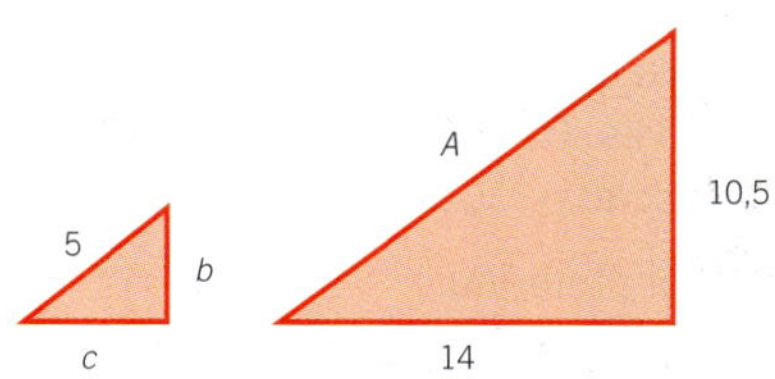

Sol.: $b = 3$; $c = 4$; $A = 17,5$

14. ★★☆ Entre dos carreteras existen tres atajos en tres puntos diferentes, tal como muestra la figura. Si la distancia entre las entradas de los atajos *AB* y *BC* es de 3 km y 4,5 km, respectivamente, y la distancia entre las salidas del primer y segundo atajo (*A′B′*) es de 2 km, ¿qué distancia hay entre las salidas del primer y del tercer atajo?

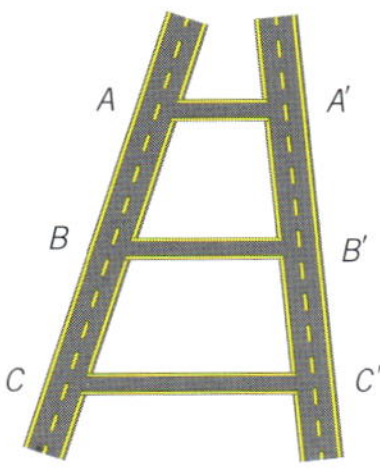

Sol.: 5 km

15. ★★☆ En un instante determinado, una persona de 1,65 m de altura proyecta una sombra de 1 m. Si en este mismo instante otra persona proyecta una sombra de 1,1 m, ¿cuánto mide la segunda persona?

Sol.: 1,78 m

16. ★★☆ Representa gráficamente las mediatrices y el incentro de este triángulo:

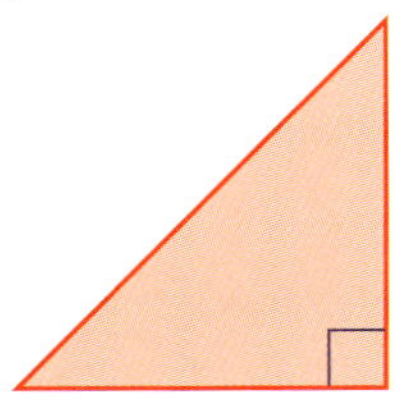

17. ★★☆ Busca, en Internet, las coordenadas geográficas del lugar donde vives. ¿Cuáles son las coordenadas geográficas de tus antípodas? @

18. ★★★ Considera el siguiente triángulo, situado en un sistema de coordenadas bidimensional. Calcula, gráficamente, las coordenadas del circuncentro y del baricentro.

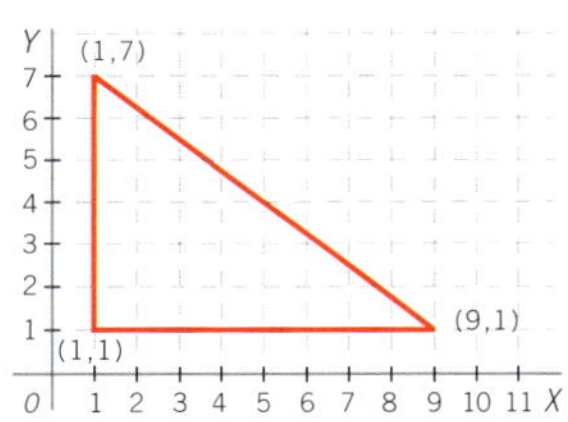

Sol.: (5, 4); (3,6, 3); (1, 1)

5 ESTADÍSTICA Y TÉCNICAS DE RECUENTO

19. ★☆☆ Queremos saber qué partido político votaron los habitantes de un determinado barrio de la ciudad. Para ello, preguntamos a 150 personas que viven en él cuál fue su elección. ¿Cuáles son la población y la muestra de este estudio?

20. ★☆☆ Indica si las siguientes variables son cualitativas o cuantitativas. En el caso de ser cuantitativas, ¿son continuas o discretas? Justifica tus respuestas.

a) El color preferido.

b) La talla de los pantalones.

c) El diámetro de un telescopio.

21. ★★☆ A partir de los siguientes datos, representa un diagrama de barras que muestre las frecuencias de las distintas notas musicales:

NOTA	do	re	mi	fa	sol	la	si
FRECUENCIA (Hz)	262	394	330	349	392	440	494

22. ★★☆ Interpreta el siguiente histograma: debes especificar el significado de cada uno de los ejes de coordenadas.

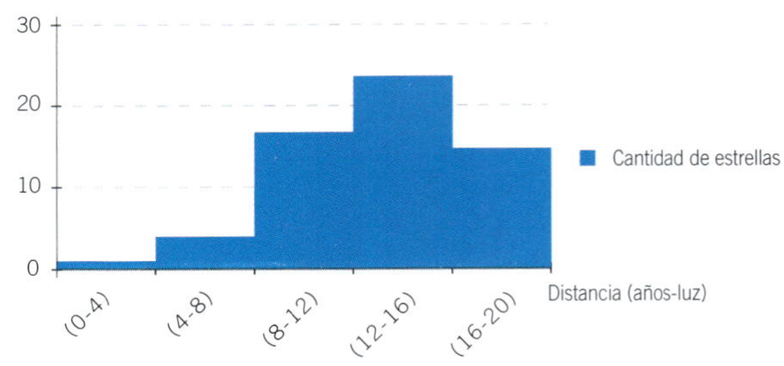

23. ★★☆ ¿De cuántas formas diferentes pueden sentarse 10 personas en 10 butacas de un cine?

Sol.: 3 628 800

24. ★★☆ Con las cifras del 1 al 10, ¿cuántas sumas podemos formar utilizando dos cifras distintas cada vez suponiendo que las dos cifras utilizadas pueden ser iguales?

(Ten en cuenta la propiedad conmutativa de la suma, y que si dos números suman lo mismo que otros dos números diferentes, se consideran casos distintos).

Sol.: 55

25. ★★★ Con las 27 letras del alfabeto, ¿cuántas palabras de cinco letras podemos formar si...

a) ... todas las letras de la palabra son diferentes?

b) ... las palabras pueden contener letras repetidas?

c) ... las letras son diferentes y todas las palabras empiezan por la letra *A*?

d) ... las letras pueden repetirse y todas las palabras acaban con las letras *IM*?

Sol.: a) 9 687 600; b) 14 348 907; c) 358 800; d) 19 683

26. ★★★ Te piden que crees una contraseña de diez caracteres que diferencie mayúsculas y minúsculas. Para que sea válida, el único requisito es que debes utilizar los siguientes dígitos y letras:

1, 1, a, b, 7, 7, 7, 7, z, Z

a) ¿Cuántas contraseñas diferentes puedes crear?

b) De todas las contraseñas posibles, ¿cuántas empiezan por 1?

c) De todas las contraseñas que empiezan por 1, ¿cuántas acaban con dos sietes?

d) ¿Cuántas contraseñas empiezan por 1 o acaban con dos sietes?

Sol.: a) 75 600; b) 15 120; c) 2 520; d) 22 680

0 # EVALUACIÓN

HERRAMIENTAS MATEMÁTICAS

1 Indica si las siguientes afirmaciones son verdaderas o falsas. Justifica tus respuestas.

a) El número $6,2\widehat{4}$ es un número racional.

b) Todos los números racionales son reales.

c) Todos los números reales son racionales.

d) El número pi no es racional.

e) Un número puede ser racional e irracional a la vez.

2 Medimos la distancia entre el Sol y un planeta, y obtenemos 0,000 60 UA, cuando en realidad se sabe que la distancia exacta es de 0,000 57 UA. (1 UA = $1{,}496 \cdot 10^8$ km)

a) Calcula el error absoluto y el error relativo cometidos.

b) Expresa el error absoluto en kilómetros utilizando la notación científica.

Sol.: $\varepsilon_a = 0{,}00003$ UA; $\varepsilon_r = 5{,}2\,\%$

3 Resuelve estos sistemas de ecuaciones por igualación, sustitución y reducción:

a) $\left.\begin{array}{l} 2x + y = 0 \\ x + y = -1 \end{array}\right\}$ b) $\left.\begin{array}{l} 6x - 8y = -12 \\ 4y + 2x = 16 \end{array}\right\}$

Sol.: a) $x = 1$; $y = -2$; b) $x = 2$; $y = 3$

4 A una determinada hora del día, un árbol de 3 m proyecta una sombra de 4 m. Si la sombra del edificio contiguo es de 20 m, calcula:

a) La altura del edificio.

b) La razón de semejanza entre los dos triángulos utilizados generados.

Sol. a) 15 m; b) 0,75

5 Observa los puntos notables representados en estos dos triángulos.

a) ¿Qué puntos representan?

b) ¿Cómo se denominan las rectas que los determinan?

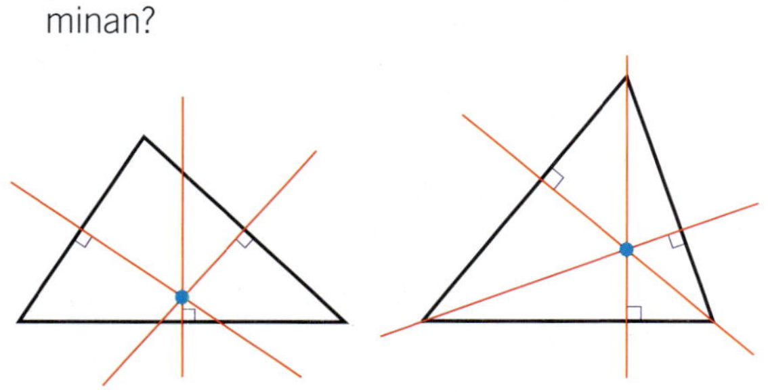

6 Dibuja un triángulo rectángulo sobre un sistema de coordenadas teniendo en cuenta que su altura es de 3 m, y dos de sus coordenadas son (2, 2) y (5, 2). (Ambas componentes están expresadas en metros).

7 Indica si son verdaderas o falsas las siguientes afirmaciones. Justifica tus respuestas.

a) Las notas de Matemáticas de los alumnos de una clase representan una variable cualitativa.

b) Las edades de las personas son variables cuantitativas discretas.

c) Las tallas de ropa son variables cuantitativas continuas.

d) Las variables cualitativas son siempre variables discretas.

e) Únicamente pueden representarse gráficamente aquellas variables que sean cuantitativas.

8 La siguiente tabla muestra las distancias (en años-luz y para diferentes intervalos) de las estrellas más cercanas:

NÚMERO DE ESTRELLAS	1	4	17	24	15
DISTANCIA (AÑOS-LUZ)	0-4	4-8	8-12	12-16	16-20

Representa estos datos en un histograma y comprueba tus resultados con el *applet* que encontrarás en el siguiente enlace: @

http://links.edebe.com/w453vv

9 Tienes 5 invitados a cenar. ¿De cuántas formas diferentes podéis sentaros alrededor de la mesa?

Sol.: 120

10 ¿Cuántos números de tres cifras hay de modo que las tres cifras sean impares?

Sol.: 125

11 En una clase hay 12 chicos y 16 chicas. ¿De cuántas maneras puede elegirse una comisión de seis personas formadas por tres chicos y tres chicas?

Sol.: 123 200

ARITMÉTICA Y ÁLGEBRA

>> EL ORIGEN DEL NÚMERO

La necesidad de *contar* surge con la humanidad. Los descubrimientos arqueológicos demuestran que, ya en el Paleolítico, nuestros antepasados se ayudaban para contar de montoncitos de piedras y muescas realizadas en huesos de animales.

Cuando las formas de vida social se hicieron más complejas, surgió la necesidad de crear *sistemas de numeración* que pudieran representar cualquier cantidad.

Los más antiguos son los llamados *aditivos,* en los que el número representado se obtiene mediante la suma de todos los símbolos que lo componen. El primer sistema aditivo que conocemos es el utilizado por los antiguos egipcios desde alrededor del año 5000 a. C.

Más tarde aparecieron los sistemas de numeración llamados *posicionales,* en los que los símbolos tienen distinto valor según el lugar que ocupan dentro del número. Uno de los primeros intentos de obtener un sistema posicional se debe a los babilonios. Estos desarrollaron hacia el año 4000 a. C. un sistema mixto: para los números

Tablilla babilónica perteneciente a la colección Plimpton de la Universidad de Columbia, fechada hacia el 1500 a. C., en la que aparecen diversas ternas de números que verifican la expresión algebraica $x^2 + y^2 = z^2$.

El sistema romano de numeración no fue abandonado hasta muy avanzada la Edad Media. Hoy en día ha sobrevivido en algunos usos testimoniales, como representar fechas.

menores de 60, aditivo y, para los mayores de 60, posicional.

Los primeros sistemas de numeración totalmente posicionales fueron el maya y el hindú. Este último llegó a Europa con los árabes en el siglo XIII, y sustituyó rápidamente al sistema de numeración romano, de carácter aditivo. El sistema hindú se convirtió, sin apenas variaciones, en el que utilizamos actualmente.

>> LOS CONJUNTOS NUMÉRICOS

No todo aquello que hoy en día conocemos con el nombre de *número* ha sido considerado como tal a lo largo de la historia.

Es razonable pensar que los primeros números conocidos fueron los que ayudaron a la humanidad prehistórica a representar cantidades: los *números naturales.*

Más tarde, las antiguas civilizaciones de Oriente Próximo, en especial la egipcia, desarrollaron herramientas matemáticas destinadas a resolver problemas relacionados con el reparto de bienes. Esto condujo de manera natural al manejo de las *fracciones positivas,* que forman parte del conjunto de los *números racionales.*

Pero la necesidad de cuantificación no se cubre únicamente con los números racionales. En la Grecia clásica, los matemáticos de la llamada *escuela pitagórica* descubrieron medidas geométricas que no podían ser expresadas en forma de fracción. Esto hacía necesario considerar una nueva clase de números: los *números irracionales.*

Fue el matemático y geómetra **Euclides** (ca. 325-ca. 265 a. C.) quien, en su célebre libro los *Elementos,* demostró la irracionalidad de la raíz de 2 por reducción al absurdo, es decir, que la raíz cuadrada de 2 no se podía escribir en forma de fracción, fueran cuales fueran los valores enteros del numerador y el denominador.

Por su parte, los antiguos matemáticos chinos conocían ya los *números negativos* y, aunque los consideraban faltos de sentido, los empleaban hábilmente como herramienta de cálculo. Sin embargo, las reglas sistemáticas de utilización de estos números, así como del cero, son relativamente modernas: se deben a los matemáticos hindúes de los primeros siglos de nuestra era.

Los números negativos llegaron a Europa durante la Edad Media gracias al contacto con los árabes. Con todo, los matemáticos europeos no aceptaron este tipo de números hasta bien entrado el siglo XVII. Los números negativos, junto a los naturales y el cero, forman el conjunto de los números enteros.

Mucho más tarde, en 1872, los matemáticos alemanes **K. Weierstrass, H. E. Heine, G. Cantor** y **J. W. R. Dedekind,** y el francés **H. C. R. Méray,** culminaron casi medio siglo de investigaciones en torno a la idea de nú-

UD 1. Números reales

UD 2. Polinomios y fracciones algebraicas

UD 3. Ecuaciones, sistemas e inecuaciones

mero. El resultado de todo ello fue una definición rigurosa del concepto de *número real.*

Por otra parte, la manipulación de expresiones algebraicas condujo a los matemáticos de los siglos XVI y XVII a considerar una última ampliación del campo numérico: los *números complejos.*

Estos nacieron como una manera ingeniosa de representar las raíces de los números negativos. **L. Euler** (1707-1783) y **C. F. Gauss** (1777-1855) fueron los primeros en preguntarse para qué servían los números complejos y en popularizar el uso de la letra *i* para denotar los números imaginarios. Actualmente, los números complejos son una herramienta básica de cálculo, en especial para trabajar con funciones sinusoidales.

>> LA EVOLUCIÓN DEL ÁLGEBRA

Si bien el álgebra nació de la mano de egipcios y babilonios, y se desarrolló con los griegos, el origen del

El cambista y su mujer, *de Quentin Massys. En muchas ocasiones, las necesidades derivadas del comercio han sido el motor que ha impulsado el avance de la aritmética y el álgebra.*

Descartes en la corte de la reina Cristina de Suecia, *de Pierre Louis Dumesnil, Museo Nacional de Versalles (Francia).*

álgebra moderna se debe fundamentalmente a los matemáticos árabes, entre los cuales cabe destacar a **Al-Juarismi.**

La obra más importante de Al-Jwarizmi, titulada *Al-Jabr wa'l muqabalah,* es una exposición sistemática de las técnicas de resolución de ecuaciones. Esta obra, escrita hacia el año 800, fue traducida al latín, entre otros traductores, por el sevillano **Juan de Luna** e influyó decisivamente en la matemática europea posterior.

A comienzos del siglo XIII, **Leonardo de Pisa,** conocido como **Fibonacci,** publicó la obra quizá más importante del álgebra medieval, el *Liber abbaci,* en el que resuelve distintos problemas comerciales mediante métodos algebraicos.

En el Renacimiento esta disciplina recibió el impulso definitivo. En un primer instante sobresalió el matemático alemán **M. Stifel,** cuya obra más importante, titulada *Arithmetica integra,* de 1544, recopila los conocimientos de su época, además de presentar interesantes contribuciones propias. Así, popularizó el uso de los signos + y - a expensas de la notación *p* y *m* (del latín *plus* y *minus*), usual hasta entonces.

En 1545, el filósofo, médico y matemático italiano **G. Cardano** publicó su *Ars magna,* en la que expuso un método sistemático de resolución de ecuaciones de segundo y tercer grado que se servía de los descubrimientos del también matemático italiano **N. Fontana,** conocido como **Tartaglia.**

Hacia finales del siglo XVI destacaron los trabajos del matemático francés **F. Viète,** quien desarrolló un álgebra formal en un sentido muy cercano al actual. Incorporó el simbolismo de M. Stifel y propuso una distinción clara entre variables y parámetros. Con todo, F. Viète permaneció anclado en ciertas costumbres medievales, como la de representar expresiones del tipo a^3 mediante palabras, *a cubus.* Hubo que esperar al siglo XVII para que el álgebra adoptara la forma con que prácticamente se conoce hoy. Este avance se debió a otro francés, el filósofo y matemático **R. Descartes.**

>> EL TEOREMA FUNDAMENTAL

En la monumental obra de C. F. Gauss también hay un importante lugar destinado al álgebra ya que a él se debe el llamado *teorema fundamental del álgebra.*

Tras este título se esconde uno de los resultados más importantes de las matemáticas. Gracias a este teorema podemos afirmar que el número de soluciones de una ecuación polinómica con una incógnita coincide exactamente con el grado de la ecuación.

1

BLOQUE 1. ARITMÉTICA Y ÁLGEBRA

Números reales

1. El conjunto de los números reales
- 1.1. Expresión decimal de números reales
- 1.2. La recta real
- 1.3. Valor absoluto y distancia
- 1.4. Aproximación de números reales
- 1.5. Operaciones con números reales
- 1.6. Errores

2. Radicales
- 2.1. Propiedades de los radicales
- 2.2. Operaciones con radicales

3. Logaritmos
- 3.1. Base logarítmica
- 3.2. Propiedades de los logaritmos

Simulador · Presentación · Problemas interactivos

Noticias

«El 14 de marzo se celebra el día del número Pi»
El físico Larry Shaw fue quien, en 1988, creó este día conmemorativo, que en aquel entonces tuvo su primera celebración en el Museo Exploratorium de San Francisco, en California (EE. UU.), donde Shaw trabajaba. El Día Nacional de Pi fue reconocido por la Cámara de Representantes de los Estados Unidos en el año 2009.

RPP noticias, 14/03/2012

http://links.edebe.com/uita

Películas

En el cine hay diversas películas en las que el número π adquiere protagonismo. Un ejemplo es *Cortina rasgada* (Alfred Hitchcock, 1966), pero encontrarás otras referencias en el siguiente enlace:

http://links.edebe.com/ftikke

Web

En esta página web encontrarás diversas curiosidades sobre el número π:

http://links.edebe.com/4hypw

EN CONTEXTO

a> Investiga en Internet sobre cuál ha sido la evolución de la cantidad de cifras conocidas del número π a lo largo de la historia.

b> Los números reales e y Φ son tan conocidos como el número π. ¿Qué tienen en común?

— Busca en la Red alguna curiosidad sobre el número e relacionada con el cálculo financiero.

— ¿En qué edificios de la Antigüedad está presente el número Φ?

c> En el artículo «A vueltas con pi» cuyo enlace se incluye más arriba (en el apartado *Películas*), se cita un diálogo de la serie *Person of Interest* sobre la infinitud de las cifras decimales de π:

— ¿Qué sabes sobre los números irracionales y el número π?

— ¿Qué preguntas o inquietudes te sugiere que en π estén incluidos todos los números y todas las palabras del mundo?

— ¿Qué te gustaría investigar sobre el tema?

— Poned en común vuestras respuestas en el grupo clase y estableced posibles estrategias de investigación.

1. El conjunto de los números reales
1.1. Expresión decimal de números reales
1.2. La recta real
1.3. Valor absoluto y distancia
1.4. Aproximación de números reales
1.5. Operaciones con números reales
1.6. Errores

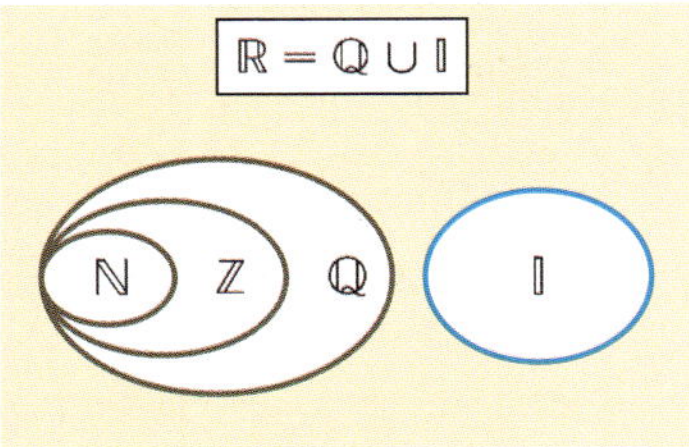

Conjunto de los números reales.

RECUERDA

Los números irracionales son aquellos cuya expresión decimal es ilimitada y no periódica, y se designan con la letra 𝕀. Son algunos ejemplos:

$$0{,}10100100010000\ldots$$

$$\pi = 3{,}141592654\ldots$$

$$\sqrt{2} = 1{,}4142135\ldots$$

INTERNET

En este enlace encontrarás dos demostraciones de que $\sqrt{2}$ es un número irracional:

http://links.edebe.com/3g7b

En ambos casos, se utiliza la llamada reducción al absurdo.

LENGUAJE MATEMÁTICO

La fracción que se usa para expresar un número decimal se llama **fracción generatriz** de ese número.

En este enlace encontrarás cómo calcularla:

http://links.edebe.com/qeiu

Problemas resueltos
A

Ejercicios y problemas
5, 6 y 13 a 16

1. El conjunto de los números reales

A medida que avanzamos en el estudio de las matemáticas, necesitamos conjuntos numéricos más amplios que den respuesta a nuevas situaciones.

Por ejemplo, extendemos el conjunto de los naturales ℕ al de los enteros ℤ para poder calcular el resultado de restas como 4 – 6, y el de los enteros al de los racionales ℚ para resolver ecuaciones del tipo $2x = 1$.

Del mismo modo, los racionales no permiten expresar radicales como $\sqrt{2}$ o muchos logaritmos. Para ello, necesitamos un conjunto de números que no pueden ser expresados como fracciones: los **números irracionales** 𝕀 que, junto con los racionales, forman el conjunto de los **números reales.**

1.1. Expresión decimal de números reales

Al no ser posible expresar los irracionales como fracciones, en el estudio de los reales es muy importante el análisis de la expresión decimal de los números:

— **Números decimales exactos.** Tienen un número finito de cifras decimales. Son racionales y para expresarlos como fracciones (para determinar su **fracción generatriz**) utilizamos potencias de 10 en el denominador:

$$2{,}437 = \frac{2437}{1000} \qquad 0{,}0213 = \frac{213}{10\,000}$$

— **Números decimales periódicos puros.** Su parte decimal está formada por unas cifras que se repiten indefinidamente (el **período**). Son racionales y los podemos expresar en forma de fracción del siguiente modo:

$$3{,}4545454545\ldots = 3{,}\widehat{45} = \frac{345-3}{99} = \frac{342}{99} = \frac{38}{11}$$

— **Números decimales periódicos mixtos.** Tienen decimales que no forman parte del período. También son racionales, con fracción generatriz de la forma:

$$5{,}123232323\ldots = 5{,}1\widehat{23} = \frac{5123-51}{990} = \frac{5072}{990} = \frac{2536}{495}$$

— **Números irracionales.** Su expresión decimal es infinita y no periódica. No pueden escribirse en forma de fracción.

1 EJEMPLO

Clasifica estos decimales y escribe sus fracciones generatrices en caso de que existan:

a) 0,327777... **b) 4,222...** **c) 0,1234567891011...**

Solución

COMPRENSIÓN. El tipo de número decimal viene determinado por la finitud o no del número de cifras decimales y por la existencia de un período.

RESOLUCIÓN.

NÚMERO	DECIMALES	PERÍODO	TIPO	FRACCIÓN GENERATRIZ
a) 0,327777...	Infinitas cifras	Solo el 7	**Periódico mixto**	$\frac{327-32}{900} = \frac{295}{900} = \frac{59}{180}$
b) 4,222...	Infinitas cifras	Todas las cifras (el 2)	**Periódico puro**	$\frac{42-4}{9} = \frac{38}{9}$
c) 0,1234567...	Infinitas	No	**Irracional**	No tiene.

1.2. La recta real

A cada punto de la recta numérica le corresponde un único número real. Representar números naturales o enteros en la recta numérica no supone ningún problema, pero tanto los racionales (decimales exactos y decimales periódicos) como los irracionales pueden tener expresiones complicadas que dificulten su representación.

Representación gráfica de decimales exactos y periódicos

Para representar números racionales no enteros en la recta numérica, basta con dividir las unidades en tantas partes como indique el denominador y situar el punto donde indique el numerador.

Por ejemplo, la situación en la recta numérica de $11/8 = 1{,}375$ y $2/3 = 0{,}6666...$ es la siguiente:

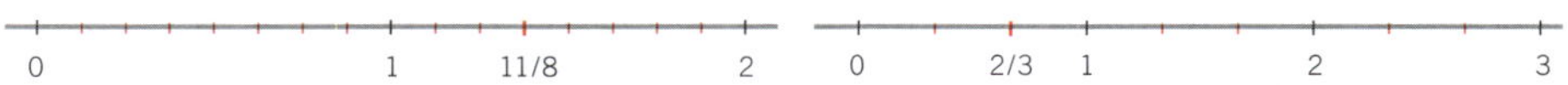

En la práctica, cuando el denominador es muy grande, por ejemplo, en $152/90 = 1{,}7\widehat{4}$, es necesario decidir si necesitamos la ubicación exacta del número o si una aproximación es suficiente.

Representación gráfica de números irracionales

Estos números no tienen expresión fraccionaria, así que normalmente debe optarse por una **representación aproximada,** considerando tantas cifras decimales como queramos.

Sin embargo, en el caso de las raíces cuadradas irracionales, el teorema de Pitágoras permite representarlas de forma exacta. Basta con construir un triángulo rectángulo cuya hipotenusa tenga por longitud dicho radical.

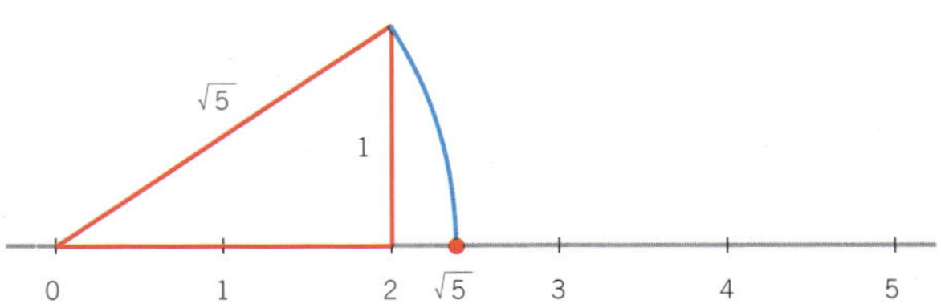

2 EJEMPLO

Representa en la recta numérica: a) 1,444 44... y b) $\sqrt{13}$.

Solución

COMPRENSIÓN. Se trata de un número periódico puro y una raíz cuadrada.

RESOLUCIÓN.

a) Buscamos la fracción generatriz y la representamos:

$$1{,}444... = \frac{14-1}{9} = \frac{13}{9}$$

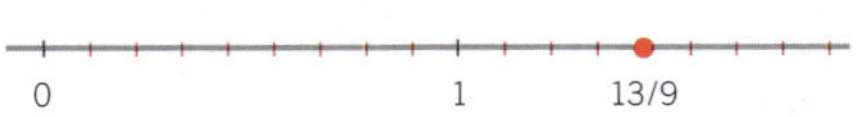

b) En aplicación del teorema de Pitágoras, construimos el triángulo rectángulo de catetos 2 y 3 unidades:

$$\sqrt{13} = \sqrt{2^2 + 3^2}$$

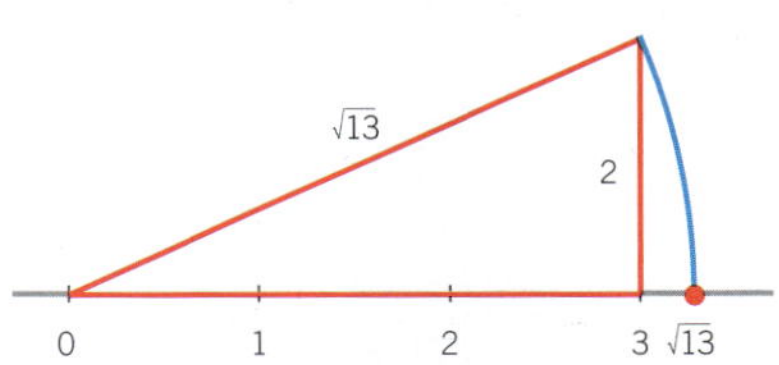

RECUERDA

Para representar los enteros, debes dividir la recta en segmentos iguales y contar hacia la derecha del 0 cuando el número sea positivo, y hacia la izquierda, cuando sea negativo.

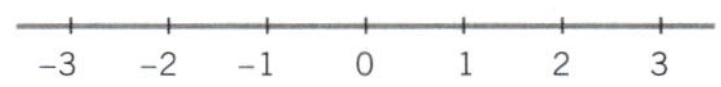

FÍJATE

Para ayudarte a dividir la unidad de la recta numérica en partes iguales, puedes utilizar el **teorema de Tales.**

Por ejemplo, si queremos efectuar cinco divisiones, partimos de un segmento $\overline{OE}$ ya dividido en cinco partes iguales y trazamos rectas paralelas como indica la figura:

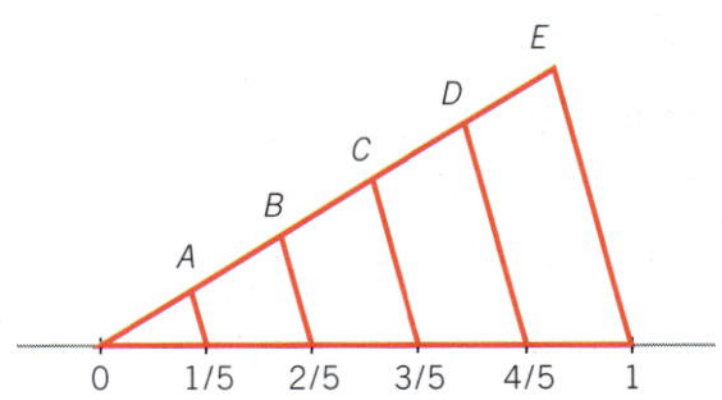

LENGUAJE MATEMÁTICO

Entre dos números racionales cualesquiera hay infinitos números racionales.

Cuando un conjunto cumple esta propiedad, decimos que es **denso.**

Orden de los números reales

El conjunto de los números reales es un conjunto ordenado; es decir, dados dos números reales *a* y *b* cualesquiera, siempre es posible compararlos.

Para definir esta relación de orden, podemos utilizar dos criterios:

1. ***a* es menor que *b*** ($a < b$) si la representación de *a* en la recta está a la izquierda de la de *b*.
2. ***a* es menor que *b*** ($a < b$) si $a - b < 0$.

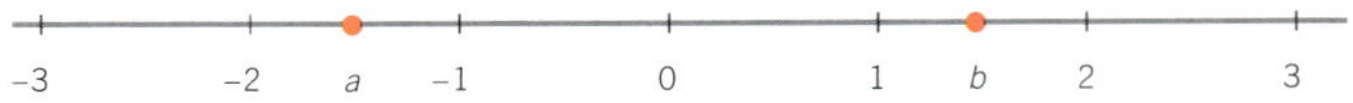

A partir de la relación <, podemos definir las restantes **relaciones:**

$$a \leq b \Leftrightarrow a < b \text{ o } a = b$$
$$a > b \Leftrightarrow b < a$$
$$a \geq b \Leftrightarrow b < a \text{ o } b = a$$

De estas definiciones, se deducen las siguientes **propiedades:**

— Propiedad reflexiva: $a \leq a$

— Propiedad antisimétrica: $a \leq b$ y $b \leq a \Leftrightarrow a = b$

— Propiedad transitiva: si $a \leq b$ y $b \leq c \Rightarrow a \leq c$

— Propiedad de orden total: $a \leq b$ o $b \leq a$

Por último, enunciamos dos **propiedades** que tienen que ver con las operaciones y las desigualdades:

— Si se suma un mismo número a los dos miembros de una desigualdad, esta se mantiene:

$$\text{si } a \leq b \Rightarrow a \pm c \leq b \pm c$$

— Si se multiplican o dividen los dos miembros de una desigualdad por un mismo número real, se mantiene el sentido de la desigualdad si el número es positivo, y se invierte el sentido si es negativo:

$$\text{si } a \leq b \text{ y } c > 0 \Rightarrow c \cdot a \leq c \cdot b$$
$$\text{si } a \leq b \text{ y } c < 0 \Rightarrow c \cdot a \geq c \cdot b$$

RECUERDA

El signo ⇔ se lee **si, y solo si,** y significa que las expresiones que aparecen a ambos lados son equivalentes.

FÍJATE

Análogamente, podemos definir la relación de orden en sentido contrario, es decir:

$b > a$ si la representación de *b* en la recta está a la derecha de la de *a* o si $b - a > 0$.

INTERNET

En este enlace encontrarás las propiedades de las **desigualdades** (expresiones que contienen los signos <, >, ≤ y ≥):

http://links.edebe.com/ik56

Intervalos y entornos

Puesto que el conjunto de los números reales está ordenado, podemos hablar de los números reales comprendidos entre dos números reales determinados. Estos números se corresponden con un segmento de la recta real y constituyen lo que se denomina un **intervalo.**

Un **intervalo** es el conjunto de valores numéricos comprendidos entre otros dos, llamados *extremos*. Su **amplitud** coincide con la diferencia entre el extremo superior y el inferior.

Los extremos de un intervalo *a* y *b* pueden estar incluidos o no en el subconjunto definido de la recta real. En función de ello, pueden ser:

TIPO		DEFINICIÓN	REPRESENTACIÓN GRÁFICA
FINITOS	**Abiertos**	$(a, b) = \{x \in \mathbb{R} \mid a < x < b\}$	
	Cerrados	$[a, b] = \{x \in \mathbb{R} \mid a \leq x \leq b\}$	
	Semiabiertos	$(a, b] = \{x \in \mathbb{R} \mid a < x \leq b\}$	
		$[a, b) = \{x \in \mathbb{R} \mid a \leq x < b\}$	
INFINITOS	**Semirrectas**	$(-\infty, b) = \{x \in \mathbb{R} \mid x < b\}$	
		$(-\infty, b] = \{x \in \mathbb{R} \mid x \leq b\}$	
		$(a, +\infty) = \{x \in \mathbb{R} \mid x > a\}$	
		$[a, +\infty) = \{x \in \mathbb{R} \mid x \geq a\}$	

Un caso de intervalo particular es el **entorno,** que se define a partir de los extremos y de su valor medio:

El **entorno** de centro *a* y radio *r* es el intervalo abierto $(a - r, a + r)$ y que se expresa como $\boldsymbol{E_r(a)}$ o bien $\boldsymbol{E(r, a)}$.

3 EJEMPLO

Representa el intervalo (0, 4) sobre la recta numérica y exprésalo como un entorno.

Solución

COMPRENSIÓN. Para expresarlo como entorno, determinamos *a* y *r* a partir de sus extremos.

RESOLUCIÓN. El centro *a* es el punto medio de 0 y 4, y el radio *r* es la diferencia entre *a* y los extremos: $a = (0 + 4)/2 = 2$; $r = 4 - 2 = 2 - 0 = 2$.

Por tanto, $(0, 4) = E_2(2) = E(2, 2)$.

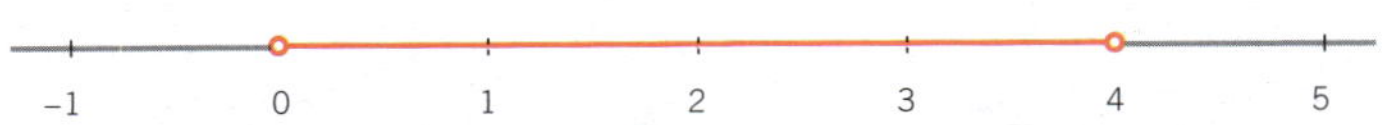

RECUERDA

— Para definir un conjunto a partir de sus elementos, lo hacemos escribiéndolos entre llaves: {...}.

— El símbolo | se lee «tal que».

— Para indicar gráficamente si un extremo está incluido en un intervalo, utilizamos este criterio:

o Valor no incluido

• Valor incluido

LENGUAJE MATEMÁTICO

El símbolo $+\infty$ (más infinito) no representa ningún número real. Lo utilizamos para indicar un valor mayor que cualquier número real.

De la misma forma, el símbolo $-\infty$ (menos infinito) se utiliza para indicar un valor menor que cualquier número real.

Observa que si en un intervalo los dos extremos son infinitos, se obtiene la recta real:

$$(-\infty, +\infty) = \mathbb{R}$$

Con esta terminología pueden definirse, entre otros, conjuntos del tipo:

$$\mathbb{R} - \{a\} = (-\infty, a) \cup (a, +\infty)$$

$$\mathbb{R} - \{a, b\} = $$
$$= (-\infty, a) \cup (a, b) \cup (b, +\infty)$$

VOCABULARIO

Entorno reducido. Entorno $E_r(a)$ del que excluimos el centro *a*.

Ejercicios y problemas
7 a 10 y 17 a 19

1.3. Valor absoluto y distancia

Todo número real *a* lleva asociado una magnitud que indica la amplitud del intervalo que tiene como extremos 0 y *a*.

> El **valor absoluto de *a*** es igual al propio valor *a* si este es positivo, o a su opuesto, $-a$, si es negativo. Lo escribimos $|a|$.

El valor absoluto de 4 y -4, por ejemplo, es 4.

Podemos extender el concepto de valor absoluto para definir la **distancia** entre dos números reales *a* y *b* cualesquiera:

> La **distancia entre *a* y *b*** es el valor absoluto de la diferencia entre ambos números: $d(a, b) = |b - a|$.

Por lo tanto, $d(a, b)$ es la amplitud de un intervalo de extremos *a* y *b*, mientras que el valor absoluto de un número corresponde a su distancia al número 0.

Por ejemplo, la distancia entre -3 y 5 es $d(-3, 5) = |5 - (-3)| = |5 + 3| = 8$.

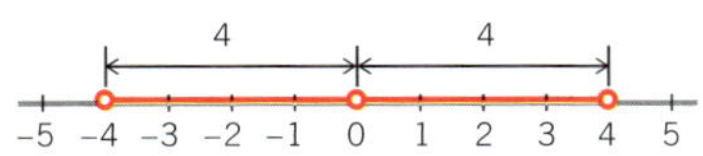

Los valores absolutos de 4 y -4 son la medida de (0, 4) y (-4, 0), respectivamente.

INTERNET

Encontrarás más información sobre valor absoluto y distancias en:

http://links.edebe.com/wy6m7

http://links.edebe.com/mdk7

1.4. Aproximación de números reales

Como has visto, hay números reales con infinitas cifras decimales. Cuando al efectuar cálculos decimos que $\sqrt{2} = 1{,}4142$ o que $\pi = 3{,}14159$, estamos usando **aproximaciones decimales** de estos números.

Así, para el número $\sqrt{2}$ se cumple:

$$1 < \sqrt{2} < 2$$
$$1{,}4 < \sqrt{2} < 1{,}5$$
$$1{,}41 < \sqrt{2} < 1{,}42$$
$$1{,}414 < \sqrt{2} < 1{,}415$$
$$\ldots$$

Los valores de la izquierda son menores que $\sqrt{2}$. Se trata de **aproximaciones por defecto.** Los valores de la derecha son mayores. Se trata de **aproximaciones por exceso.**

El número de cifras decimales de la aproximación elegida determina su **orden de aproximación** (a las décimas, a las centésimas, a las milésimas...).

Truncamiento y redondeo

Para tomar una aproximación de un número real hasta un determinado orden, podemos proceder de dos maneras diferentes:

— **Por truncamiento.** Tomamos el número que resulta de suprimir las cifras a partir del orden de aproximación deseado.

Por ejemplo, 2,384 678... aproximado por truncamiento hasta las décimas es 2,3.

— **Por redondeo.** Observamos la primera cifra que debemos suprimir: si esta es menor que 5, tomamos la aproximación por defecto; si es mayor o igual que 5, se toma la aproximación por exceso.

Por ejemplo, 2,384 678... aproximado por redondeo hasta las décimas es 2,4.

FÍJATE

También utilizamos de forma habitual las aproximaciones cuando un número entero o un decimal exacto tienen más cifras de las que necesitamos para nuestros propósitos.

Por ejemplo, redondeamos a las centésimas cuando calculamos precios en euros y solemos hablar de que la población mundial es de 7 400 millones de habitantes...

CURIOSIDADES

Los decimales periódicos cuyo período está formado por la cifra 9, en realidad, no son periódicos.

Por ejemplo:

$$1{,}99999\ldots = \frac{19 - 1}{9} = \frac{18}{9} = 2$$

Análogamente, 2,349 999 = 2,35:

$$\frac{2\,349 - 234}{900} = \frac{2\,115}{900} = 2{,}35$$

Este tipo de número decimal es el único que tiene dos representaciones distintas.

Notación científica

Para manejar cómodamente números de diferentes órdenes de magnitud (muy grandes o muy pequeños), se recurre a la **notación científica,** que consiste en expresar cada número mediante una parte entera con una única cifra (diferente de 0), una parte decimal y una potencia de 10 de exponente entero. La parte decimal generalmente tiene una o dos cifras, aunque puede tener tantas como se desee o se acuerde.

Si, por ejemplo, queremos expresar el radio medio de la Tierra, que es de 6370000 m, en notación científica, tendríamos $6{,}37 \cdot 10^6$ m. Del mismo modo, el diámetro del electrón, que es del orden de 0,0000000000000008 m, se expresaría como $8 \cdot 10^{-16}$ m.

Si desplazamos la coma decimal tantos lugares como nos indican los exponentes (en el primer caso 6 a la derecha y en el segundo 16 a la izquierda), recuperamos las expresiones originales.

1.5. Operaciones con números reales

La principal novedad que presentan los números reales, desde el punto de vista de las operaciones, son las expresiones decimales infinitas de los números periódicos y de los irracionales, con las que no podemos trabajar.

Para sumar, restar, multiplicar y dividir con este tipo de números, es necesario, por tanto, escoger aproximaciones con expresión finita.

Adición de números reales

Para sumar dos números reales, sumamos las sucesivas aproximaciones decimales del mismo orden:

$$\sqrt{3} = 1{,}73205080\ldots; \quad \sqrt{8} = 2{,}82842712\ldots$$

$$1{,}7320 < \sqrt{3} < 1{,}7321$$

$$+ \quad 2{,}8284 < \sqrt{8} < 2{,}8285$$

$$\mathbf{4{,}560}4 < \sqrt{3} + \sqrt{8} < \mathbf{4{,}560}6$$

Por tanto, el número real suma es: $\sqrt{3} + \sqrt{8} = 4{,}560$

Observa que solo son correctas tres de las cuatro cifras decimales obtenidas al sumar las aproximaciones. Si queremos obtener la suma con un determinado orden de aproximación, debemos tomar algún orden más en los sumandos.

Multiplicación de números reales

Para multiplicar dos números reales, multiplicamos las sucesivas aproximaciones decimales del mismo orden:

$$\sqrt{6} = 2{,}44948974\ldots; \quad \pi = 3{,}14159265\ldots$$

$$2{,}4494 < \sqrt{6} < 2{,}4495$$

$$\times \quad 3{,}1415 < \pi < 3{,}1416$$

$$\mathbf{7{,}69}47901 < \sqrt{6} \cdot \pi < \mathbf{7{,}69}53462$$

Por tanto, el número real producto es: $\sqrt{6} \cdot \pi = 7{,}69$.

Como en la adición, si queremos obtener el producto con un determinado orden de aproximación, debemos tomar algún orden más en los factores.

INTERNET

En este enlace encontrarás una calculadora científica:

http://links.edebe.com/tmxk4

Observa que para representar números en notación científica como, por ejemplo, $1{,}54 \cdot 10^6$, utiliza la notación «1,54*10^6».

En la mayoría de las calculadoras de bolsillo, sin embargo, se usa la tecla «EXP»:

1 · 5 4 EXP 6

FÍJATE

La adición y la multiplicación de números reales cumplen las mismas **propiedades** que las de los números racionales: **conmutativa, asociativa, elemento neutro, elemento simétrico** y **distributiva de la multiplicación respecto de la adición.**

FÍJATE

— La **resta** de dos números reales se obtiene al sumar al minuendo el opuesto del sustraendo:

$$a - b = a + (-b)$$

— El **cociente** de dos números reales se obtiene al multiplicar el primero de ellos por el inverso del otro (siempre que sea diferente de 0):

$$\frac{a}{b} = a \cdot \frac{1}{b} \quad (b \neq 0)$$

FÍJATE

El producto y el cociente de números expresados en notación científica son inmediatos, mientras que para sumar o restar debemos escribirlos previamente de manera que la potencia de 10 sea la misma:

$$2{,}7 \cdot 10^5 \cdot 8{,}2 \cdot 10^4 = \\ = 2{,}7 \cdot 8{,}2 \cdot 10^{5+4} = \\ = 22{,}14 \cdot 10^9 = 2{,}214 \cdot 10^{10}$$

$$2{,}7 \cdot 10^5 + 8{,}2 \cdot 10^4 = 2{,}7 \cdot 10^5 + \\ + 0{,}82 \cdot 10^5 = 3{,}52 \cdot 10^5$$

1.6. Errores

Como hemos visto, expresar un número de forma aproximada u operar con aproximaciones decimales de números reales comporta siempre errores.

Además, las matemáticas son una herramienta fundamental a la hora de tomar medidas precisas en el mundo real. Para ello, es esencial conocer los errores asociados a las medidas que obtenemos.

Error absoluto y error relativo

El **error absoluto** es la diferencia entre el valor exacto de un número (o el valor considerado exacto de la medida de una magnitud física) y su valor aproximado (o medido experimentalmente).

$$\varepsilon_a = |\text{Valor exacto} - \text{Valor aproximado o medido}|$$

Las unidades del error son las mismas que las de la medida.

El **error relativo** es el cociente entre el error absoluto y el valor exacto. El error relativo expresa el error cometido por unidad, aunque puede expresarse en tanto por ciento multiplicando este cociente por 100.

$$\varepsilon_r(\%) = \frac{\varepsilon_a}{\text{Valor exacto}} \cdot 100$$

El primero de ellos cuantifica la magnitud del error mientras que el segundo determina su posible gravedad.

4 EJEMPLO

¿Qué es más grave: un error de 1 dm al medir 1 hm o uno de 1 s al cronometrar 12 h?

Solución

COMPRENSIÓN. Hemos de comparar los errores relativos y valorar la diferencia.

RESOLUCIÓN. Calculamos los errores relativos cometidos en ambos casos:

$$1 \text{ hm} = 100\,000 \text{ dm} \longrightarrow \varepsilon_r = \frac{1 \cdot 100}{100\,000} = 0{,}001\ \%$$

$$12 \text{ h} = 43\,200 \text{ s} \longrightarrow \varepsilon_r = \frac{1 \cdot 100}{43\,200} = 0{,}0023\ \%$$

Aunque son errores poco significativos, la medida del tiempo tiene menor precisión.

Cotas de error

Cuando aproximamos números irracionales, el error absoluto cometido no puede ser calculado, puesto que no conocemos el valor exacto del número. Sin embargo, sí podemos acotarlo, es decir, hallar un valor que con toda seguridad es mayor o igual que este error.

Por ejemplo, si al redondear un número real x a las décimas, obtenemos 1,6, podemos asegurar que $1{,}55 \leq x < 1{,}65$ y, por tanto, $\varepsilon_a \leq 0{,}05$. Análogamente, si redondeamos a las centésimas, sabemos que $\varepsilon_a \leq 0{,}005$...

Así, el valor de la **cota del error absoluto** depende del tipo de aproximación que practiquemos y del orden de la aproximación. En la siguiente tabla se muestra este hecho:

TIPO DE APROXIMACIÓN	ORDEN DE APROXIMACIÓN							
	...	C	D	U	d	c	m	...
Aprox. decimales	...	100	10	1	0,1	0,01	0,001	...
Redondeo	...	50	5	0,5	0,05	0,005	0,0005	...
Truncamiento	...	100	10	1	0,1	0,01	0,001	...

Para obtener una **cota del error relativo,** hallamos el cociente entre una cota del error absoluto y el valor exacto. En la práctica, si desconocemos el valor exacto para calcular la cota de error relativo, utilizamos el valor aproximado; es decir:

$$\text{Cota de } \varepsilon_r = \frac{\text{Cota de } \varepsilon_a}{\text{Valor aproximado}} \cdot 100$$

Ten en cuenta que **al operar** con aproximaciones, **el error se propaga:**

— En una suma o una diferencia, las cotas de error absoluto se suman.

— En un producto o un cociente, las cotas de error relativo se suman.

Cifras significativas

Al aproximar un número decimal, escogemos cuántas cifras queremos que tenga el resultado de nuestra aproximación y, como hemos visto, ello junto con el tipo de aproximación determinan el error que cometemos.

Por otra parte, cuando expresamos el resultado de una medida experimental, indicamos su valor incluyendo todos los dígitos que se conocen con precisión, más un último dígito que está afectado por el grado de error de la medida.

Las **cifras significativas** son los dígitos que se conocen con precisión, más un último dígito, que se ha aproximado o estimado. Así pues, si expresamos el número π como 3,14, estamos utilizando tres cifras significativas.

5 EJEMPLO

Indica en cada caso el número de cifras significativas y los errores, o sus cotas:

a) El truncamiento de 1/3 a las milésimas: 0,333.

b) El redondeo a las centenas de millar de la distancia del Sol a la Tierra: 149 600 000 km.

Solución

COMPRENSIÓN. Deducimos el número de cifras significativas de las expresiones decimales aproximadas, y la cota de error del tipo de aproximación.

RESOLUCIÓN.

a) La expresión aproximada tiene tres cifras significativas: $0{,}333 = 3{,}33 \cdot 10^{-1}$. Utilizamos el valor exacto (en forma de fracción) para calcular los errores absoluto y relativo:

$$\varepsilon_a = \left|\frac{1}{3} - 0{,}333\right| = \left|\frac{1}{3} - \frac{333}{1000}\right| = \frac{1}{3000} = 0{,}00033\ldots$$

$$\varepsilon_r = \frac{1/3000}{1/3} \cdot 100 = \frac{1}{10} = 0{,}1\ \%$$

b) Como redondeamos a las centenas de millar, la última cifra significativa es el 6 y la aproximación tiene cuatro cifras significativas: $149\,600\,000 \text{ km} = 1{,}496 \cdot 10^8 \text{ km}$.

Por otra parte, al tratarse de un redondeo, la cota de ε_a es de 50 000 km:

$$\text{Cota de } \varepsilon_r = \frac{50\,000}{149\,600\,000} \cdot 100 = 0{,}0334\ \%$$

FÍJATE

Cifras significativas

— Los dígitos distintos de 0 son siempre significativos.

— Los 0 entre otros dígitos también son siempre significativos. Por ejemplo, 3,04 tiene tres cifras significativas.

— Los 0 a la izquierda no son significativos. Por ejemplo, 0,028 tiene dos cifras significativas y puede expresarse $2{,}8 \cdot 10^{-2}$.

— Los 0 a la derecha de la coma decimal sí son significativos. Por ejemplo, 3,00 tiene tres cifras significativas.

— Los 0 a la derecha en un número entero pueden ser o no cifras significativas. Para evitar esta ambigüedad, es mejor escribir el número con notación científica. Por ejemplo, el número 3 000 puede tener una, dos, tres o cuatro cifras significativas, pero si escribes $3 \cdot 10^3$ ya sabes que tiene una cifra significativa.

Para **operar con cifras significativas,** hay que tener en cuenta las siguientes normas:

— El resultado de una suma (o resta) se debe expresar con el mismo número de decimales que el sumando que tenga menos. Ejemplo: 1,623 + 2,24 = 3,86, no 3,863

— El resultado de un producto (o cociente) no debe tener más cifras significativas que la cantidad que menos tiene. Ejemplo: $1{,}33 \cdot 2{,}5 = 3{,}3$, no 3,325

Ejercicios y problemas
11, 12 y 20 a 29

2. Radicales
2.1. Propiedades de los radicales
2.2. Operaciones con radicales

2. Radicales

Una de las razones por las que necesitamos extender los racionales al conjunto de los reales es para definir la operación inversa de la potenciación, la radicación, en la que no es extraño que aparezcan resultados irracionales.

b es la raíz enésima de a, es decir, $b = \sqrt[n]{a}$, si y solo si $b^n = a$, donde a, b son números reales y n es un natural mayor que 1.

Decimos que $b = \sqrt[n]{a}$ es el **radical,** a es el **radicando** y n es el **índice.**

Forma exponencial de radicales

Los radicales pueden expresarse como potencias de exponente racional:

$$\sqrt[n]{b} = b^{\frac{1}{n}}, \text{ ya que } \left(b^{\frac{1}{n}}\right)^n = b^{\frac{n}{n}} = b$$

$$\sqrt[n]{b^m} = b^{\frac{m}{n}}, \text{ ya que } \left(b^{\frac{m}{n}}\right)^n = b^{\left(\frac{m \cdot n}{n}\right)} = b^m$$

De este modo, por ejemplo, $\sqrt[3]{5} = 5^{\frac{1}{3}}$ y $\sqrt[5]{4} = \sqrt[5]{2^2} = 2^{\frac{2}{5}}$.

Extracción e introducción de factores en los radicales

La siguiente igualdad es cierta para cualquier par de números reales a, b y cualquier índice natural n.

$$a\sqrt[n]{b} = \sqrt[n]{a^n b}$$

Es decir, si un factor multiplica a un radical, se introduce en el radicando elevándolo al índice correspondiente y, cuando en un radicando hay un factor elevado al índice del radical, se puede extraer sin el exponente.

Así, $\sqrt[3]{2160} = \sqrt[3]{2^4 \cdot 3^3 \cdot 5} = \sqrt[3]{2 \cdot 2^3 \cdot 3^3 \cdot 5} = 2 \cdot 3 \cdot \sqrt[3]{2 \cdot 5} = 6\sqrt[3]{10}$.

2.1. Propiedades de los radicales

Los radicales tienen las siguientes propiedades:

PROPIEDAD	DEMOSTRACIÓN
$\sqrt[n \cdot m]{a^m} = \sqrt[n]{a}$	$\sqrt[n \cdot m]{a^m} = a^{\frac{m}{m \cdot n}} = a^{\frac{1}{n}} = \sqrt[n]{a}$
$(\sqrt[n]{a})^m = \sqrt[n]{a^m}$	$(\sqrt[n]{a})^m = \left(a^{\frac{1}{n}}\right)^m = a^{\frac{m}{n}} = \sqrt[n]{a^m}$
$\sqrt[m]{\sqrt[n]{a}} = \sqrt[m \cdot n]{a}$	$\sqrt[m]{\sqrt[n]{a}} = (\sqrt[n]{a})^{\frac{1}{m}} = \left(a^{\frac{1}{n}}\right)^{\frac{1}{m}} = a^{\frac{1}{m \cdot n}} = \sqrt[n \cdot m]{a}$
$\sqrt[n]{(a \cdot b)} = \sqrt[n]{a} \cdot \sqrt[n]{b}$	$\sqrt[n]{a \cdot b} = (a \cdot b)^{\frac{1}{n}} = a^{\frac{1}{n}} \cdot b^{\frac{1}{n}} = \sqrt[n]{a} \cdot \sqrt[n]{b}$
$\sqrt[n]{\frac{a}{b}} = \frac{\sqrt[n]{a}}{\sqrt[n]{b}}$	$\sqrt[n]{\frac{a}{b}} = \left(\frac{a}{b}\right)^{\frac{1}{n}} = \frac{a^{\frac{1}{n}}}{b^{\frac{1}{n}}} = \frac{\sqrt[n]{a}}{\sqrt[n]{b}}$

FÍJATE

Si $a \geq 0$, $\sqrt[n]{a}$, existe para cualquier valor de a.

Si $a < 0$, $\sqrt[n]{a}$ existe solamente si n es impar.

Si el índice n es par y $a \geq 0$, de la radicación se obtienen dos resultados (±), $b^n = (-b)^n = a$.

CALCULADORA

En muchas calculadoras, los radicales se indican con el símbolo $\sqrt[y]{x}$.

Radicales equivalentes

Las propiedades anteriores se utilizan para calcular **radicales equivalentes** a un radical dado, es decir, radicales con diferente índice y radicando que representan la misma cantidad. Ello nos será muy útil para operar con radicales. Los métodos utilizados para calcular radicales equivalentes son:

— **Simplificación.** Consiste en obtener radicales equivalentes con el menor índice posible y una expresión más manejable. Para simplificar radicales, debe descomponerse el radicando en factores primos y:

- Bien utilizar la forma exponencial del radical, simplificando los exponentes fraccionarios el máximo posible.
- O bien dividir el exponente de los factores del radicando y el índice del radical entre su M.C.D.

— **Reducción a índice común.** Consiste en obtener radicales con el mismo índice (el índice común es igual al m.c.m. de los índices). Para ello, multiplicaremos el índice del radical y el exponente del radicando por el mismo número, de forma que el índice sea ahora igual al índice común.

6 EJEMPLO

a) Compara los radicales $\sqrt[4]{31}$ y $\sqrt[3]{13}$. b) Simplifica $\sqrt[10]{m^6n^4}$. c) Simplifica $\sqrt{\sqrt{\sqrt{16}}}$.

Solución

COMPRENSIÓN. Para comparar dos radicales, debemos reducirlos a índice común, mientras que para simplificar aplicamos las propiedades de los radicales.

RESOLUCIÓN.

a) En primer lugar, hallamos que m.c.m. (4, 3) = 12. A continuación, para los dos radicales, multiplicamos el índice del radical y el exponente del radicando por el número que hace que el índice sea ahora igual al m.c.m. Finalmente, comparamos:

$$\left.\begin{array}{l}\sqrt[4]{31} = \sqrt[12]{31^3} = \sqrt[12]{29791}\\ \sqrt[3]{13} = \sqrt[12]{13^4} = \sqrt[12]{28561}\end{array}\right\} \rightarrow \sqrt[12]{29791} > \sqrt[12]{28561} \rightarrow \sqrt[4]{31} > \sqrt[3]{13}$$

b) $\sqrt[10]{m^6 \cdot n^4} = m^{\frac{6}{10}} \cdot n^{\frac{4}{10}} = m^{\frac{3}{5}} \cdot n^{\frac{2}{5}} = \sqrt[5]{m^3 \cdot n^2}$

c) Utilizaremos que el M.C.D. (8, 4) = 4:

$$\sqrt{\sqrt{\sqrt{16}}} = \sqrt[(2\cdot 2\cdot 2)]{16} = \sqrt[8]{2^4} = \sqrt[8/4]{2^{4/4}} = \sqrt{2}$$

INTERNET

— En este enlace encontrarás más información y ejemplos sobre la suma y la resta de radicales: **http://links.edebe.com/nkjtn**

— Mediante este otro enlace, puedes efectuar cálculos con radicales, simplificarlos, situarlos en la recta numérica, calcular aproximaciones decimales...:

https://www.wolframalpha.com/

Observa que para introducir, por ejemplo, $\sqrt[4]{12}$ debes escribir 12^(1/4).

2.2. Operaciones con radicales

Veamos cómo sumar, restar, multiplicar y dividir radicales:

— Para **sumar** o **restar** radicales, estos deben ser **semejantes** (deben tener el mismo índice y el mismo radicando):

$$a\sqrt[m]{x} \pm b\sqrt[m]{x} = (a \pm b)\sqrt[m]{x}$$

— Para **multiplicar** o **dividir** radicales, sus índices deben ser iguales. De no ser así, hay que reducirlos a **índice común:**

$$a\sqrt[m]{x} \cdot b\sqrt[m]{y} = a\,b\sqrt[m]{x\,y} \qquad \frac{a\sqrt[m]{x}}{b\sqrt[m]{y}} = \frac{a}{b}\sqrt[m]{\frac{x}{y}}$$

FÍJATE

La suma o la diferencia de radicales no equivalen a los radicales de las correspondientes sumas o restas:

$$\sqrt[n]{a} + \sqrt[n]{b} \neq \sqrt[n]{(a+b)}$$
$$\sqrt[n]{a} - \sqrt[n]{b} \neq \sqrt[n]{(a-b)}$$

FÍJATE

Para calcular potencias de un radical, puedes expresar el radical en forma de potencia de exponente fraccionario y aplicar las propiedades de las potencias.

LENGUAJE MATEMÁTICO

En matemáticas, decimos que conjugamos cuando cambiamos el signo entre los dos términos de una suma o una diferencia.

Cuando tratamos con radicales, por ejemplo, el conjugado de $\sqrt[n]{a} + \sqrt[m]{b}$ es $\sqrt[n]{a} - \sqrt[m]{b}$.

RECUERDA

Cuando efectúes cálculos, presenta de forma ordenada todos los pasos del proceso y expresa el resultado final de la forma más simplificada posible.

Ejercicios y problemas
30 a 51

7 EJEMPLO

Calcula: a) $7\sqrt{3} - 9\sqrt{3} + 6\sqrt{3}$; **b)** $2\sqrt{50} + 5\sqrt{2} - 3\sqrt{18}$; **c)** $3\sqrt{8} \cdot 2\sqrt{20}$.

Solución

COMPRENSIÓN. Si es necesario, en sumas y restas reescribimos los radicales para que sean semejantes, mientras que en el producto reducimos a índice común.

RESOLUCIÓN.

a) $7\sqrt{3} - 9\sqrt{3} + 6\sqrt{3} = (7 - 9 + 6)\sqrt{3} = 4\sqrt{3}$

b) $2\sqrt{50} + 5\sqrt{2} - 3\sqrt{18} = 2\sqrt{5^2 \cdot 2} + 5\sqrt{2} - 3\sqrt{3^2 \cdot 2} =$
$= 2 \cdot 5 \cdot \sqrt{2} + 5\sqrt{2} - 3 \cdot 3 \cdot \sqrt{2} = 10\sqrt{2} + 5\sqrt{2} - 9\sqrt{2} = 6\sqrt{2}$

c) $3\sqrt{8} \cdot 2\sqrt{20} = 3\sqrt{2^2 \cdot 2} \cdot 2\sqrt{2^2 \cdot 5} = 6\sqrt{2} \cdot 4\sqrt{5} = 24\sqrt{10}$

Racionalización

Si una fracción contiene un radical en el denominador, llevaremos a cabo su **racionalización;** es decir, eliminamos dicho radical para trabajar con una expresión con la que resulte más fácil, por ejemplo, operar. El método usado depende del tipo de radical que queramos eliminar:

— **Denominador del tipo $\sqrt{b}$.** Multiplicamos el numerador y el denominador por $\sqrt{b}$:

$$\frac{a}{\sqrt{b}} = \frac{a\sqrt{b}}{(\sqrt{b})^2} = \frac{a\sqrt{b}}{b}$$

— **Denominador del tipo $\sqrt[n]{b^m}$ con $m < n$.** Multiplicamos el numerador y el denominador por $\sqrt[n]{b^{n-m}}$:

$$\frac{a}{\sqrt[n]{b^m}} = \frac{a}{\sqrt[n]{b^m}} \cdot \frac{\sqrt[n]{b^{n-m}}}{\sqrt[n]{b^{n-m}}} = \frac{a\sqrt[n]{b^{n-m}}}{b}$$

— **Denominador igual a una suma o resta de radicales.** Multiplicamos el numerador y el denominador por la expresión conjugada del denominador:

$$\frac{a}{\sqrt{b} + \sqrt{c}} = \frac{a(\sqrt{b} - \sqrt{c})}{(\sqrt{b} + \sqrt{c})(\sqrt{b} - \sqrt{c})} = \frac{a(\sqrt{b} - \sqrt{c})}{(\sqrt{b})^2 - (\sqrt{c})^2} = \frac{a(\sqrt{b} - \sqrt{c})}{b - c}$$

8 EJEMPLO

Racionaliza: a) $\frac{\sqrt{7}}{3\sqrt{10}}$; **b)** $\frac{2}{\sqrt[4]{x^3}}$; **c)** $\frac{8 + \sqrt{2}}{\sqrt{3} - 1}$.

Solución

COMPRENSIÓN. Identificamos el radical del denominador y usamos el método más adecuado para racionalizar la expresión.

RESOLUCIÓN.

a) $\frac{\sqrt{7}}{3\sqrt{10}} = \frac{\sqrt{7} \cdot \sqrt{10}}{3\sqrt{10} \cdot \sqrt{10}} = \frac{\sqrt{70}}{3 \cdot 10} = \frac{\sqrt{70}}{30}$

b) $\frac{2}{\sqrt[4]{x^3}} = \frac{2\sqrt[4]{x}}{\sqrt[4]{x^3}\,\sqrt[4]{x}} = \frac{2\sqrt[4]{x}}{\sqrt[4]{x^4}} = \frac{2\sqrt[4]{x}}{x}$

c) $\frac{8 + \sqrt{2}}{(\sqrt{3} - 1)} = \frac{(8 + \sqrt{2})(\sqrt{3} + 1)}{(\sqrt{3} - 1)(\sqrt{3} + 1)} = \frac{8\sqrt{3} + \sqrt{2} + \sqrt{6} + 8}{2}$

3. Logaritmos
3.1. Base logarítmica
3.2. Propiedades de los logaritmos

3. Logaritmos

Como en el caso de los radicales, en el cálculo de logaritmos también suelen aparecer números irracionales.

Recordemos que el logaritmo surge de la necesidad de resolver situaciones en las que se conoce la base de una potencia y el resultado, pero no el exponente.

El **logaritmo** en base *a* de un número *y* es el exponente al que hay que elevar la base *a* para obtener *y*:

$$\log_a y = x \Leftrightarrow a^x = y, \text{ para } a \in \mathbb{R} > 0,\ a \neq 1,\ y > 0$$

9 EJEMPLO

Calcula: a) $\log_2 16$; b) $\log_{10} 1000$.

Solución

COMPRENSIÓN. Aplicamos la definición de logaritmo.

RESOLUCIÓN. a) $\log_2 16 = x \longrightarrow 2^x = 16 = 2^4 \longrightarrow x = 4 \longrightarrow \log_2 16 = 4$

b) $\log_{10} 1000 = x \longrightarrow 10^x = 1000 = 10^3 \longrightarrow x = 3 \longrightarrow \log_{10} 1000 = 3$

AMPLÍA

El **número *e*** = 2,71828182... es irracional y tiene gran importancia en las matemáticas. Es el valor al que se acerca la expresión $\left(1+\frac{1}{n}\right)^n$, a medida que sustituimos *n* por números naturales cada vez mayores.

3.1. Base logarítmica

La base de los logaritmos puede ser cualquier número real positivo y diferente de 1, aunque, en la práctica, lo más habitual es trabajar con base 10 y base *e*.

NOMBRE	BASE	NOTACIÓN	EJEMPLOS
Logaritmo decimal	10	$\log_{10} y =$ $= \log y$	$\log 100 = 2$, ya que $10^2 = 100$ $\log 2000 = 3{,}30102...$, ya que $10^{3{,}30102...} = 2000$
Logaritmo neperiano	*e*	$\log_e y =$ $= \ln y$	$\ln e^3 = 3$ $\ln 52 = 3{,}9512...$, ya que $e^{3{,}9512...} = 52$

Cambio de base

Muchas calculadoras solo calculan logaritmos en base 10 y base *e* (en esta última muchas menos). Cuando debamos calcular un logaritmo en cualquier otra base, utilizaremos la siguiente expresión:

$$\log_a x = \frac{\log_b x}{\log_b a}$$

10 EJEMPLO

Con la ayuda de la calculadora y de la expresión del cambio de base, calcula $\log_5 200$.

Solución

COMPRENSIÓN. Utilizamos el cambio de base para calcular el logaritmo del enunciado con la calculadora a partir de logaritmos decimales o neperianos.

RESOLUCIÓN. $\log_5 200 = \dfrac{\log 200}{\log 5} = \dfrac{2{,}30102999...}{0{,}69897000...} = 3{,}2920296...$

Del mismo modo, $\log_5 200 = \dfrac{\ln 200}{\ln 5} = \dfrac{5{,}298317366...}{1{,}609437912...} = 3{,}2920296...$

INTERNET

En la siguiente página web, obtendrás más información sobre el uso de diferentes tipos de calculadoras para hallar logaritmos:

http://links.edebe.com/pb5pb

Ejercicios y problemas
52 a 56 y 58 a 60

John Neper

John Neper (1550-1617) fue un matemático escocés, célebre por ser el primero en definir los logaritmos. También hizo común el uso del punto decimal en las operaciones aritméticas.

INTERNET

En esta página encontrarás la demostración de la propiedad que se refiere al logaritmo del producto:

http://links.edebe.com/vrk

La demostración de la expresión del logaritmo de un cociente es análoga.

— Intenta demostrar cuáles son las expresiones del logaritmo de una potencia y del logaritmo de un radical, teniendo en cuenta que:

- La demostración que se refiere al logaritmo de una potencia es una consecuencia de la del logaritmo del producto.
- Puedes utilizar que $(\sqrt[n]{x})^n = x$ y la expresión del logaritmo de la potencia para demostrar la del logaritmo de un radical.

Problemas resueltos B

Ejercicios y problemas 57 y 61 a 75

Síntesis 76 y 77

3.2. Propiedades de los logaritmos

Los logaritmos tienen las siguientes **propiedades básicas:**

— Si dos números son distintos, sus logaritmos también lo son:

$$\text{si } x \neq y \Longrightarrow \log_a x \neq \log_a y$$

— Si $a > 1$ y $x < y \Longrightarrow \log_a x < \log_a y$.

— El logaritmo de la base siempre es 1:

$$\log_a a = 1, \text{ ya que } a^1 = a$$

— Para cualquier base a, $\log_a 1 = 0$, ya que $a^0 = 1$.

Por otra parte, antiguamente, cuando había que multiplicar o dividir números muy grandes, se aplicaban logaritmos a las operaciones para transformarlas así en sumas y restas, más sencillas de calcular.

Las **propiedades** que relacionan el **logaritmo de un producto o un cociente** con la suma y la resta de logaritmos vienen dadas por las siguientes expresiones:

— El logaritmo de un producto es la suma de los logaritmos de los factores:

$$\log_a (x\,y) = \log_a x + \log_a y$$

— El logaritmo de un cociente es la diferencia entre el logaritmo del dividendo y el del divisor:

$$\log_a \left(\frac{x}{y}\right) = \log_a x - \log_a y$$

También te serán útiles las siguientes **propiedades** relativas al **logaritmo de una potencia y de un radical:**

— El logaritmo de una potencia es el producto del exponente por el logaritmo de la base de la potencia.

$$\log_a x^n = n \log_a x$$

— El logaritmo de un radical es el cociente entre el logaritmo del radicando y el índice del radical.

$$\log_a \sqrt[n]{x} = \frac{\log_a x}{n}$$

11 EJEMPLO

Si sabemos que $\log_3 P = 3{,}5$ y $\log_3 Q = -1{,}4$, calcula: a) $\log_3 \frac{3\sqrt{P}}{Q^2}$; b) $\log_3 \sqrt[4]{\frac{Q}{P^3}}$.

Solución

COMPRENSIÓN. Utilizamos las propiedades de los logaritmos para transformar las expresiones en operaciones cuyos resultados podamos calcular.

RESOLUCIÓN.

a) $\log_3 \frac{3\sqrt{P}}{Q^2} = \log_3 3 + \frac{\log_3 P}{2} - 2\log_3 Q = 1 + \frac{3{,}5}{2} - 2\cdot(-1{,}4) = 5{,}55$

b) $\log_3 \sqrt[4]{\frac{Q}{P^3}} = \frac{1}{4}\log_3 \frac{Q}{P^3} = \frac{1}{4}(\log_3 Q - 3\log_3 P) = \frac{1}{4}(-1{,}4 - 3\cdot 3{,}5) = -2{,}975$

Problemas RESUELTOS

A NÚMEROS IRRACIONALES

Demuestra que el número de oro $\Phi = \frac{1+\sqrt{5}}{2}$ es un número irracional sin utilizar expresiones decimales.

Solución

COMPRENSIÓN. Hemos de partir de que $\sqrt{5}$ es un número irracional, que la suma de un racional y un irracional es un número irracional, y que la división entre un irracional y un racional es también irracional.

DATOS. $\Phi = \frac{1+\sqrt{5}}{2}$; $\sqrt{5} \in \mathbb{I}$

RESOLUCIÓN. Intenta resolver el problema tú solo. Oculta la respuesta y sigue estos pasos:

Pasos

1. Utilizamos la reducción al absurdo para demostrar que si a es irracional y b es racional, $a + b$ es irracional.
2. Demostramos que si a es irracional y b es racional, $\frac{a}{b}$ es irracional.
3. Usamos que $\sqrt{5}$ es irracional para demostrar que Φ lo es.

Respuesta

1. Suponemos que $a + b$ es racional, con $a \in \mathbb{I}$, $b \in \mathbb{Q}$:

   $$a + b = c \in \mathbb{Q} \rightarrow a = c - b \in \mathbb{Q}, \text{ ya que } c \text{ y } b \in \mathbb{Q}$$

   Lo que supone una contradicción, pues habíamos supuesto que a era irracional.

2. Análogamente:

   $$\text{Si } \frac{a}{b} = c \in \mathbb{Q} \rightarrow a = b \cdot c \in \mathbb{Q}, \text{ ya que } c \text{ y } b \in \mathbb{Q}$$

   Y, de nuevo, hemos llegado a una contradicción por el hecho de que a es irracional.

3. Se sigue de las dos demostraciones anteriores que como $\sqrt{5}$ es irracional, $1 + \sqrt{5}$ también lo es y que, por lo tanto, $\Phi = \frac{1+\sqrt{5}}{2}$ también lo es.

1. ★★☆ Demuestra que $\sqrt{5}$ es un número irracional, utilizando argumentos como los empleados para demostrar que $\sqrt{2}$ también lo es en la página web:
http://links.edebe.com/3g7b

2. ★★☆ Redondea $\sqrt{2}$ a las diezmilésimas. Eleva esta aproximación al cuadrado, compara el resultado con 2 y calcula el error absoluto cometido.

Sol.: $\varepsilon_a = 3{,}836 \cdot 10^{-5}$, $\varepsilon_r = 0{,}001\,918\,\%$

B LOGARITMOS

Halla los valores de x que cumplen la siguiente igualdad: $\log 2 + \log (11 - x^2) = 2 \log (5 - x)$.

Solución

COMPRENSIÓN. Aplicamos las propiedades de los logaritmos para hallar los valores de x que verifican la igualdad.

DATOS. Véase la igualdad del enunciado.

RESOLUCIÓN. Operamos sobre los dos lados de la igualdad para obtener un logaritmo a cada lado del signo igual:

$$\log 2 + \log (11 - x^2) = 2 \log (5 - x)$$
$$\log [2 (11 - x^2)] = \log (5 - x)^2$$

Y para que ambos logaritmos sean iguales, debe cumplirse que:

$$2 (11 - x^2) = (5 - x)^2 \rightarrow 22 - 2x^2 = 25 + x^2 - 10x$$
$$3x^2 - 10x + 3 = 0 \rightarrow x_1 = 3; x_2 = 1/3$$

COMPROBACIÓN. Sustituimos los valores de x en el enunciado:

— $\log 2 + \log (11 - 3^2) = 2 \log (5 - 3) \rightarrow$
$\rightarrow \log 2 + \log 2 = 2 \log 2 \rightarrow 2 \log 2 = 2 \log 2$

Igualdad que es cierta.

— $\log 2 + \log\left[11 - \left(\frac{1}{3}\right)^2\right] = 2 \log\left(5 - \frac{1}{3}\right) \rightarrow$
$\rightarrow \log 2 + \log \frac{98}{9} = 2 \log \frac{14}{3} \rightarrow$
$\rightarrow \log 2 + \log 98 - \log 9 = \log 196 - \log 9 \rightarrow$
$\rightarrow \log 2 + \log 98 = \log 196 \rightarrow \log 196 = \log 196$

Igualdad que también es cierta.

Por tanto, las soluciones $x_1 = 3$ y $x_2 = 1/3$ son válidas.

3. ★★☆ Si $\ln a = 0{,}6$ y $\ln b = 2{,}4$, calcula:

a) $\ln \sqrt{ab}$ b) $\ln \sqrt[3]{\frac{ab}{e^2}}$

Sol.: a) 1,5; b) 1/3

4. ★★★ Halla los valores de x que cumplen la siguiente igualdad: $\log x + \log (x + 3) = 2 \log (x + 1)$.

Sol.: $x = 1$

EJERCICIOS Y PROBLEMAS

1 EL CONJUNTO DE LOS NÚMEROS REALES

5. ★☆☆ Clasifica los siguientes números según el conjunto numérico al que pertenezcan:

a) -3

b) π

c) $\dfrac{-19}{5}$

d) $0{,}36666...$

e) $-\sqrt{6}$

f) $\dfrac{5}{4}$

g) $-5{,}7777$

h) $\dfrac{1+\sqrt[3]{4}}{2}$

Sol.: a) $\mathbb{Z}$; b) $\mathbb{I}$; c) $\mathbb{Q}$; d) $\mathbb{Q}$; e) $\mathbb{I}$; f) $\mathbb{Q}$; g) $\mathbb{Q}$; h) $\mathbb{I}$

6. ★☆☆ Expresa cada número decimal como una fracción y calcula el resultado de la operación: $1{,}5 + 5{,}0\widehat{3} - 6{,}\widehat{6}$.

Sol.: $\dfrac{-2}{15}$

7. ★☆☆ Representa gráficamente en una recta real el número $\sqrt{27}$.

8. ★☆☆ Ordena de mayor a menor los siguientes números reales:

$$2{,}64\widehat{5};\ \frac{5}{3};\ -\sqrt{3};\ 2{,}56;\ \sqrt{7};\ \sqrt{2};\ 1{,}\widehat{74}$$

Sol.: $\sqrt{7} > 2{,}64\widehat{5} > 2{,}56 > 1{,}\widehat{74} > \dfrac{5}{3} > \sqrt{2} > -\sqrt{3}$

9. ★☆☆ Representa en la recta real los siguientes conjuntos:

a) $(-4, -2)$

b) $[3, +\infty)$

c) $(2, 4]$

d) $(-\infty, -1)$

e) $(-1, 4)$

f) $(-3, +\infty)$

g) $(-3/5, 7/3)$

h) $(-0{,}33333..., 1{,}4444...)$

10. ★☆☆ Escribe de forma simbólica y representa gráficamente estos intervalos:

a) Números reales mayores o iguales que -6 y menores o iguales que -3.

b) Números reales mayores que -2.

Sol.: a) $[-6, -3]$; b) $(-2, +\infty)$

11. ★☆☆ Escribe las siguientes aproximaciones del número racional $\dfrac{24}{7}$:

a) Truncamiento con tres cifras decimales.

b) Redondeo con dos cifras decimales.

Sol.: a) 3,428; b) 3,43

12. ★☆☆ Sin utilizar la calculadora científica, calcula:

a) $(700\,000 : 0{,}000\,35) \cdot 0{,}4 \cdot 10^3$

b) $0{,}315 \cdot 10^{-2} - 5 \cdot 10^{-4} + 84 \cdot 10^{-3}$

Sol.: a) $8 \cdot 10^{11}$; b) $8{,}665 \cdot 10^{-2}$

13. ★★☆ Razona por qué la resta entre el número $\pi = 3{,}141\,592\,65...$ y el número $1{,}618\,033\,989...$ siempre es un número irracional.

14. ★★☆ Si dos números son irracionales, ¿puedes afirmar que su resta será irracional?

— Si un número es irracional, ¿también lo es el resultado de elevarlo al cuadrado?

15. ★★☆ Razona por qué la expresión $\dfrac{4{,}5 - 1{,}\widehat{12}}{0{,}\widehat{3}}$ no puede ser un número irracional.

16. ★★☆ Justifica por qué la suma de dos números decimales periódicos puros puede dar como resultado un número entero. Puedes comprobar la propiedad calculando el resultado de la suma $6{,}\widehat{6} + 3{,}\widehat{3}$.

17. ★★☆ Expresa mediante intervalos los valores que puede tomar m en cada caso:

a) $\sqrt{m+3}$

b) $\sqrt{2-m}$

c) $\sqrt{2m-1}$

d) $\sqrt{\dfrac{2+m}{3}}$

Sol.: a) $[-3, +\infty)$; b) $(-\infty, 2]$; c) $[1/2, +\infty)$; d) $[-2, +\infty)$

18. ★★☆ Representa en la recta real los siguientes conjuntos:

a) $\{x \in \mathbb{R} \mid -1 \le x \le 4\}$

b) $(-\infty, -1) \cup [2, +\infty)$

c) $[-3, 2) \cup (3, 5]$

d) $\{x \in \mathbb{R} \mid 2 \le x \le 6\}$

19. ★★☆ Representa los intervalos $(0, 5)$ y $(-2, 3)$ en la misma recta numérica y señala el intervalo intersección.

Sol.: $(0, 3)$

20. ★★☆ Determina para qué valores de m se cumplen las siguientes relaciones:

a) $|m - 3| = 3$

b) $|m - 2| \le 9$

c) $|m + 5| \ge 8$

d) $|2m + 6| = 2$

Sol.: a) $m = 0$; $m = 6$; b) $m \le 11$; $m \ge -7$; c) $m \ge 3$; $m \le -13$; d) $m = -2, -4$

21. ★★☆ Representa gráficamente en la recta real el resultado de $\sqrt{2} + \sqrt{3}$.

22. ★★☆ Resuelve estas operaciones con la calculadora. Expresa el resultado en notación científica y convencional.

a) $7{,}65 \cdot 10^{-9} - 3{,}74 \cdot 10^{-10} + 1{,}52 \cdot 10^{-8}$

b) $(5{,}6 \cdot 10^{12} \cdot 4{,}05 \cdot 10^{-6}) : 2{,}113 \cdot 10^4$

c) $1{,}08 \cdot 10^{-20} : (5 \cdot 10^{-18} \cdot 2{,}4 \cdot 10^{-7})$

Sol.: a) $2{,}2476 \cdot 10^{-8}$, $0{,}000\,000\,022\,476$; b) $1{,}0734 \cdot 10^3$, $1\,073{,}4$; c) $9 \cdot 10^3$, $9\,000$

23. ★★☆ Calcula los resultados de estas operaciones y exprésalos en notación científica:

a) $6{,}84 \cdot 10^2 - 3{,}18 \cdot 10^3 + 1{,}2 \cdot 10^4$

b) $\dfrac{4{,}16 \cdot 10^{-5} + 3{,}84 \cdot 10^{-4} \cdot 3{,}4 \cdot 10^6}{5{,}843 \cdot 10^{-11}}$

c) $\dfrac{5{,}433 \cdot 10^3 - 4{,}3 \cdot 10^3 + 23{,}2 \cdot 10^2}{8{,}5 \cdot 10^{-3} - 4{,}56 \cdot 10^{-3}}$

Sol.: a) $9{,}504 \cdot 10^3$; b) $2{,}2344 \cdot 10^{13}$; c) $8{,}764 \cdot 10^5$

24. ★★☆ Un metro cuadrado de papel para fabricar hojas de la serie A4 (DIN A4) pesa 80 g. Si aproximamos el peso de un paquete de 500 hojas a 2,5 kg, calcula el error relativo que se comete. @

Para conocer el formato estándar de dichas hojas, accede al enlace http://links.edebe.com/eebxuf.

Sol.: 0,21 %

25. ★★☆ Si $A = 3{,}2 \cdot 10^6$, $B = 5{,}28 \cdot 10^3$ y $C = 2{,}01 \cdot 10^4$:

a) Calcula $\dfrac{C - B}{A}$.

b) Trunca el resultado con tres cifras significativas y da una cota del error absoluto cometido.

Sol.: a) $4{,}63 \cdot 10^{-3}$; b) 0,000 01

26. ★★☆ Los catetos de un triángulo rectángulo miden 4 cm y 5 cm. Si se toma 6,4 cm como aproximación de la medida de la hipotenusa, calcula:

a) El error absoluto cometido.

b) Las cotas de los errores absoluto y relativo.

Sol.: a) 0,003 124 2... cm; b) cota $\varepsilon_a = 0{,}05$ cm; cota $\varepsilon_r = 0{,}781\,25$ %

27. ★★☆ En una distribución estadística de determinadas longitudes, la varianza equivale a $\dfrac{89}{55}$ m². @

— Determina cuántas cifras significativas tendrá el redondeo de este valor a las diezmilésimas.

Sol.: 5

28. ★★★ Un panel fotovoltaico tiene forma de hexágono regular inscrito en una circunferencia de 8 dm de diámetro. Si redondeamos el valor de su superficie hasta las centésimas, calcula:

a) El valor aproximado de esta.

b) La cota de su error absoluto.

c) La cota de su error relativo.

Sol.: a) 41,57 dm²; b) 0,005 dm²; c) 0,012 027 9 %

29. ★★★ Un triángulo rectángulo se genera por la unión de los vértices (– 1, 1), (3, 1) y (3, 3) en un sistema de coordenadas cartesianas.

— Halla la longitud de su hipotenusa.

Sol.: $2\sqrt{5}$

2 RADICALES

30. ★☆☆ Introduce los factores en cada raíz:

a) $3\sqrt[3]{2}$

b) $2\sqrt{\dfrac{1}{3}}$

c) $\dfrac{x}{3}\sqrt{\dfrac{7}{2x}}$

d) $\dfrac{5}{4}\sqrt[4]{\left(\dfrac{4}{5}\right)^3}$

e) $-5\sqrt[5]{-3}$

f) $\dfrac{1}{6}\sqrt[3]{20}$

Sol.: a) $\sqrt[3]{54}$; b) $\sqrt{\dfrac{4}{3}}$; c) $\sqrt{\dfrac{7x}{18}}$; d) $\sqrt[4]{\dfrac{5}{4}}$; e) $\sqrt[5]{9\,375}$; f) $\sqrt[3]{\dfrac{5}{54}}$

31. ★☆☆ Simplifica los siguientes radicales extrayendo los factores posibles fuera del radical:

a) $\sqrt[15]{x^5}$

b) $\sqrt[5]{a^6b^{10}}$

c) $\sqrt[3]{-54}$

d) $\sqrt[5]{\sqrt{1024}}$

e) $\sqrt[12]{64y^6}$

f) $\sqrt[4]{16x^2y^8}$

Sol.: a) $\sqrt[3]{x}$; b) $ab^2\sqrt[5]{a}$; c) $3\sqrt[3]{-2}$; d) 2; e) $\sqrt{2y}$; f) $2y^2\sqrt{x}$

32. ★☆☆ Reduce a índice común:

a) $\sqrt[3]{4}, \sqrt[4]{3}, \sqrt{6}$

b) $\sqrt[6]{xy^3}, \sqrt[4]{x^3y}$

c) $\sqrt[8]{9}, \sqrt{72}, \sqrt[4]{100}$

d) $\sqrt[5]{51}, \sqrt[3]{100}$

Sol.: a) $\sqrt[12]{4^4}, \sqrt[12]{3^3}, \sqrt[12]{6^6}$; b) $\sqrt[12]{x^2y^6}, \sqrt[12]{x^9y^3}$; c) $\sqrt[8]{9}, \sqrt[8]{72^4}, \sqrt[8]{100^2}$; d) $\sqrt[15]{51^3}, \sqrt[15]{100^5}$

33. ★☆☆ Simplifica estos radicales:

a) $\sqrt[6]{y^4}$

b) $\sqrt[12]{z^9}$

c) $\sqrt[6]{27}$

d) $\sqrt[10]{32}$

e) $\sqrt[4]{x^4y^2}$

f) $\sqrt[8]{\left(\dfrac{1}{2}\right)^4}$

Sol.: a) $\sqrt[3]{y^2}$; b) $\sqrt[4]{z^3}$; c) $\sqrt{3}$; d) $\sqrt{2}$; e) $x\sqrt{y}$; f) $\sqrt{1/2}$

34. ★★☆ Escribe como una única potencia de exponente fraccionario las siguientes expresiones:

a) $\dfrac{\sqrt[3]{x^7}}{x^2}$

b) $\sqrt[5]{\dfrac{1}{y^2}}$

c) $\dfrac{\sqrt[3]{25}}{\sqrt{125}}$

d) $\dfrac{\sqrt[3]{m^2}}{m^3} \cdot \dfrac{m^4}{\sqrt{m}}$

Sol.: a) $x^{\frac{1}{3}}$; b) $y^{\frac{-2}{5}}$; c) $5^{\frac{-5}{6}}$; d) $m^{\frac{7}{6}}$

35. ★★☆ Expresa mediante un solo radical:

a) $\sqrt[5]{3\sqrt{5}}$

b) $\sqrt{\dfrac{\sqrt{2}}{\sqrt[3]{2}}}$

c) $\sqrt{\dfrac{1}{\sqrt{2}}}$

d) $\dfrac{1}{\sqrt{\sqrt{5}}}$

— Comprueba, con la ayuda de la calculadora, que los valores de las expresiones finales son los mismos que los del enunciado.

Sol.: a) $\sqrt[10]{45}$; b) $\sqrt[12]{2}$; c) $\dfrac{1}{\sqrt[4]{2}}$; d) $\dfrac{1}{\sqrt[4]{5}}$

36. ★★☆ Reduce a índice común ordenando de mayor a menor en los casos en los que sea posible:

a) $\sqrt{z^3}$, $\sqrt[4]{z^5}$ d) $\sqrt[3]{4}$, $\sqrt[4]{8}$

b) $\sqrt{8}$, $\sqrt[3]{5}$ e) $\sqrt{m}$, $\sqrt[3]{m^2}$, $\sqrt[6]{m^5}$

c) $\sqrt{x}$, $\sqrt[3]{x^2}$, $\sqrt[4]{2x}$ f) $\sqrt{5}$, $\sqrt[5]{9}$, $\sqrt[10]{8^2}$

Sol.: a) $\sqrt[4]{z^6}$, $\sqrt[4]{z^5}$; b) $\sqrt[6]{8^3} > \sqrt[6]{5^2}$; c) $\sqrt[12]{x^6}$, $\sqrt[12]{x^8}$, $\sqrt[12]{8x^3}$; d) $\sqrt[12]{8^3} > \sqrt[12]{4^4}$; e) $\sqrt[6]{m^3}$, $\sqrt[6]{m^4}$, $\sqrt[6]{m^5}$; f) $\sqrt[10]{5^5} > \sqrt[10]{9^2} > \sqrt[10]{8^2}$

37. ★★☆ Simplifica los siguientes radicales:

a) $\sqrt[3]{\sqrt{\sqrt[4]{x^2y^4}}}$ b) $\left(\sqrt[3]{\sqrt{\sqrt{12}}}\right)^3$ c) $\sqrt[9]{x^6y^3}$

Sol.: a) $\sqrt[12]{xy^2}$; b) $\sqrt[4]{12}$; c) $\sqrt[3]{x^2y}$

38. ★★☆ Calcula y simplifica:

a) $6a\sqrt{2a} + a\sqrt{8a} - 5\sqrt{2a^3}$ c) $\sqrt[3]{2} + \sqrt[3]{54}$

b) $\sqrt{\frac{7}{5}} - \sqrt{\frac{7}{80}}$ d) $\sqrt{18a^3} - \sqrt{50a^3}$

Sol.: a) $3a\sqrt{2a}$; b) $\frac{3}{4}\sqrt{\frac{7}{5}}$; c) $4\sqrt[3]{2}$; d) $-2a\sqrt{2a}$

39. ★★☆ Efectúa estas operaciones simplificando al máximo los resultados:

a) $5\sqrt{3} - 2\sqrt{3} + \frac{5\sqrt{3}}{3} - \frac{5\sqrt{3}}{2}$

b) $5\sqrt{2} - 3\sqrt{18} - 2\sqrt{50}$

c) $\sqrt{18} + \sqrt{8}$

d) $3\sqrt{8} \cdot 2\sqrt{50}$

e) $\sqrt[3]{7ac^2} \cdot \sqrt[3]{3a^2b}$

f) $\sqrt[4]{625} : \sqrt[4]{25}$

Sol.: a) $\frac{13\sqrt{3}}{6}$; b) $-14\sqrt{2}$; c) $5\sqrt{2}$; d) 120; e) $a\sqrt[3]{21bc^2}$; f) $\sqrt{5}$

40. ★★☆ Efectúa estas operaciones simplificando al máximo los resultados:

a) $\sqrt[4]{\frac{a^4c}{b^5}} + \sqrt[4]{\frac{a^4c^5}{bd^4}} - \sqrt[4]{\frac{a^4cd^4}{bc^8}}$

b) $\sqrt[3]{a^2b} \cdot \sqrt[4]{ab^3}$

c) $\sqrt{a^3b} : 5\sqrt{ab^3}$

d) $\sqrt[4]{4} : \sqrt[6]{8}$

Sol.: a) $\frac{ac^2d + abc^3 - abd^2}{bc^2d}\sqrt[4]{\frac{c}{b}}$; b) $b\sqrt[12]{a^{11}b}$; c) $\frac{a}{5b}$; d) 1

41. ★★☆ Calcula y simplifica:

a) $2\sqrt{20} \cdot 3\sqrt{18}$ d) $5\sqrt[3]{x^2} \cdot 6x\sqrt[3]{xy}$

b) $\sqrt[4]{ab^3} \cdot 3a\sqrt{b}$ e) $-3\sqrt{2} \cdot 4\sqrt[5]{6}$

c) $\sqrt{xy} : 2\sqrt{xy^2}$ f) $\sqrt[9]{125} : \sqrt[6]{25}$

Sol.: a) $36\sqrt{10}$; b) $3ab\sqrt[4]{ab}$; c) $\frac{\sqrt{y}}{2y}$; d) $30x^2\sqrt[3]{y}$; e) $-12\sqrt[10]{1152}$; f) 1

42. ★★☆ Racionaliza y simplifica tanto como puedas las siguientes expresiones:

a) $\frac{3}{\sqrt{3}}$ c) $\frac{8}{\sqrt[3]{2}}$ e) $\frac{x}{\sqrt[4]{x}}$

b) $\frac{4}{3+\sqrt{5}}$ d) $\frac{a}{a+\sqrt{b}}$ f) $\frac{-6}{\sqrt{2}+\sqrt{6}}$

Sol.: a) $\sqrt{3}$; b) $3-\sqrt{5}$; c) $4\sqrt[3]{4}$; d) $\frac{a^2 - a\sqrt{b}}{a^2 - b}$; e) $\sqrt[4]{x^3}$; f) $\frac{3\sqrt{2} - 3\sqrt{6}}{2}$

43. ★★☆ Racionaliza y simplifica:

a) $\frac{\sqrt{2}}{3+2\sqrt{2}}$ c) $\frac{\sqrt{5}+\sqrt{3}}{\sqrt{5}-\sqrt{3}}$

b) $\frac{3\sqrt{2} - 2\sqrt{5}}{2\sqrt{5} + 3\sqrt{2}}$ d) $\frac{a+1}{\sqrt{a}-1}$

Sol.: a) $3\sqrt{2} - 4$; b) $6\sqrt{10} - 19$; c) $4 + \sqrt{15}$; d) $\frac{a + a\sqrt{a} + 1 + \sqrt{a}}{a-1}$

44. ★★☆ Racionaliza y simplifica:

a) $\frac{4+\sqrt{6}}{\sqrt{7}-\sqrt{6}}$

b) $\frac{a\sqrt{b} + b\sqrt{a}}{\sqrt{a}+\sqrt{b}}$

c) $\frac{4}{\sqrt{6}-\sqrt{5}} - \frac{3}{\sqrt{6}+\sqrt{5}}$

d) $\frac{\sqrt{7}-\sqrt{8}}{\sqrt{7}+\sqrt{8}} + \frac{\sqrt{7}+\sqrt{8}}{\sqrt{7}-\sqrt{8}}$

e) $\frac{1}{\sqrt{2+\sqrt{2}}}$

f) $\frac{1}{\sqrt{2}-\sqrt{3}+\sqrt{5}}$

Sol.: a) $4\sqrt{7} + 4\sqrt{6} + \sqrt{42} + 6$; b) $\sqrt{ab}$; c) $\sqrt{6} + 7\sqrt{5}$; d) -30; e) $\frac{\left(\sqrt{2+\sqrt{2}}\right)(2-\sqrt{2})}{2}$; f) $\frac{2\sqrt{3} - 3\sqrt{2} - \sqrt{30}}{-12}$

45. ★★☆ Comprueba la equivalencia $\Phi - 1 = \frac{1}{\Phi}$, donde Φ es el número de oro. Utiliza únicamente radicales.

— En la web http://links.edebe.com/cs4gj encontrarás las equivalencias de Φ^2 y de Φ^3. Compruébalas utilizando únicamente radicales. @

46. ★★☆ Comprueba que los resultados de estas operaciones son números enteros: @

a) $\sqrt{7+4\sqrt{3}} + \sqrt{7-4\sqrt{3}}$

b) $\sqrt{4+2\sqrt{3}} - \sqrt{4-2\sqrt{3}}$

Para ello, consulta: http://links.edebe.com/iwttg.

Sol.: a) 4; b) 2

47. ★★☆ Calcula el volumen de un tetraedro de 8 cm de arista. Expresa el resultado con radicales. @

El contenido de este enlace te puede servir de ayuda:

http://links.edebe.com/iwttg

Sol.: $\frac{128\sqrt{2}}{3}$ cm^3

48. ★★☆ Calcula el área total y el volumen de un cono cuya base mide 5 m de radio y su generatriz, 10 m. Expresa los resultados como números irracionales.

Sol.: 75π m^2; $\frac{125\pi\sqrt{3}}{3}$ m^3

49. ★★☆ La raíz cuadrada de la edad actual de un padre equivale a la edad de su hijo. Calcula las edades que tendrán dentro de 24 años, cuando la edad del padre será el doble que la del hijo.

Sol.: 60 años; 30 años

50. ★★★ Dada la ecuación $\sqrt{(x-1)^2+m} = x+1$, ¿qué valores debe tener m para que la solución sea entera?

Sol.: $4k$

51. ★★★ Halla dos números reales positivos x e y que verifiquen:

a) $\sqrt{11+\sqrt{112}} = \sqrt{x}+\sqrt{y}$

b) $\sqrt{11-4\sqrt{6}} = \sqrt{x}-\sqrt{y}$

Sol.: a) $x = 7$, $y = 4$; b) $x = 8$, $y = 3$

3 LOGARITMOS

52. ★☆☆ Calcula estos logaritmos:

a) $\log_4 256$
b) $\log 1000$
c) $\log_6 36$
d) $\log_2 \frac{1}{8}$
e) $\log 0{,}001$
f) $\log_5 0{,}04$

Sol.: a) 4; b) 3; c) 2; d) –3; e) –3; f) –2

53. ★☆☆ A partir de la definición de logaritmo, calcula:

a) $\log_3 27+\log_2\frac{1}{8}-\log_4 16-\log_2\sqrt{2}$

b) $\log_3\frac{1}{243}-\log_6 1+\log_2 32$

c) $\ln 1+\ln e+\ln e^3+\ln\sqrt[3]{e}+\ln\frac{1}{e}$

Sol.: a) –5/2; b) 0; c) 10/3

54. ★☆☆ Calcula estos logaritmos:

a) $\log_\pi \pi$
b) $\log_{\frac{1}{3}}\frac{3}{\sqrt{3}}$
c) $\log_{\sqrt{2}} 2$
d) $\log_3\frac{1}{81}$
e) $\log_4 1024$
f) $\log_2\sqrt{2}$

Sol.: a) 1; b) $\frac{-1}{2}$; c) 2; d) –4; e) 5; f) $\frac{1}{2}$

55. ★☆☆ Calcula, con la ayuda de una calculadora, estos logaritmos (aproxima los resultados obtenidos hasta las diezmilésimas):

a) $\ln e^3$
b) $\ln 12{,}45$
c) $\ln 333{,}33$
d) $\ln 0{,}464$
e) $\ln\sqrt{125}$
f) $\ln 403{,}4288$

Sol.: a) 3; b) 2,5217; c) 5,8091; d) –0,7679; e) 2,4142; f) 6

56. ★☆☆ Utiliza el cambio de base para calcular los siguientes logaritmos con la calculadora:

a) $\log_5 244$
b) $\log_5 6$
c) $\log_{0,8} 24$
d) $\log e$
e) $\log_\pi 3$
f) $\log_7 2000$

Sol.: a) 3,4156; b) 1,1133; c) –14,2422; d) 0,4343; e) 0,9597; f) 3,9061

57. ★☆☆ Desarrolla estas expresiones logarítmicas:

a) $\log_x \frac{ab}{c}$
b) $\log_x \frac{a}{b^2}$
c) $\log_x \left(\frac{a}{b}\right)^2$
d) $\log_x \frac{a^3 b}{\sqrt{c}}$

Sol.: a) $\log_x a+\log_x b-\log_x c$; b) $\log_x a-2\log_x b$; c) $2\log_x a-2\log_x b$; d) $3\log_x a+\log_x b-\frac{\log_x c}{2}$

58. ★★☆ Deduce la parte entera de estos logaritmos:

a) $\log_3 200$
b) $\log_7 60$
c) $\log_8 525$
d) $\log_4 3$
e) $\log 0{,}02$
f) $\log_5 20$

Sol.: a) 4; b) 2; c) 3; d) 0; e) –1; f) 1

59. ★★☆ Calcula en cada caso el término que falta:

a) $\log_{\sqrt{5}} 125 = x$
b) $\log_x 81 = -4$
c) $\log_{\sqrt{2}}\frac{1}{4} = x$
d) $\log_{\sqrt{3}}\sqrt[3]{\frac{1}{81}} = x$
e) $\log_2 x^3 = 6$
f) $\log_x 125 = -3$

Sol.: a) 6; b) 1/3; c) –4; d) –2,6667; e) 4; f) 1/5

60. ★★☆ Halla los valores numéricos de estas expresiones:

a) $\log_x x^{\frac{5}{2}}$
b) $\log_2\sqrt[5]{64}$
c) $2^{\log_x x^2}$
d) $\log_{10}(\log_{10} 10)$
e) $\log_x\frac{\sqrt{x}}{\sqrt[3]{x^2}}$
f) $\log_{0,5} 64^{1/3}$

Sol.: a) 5/2; b) 6/5; c) 4; d) 0; e) –1/6; f) –2

61. ★★☆ Si $\log x = 7{,}2$, calcula los valores de estas expresiones:

a) $\log\frac{x}{100}$
b) $\log\sqrt[4]{\frac{1}{x}}$
c) $\log(0{,}01\,x^2)$
d) $(\log x)^{\frac{1}{3}}$

Sol.: a) 5,2; b) –1,8; c) 12,4; d) 1,931

62. ★★☆ Desarrolla estas expresiones logarítmicas:

a) $\log_3 [x(x+1)]$

b) $\log_5 \sqrt[4]{20}$

c) $\ln \frac{xy}{\sqrt[3]{z}}$

d) $\log_4 \frac{x(x^2+1)}{\sqrt{x^2-1}}$

Sol.: a) $\log_3 x + \log_3 (x+1)$; b) $\frac{1}{4}(2\log_5 2 + 1)$; c) $\ln x + \ln y - \frac{\ln z}{3}$; d) $\log_4 x + \log_4 (x^2+1) - \frac{\log_4 (x^2-1)}{2}$

63. ★★☆ Si log 2 = 0,3010, log 3 = 0,4771 y log 5 = 0,6989, calcula:

a) log 216

b) log 75

c) $\log 0{,}002^{\frac{1}{2}}$

d) $\log \frac{1}{\sqrt[3]{16}}$

Sol.: a) 2,3343; b) 1,8749; c) −1,3495; d) −0,4013

64. ★★☆ Convierte cada expresión en un único logaritmo:

a) $\log(ab) - 2\log\frac{a}{b}$

b) $2\ln(x-y) - \ln(x^2-y^2)$

c) $2\log_4 t - \frac{\log_4 y}{3} + (z-2)\log_4 8$

Sol.: a) $\log \frac{b^3}{a}$; b) $\ln \frac{x-y}{x+y}$; c) $\log_4 \frac{t^2 \cdot 8^{z-2}}{\sqrt[3]{y}}$

65. ★★☆ Si log $x = k$, escribe en función de k:

a) $\log x^3$

b) $\log \frac{x}{1000}$

c) $\log x\sqrt{10}$

Sol.: $3k$; b) $k-3$; c) $k + 0{,}5$

66. ★★☆ Halla el resultado de cada expresión mediante las propiedades de los logaritmos:

a) $2\log_4 16 + \log_2 32 - 3\log_7 49$

b) $\log_5 625 - \log_9 1$

Sol.: a) 3; b) 4

67. ★★☆ Convierte cada expresión en un único logaritmo:

a) $3\log_5 a + 4\log_5 b$

b) $\frac{1}{2}\log_{\frac{1}{2}} a - 3\log_{\frac{1}{2}} a$

c) $2(\log_4 x + 2\log_4 y - 3\log_3 z)$

d) $\ln\frac{x}{x-1} + \ln\frac{x+1}{x} - \ln(x^2-1)$

Sol.: a) $\log_5(a^3b^4)$; b) $\log_{\frac{1}{2}} a^{-\frac{5}{2}}$; c) $\log_4\left(\frac{xy^2}{z^3}\right)^2$; d) $\ln\frac{1}{(x-1)^2}$

68. ★★☆ Si log $x = 3$ y log $y = 5$, calcula:

a) $\log(xy)$

b) $\log\frac{x^2}{y}$

c) $\log x^{\log y}$

d) $\log\sqrt[3]{xy^2}$

e) $\log\frac{y}{\sqrt[4]{x}}$

f) $\log y^{\log(xy)}$

Sol.: a) 8; b) 1; c) 15; d) $\frac{13}{3}$; e) $\frac{17}{4}$; f) 40

69. ★★☆ Para $a \neq 1$, comprueba que la expresión $\frac{\log a^3}{\log a + \log\sqrt{a}}$ equivale a 2.

70. ★★☆ Halla los valores de estos logaritmos utilizando sus propiedades y la calculadora:

a) $\log_5 36^2$

b) $\log_2 \sqrt{31}$

c) $\log_6 100$

d) $\log_4 31^5$

Sol.: a) 4,4531; b) 2,4771; c) 2,5702; d) 12,3855

71. ★★☆ Calcula el valor de la incógnita y en cada una de estas igualdades:

a) $\log_y 64 = 2$

b) $\log_y (1/4) = -2$

c) $\log 4^y = 3$

d) $6^{-y} = 4$

e) $\log y^3 = -3$

f) $8^y = 120$

Sol.: a) 8; b) 2; c) 4,9829; d) −0,7737; e) 0,1; f) 2,3023

72. ★★★ Aplica las propiedades de los logaritmos para calcular el valor de x que verifica:

a) $\log_3 9^{x+3} = 3$

b) $\log_5 x + \frac{\log_5 125}{\log_5 x} = \frac{7}{2}$

c) $\log(64 - x^3) - 3\log(4-x) = 0$

Sol.: a) −1,5; b) 5; $5\sqrt{25}$; c) 0

73. ★★★ Determina los valores de x que verifican las siguientes igualdades:

a) $\log x - \log(x^2-2) = 1$

b) $\log(x+3) + \log x = 2$

c) $\log(3x-1) + \log(x-1) = 1 + \log x$

Sol.: a) 1,465; b) 8,612; c) 4,594

74. ★★★ Calcula la magnitud de un terremoto en la escala de Richter si la amplitud máxima medida en el sismógrafo es de 23 mm y la diferencia entre la llegada de las llamadas ondas P y S es de 24 s. Para ello, consulta el siguiente enlace: http://links.edebe.com/v3n6pj. @

Sol.: 5,29

SÍNTESIS

75. ★★☆ Expresa mediante intervalos los valores que puede tomar x en cada caso y represéntalos gráficamente:

a) $\sqrt{x-2}$

b) $\sqrt{\frac{x+3}{3}}$

c) $\sqrt{1-4x}$

Sol.: a) $[2, +\infty)$; b) $[-3, +\infty)$; c) $(-\infty, 1/4]$

76. ★★★ Calcula $\log_6 \frac{\sqrt{3}+\sqrt{2}}{\sqrt{3}-\sqrt{2}}$ racionalizando primero la fracción y aproximando todos los resultados, incluido el final, hasta las milésimas.

Sol.: 1,279

1 Síntesis

1. El conjunto de los números reales
2. Radicales
3. Logaritmos

NÚMEROS REALES

El conjunto de los número reales es el que resulta de añadir los números irracionales (que no pueden ser expresados como fracciones) a los racionales.

en función de su expresión decimal se clasifican en

- Números decimales exactos.
- Números decimales periódicos puros.
- Números decimales periódicos mixtos.
- Números irracionales.

se representan gráficamente sobre la

Recta real

lo que permite compararlos y establecer un

Orden

$a < b$ si a está a la izquierda de b en la recta real.

y definir

Intervalos y entornos

la amplitud de un intervalo caracteriza

Valor absoluto de *a*: $|a|$
Distancia entre *a* y *b*: $d(a, b) = |b - a|$

pueden aproximarse de distintas formas

- Aproximaciones decimales
- Por truncamiento
- Por redondeo

que utilizamos para

Operar con números reales

al aproximar cometemos

Errores

- $\varepsilon_a = |\text{Valor exacto} - \text{Valor aproximado o medido}|$
- $\varepsilon_r(\%) = \dfrac{\varepsilon_a}{\text{Valor exacto}} \cdot 100$
- Cotas de error

el tipo y el orden de la aproximación determinan

El error cometido

Las cifras significativas

RADICALES

$b = \sqrt[n]{a} \Leftrightarrow b^n = a$

$\sqrt[n]{a} = a^{\frac{1}{n}}$

Propiedades

- $a\sqrt[n]{b} = \sqrt[n]{a^n b}$
- $\sqrt[m]{\sqrt[n]{a}} = \sqrt[m \cdot n]{a}$
- $\sqrt[n \cdot m]{a^m} = \sqrt[n]{a}$
- $\sqrt[n]{(a \cdot b)} = \sqrt[n]{a} \cdot \sqrt[n]{b}$
- $\left(\sqrt[n]{a}\right)^m = \sqrt[n]{a^m}$
- $\sqrt[n]{\dfrac{a}{b}} = \dfrac{\sqrt[n]{a}}{\sqrt[n]{b}}$

Las propiedades se utilizan para calcular **radicales equivalentes,** lo que nos será útil para operar.

Operaciones

- $a\sqrt[m]{x} \pm b\sqrt[m]{x} = (a \pm b)\sqrt[m]{x}$
- $a\sqrt[m]{x} \cdot b\sqrt[m]{y} = ab\sqrt[m]{xy}$, $\dfrac{a\sqrt[m]{x}}{b\sqrt[m]{y}} = \dfrac{a}{b}\sqrt[m]{\dfrac{x}{y}}$
- Racionalización

LOGARITMOS

$\log_a y = x \Leftrightarrow a^x = y$, para $a \in \mathbb{R} > 0$, $a \neq 1$, $y > 0$

Base logarítmica

- $\log_{10} y = \log y$, $\log_e y = \ln y$
- Cambio de base: $\log_a x = \dfrac{\log_b x}{\log_b a}$

Propiedades

- si $x \neq y \Rightarrow \log_a x \neq \log_a y$
- si $a > 1$ y $x < y \Rightarrow \log_a x < \log_a y$
- $\log_a a = 1$
- $\log_a 1 = 0$
- $\log_a (x\,y) = \log_a x + \log_a y$
- $\log_a \left(\dfrac{x}{y}\right) = \log_a x - \log_a y$
- $\log_a x^n = n \log_a x$
- $\log_a \sqrt[n]{x} = \dfrac{\log_a x}{n}$

1 ¿En qué casos una operación entre dos números irracionales puede dar como resultado un número racional? Justifica tus respuestas utilizando contraejemplos cuando lo consideres oportuno.

2 Escribe de forma simbólica y representa gráficamente estos intervalos:

a) $\{x | x \leq 2\}$

b) $\{x | -1 < x \leq 5\}$

— ¿Cuál es la distancia entre los puntos $x = 1$ y $x = 5$?

Sol.: a) $(-\infty, 2]$; b) $(-1, 5]$; $d(1, 5) = 4$

3 Representa en la recta real los siguientes conjuntos numéricos:

a) $(-\infty, 1]$

b) $(-\infty, -1) \cup [3, +\infty)$

4 En un análisis de sangre de un paciente, el número de glóbulos rojos por mm^3 de sangre ha sido de $4{,}8 \cdot 10^6$. Calcula el número de glóbulos rojos de este paciente si su cuerpo contiene aproximadamente 5 L de sangre.

— Si el diámetro de cada glóbulo rojo es aproximadamente de 10^{-2} mm, determina la longitud en kilómetros de una hilera formada por los glóbulos rojos de este paciente.

— Si la longitud del ecuador es aproximadamente de 40 000 km, ¿cuántas veces esta hilera de glóbulos rojos podría dar la vuelta a la Tierra?

Haz los cálculos en notación científica.

5 Considera los números $A = 5{,}2 \cdot 10^{-3}$, $B = 1{,}68 \cdot 10^7$ y $C = 7{,}3 \cdot 10^{-2}$. Responde:

a) Redondea B de forma que la expresión resultante tenga dos cifras significativas.

b) Halla el error absoluto cometido. ¿Cuál es el error relativo?

c) Calcula el resultado de $A + B \cdot C$ utilizando la aproximación de B del apartado anterior.

d) Halla los errores absoluto y relativo.

e) ¿Cómo afecta la aproximación del número B a los errores absoluto y relativo cometidos al calcular el resultado de $A + B \cdot C$?

Sol.: a) $1{,}7 \cdot 10^7$; b) $\varepsilon_a = 200000$, $\varepsilon_r = 1{,}19\,\%$; c) 1241000,0052; d) $\varepsilon_a = 14600$, $\varepsilon_r = 1{,}19\,\%$

6 Calcula y simplifica:

a) $\sqrt{45} - 2\sqrt{20} + \dfrac{\sqrt{405}}{3} + \sqrt{80}$

b) $\sqrt[3]{x\sqrt{\sqrt{x^5y^3}}}$

c) $\dfrac{\sqrt[6]{a^5b^7c^4}}{\sqrt[3]{a^2b^5c^2}}$

Sol.: a) $6\sqrt{5}$; b) $\sqrt[4]{x^3y}$; c) $\sqrt[6]{\dfrac{a}{b^3}}$

7 Racionaliza:

a) $\dfrac{\sqrt{2}}{\sqrt[3]{5}}$ b) $\dfrac{5}{\sqrt[5]{5}}$ c) $\dfrac{3\sqrt{2} + 2\sqrt{3}}{2\sqrt{3} - 3\sqrt{2}}$

Sol.: a) $\dfrac{\sqrt[3]{25}\,\sqrt{2}}{5}$; b) $\sqrt[5]{5^4}$; c) $-\dfrac{1}{6}\left(3\sqrt{2} + 2\sqrt{3}\right)^2$

8 Un rectángulo mide $\sqrt{3 + \sqrt{5}}$ cm de base y tiene una altura de $\sqrt{4 - \sqrt{5}}$ cm. Calcula su área: a) redondeando los valores a las milésimas; b) desarrollando el producto de radicales y redondeando $\sqrt{5}$ a las milésimas.

— ¿En qué caso se comete un error absoluto mayor? ¿Por qué?

Sol.: a) 3,038 cm^2; b) 3,039 cm^2

9 Determina los intervalos a los que debe pertenecer x para que se verifique:

a) $0 \leq \log_3 x < 1$ d) $-2 < \ln x < 2$

b) $1 \leq \log_2 x \leq 4$ e) $0 < \log x < 2$

c) $-1 \leq \log_2 x \leq 0$ f) $0 < \log 2x \leq 3$

Sol.: a) $[1, 3)$; b) $[2, 16]$; c) $[0{,}5, 1]$; d) (e^{-2}, e^2); e) $(1, 100)$; f) $(0{,}5, 500]$

10 Si $\log x = 3{,}1$, $\log y = -0{,}7$ y $\log z = 0{,}4$, calcula:

a) $\log \sqrt[5]{\dfrac{xy^3}{z^2}}$ b) $\log \dfrac{0{,}01x^2\sqrt{y}}{z^2}$

Sol.: a) 0,04; b) 3,05

11 Calcula:

a) $\log_3 54$ c) $\log_7 0{,}69$ e) $\log_{\sqrt{5}} 100$

b) $\log 0{,}2144$ d) $\log_4 \sqrt[6]{8^3}$ f) $\ln(\ln 512)$

Sol.: a) 3,631; b) −0,669; c) −0,191; d) 0,75; e) 5,723; f) 1,831

12 Expresa en un único logaritmo:

a) $3\,(2\log_2 A - 5\log_2 B)$

b) $\ln[x\,(x + 1)] - 3 \cdot \ln x^2$

Sol.: a) $\log_2 \dfrac{A^6}{B^{15}}$; b) $\ln \dfrac{x(x + 1)}{x^6}$

SOCIETY

Euler y los matemáticos de su tiempo

«Lean a Euler, lean a Euler; él es el maestro de todos nosotros». (Pierre S. Laplace)

Esta frase la pronunció Pierre-Simon Laplace (1749-1827), un colega de una generación posterior a Euler, que admiraba su prolífica obra (entre 60 y 80 volúmenes).

- Busca en la Red dos definiciones algebraicas del número *e* enunciadas por Euler y anótalas en tu cuaderno.
- Busca también el valor del número *e*, tal y como lo describió Euler (con veintitrés cifras decimales). ¿Cuántas cifras decimales se han podido obtener con la tecnología actual?

NEW

Dublín y los logaritmos

James Joyce (1882-1941) es quizás el escritor irlandés más famoso, conocido sobre todo por su obra maestra Ulises *(1922). En ella se describe de manera exhaustiva y detallada la ciudad de Dublín, sobre la que se plantea el siguiente enigma: «¿Se puede cruzar la capital irlandesa sin pasar por delante de ningún pub?». Matemáticamente es muy difícil responder dicha pregunta, pero recientemente el informático Rory McCann aseguró tener una respuesta basada en los logaritmos.*

- Entra en la Red y accede a **http://links.edebe.com/cp**, en la que encontrarás más información. ¿En qué elementos se basa dicho cálculo?
- Busca también información sobre otros ámbitos (técnicos, sociales, culturales, artísticos...) en los que intervengan los logaritmos y prepara una breve presentación de diapositivas (5 minutos) para exponer en clase tus resultados.

CRITICAL SENSE

EL REDONDEO Y EL PRECIO DE LA GASOLINA

Como habrás observado al repostar, cuando se fija el precio por litro de gasolina, este se aproxima hasta las milésimas de euro; posteriormente, el surtidor del carburante redondea el precio final hasta los céntimos de euro (€).

- Otra opción consistiría en redondear el precio a céntimos de euro antes de fijarlo en el mercado. Teniendo en cuenta ambas opciones, ¿qué sectores sociales saldrían perjudicados y/o beneficiados?
- Si el coste por litro de gasolina de 95 octanos es de 1,364 €/L y en España, en un día, se pueden dispensar unos $1{,}22 \cdot 10^7$ L, calcula el ahorro para los conductores que supone escoger la opción más beneficiosa de redondeo.

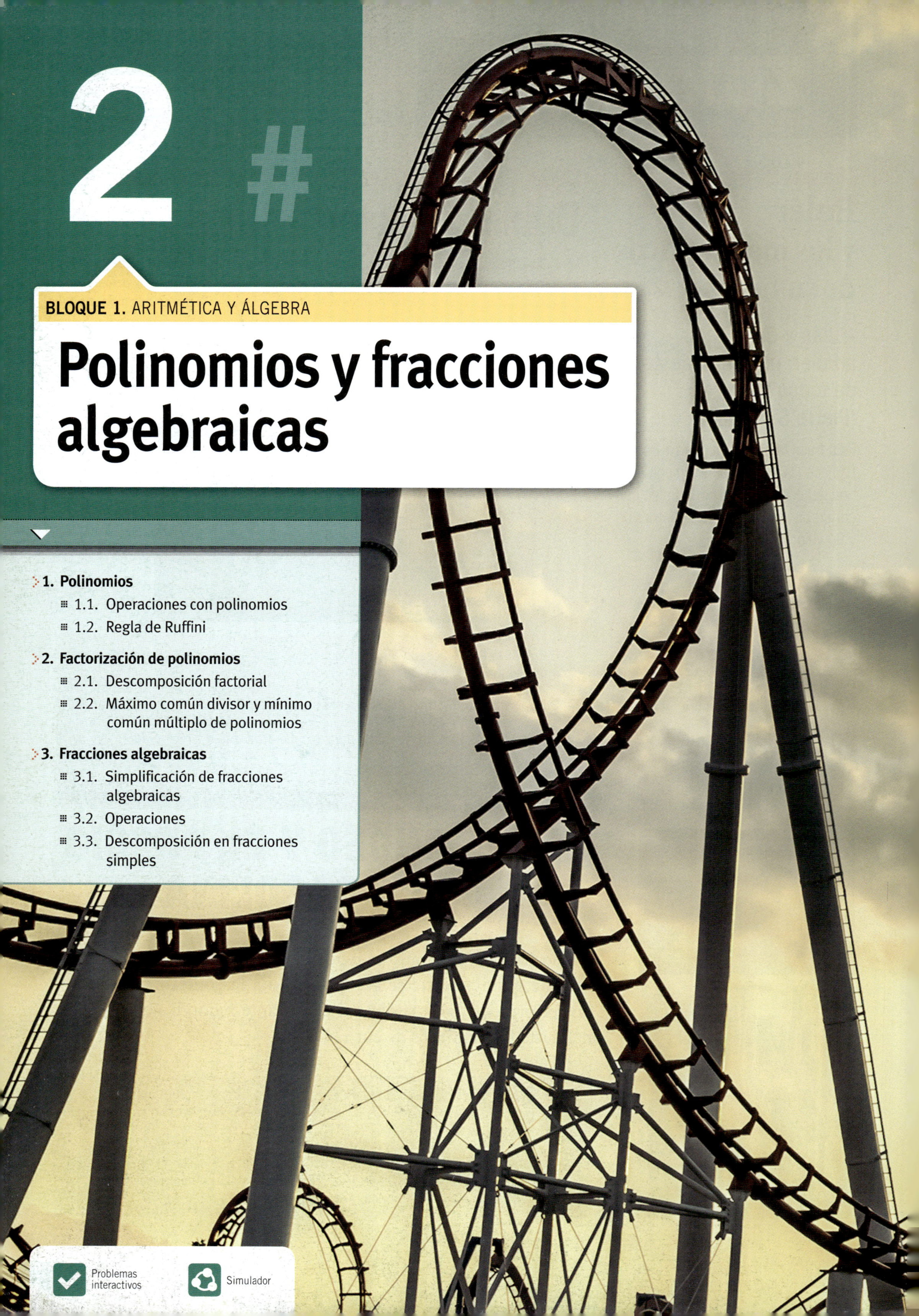

2

BLOQUE 1. ARITMÉTICA Y ÁLGEBRA

Polinomios y fracciones algebraicas

1. Polinomios
- 1.1. Operaciones con polinomios
- 1.2. Regla de Ruffini

2. Factorización de polinomios
- 2.1. Descomposición factorial
- 2.2. Máximo común divisor y mínimo común múltiplo de polinomios

3. Fracciones algebraicas
- 3.1. Simplificación de fracciones algebraicas
- 3.2. Operaciones
- 3.3. Descomposición en fracciones simples

Problemas interactivos

Simulador

Internet

Las montañas rusas, si bien son las atracciones más «temidas», son también las más populares. Compuestas por *loops,* vueltas de tornillo y caídas imposibles, aportan riesgo, altura y velocidad que combinados divierten a pequeños y mayores. En el siguiente enlace encontrarás el *ranking* de las diez montañas rusas más impactantes del mundo:

http://links.edebe.com/3ed8d

EN CONTEXTO

a> Observa la montaña rusa de la imagen.

— Escribe en tu cuaderno qué ves en ella, qué piensas al observarla y qué pregunta te sugiere.

— En pequeños grupos, exponed vuestras respuestas de forma razonada.

— Finalmente, ponedlas en común con toda la clase y recoged las respuestas en un cuadro de observaciones.

b> Con un programa de representación gráfica, dibuja la función representada por el siguiente polinomio:

$$\frac{x^5}{5} + \frac{x^2}{2} - 3x^3 - x^2 + 8x$$

— ¿Qué características comparte dicha función con las montañas rusas que aparecen en la web?

— En grupos, elegid una de las montañas rusas, escoged un tramo de esta y buscad una función cuya forma se parezca al tramo seleccionado.

1. Polinomios
1.1. Operaciones con polinomios
1.2. Regla de Ruffini

1. Polinomios

Los **polinomios** son expresiones algebraicas que relacionan constantes y variables. Aunque formalmente son relativamente simples, pueden describir gran cantidad de fenómenos y, por ello, son una potente herramienta matemática utilizada en disciplinas como la informática o la ingeniería.

Un polinomio en la indeterminada x es una expresión algebraica del tipo $P(x) = a_n x^n + a_{n-1} x^{n-1} + ... + a_1 x^1 + a_0$, donde $a_n, \dots, a_1, a_0$ son números reales llamados coeficientes del polinomio.

Cada uno de los monomios $a_i x^i$, con $0 \leq i \leq n$, es un **término** del polinomio. El valor de i determina el grado de cada uno de los términos.

El término de mayor grado con coeficiente no nulo se denomina **término principal** del polinomio y, el de grado cero, a_0, **término independiente.**

El **grado** del término principal determina el grado del polinomio. Así, el polinomio $P(x) = 3x^5 - 4x^2 + 3$ tiene como término principal $3x^5$, que es de grado 5.

AMPLÍA

Un polinomio puede estar expresado en más de una indeterminada:

$$x^3y + 2yt - 4xyt$$

RECUERDA

Un **monomio** es una expresión algebraica compuesta por un único término. Por ejemplo:

$$-6x^3y^2$$

es un monomio de **coeficiente** -6 y **parte literal** x^3y^2.

Dos monomios son **semejantes** si tienen la misma parte literal.

Valor numérico de un polinomio

Los polinomios expresan relaciones generales. Al sustituir la indeterminada por un número, transformamos la expresión general en un valor concreto.

El valor numérico de un polinomio $P(x)$ para $x = a$ es el número que resulta de sustituir la indeterminada x por el valor a. Se representa $P(a)$.

Los valores $x = a$ que anulan el polinomio, es decir, que verifican $P(a) = 0$ tienen especial importancia y se denominan **raíces** o **ceros** del polinomio.

LENGUAJE MATEMÁTICO

Un polinomio de grado n es **completo** si todos los términos de grado menor que n tienen coeficiente no nulo.

1 EJEMPLO

Halla el valor numérico de $P(x) = x^6 - 2x^3 + 8x - 1$ para $x = 3$ y $Q(x) = \frac{3}{4}x^4 - \frac{1}{2}x + 3$ para $x = 2$.

Solución

COMPRENSIÓN: Sustituiremos la indeterminada por el valor correspondiente.

RESOLUCIÓN: a) $P(3) = 3^6 - 2 \cdot 3^3 + 8 \cdot 3 - 1 = 729 - 54 + 24 - 1 = 698$

b) $Q(2) = \frac{3}{4}2^4 - \frac{1}{2}2 + 3 = \frac{3 \cdot 16}{4} - \frac{2}{2} + 3 = 12 - 1 + 3 = 14$

FÍJATE

Los términos de los polinomios suelen ordenarse en orden decreciente respecto a sus grados:

$$P(x) = 8x^2 - 2x^3 + x^4 - 3x + 5 = \\ = x^4 - 2x^3 + 8x^2 - 3x + 5$$

2 EJEMPLO

¿Son $x = 2$, $x = -2$, $x = 1$ raíces del polinomio $P(x) = 6x^3 + 7x^2 - 9x + 2$?

Solución

COMPRENSIÓN: Sustituimos la indeterminada del polinomio por los valores propuestos. Aquellos para los que el valor numérico sea 0 son las raíces del polinomio.

RESOLUCIÓN:

$P(2) = 6 \cdot 2^3 + 7 \cdot 2^2 - 9 \cdot 2 + 2 = 48 + 28 - 18 + 2 = 60 \neq 0 \rightarrow x = 2$ no es raíz del polinomio.

$P(-2) = 6 \cdot (-2)^3 + 7 \cdot (-2)^2 - 9 \cdot (-2) + 2 = -48 + 28 + 18 + 2 = 0 \rightarrow x = -2$ es raíz del polinomio.

$P(1) = 6 \cdot 1^3 + 7 \cdot 1^2 - 9 \cdot 1 + 2 = 6 + 7 - 9 + 2 = 6 \rightarrow x = 1$ no es raíz del polinomio.

Ejercicios y problemas
9, 10 y 21 a 23

1.1. Operaciones con polinomios

Veamos cómo efectuar operaciones con polinomios.

Suma y resta de polinomios

Para **sumar y restar** dos polinomios, se operan los términos semejantes.

3 EJEMPLO

Dados $P(x) = 3x^4 - 2x^2 + x + 8$ y $Q(x) = x^4 + 2x^3 - x^2 + x$, calcula $P(x) + Q(x)$ y $P(x) - Q(x)$.

Solución

COMPRENSIÓN: Para facilitar el cálculo, colocaremos los polinomios de forma adecuada.

RESOLUCIÓN:

$$\begin{array}{rrcl} & P(x) &=& 3x^4 \qquad\quad - 2x^2 + x + 8 \\ + & Q(x) &=& x^4 + 2x^3 - x^2 + x \\ \hline & P(x) + Q(x) &=& 4x^4 + 2x^3 - 3x^2 + 2x + 8 \end{array}$$

$$\begin{array}{rcl} P(x) &=& 3x^4 \qquad\quad - 2x^2 + x + 8 \\ -Q(x) &=& -x^4 - 2x^3 + x^2 - x \\ \hline P(x) - Q(x) &=& 2x^4 - 2x^3 - x^2 \qquad + 8 \end{array}$$

Multiplicación y división de polinomios

Para **multiplicar** dos polinomios, se multiplican todos los términos del primero por los del segundo.

El método de la **división** es parecido a la división numérica. Observa la siguiente división: $(6x^3 - 2x^2 + x + 3) : (x^2 - x + 1)$.

$$\begin{array}{rl|l} 6x^3 - 2x^2 + x + 3 & & x^2 - x + 1 \\ \cline{3-3} -6x^3 + 6x^2 - 6x & & 6x \\ \hline 4x^2 - 5x + 3 & & \end{array}$$

1. Colocamos los polinomios y dividimos los términos de mayor grado; multiplicamos el cociente por los términos del divisor y restamos el resultado del dividendo obteniendo el primer resto parcial.

$$\begin{array}{r|l} 6x^3 - 2x^2 + x + 3 & x^2 - x + 1 \\ \cline{2-2} -6x^3 + 6x^2 - 6x & 6x + 4 \\ \hline 4x^2 - 5x + 3 & \\ -4x^2 + 4x - 4 & \\ \hline - x - 1 & \end{array}$$

2. Repetimos el proceso con el polinomio resultante hasta obtener un resto parcial de grado menor que el grado del divisor.

El resultado es $6x + 4$ y el **resto,** $R(x) = -x - 1$. La prueba de la división permitirá verificar que el resultado es correcto: Cociente · Divisor + Resto = Dividendo.

4 EJEMPLO

Sean $P(x) = x^5 + 2x^3 - x - 8$ y $Q(x) = x^2 + 1$. Calcula: a) $P(x) \cdot Q(x)$; b) $P(x) : Q(x)$.

Solución

COMPRENSIÓN: Para realizar la multiplicación y la división, deberemos colocar correctamente los polinomios dejando huecos en la posición correspondiente a los términos nulos.

RESOLUCIÓN:

$$\begin{array}{rr} & x^5 + 2x^3 - x - 8 \\ \times & x^2 + 1 \\ \hline & x^5 + 2x^3 \quad - x - 8 \\ x^7 + 2x^5 - x^3 - 8x^2 & \\ \hline x^7 + 3x^5 + x^3 - 8x^2 - x - 8 & \end{array}$$

$$\begin{array}{r|l} x^5 \quad + 2x^3 \qquad - x - 8 & x^2 + 1 \\ \cline{2-2} -x^5 \quad - x^3 \qquad\qquad & x^3 + x \\ \hline x^3 \qquad - x - 8 & \\ -x^3 \qquad - x \quad & \\ \hline -2x - 8 & \end{array}$$

AMPLÍA

La suma de polinomios tiene las siguientes propiedades:

Asociativa:

$[P(x) + Q(x)] + R(x) =$
$= P(x) + [Q(x) + R(x)]$

Conmutativa:

$P(x) + Q(x) = Q(x) + P(x)$

Elemento neutro:

$P(x) + 0 = P(x)$

Elemento opuesto:

$P(x) + [-P(x)] = 0$

La **multiplicación** también cumple las propiedades asociativa y conmutativa, tiene elemento neutro 1. Además, es distributiva respecto de la suma:

$P(x) \cdot [Q(x) + R(x)] =$
$= P(x) \cdot Q(x) + P(x) \cdot R(x)]$

RECUERDA

Al multiplicar y dividir términos de polinomios, debes tener en cuenta:

$$a_i x^i \cdot a_j x^j = (a_i \cdot a_j) x^{i+j}$$

$$\frac{a_i x^i}{a_j x^j} = \left(\frac{a_i}{a_j}\right) x^{i-j}$$

FÍJATE

El **grado de la suma** de dos polinomios es de igual o menor grado que el mayor grado de sus sumandos.

El **grado del cociente de la división** es la diferencia entre el grado del dividendo y del divisor.

Reflexiona sobre lo que ocurre en el caso de la resta y la multiplicación.

Ejercicios y problemas
11 a 13, 16 a 20, 24, 25 y 27

Paolo Ruffini (1765-1822) ideó su conocido método para calcular divisiones de polinomios con divisor de la forma $x - a$, en el año 1809.

1.2. Regla de Ruffini

La **regla de Ruffini** es un método que simplifica las divisiones de polinomios cuando el divisor es de la forma $x - a$.

Consideremos los polinomios $P(x) = x^4 - 2x^3 - 3x^2 + 2x - 5$ y $Q(x) = x - 3$, y veamos cómo se dividen aplicando este método.

1. En la parte superior colocamos los coeficientes de $P(x)$ y en la inferior izquierda, a, que en este caso es 3, del siguiente modo. Si el dividendo es incompleto, debe colocarse un cero en el lugar de cada término que falta:

	1	−2	−3	2	−5
3					

2. Bajamos el primer coeficiente del dividendo, lo multiplicamos por a y el resultado lo sumamos al segundo coeficiente:

	1	−2	−3	2	−5
3		3			
×	1	1			

3. Repetimos el proceso con todos los coeficientes del dividendo:

	1	−2	−3	2	−5
3		3	3	0	6
	1	1	0	2	1

La fila inferior de coeficientes es la que expresa el resultado de la división, teniendo en cuenta que el último número es el resto de la división. En este caso, el polinomio cociente es $C(x) = x^4 + x^3 + 2$ y el resto es $R(x) = 1$.

FÍJATE

Al efectuar la división $P(x) : Q(x)$:

$$P(x) = C(x) \cdot Q(x) + R(x)$$

donde grado $R(x) <$ grado $Q(x)$.

En concreto, al aplicar la regla de Ruffini:

grado $R(x) <$ grado $(x - a) \rightarrow$
$\rightarrow$ grado $R(x) = 0 \rightarrow R(x) = k \in \mathbb{R}$

grado $C(x) =$ grado $P(x) - 1$

RECUERDA

En la división de enteros, p era divisible por q si existía un número c tal que:

$$p = c \cdot q$$

Análogamente, en el caso de los polinomios, $P(x)$ es **divisible** por $Q(x)$, $R(x) = 0$. Por lo tanto:

$$P(x) = C(x) \cdot Q(x)$$

5 EJEMPLO

Efectúa la siguiente división: $(2x^4 + 2x^2 + 1) : (x + 3)$.

Solución

COMPRENSIÓN: Al ser el divisor del tipo $(x - a)$, con $a = -3$ podemos efectuar la división aplicando la regla de Ruffini.

RESOLUCIÓN:

	2	0	2	0	1
−3		−6	18	−60	180
	2	−6	20	−60	181

El resultado es $C(x) = 2x^3 - 6x^2 + 20x - 60$ y $R = 181$.

6 EJEMPLO

Halla el valor de k para que el polinomio $x^5 - 3x^3 + kx^2 - 4$ sea divisible por $x - 2$.

Solución

COMPRENSIÓN: Efectuaremos la división aplicando la regla de Ruffini e igualaremos el término del resto a 0.

RESOLUCIÓN:

	1	0	−3	a	0	−4
2		2	4	2	$2k + 4$	$4k + 8$
	1	2	1	$k + 2$	$2k + 4$	$4k + 4$

$R(x) = 4k + 4 = 0 \rightarrow k = -1$. El polinomio $x^5 - 3x^3 - x^2 - 4$ es divisible por $x - 2$.

Ejercicios y problemas
14, 15, 20 y 26

2. Factorización de polinomios
2.1. Descomposición factorial
2.2. Máximo común divisor y mínimo común multiplo de polinomios

2. Factorización de polinomios

Factorizar un polinomio consiste en expresarlo como producto de polinomios de grado menor, llamados **factores.**

Teorema del resto

Al dividir un polinomio $P(x)$ por $Q(x) = x - a$, obteníamos un cociente $C(x)$ y un resto $R(x) = k$ que cumplían:

$$P(x) = C(x) \cdot (x - a) + k$$

Si, a partir de esta expresión, calculamos el valor numérico de $P(x)$ en $x = a$, obtenemos:

$$P(a) = C(a) \cdot (a - a) + k = k$$

El resto de la división de un polinomio $P(x)$ entre $(x - a)$ es igual al valor numérico de dicho polinomio para $x = a$, es decir, $R(x) = P(a)$.

7 EJEMPLO

Halla el resto de las siguientes divisiones sin efectuar la división:

a) $P(x) = x^3 + 15x^2 + 12x - 4$ entre $(x - 2)$ **b) $Q(x) = x^4 - x^3 + 2x^2 + 5$ entre $(x + 1)$**

Solución

COMPRENSIÓN: Sustituimos x y aplicamos el teorema del resto.

RESOLUCIÓN: a) $P(2) = 2^3 + 15 \cdot 2^2 + 12 \cdot 2 - 4 = 8 + 60 + 24 - 4 = 88 \rightarrow$ El resto es 88.

b) $Q(-1) = (-1)^4 - (-1)^3 + 2 \cdot (-1)^2 + 5 = 1 + 1 + 2 + 5 = 9 \rightarrow$ El resto es 9.

Teorema del factor

El teorema del factor es una consecuencia inmediata del teorema del resto:

Un polinomio $P(x)$ tiene un factor $(x - a)$, si y solo si $x = a$ es una raíz de P.

Así, el polinomio $P(x)$ puede expresarse de la forma $P(x) = (x - a) \cdot C(x)$, donde **$(x - a)$** es un **factor** de **$P(x)$.**

8 EJEMPLO

Comprueba si $(x + 2)$ es un factor de los siguientes polinomios:

a) $P(x) = x^3 + 2x^2 + x + 2$ **b) $Q(x) = x^3 + x - 1$**

Solución

COMPRENSIÓN: Calculamos el valor numérico de $x = -2$ en los polinomios.

RESOLUCIÓN: a) $P(-2) = (-2)^3 + 2\,(-2)^2 - 2 + 2 = 0 \rightarrow (x + 2)$ es un factor de $P(x)$. Para hallar el otro factor, dividiremos, en este caso, aplicando la regla de Ruffini:

	1	2	1	2
−2		−2	0	−2
	1	0	1	0

$\rightarrow P(x) = (x + 2) \cdot (x^2 + 1)$

b) $Q(-2) = (-2)^3 + (-2) - 1 = -8 - 2 - 1 = -11 \rightarrow (x + 2)$ no es un factor de $Q(x)$.

INTERNET

En la siguiente web encontrarás una calculadora en línea con la que podrás efectuar cálculos con polinomios, calcular raíces, etc.:

http://links.edebe.com/4f7bie

FÍJATE

Las **raíces enteras** de un polinomio son divisores de su término independiente. Por ejemplo, si consideramos:

$$P(x) = x^5 - 2x^4 - 10x^3 + 20x^2 + 9x - 18$$

Las posibles raíces son: $\{\pm 1, \pm 2, \pm 3, \pm 6, \pm 9, \pm 18\}$.

INTERNET

Cálculo de raíces de un polinomio de grado 3:

http://links.edebe.com/cpa4, **http://links.edebe.com/3p2bkh**

Aplicación del teorema del resto y regla de Ruffini:

http://links.edebe.com/gbse6u, **http://links.edebe.com/6y**

Problemas resueltos
B

Ejercicios y problemas
29, 31, 32, 34, 36 y 38 a 40

RECUERDA

Las igualdades notables más utilizadas son:

$$(a + b)^2 = a^2 + 2ab + b^2$$

$$(a - b)^2 = a^2 - 2ab + b^2$$

$$(a + b) \cdot (a - b) = a^2 - b^2$$

¿Podrías encontrar, a partir de estas, el desarrollo del cubo de una suma y de una resta?

FÍJATE

Las igualdades notables permiten convertir productos en sumas, y viceversa.

LENGUAJE MATEMÁTICO

Un polinomio es **irreducible** si no tiene factores de menor grado.

Problemas resueltos
A

Ejercicios y problemas
28, 30, 33, 36, 37 y 41

2.1. Descomposición factorial

Hemos visto cómo obtener factores de la forma $x - a$ en caso de que existan. Otros métodos que podemos usar para hallar factores son los siguientes:

— Sacar factor común a la variable independiente con menor grado cuando el término independiente es nulo. Por ejemplo:

$$x^8 - 4x^6 + 2x^4 - 6x^2 = x^2 \cdot (x^6 - 4x^4 + 2x^2 - 6)$$

— Identificar las igualdades notables. Por ejemplo:

$$x^4 - 6x^2 + 9 = (x^2 - 3)^2 = (x^2 - 3) \cdot (x^2 - 3)$$

9 EJEMPLO

Descompón el siguiente polinomio: $P(x) = x^6 - 2x^5 - 10x^4 + 20x^3 + 9x^2 - 18x$.

Solución

COMPRENSIÓN: Se trata de un polinomio de grado 6. Utilizaremos una combinación de las herramientas que hemos visto con anterioridad para factorizar.

RESOLUCIÓN:

$P(x) = x^6 - 2x^5 - 10x^4 + 20x^3 + 9x^2 - 18x$ tiene término independiente nulo. Por lo tanto:

$$P(x) = x \cdot (x^5 - 2x^4 - 10x^3 + 20x^2 + 9x - 18)$$

Nos queda por factorizar el polinomio $x^5 - 2x^4 - 10x^3 + 20x^2 + 9x - 18$. Para ello, usaremos la regla de Ruffini:

	1	-2	-10	20	9	-18
1		1	-1	-11	9	18
	1	-1	-11	9	18	0
-1		-1	2	9	-18	
	1	-2	-9	18	0	
2		2	0	-18		
	1	0	-9	0		
3		3	9			
	1	3	0			

Así, el polinomio factorizado es:

$$P(x) = x^6 - 2x^5 - 10x^4 + 20x^3 + 9x^2 - 18x = x \cdot (x - 1) \cdot (x + 1) \cdot (x - 2) \cdot (x - 3) \cdot (x + 3)$$

10 EJEMPLO

Descompón en factores el polinomio: $P(x) = x^5 - 2x^4 + 2x^3 - 4x^2 + x - 2$.

Solución

COMPRENSIÓN: De nuevo, usamos las técnicas de factorización conocidas y tendremos en cuenta el desarrollo del cuadrado de una suma.

RESOLUCIÓN: Empezamos con la regla de Ruffini:

	1	-2	2	-4	1	-2
2		2	0	4	0	2
	1	0	2	0	1	0

Si probamos con $x = \pm 1$, constatamos que el polinomio no tiene más raíces. Por lo tanto:

$$P(x) = (x - 2) \cdot (x^4 + 2x^2 + 1) = (x - 2) \cdot (x^2 + 1)^2$$

2.2. Máximo común divisor y mínimo común múltiplo de polinomios

La expresión de dos polinomios como producto de factores irreducibles se puede utilizar para calcular dos nuevos polinomios de especial importancia: el **máximo común divisor, M.C.D.,** y el **mínimo común múltiplo, m.c.m.**

Consideremos que tenemos dos polinomios $P(x)$ y $Q(x)$ descompuestos en factores irreducibles. Veamos cómo hallar el M.C.D. y el m.c.m.

Máximo común divisor

El máximo común divisor de $P(x)$ y $Q(x)$ es su divisor común de mayor grado.

El M.C.D. de dos polinomios es el producto de sus factores comunes elevados al menor exponente.

Mínimo común múltiplo

El mínimo común múltiplo de $P(x)$ y $Q(x)$ es su múltiplo común de menor grado.

El m.c.m. de dos polinomios es el producto de sus factores no comunes y comunes elevados al mayor exponente.

11 EJEMPLO

Calcula el máximo común divisor y el mínimo común múltiplo de los siguientes polinomios: $P(x) = x^3 + x^2 - x - 1$ y $Q(x) = x^3 - x^2 - 2x$.

Solución

COMPRENSIÓN: Para calcular el M.C.D. y el m.c.m., descomponemos $P(x)$ y $Q(x)$ en factores irreducibles y aplicamos las definiciones.

RESOLUCIÓN: Para descomponer $P(x)$, aplicamos la regla de Ruffini:

	1	1	−1	−1
1		1	2	1
	1	2	1	0
−1		−1	−1	
	1	1	0	

Por lo tanto, $P(x) = (x - 1) \cdot (x + 1) \cdot (x + 1) = (x - 1) \cdot (x + 1)^2$.

Por otra parte, $Q(x) = x \cdot (x^2 - x - 2)$; como $x^2 - x - 2$ es un polinomio de segundo grado, podemos buscar sus raíces directamente:

$$x = \frac{1 \pm \sqrt{(-1)^2 - 4(-2)}}{2} = \frac{1 \pm \sqrt{9}}{2} = \frac{1 \pm 3}{2}$$

Es decir, $x_1 = 2$, $x_2 = -1$; entonces: $Q(x) = x \cdot (x + 1) \cdot (x - 2)$.

De esta forma:

$$\text{M.C.D.}[P(x), Q(x)] = x + 1$$

$$\text{m.c.m.}[P(x), Q(x)] = x \cdot (x + 1)^2 \cdot (x - 1) \cdot (x - 2)$$

CURIOSIDADES

Euclides (330 a. C.-275 a. C.) ideó un algoritmo para el cálculo del M.C.D. de dos números naturales que también funciona para polinomios.

FÍJATE

Para hallar las raíces de un polinomio de segundo grado, podemos usar la fórmula:

$$x = \frac{-b \pm \sqrt{b^2 - 4ac}}{2a}$$

AMPLÍA

¿Cuántas raíces crees que puede tener como máximo un polinomio de grado *n*?

Ejercicios y problemas 35

3. Fracciones algebraicas
3.1. Simplificación de fracciones algebraicas
3.2. Operaciones
3.3. Descomposición en fracciones simples

3. Fracciones algebraicas

Del mismo modo que extendíamos el conjunto de los números enteros al de los racionales al comprobar que no todas las divisiones daban como resultado un número entero, podemos hacer lo mismo con el conjunto de los polinomios.

Las **fracciones algebraicas** son aquellas expresiones en forma fraccionaria cuyo denominador es un polinomio.

Ejemplos de fracciones algebraicas son las siguientes:

$$\frac{x^2+x-1}{2x-6}\ ;\ \frac{-3}{x^3-2x-1}$$

Del mismo modo que en el caso numérico, existe el concepto de **fracción algebraica equivalente.**

Las fracciones algebraicas $\frac{P(x)}{Q(x)}$ y $\frac{R(x)}{S(x)}$ son **equivalentes** si se cumple la igualdad: $P(x)\cdot S(x) = R(x)\cdot Q(x)$.

AMPLÍA

El conjunto de los polinomios está contenido en el de las fracciones algebraicas, ya que para todo $P(x)$:

$$P(x) = \frac{P(x)}{1}$$

siendo 1 un polinomio de grado 0.

3.1. Simplificación de fracciones algebraicas

En ocasiones, una fracción algebraica de expresión muy compleja tiene expresiones equivalentes más sencillas con las que resulta más cómodo trabajar.

Simplificar una fracción algebraica consiste en transformarla en otra fracción algebraica más sencilla y equivalente.

Para simplificar una fracción, buscaremos los factores comunes a numerador y denominador y los dividiremos, obteniendo así una fracción equivalente a la original de grado menor.

Una fracción en que numerador y denominador no tienen factores comunes y que, en consecuencia, no puede simplificarse es una **fracción algebraica irreducible.**

FÍJATE

No siempre existe el valor numérico de una fracción algebraica. ¿Para qué valores crees que ocurre?

INTERNET

Investiga cómo simplificar fracciones algebraicas en esta página web:

http://links.edebe.com/mi6

12 EJEMPLO

Simplifica las siguientes fracciones:

a) $\frac{x^3+2x^2+2x+1}{(x+1)^2}$ b) $\frac{6x^3-6x^2+6x}{(3x^2+3x)}$

Solución

COMPRENSIÓN: Descomponemos el numerador y el denominador, y eliminamos los factores comunes.

RESOLUCIÓN:

a) $$\frac{x^3+2x^2+2x+1}{(x+1)^2} = \frac{\cancel{(x+1)}(x^2+x+1)}{(x+1)^{\cancel{2}}} = \frac{x^2+x+1}{x+1}$$

b) $$\frac{6x^3-6x^2+6x}{(3x^2+3x)} = \frac{\cancel{3x}(2x^2-2x+2)}{\cancel{3x}(x+1)} = \frac{2x^2-2x+2}{x+1}$$

Ejercicios y problemas 42 a 44 y 49

3.2. Operaciones

Con las fracciones algebraicas podemos efectuar las mismas operaciones que con las fracciones numéricas: suma, resta, multiplicación y división.

Suma y resta de fracciones algebraicas

Para sumar o restar fracciones algebraicas, se siguen los pasos indicados:

— Se calcula el **m.c.m.** de los denominadores de las fracciones dadas, y se **reducen** las fracciones **a común denominador.**

— Se operan los polinomios de los numeradores de las fracciones equivalentes obtenidas, simplificando el resultado final si se puede.

13 EJEMPLO

Efectúa las siguientes operaciones: a) $\frac{3}{x-1}+\frac{x}{x+1}+\frac{4}{x^2+1}$ **; b)** $\frac{-2x}{x^2-1}-4x+\frac{2x}{x+1}$.

Solución

COMPRENSIÓN: Para sumar y restar fracciones algebraicas, es necesario reducirlas a común denominador.

RESOLUCIÓN:

a) m.c.m. $(x-1,\ x+1,\ x^2+1)=(x-1)(x+1)(x^2+1)=x^4-1$

$$\frac{3}{x-1}+\frac{x}{x+1}+\frac{4}{x^2+1}=\frac{3(x+1)(x^2+1)+x(x-1)(x^2+1)+4(x-1)(x+1)}{(x-1)(x+1)(x^2+1)}=$$

$$=\frac{x^4+2x^3+8x^2+2x-1}{x^4-1}$$

b) m.c.m. $(x^2-1,\ 1,\ x+1)=x^2-1$

$$\frac{-2x}{x^2-1}-4x+\frac{2x}{x+1}=\frac{-2x-4x(x^2-1)+2x(x-1)}{x^2-1}=\frac{-2x^2(2x-1)}{x^2-1}$$

Multiplicación y división de fracciones algebraicas

Para multiplicar y dividir fracciones algebraicas, se aplica el mismo procedimiento que en las fracciones numéricas:

$$\frac{P(x)}{Q(x)}\cdot\frac{R(x)}{S(x)}=\frac{P(x)\cdot R(x)}{Q(x)\cdot S(x)} \qquad \frac{P(x)}{Q(x)}:\frac{R(x)}{S(x)}=\frac{P(x)\cdot S(x)}{Q(x)\cdot R(x)}$$

14 EJEMPLO

Resuelve las siguientes operaciones: a) $\frac{x^2+1}{x}\cdot\frac{x^3+x}{x^2+2}$**; b)** $\frac{x^3+2}{x+1}\cdot\frac{x^2+1}{x^2}$.

Solución

COMPRENSIÓN: Aplicaremos los algoritmos correspondientes a la multiplicación y a la división de fracciones.

RESOLUCIÓN:

a) $\frac{x^2+1}{x}\cdot\frac{x^3+x}{x^2+2}=\frac{(x^2+1)(x^3+x)}{x(x^2+2)}=\frac{x(x^2+1)^2}{x(x^2+2)}=\frac{(x^2+1)^2}{x^2+2}$

b) $\frac{x^3+2}{x+1}:\frac{x^2+1}{x^2}=\frac{x^2(x^3+2)}{(x+1)(x^2+1)}$

AMPLÍA

En algunas ocasiones, la operación de división puede escribirse:

$$\frac{\frac{P(x)}{Q(x)}}{\frac{R(x)}{S(x)}}=\frac{P(x)\cdot S(x)}{Q(x)\cdot R(x)}$$

¿Qué propiedades crees que cumplen las operaciones con fracciones algebraicas?

FÍJATE

En las operaciones combinadas con fracciones algebraicas también debe tenerse en cuenta la prioridad de operaciones.

INTERNET

En el siguiente enlace dispones de ejercicios sobre polinomios:

http://links.edebe.com/m7f

Problemas resueltos
C

Ejercicios y problemas
5, 6, 45, 47, 48, 50 y 51

LENGUAJE MATEMÁTICO

Un polinomio $P(x)$ tiene raíz **múltiple** a si existe $n > 1$ tal que $(x - a)^n$ divide a $P(x)$.

Si $n = 2$, decimos que la raíz es **doble**; si $n = 3$, es **triple**; y así sucesivamente.

AMPLÍA

Cuando el denominador es un polinomio de segundo grado con una raíz real doble, la descomposición de la fracción es:

$$\frac{mx+n}{ax^2+bx+c} = \frac{A}{a(x-x_1)} + \frac{B}{a(x-x_1)}$$

siendo x_1 la raíz del polinomio.

INTERNET

En esta página web podrás ver paso a paso la descomposición en fracciones simples de las fracciones algebraicas que elijas:

http://links.edebe.com/4ksvas

FÍJATE

Cuando la ecuación $ax^2 + bx + c = 0$ no tiene solución real, la fracción algebraica $\frac{mx+n}{ax^2+bx+c}$ no se descompone.

3.3. Descomposición en fracciones simples

Cuando el denominador de una fracción algebraica puede descomponerse en factores, esta se puede escribir como suma o diferencia de otras fracciones más simples. Este proceso se conoce con el nombre de **descomposición en fracciones simples.**

Supongamos una fracción algebraica de numerador $P(x)$ y denominador $Q(x)$:

— Si **grado $P(x)$ < grado $Q(x)$,** consideramos los siguientes casos:

- $Q(x)$ solo tiene raíces simples: $Q(x) = (x - a_1)(x - a_2) \ldots (x - a_n)$; entonces:

$$\frac{P(x)}{Q(x)} = \frac{A_1}{x-a_1} + \frac{A_2}{x-a_2} + \ldots + \frac{A_n}{x-a_n}$$

- $Q(x)$ tiene raíces múltiples: $Q(x) = (x - a_1)^m (x - a_2) \ldots (x - a_{n-m})$; entonces:

$$\frac{P(x)}{Q(x)} = \frac{A_{1,1}}{x-a_1} + \frac{A_{1,2}}{(x-a_1)^2} + \ldots + \frac{A_{1,m}}{(x-a_1)^n} + \frac{A_2}{x-a_2} + \ldots + \frac{A_{n-m}}{x-a_{n-m}}$$

- $Q(x)$ contiene polinomios de grado 2: $Q(x) = (x^2 + bx + c)(x - a_1)^m (x - a_2) \ldots$
  $\ldots (x - a_{n-2})$; entonces:

$$\frac{P(x)}{Q(x)} = \frac{Mx+N}{x^2+bx+-c} + \frac{A_1}{x-a_1} + \frac{A_2}{x-a_2} + \ldots + \frac{A_{n-2}}{x-a_{n-2}}$$

— Si **grado $P(x)$ ≥ grado $Q(x)$,** dividimos obteniendo: $\frac{P(x)}{Q(x)} = C(x) + \frac{R(x)}{Q(x)}$.

Como grado $R(x)$ < grado $Q(x)$, aplicamos el método anterior a la fracción $\frac{R(x)}{Q(x)}$.

15 EJEMPLO

Descompón la siguiente fracción algebraica en fracciones simples: $\frac{4x+1}{x^2+5x+6}$.

Solución

COMPRENSIÓN: Esta fracción cumple grado $P(x)$ < grado $Q(x)$. Buscamos posibles raíces del denominador, y según sean simples o dobles, aplicamos el método que corresponda.

RESOLUCIÓN: En primer lugar, factorizamos $Q(x)$:

$$Q(x) = (x-2)(x-3)$$

Vemos que tiene dos raíces simples, por lo que podemos escribir la fracción de la siguiente forma:

$$\frac{4x+1}{x^2+5x+6} = \frac{A}{x+2} + \frac{B}{x+3} = \frac{A(x+3)+B(x+2)}{(x+2)(x+3)}$$

Desarrollamos la expresión obtenida:

$$\frac{A(x+3)+B(x+2)}{(x+2)(x+3)} = \frac{Ax+3A+Bx+2B}{(x+2)(x+3)} = \frac{(A+B)x+3A+2B}{(x+2)(x+3)}$$

Como $\frac{4x+1}{x^2+5x+6} = \frac{(A+B)x+3A+2B}{(x+2)(x+3)}$, igualando términos semejantes obtendremos el siguiente sistema de ecuaciones: $\begin{cases} A+B=4 \\ 3A+2B=1 \end{cases}$

Resolvemos el sistema, y tenemos que $A = -7$, y $B = 11$ hacen que las fracciones anteriores sean equivalentes. Así, la fracción inicial se descompone de la siguiente forma:

$$\frac{4x+1}{x^2+5x+6} = \frac{-7}{(x+2)} + \frac{11}{(x+3)}$$

Problemas resueltos
D

Ejercicios y problemas
46, 49 y 51

Síntesis
52 a 59

Problemas RESUELTOS

A FACTORIZACIÓN DE POLINOMIOS

Factoriza el polinomio $P(x) = x^4 - 5x^3 + 8x^2 - 4x$ y halla sus raíces.

Solución

COMPRENSIÓN: Debemos recordar que las técnicas para factorizar un polinomio son: sacar factor común, buscar raíces e identificar igualdades notables.

RESOLUCIÓN: Como el polinomio no tiene término independiente, sacamos factor común x:

$$P(x) = x^4 - 5x^3 + 8x^2 - 4x = x(x^3 - 5x^2 + 8x - 4)$$

A continuación, buscamos factores de la forma $x - a$ aplicando, por ejemplo, la regla de Ruffini al factor $x^3 - 5x^2 + 8x - 4$:

	1	−5	8	−4
1		1	−4	4
	1	−4	4	0

Por lo tanto: $x^3 - 5x^2 + 8x - 4 = (x - 1) \cdot (x^2 - 4x + 4)$.

Para descomponer el polinomio $x^2 - 4x + 4$, podemos continuar aplicando la regla de Ruffini, resolverlo como ecuación de segundo grado o aplicar las igualdades notables:

$$x^2 - 4x + 4 = (x - 2)^2 = (x - 2) \cdot (x - 2)$$

Y entonces: $P(x) = x \cdot (x - 1) \cdot (x - 2)^2$

Una vez factorizado, es sencillo hallar las raíces del polinomio, pues son los valores que anulan cada uno de los factores; en este caso, las raíces son $x = 0$, $x = 1$ y $x = 2$, siendo esta última una raíz doble.

COMPROBACIÓN: Al sustituir x por cualquiera de estos tres valores, el factor correspondiente se anula y, por ello, el valor numérico del polinomio es 0.

1. ★★☆ Halla las raíces enteras de estos polinomios:

a) $x^3 - 2x^2 - x + 2$

b) $x^4 - x^3 - 11x^2 + 5x + 30$

c) $7x^4 - 28x^3 + 21x^2 + 28x - 28$

d) $x^5 - 4x$

Sol.: a) 1, 2, −1; b) 3, −2; c) 1, −2, 2 doble; d) 0

2. ★★★ ¿Cuál será el cociente y el resto de la siguiente división $(x^n - a^n) : (x - a)$?

— ¿Qué semejanzas y diferencias hay con la división $(x^n + a^n) : (x - a)$?

B DIVISIBILIDAD

Dado el polinomio $P(x) = x^3 - mx + 5x - 2$, halla el valor de m para que...

a) ... el resto de la división de $P(x)$ entre $(x + 1)$ sea igual a 6.

b) ... $P(x)$ sea divisible por $(x + 1)$.

Solución

COMPRENSIÓN: En ambos casos, la condición de cada uno de los apartados está relacionada con el resto. En el primer caso, deberá ser igual a 6 y, en el segundo, igual a 0. Podemos, entonces, aplicar el teorema del resto.

RESOLUCIÓN:

Calculamos $P(-1) = (-1)^3 + m - 5 - 2 = m - 8$.

a) Según el teorema del resto, para que se cumpla la condición del enunciado, se debe cumplir:

$$m - 8 = 6 \rightarrow m = 14 \rightarrow P(x) = x^3 - 9x - 2$$

b) En este caso, para que el polinomio sea divisible se debe cumplir: $m - 8 = 0 \rightarrow m = 8 \rightarrow P(x) = x^3 - 3x - 2$.

COMPROBACIÓN: Para asegurarnos de que nuestros cálculos son correctos, podemos realizar las divisiones:

a) El resto de $P(x) : (x + 1) = (x^3 - 9x - 2) : (x + 1)$ es 6.

	1	0	−9	−2
−1		−1	1	8
	1	−1	−8	6

b) El resto de $P(x) : (x + 1) = (x^3 - 3x - 2) : (x + 1)$ es 0.

	1	0	−3	−2
−1		−1	1	2
	1	−1	−2	0

3. ★★☆ Calcula el valor de m para que, al dividir el polinomio $P(x) = x^4 - x^3 + mx^2 + 3$ entre $x + 2$, tenga resto −5.

Sol.: $m = -8$

4. ★★☆ Calcula el valor de a en el polinomio $P(x) = -5x^{100} - x + a$ para que sea múltiplo de $x + 1$.

Sol.: $a = -7$

C OPERACIONES CON FRACCIONES ALGEBRAICAS

Calcula la siguiente operación: $1+\frac{x+3}{x^2-1}\cdot\frac{x+1}{2x}$.

Solución

COMPRENSIÓN: Además de operar según hemos visto en la unidad, debe tenerse en cuenta la jerarquía de las operaciones.

DATOS: $1+\frac{x+3}{x^2-1}\cdot\frac{x+1}{2x}$

RESOLUCIÓN: Primero calcularemos el producto de fracciones y después la suma (reduciendo a común denominador).

Siempre que sea posible, simplificaremos las fracciones:

$$1+\frac{x+3}{x^2-1}\cdot\frac{x+1}{2x}=1+\frac{(x+3)\cancel{(x+1)}}{2x\cancel{(x+1)}(x-1)}=$$

$$=\frac{2x(x-1)+(x+3)}{2x(x-1)}=\frac{2x^2-2x+x+3}{2x(x-1)}=\frac{2x^2-x+3}{2x^2-2x}$$

5. ★★☆ Calcula: $\left(\frac{1}{x}+\frac{1}{x^2-1}\right)\cdot\left(\frac{x+1}{2}:\frac{x}{x-1}\right)$.

Sol.: $\frac{x^2+x-1}{2x^2}$

6. ★★★ Efectúa: $\left(x+1+\frac{x^2}{1-x}\right):\left(1-\frac{x}{1+x}\cdot\frac{x+1}{x^2-1}\right)$.

Sol.: $\frac{-x-1}{x^2-x-1}$

D DESCOMPOSICIÓN DE FRACCIONES ALGEBRAICAS

Descompón la siguiente fracción algebraica en suma de fracciones simples: $\frac{x^2+10x-1}{x^2+3x-4}$.

Solución

COMPRENSIÓN: Puesto que el grado $P(x)$ = grado $Q(x)$, dividiremos primero, descompondremos $Q(x)$ en factores y expresaremos la fracción como suma de fracciones.

RESOLUCIÓN: Intenta resolver el problema individualmente. Para ello, tapa la columna de la respuesta y sigue estos pasos:

Pasos

1. Efectúa la división y expresa el resultado como suma del resto y la fracción resultante.
2. Halla las raíces del denominador de la fracción algebraica.
3. Factoriza el denominador.
4. Identifica el caso en el que nos encontramos.
5. Efectúa las operaciones e iguala las fracciones algebraicas.
6. Plantea y resuelve el sistema que deberás resolver.
7. Escribe el resultado.

Respuesta

1. $\frac{x^2+10x-1}{x^2+3x-4}=1+\frac{7x+3}{x^2+3x-4}$
2. $x=\frac{-3\pm\sqrt{3^2-4\cdot(-4)}}{2}=\frac{-3\pm\sqrt{25}}{2}=\begin{cases}x=1\\x=-4\end{cases}$
3. $x^2+3x-4=(x+4)(x-1)$
4. $\frac{7x+3}{x^2+3x-4}=\frac{A}{x+4}+\frac{B}{x-1}$
5. $\frac{A}{x+4}+\frac{B}{x-1}=\frac{Ax-A+Bx+4B}{(x+4)(x-1)}$

   $\frac{7x+3}{x^2+3x-4}=\frac{Ax-A+Bx+4B}{(x+4)(x-1)}$

   $7x+3=(A+B)x+-A+4B$
6. $\begin{cases}7=A+B\\3=-A+4B\end{cases}\rightarrow A=5,\ B=2$
7. La descomposición es:

   $\frac{x^2+10x-1}{x^2+3x-4}=1+\frac{5}{x+4}+\frac{2}{x-1}$

7. ★★☆ Descompón en fracciones simples: $\frac{3x+3}{x^2-9}$.

Sol.: $\frac{2}{x-3}+\frac{1}{x+3}$

8. ★★☆ Expresa como suma de fracciones simples: $\frac{2x-3}{x^3+x}$.

Sol.: $\frac{-3}{x}+\frac{3x+2}{x^2+1}$

EJERCICIOS Y PROBLEMAS

1 POLINOMIOS

9. ★☆☆ Expresa algebraicamente:

a) El cuádruple de x más su cuarta parte.

b) El cuadrado de la suma de x e y, menos el triple de x.

c) El producto de dos números enteros consecutivos es 2550.

d) La suma de dos enteros impares consecutivos.

e) El área de un rectángulo cuya altura es la mitad que su base.

10. ★☆☆ Calcula el valor numérico de los siguientes polinomios para los valores indicados:

a) $2x^3 + x - 1$ para $x = -3$

b) $4x^3 + x^2 - \frac{5}{2}x - \frac{1}{3}$ para $x = 1/3$

c) $\left(x - \frac{1}{2}\right)^2$ para $x = 2$

d) $-x^3 - x^2 + 8y - 1$ para $x = 2$ e $y = -3$

e) $6x \cdot (y^2 - 4x - 3)$ para $x = -1$ e $y = 0$

Sol.: a) –58; b) –49/54; c) 9/4; d) –37; e) –6

11. ★☆☆ Si $P(x) = 7x^4 - 6x^3 + x - 3$, $Q(x) = x^4 - x^3 + 2$ y $R(x) = 2x^3 - x - 2$, calcula las siguientes expresiones:

a) $P(x) + Q(x)$

b) $Q(x) - P(x)$

c) $P(x) \cdot Q(x)$

d) $Q(x) \cdot R(x)$

Sol.: a) $8x^4 - 7x^3 + x - 1$; b) $-6x^4 + 5x^3 - x + 5$; c) $7x^8 - 13x^7 + 6x^6 + x^5 + 10x^4 - 9x^3 + 2x - 6$; d) $2x^7 - 2x^6 - x^5 - x^4 + 6x^3 - 2x - 4$

12. ★☆☆ Aplica los productos notables para desarrollar las siguientes expresiones:

a) $(x - 3)^2$

b) $(x^2 + 2x)^2$

c) $(x^2 - x)(x^2 + x)$

d) $\left(\frac{1}{2}x^2 - \frac{1}{2}\right) \cdot \left(\frac{1}{2}x^2 + \frac{1}{2}\right)$

13. ★☆☆ Resuelve las siguientes multiplicaciones:

a) $(5x^2 + 4x + 1) \cdot (6x + 1)$

b) $(8x^3 - 7x^2 + 2x + 1) \cdot (x^2 + 2x + 1)$

c) $\left(\frac{1}{2}x - \frac{3}{2}\right)^2$

d) $\left(x^4 + 4x^2 - \frac{1}{2}\right) \cdot \left(x^3 + \frac{1}{2}x\right)$

Sol.: a) $30x^3 + 29x^2 + 10x + 1$; b) $8x^5 + 9x^4 - 4x^3 - 2x^2 + 4x + 1$; c) $\frac{x^2}{4} - \frac{3x}{2} + \frac{9}{4}$; d) $x^7 + \frac{9}{2}x^5 + \frac{3}{2}x^3 - \frac{x}{4}$

14. ★☆☆ Aplica la regla de Ruffini especificando el cociente y el resto de cada división:

a) $(x^3 + 2x + 70) : (x + 4)$

b) $(x^5 - 2x^2 - 3) : (x - 1)$

c) $(x^6 + x) : (x + 3)$

d) $(x^3 + 2x^2 - 4x - 8) : (x - 3)$

e) $(4x^3 - 5x) : (x - 2)$

f) $(x^7 - x) : (x + 2)$

Sol.: a) $x^2 - 4x + 18$; –2; b) $x^4 + x^3 + x^2 - x - 1$; –4; c) $x^5 - 3x^4 + 9x^3 - 27x^2 + 81x - 242$; 726; d) $x^2 + 5x + 11$; 25; e) $4x^2 + 8x + 11$; 22; f) $x^6 - 2x^5 + 4x^4 - 8x^3 + 16x^2 - 32x + 63$; –126

15. ★☆☆ Halla el cociente y el resto de las siguientes divisiones mediante la regla de Ruffini:

a) $(2x^4 - 4x^3 - 5x + 3) : (x - 2)$

b) $\left(-x^3 + \frac{2}{3}x^2 - \frac{1}{3}x - 4\right) : \left(x - \frac{5}{2}\right)$

Sol.: a) $2x^3 - 5$; –7; b) $-x^2\ 11x/6 - 59/12$; –391/24

16. ★★☆ Calcula:

a) $(6x^3 + 2x^2 - x + 1) + (4x^2 + 3x + 8)$

b) $(7x^5 + 4x^3 - 2x - 1) - (6x^4 + 3x^2 - 2x + 1)$

c) $\left(8x^2 - \frac{1}{2}x - \frac{4}{3}\right) - \left(6x^2 + \frac{4}{3}x - \frac{1}{2}\right) - \left(\frac{1}{2}x + 1\right)$

Sol.: a) $6x^3 + 6x^2 + 2x + 9$; b) $7x^5 - 6x^4 + 4x^3 - 3x^2 - 2$; c) $2x^2 - \frac{7}{3}x - \frac{11}{6}$

17. ★★☆ Expresa el área de estas figuras con polinomios:

a)

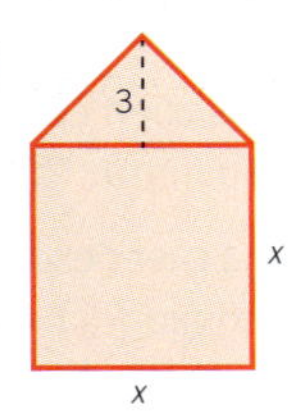

b)

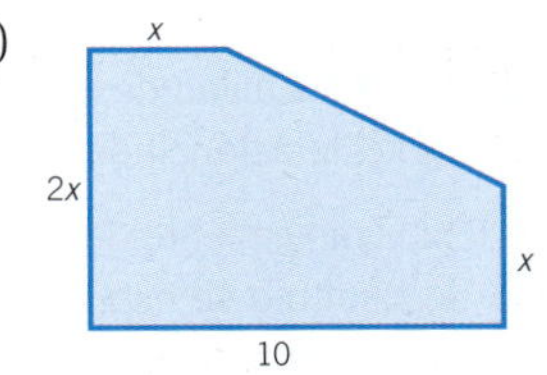

c)

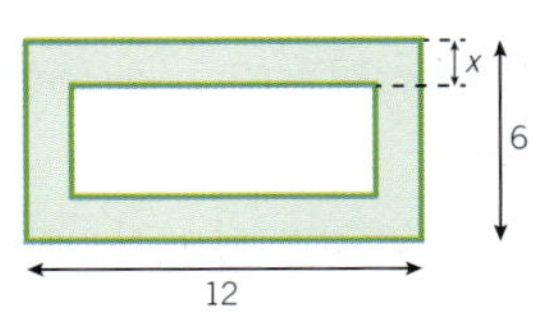

Sol.: a) $x^2 + \frac{3}{2}x$; b) $\frac{x^2 + 30x}{2}$; c) $36x - 4x^2$

18. ★★☆ Observa la caja y calcula en función de x:

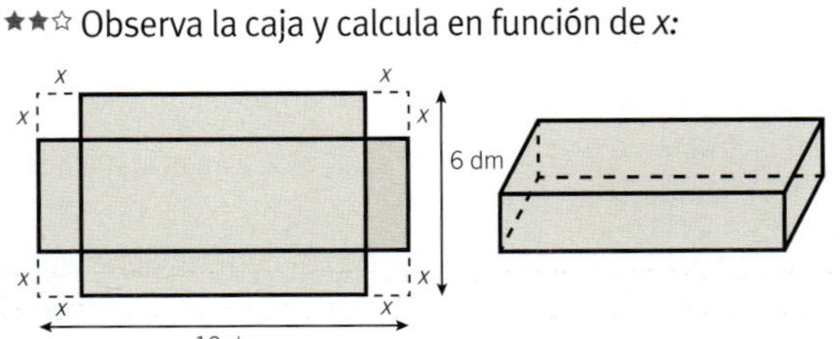

a) El área de cartón que necesitas para construirla.

b) El volumen.

Sol.: a) $120 - 32x$; b) $4x^3 - 32x^2 + 60x$

19. ★★☆ Resuelve las siguientes divisiones:

a) $(6x^5 + 2x^4 - 23x^3 + 11x^2 + 12x - 3) : (3x^3 - 5x^2 + 3)$

b) $(4x^3 - 2x^2 + 8x - 4) : (2x^2 - 4x + 1)$

c) $(4x^5 - 2x^2 + x - 2) : (2x^2 - 1)$

d) $(6x^4 - 3x + 2) : (x^2 + 2x)$

e) $(x^5 - 4x^3 + 2x - 1) : (x^2 - 1)$

Sol.: a) $2x^2 + 4x - 1$, 0; b) $2x + 3$, $18x - 7$; c) $2x^3 + x - 1$, $2x - 3$; d) $6x^2 - 12x + 24$, $-51x + 2$; e) $x^3 - 3x$, $-x - 1$

20. ★★☆ Calcula el cociente y el resto de la división de $P(x) = 7x^4 - 2x^3 + 3x^2 + 1$ entre $Q(x) = x + 1$. A continuación, calcula el valor de $P(-1)$. ¿Qué observas?

Sol.: $c(x) = 7x^3 - 9x^2 + 12x - 12$, $r(x) = 13$, $P(-1) = 13$

21. ★★★ Una empresa tiene dos centros de montaje, *A* y *B*, de un determinado producto industrial.

El número de unidades montadas en el centro *A* está dado por $-4t^2 + 64t$, donde *t* es el número de horas trabajadas. La producción en *B* es $-t^3 + 15t^2 + 2t$ unidades en una jornada de *t* horas de trabajo.

a) Expresa la producción total.

b) ¿Cuántas unidades se montan en la primera hora de trabajo?

c) ¿Cuántas unidades monta la empresa durante 4 horas de trabajo?

d) ¿Cuándo se trabaja con más eficacia: en la primera hora o en la segunda?

Sol.: a) $-t^3 + 11t^2 + 66t$; b) 76; c) 890; d) segunda

22. ★★★ Galileo descubrió que los cuerpos caen con la misma aceleración, independientemente de su masa.

El movimiento de un cuerpo que se deja caer desde una cierta altura se expresa mediante el polinomio $P(t) = (1/2)gt^2$, donde *t* indica el tiempo, en segundos, que el cuerpo lleva cayendo, *g* es la aceleración de la gravedad en la Tierra (9,8 m/s²) y $P(t)$ es el valor del espacio, en metros, recorrido en ese tiempo *t*.

a) Calcula a qué altura estará un sólido si tarda un segundo en llegar al suelo.

b) Calcula a qué altura estará si tarda medio segundo.

c) Un paracaidista salta desde 3 800 metros de altura. Si tiene que abrir el paracaídas a 1 500 metros del suelo, ¿cuánto tiempo debe pasar antes de abrirlo?

Sol.: a) 4,9 m; b) 1,225 m; c) 21,67 s

23. ★★★ La altura, en metros, de un cohete viene dada por la fórmula $g(t) = 60t - 4t^2$, donde *t* es el tiempo expresado en segundos.

a) ¿Qué altura alcanza el cohete al cabo de 4,8 s?

b) ¿Qué altura tiene a los 15 s? ¿Por qué?

Sol.: a) 195,84 m; b) 0 m

24. ★★★ El lado *x* de un cuadrado aumenta en *a* cm, de modo que se forma otro cuadrado de lado $x + a$.

Suma las áreas de los rectángulos y cuadrados de la figura, y comprueba que obtienes el área del cuadrado de lado $x + a$.

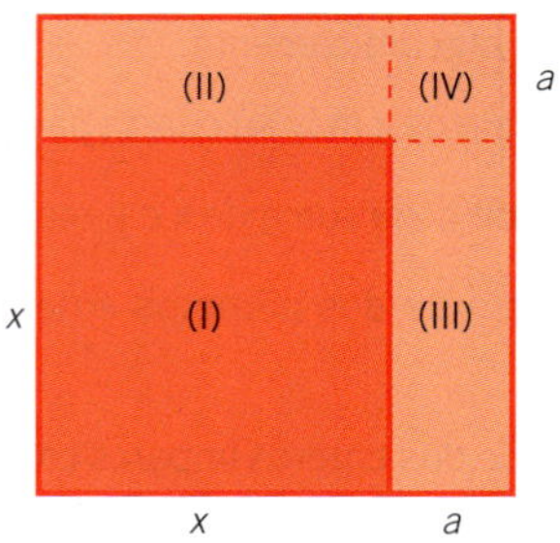

25. ★★★ Sean $P(x) = x^2 - 1$ y $Q(x) = -x^2 - x + 2$, calcula:

a) $(P(x)^2 + Q(x))^2$

b) $xP(x) + xQ(x)$

c) $(P(x) - Q(x))^2$

d) $(P(x) + Q(x))(P(x) - Q(x))$

Sol.: a) $x^8 - 6x^6 - 2x^5 + 15x^4 + 6x^3 - 17x^2 - 6x + 9$; b) $-x^2 + x$; c) $4x^4 - 11x^2 + 4x^3 - 6x + 9$; d) $-2x^3 + x^2 + 4x - 3$

26. ★★★ Calcula el valor numérico de *m* para que la siguiente división sea exacta: $(mx^4 - 3x^2 + 4x - 5) : (x - 2)$.

Sol.: $m = 9/1$

27. ★★★ Calcula el área del cuadrilátero $A'B'C'D'$ mediante un polinomio en *x*, sabiendo que $AB = 5$ cm, $BC = 3$ cm y $AA' = BB' = CC' = DD' = x$.

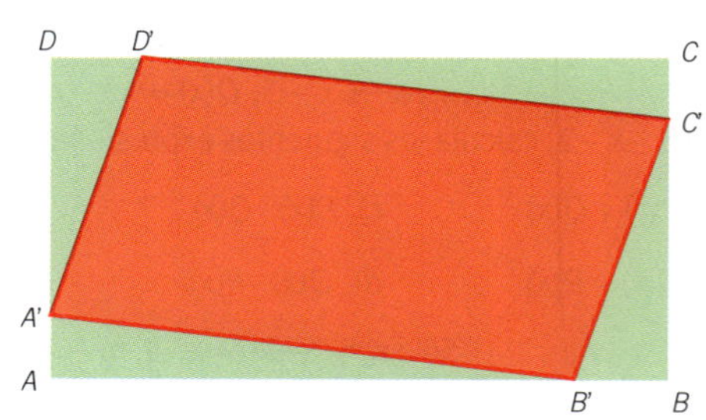

Sol.: $2x^2 - 8x + 15$

2 FACTORIZACIÓN DE POLINOMIOS

28. ★☆☆ Factoriza los siguientes polinomios:

a) $x^4 - 2x^3 - 13x^2 + 38x - 24$

b) $3x^4 + 6x^3 + 6x^2 + 6x + 3$

c) $2x^3 - 2x^2 - 12x$

d) $4x^4 - 6x^3 + 2x^2$

Sol.: a) $(x - 1)(x + 4)(x - 2)(x - 3)$; b) $3(x + 1)^2(x^2 + 1)$; c) $2x(x + 2)(x - 3)$; d) $2x^2(x - 1)(2x - 1)$

29. ★☆☆ Utiliza los teoremas del resto y del factor para determinar si los siguientes polinomios están factorizados correctamente:

a) $x^3 - 3x^2 + 2x + 3 = (x + 5)(x + 1)(x - 2)$

b) $x^3 - 2x^2 + 1 = (x - 1)^2 (x + 1)^2$

c) $x^3 + 4x^2 - 7x - 10 = (x + 1)(x - 2)(x + 5)$

d) $2x^2 + 4x + 2 = 2(x + 1)^2$

Sol.: a) Mal; b) Mal; c) Bien; d) Bien

30. ★☆☆ Factoriza mentalmente los siguientes polinomios:

a) $x^4 - 4x^2$ c) $x^2 + 6x + 9$

b) $x^2 - 16$ d) $x^2 - 10x + 25$

Sol.: a) $x^2(x-2)(x+2)$; b) $(x-4)(x+4)$; c) $(x+3)^2$; d) $(x-5)^2$

31. ★★☆ Halla un polinomio de segundo grado sabiendo que el término principal tiene coeficiente igual a 1 y que es divisible por los polinomios $x + 2$ y $x - 4$. ¿Hay más polinomios que cumplan esta condición?

Sol.: $x^2 - 2x - 8$

32. ★★☆ Calcula el valor de a para que el polinomio $(a+1)x^3 - (2a-1)x^2 + ax - 7$ sea divisible por $x + 2$.

Sol.: $a = -11/18$

33. ★★☆ Halla un polinomio de tercer grado sabiendo que su término principal tiene coeficiente 2 y que es divisible por $x + 1$, por $x + 2$ y por $x + 3$.

Sol.: $2x^3 + 12x^2 + 22x + 12$

34. ★★☆ Halla el polinomio que tenga las siguientes propiedades:

— Tiene dos raíces simples, -1 y 2.

— Es divisible por $(x^2 + 2)$.

— El término principal tiene coeficiente 3.

— De todos los polinomios posibles es el de menor grado.

En este caso, ¿la solución es única? ¿Por qué?

Sol.: $3x^4 - 3x^3 - 6x - 12$

35. ★★☆ Calcula el M.C.D. y m.c.m. de las siguientes parejas de polinomios:

a) $4x^2 + 2x - 2$ y $2x^2 + 2x - 12$

b) $2x^5 + x^4 - 6x^3 - 4x^2 + 4x + 3$ y $2x^4 + 5x^3 - 2x^2 - 11x - 6$

Sol.: a) M.C.D. = 2, m.c.m. = $2(x+1)(x-2)(x+3)(2x-1)$;
b) M.C.D. = $(2x-3)(x+1)^2$, m.c.m. = $(x-1)(x+2)(2x-3)(x+1)^3$

36. ★★☆ Determina las raíces de los siguientes polinomios:

a) $x^3 - 4x^2 + 5x - 2$ c) $x^3 - 2x^2 - 4x + 8$

b) $x^3 + 3x^2 - 4$ d) $3x^3 + 6x^2 - 45x - 108$

Sol.: a) $x = 1$ (doble), $x = 2$; b) $x = 1$, $x = -2$ (doble);
c) $x = -2$, $x = 2$ (doble); $x = 4$, $x = -3$ (doble)

37. ★★★ Halla un polinomio que tenga como raíces 1, 3, −2. ¿Es único? ¿Qué grado mínimo deberá tener un polinomio que cumpla esta condición?

Sol.: $k(x^3 - 2x^2 - 5x + 6)$

38. ★★★ Halla m para que se verifique la igualdad:

$$(3x^2 + 2x + 1)^2 = 9x^4 - mx^3 + 10x^2 + 4x + 1$$

Sol.: $m = -12$

39. ★★★ Halla el valor de b para que, al dividir el polinomio $bx^4 - (b-1)x^3 + (2b+1)x^2 - 5x + b$ entre $x - \frac{1}{2}$, el resto sea $\frac{3}{4}$.

Sol.: $b = 2$

40. ★★★ Indica cuáles de los siguientes polinomios son divisibles por $x + 1$ y por $x - 1$:

a) $x^3 + 1$ c) $x^4 - 1$ e) $x^{99} - 1$

b) $x^5 + 1$ d) $x^{100} - 1$ f) $2x^9 - 2$

41. ★★★ Prueba que el polinomio $x^2 + (a+b)x + ab$ es divisible por $x + a$ y $x + b$, sean cualesquiera a y b.

3 FRACCIONES ALGEBRAICAS

42. ★☆☆ Escribe tres fracciones algebraicas que sean equivalentes a:

a) $\dfrac{x^3 - x}{x - 1}$ c) $\dfrac{x^3 + x - 1}{2x^2 + 3}$

b) $\dfrac{x + 1}{x^2 + 2x + 1}$ d) $\dfrac{x^2 - 9}{x + 3}$

43. ★★☆ Simplifica las siguientes fracciones algebraicas:

a) $\dfrac{x^3}{x^3 + 2x}$ c) $\dfrac{x^5 + 6x^4 + 9x^3}{x^3 + 3x^2}$

b) $\dfrac{12x^2 - 12x}{2x - 2}$ d) $\dfrac{x^3 + 3x^2 - x - 3}{x^3 - x^2 - x + 1}$

Sol.: a) $\dfrac{x^2}{x^2+2}$; b) $6x$; c) $x(x+3)$; d) $\dfrac{x+3}{x-1}$

44. ★★☆ Halla los polinomios $R(x)$, $P(x)$ y $Q(x)$ para que se cumplan las siguientes igualdades:

a) $\dfrac{x-1}{x} = \dfrac{R(x)}{x^2 + x}$ b) $\dfrac{x-5}{x+1} = \dfrac{P(x)}{x^2 - 2x - 3}$

Sol.: a) $x^2 - 1$; b) $x^2 - 8x + 15$

45. ★★☆ Resuelve las siguientes operaciones y simplifica los resultados:

a) $\dfrac{1}{(x^2-1)^2} + \dfrac{2}{x-1} + \dfrac{1}{x^2-1}$

b) $\dfrac{x+4}{x-3} - \dfrac{2x^2+9x}{x^2-9} + \dfrac{x}{x+3}$

c) $\dfrac{x+1}{x} - \dfrac{x}{x+1} + \dfrac{2x+2}{x^2+x}$

Sol.: a) $\dfrac{2x^3 + 3x^2 - 2x - 2}{x^4 - 2x^2 + 1}$; b) $\dfrac{-5x+12}{x^2-9}$; c) $\dfrac{4x+3}{x^2+x}$

46. ★★☆ Descompón las siguientes fracciones en fracciones simples:

a) $\dfrac{1}{x^2 + 2x}$ b) $\dfrac{x}{x^2 - 1}$ c) $\dfrac{4x-3}{x^2-9}$ d) $\dfrac{-3x-3}{x^2 - 6x + 5}$

Sol.: a) $\dfrac{1}{2x} - \dfrac{1}{2x+4}$; b) $\dfrac{1}{2x+2} + \dfrac{1}{2x-2}$;
c) $\dfrac{3}{2x-6} + \dfrac{5}{2x+6}$; d) $\dfrac{3}{2x-2} - \dfrac{9}{2x-10}$

47. ★★☆ Halla el valor de a para que se cumplan las siguientes equivalencias de fracciones algebraicas:

a) $\frac{x+1}{x-3} = \frac{x^2-a}{x^2-4x+3}$

b) $\frac{x^2-3x-10}{x+a} = \frac{x^2-8x+15}{x-3}$

c) $\frac{x^2+(a-3)x-3a}{x-3} = \frac{x^2+x-2}{x+2}$

Sol.: a) $a = 1$; b) $a = 2$; c) $a = -1$

48. ★★★ Opera y simplifica:

a) $\left(\frac{2x-1}{x+1} - \frac{3x}{x-1}\right) \cdot \left(\frac{x^3-x}{-x^2-6x+1}\right)$

b) $\left(\frac{x}{x+1} : \frac{x+1}{x}\right) \cdot \left(\frac{x^2+x}{2}\right)$

c) $\left(\frac{1}{x+1} - \frac{1}{2x-1}\right) - \frac{1}{x^2-1}$

Sol.: a) x; b) $\frac{x^3}{2(x+1)}$; c) $\frac{x^2-5x+3}{(2x-1)(x^2-1)}$

49. ★★★ Expresa en fracciones simples las siguientes fracciones algebraicas:

a) $\frac{3x^2+10x+3}{x^3+2x^2-9x-18}$ b) $\frac{x^2-29x+5}{x^4-8x^3+19x^2-24x+48}$

Sol.: a) $\frac{1}{x+2} + \frac{2}{x-3}$; b) $\frac{1}{x-4} - \frac{5}{(x-4)^2} + \frac{-x+2}{x^2+3}$

50. ★★★ Resuelve las siguientes operaciones con expresiones algebraicas y simplifica los resultados:

a) $\frac{6ab}{3c-d} \cdot \left(\frac{c+d}{4} - \frac{d}{3}\right)$ c) $\frac{a-1}{2a+1} \cdot \frac{1-4a^2}{2a+1}$

b) $\frac{a^2-4}{a+3} \cdot \frac{a^2-9}{a+2} \cdot \frac{a}{a-3}$ d) $\frac{a^2-b^2}{3c-3d} \cdot \frac{c-d}{a+b}$

Sol.: a) $\frac{ab}{2}$; b) $a^2 - 2^a$; c) $\frac{(a-1)(1-2a)}{1+2a}$; d) $\frac{a-b}{3}$

51. ★★★ Opera y simplifica las siguientes expresiones:

a) $\dfrac{\frac{9+6x+x^2}{9-x^2} \cdot \frac{3x^2-x^3}{3x^2+x^3}}{\frac{4x^2-16}{2x-4} : \frac{2x^2-8x+8}{x-2}}$

b) $\dfrac{\frac{a^2-1}{a^2+1} - \frac{a^2+1}{a^2-1}}{\frac{a-1}{a+1} - \frac{a+1}{a-1}} : \left(\frac{a^2+1}{a} - \frac{a^2-2a+1}{(a-1)^2}\right)$

Sol.: a) $\frac{x-2}{x+2}$; b) $\frac{a^2}{(a^2-a+1)(1+a^2)}$

SÍNTESIS

52. ★★☆ Demuestra que las raíces enteras de un polinomio son divisores del término independiente.

53. ★★☆ ¿Qué grado tiene la resta de dos polinomios? ¿Qué sucede en el caso de la multiplicación? Justifica tus respuestas.

54. ★★☆ Factoriza los siguientes polinomios:

a) $x^4 - 4x^3 - 7x^2 + 22x^2 + 24$

b) $2x^5 - 6x^4 - 16x^3 + 24x^2 + 32x$

Sol.: a) Irreducible; b) $2x(x-2)(x-4)(x+2)(x+1)$

55. ★★☆ Opera y simplifica:

$$1 + \frac{x+3}{x^2-1} \cdot \frac{x+1}{2x}$$

Sol.: $\frac{2x^2-x+3}{2(x-1)x}$

56. ★★☆ Opera y simplifica utilizando la calculadora que encontrarás en este enlace:

http://links.edebe.com/kagbn

a) $\frac{x}{x^3+1} + \frac{x+3x}{x^2-x+1}$

b) $\left(\frac{6x-9}{9x+3} : \frac{x+4}{2}\right) - \left(\frac{x+3}{x^2}\right)$

Sol.: a) $\frac{x(3x^2+4x+2)}{(x+1)(x^2-x+1)}$; b) $\frac{x^3-28x^2-43x-12}{x^2(3x+1)(x+4)}$

57. ★★☆ Multiplica el M.C.D. y el m.c.m. de dos polinomios. ¿Qué observas?

58. ★★★ Expresa estos polinomios como productos de otros polinomios más simples:

a) $ax - ay + bx - by$

b) $3x^2y + xy + 3xy^2 + y^2$

Sol.: a) $(a+b)(x-y)$; b) $y(3x+1)(x+y)$

59. ★★★ Calcula y simplifica las siguientes expresiones:

a) $\frac{a^2-ab}{ab+b^2} : \frac{ab-b^2}{a^2+ab}$

b) $\frac{1}{ab} + \frac{a}{b} - \frac{1-(a+b)^2}{ab} + \frac{b}{a}$

c) $\left(1 - \frac{x-y}{x+y}\right) : \left(\frac{x-y}{x+y} - \frac{x+y}{x-y}\right)$

Sol.: a) $\frac{a^2}{b^2}$; b) $\frac{2(a^2+ab+b^2)}{ab}$; c) $\frac{x-y}{2x}$

Síntesis

1. Polinomios
2. Factorización de polinomios
3. Fracciones algebraicas

POLINOMIOS

Un **polinomio en la indeterminada *x*** es una expresión algebraica del tipo:

$$P(x) = a_n x^n + a_{n-1} x^{n-1} + \ldots + a_1 x + a_0$$

El **valor numérico** de un polinomio $P(x)$ para un valor dado $x = a$, $P(a)$, es el número real que se obtiene sustituyendo la variable x por su valor a y operando el polinomio.

Las **raíces** de un polinomio son los valores de la variable indeterminada que hacen que su valor numérico sea 0.

Operaciones con polinomios

- Suma
- Resta
- Multiplicación
- División

Propiedades de la suma: asociativa, conmutativa, elemento neutro, elemento opuesto.

Propiedades de la multiplicación: asociativa, conmutativa, elemento neutro, distributiva de la multiplicación respecto de la suma.

Regla de Ruffini

Factorización de polinomios

Teorema del resto: el resto $R(x)$ de la división de un polinomio $P(x)$ entre $(x - a)$ es igual al valor numérico de dicho polinomio para $x = a$, $P(a) = R(x)$.

Teorema del factor: un polinomio $P(x)$ es divisible por $(x - a)$ si $x = a$ es una raíz del polinomio.

Factorización

Métodos: sacar factor común, identificar las igualdades notables, determinar las raíces enteras (regla de Ruffini, teoremas del resto y del factor), calcular las raíces resolviendo la ecuación.

El **máximo común divisor (M.C.D.)** de dos o más polinomios es el polinomio de mayor grado que es divisor de todos ellos.

El **mínimo común múltiplo (m.c.m.)** de dos o más polinomios es el polinomio de menor grado que es múltiplo de todos ellos.

FRACCIONES ALGEBRAICAS

Se llama **fracción algebraica** al cociente de dos polinomios con coeficientes reales $P(x)$ y $Q(x)$ de la forma: $\dfrac{P(x)}{Q(x)}$ con $Q(x) \neq 0$

Dos fracciones algebraicas son **equivalentes** si se cumple que: $\dfrac{P(x)}{Q(x)} = \dfrac{R(x)}{S(x)} \Leftrightarrow P(x) \cdot S(x) = R(x) \cdot Q(x)$

Simplificar una fracción algebraica es transformarla en otra más sencilla y equivalente.

Se llama **fracción algebraica irreducible** a aquella en la que entre numerador y denominador no existen más factores comunes que la unidad.

Operaciones con fracciones algebraicas

Suma, resta, multiplicación, división.

Descomposición en fracciones simples.

1 Calcula: $\left(\frac{1}{x}+\frac{1}{x^2-1}\right)\cdot\left(\frac{x+1}{2}:\frac{x}{x-1}\right)$

Sol.: $\frac{x^2+x-1}{2x^2}$

2 Dados los polinomios $A(x)=x^3-5x^2+2x-3$, $B(x)=x^3+x^2-3x+2$ y $C(x)=\frac{1}{2}x^2+4x-1$.

Calcula:

a) $A(x)+B(x)$

b) $A(x)-B(x)$

c) $B(x)-4C(x)$

d) $3A(x)\cdot 2C(x)$

3 Calcula, el valor numérico de los siguientes polinomios:

a) x^4-3x^2+x-1 para $x=-1$ y $x=1$

b) $x^5+2x^3-x^2+2$ para $x=-1$ y $x=2$

c) $-3x^3+2x-4$ para $x=-2$ y $x=0$

d) x^4+3x^2-5 para $x=1$ y $x=2$

Sol.: a) –4, –2; b) –2, 46; c) 16, –4; d) –1, 23

4 Uno de los clientes de Industrias Cartoneras S. L. ha pedido una caja de cartón sin tapa. La caja se construye cortando los cuadrados de las esquinas de una hoja de cartón que mide un total de 24 × 18 cm, y levantando los laterales. El volumen de la caja viene dado por la fórmula $V(x)=4x^3-84x^2+432x$, donde x representa la medida del cuadrado cortado.

Utiliza la división polinómica y el teorema del resto para calcular si un volumen de 640 cm³ corresponde a cuadrados de esquina de 2, 3, 4 o 5 cm, e indica las dimensiones de la caja para este volumen.

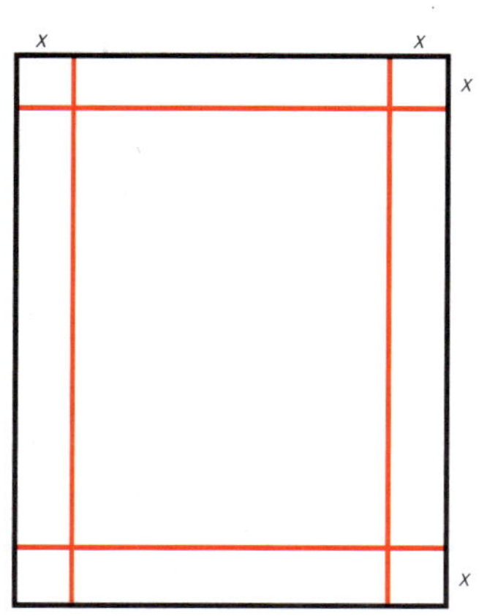

Sol.: $x=4$ cm, 16 × 10 × 4 (en cm)

5 ¿Cuál debe ser el valor de los coeficientes a, b, c y d para que los polinomios $P(x)$ y $Q(x)$ sean iguales?

$$P(x)=3x^2-(4+a)x^3+2b-x^2+x$$

$$Q(x)=-1-x^3+2cx-(d+1)x^2+6$$

a) $a=-3$, $b=5/2$, $c=1/2$, $d=-3$

b) $a=5/2$, $b=-3$, $c=-3$, $d=1/2$

c) $a=-3$, $b=1/2$, $c=-3$, $d=5/2$

Sol.: *a*

6 Durante las 12 semanas de los meses de verano, el número de turistas que llegan hasta la isla de Tavira se puede modelizar teniendo en cuenta la función polinómica $N(x)=-0{,}1x^4+2x^3-14x^2+52x+5$, donde $N(x)$ es el número (en miles) de turistas durante la semana x. Responde:

a) ¿Cuándo habrá más turistas en la isla de Tavira, en la semana 5 ($x=5$) o en la semana 10?

b) ¿Cuándo habrá más turistas, en la primera semana o en la penúltima?

c) El número de turistas crece rápidamente entre las semanas 7 y 10. Usa el teorema del resto para determinar la semana de máxima afluencia a la isla.

7 Juan ha factorizado un polinomio como $(a-b)(x-y)$, mientras que Pablo ha factorizado el mismo polinomio y ha obtenido como solución $(b-a)(y-x)$. ¿Pueden ser correctos ambos resultados? Justifica tu respuesta.

8 Resuelve:

a) $\frac{3x+3}{12x-12}:\frac{(x+1)^2}{x^2-1}$ b) $\left(\frac{x-1}{x+1}\right):\left(\frac{2x-1}{x^2+2x+1}\right)$

Sol.: a) 1/4; b) $\frac{x^2-1}{2x-1}$

9 Halla a para que la división sea exacta:

$$(x^5-3x^3+ax^2-4):(x-2)$$

Sol.: $a=-1$

10 En una división de polinomios, el divisor es $2x^3-3$; el cociente, $x+3$, y el resto, $x-1$. ¿Cuál es el dividendo?

11 Simplifica las siguientes expresiones:

a) $\dfrac{\frac{x+a}{x-a}-\frac{x-a}{x+a}}{1-\frac{x-a}{x+a}}$ b) $\dfrac{1+x+\frac{1}{1-x}}{1+\frac{1}{1-x^2}}$

Sol.: a) $\frac{2x}{x-a}$; b) $x+1$

BLOG

Gaussianos

En el blog **http://links.edebe.com/ur,** encontrarás un interesante artículo en el que se habla de polinomios generadores de números primos.

- Describe algunos de ellos teniendo en cuenta, en cada caso, sus limitaciones.

SOCIETY

¿Para qué sirven los polinomios en la vida real?

Para resolver ecuaciones, para extraer raíces, para operar algebraicamente... ¿Solo para eso?

Además de todas las aplicaciones estrictamente matemáticas ya conocidas, los polinomios son útiles en diversos campos de la ciencia: telecomunicaciones, biología y medicina, para realizar pronósticos en economía y meteorología, etc.

Por ejemplo, en pediatría suelen utilizarse fórmulas en forma de fracciones algebraicas para deducir la dosis de medicación que debe tomar un menor, tomando como referencia la de un adulto. Para menores de entre 2 y 12 años, se suele utilizar la **fórmula de Young:**

$$N = \frac{x\,y}{y + 12}$$

donde N es la fracción resultante, x es la dosis estándar para un adulto e y es la edad del menor.

- Busca en Internet algunas aplicaciones concretas de los polinomios en los campos antes mencionados.

SOCIETY

El padre de la computación

Charles Babbage *(1791-1871) fue un matemático británico que es considerado el padre de la computación debido a su afán por inventar máquinas de calcular. Entre ellas destaca la* ***máquina diferencial*** *(1822), cuya función debía ser la* ***tabulación de polinomios*** *usando el método numérico de las diferencias. Aunque empezó a construirla, nunca consiguió terminarla a causa de diversas dificultades técnicas. No obstante, en 1991 el Museo de Ciencias de Londres construyó una réplica de ella, basándose en el proyecto de Babbage y utilizando la tecnología de aquella época. La máquina funcionó sin problemas...*

CRITICAL SENSE

EL CÁLCULO DEL IPC

El **IPC** (índice de precios al consumo) indica la variación de los precios de diversos artículos y servicios entre dos períodos de tiempo. En España se calcula mediante la **fórmula de Laspeyres,** de la que forma parte un determinado polinomio con coeficientes porcentuales.

PROBLEM-BASED PBL LEARNING

- Formad grupos de tres componentes y distribuid los roles y las tareas con el fin de investigar qué es el IPC.
- Buscad información en distintas fuentes para averiguar qué tipo de artículos y servicios se utilizan para calcular el IPC en España y de dónde se obtienen estos datos.
- ¿Crees que es ajustada la distribución porcentual de dichos artículos y servicios teniendo en cuenta el uso real que se hace de cada uno de ellos?
- Efectuad un cálculo simplificado del IPC en vuestro barrio o población. Para ello, definid una cesta de la compra básica y en el supermercado más próximo determinad la evolución semanal del precio de vuestra cesta a lo largo de un par de meses. Comparad el resultado obtenido con la variación real del IPC en el mismo período.
- Exponed en clase el método que habéis seguido y vuestras conclusiones.

3

BLOQUE 1. ARITMÉTICA Y ÁLGEBRA

Ecuaciones, sistemas e inecuaciones

1. Ecuaciones
- 1.1. Ecuaciones polinómicas
- 1.2. Ecuaciones racionales
- 1.3. Ecuaciones irracionales
- 1.4. Ecuaciones exponenciales
- 1.5. Ecuaciones logarítmicas

2. Sistemas de ecuaciones
- 2.1. Sistemas lineales de dos ecuaciones con dos incógnitas
- 2.2. Sistemas lineales de tres ecuaciones con tres incógnitas. Método de Gauss
- 2.3. Sistemas de ecuaciones no lineales

3. Inecuaciones
- 3.1. Inecuaciones lineales con una incógnita
- 3.2. Inecuaciones lineales con dos incógnitas
- 3.3. Inecuaciones de segundo grado con una incógnita
- 3.4. Inecuaciones fraccionarias con una incógnita

4. Sistemas de inecuaciones
- 4.1. Sistemas de inecuaciones lineales con una incógnita
- 4.2. Sistemas de inecuaciones lineales con dos incógnitas

Simulador

Presentación

Verde, amarillo, rojo

La buena coordinación de la red de semáforos de la ciudad y la optimización de los ciclos y fases de cada uno de ellos son herramientas fundamentales para tratar de resolver los problemas de congestión de tránsito y sobresaturación de vehículos. Eso se intenta resolver de diferentes formas en los distintos sistemas. Algunos incluyen ecuaciones que relacionan los sistemas de cada esquina entre sí. Otros realizan simulaciones limitadas sobre el efecto que una decisión en una esquina puede producir en esquinas próximas...

Encrucijadas, n.º 42. **http://links.edebe.com/3r3vr7**

Noticias

La conjetura de Beal es un problema no resuelto que Andrew Beal, un multimillonario texano, propuso mientras investigaba sobre el último teorema de Fermat.

Beal propuso que, si la suma de dos potencias de enteros positivos con exponente mayor que 2 da como resultado otra potencia de exponente superior a 2, las tres bases tienen un factor primo en común. Es decir, si A, B, C, m, n, p son enteros mayores que 0 y se cumple la ecuación:

$$A^n + B^m = C^p \text{ con } n, m, p > 2$$

entonces, A, B y C tienen un factor primo común. En este enlace encontrarás más información: **http://links.edebe.com/wswx2**

EN CONTEXTO

a> Efectúa la siguiente actividad:

— Escribe en tu cuaderno tres ideas respecto a la forma en que pueden regularse los sistemas semafóricos para reducir los problemas de congestión del tráfico. Añade dos preguntas y una analogía que te sugiera este tema.

— Lee el artículo completo sobre la optimización de las redes de semáforos.

— Redacta de nuevo tres ideas, dos preguntas y una analogía teniendo en cuenta la información del artículo.

— En parejas, poned en común vuestro pensamiento inicial y el nuevo, explicando cómo y por qué ha cambiado.

b> ¿Qué condiciones debería cumplir un contraejemplo de la conjetura de Beal?

c> Busca en Internet información sobre el último teorema de Fermat. ¿Por qué crees que se considera la conjetura de Beal como una generalización de este teorema?

d> Halla un ejemplo numérico para el que se cumpla la conjetura de Beal.

1. Ecuaciones
1.1. Ecuaciones polinómicas
1.2. Ecuaciones racionales
1.3. Ecuaciones irracionales
1.4. Ecuaciones exponenciales
1.5. Ecuaciones logarítmicas

1. Ecuaciones

A menudo se nos plantean problemas que podemos solucionar mediante ecuaciones. Resolverlas es hallar, en caso de que existan, el valor o los valores de las incógnitas para los que la igualdad es cierta. Para ello, las transformaremos en ecuaciones más sencillas que sean equivalentes.

1.1. Ecuaciones polinómicas

Una **ecuación polinómica** es una ecuación de la forma $P(x) = 0$. Por ejemplo, $x^5 - 3x^2 + 2x + 1 = 0$ es una ecuación polinómica de quinto grado.

Llamamos **ecuación polinómica de grado *n*** a cualquier ecuación equivalente a $a_n x^n + a_{n-1} x^{n-1} + ... + a_1 x + a_0 = 0$ donde $n \in \mathbb{N}$ y los coeficientes de la ecuación $a_n, a_{n-1}, ..., a_1, a_0 \in \mathbb{R}$, con $a_n \neq 0$ y $n \neq 0$.

Las **soluciones de la ecuación** son los valores de x que hacen que el valor numérico del polinomio $P(x)$ sea igual a 0, es decir, las **raíces** de dicho polinomio.

Las ecuaciones polinómicas se clasifican según el **grado del polinomio** $P(x)$, como *ecuaciones de primer grado, de segundo grado,* etc.

El **número de soluciones** de una ecuación polinómica es menor o igual que su grado. Así, una ecuación de primer grado tiene como máximo una solución, una de segundo, dos, y así sucesivamente. En esta unidad consideraremos solo las **soluciones reales.**

Ecuaciones de primer grado o lineales

Las ecuaciones polinómicas básicas son las **ecuaciones de primer grado,** también conocidas como **ecuaciones lineales.**

Llamamos **ecuación de primer grado** o **lineal** a cualquier ecuación equivalente a $ax + b = 0$, con $a, b \in \mathbb{R}$ y $a \neq 0$.

Una ecuación polinómica de primer grado, de tenerla, cuenta con **una única solución** que se obtiene directamente de la expresión $x = -b/a$.

Ecuaciones de segundo grado o cuadráticas

Otras ecuaciones polinómicas importantes son las de segundo grado.

Llamamos **ecuación de segundo grado** o **cuadrática** a toda ecuación equivalente a $ax^2 + bx + c = 0$, con $a, b, c \in \mathbb{R}$ y $a \neq 0$.

Una ecuación de segundo grado tiene como máximo **dos soluciones,** definidas por la siguiente fórmula:

$$x = \frac{-b \pm \sqrt{b^2 - 4ac}}{2a} \quad \begin{cases} x_1 = \dfrac{-b + \sqrt{b^2 - 4ac}}{2a} \\ x_2 = \dfrac{-b - \sqrt{b^2 - 4ac}}{2a} \end{cases}$$

RECUERDA

Dos **ecuaciones** son **equivalentes** cuando ambas tienen las mismas soluciones.

Las transformaciones que permiten obtener una ecuación equivalente son:

- Sumar o restar a los dos miembros de la ecuación una misma expresión polinómica.
- Multiplicar o dividir los dos miembros de la ecuación por un mismo número diferente de cero.

VOCABULARIO

En la ecuación $A = B$, decimos que A es el *primer miembro* y B es el *segundo miembro.*

INTERNET

Busca en Internet distintos métodos para hallar la solución de la ecuación de segundo grado y prepara una presentación donde expliques, con tus propias palabras, en qué consiste cada uno de ellos.

FÍJATE

A la expresión $b^2 - 4ac$ se le conoce como **discriminante** y se denota con el **símbolo** Δ.

Según cuál sea su valor, se puede establecer el **número de soluciones** de la ecuación de segundo grado:

$\Delta = b^2 - 4ac$	N.º SOLUCIONES
$\Delta > 0$	Dos soluciones reales
$\Delta = 0$	Una solución real doble
$\Delta < 0$	Sin solución real

Si alguno de los coeficientes es nulo, hablamos de **ecuaciones de segundo grado incompletas,** cuya solución puede hallarse fácilmente sin utilizar la fórmula:

— Si $b = c = 0$, tenemos $ax^2 = 0 \longrightarrow x_1 = x_2 = 0$ es una solución doble.

— Si $b = 0$, tenemos $ax^2 + c = 0 \longrightarrow x_1 = +\sqrt{-c/a}$, $x_2 = -\sqrt{-c/a}$.

— Si $c = 0$, tenemos $ax^2 + bx = x\,(ax + b) = 0 \longrightarrow x_1 = 0$, $x_2 = -b/a$.

1 EJEMPLO

Determina el número de soluciones de la siguiente ecuación sin resolverla, y luego calcúlalas: $x^2 + 6x + 8 = 0$.

Solución

COMPRENSIÓN: Estudiamos su grado y observamos que se corresponde con una ecuación de segundo grado.

RESOLUCIÓN: Hallamos el discriminante para determinar el número de soluciones:

$$\Delta = b^2 - 4ac = 6^2 - 4 \cdot 1 \cdot 8 = 36 - 32 = 4 > 0$$

Por lo tanto, tiene dos soluciones reales. Calculamos las dos soluciones aplicando la fórmula:

$$x = \frac{-6 \pm \sqrt{6^2 - 4 \cdot 1 \cdot 8}}{2 \cdot 1} = \frac{-6 \pm \sqrt{36 - 32}}{2} = \frac{-6 \pm 2}{2} = \begin{cases} x_1 = \dfrac{-6 + 2}{2} = -2 \\ x_2 = \dfrac{-6 - 2}{2} = -4 \end{cases}$$

COMPROBACIÓN: Sustituimos las dos soluciones en la ecuación y comprobamos que son correctas.

Ecuaciones de grado superior a dos

Entre las ecuaciones de grado superior a dos, nos ocuparemos de las ecuaciones bicuadradas y de aquellas que pueden factorizarse.

— **Ecuaciones bicuadradas.** Tienen una relación directa con las ecuaciones de segundo grado, pues pueden convertirse y solucionarse de forma similar.

> Llamamos **ecuación bicuadrada** a toda ecuación equivalente a **$ax^4 + bx^2 + c = 0$, con $a, b, c \in \mathbb{R}$ y $a \neq 0$.**

Para resolver una ecuación polinómica bicuadrada, se realiza un cambio de variable $x^2 = t$, y se resuelve la ecuación resultante como una ecuación cuadrática. Una vez resuelta la ecuación cuadrática, se deshace el cambio de variable para obtener la solución de la ecuación inicial.

Al tratarse de una ecuación polinómica de cuarto grado, tendrá **como máximo cuatro soluciones.**

— **Ecuaciones que pueden factorizarse.** Las ecuaciones $P(x) = 0$ de grado mayor que dos suelen resolverse descomponiendo el polinomio $P(x)$ en factores de primer y segundo grado.

Puesto que, para que un producto de factores sea igual a cero, alguno de estos factores debe ser cero, basta con igualar a cero cada uno de los factores y resolver las ecuaciones resultantes para conocer las soluciones de la ecuación inicial, $P(x) = 0$.

Según lo visto hasta ahora, la ecuación $P(x) = 0$ tendrá, como máximo, tantas soluciones como sea su grado.

RECUERDA

Cuando una ecuación tiene más de una solución, le ponemos **subíndices a la variable** para diferenciarlas entre sí. Por ejemplo:

$$x_1 = -2 \text{ y } x_2 = -4$$

AMPLÍA

La suma (S) y el producto (P) de las soluciones de una ecuación de segundo grado cumplen:

$$S = x_1 + x_2 = -\frac{b}{a}$$

$$P = x_1 \cdot x_2 = \frac{c}{a}$$

Además, si conocemos las soluciones de una ecuación, podemos construir esta ecuación aplicando la siguiente fórmula:

$$x^2 - Sx + P = 0$$

FÍJATE

En las ecuaciones bicuadradas, de cada solución para la variable t, obtenemos **dos soluciones** para la variable x (la positiva y la negativa al calcular la raíz cuadrada):

$$t_1 = x^2 \longrightarrow \begin{cases} x_1 = +\sqrt{t_1} \\ x_2 = -\sqrt{t_1} \end{cases}$$

$$t_2 = x^2 \longrightarrow \begin{cases} x_3 = +\sqrt{t_2} \\ x_4 = -\sqrt{t_2} \end{cases}$$

RECUERDA

Para **factorizar un polinomio,** seguiremos estos pasos:

- **Sacar factor común** a la variable y/o a algún número (si el polinomio no tiene término independiente o sus coeficientes tienen algún divisor común).
- **Identificar las igualdades notables.**
- **Calcular las raíces enteras** y factorizar el polinomio aplicando la **regla de Ruffini** y los **teoremas del resto** y **del factor.**
- Si el grado es igual a dos, **calcular las raíces** a través de la **resolución de la ecuación** de forma clásica.

Por cada raíz calculada $x = a$, tendremos un factor $(x - a)$. Se finaliza la factorización cuando todos los factores sean de grado uno o cuando no se pueda seguir factorizando.

INTERNET

En este enlace encontrarás ejercicios y problemas resueltos de ecuaciones de grado superior a dos:

http://links.edebe.com/yajee

2 EJEMPLO

Resuelve la ecuación $x^4 - 4x^2 + 3 = 0$.

Solución

COMPRENSIÓN: Estudiamos su grado y su forma, y observamos que se corresponde con una ecuación bicuadrada.

RESOLUCIÓN: Aplicamos un cambio de variable y reescribimos la ecuación:

$$x^2 = t \longrightarrow x^4 - 4x^2 + 3 = t^2 - 4t + 3 = 0$$

Resolvemos la ecuación de segundo grado resultante:

$$t = \frac{4 \pm \sqrt{(-4)^2 - 4 \cdot 1 \cdot 3}}{2 \cdot 1} = \frac{4 \pm \sqrt{16 - 12}}{2} = \frac{4 \pm 2}{2} = \begin{cases} t_1 = 3 \\ t_2 = 1 \end{cases}$$

Deshacemos el cambio para hallar las soluciones de la ecuación inicial:

$$t_1 = x^2 \longrightarrow 3 = x^2 \longrightarrow \begin{cases} x_1 = +\sqrt{3} \\ x_2 = -\sqrt{3} \end{cases} \qquad t_2 = x^2 \longrightarrow 1 = x^2 \longrightarrow \begin{cases} x_3 = +\sqrt{1} = 1 \\ x_4 = -\sqrt{1} = -1 \end{cases}$$

COMPROBACIÓN: Sustituimos las soluciones en la ecuación inicial y comprobamos que son correctas.

3 EJEMPLO

Resuelve la ecuación $2x^4 + x^3 = 8x^2 + x - 6$.

Solución

COMPRENSIÓN: Estudiamos su grado y su forma, y observamos que se corresponde con una ecuación polinómica de grado superior a dos que puede factorizarse.

RESOLUCIÓN: Escribimos la ecuación en la forma ordenada y reducida:

$$2x^4 + x^3 - 8x^2 - x + 6 = 0$$

Factorizamos el polinomio de grado 4. Para ello, calculamos las raíces enteras, que se encuentran entre los divisores del término independiente (± 1, ± 2, ± 3, ± 6), y aplicamos el teorema del factor. Así, obtenemos que $x = 1$, $x = -1$ y $x = -2$ son raíces y, por tanto, $(x - 1)$, $(x + 1)$ y $(x + 2)$ son factores:

	2	1	−8	−1	6
1		2	3	−5	−6
	2	3	−5	−6	0
−1		−2	−1	6	
	2	1	−6	0	
−2		−4	6		
	2	−3	0		

Por lo que:

$$2x^4 + x^3 - 8x^2 - x + 6 = (x - 1)(x + 1)(x + 2)(2x - 3) =$$
$$= 2(x - 1)(x + 1)(x + 2)(x - 3/2) = 0$$

Como todos los factores son de grado uno, hemos terminado la factorización. Ahora, igualamos a 0 cada factor para hallar las soluciones de la ecuación:

$$x - 1 = 0 \longrightarrow x_1 = 1, \qquad x + 1 = 0 \longrightarrow x_2 = -1$$
$$x + 2 = 0 \longrightarrow x_3 = -2, \qquad x - \frac{3}{2} = 0 \longrightarrow x_4 = \frac{3}{2}$$

COMPROBACIÓN: Sustituimos las soluciones en la ecuación y comprobamos que son correctas.

Problemas resueltos
A

Ejercicios y problemas
5 a 8, 10 a 14, 16, 18, 19 y 22

1.2. Ecuaciones racionales

Considera la siguiente ecuación: $\frac{3x+2}{x-1} = x+6$.

En el primer miembro aparece una fracción algebraica. Decimos que es una **fracción racional.**

Las **ecuaciones racionales** son aquellas en que las incógnitas aparecen en fracciones algebraicas.

A fin de resolverlas, se deben eliminar los denominadores de las fracciones que intervienen en la igualdad. Para ello, multiplicaremos los dos miembros de la ecuación por el mínimo común múltiplo de los denominadores.

FÍJATE

Si multiplicas los dos términos de una ecuación por un polinomio de grado mayor que cero, es posible que añadas soluciones no deseadas. En estos casos, es muy importante comprobar las soluciones.

Verifícalo, solucionando esta ecuación:

$$\frac{x}{x-2} + \frac{1}{x-4} = \frac{2}{x^2-6x+8}$$

— ¿Qué ocurre para el valor $x = 4$?

1.3. Ecuaciones irracionales

Observa la ecuación $\sqrt{2x-5} + x = 10$. La incógnita aparece bajo el signo radical.

Una **ecuación irracional** es aquella en la cual las incógnitas aparecen bajo el signo radical.

La resolución de este tipo de ecuaciones pasa por reescribir la ecuación sin radicales. Para ello, aislaremos uno de los radicales y elevaremos ambos términos de la ecuación a la potencia que nos permita eliminarlo. Repetiremos el proceso hasta conseguir una ecuación libre de radicales.

Ejercicios y problemas
15, 17, 23 y 24

4 EJEMPLO

Resuelve las siguientes ecuaciones: a) $\frac{3}{x+1} - \frac{x}{x-1} = -1$ **; b)** $\sqrt{2x-1} + \sqrt{x+4} = 6$.

Solución

COMPRENSIÓN: La primera es una ecuación racional, así que multiplicaremos ambos miembros por el m.c.m. de los denominadores, y resolveremos la ecuación resultante. La segunda es una ecuación irracional, por lo que deberemos transformar la ecuación hasta eliminar los radicales.

RESOLUCIÓN:

a) m.c.m. $(x+1, x-1) = x^2 - 1$. Al multiplicar los dos miembros de la ecuación por el m.c.m. de los denominadores, nos queda la siguiente ecuación:

$$3(x-1) - x(x+1) = -x^2 + 1$$
$$2x - 4 = 0 \rightarrow x = 2$$

b) Aislamos una de las raíces y la eliminamos, elevando ambos miembros al cuadrado:

$$\left(\sqrt{2x-1}\right)^2 = \left(6 - \sqrt{x+4}\right)^2$$
$$2x - 1 = 36 - 12\sqrt{x+4} + x + 4$$

Nos queda una raíz, así que repetimos el proceso: aislamos la raíz y, finalmente, elevamos de nuevo ambos miembros al cuadrado.

$$x - 41 = -12\sqrt{x+4}$$
$$(x-41)^2 = \left(-12\sqrt{x+4}\right)^2$$
$$x^2 - 82x + 1681 = 144(x+4)$$
$$x^2 - 226x + 1105 = 0$$

Hemos obtenido, pues, un polinomio de segundo grado con soluciones $x_1 = 5$ y $x_2 = 221$.

COMPROBACIÓN:

a) En este caso, si sustituimos los valores de x obtenidos en la ecuación, comprobamos que el cálculo es correcto y que no hemos añadido soluciones que, aunque calculadas correctamente, no son soluciones de la ecuación original.

b) Como en el caso de las ecuaciones racionales, al elevar al cuadrado se pueden añadir soluciones no válidas. Si realizas la comprobación, verás que $x = 5$ es solución de la ecuación original, pero $x = 221$ no lo es.

RECUERDA

Las funciones exponencial y logarítmica son inversas. Es decir:

$$\log_a x = y \leftrightarrow a^y = x$$

para todo $x \in D(\log_a x)$.

Además:

$a^0 = 1 \quad a^1 = a$

$a^p \cdot a^q = a^{p+q}$

$a^p : a^q = a^{p-q}$

$\log_a 1 = 0 \quad \log_a a = 1$

$\log_a xy = \log_a x + \log_a y$

$$\log_a \frac{x}{y} = \log_a x - \log_a y$$

$$\log_a x = \frac{\log_b x}{\log_b a}$$

— ¿Podrías demostrar que $(a^m)^n = a^{m \cdot n}$ y que $\log_a x^n = n \cdot \log_a x$?

1.4. Ecuaciones exponenciales

En algunas ecuaciones, la incógnita puede formar parte de un exponente.

Una **ecuación exponencial** es aquella en la cual la incógnita aparece en el exponente de una potencia.

En general, para resolver las ecuaciones exponenciales, seguiremos estos pasos:

— La reescribiremos como un polinomio, efectuando el cambio de variable $a^x = t$.

— Una vez resuelto el polinomio, despejaremos la incógnita del exponente, aplicando a ambos miembros de la ecuación logaritmos decimales:

$$a^x = t \longrightarrow \log a^x = \log t \longrightarrow x \cdot \log a = \log t \longrightarrow x = \frac{\log t}{\log a}$$

1.5. Ecuaciones logarítmicas

En algunas ecuaciones, la incógnita puede formar parte de un logaritmo.

Una **ecuación logarítmica** es aquella en la cual la incógnita aparece afectada por un logaritmo.

Para resolver ecuaciones logarítmicas, utilizaremos las propiedades de los logaritmos, teniendo en cuenta que debemos rechazar aquellas soluciones que, al sustituir en la ecuación original, den lugar al logaritmo de un número negativo.

5 EJEMPLO

Resuelve las siguientes ecuaciones:

a) $9^x + 7 \cdot 9^x = 24$; **b)** $\log(x-2) + \log(x+4) = \log(2-x)$; **c)** $2^{2+x} - 2^{1+x} + 2^x = \frac{1}{2}$.

Solución

COMPRENSIÓN: Podremos reescribir las ecuaciones exponenciales como un polinomio, realizando un cambio de variable. Para resolver la ecuación logarítmica, aplicaremos las propiedades de los logaritmos.

RESOLUCIÓN:

a) Efectuamos el cambio de variable $9^x = t$:

$$t + 7t = 24 \longrightarrow 8t = 24 \longrightarrow t = 3$$

Al deshacer el cambio, obtenemos: $3 = 9^x \longrightarrow 3 = (3^2)^x \longrightarrow 1 = 2x \longrightarrow x = \frac{1}{2}$.

b) Reescribimos la ecuación: $\log[(x-2)(x+4)] = \log(2-x)$.

Resolvemos: $(x-2)(x+4) = (2-x) \longrightarrow x^2 + 3x - 10 = 0 \longrightarrow x_1 = 2;\ x_2 = -5$.

c) Efectuamos el cambio de variable $2^x = t$:

$$2^2 \cdot 2^x - 2 \cdot 2^x + 2^x = \frac{1}{2} \longrightarrow 4t - 2t + t = \frac{1}{2} \longrightarrow t = \frac{1}{6}$$

Ahora deshacemos el cambio:

$$2^x = \frac{1}{6} \longrightarrow \log 2^x = \log\frac{1}{6} \longrightarrow x\log 2 = \log\frac{1}{6} \longrightarrow x = \frac{\log 1/6}{\log 2} = -2{,}58$$

COMPROBACIÓN: Si sustituimos los valores encontrados por x en las ecuaciones, vemos que $x = 2$ no es solución de la ecuación logarítmica, pues dos de los logaritmos que intervienen en ella no están definidos para este valor.

FÍJATE

— Si $a^x = a^y \longrightarrow x = y$.

— Si $\log_a x = \log_a y \longrightarrow x = y$.

Ejercicios y problemas
9, 20 y 21

2. Sistemas de ecuaciones
2.1. Sistemas lineales de dos ecuaciones con dos incógnitas
2.2. Sistemas lineales de tres ecuaciones con tres incógnitas. Método de Gauss
2.3. Sistemas de ecuaciones no lineales

2. Sistemas de ecuaciones

Un **sistema de ecuaciones** es un conjunto de ecuaciones que deben verificarse simultáneamente.

Los sistemas de ecuaciones pueden clasificarse atendiendo a los mismos criterios que usamos para clasificar ecuaciones: número de incógnitas, grado, etc.

Si existe un conjunto de valores de las incógnitas que satisface simultáneamente todas las ecuaciones del sistema, diremos que es una **solución del sistema.**

2.1. Sistemas lineales de dos ecuaciones con dos incógnitas

En un **sistema de ecuaciones lineales** todas las ecuaciones son de primer grado.

Un **sistema lineal de *m* ecuaciones con *n* incógnitas** es un sistema de la forma:

$$\left.\begin{array}{l} a_{11}x_1 + a_{12}x_2 + ... + a_{1n}x_n = k_1 \\ a_{21}x_1 + a_{22}x_2 + ... + a_{2n}x_n = k_2 \\ ... \\ a_{m1}x_1 + a_{m2}x_2 + ... + a_{mn}x_n = k_m \end{array}\right\}$$

donde $x_1, x_2, x_3, ..., x_n$ son las incógnitas;

a_{ij} son los coeficientes;

$k_1, k_2, k_3, ..., k_m$ son los términos independientes.

La **solución de un sistema** de ecuaciones lineales es el valor de las incógnitas que es solución de todas y cada una de las ecuaciones del sistema.

Si nos encontramos solo con dos ecuaciones y dos incógnitas en cada una de ellas, estaremos ante el caso básico de resolución de sistemas, al que ya nos hemos enfrentado en cursos anteriores y que recordaremos a continuación.

Un **sistema lineal de dos ecuaciones con dos incógnitas** es un sistema de la forma:

$$\left.\begin{array}{l} a_1x + b_1y = c_1 \\ a_2x + b_2y = c_2 \end{array}\right\} \text{ donde } \begin{array}{l} a_1 \neq 0 \text{ o } b_1 \neq 0 \\ a_2 \neq 0 \text{ o } b_2 \neq 0 \end{array}$$

Los métodos algebraicos para resolver un sistema de este tipo son:

— **Método de sustitución.** Consiste en despejar una de las incógnitas en una de las ecuaciones y sustituirla en la otra. Resulta útil si una de las incógnitas tiene coeficiente igual a 1 o si ya está despejada.

— **Método de igualación.** Consiste en despejar la misma incógnita en las dos ecuaciones e igualar las expresiones obtenidas. Es útil cuando la misma incógnita se puede despejar fácilmente en ambas ecuaciones.

— **Método de reducción.** Consiste en multiplicar cada ecuación por el número adecuado para que al sumarlas se obtenga una ecuación con una sola incógnita. Es útil cuando no se puede resolver el sistema por los métodos anteriores.

FÍJATE

Una **ecuación lineal o de primer grado** es una ecuación cuyo mayor exponente asociado a las incógnitas es 1, es decir, no están elevadas a potencias, ni multiplicadas entre sí, ni en el denominador.

LENGUAJE MATEMÁTICO

Un sistema lineal en el que todos los términos independientes son nulos se denomina **sistema homogéneo.**

$$\left.\begin{array}{l} 2x + y - z = 0 \\ x + 3y + x = 0 \\ 3x - 10y + 4z = 0 \end{array}\right\}$$

INTERNET

La aplicación que encontrarás en el siguiente enlace resuelve sistemas lineales. Puedes utilizarla para comprobar si la solución de los ejercicios que resuelvas en la unidad es correcta:

http://links.edebe.com/h4gp

FÍJATE

— **S.C.D.** Al resolver el sistema, obtenemos un valor concreto para las incógnitas. Por ejemplo:

$x = 2,\ y = -3$

— **S.C.I.** Al resolver el sistema, obtenemos una identidad del tipo $0x = 0$ o $k = k$. Por ejemplo:

$0x = 0,\ 2 = 2$

— **S.I.** Al resolver el sistema, obtenemos una igualdad falsa del tipo $0x = k$ o $k = j$. Por ejemplo:

$0x = 4,\ 2 = -3$

Clasificación de sistemas lineales según sus soluciones

Atendiendo al número de soluciones, los sistemas de ecuaciones lineales se pueden clasificar en:

SISTEMAS DE ECUACIONES LINEALES

- **Sistemas compatibles (S. C.)** Tienen solución
  - Sistemas compatibles determinados (S.C.D.) Tienen una única solución.
  - Sistemas compatibles indeterminados (S.C.I.) Tienen infinitas soluciones.
- **Sistemas incompatibles (S. I.)** No tienen solución

RECUERDA

La representación gráfica de las soluciones de una ecuación lineal con dos incógnitas, $ax + by = c$, es una recta.

Interpretación geométrica de un sistema lineal de dos ecuaciones y dos incógnitas

Al representar gráficamente las soluciones de cada una de las ecuaciones de un sistema de dos ecuaciones con dos incógnitas, se obtienen **dos rectas.**

Si el **sistema de dos ecuaciones con dos incógnitas:**

— Tiene **solución única,** las dos rectas que lo forman se cortan en un único punto, que es precisamente la solución del sistema (ya que solo ese punto satisface las dos ecuaciones a la vez).

— Tiene **infinitas soluciones,** las dos rectas son coincidentes (son la misma recta) y cada punto de ellas es solución del sistema.

— **No tiene solución,** las dos rectas son paralelas, no tienen ningún punto en común y, por tanto, el sistema no tiene solución.

Ejercicios y problemas
25 a 28, 30, 34 y 36 a 38

La siguiente tabla muestra un resumen de los tres tipos de sistemas lineales de dos ecuaciones con dos incógnitas:

TIPOS DE SISTEMA	Sistema compatible determinado	Sistema compatible indeterminado	Sistema incompatible
N.º DE SOLUCIONES	Tiene una única solución: $x = 4,\ y = 2$.	Tiene infinitas soluciones.	No tiene solución.
EJEMPLO	$\left.\begin{array}{r} x + y = 6 \\ x - y = 2 \end{array}\right\}$	$\left.\begin{array}{r} x + y = 6 \\ 3x + 3y = 18 \end{array}\right\}$	$\left.\begin{array}{r} x + y = 6 \\ x + y = 2 \end{array}\right\}$
REPRESENTACIÓN GRÁFICA	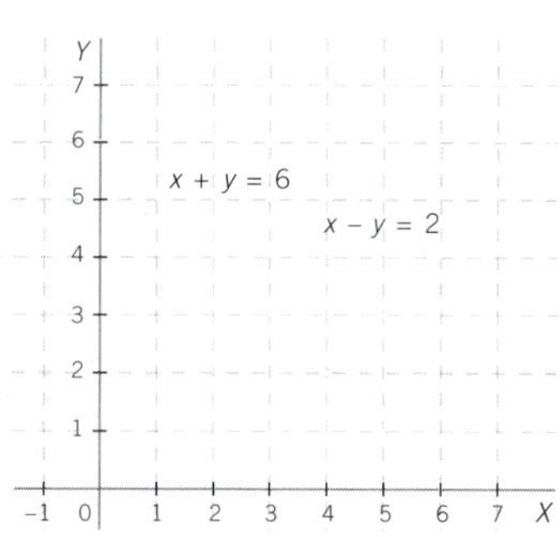	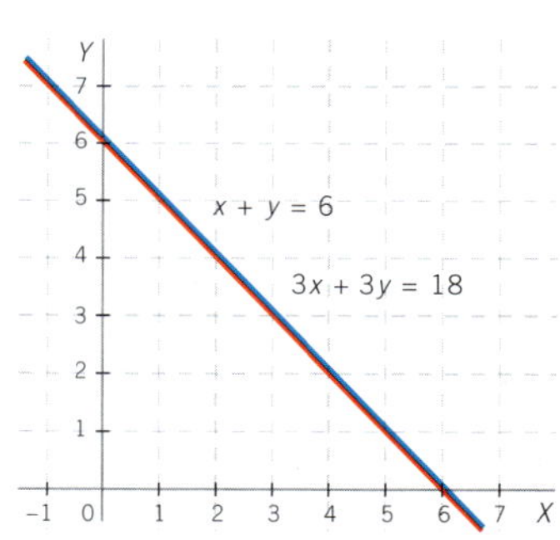	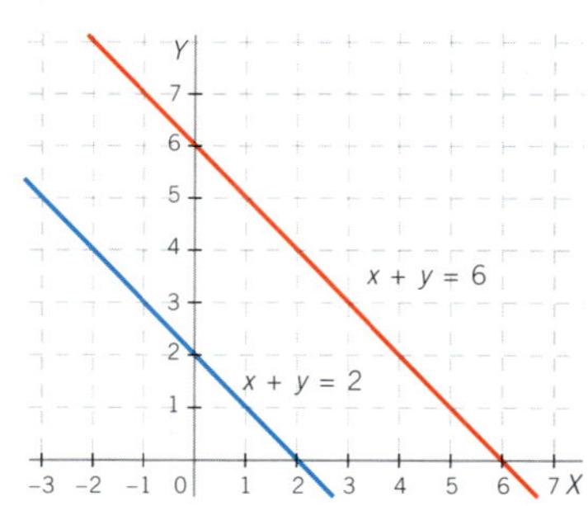
PUNTOS DE CORTE	Las rectas se cortan en $x = 4,\ y = 2$.	Las rectas son coincidentes (basta con dividir la segunda ecuación entre 3 para obtener la primera).	Las rectas son paralelas (no tienen ningún punto en común).

2.2. Sistemas lineales de tres ecuaciones con tres incógnitas. Método de Gauss

Para resolver sistemas lineales de tres ecuaciones con tres incógnitas, podemos utilizar el método de Gauss.

El **método de Gauss** es una generalización del método de reducción y consiste en transformar un sistema dado en un **sistema escalonado.**

$$\left.\begin{aligned} a_1x + b_1y + c_1z &= d_1 \\ a_2x + b_2y + c_2z &= d_2 \\ a_3x + b_3y + c_3z &= d_3 \end{aligned}\right\} \rightarrow \left.\begin{aligned} A_1x + B_1y + C_1z &= D_1 \\ B_2y + C_2z &= D_2 \\ C_3z &= D_3 \end{aligned}\right\}$$

El objetivo del método de Gauss es transformar el sistema inicial en un sistema en el que cada ecuación tiene una incógnita menos que la ecuación anterior.

— Para conseguirlo, aplicamos **transformaciones que permitan obtener un sistema equivalente;** es decir, realizamos cualquiera de las operaciones siguientes a la primera (e_1), segunda (e_2) o tercera (e_3) ecuaciones:

a) **Cambiar el orden** de las ecuaciones y/o incógnitas: $e_i \leftrightarrow e_j$.

b) **Multiplicar** (o dividir) los dos miembros de la ecuación por un mismo número distinto de cero: $e_i' = te_i + te_j$.

c) **Sustituir una ecuación** por la suma de esta más la combinación lineal de las otras: $e_i' = e_i + te_j$.

6 EJEMPLO

Resuelve el siguiente sistema de ecuaciones mediante Gauss: $\left.\begin{aligned} x + y + z &= 48 \\ -x + 2y + 2z &= -24 \\ x - 3y + 2z &= 6 \end{aligned}\right\}$.

Solución

COMPRENSIÓN: Estudiamos su forma y observamos que puede resolverse por el método de Gauss aplicando las transformaciones oportunas.

RESOLUCIÓN: Elegimos una ecuación (e_1) en la que uno de los coeficientes es ±1 o un divisor del resto de coeficientes de la misma incógnita, y eliminamos dicha incógnita de las dos ecuaciones restantes (e_2 y e_3):

$$\left.\begin{aligned} x + y + z &= 48 \\ -x + 2y + 2z &= -24 \\ x - 3y + 2z &= 6 \end{aligned}\right\} \xrightarrow[e_3' = e_3 - e_1]{e_2' = e_2 + e_1} \left.\begin{aligned} x + y + z &= 48 \\ 3y + 3z &= 24 \\ -4y + z &= -42 \end{aligned}\right\}$$

Análogamente, eliminamos la segunda incógnita de la tercera ecuación:

$$\left.\begin{aligned} x + y + z &= 48 \\ 3y + 3z &= 24 \\ -4y + z &= -42 \end{aligned}\right\} \xrightarrow[e_2' = \frac{e_2}{3}]{} \left.\begin{aligned} x + y + z &= 48 \\ y + z &= 8 \\ -4y + z &= -42 \end{aligned}\right\} \xrightarrow[e_3' = e_3 + 4e_2]{} \left.\begin{aligned} x + y + z &= 48 \\ y + z &= 8 \\ 5z &= -10 \end{aligned}\right\}$$

Una vez obtenido el sistema escalonado, calculamos las soluciones despejando las incógnitas de las ecuaciones de abajo arriba (de forma escalonada):

$$z = \frac{-10}{5} = -2 \qquad y = 8 - z = 8 - (-2) = 10 \qquad x = 48 - y - z = 48 - 10 - (-2) = 40$$

El sistema es compatible determinado y su solución única es $x = 40$, $y = 10$, $z = -2$.

COMPROBACIÓN: Sustituimos la solución en el sistema y comprobamos que es correcta.

FÍJATE

Un sistema de 3 ecuaciones y 3 incógnitas es **escalonado** cuando en la primera ecuación presenta las 3 incógnitas, en la segunda ecuación presenta una incógnita menos que en la ecuación anterior y en la tercera ecuación presenta una incógnita menos que en su antecesora.

RECUERDA

Dos sistemas de ecuaciones son **equivalentes** cuando tienen las mismas soluciones. Las transformaciones que permiten obtener un sistema equivalente son:

— Cambiar de orden las ecuaciones.

— Multiplicar los dos miembros de alguna de las ecuaciones por un número real diferente de cero.

— Sumar a una ecuación otra multiplicada por un número real.

Johann Carl Friedrich Gauss

Johann Carl Friedrich Gauss (1777-1855) fue un matemático y físico alemán considerado el «príncipe de los matemáticos» y el «matemático más grande desde la Antigüedad», pese a sus orígenes en el seno de una familia campesina de padres analfabetos.

Problemas resueltos
B

Ejercicios y problemas
29, 31 a 33, 39, 40, 42 a 45, 48 y 67

2.3. Sistemas de ecuaciones no lineales

En una ecuación no lineal o de grado distinto de uno, podemos encontrar incógnitas elevadas a potencias, multiplicadas entre sí, o en el denominador.

> Un **sistema de ecuaciones no lineales** es un conjunto de dos o más ecuaciones en el que alguna de las ecuaciones que lo forman es no lineal, es decir, tiene grado distinto de uno.

FÍJATE

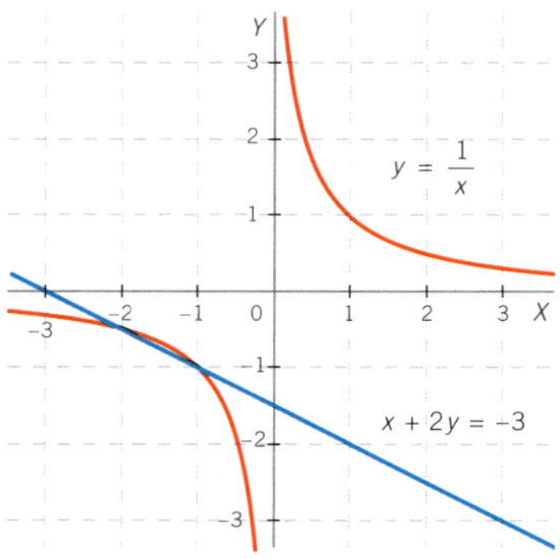

Resolución gráfica de un sistema de ecuaciones no lineal: recta e hipérbola.

Ejemplos de sistemas de ecuaciones no lineales son:

$$\left.\begin{aligned} 2x + y^2 - y &= 4 \\ -x + y^2 &= 3 \end{aligned}\right\} \qquad \left.\begin{aligned} 1/x^2 + 1/y^2 &= 13 \\ x + 2y - z &= 2 \end{aligned}\right\}$$

En el caso de sistemas de dos ecuaciones no lineales con dos incógnitas, las soluciones de las ecuaciones ya no representan dos rectas; una de ellas, o las dos, pueden ser parábolas, elipses, hipérbolas...

Para resolver este tipo de sistemas, generalmente recurriremos al **método de sustitución.** La **solución** del sistema son los **puntos** en los que las dos curvas que representan las soluciones de cada una de las ecuaciones **se cortan.**

7 EJEMPLO

Resuelve el siguiente sistema: $\left.\begin{aligned} x^2 - y^2 &= 8 \\ x \cdot y &= -3 \end{aligned}\right\}.$

Solución

COMPRENSIÓN: Estudiamos su forma y observamos que se corresponde con un sistema de ecuaciones no lineal.

RESOLUCIÓN: Despejamos la x en la segunda ecuación y sustituimos en la primera:

$$x \cdot y = -3 \rightarrow x = \frac{-3}{y}$$

$$x^2 - y^2 = 8 \rightarrow \left(-\frac{3}{y}\right)^2 - y^2 = 8 \rightarrow \frac{9}{y^2} - y^2 = 8$$

A continuación, multiplicamos ambos miembros de la ecuación resultante por el m.c.m.:

$$\frac{9y^2}{y^2} - y^2 \cdot y^2 = 8 \cdot y^2 \rightarrow y^4 + 8y^2 - 9 = 0$$

Resolvemos la ecuación bicuadrática aplicando el cambio de variable $t = y^2$.

$$y^4 + 8y^2 - 9 = 0 \xrightarrow[y^2 = t]{} t^2 + 8t - 9 = 0$$

$$t = \frac{-8 \pm \sqrt{8^2 - 4 \cdot 1 \cdot (-9)}}{2 \cdot 1} = \frac{-8 \pm \sqrt{64 + 36}}{2} = \frac{-8 \pm 10}{2} = \begin{cases} t_1 = 1 \\ t_2 = -9 \end{cases}$$

Deshacemos el cambio de variable:

$$\left.\begin{aligned} t_1 &= 1 \\ t_2 &= -9 \end{aligned}\right\} \xrightarrow[y^2 = t]{} \begin{cases} y = \pm\sqrt{1} \rightarrow y_1 = +1, y_2 = -1 \\ y = \pm\sqrt{-9} \rightarrow \text{No tiene soluciones reales.} \end{cases}$$

Sustituimos los valores de y en la 2.ª ecuación: $\left.\begin{aligned} y_1 &= +1 \\ y_2 &= -1 \end{aligned}\right\} \rightarrow \left.\begin{aligned} x \cdot 1 &= -3 \\ x \cdot (-1) &= -3 \end{aligned}\right\} \rightarrow \left.\begin{aligned} x_1 &= -3 \\ x_2 &= 3 \end{aligned}\right\}$

Por tanto, las soluciones son: $\left.\begin{aligned} (x_1, y_1) &= (-3, 1) \\ (x_2, y_2) &= (3, -1) \end{aligned}\right\}$

COMPROBACIÓN: Sustituimos las soluciones en el sistema y vemos que son correctas.

Ejercicios y problemas
35, 41, 46, 47 y 49

3. Inecuaciones

Entre expresiones algebraicas no solo pueden establecerse relaciones de igualdad, sino también de desigualdad. A estas relaciones las llamamos **inecuaciones.**

Una **inecuación** es una desigualdad entre dos expresiones algebraicas.

Resolver una inecuación es hallar el conjunto de los valores de las incógnitas para los que la desigualdad se verifica, es decir, el conjunto solución, *S*.

3.1. Inecuaciones lineales con una incógnita

Observa la siguiente inecuación: $3x + 6 \le 0$. En ella únicamente aparece un polinomio de primer grado.

Llamamos **inecuación de primer grado** o **lineal con una incógnita** a cualquier inecuación equivalente a $ax + b < 0$, $ax + b \le 0$, $ax + b > 0$, $ax + b \ge 0$, donde $a \neq 0$ y $a, b \in \mathbb{R}$.

Para resolver este tipo de inecuaciones, se procede del mismo modo que con las ecuaciones lineales con una incógnita, considerando que, al multiplicar o dividir por un número negativo, deberemos cambiar el sentido de la desigualdad.

Las posibles soluciones pueden representarse como semirrectas:

INECUACIÓN	CONJUNTO SOLUCIÓN	REPRESENTACIÓN GRÁFICA
$ax + b \ge 0$	$S = [-b/a, +\infty)$	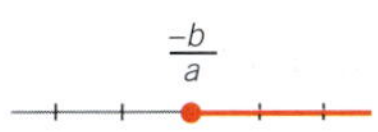
$ax + b \le 0$	$S = (-\infty, -b/a]$	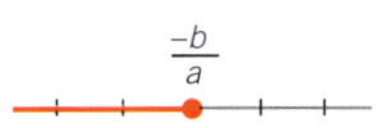
$ax + b > 0$	$S = (-b/a, +\infty)$	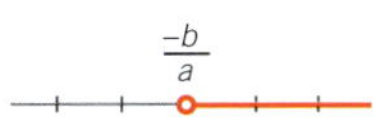
$ax + b < 0$	$S = (-\infty, -b/a)$	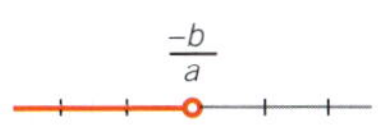

8 EJEMPLO

Resuelve la siguiente inecuación: $\dfrac{x-1}{2} + \dfrac{2x-4}{3} < 1$.

Solución

COMPRENSIÓN: Se trata de una inecuación lineal con una incógnita. Para resolverla, aislaremos la incógnita, teniendo en cuenta las propiedades de las desigualdades.

RESOLUCIÓN: Multiplicamos ambos miembros por el m.c.m., a fin de eliminar los denominadores m.c.m. (2, 3) = 6 $\rightarrow 3x - 3 + 4x - 8 < 6 \rightarrow 7x < 17 \rightarrow x < \dfrac{17}{7}$.

El conjunto solución es: $S = \left(-\infty, \dfrac{17}{7}\right]$

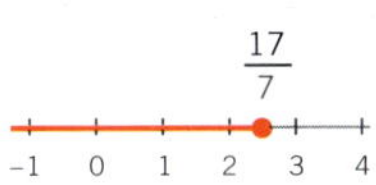

COMPROBACIÓN: Si sustituimos la incógnita por un valor menor que 17/7, veremos que la desigualdad se verifica.

3. Inecuaciones
3.1. Inecuaciones lineales con una incógnita
3.2. Inecuaciones lineales con dos incógnitas
3.3. Inecuaciones de segundo grado con una incógnita
3.4. Inecuaciones fraccionarias con una incógnita

FÍJATE

Las inecuaciones pueden incluir cualquiera de los 4 signos de desigualdad:

$<, \le, >, \ge$

Si una desigualdad incluye los signos < o >, decimos que es una desigualdad estricta.

RECUERDA

Las propiedades más importantes de las desigualdades son:

— Si $a > b$ y $b > c \Rightarrow a > c$.

— Si $a > b$ y $c > 0 \Rightarrow a + c > b + c$.

— Si $a > b \Rightarrow a \cdot c < b \cdot c$, si $c < 0$.

— Si $a > b \Rightarrow a \cdot c > b \cdot c$, si $c > 0$.

FÍJATE

Dos o más inecuaciones son equivalentes cuando tienen el mismo conjunto solución.

Podemos obtener una inecuación equivalente si utilizamos alguno de estos criterios:

- Sumamos o restamos una misma expresión polinómica a los dos miembros de la inecuación.
- Multiplicamos o dividimos por un número positivo los dos miembros de una inecuación.
- Multiplicamos o dividimos por un número negativo los dos miembros de una inecuación, e invertimos el sentido de la desigualdad.

— Utiliza cada uno de los criterios vistos para hallar una ecuación equivalente a $2x \le 3x - 1$.

Ejercicios y problemas
50, 52 y 56

3.2. Inecuaciones lineales con dos incógnitas

Observa la siguiente inecuación: $3x - 2y > 12$. Es una inecuación de primer grado, pero en ella aparecen dos incógnitas.

Llamamos **inecuación lineal con dos incógnitas** a cualquier inecuación equivalente a $ax + by < c$, $ax + by \le c$, $ax + by > c$, $ax + by \ge c$, donde $a \ne 0$, $b \ne 0$ y a, b y $c \in \mathbb{R}$.

Las soluciones de estas inecuaciones son los pares de valores (x, y) que cumplen la desigualdad y, por lo tanto, pueden representarse en un sistema de coordenadas cartesianas. Para ello:

— Sustituiremos en la inecuación el signo de la desigualdad por un signo igual, y buscaremos un mínimo de dos puntos (x, y) que sean solución de la **ecuación.**

— Ambos puntos definirán una **recta,** que dividirá el plano en dos **semiplanos.**

— Uno de los semiplanos obtenidos (junto con la recta, si la desigualdad no es estricta) será la solución de la inecuación lineal con dos incógnitas.

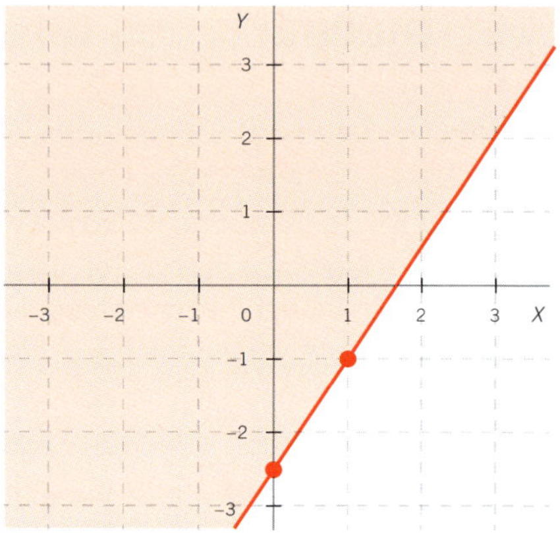

Para decidir cuál de los dos semiplanos es la solución, escogemos un punto del plano que no pertenezca a la frontera. Si este punto verifica la desigualdad, el semiplano al que pertenece es la solución; en caso contrario, la solución es el otro semiplano.

AMPLÍA

Los ejes de coordenadas determinan dos semiplanos que, como tales, pueden ser expresados como soluciones de inecuaciones lineales con dos incógnitas.

Por ejemplo, el semiplano superior es solución de $y + 0 \cdot x \ge 0$, es decir, de $y \ge 0$.

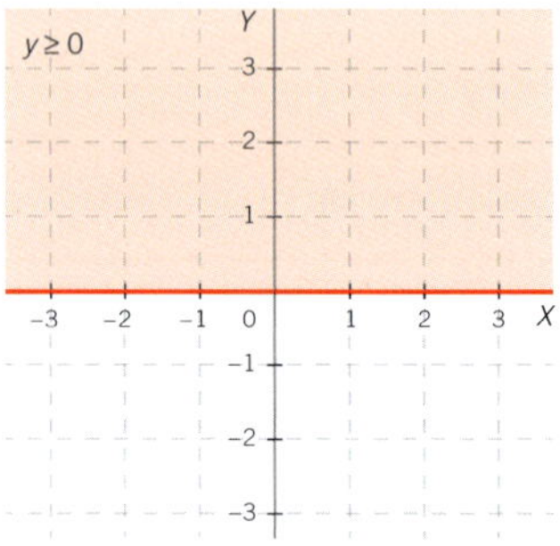

FÍJATE

Cuando la desigualdad es estricta, la frontera no pertenece a la solución. En este caso, dibujaremos la recta con una línea discontinua.

9 EJEMPLO

Resuelve la siguiente inecuación: $3(x - 1) - 2y \le 18$.

Solución

COMPRENSIÓN: Se trata de una inecuación lineal con dos incógnitas. Al contener una desigualdad no estricta, la solución será un semiplano y la recta que lo determina.

RESOLUCIÓN: Transformamos la desigualdad en una igualdad y arreglamos la ecuación:

$$3(x - 1) - 2y = 18 \rightarrow y = \frac{3x - 21}{2}$$

Buscamos dos puntos que verifiquen la ecuación y dibujamos la recta que determinan:

$x = 1 \rightarrow y = -9;\ P_1 = (1, -9)$

$x = 7 \rightarrow y = 0;\ P_1 = (7, 0)$

Escogemos un punto que no corresponda a la recta y lo sustituimos en la inecuación:

$(0, 0) \rightarrow 0 - 0 - 21 \le 0$

Al verificar la inecuación, este semiplano, junto con la recta, representa la solución de la inecuación.

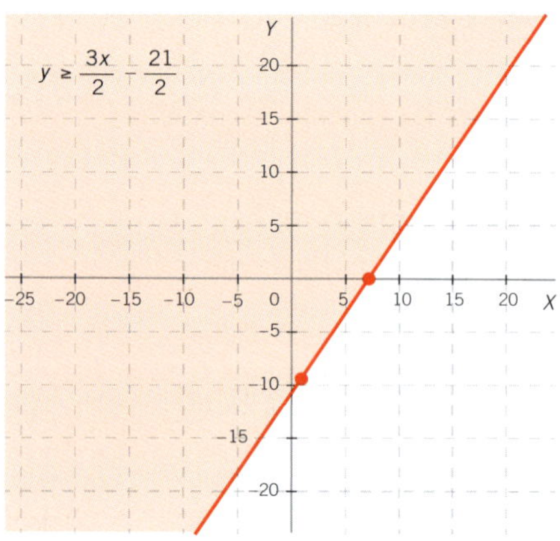

COMPROBACIÓN: Podemos sustituir cualquier punto del semiplano solución y comprobar que verifica la desigualdad.

Ejercicios y problemas 58

3.3. Inecuaciones de segundo grado con una incógnita

Observa la siguiente inecuación: $x^2 + 4x + 4 < 0$. En ella aparece un polinomio de segundo grado con una incógnita.

Llamamos **inecuación de segundo grado con una incógnita** a cualquier inecuación equivalente a $ax^2 + bx + c < 0$, $ax^2 + bx + c \leq 0$, $ax^2 + bx + c > 0$, $ax^2 + bx + c \geq 0$, donde $a \neq 0$, $b \neq 0$ y a, b y $c \in \mathbb{R}$.

Para resolver este tipo de inecuaciones, realizaremos lo siguiente:

— Sustituiremos el signo de la desigualdad de la inecuación por una igualdad, y resolveremos la ecuación de segundo grado resultante.

— Las dos soluciones, x_1 y x_2, determinan tres intervalos de la recta real, de los que habremos de comprobar si forman parte o no de la solución de la inecuación. Podemos hacerlo de tres maneras distintas:

1. Escogiendo un valor de x que pertenezca a estos intervalos y comprobando si verifican o no la desigualdad.
2. Factorizando la inecuación de segundo grado y aplicando la regla de los signos para la multiplicación.
3. Interpretando gráficamente la inecuación.

10 EJEMPLO

Resuelve la siguiente inecuación: $x^2 - 7x + 6 < 0$.

Solución

COMPRENSIÓN: Se trata de una inecuación cuadrática con una incógnita.

RESOLUCIÓN: Buscamos las soluciones de la ecuación asociada:

$$x^2 - 7x + 6 = 0 \Rightarrow x = \frac{7 \pm \sqrt{49 - 24}}{2} = \frac{7 \pm 5}{2} = \begin{cases} x = 6 \\ x = 1 \end{cases}$$

Método 1. Construimos una tabla:

	$(-\infty, 1)$	1	$(1, 6)$	6	$(6, +\infty)$
SIGNO	+	0	–	0	+

Método 2. Factorizamos y obtenemos: $(x - 1)(x - 6) < 0$.

	$(-\infty, 1)$	1	$(1, 6)$	6	$(6, +\infty)$
$x - 1$	–	0	+	+	+
$x - 6$	–	–	–	0	+
$(x - 1)(x - 6)$	+	0	–	0	+

Método 3. Representamos gráficamente $y = x^2 - 7x + 6$, y observamos qué parte de la gráfica queda por debajo del eje de abscisas.

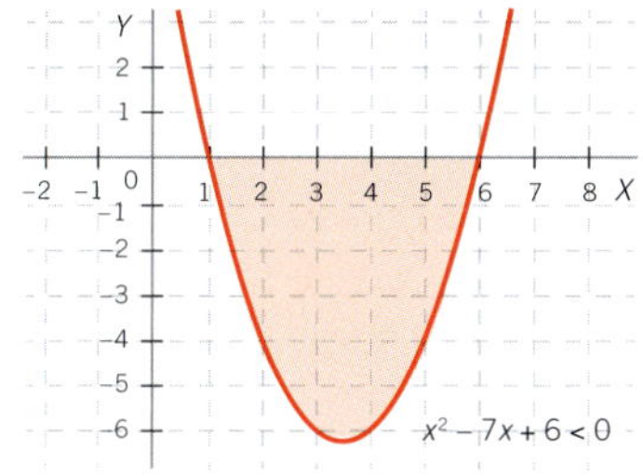

Empleando cualquiera de los tres métodos, se verifica que el conjunto solución es el intervalo abierto $x \in (1, 6) = \{x \in \mathbb{R} / 1 < x < 6\}$.

COMPROBACIÓN: Al sustituir x por cualquier valor correspondiente al intervalo $(1, 6)$, se verifica la desigualdad.

RECUERDA

La regla de los signos para la multiplicación es:

A	B	$A \cdot B$
+	+	+
–	–	+
+	–	–
–	+	–

FÍJATE

Si $ax^2 + bx + c$ tiene raíz doble k, podemos factorizar el polinomio de este modo:

$$y = a \cdot (x - k)^2$$

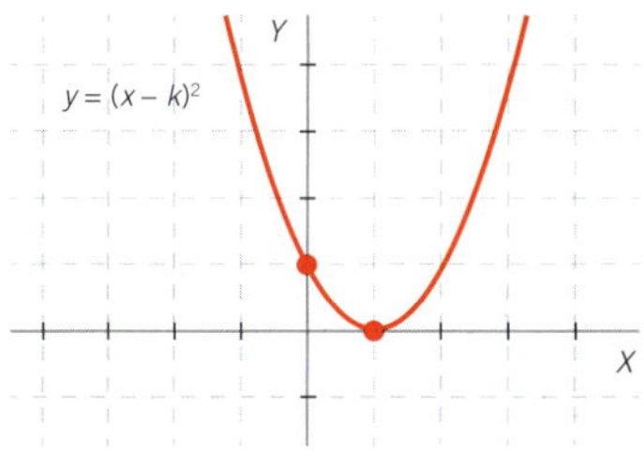

Si $a > 0$:

- La solución de $a \cdot (x - k)^2 \geq 0$ es $\mathbb{R}$.
- La solución de $a \cdot (x - k)^2 > 0$ es $\mathbb{R} - \{x = k\}$.
- La solución de $a \cdot (x - k)^2 \leq 0$ es $x = k$.
- $a \cdot (x - k)^2 < 0$ no tiene solución.

— ¿Qué ocurrirá cuando $a < 0$? ¿Y cuando el polinomio no tenga raíces?

Ejercicios y problemas
51, 53, 55 y 57

RECUERDA

Una fracción...

— No existe si el denominador es cero.

— Es cero si el numerador es cero.

— Es positiva si el numerador y el denominador son de igual signo.

— Es negativa si el numerador y el denominador son de diferente signo.

INTERNET

La aplicación que encontrarás en el siguiente enlace resuelve sistemas lineales. Puedes utilizarla para comprobar si la solución de los ejercicios que resuelvas en la unidad es correcta:

http://links.edebe.com/jhck

3.4. Inecuaciones fraccionarias con una incógnita

Observa la siguiente inecuación: $\frac{x+5}{x^2} \geq 0$. En ella aparece una fracción algebraica con una incógnita.

Para resolver este tipo de inecuaciones, seguiremos estos pasos:

— En primer lugar, estudiaremos para qué valores de x el numerador y el denominador son positivos o negativos, teniendo en cuenta que el denominador no puede tomar el valor cero.

— A continuación, aplicaremos la regla de signos para la división, a fin de determinar qué valores de x cumplen la desigualdad.

En nuestro caso, el conjunto solución serán los valores de x que hagan cero o positivo el numerador, pues el denominador será positivo para cualquier valor de x, exceptuando el valor cero, que deberemos excluir, pues el denominador no puede anularse.

$$S = [-5, 0) \cup (0, +\infty)$$

11 EJEMPLO

Resuelve la siguiente inecuación: $\frac{x+1}{x-2} \leq 0$.

Solución

COMPRENSIÓN: Se trata de una inecuación fraccionaria, así que deberemos comparar los signos del numerador y del denominador, excluyendo el valor que anula el denominador.

RESOLUCIÓN: Resolvemos las ecuaciones: $x + 1 = 0 \longrightarrow x_1 = -1$; $x - 2 = 0 \longrightarrow x = 2$.

Estas soluciones definen tres intervalos: $(-\infty, -1)$, $(-1, 2)$, $(2, +\infty)$.

Construimos ahora la siguiente tabla para estudiar el signo que toman el numerador y el denominador. Para ello, basta con escoger un valor del intervalo y sustituir en las expresiones. En la última fila, aplicamos la regla de signos para la división.

	$(-\infty, -1)$	-1	$(-1, 2)$	2	$(2, +\infty)$
$x+1$	–	0	+	+	+
$x-2$	–	–	–	0	+
$\frac{x+1}{x-2}$	+	0	–	No existe.	+

En la última fila de la tabla vemos que la fracción algebraica se anula en $x = -1$ y es negativa en el intervalo abierto $(-1, 2)$.

La solución de la inecuación es:

$S = \{x = -1\} \cup (-1, 2) = [-1, 2)$

COMPROBACIÓN: Si representamos la fracción algebraica $\frac{x+1}{x-2}$, observamos que los puntos de la gráfica que quedan por debajo del eje de abscisas son la solución de la inecuación.

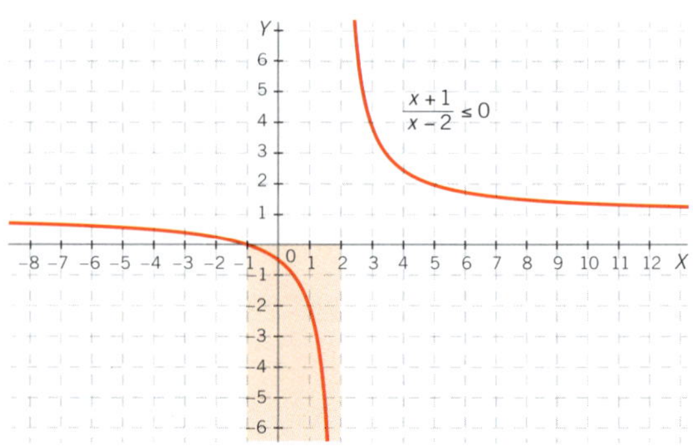

Problemas resueltos
C

Ejercicios y problemas
54 y 59

4. Sistemas de inecuaciones

Como sucedía con las ecuaciones, también es posible que necesitemos resolver conjuntos de inecuaciones simultáneamente, obteniendo, de este modo, un sistema de inecuaciones.

Resolver un sistema de inecuaciones es hallar, en caso de que existan, la solución o el conjunto de soluciones comunes a todas las inecuaciones que lo constituyen.

4.1. Sistemas de inecuaciones lineales con una incógnita

Considera el siguiente sistema:

$$\left.\begin{array}{l} 6x - 2 < 5x + 3 \\ 7x + 6 \geq 3(x + 5) \end{array}\right\}$$

En él aparecen dos inecuaciones lineales con una incógnita.

Denominamos **sistemas de inecuaciones lineales con una incógnita** a dos o más inecuaciones lineales que deben verificarse simultáneamente.

Para solventar estos sistemas, deben resolverse las inecuaciones que los forman por separado y, a continuación, buscar los puntos en común que puedan tener las soluciones encontradas.

12 EJEMPLO

Resuelve el siguiente sistema: $\left.\begin{array}{l} 2x + 3 \geq 1 \\ -x + 2 \geq -1 \end{array}\right\}$.

Solución

COMPRENSIÓN: Se trata de un sistema de inecuaciones con una incógnita. Resolveremos las dos inecuaciones por separado y, acto seguido, buscaremos las soluciones comunes a ambas.

RESOLUCIÓN: Resolvemos las desigualdades:

$$2x + 3 \geq 1 \rightarrow 2x \geq -2 \rightarrow x \geq -1$$

$$-x + 2 \geq -1 \rightarrow -x \geq -3 \rightarrow x \leq 3$$

Representamos sobre una misma recta la solución de cada inecuación.

La solución de la primera es la semirrecta $[-1, +\infty)$.

La solución de la segunda es la semirrecta $(-\infty, 3]$.

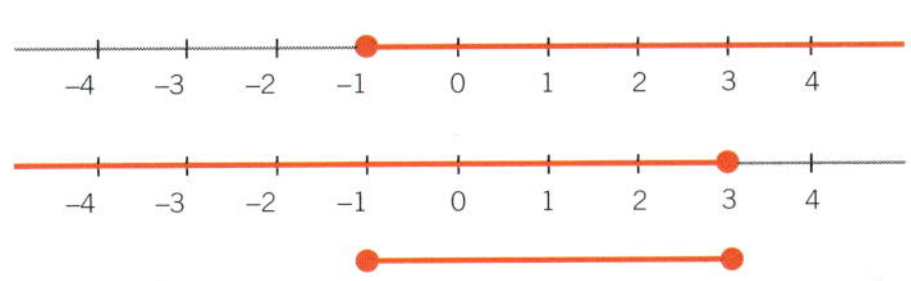

La intersección entre ambas semirrectas y, por lo tanto, la solución del sistema de inecuaciones es el intervalo $[-1, 3]$.

COMPROBACIÓN: Si en las inecuaciones del sistema sustituimos x por un valor del intervalo $[-1, 3]$, comprobaremos que satisface ambas desigualdades. Cualquier otro valor satisface una como máximo.

4. Sistemas de inecuaciones
4.1. Sistemas de inecuaciones lineales con una incógnita
4.2. Sistemas de inecuaciones lineales con dos incógnitas

CURIOSIDADES

El signo de la igualdad matemática (=) fue utilizado por vez primera en torno al año 1557 por el matemático galés Robert Recorde.

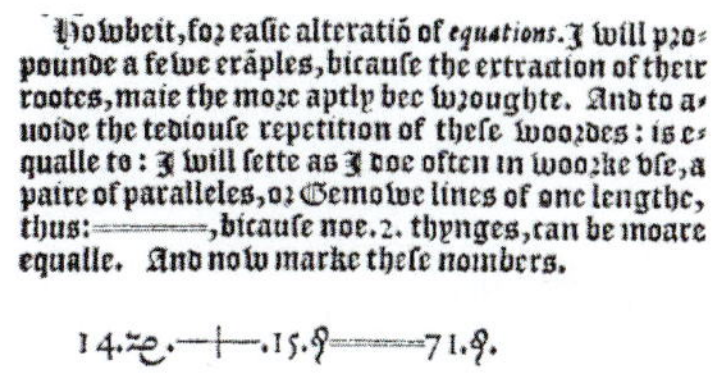
Howbeit, for easie alteratiō of equations. I will propounde a fewe exāples, bicause the extraction of their rootes, maie the more aptly bee wroughte. And to auoide the tediouse repetition of these woordes: is equalle to: I will sette as I doe often in woorke use, a paire of paralleles, or Gemowe lines of one lengthe, thus: ═════, bicause noe .2. thynges, can be moare equalle. And now marke these nombers.

14.ꝶ.—+—.15.ꝗ═════71.ꝗ.

El signo igual escrito por Robert Recorde en 1557.

François Viète

François Viète (1540-1603), jurista y matemático francés, fue el primero en desarrollar el álgebra de manera formal, utilizando una notación fija para datos e incógnitas.

Ejercicios y problemas
67 y 68

4.2. Sistemas de inecuaciones lineales con dos incógnitas

FÍJATE

Las soluciones de estos sistemas serán las intersecciones entre los semiplanos solución de las inecuaciones con dos incógnitas que los constituyen.

AMPLÍA

Los cuadrantes del plano cartesiano son soluciones de sistemas de inecuaciones. Así, por ejemplo, la solución de:

$$\left.\begin{array}{r} x \geq 0 \\ y \geq 0 \end{array}\right\}$$

representa el primer cuadrante.

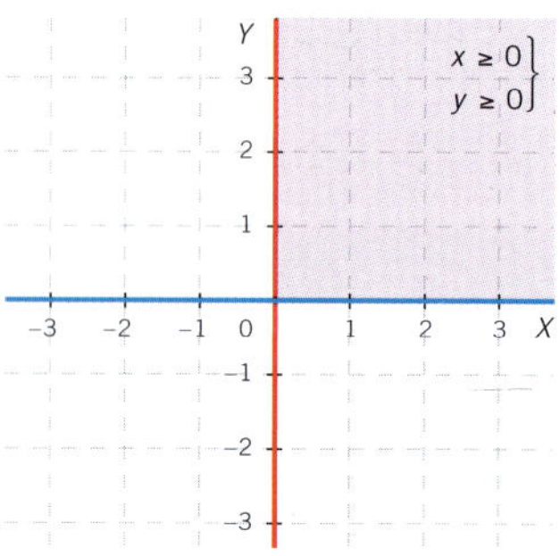

Considera el siguiente sistema de inecuaciones:

$$\left.\begin{array}{r} 2x + y < 12 \\ x - y \geq 10 \end{array}\right\}$$

En él aparecen dos inecuaciones lineales con dos incógnitas.

Llamamos **sistema de inecuaciones lineales con dos incógnitas** a un conjunto de inecuaciones lineales con dos incógnitas que deben verificarse simultáneamente.

De nuevo, para solucionar estos sistemas, resolveremos las inecuaciones que los constituyen por separado para, a continuación, buscar los puntos en común de las soluciones que hayamos encontrado.

13 EJEMPLO

Resuelve el siguiente sistema: $\left.\begin{array}{r} x + 2y < 2 \\ 2x - y > 4 \end{array}\right\}$.

Solución

COMPRENSIÓN: Debemos determinar la intersección de los semiplanos que son solución de las inecuaciones del sistema.

RESOLUCIÓN:

Para hallar las soluciones, en la primera inecuación:

— Buscamos dos puntos que verifiquen la ecuación (por ejemplo, [0, 1] y [2, 0]), y dibujamos la recta que pasa por ellos.

— Escogemos un punto de uno de los semiplanos que determina la recta (por ejemplo, el (0, 0)) y lo sustituimos en la inecuación.

Como este punto verifica la inecuación, este semiplano será la solución de la primera inecuación.

Para hallar las soluciones, en la segunda inecuación:

— Buscamos dos puntos que verifiquen la ecuación (por ejemplo, [2, 0] y [0, −4]), y dibujamos la recta que pasa por ellos.

— Escogemos un punto de uno de los semiplanos que determina la recta (por ejemplo, el (0, 0)) y lo sustituimos en la inecuación.

Como este punto no verifica la inecuación, la solución de esta será el otro semiplano.

La solución del sistema son los puntos que pertenecen a los dos semiplanos solución.

COMPROBACIÓN: Sustituye x e y en las inecuaciones por las coordenadas de puntos de la región solución, y verás que verifican las desigualdades.

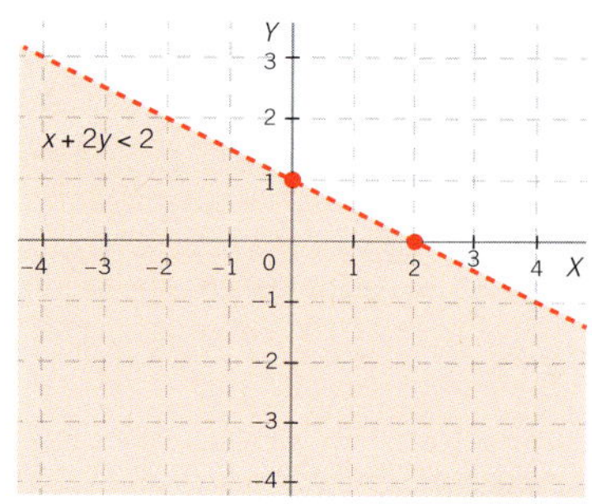

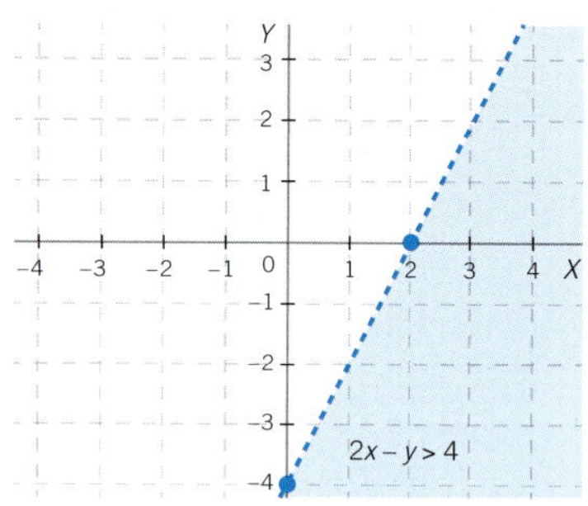

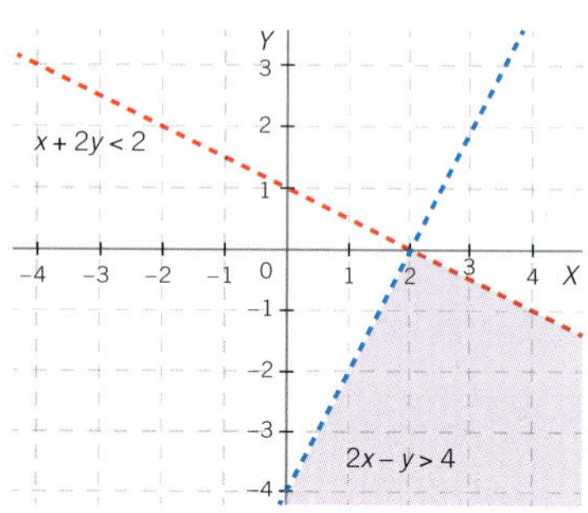

Problemas resueltos
D

Ejercicios y problemas
61 a 66

Síntesis
69 a 78

Problemas RESUELTOS

A ECUACIONES POLINÓMICAS DE GRADO SUPERIOR A 2

Resuelve la siguiente ecuación: $x^6 + 7x^3 - 8 = 0$.

Solución

COMPRENSIÓN: Observamos que, aunque no se trata de una ecuación bicuadrada, podemos resolverla de forma análoga.

RESOLUCIÓN: En este caso, efectuamos el cambio de variable $x^3 = t$, y reescribimos la ecuación $\rightarrow t^2 + 7t - 8 = 0$.

Resolvemos ahora la ecuación de grado obtenida: $t = \dfrac{-7 \pm \sqrt{49 + 32}}{2} = \dfrac{-7 \pm 9}{2} \rightarrow t_1 = -8,\ t_2 = 1$.

Finalmente, deshacemos el cambio de variable: $t_1 = -8 \rightarrow x^3 = -8 \rightarrow x_1 = -2$; $t_2 = 1 \rightarrow x^3 = 1 \rightarrow x_2 = 1$.

COMPROBACIÓN: Al sustituir los valores encontrados en la ecuación inicial, se observa que la igualdad se cumple.

1. ★★☆ Resuelve estas ecuaciones: a) $6x^4 + 2x^2 - 8 = 0$; b) $x^8 - 9x^5 + 8x^2 = 0$.

Sol.: a) $x = -1, x = -1$; b) $x_1 = 1, x_2 = 2, x_3 = 0$

B SISTEMAS DE ECUACIONES

Un comerciante vende semillas de trigo, maíz y arroz. Por 3 kg de trigo, 2 de maíz y 4 de arroz, un cliente paga 49 €; por 1 kg de trigo, 2 de maíz y 3 de arroz, otro cliente paga 30 €, y por 4 kg de trigo, 3 de maíz y 2 de arroz, un tercer cliente paga 50 €. ¿Qué precio tiene el kilogramo de cada semilla?

Solución

COMPRENSIÓN: Traducimos el enunciado al lenguaje algebraico, y obtenemos un sistema de ecuaciones.

RESOLUCIÓN: Intenta resolver el problema individualmente. Para ello, tapa la respuesta y sigue estos pasos:

Pasos

1. Asigna una incógnita al precio del kilogramo de cada semilla.
2. Traduce al lenguaje algebraico las frases del enunciado.
3. Busca el sistema escalonado equivalente al sistema obtenido, utilizando el método de Gauss.
4. Despeja z, y, x, sucesivamente.
5. Interpreta la solución encontrada.

Respuesta

1. Llamamos x al precio de 1 kg de trigo; y, al de 1 kg de maíz, y z, al de 1 kg de arroz.
2. Obtenemos el sistema: $\left.\begin{array}{r} 3x + 2y + 4z = 49 \\ x + 2y + 3z = 30 \\ 4x + 3y + 2z = 50 \end{array}\right\}$
3. $\left.\begin{array}{r} 3x + 2y + 4z = 49 \\ x + 2y + 3z = 30 \\ 4x + 3y + 2z = 50 \end{array}\right\} \xrightarrow{F_1 \leftrightarrow F_2} \left.\begin{array}{r} x + 2y + 3z = 30 \\ 3x + 2y + 4z = 49 \\ 4x + 3y + 2z = 50 \end{array}\right\} \xrightarrow{3F_1 - F_2;\ 4F_1 - F_3}$

   $\left.\begin{array}{r} x + 2y + 3z = 30 \\ 4y + 5z = 41 \\ 5y + 10z = 70 \end{array}\right\} \xrightarrow{4F_2 - 5F_3} \left.\begin{array}{r} x + 2y + 3z = 30 \\ 4y + 5z = 41 \\ -15z = -75 \end{array}\right\}$
4. $-15z = -75 \rightarrow z = 5$

   $4y + 5 \cdot 5 = 41 \rightarrow 4y + 25 = 41 \rightarrow y = 16/4 = 4$

   $x + 2 \cdot 4 + 3 \cdot 5 = 30 \rightarrow x + 8 + 15 = 30 \rightarrow$
   $\rightarrow x = 30 - 8 - 15 = 7$
5. 1 kg de trigo cuesta 7 €; 1 de maíz, 4 €, y 1 de arroz, 5 €.

2. ★★☆ Una empresa guarda en su almacén tres tipos de productos. Se sabe que el 60% del producto A más el 50% del producto B representan el 30% del total de sus productos. El 20% del producto A más el 60% del producto B y el 60 % del producto C representan la mitad de los productos. Hay 100 unidades más del producto C que del producto A. Calcula cuántas unidades tiene de cada producto.

Sol.: $A = 125$; $B = 150$; $C = 225$

C INECUACIONES

Resuelve la siguiente inecuación: $\dfrac{4x+x^2-2}{x^2+x} > \dfrac{x^2-2}{x}$.

Solución

COMPRENSIÓN: Se trata de una inecuación fraccionaria. La escribiremos como una única fracción algebraica y estudiaremos el signo del denominador y del numerador.

RESOLUCIÓN: Escribimos las dos fracciones algebraicas en el mismo miembro:

$$\frac{4x+x^2-2}{x^2+x} - \frac{x^2-2}{x} > 0$$

Calculamos el m.c.m. de los denominadores y reducimos las fracciones algebraicas a común denominador:

$$\text{m.c.m. } (x, x^2+x) = x^2+x = x(x+1)$$

$$\frac{4x+x^2-2}{x(x+1)} - \frac{(x+1)(x^2-2)}{x(x+1)} > 0$$

Desarrollamos y simplificamos:

$$\frac{4x+x^2-2-(x^3+x^2-2x-2)}{x(x+1)} > 0 \longrightarrow \frac{6x-x^3}{x(x+1)} > 0$$

Factorizamos el numerador para facilitar el estudio de su signo:

$$\frac{x(x-\sqrt{6})(x+\sqrt{6})}{x(x+1)} > 0$$

Las raíces del numerador son, por lo tanto, $x = 0$, $x = \sqrt{6}$, $x = -\sqrt{6}$, mientras que las del denominador son $x = 0$, $x = 1$.

A continuación, utilizamos las raíces como puntos de referencia para construir la tabla con la que haremos el estudio de los signos.

	$\left(-\infty,-\sqrt{6}\right)$	$\left(-\sqrt{6},-1\right)$	$\left(-1,0\right)\cup\left(0,\sqrt{6}\right)$	$\left(\sqrt{6},+\infty\right)$
$\sqrt{6}+x$	−	+	+	+
$\sqrt{6}-x$	+	+	+	−
$x+1$	−	−	+	+
$\dfrac{x(x-\sqrt{6})(x+\sqrt{6})}{x(x+1)}$	+	−	+	−

Por lo tanto, la solución de la inecuación es:

$$\left(-\infty,-\sqrt{6}\right)\cup(-1,0)\cup\left(0,\sqrt{6}\right)$$

COMPROBACIÓN: Sustituimos la variable por cualquier valor del conjunto solución y observamos que la desigualdad se verifica. También podemos comprobar que cualquier valor de x que no pertenezca al conjunto solución no verifica la desigualdad.

3. ★★☆ Resuelve las siguientes inecuaciones:

a) $\dfrac{3x+1}{x-1} \geq 2$ b) $\dfrac{x}{x+3} \leq \dfrac{8}{x+6}$

Sol.: a) $(-\infty,-3)\cup(1,+\infty)$; b) $(-6,-4]\cup(-3,6]$

D SISTEMAS DE INECUACIONES

Resuelve este sistema de inecuaciones: $\left.\begin{array}{l} x+y\geq 0 \\ y-2x\leq 0 \end{array}\right\}$.

Solución

COMPRENSIÓN: Es un sistema de inecuaciones con dos incógnitas. La solución, en caso de existir, será una región del plano.

RESOLUCIÓN: Buscamos, en primer lugar, un punto que pertenezca a cada una de las soluciones:

(1, 1) pertenece a la solución de la primera inecuación, ya que $1+1=2>0$.

(3, 1) pertenece a la solución de la segunda inecuación, puesto que $1-2\cdot 3=-5<0$.

La solución de cada inecuación es el semiplano determinado por la recta asociada que contiene al punto que hemos encontrado en el paso anterior.

La recta asociada a la primera inecuación es: $x+y=0 \longrightarrow$ $\longrightarrow y=-x$.

La solución de esta primera inecuación es:

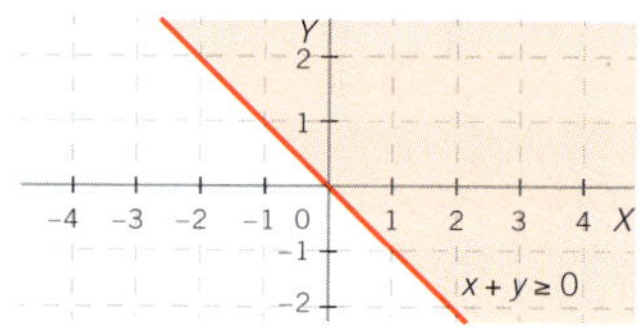

La recta asociada a la segunda es: $y-2x=0 \longrightarrow y=2x$.

La solución de esta segunda inecuación es, por lo tanto:

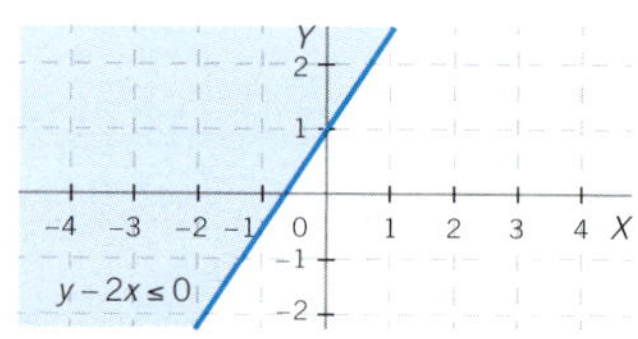

La solución del sistema es la intersección de las soluciones anteriores, teniendo en cuenta que los puntos de $y=2x$ e $y=-x$ pertenecen a la solución.

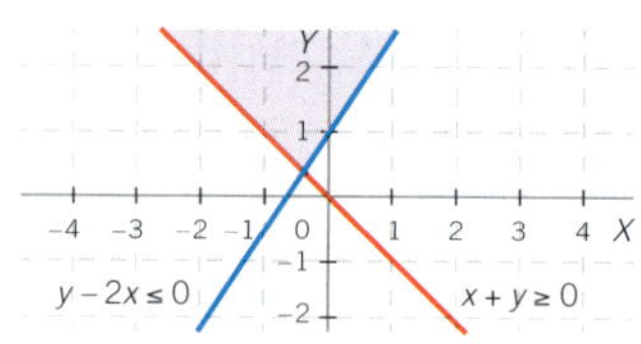

4. ★☆☆ Representa gráficamente la solución del siguiente sistema de inecuaciones:

$$\left.\begin{array}{l} 2x+y\leq 3 \\ x+y\geq 1 \end{array}\right\}$$

EJERCICIOS Y PROBLEMAS

1 ECUACIONES

5. ★☆☆ Resuelve las siguientes ecuaciones:

a) $\frac{3x}{2}+2=x+4$

b) $\frac{x}{4}+10=\frac{x}{5}+16$

c) $\frac{9x}{4}-6=\frac{2x}{3}+\frac{1}{3}$

d) $x+\frac{x+1}{5}=x+\frac{x}{2}$

Sol.: a) 4; b) 120; c) 4; d) 2/3

6. ★☆☆ Soluciona estas ecuaciones de segundo grado:

a) $x^2-7x+12=0$

b) $2x^2+10x-48=0$

c) $x^2-x+\frac{1}{4}=0$

Sol.: a) 3, 4; b) 3, −8; c) $\frac{1}{2}$

7. ★☆☆ Resuelve las ecuaciones bicuadradas.

a) $x^4-5x^2+4=0$

b) $4x^4-17x^2+4=0$

c) $x^4-6x^2-27=0$

Sol.: a) $x=\pm 1, x=\pm 2$; b) $x=\pm 2, x=\pm 1/2$; c) $x=\pm 3$

8. ★☆☆ Halla el perímetro de un cuadrado, sabiendo que el área es 64 m^2.

Sol.: 32 m

9. ★☆☆ La expresión $y=2^{x/5}$ describe el crecimiento de un cultivo de bacterias. Siendo la variable y el número de bacterias en miles y la variable x el tiempo transcurrido en horas, calcula cuánto tiempo debe pasar para que haya más de 32 000 bacterias en el cultivo.

Sol: 25 h

10. ★★☆ Demuestra que una ecuación polinómica de grado n tiene como máximo n soluciones reales.

Pista: Escribe el polinomio en su forma factorizada.

11. ★★☆ Un grupo de amigos decide pagar a partes iguales un viaje que cuesta 14 000 €.

A última hora, debido a un imprevisto, tres de los jóvenes no pueden ir, por lo que la cuota de pago le asciende al resto en unos 1 500 € cada uno. Calcula:

— ¿Cuántos amigos forman el grupo?

— ¿Cuánto pagó cada uno de los amigos al final?

Sol.: 7 amigos, 3 500 €

12. ★★☆ Hay que repartir 60 000 € en partes iguales entre cierto número de amigos presentes en una reunión.

Alguien nota que, si hubiera dos personas menos, a cada uno le corresponderían 2 500 € más. Determina:

— ¿Cuántos amigos son?

— ¿Cuánto le corresponde a cada uno?

Sol.: 8 amigos, 7 500 €

13. ★★☆ La suma de los cuadrados de dos números naturales consecutivos es 4 141. ¿Cuáles son estos números?

Sol.: 45 y 46

14. ★★☆ Halla los valores de k para los cuales no tiene solución esta ecuación:

$$2k+\frac{kx}{3}=x+k$$

Sol.: $k=3$

15. ★★☆ Resuelve estas ecuaciones:

a) $\sqrt{2x-1}+\sqrt{x+4}=6$

b) $\sqrt{2x+1}=x-1$

c) $\sqrt{2}+\sqrt{\frac{2^3}{x}}=\sqrt{2x}$

Sol.: a) $x=5$; b) $x=4, x=0$; c) $x=4$

16. ★★☆ Soluciona las siguientes ecuaciones bicúbicas:

a) $x^6-9x^3+8=0$

b) $x^6-7x^3-8=0$

Sol.: a) $x=1, x=2, x=-1$; b) $x=2, x=-1$

17. ★★☆ Resuelve las siguientes ecuaciones con la ayuda de esta aplicación en línea:

http://www.wolframalpha.com

a) $x^4-5x^3+9x^2-7x+2=0$

b) $\frac{x}{x+1}+\frac{x+1}{x}=\frac{13}{6}$

Sol: a) $x=2, x=1$; b) $x=-3, x=2$

18. ★★☆ Halla las soluciones de estas ecuaciones. Empieza descomponiendo en factores hasta que puedas aplicar la fórmula para solucionar ecuaciones de segundo grado:

a) $x^6+10x^5+31x^4+12x^3-81x^2-54x+81=0$

b) $x^5-3x^4+x^3+3x^2-2x=0$

Sol.: a) $x=1, x=-3$; b) $x=0, x=-1, x=2, x=1$

19. ★★☆ De un depósito lleno de agua se extrae la mitad del contenido y después un quinto del resto, quedando 100 L. Calcula la capacidad del depósito.

Sol.: 250 L

20. ★★☆ Resuelve estas ecuaciones exponenciales:

a) $e^{2x}-4e^x+3=0$

b) $1+e^{x-2}=10$

c) $x\cdot 2^x-2^x=0$

d) $2^{x+9}=16^x$

Sol.: a) $x=0, x=\ln 3$; b) $2+\ln 9$; c) $x=1$; d) $x=3$

21. ★★★ Resuelve las siguientes ecuaciones logarítmicas:

a) $5 \ln (3 - x) = 4$

b) $\log_2 (x + 2) + \log_2 (x - 1) = 2$

c) $\ln (\ln x) = 1$

Sol: a) $x = 0{,}77$; b) $x = 2$; c) e^e

22. ★★★ Marta quiere construir el marco de un espejo con un listón de madera de 2 m, sin que le sobre ni le falta nada. Sabiendo que el espejo es rectangular y que tiene una superficie de 24 dm^2, ¿de qué longitud han de ser los trozos que ha de cortar?

Sol.: Dos trozos de 4 dm y dos de 6 dm

23. ★★★ En una fracción, el numerador tiene 3 unidades más que el denominador. Si se suman 2 unidades al numerador, el valor de la fracción será igual a $3/2$. ¿Cuál es la fracción?

Sol.: $13/10$

24. ★★★ Resuelve estas ecuaciones:

a) $\dfrac{5}{x-1} - \dfrac{3}{x+4} - \dfrac{3}{x^2+3x-4} = \dfrac{5}{x-1}$

b) $\dfrac{3(x+1)}{4} - \dfrac{x+3}{6} + x = 2x + \dfrac{3-7x}{12}$

c) $\dfrac{x-3}{2} + x = \dfrac{2x-13}{3} + 2 + x$

d) $\dfrac{20}{x+1} + \dfrac{5x-5}{x^2-1} = \dfrac{52}{x-1} - \dfrac{40}{x+1}$

Sol.: a) 0; b) 0; c) 5; d) 9

2 SISTEMAS DE ECUACIONES

25. ★☆☆ Halla la solución de los siguientes sistemas utilizando el método que creas conveniente:

a) $\left.\begin{array}{l} x + y = 8 \\ \dfrac{x}{2} + \dfrac{y}{3} = 3 \end{array}\right\}$

c) $\left.\begin{array}{l} x + 5y = 2x \\ \dfrac{3x}{2} - 3y = \dfrac{9}{2} \end{array}\right\}$

b) $\left.\begin{array}{l} \dfrac{x}{3} + \dfrac{y}{2} = 0 \\ \dfrac{2x}{3} + \dfrac{3y}{4} = 1 \end{array}\right\}$

d) $\left.\begin{array}{l} x + \dfrac{y}{2} = 2 \\ 2x - 3 = 1 \end{array}\right\}$

Sol.: a) $x = 2, y = 6$; b) $x = 6, y = -4$;
c) $x = 5, y = 1$; d) $x = 2, y = 0$

26. ★☆☆ Escribe un sistema de dos ecuaciones lineales con dos incógnitas compatible determinado, uno compatible indeterminado y otro incompatible.

27. ★★☆ La suma de dos números es 15 y la suma de sus inversos es $\dfrac{15}{56}$. Halla dichos números.

Sol.: 7 y 8

28. ★★☆ Dada la ecuación $3x - 2y = x - 2$, construye añadiendo otra ecuación:

a) Un sistema que sea compatible determinado.

b) Un sistema que sea compatible indeterminado.

c) Un sistema incompatible.

29. ★★☆ Resuelve los siguientes sistemas de ecuaciones usando el método de sustitución:

a) $\left.\begin{array}{l} x - y + z = 0 \\ x + 2y + 2z = 7 \\ x - y - z = -2 \end{array}\right\}$

b) $\left.\begin{array}{l} x + y = 1 \\ y + z = 0 \\ x + z = 3 \end{array}\right\}$

Sol.: a) $x = 1, y = 2, z = 1$; b) $x = 2, y = -1, z = 1$

30. ★★☆ Señala qué tipo de sistema de ecuaciones representa este esquema:

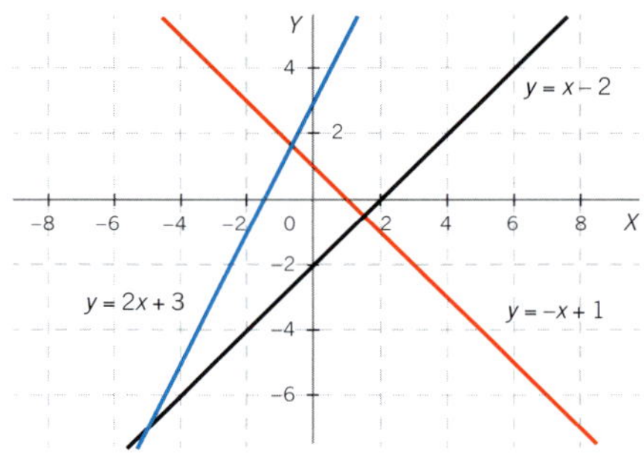

— ¿Qué tipo de sistema forman dos de las ecuaciones del sistema?

31. ★★☆ La cifra de las decenas de un número de tres cifras es igual a la suma de las otras dos, y la suma de las tres cifras es 10. Si invertimos el orden de las cifras, resulta un número mayor que el dado en 99 unidades. Calcula el número inicial.

Sol.: 253

32. ★★☆ Un galerista de arte adquiere 70 litografías de tres pintores por 6 630 €. Las del pintor *A* las ha pagado a 90 € cada una; las del pintor *B*, a 120 € la unidad, y las del pintor *C*, a 72 € cada una. Averigua el número de litografías de cada pintor, si ha adquirido tantas del pintor *A* como de los pintores *B* y *C* juntos.

Sol.: 35 de *A*, 20 de *B*, 15 de *C*

33. ★★☆ Calcula las edades de un padre y de sus dos hijos, sabiendo que entre los tres suman 99 años. Además, se sabe que la edad del padre y la del hijo mayor difieren en 25 años, y que la suma de las edades de ambos hijos se diferencia de la edad del padre en 5 años.

Sol.: 52, 27 y 20

34. ★★☆ Para vallar una finca de 600 m^2, se ha utilizado 100 m de cerca. Calcula las dimensiones de la finca.

Sol.: 30×20 m

35. ★★☆ Dos números suman 52, y sus cuadrados, 1 354. Halla dichos números.

Sol.: 25 y 27

36. ★★☆ Carmen invierte en un producto una cantidad de dinero y obtiene un 5% de beneficio. Por otra inversión en un segundo producto, consigue un beneficio del 3,5%. Sabiendo que, en total, invirtió 10000 € y que los beneficios de la primera inversión superan en 300 € a los de la segunda, ¿cuánto dinero invirtió en cada producto?

Sol.: 2352,94 € y 7647,06 €

37. ★★☆ Pilar no quiso vender por 15000 € cierta cantidad de su cosecha. Dos meses más tarde, cuando el precio del kilo se incrementó en 5 €, la vendió por 15190 €. Si en el transcurso de estos dos meses se destruyeron dos kilos, calcula el precio por kilo de la primera oferta y el número de kilos inicial.

Sol.: 150 €, 100 kg

38. ★★☆ Una habitación de suelo rectangular tiene una superficie de 30 m^2 con un perímetro de 22 m. Halla las dimensiones de la habitación.

Sol.: 5 × 6 m

39. ★★☆ Paula invirtió 42000 € en tres productos diferentes. El primero le da un interés del 5%; el segundo, del 7 %, y el tercero, del 9 %. Anualmente, los beneficios que obtiene de las tres inversiones son de 2600 €, mientras que el primer producto le reporta 200 € menos de beneficios que la suma de los otros dos. ¿Cuánto invirtió en cada producto?

Sol.: 24000 €, 11000 € y 7000 €

40. ★★★ Tres números son tales que el segundo más 1 / 4 del primero suman 68; la mitad del tercero más 3 / 4 del primero suman 64, y el tercero más 1 / 4 del segundo suman 95. Obtén dichos números.

Sol.: 32, 60 y 80

41. ★★★ Resuelve el siguiente sistema y comprueba que tiene 4 soluciones:

$$\left.\begin{aligned} x^2 + y^2 &= 74 \\ 2x^2 - 3y^2 &= 23 \end{aligned}\right\}$$

Sol.: a) $x = 7, y = \pm 5$; $y = -7, x = \pm 5$

42. ★★★ Utiliza el método de Gauss para hallar los valores de k para los cuales el siguiente sistema será compatible indeterminado:

$$\left.\begin{aligned} 2x - 3y + z &= 0 \\ x - ky - 3z &= 0 \\ 5x + 2y - z &= 0 \end{aligned}\right\}$$

— ¿Para qué valores de k será incompatible? Necesitas efectuar cálculos para responder la pregunta. ¿Por qué?

Sol.: $k = -8$

43. ★★★ En un comercio se venden listones de madera de tres longitudes: 0,90 m, 1,50 m y 2,40 m, cuyos precios respectivos son 4 €, 6 € y 10 €. Un cliente ha comprado 19 listones, que miden un total de 30 m y han costado 126 €.

Calcula cuántos listones de cada tipo ha comprado el cliente.

Sol.: 8, 4 y 7

44. ★★★ Una tienda dispone de latas de conserva de tres fabricantes distintos: *A*, *B* y *C*. El fabricante *A* envasa el tomate en latas de 250 g; el fabricante *B* lo hace en latas de 500 g, y el fabricante *C*, en latas de 1 kg. Esas latas se venden a 1, 1,8 y 3,3 €, respectivamente.

Compramos 20 latas, que pesan un total de 10 kg y nos cuestan 35,6 €. ¿Cuántas latas de cada fabricante hemos comprado?

Sol.: $A = 8, B = 8, C = 4$

45. ★★★ En un examen de Matemáticas que constaba de tres problemas, un alumno obtuvo una calificación total de 7,2. La puntuación del primer problema fue 40 % más que la del segundo, y la del tercero fue el doble de la suma de las puntuaciones del primero y el segundo. ¿Cuál fue la puntuación de cada problema?

Sol.: 1,4, 1 y 4,8

46. ★★★ Calcula el valor de m para que el sistema no lineal tenga solución única.

$$\left.\begin{aligned} x^2 + y^2 &= 1 \\ y &= mx - 2 \end{aligned}\right\}$$

Sol.: $m = \pm\sqrt{3}$

47. ★★★ Resuelve las siguientes ecuaciones con la ayuda de este enlace: https://www.mathway.com/

a) $\left.\begin{aligned} x^2 + y^2 &= 25 \\ x - \frac{3y}{4} &= 0 \end{aligned}\right\}$　b) $\left.\begin{aligned} 3xy - 4y^2 &= 0 \\ 3x - 2y &= 1 \end{aligned}\right\}$

Sol.: a) (3, 4), (−3, −4); b) (1/3, 0), (2/3, 1/2)

48. ★★★ Halla la solución de estos sistemas de ecuaciones usando el método de Gauss:

a) $\left.\begin{aligned} x + y - 2z &= -1 \\ 3x - y + z &= -4 \\ 2x + 2y - z &= 1 \end{aligned}\right\}$　c) $\left.\begin{aligned} 3x - y + z &= 4 \\ 2x - y + z &= 0 \\ x + 2y + 2z &= -1 \end{aligned}\right\}$

b) $\left.\begin{aligned} x - y + z &= 0 \\ 2x - y + 2z &= 1 \\ x + 2y - z &= 5 \end{aligned}\right\}$　d) $\left.\begin{aligned} 2x - y + z &= 5 \\ 3x - y - z &= 2 \\ 2x + y + z &= 3 \end{aligned}\right\}$

Sol.: a) $x = -1, y = 2, z = 1$; b) $x = 2, y = 1, z = -1$; c) $x = 4, y = 11/4, z = -21/4$; d) $x = 1, y = -1, z = 2$

49. ★★★ Resuelve los siguientes sistemas de ecuaciones no lineales:

a) $\left.\begin{aligned} x + y &= 7 \\ xy &= 12 \end{aligned}\right\}$　c) $\left.\begin{aligned} \frac{1}{x^2} + \frac{1}{y^2} &= 13 \\ \frac{1}{x} - \frac{1}{y} &= 1 \end{aligned}\right\}$

b) $\left.\begin{aligned} x^2 + y^2 &= 169 \\ x + y &= 17 \end{aligned}\right\}$　d) $\left.\begin{aligned} \sqrt{x} - \sqrt{y} &= 1 \\ x + y &= 5\sqrt{y} \end{aligned}\right\}$

Sol.: a) (3, 4), (4, 3); b) (12, 5), (5, 12); c) (−1/2, −1/3), (1/3, 1/2); d) (4, 1), (9/4, 1/4)

3 INECUACIONES

50. ★☆☆ Escribe una inecuación para cada una de las soluciones representadas en las siguientes gráficas:

a) 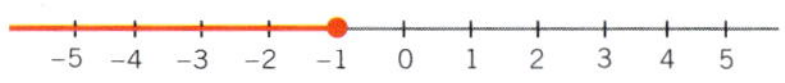

b) 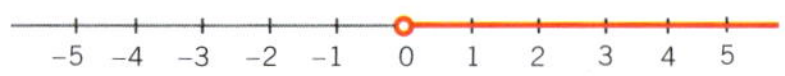

c) 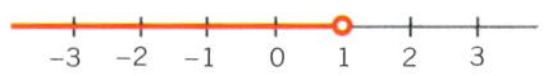

51. ★☆☆ Resuelve estas inecuaciones cuadráticas:

a) $-2x^2 - 10x - 8 > 0$

b) $9x^2 - 6x + 1 \leq 0$

c) $x^2 + 5x - 14 < 0$

d) $\dfrac{x-3}{4} > (x-2)(x+7) + 17$

Sol.: a) $(-4, -1)$; b) $\dfrac{1}{3}$; c) $(-7, 2)$; d) $\left(-\dfrac{15}{4}, -1\right)$

52. ★★☆ Busca una inecuación lineal de primer grado con una incógnita que no tenga solución. ¿Qué ocurre?

53. ★★☆ Observa la gráfica de la función $y = -x^2 + 6x - 5$.

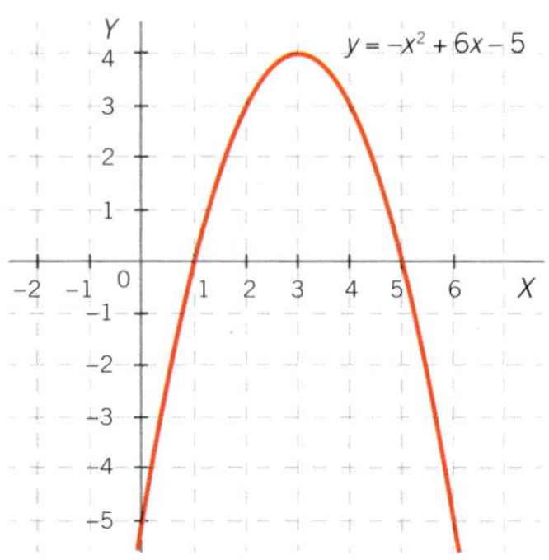

a) ¿Resuelve la ecuación $-x^2 + 6x - 5 = 0$?

b) ¿Cuál es la solución de la inecuación $-x^2 + 6x - 5 > 0$?

c) ¿Y la solución de la inecuación $-x^2 + 6x - 5 < 0$?

d) ¿Cuál es el conjunto unión de las soluciones anteriores?

Sol.: a) $x = 1, x = 5$; b) $[-1, 5)$; c) $(-\infty, 1) \cup (5, +\infty)$; d) $\mathbb{R}$

54. ★★☆ Resuelve:

a) $\dfrac{1}{x+2} \leq 0$

b) $\dfrac{x^2-1}{x} \geq 0$

c) $\dfrac{1}{x+1} \leq 1 + \dfrac{2}{x-1}$

d) $\dfrac{x^2-3x+2}{x^2+2x+6} < 3$

Sol.: a) $(-\infty, 2)$; b) $[1, 0) \cup [1, +\infty)$; c) $(-\infty, -1) \cup (1, +\infty)$; d) $\mathbb{R}$

55. ★★☆ ¿Cuál es el dominio de $y = \sqrt{x^2+1}$?

Sol.: $\mathbb{R}$

56. ★★☆ El profesor de Matemáticas informa a sus 35 alumnos de que el triple de aprobados es menor que el doble del números de suspensos. ¿Cuál ha sido el máximo número de alumnos aprobados?

Sol.: 13

57. ★★☆ ¿Tiene solución la inecuación $(x+4)^2 < 0$? Razona la respuesta sin efectuar cálculos.

— ¿Se te ocurren otros ejemplos similares?

58. ★★☆ Representa gráficamente las soluciones de:

a) $3x - y \geq 3$

b) $4x - 3y \leq -1$

c) $\dfrac{x}{3} - \dfrac{y}{2} \leq -1$

d) $-2x - \dfrac{y}{5} \leq -\dfrac{4}{3}$

59. ★★☆ Dada la inecuación $3x - 2y < 6 - y$:

a) ¿Qué puntos del eje de ordenadas son solución de la inecuación?

b) ¿Qué puntos del eje de abscisas son solución de la inecuación?

Sol. a) $(0, y)$ con $y > -6$; b) $(x, 0)$ con $x < 0$

60. ★★★ Resuelve las siguientes inecuaciones racionales:

a) $\dfrac{2x(x-3)+x^2}{x-1} \leq 3(x-1)$

b) $\dfrac{(x^2+1)(x^2-9x+8)}{x^2+2} \leq 0$

Sol.: a) $[1, +\infty)$; b) $[1, 8]$

4 SISTEMAS DE INECUACIONES

61. ★☆☆ Di cuáles de los siguientes puntos están contenidos en la solución del sistema de inecuaciones representado:

a) $(3, 1)$

b) $(-1, -3)$

c) $(2, 3)$

d) $(4, -2)$

e) $(3, 2)$

f) $(1, 4)$

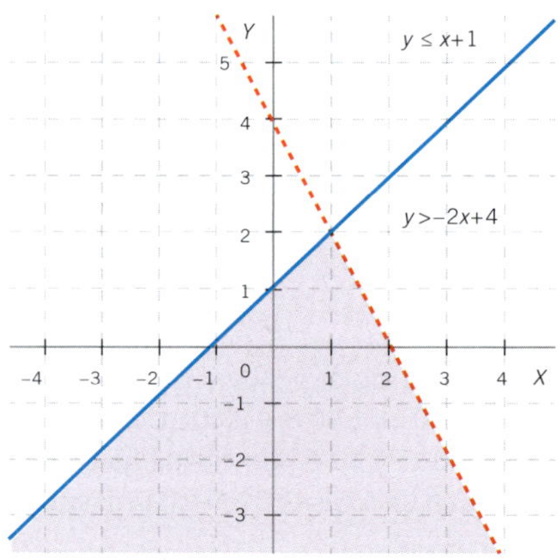

— ¿De qué tipo de sistema de inecuaciones se trata?

62. ★☆☆ Representa gráficamente un sistema de inecuaciones lineales con dos incógnitas que no tenga solución.

— ¿Qué condición deben cumplir las inecuaciones del sistema para que este no tenga solución?

63. ★★☆ Representa gráficamente las soluciones de los siguientes sistemas de inecuaciones lineales con dos incógnitas:

a) $\left.\begin{array}{l} x+2y>2 \\ x-y>1 \end{array}\right\}$

b) $\left.\begin{array}{l} 2x+y\le 2 \\ x-2y>1 \end{array}\right\}$

c) $\left.\begin{array}{l} x-y\ge 1 \\ y\ge 0 \\ x\le 4 \end{array}\right\}$

d) $\left.\begin{array}{l} x-2y\le 2 \\ x+2y\le 3 \\ y-2x\le 3 \end{array}\right\}$

e) $\left.\begin{array}{l} x+3y\le 2 \\ x-y\ge -2 \\ y\ge -4 \end{array}\right\}$

f) $\left.\begin{array}{l} -x+3y\le 3 \\ 3x-y>1 \end{array}\right\}$

g) $\left.\begin{array}{l} x-y>-\dfrac{3}{2} \\ y\le 1 \end{array}\right\}$

h) $\left.\begin{array}{l} x+y\ge 1 \\ y\le 3 \\ x\ge 0 \\ x\le 4 \end{array}\right\}$

i) $\left.\begin{array}{l} x+y\ge 0 \\ 2x-y\ge 0 \\ x\le 6 \end{array}\right\}$

j) $\left.\begin{array}{l} 5x-2y\le 8 \\ 3x+2y>3 \\ x\ge y \end{array}\right\}$

64. ★★☆ Escribe los sistemas de ecuaciones cuyas soluciones son las siguientes regiones del plano:

a)

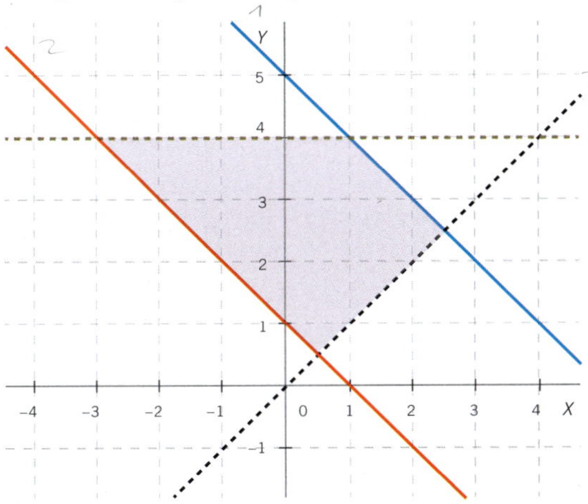

b)

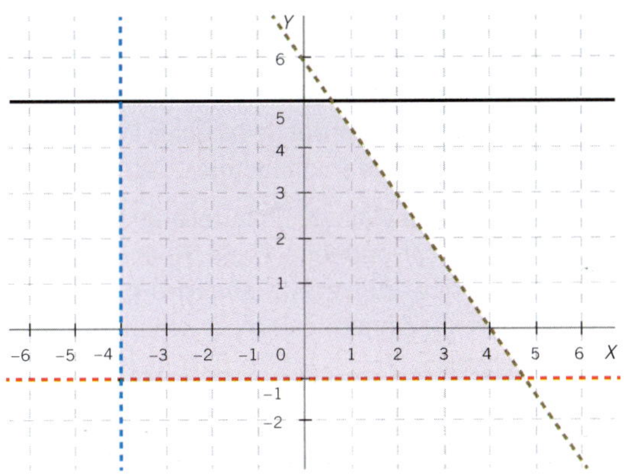

c)

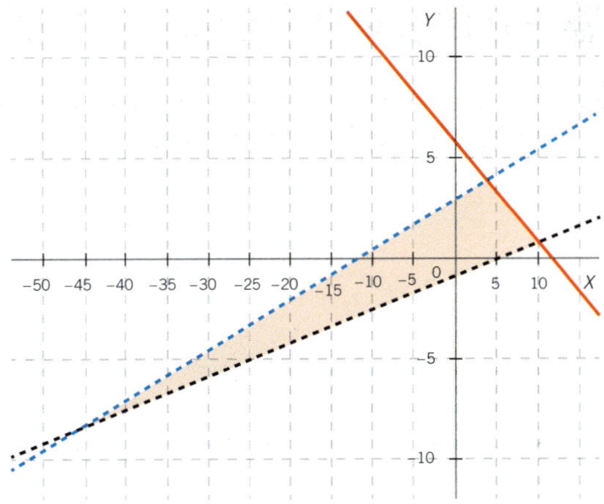

d)

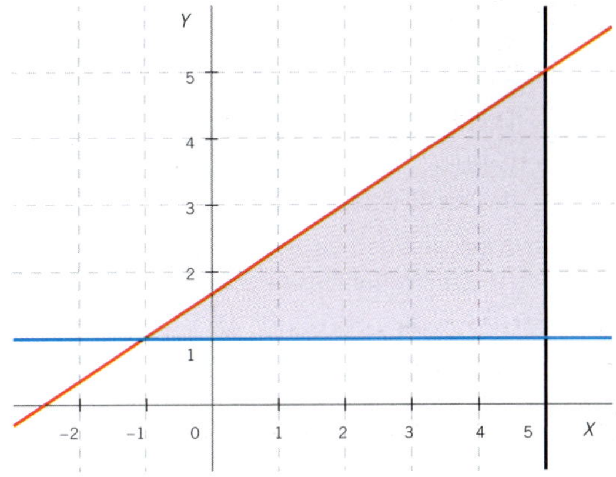

65. ★★☆ Nelly tiene exámenes finales de Física, Matemáticas e Historia, y dispone de 25 horas para prepararlos. Ha planificado reservar 2 h para el estudio de Historia, entre 7 y 14 h para Matemáticas, y entre 8 y 12 h para Física. Plantea y soluciona un sistema de inecuaciones que represente la situación en la que se encuentra Nelly.

Sol.: $7\le x\le 14$, $8\le y\le 12$, $x+y\le 23$

66. ★★☆ Una biblioteca tiene un presupuesto de 600 € para adquirir ejemplares de dos nuevas novelas que se han editado. Cada ejemplar de la primera cuesta 25 € y cada ejemplar de la segunda, 30 €. ¿Cuántos ejemplares de cada novela podrá adquirir? Resuelve el problema en forma de sistema de inecuaciones, represéntalo gráficamente y escribe algunas soluciones enteras.

67. ★★☆ Resuelve los siguientes sistemas de inecuaciones:

a) $\left.\begin{array}{l} 2x+3\ge 1 \\ -x+2\ge -1 \end{array}\right\}$ b) $\left.\begin{array}{l} \dfrac{x^2-4}{3-x}>0 \\ 2(x-3)\le 9x-2 \end{array}\right\}$

Sol.: a) [−1, 3]; b) (2, 3)

68. ★★☆ Una contraseña de seguridad consiste en un número de dos cifras tal que su suma es menor que 10 y una de las cifras es mayor que el triple de la otra. Halla una de las posibles contraseñas.

SÍNTESIS

69. ★★☆ Resuelve el siguiente sistema usando la aplicación en línea: http://www.quickmath.com/ @

$$\left.\begin{array}{l} 3x+2y-z=0 \\ x-2y+z=8 \\ x+y+z=5 \end{array}\right\}$$

Sol.: $x=2, y=-1, z=4$

70. ★★☆ Una de las muchas aportaciones de Einstein a la ciencia fue descubrir la equivalencia entre masa y energía a través de la famosa fórmula $E=mc^2$, donde E es la energía en julios (J) o $kg \cdot m^2/s^2$; m es la masa en kilogramos, y c es la velocidad de la luz expresada en m/s, es decir, unos 300 000 000 m/s.

— Se calcula que las bombas lanzadas en Hiroshima y Nagasaki tenían una potencia de unos veinte kilotones ($1\ kt = 4{,}184 \cdot 10^{12}$ J). Resuelve:

a) Calcula la cantidad de masa que equivale a la potencia de una de estas bombas.

b) ¿Qué cantidad de energía hay contenida en tu cuerpo? ¿A cuántas bombas de Hiroshima equivale?

Sol.: a) 0,929 g

71. ★★☆ Resuelve las siguientes ecuaciones logarítmicas:

a) $\log 4 + 2\log(x-3) = \log x$

b) $\log(5x+4) - \log 2 = \dfrac{1}{2}\log(x+4)$

c) $\ln x^3 - \ln x = \ln(2x+3)$

Sol.: a) $x=4$; b) $x=-\dfrac{36}{25}$; c) $x=3$

72. ★★☆ Para describir los efectos de un terremoto se emplea la escala de Richter. Según esta escala, la magnitud M de un terremoto viene dada por la expresión:

$$M=\frac{2}{3}\log\left(\frac{E}{E_0}\right)$$

Donde E es la energía liberada por el terremoto (en julios) y E_0 es una constante de valor $2{,}5 \cdot 10^4$ J.

Calcula la energía liberada en el terremoto de San Francisco de 1906 si su magnitud fue de 8,25 en la escala de Richter.

73. ★★★ Cuando se plantean ecuaciones, también debe tenerse en cuenta el conjunto al que pertenecen las soluciones.

Las ecuaciones diofánticas son aquellas en las que los coeficientes que acompañan a las incógnitas son números enteros y cuyas soluciones se pide que estén también en el conjunto de los enteros.

a) Demuestra que, si una ecuación diofántica lineal $ax+by=c$ tiene solución entera, entonces el M.C.D. (a, b) es un divisor de c.

b) Investiga en Internet y averigua si, cuando el M.C.D. (a, b) divide a c, entonces la ecuación diofántica $ax+by=c$ tiene solución entera. @

74. ★★★ Determina si las siguientes ecuaciones diofánticas tienen solución y encuentra algún ejemplo:

a) $-3x+2y=5$

b) $5x+15y=7$

c) $18x+24y=6$

d) $-3x+15y=27$

e) $7x-2y=21$

f) $8x-36y=19$

g) $100x-50y=105$

h) $273x+360y=102$

75. ★★★ Según las reglas de un campeonato de liga, cada partido ganado vale 3 puntos y, por cada partido perdido, se restan 2 puntos. No hay empates. Si a un equipo le faltan 12 partidos por jugar y debe sumar más de 21 puntos para resultar campeón, ¿cuántos partidos tendrá que ganar, al menos, para lograrlo?

Sol.: 10

76. ★★★ La programación lineal es un método para optimizar funciones lineales sometidas a ciertas restricciones, con múltiples aplicaciones.

Cuando resuelves un sistema de inecuaciones lineales, obtienes una región del plano en cuyo vértice o vértices las funciones del tipo $f(x, y) = ax + by$ restringidas a esa región alcanzan el máximo o el mínimo.

— Halla los máximos de estas funciones en las siguientes regiones del plano:

a) $f(x,y)=5\,000x+3\,000y$ en $\left\{\begin{array}{l} x\ge 0 \\ y\ge 0 \\ x+y\le 8 \\ 2x+y\le 10 \end{array}\right.$

b) $f(x,y)=x+y$ en $\left\{\begin{array}{l} x\ge 0 \\ y\ge 0 \\ 4x+y\le 32 \\ x+6y\le 54 \end{array}\right.$

c) $f(x,y)=5x+3y$ en $\left\{\begin{array}{l} x+y\ge 7 \\ 2x+y\le 12 \\ x+2y\le 12 \\ x\ge 0 \\ y\ge 0 \end{array}\right.$

Sol.: a) $x=2, y=6$; b) $x=6, y=8$; c) $x=4, y=4$

77. ★★★ ¿Qué ocurre cuando intentas optimizar una función lineal del tipo $f(x) = ax + by$, y una de las inecuaciones del sistema tiene como función asociada una recta paralela a la recta $ax + by = 0$?

78. ★★★ Una empresa tiene 8 autocares de 40 plazas y 10 autocares de 50 plazas para trasladar cada día a 400 trabajadores hasta el lugar donde se ubica la fábrica, pero únicamente dispone de 9 conductores.

Si el coste por viaje de un autocar grande es de 48 € y el de un autocar pequeño es de 36 €, ¿cuántos autocares de cada tipo utilizará la empresa para trasladar a sus trabajadores para que el coste sea el mínimo? ¿cuál será este coste?

Sol.: 5 y 4

Síntesis

1. Ecuaciones
2. Sistemas de ecuaciones
3. Inecuaciones
4. Sistemas de inecuaciones

ECUACIONES

- **Ecuaciones polinómicas**
  - De primer grado: $ax + b = 0$; solución: $x = -b/a$
  - De segundo grado: $ax^2 + bx + c = 0$; solución: $x = \dfrac{-b \pm \sqrt{b^2 - 4ac}}{2a}$
  - De grado superior a dos:
    - Bicuadradas: $ax^4 + bx^2 + c = 0$. Resolución mediante cambio de variable.
    - $P(x) = 0$; resolución mediante factorización.
- **Ecuaciones racionales**: Aquellas en las que aparecen fracciones algebraicas. → Resolución multiplicando los dos miembros por el m.c.m. de los denominadores.
- **Ecuaciones exponenciales**: La incógnita aparece en el exponente de una potencia. → Resolución aplicando logaritmos o por cambio de variable.
- **Ecuaciones logarítmicas**: La incógnita aparece afectada por un logaritmo. → Resolución aplicando la definición y propiedades de los logaritmos.

SISTEMAS DE ECUACIONES

- **Sistemas de ecuaciones lineales**
  - Clasificación: S.C.D. (solución única), S.C.I. (infinitas soluciones), S.I. (no tiene solución).
  - De dos ecuaciones con dos incógnitas: $\left.\begin{aligned} a_1x + b_1y &= c_1 \\ a_2x + b_2y &= c_2 \end{aligned}\right\}$ → Resolución: sustitución, igualación, reducción o gráficamente.
  - De tres ecuaciones con tres incógnitas: $\left.\begin{aligned} a_1x + b_1y + c_1z &= d_1 \\ a_2x + b_2y + c_2z &= d_2 \\ a_3x + b_3y + c_3z &= d_3 \end{aligned}\right\}$ → Resolución por el método de Gauss.
- **Sistemas de ecuaciones no lineales**: Alguna de sus ecuaciones es no lineal. → Resolución por el método de sustitución o gráficamente.

INECUACIONES

- **Lineales con una incógnita**: Aquellas en las que aparece un polinomio de primer grado. → El conjunto solución puede representarse como una semirrecta.
- **Lineales con dos incógnitas**: Aquellas en las que aparece un polinomio de primer grado con dos incógnitas. → El conjunto solución puede representarse como un semiplano.
- **Segundo grado**: Aquellas en las que aparece un polinomio de segundo grado. → El conjunto solución se identifica por intervalos o gráficamente.
- **Fraccionarias**: Aquellas en las que aparecen fracciones algebraicas. → El conjunto solución se identifica por intervalos y la regla de signos de la división.

SISTEMAS DE INECUACIONES

- **Lineales con una incógnita**: El conjunto solución es la intersección de dos semirrectas.
- **Lineales con dos incógnitas**: El conjunto solución está formado por los puntos comunes a dos semiplanos.

Admitiendo que la solución de una ecuación puede ser un número complejo, podremos hallar las soluciones de las ecuaciones en las que aparezcan raíces de números negativos.

1 Resuelve las siguientes ecuaciones:

a) $\dfrac{x^2-3x-4}{x^2+1}=0$

b) $\dfrac{x}{x+1}+2=\dfrac{3x+1}{x}$

c) $\sqrt{2x^2+1}-\sqrt{x^2-3}=2$

d) $\sqrt{4x}-\sqrt{2x+1}=1$

Sol.: a) $x=-1$, $x=4$, b) $x=-1/2$; c) $x=\pm 2$, $x=\pm 2\sqrt{3}$; d) $x=4$

2 Un vehículo sale de Madrid con dirección a Zaragoza a una velocidad constante de 80 km/h.

En el mismo instante, otro vehículo sale de Zaragoza en dirección a Madrid a una velocidad de 60 km/h. Si la distancia entre las dos ciudades es de 280 km, ¿a qué distancia de Madrid se cruzarán ambos vehículos?

Sol.: 160 km

3 Utiliza el método de Gauss para discutir las soluciones del sistema en función del parámetro m:

$$\left.\begin{array}{l} x+2y+3z=-1 \\ 2x+5y+4z=-2 \\ x+3y+m^2z=m \end{array}\right\}$$

Sol.: Incomp., si $m=1$; Comp. indet., si $m=-1$. En caso contrario, $x=-(6+m)/(m-1)$, $y=2/(m-1)$, $z=1/(m-1)$

4 Resuelve la inecuación:

$$x^4-6x^3+x^2+24x-20>0$$

A continuación, escribe, sin efectuar cálculos, cuál sería la solución del sistema:

$$x^4-6x^3+x^2+24x-20\le 0$$

Sol.: $(-\infty,-2)\cup(1,2)\cup(5,+\infty)$; $[-2,1]\cup[2,5]$

5 Considera el siguiente sistema de inecuaciones:

$$\left.\begin{array}{l} 3x-2y<5 \\ x+y\ge -1 \end{array}\right\}$$

Indica si estos puntos son solución del sistema:

a) (0, 0)　　c) (3, 0)

b) (−2, −1)　　d) (2, −2)

Sol.: a) Sí; b) No; c) No; d) No

6 Se mezcla café del tipo A, de 4,8 €/kg, con café del tipo B, de 7,2 €/kg. Si se desea obtener 60 kg de mezcla a 6,5 €/kg, ¿cuántos kilogramos de cada clase deben mezclarse?

Sol.: 17,5 kg del tipo A con 42,5 kg del tipo B.

7 Aplica el método de resolución de Gauss para encontrar la solución del siguiente sistema de ecuaciones:

$$\left.\begin{array}{l} x+4y+3z=-1 \\ 2x-3y-2z=1 \\ -x+2y+4z-2 \end{array}\right\}$$

Sol.: $x=0$, $y=-1$, $z=1$

8 Expresa el interior de las siguientes figuras geométricas como solución de un sistema de inecuaciones:

a) Triángulo de vértices (0, 0), (3, 0) y (0, 3).

b) Rombo de vértices (0, 1), (2, 0), (0, −1) y (0, −2).

c) Romboide de vértices (1, 3), (3, 3), (−2, −3) y (0, −3).

Sol.: a) $x>0$, $y>0$, $x+y<3$; b) $\pm x/2+1>y$, $\pm x/2-1<y$; c) $2x+1>y$, $2x-3<y$, $-3<y<3$

9 Un taller de carpintería ha vendido 15 muebles, entre sillas, sillones y butacas, por un total de 1600 €.

Se sabe que cobra 50 € por cada silla, 150 € por cada sillón y 200 € por cada butaca, y que el número de butacas es la cuarta parte del número que suman los demás muebles.

Plantea y resuelve el sistema de ecuaciones adecuado para este problema.

Sol.: 8 sillas, 4 sillones y 3 butacas

10 ¿Cuántas soluciones puede tener un sistema de dos ecuaciones lineales con tres incógnitas?

11 Halla la solución del siguiente sistema de inecuaciones lineales:

$$\left.\begin{array}{l} y+2x\ge 2 \\ 2y-3x\ge -3 \\ 3y-x\le 6 \end{array}\right\}$$

a) ¿Cuáles son los vértices de la región representada?

b) Evalúa la función $f(x, y) = 2x - y$ en dichos vértices.

¿En cuál alcanza el máximo? ¿Y el mínimo?

Sol.: (1, 0), (0, 2), (3, 3); máximo (3, 3), mínimo (0, 2)

ENTREPRENEURS

El secreto de las ecuaciones de tercer grado

En el Renacimiento, algunos matemáticos italianos ya resolvían algebraicamente ecuaciones de tercer grado pero sin llegar a publicar su solución. Fue el caso de **Scipione del Ferro** (1465-1526) y de **Niccolo Fontana Tartaglia** (1499-1557). Finalmente, **Girolamo Cardano** (1501-1576) la dio a conocer:

Para $x^3 + px = q$, la solución de x es:

$$x = \sqrt[3]{\frac{q}{2} + \sqrt{\frac{p^3}{27} + \frac{q^2}{4}}} + \sqrt[3]{\frac{q}{2} - \sqrt{\frac{p^3}{27} + \frac{q^2}{4}}}$$

SOCIETY

Datación de restos orgánicos

El **carbono-14** se utiliza para datar especímenes y restos orgánicos. Se trata de un isótopo radiactivo del carbono que tarda unos 5 730 años en desintegrarse reduciéndose su cantidad a la mitad.

La desintegración de la mayoría de los elementos radiactivos se calcula mediante la siguiente **ecuación exponencial:**

$$Q = Q_0 \cdot e^{-kt}$$

donde Q_0 es la cantidad inicial de material radiactivo, t, el tiempo transcurrido en años, k, la constante de variación de masa que depende de cada sustancia y Q, la cantidad de material radiactivo que permanece al cabo del tiempo señalado.

CRITICAL SENSE

El epitafio de Diofanto

«Dios hizo que fuera niño una sexta parte de su vida. Añadiendo un doceavo, las mejillas tuvieron barba. Le encendió el fuego nupcial después del séptimo...».

Así empieza el epitafio del matemático griego Diofanto de Alejandría (~207/~291 d. C.). A lo largo de este texto expone el desarrollo de su vida como si fuera el enunciado de un problema algebraico, cuya solución proporciona justamente los años que tenía al morir.

- Busca en Internet el texto completo del citado epitafio, deduce la ecuación correspondiente y resuélvela.
- Infórmate sobre la biografía de Diofanto e investiga qué aportaciones realizó en el campo del simbolismo algebraico, del planteamiento de ecuaciones polinómicas y de sus posibles soluciones.

SOCIETY

Los sistemas de ecuaciones y la economía

Los sistemas de ecuaciones lineales tienen múltiples aplicaciones en todos los campos de la ciencia; también en la economía y en la administración. Es el caso de hallar el rendimiento de distintas máquinas que deben fabricar productos diversos en tiempos diferentes; para ello, fíjate en el ejemplo n.º 15 de la página web http://links.edebe.com/g6bt9.

GeoGebra<

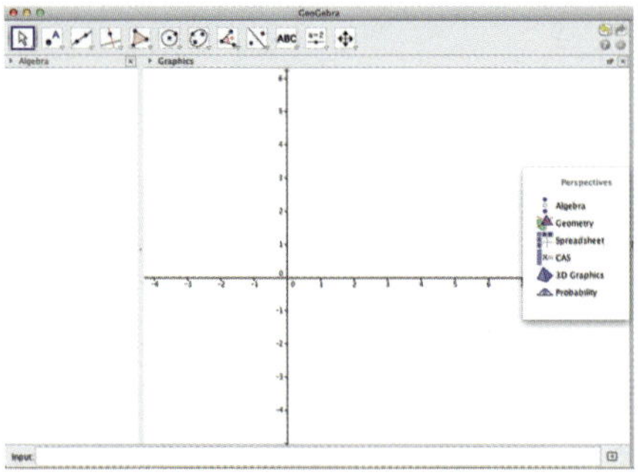

GeoGebra es un *software* matemático interactivo y libre creado por Markus Hohenwarter en 2001 en la Universidad de Salzburgo. Actualmente, cuenta con colaboradores del mundo de la enseñanza de todo el mundo cuya misión es dar a conocer, impulsar y desarrollar actividades relacionadas con el cálculo, el álgebra y la geometría.

La página web desde donde podéis descargar el programa es **http://www.geogebra.org**

Cuando se inicia el programa, puede elegirse entre distintas **Apariencias *(Perspectives)*** en el menú desplegable de la derecha. Para resolver ecuaciones e inecuaciones se utiliza **CAS** (Cálculo simbólico). También se pueden resolver gráficamente en la **Vista Gráfica *(Graphics)*.**

Ecuaciones e inecuaciones

Veamos cómo resolver ecuaciones, inecuaciones y sistemas de ecuaciones con la opción CAS.

- **Ecuaciones polinómicas**

  Introducimos la ecuación en la ventana CAS. Por ejemplo, la ecuación de segundo grado:

$$x^2 + x - 6 = 0$$

— Si clicamos sobre el icono x=, obtendremos la solución exacta de la ecuación en la ventana CAS.

> Podremos obtener una solución exacta o numérica, clicando sobre las siguientes opciones:
>
> x= x≈

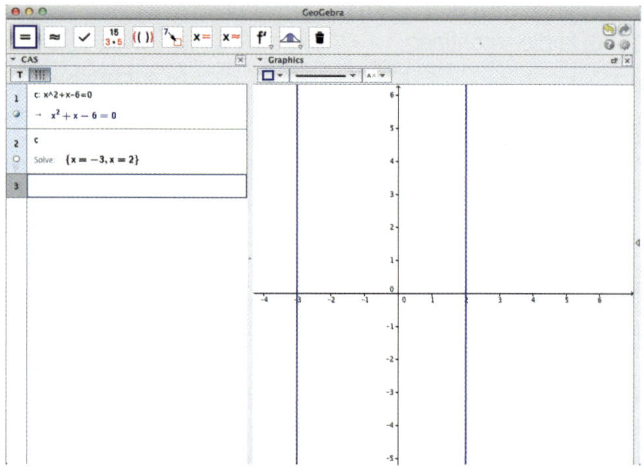

— Al activar la esfera de la fila 1, en la zona gráfica aparecen dos rectas verticales que cortan el eje de abscisas en las soluciones obtenidas. Si activásemos la esfera de la fila 2, nos representaría las soluciones como dos puntos.

- **Ecuaciones exponenciales y logarítmicas**

  Fíjate en el ejemplo de la derecha:

$$4^{(2x-1)} = 64$$

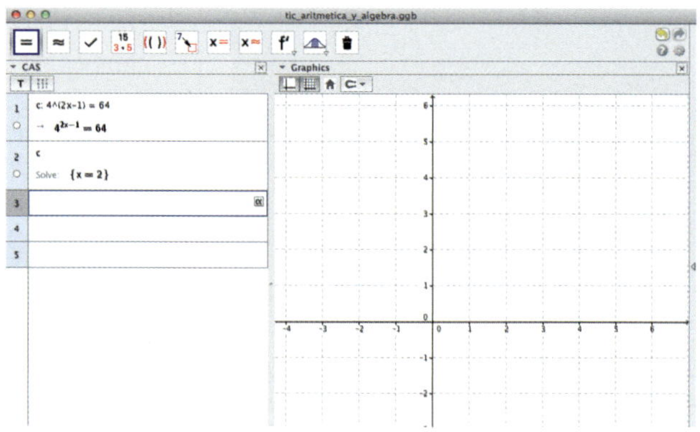

- **Inecuaciones**

  Se procede de la misma manera que con las ecuaciones, pero hay que cambiar el signo de igualdad por el de la desigualdad ($<$, $>$, $\leq$ o $\geq$) correspondiente. Las zonas coloreadas en lila son el intervalo de solución. Observa estos ejemplos:

$$(5x - 2)/3 - (x - 8)/4 \geq (x + 14)/2 - 2$$

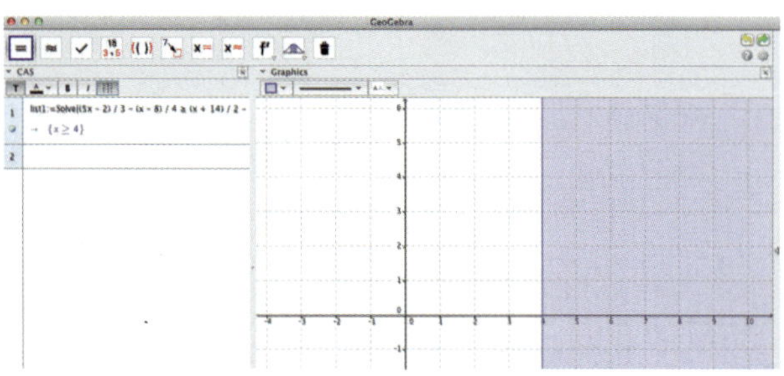

$$x^2 - 5x + 6 \leq 0$$

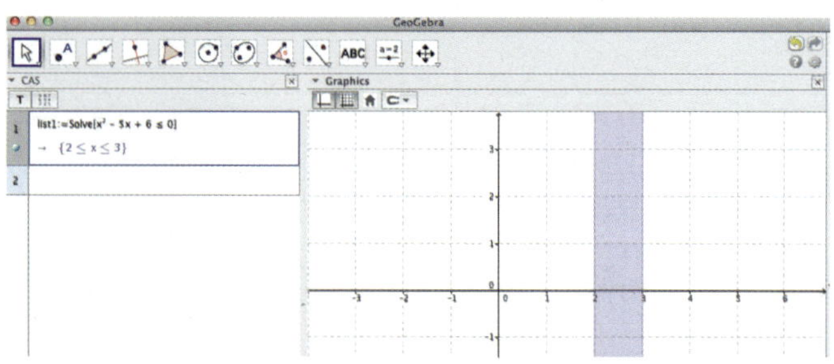

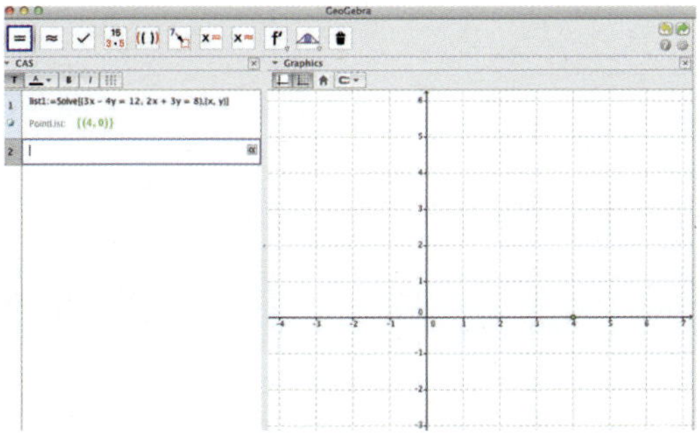

Sistemas de ecuaciones e inecuaciones

Para resolver ecuaciones y sistemas de inecuaciones con GeoGebra usaremos de nuevo la Apariencia CAS y la Vista Gráfica para representar las soluciones.

- **Sistemas de dos ecuaciones con dos incógnitas**

  CAS nos permite calcular la solución algebraica escribiendo las ecuaciones y las variables con el comando **Resuelve *(Solve)*:**

  Resuelve[<ListaEcuaciones>, <ListaVariables>]

  Por ejemplo:

  Solve[{3x-4y=12,2x+3y=8},{x,y}]

  Cuyo resultado es $\{x = 4,\ y = 0\}$.

  Igual que en el caso anterior, podemos obtener la solución gráfica, que corresponde al punto de intersección de las dos rectas.

- **Sistemas de dos inecuaciones con dos incógnitas**

  Los resolveremos gráficamente, introduciendo las expresiones en la **Apariencia Algebraica *(Algebra)*:**

  — Introducimos las inecuaciones en la ventana **Entrada *(Input)*:**

  6x + 5y > 15
  x – 2y > 3

  — Identificamos la región solución.

  Podríamos representar las rectas que marcan el límite de las regiones y obtener el vértice de la región solución.

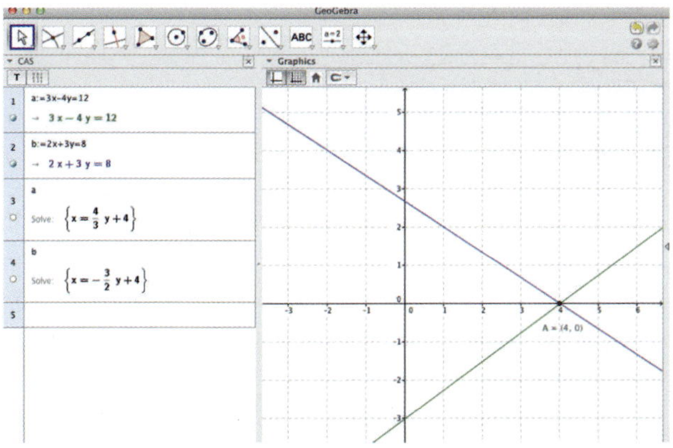

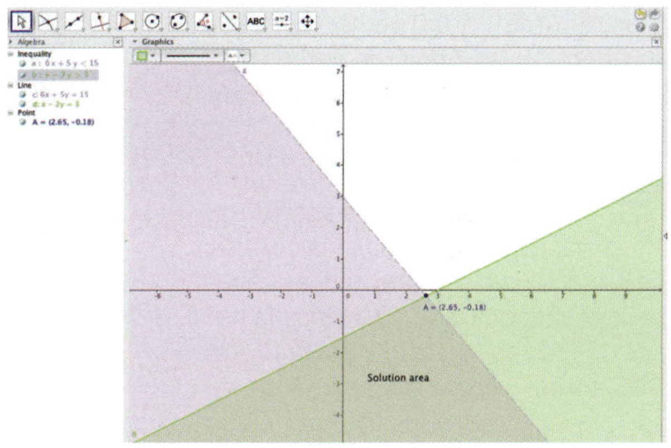

1. Utiliza el programa GeoGebra para resolver algebraica y gráficamente estas ecuaciones e inecuaciones:

a) $10x^2 + 11x - 6 = 0$

b) $(2x - 1)(3x + 1) = 6$

c) $\dfrac{2x+5}{5} = 2 + x - \dfrac{x+3}{3}$

d) $2x^2 - x - 6 \leq 0$

e) $(x - 4)(x + 5) \geq 0$

f) $\dfrac{x}{3} + \dfrac{2x}{15} - \dfrac{4x}{15} = 1 + \dfrac{22x}{15}$

g) $5 \ln x = 10$

h) $\ln(x - 27) - \ln x = 1$

i) $\dfrac{3x-3}{5} - \dfrac{4x+8}{2} < \dfrac{x}{4} - 3x$

j) $-7x - 11y \leq 3$

k) $-3x + 6y < 5$

l) $\dfrac{2x+1}{2} > 2 + \dfrac{x+8}{2}$

2. Utiliza el programa GeoGebra para resolver algebraica y gráficamente estos sistemas de ecuaciones e inecuaciones:

a) $\left.\begin{aligned} 7x + 8y &= 6 \\ 3x + 7y &= 5 \end{aligned}\right\}$

b) $\left.\begin{aligned} 6x + 5y &= 15 \\ -7x - 11y &= 3 \end{aligned}\right\}$

c) $\left.\begin{aligned} 2x - y &< 2 \\ 2x + 3y &> 8 \end{aligned}\right\}$

d) $\left.\begin{aligned} 2x + 3y &> 2 \\ -4x - 6y &> 7 \end{aligned}\right\}$

GEOMETRÍA

Los problemas relacionados con la agrimensura originaron el nacimiento de la geometría en el Antiguo Egipto. Escena de la tumba de Menna (Egipto).

>> EL ESPLENDOR GRIEGO

Egipcios y babilonios utilizaban ya algunos principios geométricos en la resolución de problemas relacionados con la agrimensura y la construcción. Pero fue en el siglo VI a. C. cuando se produjeron en Grecia los primeros intentos de organizar los conocimientos geométricos de una forma sistemática.

Fue **Tales de Mileto** quien trazó el rumbo de la geometría en términos abstractos, mientras que **Pitágoras de Samos** impulsó lo que hoy se conoce con el nombre de *álgebra geométrica,* es decir, la interpretación de conceptos algebraicos desde un punto de vista geométrico.

Otros muchos matemáticos griegos brillaron en el campo de la geometría. No en vano la consideraban la cúspide de las actividades matemáticas. Alrededor del año 300 a. C., el más famoso de todos ellos, **Euclides de Alejandría,** recogió los resultados de sus predecesores y los organizó en su obra magna los *Elementos.*

>> LA ANTIGUA GEOMETRÍA ORIENTAL

La civilización china es tan antigua como la griega. Además, podemos afirmar que su desarrollo matemático fue independiente, y paralelo en muchas ocasiones, al que tuvo lugar en Occidente.

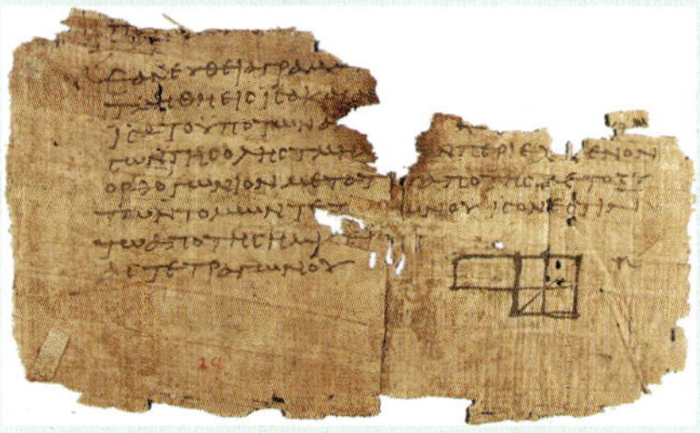

Fragmento de los Elementos *de Euclides hallado en el yacimiento de Oxirrinco, Egipto.*

El primer texto matemático chino conocido es el *Clásico de cálculo del gnomon,* datado en torno al año 1000 a. C., que trata diversas cuestiones astronómicas e incluye una introducción a las propiedades de los triángulos rectángulos.

Casi tan antiguo como el texto anterior es la obra *Nueve capítulos sobre el arte matemático.* Junto a otros muchos problemas de aritmética y álgebra, este tratado resuelve problemas de agrimensura, también mediante el estudio de los triángulos rectángulos.

Por otra parte, hay que mencionar el importante papel desempeñado por los árabes en la historia de la geometría. Aunque sus principales aportaciones tuvieron lugar en otras disciplinas, como el álgebra, la matemática árabe conservó viva la llama de la geometría durante varios siglos.

Así, cabe destacar a **Nasir al-din altusi** que, además de comentar los *Elementos,* efectuó algunas aportaciones originales en su obra *Tratado del cuadrilátero completo,* publicada hacia 1260.

>> EL RENACIMIENTO DE LA GEOMETRÍA

Tras la caída del Imperio romano, la matemática medieval europea atravesó una etapa de franca decadencia, en la que se abandonó prácticamente el estudio de la geometría.

Más adelante, la época renacentista supuso la llegada de una nueva era. En aquel tiempo se sucedieron las iniciativas de recuperación de las obras de la Antigüedad clásica, lo que sirvió de base para el posterior desarrollo de la geometría moderna.

A comienzos del siglo XVII, el matemático francés **P. de Fermat** y, sobre todo, el filósofo y matemático, también francés, **R. Descartes** rompieron con la tradición griega al aplicar mé-

UD 4. Trigonometría
UD 5. Resolución de triángulos
UD 6. Números complejos
UD 7. Vectores en el plano
UD 8. Elementos del plano
UD 9. Cónicas

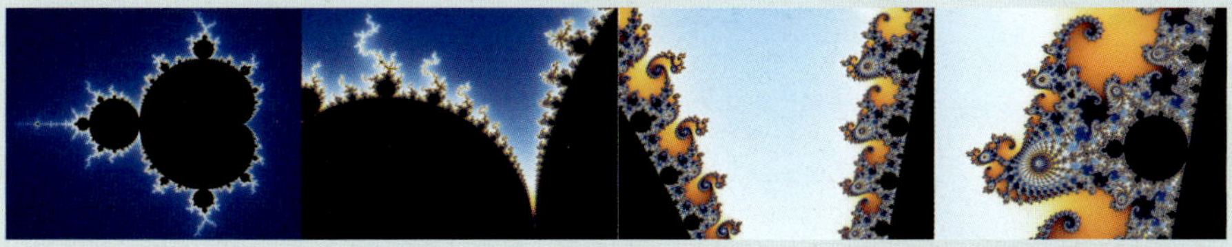

El Conjunto de Mandelbrot *es una de las estructuras fractales más estudiadas. Un fractal, término propuesto por el matemático Benoît Mandelbrot en 1975, es un objeto geométrico cuya estructura se repite a diferentes escalas.*

todos algebraicos al estudio de problemas geométricos. Esta ruptura supuso un cambio cualitativo en el que el enfoque gráfico se vio superado por el potente enfoque algebraico.

Ahondando en esta línea de pensamiento apareció, en 1748, la obra de **L. Euler** titulada *Introductio in analysin infinitorum.* En ella, junto a importantes contribuciones al análisis, se ofrece una visión global de la representación de curvas. Es por ello que esta publicación suele considerarse el primer libro de texto de lo que más adelante, en 1805, el matemático francés **J. B. Biot** llamó *geometría analítica.*

>> LAS GEOMETRÍAS NO EUCLÍDEAS

Durante siglos un gran número de matemáticos intentó, aunque en vano, profundizar en algunos aspectos poco claros de la obra de Euclides. No resulta extraño que entonces se pensase que la geometría del griego representaba, de manera absoluta e incontrovertible, la realidad del mundo físico.

Sin embargo, a principios del siglo XIX, el matemático alemán **C. F. Gauss** desarrolló una línea de pensamiento que superaba la obra de Euclides. Lamentablemente, por temor a la reacción de incredulidad de sus contemporáneos, no publicó sus descubrimientos.

Hacia el año 1826, el matemático ruso **N. I. Lobachevski,** menos tímido que su colega, formuló una nueva teoría geométrica, perfectamente lógica, pero tan opuesta al sentido común que el propio autor la calificó de imaginaria. Hoy la conocemos como geometría *hiperbólica.*

En 1854, el matemático alemán **B. Riemann** demostró que, además de la geometría hiperbólica, era también posible imaginar otra teoría geométrica, la *geometría elíptica.*

Los trabajos de N. I. Lobachevski y B. Riemann fueron el prólogo a una revolución en la geometría moderna: las *geometrías no euclídeas.*

Aunque sus autores no podían imaginarlo, acababan de crear una herramienta básica para el desarrollo de una teoría que haría tambalear los cimientos de la ciencia moderna: la *relatividad.*

Los principios fundamentales de esta disciplina fueron desarrollados a comienzos del siglo XX por el físico alemán, posteriormente nacionalizado estadounidense, **A. Einstein.**

Límite circular III *de M. C. Escher, uno de los artistas que con más acierto exploró los efectos de la geometría hiperbólica.*

4

BLOQUE 2. GEOMETRÍA

Trigonometría

1. Ángulos y medidas
- 1.1. Medidas en el sistema sexagesimal
- 1.2. Medidas en el Sistema Internacional

2. Razones trigonométricas de un ángulo agudo

3. Razones trigonométricas de un ángulo cualquiera
- 3.1. Propiedades y relaciones de las razones trigonométricas
- 3.2. Reducción de razones al primer cuadrante

4. Razones trigonométricas de operaciones con ángulos
- 4.1. Razones trigonométricas del ángulo suma
- 4.2. Razones trigonométricas del ángulo diferencia
- 4.3. Razón del ángulo doble y del ángulo mitad

5. Transformación de sumas en productos

6. Ecuaciones trigonométricas y sistemas
- 6.1. Resolución de ecuaciones trigonométricas
- 6.2. Sistemas de ecuaciones trigonométricas

Simulador · Problemas interactivos · Presentación

Libros

La matemática griega comienza con el mismo nombre con que se inicia la filosofía griega: Tales de Mileto, uno de los «siete sabios de Grecia», primero a quien se dio ese nombre, no ya por su género de vida y sus preceptos con referencia a la conducta moral, sino por el hecho de estudiar los secretos de la naturaleza y hacer conocer sus investigaciones.

[...] se atribuyó a Tales la resolución del problema de determinar la altura de una pirámide conociendo la sombra que proyecta.

Siglos más tarde, Eratóstenes, utilizando herramientas trigonométricas, hizo un cálculo del radio de la Tierra de una exactitud sorprendente y que confirmó que la mayor parte de la superficie terrestre estaba todavía por conocer.

Este cálculo fue muy útil para que, siglos más tarde, a través del paralaje, los científicos empezaran a tener constancia de las impresionantes dimensiones del universo.

Julio Rey Pastor y José Babini,
Historia de la matemática.

Web

En los siguientes enlaces, encontrarás una breve historia impresionista de la trigonometría:

http://links.edebe.com/kx3k

http://links.edebe.com/f7skw

EN CONTEXTO

a> Busca en Internet cómo fue el proceso que llevó a cabo Tales de Mileto para medir la pirámide.

b> ¿Cuál fue el error que cometió?

c> Busca las biografías de Tales y de Eratóstenes.

1. Ángulos y medidas
1.1. Medidas en el sistema sexagesimal
1.2. Medidas en el Sistema Internacional

1. Ángulos y medidas

El estudio de los ángulos ha sido fundamental para el avance en campos como la arquitectura, la ingeniería o la astronomía.

> Un **ángulo** es la región comprendida entre dos semirrectas que tienen un origen en común llamado vértice.

Existen distintas unidades para medir la amplitud de los ángulos. Las más utilizadas son:

— El **grado sexagesimal,** que con sus submúltiplos, el minuto y el segundo, constituye el sistema sexagesimal de medida de ángulos.

— El **radián**, que es la unidad de medida de ángulos en el Sistema Internacional.

RECUERDA

Los tipos de ángulos son:

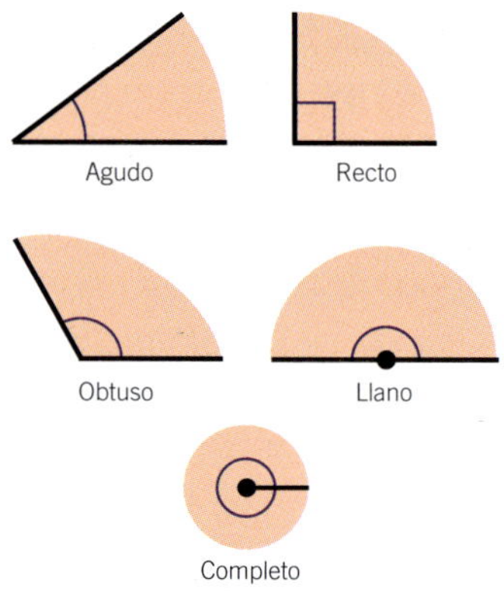

Las unidades de medida son:

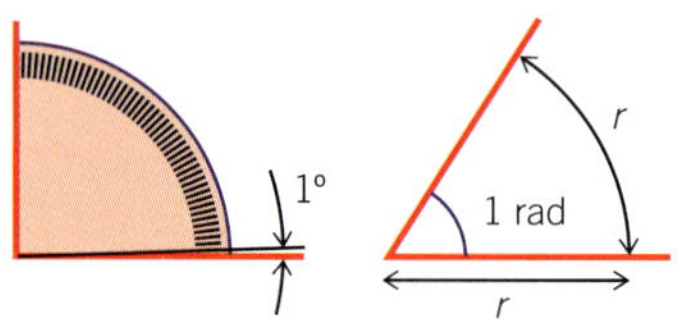

1.1. Medidas en el sistema sexagesimal

El grado sexagesimal (°) se define como la noventava parte de un ángulo recto.

Los submúltiplos del grado son el minuto y el segundo: el **minuto (')** es la sesentava parte de un grado (1° = 60') y el **segundo (")** es la sesentava parte de un minuto (1' = 60"). Fíjate en el siguiente esquema para pasar de unas unidades a otras:

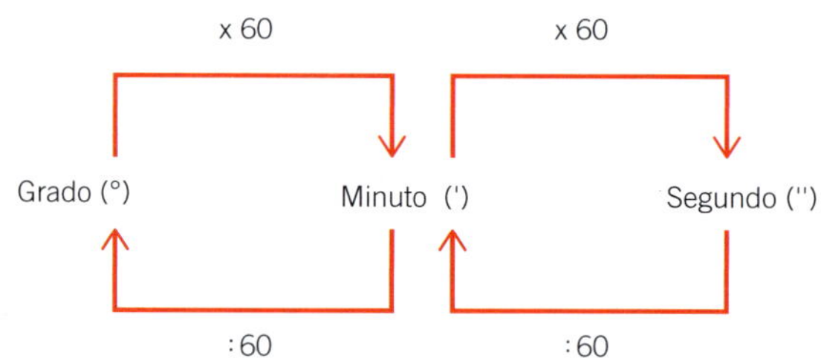

Forma compleja y forma incompleja

Un ángulo en el sistema sexagesimal puede expresarse en una única unidad (forma **incompleja**) o en varias (forma **compleja**). Para pasar de una a otra, basta con aplicar las equivalencias entre unidades.

1 EJEMPLO

Expresa en forma incompleja de grados el ángulo 2° 15' 5".

Solución

COMPRENSIÓN: Deberemos convertir los 15' y 5" en grados y sumarlos.

RESOLUCIÓN: $15' = 15' \cdot \frac{1°}{60'} = 0{,}25°$ $\qquad 5" = 5" \cdot \frac{1°}{3600"} = 0{,}00139°$

$$2° + 0{,}25° + 0{,}00139° = 2{,}25139°$$

COMPROBACIÓN: Para comprobar que el resultado es correcto, lo transformaremos de nuevo a forma compleja. Para ello, multiplicamos la parte decimal del resultado (0,25139) por 60. La parte entera del resultado es 15. A continuación, repetimos el proceso con la parte decimal de los minutos (0,0834). La parte entera, en este caso, es 5, que corresponde a los segundos.

2 EJEMPLO

Expresa en forma compleja el ángulo 16,38°.

Solución

COMPRENSIÓN: Para pasar a forma compleja, deberemos convertir la parte decimal en minutos y segundos.

RESOLUCIÓN:

$$0{,}38^\circ = 0{,}38^\circ \cdot \frac{60'}{1^\circ} = 22{,}8' \qquad 0{,}8' = 0{,}8' \cdot \frac{60''}{1'} = 48''$$

$$16{,}38^\circ = 16^\circ\ 22'\ 48''$$

COMPROBACIÓN: Para comprobar que el resultado es correcto, lo transformaremos de nuevo a forma incompleja. Para ello, expresaremos los minutos y los segundos en grados, y los sumaremos a 16°.

1.2. Medidas en el Sistema Internacional

La unidad de medida en el SI es el radián.

Un **radián** es la medida del ángulo central de una circunferencia que abarca un arco de longitud igual a la del radio.

La longitud de una circunferencia es $2\pi r$ y, por lo tanto, contiene 2π veces la longitud del radio. De la definición de radián, se sigue, por lo tanto, que el ángulo completo es de 2π radianes. Así pues:

$$360^\circ = 2\pi \text{ rad}$$

En general, al expresar los ángulos en radianes, el número π no se sustituye por su valor decimal, sino que se deja indicado.

Así, por ejemplo:

$$30^\circ = 30\cancel{^\circ} \cdot \frac{2\pi}{360\cancel{^\circ}} = \frac{\pi}{6} \text{ rad} \qquad 90^\circ = 90\cancel{^\circ} \cdot \frac{2\pi}{360\cancel{^\circ}} = \frac{\pi}{2} \text{ rad}$$

CALCULADORA

Muchas calculadoras científicas disponen de la tecla [°'"], que permite transformar la expresión compleja de un ángulo en su forma incompleja, y viceversa.

Por ejemplo, para obtener la forma incompleja de 2° 15' 5", tecleamos:

[2] [°'"] [1] [5] [°'"] [5] [°'"] [=]

Obtenemos [2.25138889], que es la forma incompleja del ángulo.

Para efectuar el cálculo inverso, usamos las teclas [SHIFT] y [°'"]. Así, para obtener la forma compleja de 16,38°, tecleamos:

[1] [6] [.] [3] [8] [=] [SHIFT] [°'"]

Obtenemos [16° 22° 48°].

Este resultado debe interpretarse como 16° 22' 48".

No obstante, en la actualidad, hay muchos modelos diferentes y, por ejemplo, otras tienen una tecla GMS o DMS, que cumplen funciones parecidas. Por eso:

- Consulta las instrucciones de tu calculadora o busca un tutorial en Internet.
- Identifica cómo se introducen medidas de ángulos en grados y en radianes.
- Identifica las teclas que corresponden a las funciones trigonométricas.

3 EJEMPLO

Transforma el ángulo 65° en radianes y el ángulo $\frac{2\pi}{3}$ rad en grados sexagesimales.

Solución

COMPRENSIÓN: Para transformar los grados en radianes, podemos utilizar el factor de conversión 2π rad/360°, y para pasar de radianes a grados, el factor de conversión 360°/2π rad.

RESOLUCIÓN: $65^\circ = 65\cancel{^\circ} \cdot \frac{2\pi \text{ rad}}{360\cancel{^\circ}} = \frac{13}{36}\pi \text{ rad}$; $\frac{2\pi}{3} \text{rad} = \frac{2\pi}{3} \cancel{\text{rad}} \cdot \frac{360^\circ}{2\pi \cancel{\text{rad}}} = 120^\circ$

COMPROBACIÓN: Para comprobar que los resultados son correctos, puedes ayudarte de un conversor en línea de ángulos como el que encontrarás en **http://links.edebe.com/c8c.**

FÍJATE

Para medir el tiempo, usamos horas, minutos y segundos que, como en el caso de los ángulos, es un sistema sexagesimal:

1 h = 60 min   1 min = 60 s

Ejercicios y problemas
8 a 15

INTERNET

Las razones trigonométricas no dependen de las longitudes de los lados del triángulo rectángulo:

http://links.edebe.com/9kpuhz

CALCULADORA

Para calcular el seno, el coseno o la tangente, solemos encontrarnos con las teclas SIN, COS y TAN, respectivamente.

Por ejemplo, para calcular sen 53° 15', tecleamos:

En la pantalla aparece:

2. Razones trigonométricas de un ángulo agudo

La trigonometría estudia la relación entre ángulos y longitudes. Las razones trigonométricas de los ángulos relacionan las longitudes de los lados de un triángulo rectángulo con uno de sus ángulos agudos.

Observa que, dado un ángulo agudo α, siempre podremos construir un triángulo rectángulo.

Los cocientes entre las longitudes de los lados del triángulo rectángulo construido determinarán las razones trigonométricas de este ángulo α.

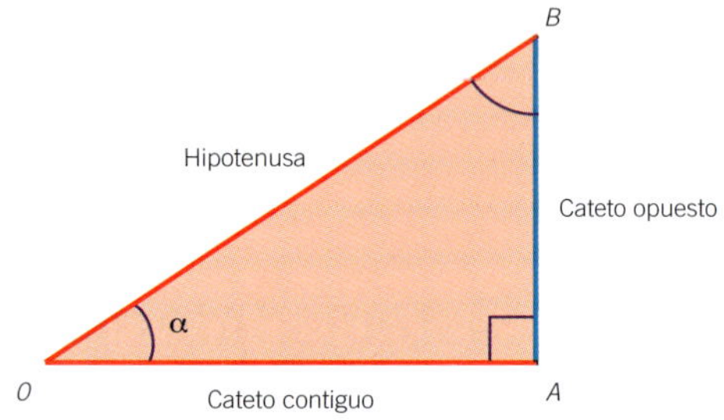

SENO	COSENO	TANGENTE
Denominamos **seno** del ángulo α **(sen α)** a la **razón** entre la longitud del **cateto opuesto** al ángulo α y la **hipotenusa.**	Denominamos **coseno** del ángulo α **(cos α)** a la **razón** entre la longitud del **cateto contiguo** al ángulo α y la **hipotenusa.**	Denominamos **tangente** del ángulo α **(tg α)** a la **razón** entre la longitud del **cateto opuesto** al ángulo α y la del **cateto contiguo.**
$\text{sen } \alpha = \frac{\overline{AB}}{\overline{OB}} = \frac{\text{cateto opuesto}}{\text{hipotenusa}}$	$\cos \alpha = \frac{\overline{OA}}{\overline{OB}} = \frac{\text{cateto contiguo}}{\text{hipotenusa}}$	$\text{tg } \alpha = \frac{\overline{AB}}{\overline{OA}} = \frac{\text{cateto opuesto}}{\text{cateto contiguo}}$

Si bien un mismo ángulo α permite formar infinitos triángulos rectángulos, todos ellos serán semejantes al estar en posición de Tales. Así pues, los lados de los triángulos serán proporcionales, y en consecuencia, las razones trigonométricas del ángulo α serán independientes del triángulo rectángulo elegido.

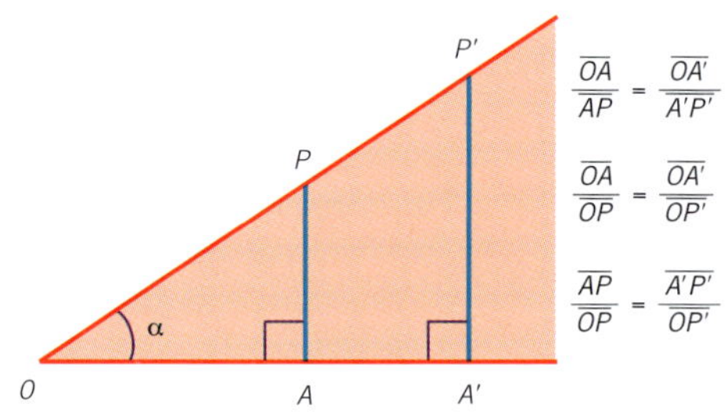

Observa también que las razones trigonométricas son adimensionales, pues están definidas como el cociente entre dos magnitudes.

A partir de estas razones trigonométricas, llamadas **directas,** podemos definir ahora las razones trigonométricas llamadas **recíprocas:**

COSECANTE	SECANTE	COTANGENTE
Cosecante de α es la inversa del seno. Se representa por cosec α.	**Secante** de α es la inversa del coseno. Se representa por sec α.	**Cotangente** de α es la inversa de la tangente. Se representa por cotg α.
$\text{cosec } \alpha = \frac{1}{\text{sen } \alpha}$	$\sec \alpha = \frac{1}{\cos \alpha}$	$\text{cotg } \alpha = \frac{1}{\text{tg } \alpha}$

FÍJATE

Al estar en posición de Tales, los lados de los triángulos de la imagen verifican:

$$\frac{\overline{AP}}{\overline{OP}} = \frac{\overline{A'P'}}{\overline{O'P'}} = \text{sen } \alpha$$

Y, por lo tanto, el seno no depende de las longitudes de los lados.

— Demuestra que ocurre lo mismo con el coseno y la tangente.

4 EJEMPLO

Calcula las razones trigonométricas directas y recíprocas del ángulo menor de un triángulo rectángulo cuyos catetos miden 3 cm y 5 cm.

Solución

COMPRENSIÓN: Para hallar las razones trigonométricas del ángulo, deberemos identificar el cateto opuesto y el contiguo del ángulo, así como determinar la longitud de la hipotenusa.

RESOLUCIÓN: Dibujamos el triángulo para identificar los distintos lados.

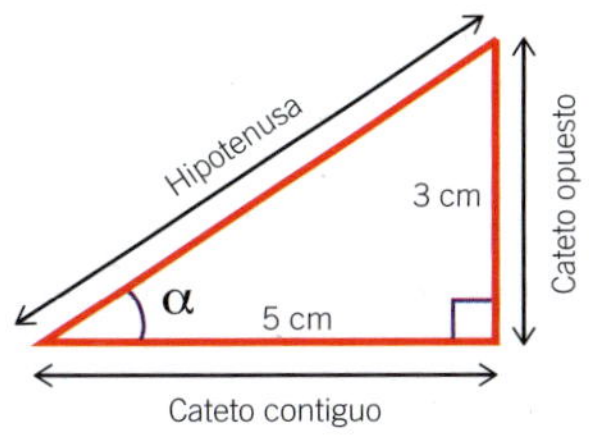

Calcularemos la hipotenusa aplicando el teorema de Pitágoras: $h = \sqrt{3^2 + 5^2} = \sqrt{34}$

Así, tenemos que: $\text{sen}\,\alpha = \dfrac{3}{\sqrt{34}} = \dfrac{3\sqrt{34}}{34}$

$\cos\alpha = \dfrac{5}{\sqrt{34}} = \dfrac{5\sqrt{34}}{34}$ y $\text{tg}\,\alpha = \dfrac{3}{5}$

Y también:

$$\text{cosec}\,\alpha = \frac{34}{3\sqrt{34}} = \frac{34\cdot\sqrt{34}}{3\sqrt{34}\cdot\sqrt{34}} = \frac{\sqrt{34}}{3},\ \sec\alpha = \frac{34}{5\sqrt{34}} = \frac{\sqrt{34}}{5},\ \text{cotg}\,\alpha = \frac{5}{3}$$

COMPROBACIÓN: Usa la calculadora para comprobar que los resultados son correctos.

Razones trigonométricas inversas de ángulos agudos

Si conocemos la razón trigonométrica de un ángulo, podemos deducir de qué ángulo se trata a partir de las razones trigonométricas inversas:

— **Arcoseno** de *x* **(arc sen *x*):** ángulo cuyo seno es igual a *x*.

— **Arcocoseno** de *x* **(arc cos *x*):** ángulo cuyo coseno es igual a *x*.

— **Arcotangente** de *x* **(arc tg *x*):** ángulo cuya tangente es igual a *x*.

Razones trigonométricas de ángulos complementarios

Los dos ángulos agudos de un triángulo rectángulo son complementarios; es decir, suman 90°.

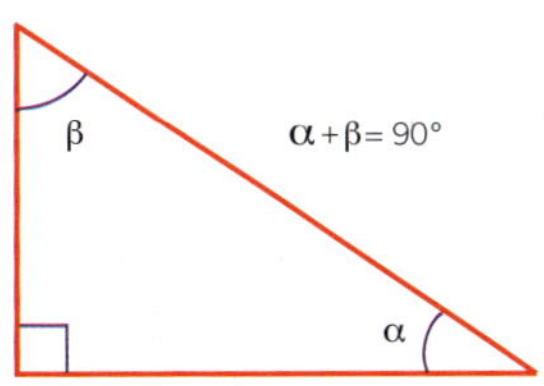

Observa que el cateto opuesto del ángulo α es el cateto contiguo del ángulo β, y viceversa. Por ello, las razones trigonométricas de dos ángulos complementarios (α y β) se relacionan del siguiente modo:

$$\text{sen}\,\alpha = \cos\beta \qquad \cos\alpha = \text{sen}\,\beta \qquad \text{tg}\,\alpha = \frac{1}{\text{tg}\,\beta}$$

5 EJEMPLO

Calcula las razones trigonométricas del ángulo mayor del triángulo del ejemplo 4.

Solución

COMPRENSIÓN: Usamos las razones trigonométricas de los ángulos complementarios.

RESOLUCIÓN: $\text{sen}\,\beta = \cos\alpha = \dfrac{5\sqrt{34}}{34}$, $\cos\beta = \text{sen}\,\alpha = \dfrac{3\sqrt{34}}{34}$ y $\text{tg}\,\beta = \dfrac{1}{\text{tg}\,\alpha} = \dfrac{5}{3}$

FÍJATE

En la siguiente tabla, se muestran las razones trigonométricas de algunos ángulos:

	30°	45°	60°
sen α	$\frac{1}{2}$	$\frac{\sqrt{2}}{2}$	$\frac{\sqrt{3}}{2}$
cos α	$\frac{\sqrt{3}}{2}$	$\frac{\sqrt{2}}{2}$	$\frac{1}{2}$
tg α	$\frac{\sqrt{3}}{3}$	1	$\sqrt{3}$

Cuando aparecen estos ángulos, se utilizan los valores de la tabla en forma de radicales y fracciones.

RECUERDA

Dos ángulos son **complementarios** si su suma es igual a 90°.

Dos ángulos son **suplementarios** si su suma es igual a 180°.

CALCULADORA

Normalmente, para calcular el valor de un ángulo, conocida una de sus razones trigonométricas, se utiliza la tecla INV.

Por ejemplo, si sabemos que sen α = 0,75 y queremos obtener el valor de α, tecleamos:

Y obtenemos el valor de α:

Ejercicios y problemas 16 a 23

3. Razones trigonométricas de un ángulo cualquiera
3.1. Propiedades y relaciones de las razones trigonométricas
3.2. Reducción de razones al primer cuadrante

3. Razones trigonométricas de un ángulo cualquiera

Para definir las razones trigonométricas de un ángulo cualquiera, consideraremos primero los ángulos como giros. Observa que un ángulo, al definirse a partir de un giro, puede dar lugar a cuatro ángulos distintos, según el lado que se tome como origen y el sentido de giro.

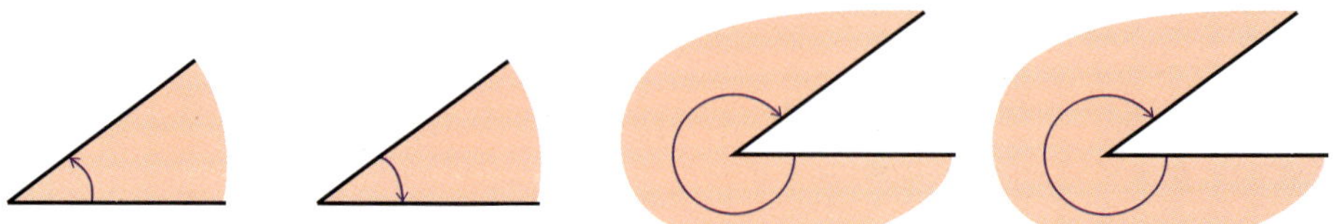

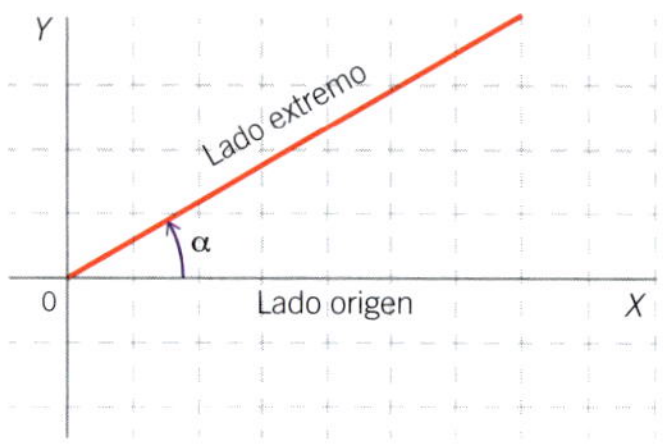

Para representar un ángulo orientado, utilizaremos un sistema de coordenadas tomando el lado origen como el semieje positivo de las abscisas. La posición del lado extremo dependerá de la medida del ángulo. Así, podremos identificar un ángulo según el cuadrante al que pertenece el lado extremo.

Consideramos un ángulo α y elegimos un punto P cualquiera de su lado extremo. Si (x, y) son las coordenadas del punto P y r es su distancia al origen de coordenadas, podremos definir las razones trigonométricas del ángulo como sigue:

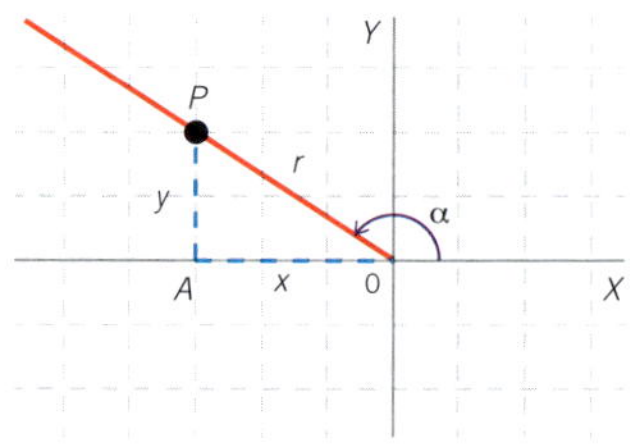

El **seno** de α es la razón entre la ordenada y del punto P y su distancia r al origen de coordenadas: $\operatorname{sen} \alpha = \dfrac{y}{r}$.

El **coseno** de α es la razón entre la abscisa x del punto P y su distancia r al origen de coordenadas: $\cos \alpha = \dfrac{x}{r}$.

La **tangente** de α es la razón entre la ordenada y y la abscisa x de P: $\operatorname{tg} \alpha = \dfrac{y}{x}$.

6 EJEMPLO

Indica el valor de las razones trigonométricas del ángulo cuyo lado extremo pasa por el punto (−4, 3).

Solución

COMPRENSIÓN: Deberemos hallar la distancia al origen r del punto P para calcular las razones trigonométricas del ángulo.

RESOLUCIÓN:

Aplicamos el teorema de Pitágoras a OAP para calcular r: $r = \sqrt{4^2 + 3^2} = 5$.

Así, las razones trigonométricas serán:

$$\operatorname{sen}\alpha = \frac{-3}{5}; \quad \cos\alpha = \frac{-4}{5}; \quad \operatorname{tg}\alpha = \frac{3}{4}$$

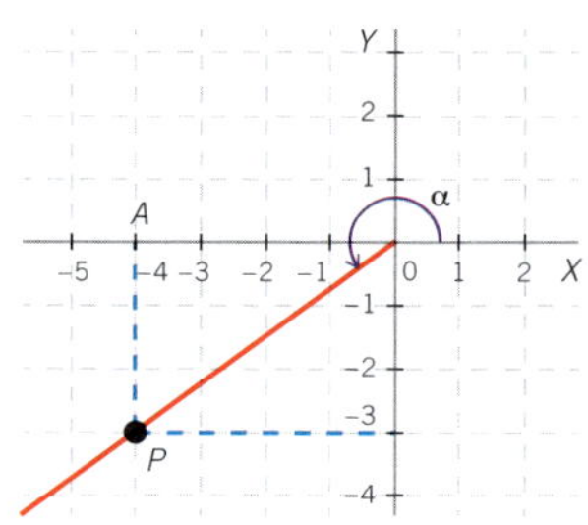

RECUERDA

Los ejes de coordenadas dividen el plano en cuatro regiones denominadas cuadrantes que se numeran de la siguiente forma:

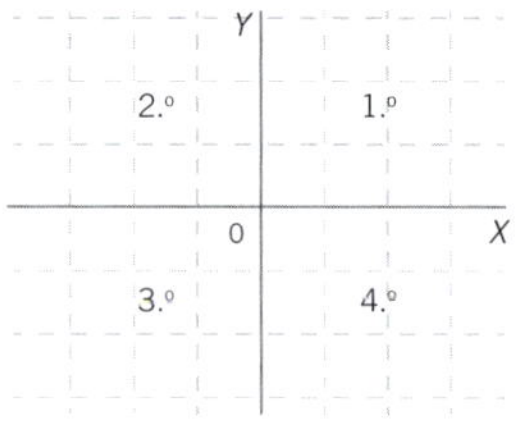

FÍJATE

Al considerar ángulos como giros, tiene sentido hablar de ángulos mayores de 360°. Así, el ángulo de 400° es 1 vuelta completa y 40° más.

Por tanto, la representación del ángulo de 400° coincide con la de un ángulo de 40°. Decimos, pues, que 40° es el resultado de reducir al primer giro el ángulo de 400°.

En general, para **reducir un ángulo al primer giro**, dividiremos la medida del ángulo entre 360° para saber cuántas vueltas completas contiene.

RECUERDA

Las razones trigonométricas deben tener los mismos valores para un mismo ángulo; así pues, no dependerán del punto P escogido. Observa la siguiente figura y demuestra que las razones trigonométricas definidas a partir del punto P y del punto P' tienen idénticos valores:

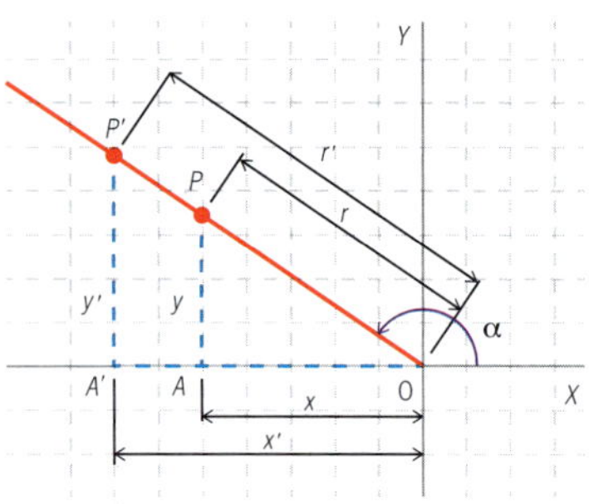

Circunferencia goniométrica

Los valores de las razones trigonométricas de un ángulo no dependen del punto que tomemos sobre su lado extremo para definirlas.

Para facilitar los cálculos, por lo tanto, podemos tomar un punto *P* de su lado extremo, situado sobre la circunferencia de radio 1 y centrada en el origen *O* de coordenadas. Esta circunferencia recibe el nombre de *circunferencia goniométrica*.

> Llamamos **circunferencia goniométrica** a la circunferencia que tiene su centro en el origen de coordenadas y su radio es 1.

Si consideramos esta circunferencia, podemos reducir el cálculo de razones trigonométricas de ángulos agudos a triángulos rectángulos de hipotenusa 1.

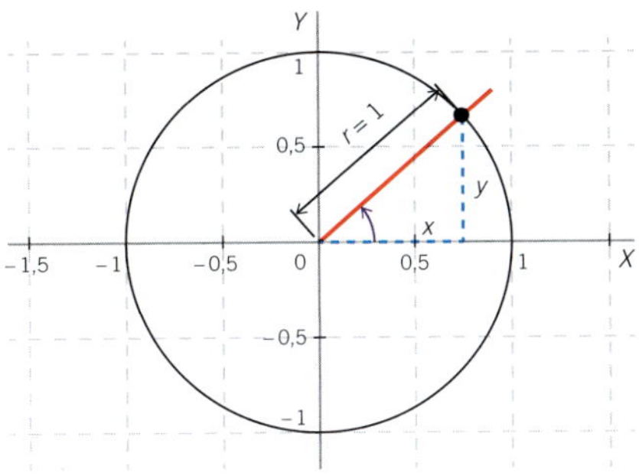

De este modo, el seno y el coseno de α coinciden, respectivamente, con la ordenada y la abscisa del punto *P:*

$$\text{sen}\ \alpha = \frac{y}{r} = \frac{y}{1} = y \qquad \cos\alpha = \frac{x}{r} = \frac{x}{1} = x$$

Este hecho nos permitirá definir el seno y el coseno de un ángulo cualquiera a partir de un segmento representativo.

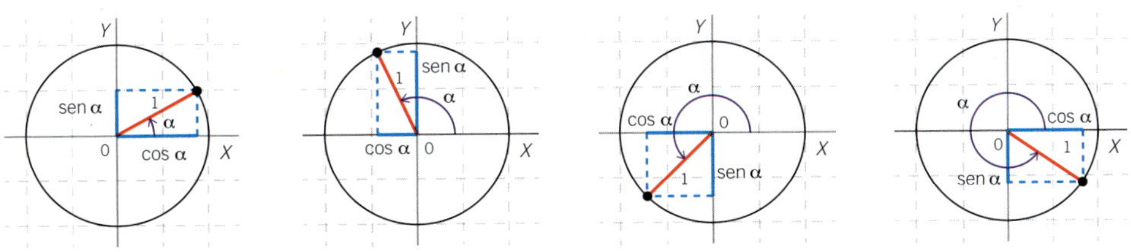

Así, por ejemplo:

ÁNGULO		*P*	sen α	cos α	tg α
0°	0 rad	(1, 0)	0	1	0
90°	π/2 rad	(0, 1)	1	0	No definida
180°	π rad	(−1, 0)	0	−1	0
270°	3π/2 rad	(0, −1)	−1	0	No definida
360°	2π rad	(1, 0)	0	1	0

Fíjate en que, de esta forma, obtenemos razones trigonométricas negativas, pues un problema de cocientes entre longitudes se ha convertido en uno de coordenadas en el plano, y que las tangentes de los ángulos que corresponden al eje de ordenadas no existen.

FÍJATE

La circunferencia goniométrica y sus ejes de coordenadas delimitan cuatro **cuadrantes** que se enumeran en sentido contrario de las agujas del reloj.

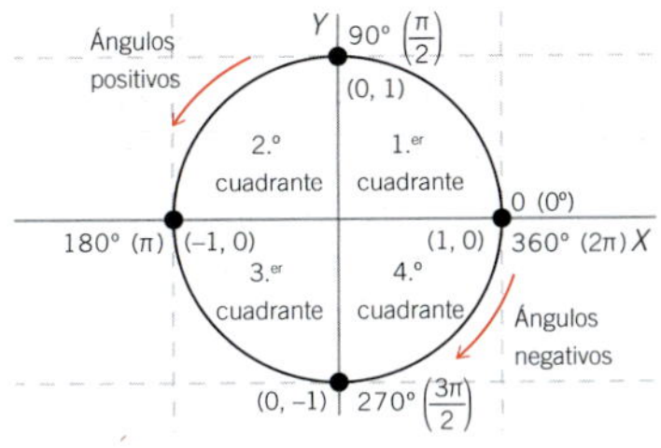

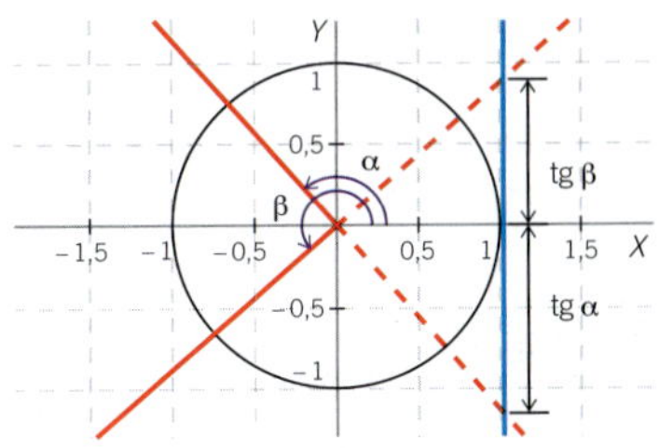

La tangente también se puede visualizar utilizando la circunferencia goniométrica.

Es positiva en los ángulos del primer y el tercer cuadrantes, y negativa en los del segundo y el cuarto.

FÍJATE

Si tomamos un ángulo cualquiera:

$$-1 \leq \text{sen}\ \alpha \leq 1$$

$$-1 \leq \cos\alpha \leq 1$$

$$-\infty < \text{tg}\ \alpha < +\infty$$

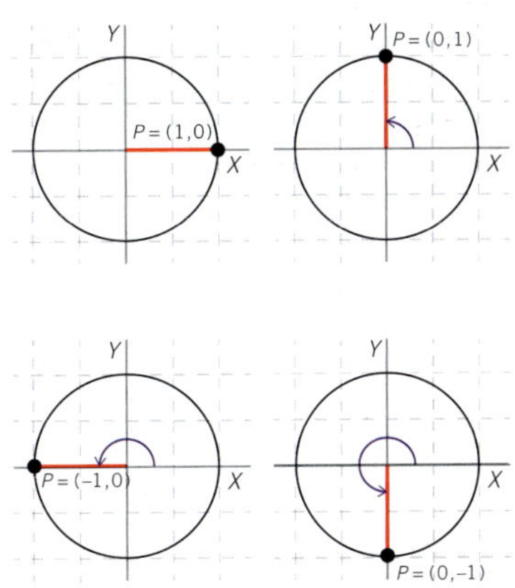

3.1. Propiedades y relaciones de las razones trigonométricas

CUADRANTE	sen α	cos α	tg α
Primero	+	+	+
Segundo	+	–	–
Tercero	–	–	+
Cuarto	–	+	–

Veamos, a continuación, algunas propiedades de las razones trigonométricas, así como algunas de las relaciones entre las razones trigonométricas de un mismo ángulo.

Propiedades de las razones trigonométricas

A partir de la circunferencia goniométrica, podemos deducir las siguientes propiedades de las razones trigonométricas:

— El seno y el coseno de un ángulo cualquiera será un valor comprendido entre -1 y $+1$.

— Los signos de las razones trigonométricas dependerán únicamente del cuadrante al que pertenece el ángulo.

Relaciones entre las razones trigonométricas

LENGUAJE MATEMÁTICO

Aunque podemos escribir $(\text{sen } \alpha)^2$, en general, se escribe $\text{sen}^2 \alpha$.

Sin embargo, deberemos tener en cuenta que $\text{sen}^2 \alpha \neq \text{sen } \alpha^2$.

Del mismo modo, para las otras razones trigonométricas:

$\cos^2 \alpha \neq \cos \alpha^2$ $\quad$ $\text{tg}^2 \alpha \neq \text{tg } \alpha^2$

Ejercicios y problemas
24 a 26

Sepamos cómo se relacionan las razones trigonométricas de un mismo ángulo.

Consideremos, por ejemplo, un ángulo α del primer cuadrante. Hemos visto que los catetos del triángulo miden sen α y cos α. Si aplicamos el teorema de Pitágoras:

$$\text{sen}^2 \alpha + \cos^2 \alpha = 1$$

Esta expresión se verifica para un ángulo de cualquier cuadrante y se conoce como el **teorema fundamental de la trigonometría.**

Otra relación entre razones trigonométricas se obtiene de la definición de estas y de sus valores en la circunferencia goniométrica:

$$\text{sen } \alpha = y \quad \cos \alpha = x \quad \text{tg } \alpha = \frac{y}{x} = \frac{\text{sen } \alpha}{\cos \alpha}$$

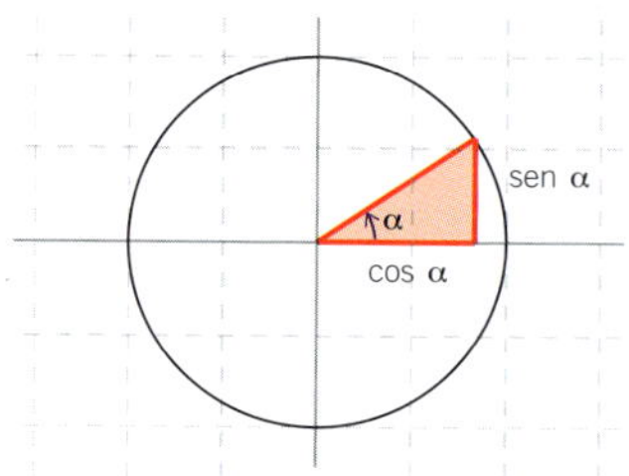

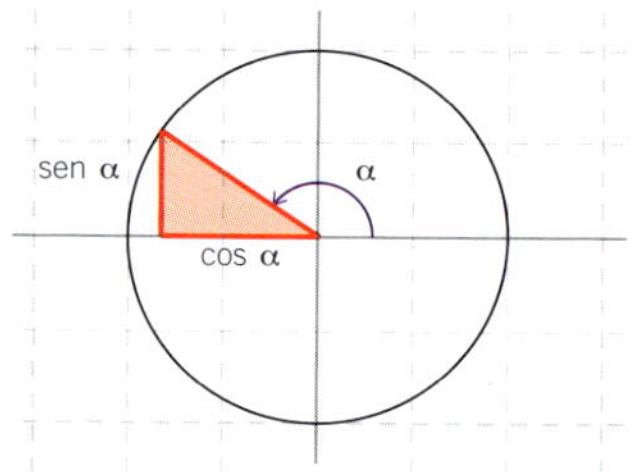

7 EJEMPLO

Si tg $\alpha = 2$ y α pertenece al tercer cuadrante, calcula el resto de las razones trigonométricas.

Solución

COMPRENSIÓN: Planteamos un sistema de ecuaciones usando el teorema fundamental de la trigonometría y la razón que define la tangente como la división del seno entre el coseno.

RESOLUCIÓN:

$$\left.\begin{array}{l} \text{tg } \alpha = 2 = \dfrac{\text{sen } \alpha}{\cos \alpha} \\ \text{sen}^2 \alpha + \cos^2 \alpha = 1 \end{array}\right\}$$

Resolvemos mediante el método de sustitución:

$$(2 \cos \alpha)^2 + \cos^2 \alpha = 1 \Rightarrow$$

$$4 \cos^2 \alpha + \cos^2 \alpha = 1 \Rightarrow \cos \alpha = \pm\sqrt{\frac{1}{5}}$$

Como el ángulo es del tercer cuadrante, el coseno es negativo:

$$\cos \alpha = -\sqrt{\frac{1}{5}} = -0{,}45 \Rightarrow$$

$$\Rightarrow \text{sen } \alpha = 2 \cos \alpha = -2\sqrt{\frac{1}{5}} = -0{,}89$$

COMPROBACIÓN: Podemos utilizar la calculadora para comprobar que el seno y el coseno obtenidos cumplen el teorema fundamental de la trigonometría y su cociente es igual al valor de la tangente de α.

$$\text{tg}\,\alpha = \frac{\text{sen}\,\alpha}{\cos\alpha} = \frac{-2\sqrt{\frac{1}{5}}}{-\sqrt{\frac{1}{5}}} = 2$$

3.2. Reducción de razones al primer cuadrante

Las razones trigonométricas de algunos ángulos están relacionadas.

Ángulos suplementarios α y $180° - \alpha$	Ángulos α y $180° + \alpha$	Ángulos α y $360° - \alpha$
$\beta = 180° - \alpha$ $\quad y' = y \quad x' = -x$	$\beta = 180° + \alpha$ $\quad y' = -y \quad x' = -x$	$\beta = 360° - \alpha$ $\quad y' = -y \quad x' = x$
$\text{sen}\,(180° - \alpha) = \text{sen}\,\alpha$	$\text{sen}\,(180° + \alpha) = -\text{sen}\,\alpha$	$\text{sen}\,(360° - \alpha) = -\text{sen}\,\alpha$
$\cos\,(180° - \alpha) = -\cos\,\alpha$	$\cos\,(180° + \alpha) = -\cos\,\alpha$	$\cos\,(360° - \alpha) = \cos\,\alpha$
$\text{tg}\,(180° - \alpha) = -\text{tg}\,\alpha$	$\text{tg}\,(180° + \alpha) = \text{tg}\,\alpha$	$\text{tg}\,(360° - \alpha) = -\text{tg}\,\alpha$
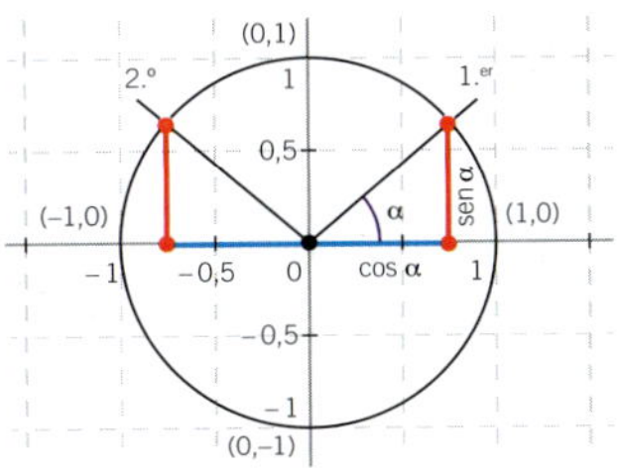	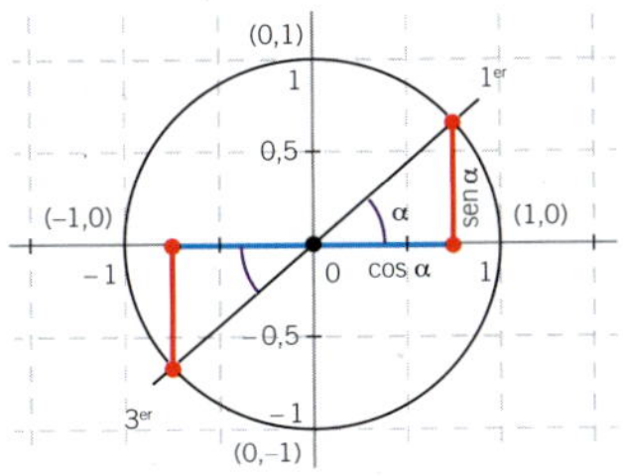	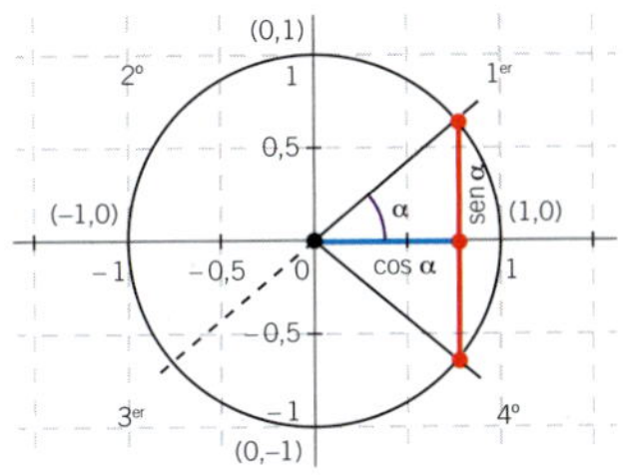

Estas relaciones permiten calcular las razones trigonométricas de cualquier ángulo, conocidas las de los ángulos del primer cuadrante:

— Si $\beta \in 2.°$ cuadrante $\Longrightarrow \beta = 180° - \alpha$, donde $\alpha \in 1.^{er}$ cuadrante.

— Si $\beta \in 3.^{er}$ cuadrante $\Longrightarrow \beta = 180° + \alpha$, donde $\alpha \in 1.^{er}$ cuadrante.

— Si $\beta \in 4.°$ cuadrante $\Longrightarrow \beta = 360° - \alpha$, donde $\alpha \in 1.^{er}$ cuadrante.

8 EJEMPLO

Calcula las razones trigonométricas de los siguientes ángulos:

a) 135° **b) 210°** **c) 300°**

Solución

COMPRENSIÓN: El ángulo de 135° corresponde al segundo cuadrante; el ángulo de 210° corresponde al tercer cuadrante, y el ángulo de 300° corresponde al cuarto cuadrante.

RESOLUCIÓN:

a) $\text{sen}\ 135° = \text{sen}\ (180° - 45°) = \text{sen}\ 45° = \dfrac{\sqrt{2}}{2}$

$\cos 135° = \cos\ (180° - 45°) = -\cos 45° = -\dfrac{\sqrt{2}}{2}$

$\text{tg}\ 135° = \text{tg}\ (180° - 45°) = -\text{tg}\ 45° = -1$

b) $\text{sen}\ 210° = \text{sen}\ (180° + 30°) = -\text{sen}\ 30° = -\dfrac{1}{2}$

$\cos 210° = \cos\ (180° + 30°) = -\cos 30° = -\dfrac{\sqrt{3}}{2}$

$\text{tg}\ 210° = \text{tg}\ (180° + 30°) = \text{tg}\ 30° = \sqrt{3}$

c) $\text{sen}\ 300° = \text{sen}\ (360° - 60°) = -\text{sen}\ 60° = -\dfrac{\sqrt{3}}{2}$

$\cos 300° = \cos\ (360° - 60°) = \cos 60° = \dfrac{1}{2}$

$\text{tg}\ 300° = \text{tg}\ (360° - 60°) = -\text{tg}\ 60° = -\sqrt{3}$

COMPROBACIÓN: Puedes comprobar los resultados en la calculadora o representando los ángulos en la circunferencia goniométrica.

La trigonometría permite calcular distancias o alturas inaccesibles a partir de la medida de los ángulos de un triángulo.

Para ello, se utilizan unos instrumentos de medida muy sofisticados, llamados *teodolitos*.

Problemas resueltos
A

Ejercicios y problemas
27 a 35

4. Razones trigonométricas de operaciones con ángulos
4.1. Razones trigonométricas del ángulo suma
4.2. Razones trigonométricas del ángulo diferencia
4.3. Razón del ángulo doble y del ángulo mitad

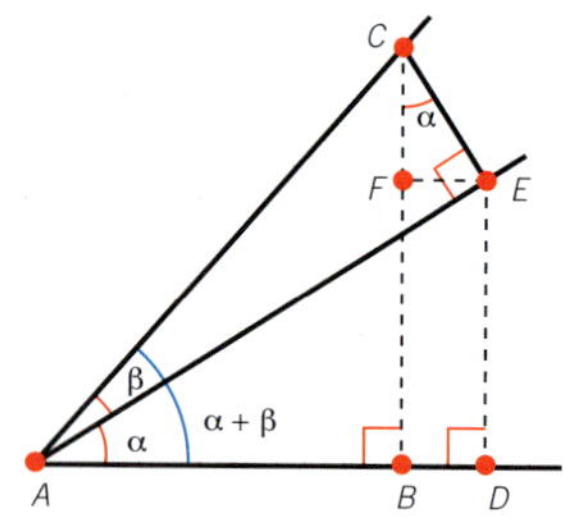

4. Razones trigonométricas de operaciones con ángulos

A continuación, determinaremos las razones trigonométricas de los ángulos $\alpha + \beta$ y $\alpha - \beta$ en función de las razones trigonométricas de α y β.

4.1. Razones trigonométricas del ángulo suma

Las siguientes demostraciones hacen referencia a la figura del margen. Observa que los ángulos *EAD* y *ECF* son iguales, ya que *AD* y *AE* son perpendiculares a *FC* y *CE*, respectivamente.

$\text{sen}\,(\alpha + \beta) = \text{sen}\,\alpha \cdot \cos\beta + \cos\alpha \cdot \text{sen}\,\beta$

Demostración:

$$\text{sen}\,(\alpha + \beta) = \frac{BC}{AC} = \frac{BF + FC}{AC} = \frac{DE}{AC} + \frac{FC}{AC}$$

Observa que $DE = AE \cdot \text{sen}\,\alpha$ y $FC = CE \cdot \cos\alpha$, entonces:

$$\text{sen}\,(\alpha + \beta) = \frac{AE}{AC} \cdot \text{sen}\,\alpha + \frac{CE}{AC} \cdot \cos\alpha$$

Pero $\frac{AE}{AC} = \cos\beta$ y $\frac{CE}{AC} = \text{sen}\,\beta$. Luego,

$$\text{sen}\,(\alpha + \beta) = \text{sen}\,\alpha \cdot \cos\beta + \cos\alpha \cdot \text{sen}\,\beta$$

$\cos\,(\alpha + \beta) = \cos\alpha \cdot \cos\beta - \text{sen}\,\alpha \cdot \text{sen}\,\beta$

Demostración:

$$\cos\,(\alpha + \beta) = \frac{AB}{AC} = \frac{AD - BD}{AC} = \frac{AD - FE}{AC} = \frac{AD}{AC} - \frac{FE}{AC}$$

Observa que $AD = AE \cdot \cos\alpha$ y $FE = CE \cdot \text{sen}\,\alpha$, entonces:

$$\cos\,(\alpha + \beta) = \frac{AE}{AC} \cdot \cos\alpha - \frac{CE}{AC} \cdot \text{sen}\,\alpha$$

Pero $\frac{AE}{AC} = \cos\beta$ y $\frac{CE}{AC} = \text{sen}\,\beta$. Luego,

$$\cos\,(\alpha + \beta) = \cos\alpha \cdot \cos\beta - \text{sen}\,\alpha \cdot \text{sen}\,\beta$$

$\text{tg}\,(\alpha + \beta) = \dfrac{\text{tg}\,\alpha + \text{tg}\,\beta}{1 - \text{tg}\,\alpha \cdot \text{tg}\,\beta}$

Demostración: Expresamos $\text{tg}\,(\alpha + \beta)$ como el cociente entre el seno y el coseno, y desarrollamos las expresiones obtenidas:

$$\text{tg}\,(\alpha + \beta) = \frac{\text{sen}\,(\alpha + \beta)}{\cos\,(\alpha + \beta)} = \frac{\text{sen}\,\alpha \cdot \cos\beta + \cos\alpha \cdot \text{sen}\,\beta}{\cos\alpha \cdot \cos\beta - \text{sen}\,\alpha \cdot \text{sen}\,\beta}$$

Si ahora dividimos el numerador y el denominador entre $\cos\alpha \cdot \cos\beta$, y simplificamos, obtenemos la relación inicial:

$$\text{tg}\,(\alpha + \beta) = \frac{\dfrac{\text{sen}\,\alpha \cdot \cancel{\cos\beta}}{\cos\alpha \cdot \cancel{\cos\beta}} + \dfrac{\cancel{\cos\alpha} \cdot \text{sen}\,\beta}{\cancel{\cos\alpha} \cdot \cos\beta}}{\dfrac{\cancel{\cos\alpha} \cdot \cancel{\cos\beta}}{\cancel{\cos\alpha} \cdot \cancel{\cos\beta}} - \dfrac{\text{sen}\,\alpha \cdot \text{sen}\,\beta}{\cos\alpha \cdot \cos\beta}} = \frac{\text{tg}\,\alpha + \text{tg}\,\beta}{1 - \text{tg}\,\alpha \cdot \text{tg}\,\beta}$$

9 EJEMPLO

Calcula, sin utilizar la calculadora, las razones trigonométricas del ángulo de 75°.

Solución

COMPRENSIÓN: El ángulo de 75° es la suma de los ángulos de 30° y 45° de los que conocemos las razones trigonométricas.

RESOLUCIÓN: $\text{sen}\ 75° = \text{sen}\,(45° + 30°) = \text{sen}\ 45° \cdot \cos 30° + \cos 45° \cdot \text{sen}\ 30° = \frac{\sqrt{2}}{2} \cdot \frac{\sqrt{3}}{2} + \frac{\sqrt{2}}{2} \cdot \frac{1}{2} = \frac{\sqrt{6} + \sqrt{2}}{4}$

$$\cos 75° = \cos\,(45° + 30°) = \cos 45° \cdot \cos 30° - \text{sen}\ 45° \cdot \text{sen}\ 30° = \frac{\sqrt{2}}{2} \cdot \frac{\sqrt{3}}{2} - \frac{\sqrt{2}}{2} \cdot \frac{1}{2} = \frac{\sqrt{6} - \sqrt{2}}{4}$$

$$\text{tg}\ 75° = \text{tg}\,(45° + 30°) = \frac{\text{tg}\ 45° + \text{tg}\ 30°}{1 - \text{tg}\ 45° \cdot \text{tg}\ 30°} = \frac{1 + \frac{\sqrt{3}}{3}}{1 - 1 \cdot \frac{\sqrt{3}}{3}} = \frac{3 + \sqrt{3}}{3 - \sqrt{3}} = 2 + \sqrt{3}$$

4.2. Razones trigonométricas del ángulo diferencia

Veamos cómo deducir las razones trigonométricas del ángulo diferencia a partir de:

— Las razones trigonométricas del ángulo suma.

— Las relaciones entre las razones trigonométricas de los ángulos opuestos:

$$\operatorname{sen}\alpha = -\operatorname{sen}(-\alpha)$$

$$\cos\alpha = \cos(-\alpha)$$

$$\operatorname{tg}\alpha = -\operatorname{tg}(-\alpha)$$

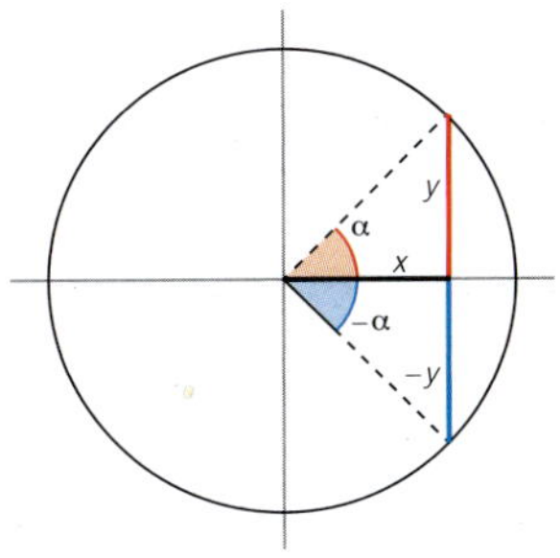

INTERNET

En el siguiente enlace, podrás calcular las razones trigonométricas de ángulos expresados en radianes y grados sexagesimales:

http://links.edebe.com/ixt2v9

$\operatorname{sen}(\alpha-\beta) = \operatorname{sen}\alpha\cdot\cos\beta - \cos\alpha\cdot\operatorname{sen}\beta$	$\cos(\alpha-\beta) = \cos\alpha\cdot\cos\beta + \operatorname{sen}\alpha\cdot\operatorname{sen}\beta$
Demostración: $\operatorname{sen}(\alpha-\beta) = \operatorname{sen}(\alpha+(-\beta)) =$ $= \operatorname{sen}\alpha\cdot\cos(-\beta) + \cos\alpha\cdot\operatorname{sen}(-\beta) =$ $= \operatorname{sen}\alpha\cdot\cos\beta + \cos\alpha\cdot -\operatorname{sen}\beta =$ $= \operatorname{sen}\alpha\cdot\cos\beta - \cos\alpha\cdot\operatorname{sen}\beta$	Demostración: $\cos(\alpha-\beta) = \cos(\alpha+(-\beta)) =$ $= \cos\alpha\cdot\cos(-\beta) - \operatorname{sen}\alpha\cdot\operatorname{sen}(-\beta) =$ $= \cos\alpha\cdot\cos\beta - \operatorname{sen}\alpha\cdot -\operatorname{sen}\beta =$ $= \cos\alpha\cdot\cos\beta + \operatorname{sen}\alpha\cdot\operatorname{sen}\beta$

$$\operatorname{tg}(\alpha-\beta) = \frac{\operatorname{tg}\alpha - \operatorname{tg}\beta}{1+\operatorname{tg}\alpha\cdot\operatorname{tg}\beta}$$

Demostración:

$$\operatorname{tg}(\alpha-\beta) = \operatorname{tg}(\alpha+(-\beta)) = \frac{\operatorname{tg}\alpha + \operatorname{tg}(-\beta)}{1-\operatorname{tg}\alpha\cdot\operatorname{tg}(-\beta)} = \frac{\operatorname{tg}\alpha + \operatorname{tg}(-\beta)}{1-\operatorname{tg}\alpha\cdot\operatorname{tg}(-\beta)} = \frac{\operatorname{tg}\alpha - \operatorname{tg}\beta}{1-\operatorname{tg}\alpha\cdot(-\operatorname{tg}\beta)} = \frac{\operatorname{tg}\alpha - \operatorname{tg}\beta}{1+\operatorname{tg}\alpha\cdot\operatorname{tg}\beta}$$

10 EJEMPLO

Calcula sin utilizar la calculadora:

a) $\operatorname{sen} 15^\circ$ **b)** $\cos 15^\circ$ **c)** $\operatorname{tg} 15^\circ$

Solución

COMPRENSIÓN: Expresaremos el ángulo de 15° como diferencia de los ángulos de 45° y 30° de los que conocemos el valor de sus razones trigonométricas.

RESOLUCIÓN:

a) $\operatorname{sen} 15^\circ = \operatorname{sen}(45^\circ - 30^\circ) = \operatorname{sen} 45^\circ\cdot\cos 30^\circ - \cos 45^\circ\cdot\operatorname{sen} 30^\circ = \frac{\sqrt{2}}{2}\cdot\frac{\sqrt{3}}{2} - \frac{\sqrt{2}}{2}\cdot\frac{1}{2} = \frac{\sqrt{6}-\sqrt{2}}{4}$

b) $\cos 15^\circ = \cos(45^\circ - 30^\circ) = \cos 45^\circ\cdot\cos 30^\circ + \operatorname{sen} 45^\circ\cdot\operatorname{sen} 30^\circ = \frac{\sqrt{2}}{2}\cdot\frac{\sqrt{3}}{2} + \frac{\sqrt{2}}{2}\cdot\frac{1}{2} = \frac{\sqrt{6}+\sqrt{2}}{4}$

c) $\operatorname{tg} 15^\circ = \operatorname{tg}(45^\circ - 30^\circ) = \frac{\operatorname{tg} 45^\circ - \operatorname{tg} 30^\circ}{1+\operatorname{tg} 45^\circ\cdot\operatorname{tg} 30^\circ} = \frac{1-\frac{\sqrt{3}}{3}}{1+1\cdot\frac{\sqrt{3}}{3}} = \frac{3-\sqrt{3}}{3+\sqrt{3}} = 2-\sqrt{3}$

COMPROBACIÓN: Con la calculadora podemos comprobar que los valores de las razones trigonométricas correspondientes al ángulo de 15° son los que hemos hallado.

4.3. Razón del ángulo doble y del ángulo mitad

Para deducir las razones trigonométricas del ángulo doble, descompondremos el ángulo doble como $2\alpha = \alpha + \alpha$ y aplicaremos las razones del ángulo suma:

RAZONES TRIGONOMÉTRICAS DEL ÁNGULO DOBLE		
$\text{sen } 2\alpha = 2 \text{ sen } \alpha \cos \alpha$	$\cos 2\alpha = \cos^2 \alpha - \text{sen}^2 \alpha$	$\text{tg } 2\alpha = \dfrac{2 \text{ tg } \alpha}{1 - \text{tg}^2 \alpha}$
Demostración: $\text{sen } 2\alpha = \text{sen } (\alpha + \alpha) =$ $= \text{sen } \alpha \cos \alpha + \cos \alpha \text{ sen } \alpha$ $= 2 \text{ sen } \alpha \cos \alpha$	Demostración: $\cos 2\alpha = \cos (\alpha + \alpha) =$ $= \cos \alpha \cos \alpha - \text{sen } \alpha \text{ sen } \alpha$ $= \cos^2 \alpha - \text{sen}^2 \alpha$	Demostración: $\text{tg } 2\alpha = \text{tg } (\alpha + \alpha) = \dfrac{\text{tg } \alpha + \text{tg } \alpha}{1 - \text{tg } \alpha \cdot \text{tg } \alpha} =$ $= \dfrac{2 \text{ tg } \alpha}{1 - \text{tg}^2 \alpha}$

Para deducir las razones trigonométricas del ángulo mitad, expresaremos el ángulo como $\alpha = 2 \cdot \dfrac{\alpha}{2}$ y aplicaremos las relaciones del ángulo doble y el teorema fundamental de la trigonometría:

Problemas resueltos
B, C

Ejercicios y problemas
36 a 39

$$\left.\begin{aligned} \cos \alpha &= \cos 2 \cdot \frac{\alpha}{2} = \cos^2\left(\frac{\alpha}{2}\right) - \text{sen}^2\left(\frac{\alpha}{2}\right) \\ 1 &= \text{sen}^2\left(\frac{\alpha}{2}\right) + \cos^2\left(\frac{\alpha}{2}\right) \end{aligned}\right\}$$

RAZONES TRIGONOMÉTRICAS DEL ÁNGULO MITAD		
$\text{sen}\left(\dfrac{\alpha}{2}\right) = \pm\sqrt{\dfrac{1 - \cos \alpha}{2}}$	$\cos\left(\dfrac{\alpha}{2}\right) = \pm\sqrt{\dfrac{1 + \cos \alpha}{2}}$	$\text{tg}\left(\dfrac{\alpha}{2}\right) = \pm\sqrt{\dfrac{1 - \cos \alpha}{1 + \cos \alpha}}$
Restando ambas igualdades: $1 - \cos \alpha = 2 \text{ sen}^2\left(\dfrac{\alpha}{2}\right)$ $\text{sen}\left(\dfrac{\alpha}{2}\right) = \pm\sqrt{\dfrac{1 - \cos \alpha}{2}}$	Sumando ambas igualdades: $1 + \cos \alpha = 2 \cos^2\left(\dfrac{\alpha}{2}\right)$ $\cos\left(\dfrac{\alpha}{2}\right) = \pm\sqrt{\dfrac{1 + \cos \alpha}{2}}$	Dividiendo las expresiones del seno y el coseno: $\text{tg}\left(\dfrac{\alpha}{2}\right) = \dfrac{\text{sen}\left(\dfrac{\alpha}{2}\right)}{\cos\left(\dfrac{\alpha}{2}\right)} = \dfrac{\pm\sqrt{\dfrac{1 - \cos \alpha}{2}}}{\pm\sqrt{\dfrac{1 + \cos \alpha}{2}}} = \pm\sqrt{\dfrac{1 - \cos \alpha}{1 + \cos \alpha}}$

11 EJEMPLO

Si sabemos que sen 20° = 0,342 y cos 20° = 0,940, calcula las razones trigonométricas de los ángulos de 40° y 10°.

Solución

COMPRENSIÓN: Expresaremos los ángulos de 40° y 10° como ángulos doble y mitad del ángulo de 20°.

RESOLUCIÓN:

$$\text{sen } 40° = \text{sen } (2 \cdot 20°) = 2 \cdot \text{sen } 20° \cdot \cos 20° = 0{,}643$$

$$\cos 40° = \cos (2 \cdot 20°) = \cos^2 20° - \text{sen}^2 20° = 0{,}766$$

$$\text{tg } 40° = \text{tg } (2 \cdot 20°) = \frac{2 \cdot \text{tg } 20°}{1 - \text{tg}^2 20°} = \frac{2 \cdot \dfrac{0{,}643}{0{,}766}}{1 - \left(\dfrac{0{,}643}{0{,}766}\right)^2} = 0{,}839$$

$$\text{sen } 10° = \text{sen}\left(\frac{20°}{2}\right) = \pm\sqrt{\frac{1 - \cos 20°}{2}} = \pm 0{,}173 \rightarrow +0{,}173$$

$$\cos 10° = \cos\left(\frac{20°}{2}\right) = \pm\sqrt{\frac{1 + \cos 20°}{2}} = \pm 0{,}985 \rightarrow +0{,}985$$

$$\text{tg } 10° = \text{tg}\left(\frac{20°}{2}\right) = \pm\sqrt{\frac{1 - \cos 20°}{1 + \cos 20°}} = \pm 0{,}176 \rightarrow +0{,}176$$

Al ser el ángulo de 10° del primer cuadrante, el seno, el coseno y la tangente serán positivos.

5. Transformación de sumas en productos

En ocasiones, nos puede interesar expresar una suma o una diferencia de senos y cosenos en forma de producto.

Vamos a estudiar, por ejemplo, cómo deducir la fórmula que expresa la suma de dos senos en forma de producto.

Consideramos las expresiones del seno de una suma de ángulos (sen $(\alpha + \beta)$) y la de la diferencia de ángulos (sen $(\alpha - \beta)$), y las sumamos:

$$\text{sen}(\alpha + \beta) = \text{sen}\,\alpha \cdot \cos\beta + \cos\alpha \cdot \text{sen}\,\beta$$
$$\text{sen}(\alpha - \beta) = \text{sen}\,\alpha \cdot \cos\beta - \cos\alpha \cdot \text{sen}\,\beta$$
$$\text{sen}(\alpha + \beta) + \text{sen}(\alpha - \beta) = 2\,\text{sen}\,\alpha \cdot \cos\beta$$

Si ahora realizamos el cambio de variables:

$$\left.\begin{array}{l} A = \alpha + \beta \\ B = \alpha - \beta \end{array}\right\} \Rightarrow \alpha = \frac{A+B}{2};\ \beta = \frac{A-B}{2}$$

y sustituimos estos valores en la expresión de la suma, obtendremos la transformación de sumas en productos para el seno:

$$\text{sen}\,A + \text{sen}\,B = 2\,\text{sen}\,\frac{A+B}{2} \cdot \cos\frac{A-B}{2}$$

Si procedemos de manera análoga, obtendríamos las fórmulas para una suma o una diferencia de senos y cosenos en forma de producto:

$$\text{sen}\,A - \text{sen}\,B = 2\cos\frac{A+B}{2} \cdot \text{sen}\frac{A-B}{2}$$

$$\cos A + \cos B = 2\cos\frac{A+B}{2} \cdot \cos\frac{A-B}{2}$$

$$\cos A - \cos B = -2 \cdot \text{sen}\frac{A+B}{2} \cdot \text{sen}\frac{A-B}{2}$$

FÍJATE

También es posible transformar productos de senos y cosenos en sumas:

$$\cos\alpha \cdot \cos\beta = \frac{1}{2} \cdot [\cos(\alpha+\beta) + \cos(\alpha-\beta)]$$

$$\cos\alpha \cdot \text{sen}\,\beta = \frac{1}{2} \cdot [\text{sen}(\alpha+\beta) - \text{sen}(\alpha-\beta)]$$

$$\text{sen}\,\alpha \cdot \cos\beta = \frac{1}{2} \cdot [\text{sen}(\alpha+\beta) + \text{sen}(\alpha-\beta)]$$

$$\text{sen}\,\alpha \cdot \text{sen}\,\beta = \frac{1}{2} \cdot [\cos(\alpha-\beta) - \cos(\alpha+\beta)]$$

12 EJEMPLO

Calcula el valor exacto de estas expresiones:

a) sen 75° + sen 15° **b) cos 75° + cos 15°**

Solución

COMPRENSIÓN: Transformaremos las sumas en productos, pues la semisuma y la semirrecta de ambos dan como resultado los ángulos de 45° y 30° de los que conocemos sus razones trigonométricas.

RESOLUCIÓN:

a) $\text{sen}\,75° + \text{sen}\,15° = 2 \cdot \text{sen}\frac{75° + 15°}{2} \cdot \cos\frac{75° - 15°}{2} =$

$= 2 \cdot \text{sen}\,45° \cdot \cos 0° = \cancel{2} \cdot \frac{\sqrt{2}}{\cancel{2}} \cdot \frac{\sqrt{3}}{2} = \frac{\sqrt{6}}{2}$

b) $\cos 75° + \cos 15° = 2 \cdot \cos\frac{75° + 15°}{2} \cdot \cos\frac{75° - 15°}{2} =$

$= 2 \cdot \cos 45° \cdot \cos 30° = \cancel{2} \cdot \frac{\sqrt{2}}{\cancel{2}} \cdot \frac{\sqrt{3}}{2} = \frac{\sqrt{6}}{2}$

COMPROBACIÓN: Con la calculadora podemos comprobar que los valores hallados son correctos.

INTERNET

En este enlace encontrarás un resumen de las identidades que hemos visto en esta página y algunos ejercicios para familiarizarte con ellas:

http://links.edebe.com/243e

Ejercicios y problemas **40 a 53**

6. Ecuaciones trigonométricas y sistemas
6.1. Resolución de ecuaciones trigonométricas
6.2. Sistemas de ecuaciones trigonométricas

6. Ecuaciones trigonométricas y sistemas

Observa la ecuación sen$x$ + cos $2x = 1$. La incógnita aparece en las razones trigonométricas.

Una **ecuación trigonométrica** es aquella en la que las incógnitas aparecen afectadas por razones trigonométricas.

Para resolver este tipo de ecuaciones, utilizaremos las identidades trigonométricas estudiadas hasta ahora.

RECUERDA

Los ángulos α y $180° - \alpha$ tienen el mismo seno. Los ángulos α y $360° - \alpha$ tienen el mismo coseno. Los ángulos α y $180° + \alpha$ tienen la misma tangente.

FÍJATE

Si no se especifica el cuadrante al que pertenece el ángulo que estamos buscando, deberemos dar todas las soluciones, teniendo en cuenta que si el ángulo x es solución, también lo serán los ángulos:

$$x = x + 360° \cdot k, \text{ donde } k \in \mathbb{Z}$$

Problemas resueltos
D

Ejercicios y problemas
54 a 57, 60 y 66

6.1. Resolución de ecuaciones trigonométricas

No hay un método general para resolver una ecuación trigonométrica; sin embargo, hay técnicas que pueden resultar de gran utilidad:

1. Si hay razones de distintos ángulos, x, $2x$, $x + \pi$..., intentaremos expresarlas en función del mismo ángulo, por ejemplo, x.
2. Si hay diferentes razones trigonométricas, sen x, cos x..., intentaremos expresarlas en función de una de ellas.
3. Resolveremos la ecuación obtenida considerando como incógnita la razón trigonométrica obtenida en el paso 2.
4. Hallaremos el ángulo x a partir de la razón trigonométrica inversa.

13 EJEMPLO

Resuelve la ecuación trigonométrica $1 - 2\cos x = 0$.

Solución

COMPRENSIÓN: Despejaremos la incógnita, teniendo en cuenta a qué ángulos les corresponde el mismo coseno.

RESOLUCIÓN:

$$1 - 2\cos x = 0 \Rightarrow \cos x = 0{,}5 \Rightarrow \arccos 0{,}5 = 30°$$

Los ángulos del primer y del cuarto cuadrante tienen el mismo coseno.

Por tanto, las soluciones son:

$$x_1 = 30° + 360° \cdot k;\; k \in \mathbb{Z}$$

$$x_2 = (360° - 30°) \cdot k = 330° \cdot k;\; k \in \mathbb{Z}$$

COMPROBACIÓN: Sustituimos los valores obtenidos en la ecuación original para comprobar que la igualdad se verifica.

14 EJEMPLO

Resuelve la ecuación trigonométrica $1 - \cos 2x - \text{sen}\, x = 0$.

Solución

COMPRENSIÓN: Transformaremos la ecuación para expresarla en forma de una única razón, utilizando la fórmula del ángulo doble y el teorema fundamental de la trigonometría.

RESOLUCIÓN: $1 - \cos^2 x + \text{sen}^2 x - \text{sen}\, x = 0 \Rightarrow$

$$\Rightarrow \text{sen}^2 x + \text{sen}^2 x - \text{sen}\, x = \text{sen}\, x\,(2\,\text{sen}\, x - 1) = 0$$

Las soluciones serán los ángulos que cumplan:

$\text{sen}\, x = 0 \Rightarrow$ $x_1 = 0° + 360° \cdot k;\; k \in \mathbb{Z}$

$x_2 = 180° \cdot k;\; k \in \mathbb{Z}$

$1 - 2\,\text{sen}\, x = 0 \Rightarrow$ $\text{sen}\, x = 0{,}5 \Rightarrow \text{arc sen}\, 0{,}5 = 60°$

$x_3 = 60° + 360° \cdot k;\; k \in \mathbb{Z}$

$x_4 = 300° + 360° \cdot k;\; k \in \mathbb{Z}$

6.2. Sistemas de ecuaciones trigonométricas

Los sistemas de ecuaciones trigonométricas son conjuntos de ecuaciones en los que al menos una de ellas es trigonométrica.

Para resolverlas, utilizaremos alguno de los métodos de resolución de sistemas de ecuaciones, así como las identidades trigonométricas.

15 EJEMPLO

Resuelve el siguiente sistema de ecuaciones en el intervalo [0, 360°]:

$$\left.\begin{array}{l}\operatorname{sen} x + \operatorname{sen} y = \dfrac{\sqrt{6}}{2} \\ x + y = 90^\circ\end{array}\right\}$$

Solución

COMPRENSIÓN: Aplicaremos el método de sustitución y las propiedades de los ángulos complementarios para expresar la primera ecuación en un mismo ángulo. A continuación, aplicaremos las transformaciones de las razones trigonométricas para llegar a una expresión en la que podamos despejar la incógnita.

RESOLUCIÓN: Aplicamos el método de sustitución:

$$x = 90^\circ - y \Rightarrow \operatorname{sen}(90^\circ - y) + \operatorname{sen} y = \frac{\sqrt{6}}{2}$$

Puesto que sen (90° − y) = cos y $\Rightarrow$ $\cos y + \operatorname{sen} y = \dfrac{\sqrt{6}}{2}$

Elevamos al cuadrado para obtener la suma de $\operatorname{sen}^2 y$ y $\cos^2 y$, y poder aplicar el teorema fundamental de la trigonometría:

$$(\cos y + \operatorname{sen} y)^2 = \left(\frac{\sqrt{6}}{2}\right)^2 \Rightarrow \cos^2 y + 2\cos y \cdot \operatorname{sen} y + \operatorname{sen}^2 y = \frac{6}{4}$$

$$1 + 2\cos y \cdot \operatorname{sen} y = \frac{6}{4} \Rightarrow 2\cos y \cdot \operatorname{sen} y = \frac{1}{2}$$

Esta expresión está relacionada con la del ángulo doble $2\cos y \cdot \operatorname{sen} y = \operatorname{sen} 2y$:

$$\operatorname{sen}(2y) = \frac{1}{2} \Rightarrow 2y = \operatorname{arc\,sen}\frac{1}{2} \Rightarrow$$

$$\Rightarrow \left\{\begin{array}{l} 2y = 30^\circ + 360^\circ \cdot k;\ \ k \in \mathbb{Z} \to y = 15^\circ + 180^\circ \cdot k;\ \ k \in \mathbb{Z} \\ 2y = 150^\circ + 360^\circ \cdot k;\ \ k \in \mathbb{Z} \to y = 75^\circ + 180^\circ \cdot k;\ \ k \in \mathbb{Z}\end{array}\right.$$

En el intervalo (0, 360°), los resultados para y son $y_1 = 15°$; $y_2 = 195°$; $y_3 = 75°$; $y_4 = 255°$.

El ángulo x, por lo tanto, será:

$y_1 = 15°$, $x_1 = 90° - 15° = 75°$

$y_2 = 195°$, $x_2 = 90° - 195° = -105° = 255°$

$y_3 = 75°$, $x_3 = 90° - 75° = 15°$

$y_4 = 255°$, $x_4 = 90° - 255° = -165° = 195°$

En este caso, los únicos resultados válidos serán $y_1 = 15°$, $x_1 = 75°$ e $y_3 = 75°$, $x_3 = 15°$, pues los otros se han originado al elevar la expresión al cuadrado.

COMPROBACIÓN: Si sustituimos en el sistema de ecuaciones los valores $x_1 = 75°$, $y_1 = 15°$ y los valores $x_3 = 15°$, $y_3 = 75°$, vemos que se verifica el sistema.

INTERNET

Hiparco de Nicea (190 a. C.-120 a. C.)

Se considera el inventor de la trigonometría. En la siguiente web podrás conocer más datos sobre su biografía:

http://links.edebe.com/89u

RECUERDA

Si elevamos una ecuación al cuadrado, estamos introduciendo soluciones nuevas que debemos comprobar.

Ejercicios y problemas
7, 58, 59, 61 a 65 y 67

Síntesis
68 a 74

A RAZONES TRIGONOMÉTRICAS DE UN ÁNGULO CUALQUIERA

Si $\cos\alpha = \frac{\sqrt{3}}{2}$ y $\alpha \in 4.°$ cuadrante, halla las demás razones trigonométricas.

Solución

COMPRENSIÓN: Para hallar sen α, aplicaremos el teorema fundamental de la trigonometría, y para hallar la tangente, aplicaremos el cociente entre seno y coseno, teniendo en cuenta que al ser α un ángulo del cuarto cuadrante, los valores del seno y la tangente serán negativos.

DATOS: $\cos\alpha = \frac{\sqrt{3}}{2}$, $\alpha \in 4.°$ cuadrante.

RESOLUCIÓN: Teorema fundamental de la trigonometría:

$$\text{sen}^2\,\alpha + \cos^2\alpha = 1 \Rightarrow \text{sen}^2\,\alpha + \left(\frac{\sqrt{3}}{2}\right)^2 = 1 \Rightarrow \text{sen}\,\alpha = -\sqrt{1-\frac{3}{4}} = -\frac{1}{2}$$

Calculamos el resto de razones trigonométricas:

$$\text{tg}\,\alpha = \frac{\text{sen}\,\alpha}{\cos\alpha} = \frac{-\frac{1}{2}}{\frac{\sqrt{3}}{2}} = -\frac{1}{\sqrt{3}} = -\frac{\sqrt{3}}{3} \Rightarrow \text{cotg}\,\alpha = \frac{1}{\text{tg}\,\alpha} = -\sqrt{3}$$

$$\sec\alpha = \frac{1}{\cos\alpha} = \frac{1}{\frac{\sqrt{3}}{2}} = \frac{2}{\sqrt{3}} = \frac{2\sqrt{3}}{3} \Rightarrow \text{cosec}\,\alpha = \frac{1}{\text{sen}\,\alpha} = \frac{1}{-\frac{1}{2}} = -2$$

1. ★☆☆ Calcula las razones trigonométricas de un ángulo de 60° a partir de las del ángulo de 30°.

Sol.: $\text{sen}\,C = \frac{\sqrt{3}}{2}$, $\cos C = \frac{1}{2}$, $\text{tg}\,C = \sqrt{3}$

2. ★★☆ Si $\cos\alpha = 1/4$ y α es un ángulo del cuarto cuadrante, calcula las demás razones trigonométricas del ángulo.

Sol.: $\text{sen}\,\alpha = -\frac{\sqrt{15}}{4}$, $\text{tg}\,\alpha = -\sqrt{15}$, $\text{cosec}\,\alpha = -\frac{4\sqrt{15}}{15}$, $\sec\alpha = 4$, $\text{cotg}\,\alpha = -\frac{\sqrt{15}}{15}$

B RAZONES TRIGONOMÉTRICAS DE OPERACIONES CON ÁNGULOS

Expresa sen 3α en función de sen α y cos α.

Solución

COMPRENSIÓN: Expresaremos 3α como suma de los ángulos α y 2α, y aplicaremos la fórmula del seno de la suma de dos ángulos, y la fórmula del seno y coseno del ángulo doble.

RESOLUCIÓN:

$$\text{sen}\,3\alpha = \text{sen}\,(\alpha + 2\alpha) = \text{sen}\,\alpha\cos 2\alpha + \cos\alpha\,\text{sen}\,2\alpha = \text{sen}\,\alpha\,(\cos^2\alpha - \text{sen}^2\,\alpha) + \cos\alpha \cdot 2\text{sen}\,\alpha \cdot \cos\alpha =$$
$$= \text{sen}\,\alpha \cdot \cos^2\alpha - \text{sen}^3\,\alpha + 2\,\text{sen}\,\alpha \cdot \cos^2\alpha = 3\,\text{sen}\,\alpha \cdot \cos^2\alpha - \text{sen}^3\,\alpha$$

Por lo tanto, $\text{sen}\,3\alpha = 3\,\text{sen}\,\alpha \cdot \cos^2\alpha - \text{sen}^3\,\alpha$.

COMPROBACIÓN: Podemos comprobar que el resultado es correcto con un caso particular, por ejemplo, para $\alpha = 30°$.

3. ★☆☆ Expresa cos 3α en función de sen α y cos α.

Sol.: $\cos 3\alpha = \cos^3\alpha - 3\,\text{sen}^2\,\alpha \cdot \cos\alpha$

4. ★★☆ Si $\cos\alpha = -0{,}6$ y $90° < \alpha < 180°$, calcula sen 3α, cos 3α y tg 3α.

Sol.: $\text{sen}\,3\alpha = 0{,}35$; $\cos 3\alpha = 0{,}94$; $\text{tg}\,3\alpha = 0{,}37$

C RAZONES TRIGONOMÉTRICAS DE OPERACIONES CON ÁNGULOS

Demuestra la siguiente igualdad: $tg^2\, x - sen^2\, x = tg^2\, x \cdot sen^2\, x$.

Solución

COMPRENSIÓN: Transformaremos el primer miembro de la ecuación utilizando las propiedades trigonométricas hasta obtener el segundo miembro.

RESOLUCIÓN:

$$tg^2\, x = \frac{sen^2\, x}{\cos^2 x} \longrightarrow tg^2\, x - sen^2\, x = \frac{sen^2\, x}{\cos^2 x} - sen^2\, x = \frac{sen^2\, x - sen^2\, x \cdot \cos^2 x}{\cos^2 x} = \frac{sen^2\, x\,(1 - \cos^2 x)}{\cos^2 x}$$

Transformamos la expresión utilizando el teorema fundamental de la trigonometría, $sen^2\, x = 1 - \cos^2 x$:

$$\frac{sen^2\, x\,(1 - \cos^2 x)}{\cos^2 x} = \frac{sen^2\, x \cdot sen^2\, x}{\cos^2 x} = \left(\frac{sen\, x}{\cos x}\right)^2 \cdot sen^2\, x = tg^2\, x \cdot sen^2\, x$$

COMPROBACIÓN: Podemos comprobar que el resultado es correcto sustituyendo x por un ángulo cualquiera.

5. ★★☆ Comprueba las siguientes igualdades:

a) $sen\, x \cdot (cosec\, x - sen\, x) = \cos^2 x$; b) $\dfrac{\cos x}{1 - sen\, x} - tg\, x = sec\, x$; c) $\dfrac{1}{sec^2\, \alpha} = sen^2\, \alpha \cos^2 \alpha + \cos^4 \alpha$; d) $\dfrac{sen\, \alpha}{cosec\, \alpha} + \dfrac{\cos \alpha}{sec\, \alpha} = 1$

D ECUACIONES TRIGONOMÉTRICAS Y SISTEMAS

Halla las soluciones de la ecuación trigonométrica $2\, sen\, x \cdot \cos^2 x = 6\, sen^3\, x$ que estén en el intervalo [0, 360°].

Solución

COMPRENSIÓN: Para resolver esta ecuación, aplicaremos las propiedades de las razones trigonométricas.

RESOLUCIÓN: Intenta resolver el problema tú solo. Para ello, oculta la respuesta y sigue estos pasos:

Pasos

1. Transforma $\cos^2 x$ de modo que la expresión quede en función de una única razón trigonométrica.
2. Desarrolla la ecuación de modo que sen x sea la incógnita.
3. Halla los valores de x que verifiquen la ecuación teniendo en cuenta que el ángulo debe pertenecer al intervalo [0, 360°].

Respuesta

1. $\cos^2 x = 1 - sen^2\, x$, por lo tanto:

$$2\, sen\, x \cdot (1 - sen^2\, x) = 6\, sen^3\, x$$

2. Operamos y obtenemos una ecuación donde se identifica el sen x como la incógnita: $sen\, x \cdot (4\, sen^2\, x - 1) = 0$.
3. Teniendo en cuenta que las soluciones deben pertenecer al intervalo [0, 360°]:

$$sen\, x = 0 \Longrightarrow \quad x_1 = 0° \quad x_2 = 180° \cdot k;\ k \in \mathbb{Z}$$

$$4\, sen^2\, x - 1 = 0 \Longrightarrow sen\, x = \pm\, 0{,}5$$

si $sen\, x = 0{,}5 \Longrightarrow x_3 = 30°$, $x_4 = 150°$ Si $sen\, x = -0{,}5 \Longrightarrow x_5 = 210°$, $x_6 = 330°$

COMPROBACIÓN: Sustituye en la ecuación los valores hallados para comprobar que cumplen la igualdad.

6. ★★★ Resuelve la ecuación trigonométrica:

$$sen\, x + \sqrt{3}\cos x = 2$$

Sol.: $x = 30° + 360° \cdot k$

7. ★★★ Resuelve el siguiente sistema de ecuaciones trigonométricas:

$$\left.\begin{aligned} sen\, x \cdot \cos y &= \frac{3}{4} \\ \cos x \cdot sen\, y &= \frac{1}{4} \end{aligned}\right\}$$

EJERCICIOS y PROBLEMAS

1 ÁNGULOS Y MEDIDAS

8. ★☆☆ Expresa en radianes los siguientes ángulos expresados en grados sexagesimales:

a) 315° c) 2 210°

b) 300° d) 1 650°

Sol.: a) 5,5 rad; b) 5,24 rad; c) 38,57 rad; d) 28,80 rad

9. ★☆☆ Expresa en grados sexagesimales los siguientes ángulos expresados en radianes:

a) $\frac{\pi}{6}$ rad c) $\frac{17\pi}{18}$ rad

b) $\frac{9\pi}{5}$ rad d) $\frac{215\pi}{4}$ rad

Sol.: a) 30°; b) 324°; c) 170°; d) 9 675°

10. ★☆☆ Completa esta tabla:

GRADOS SEXAGESIMALES	134°		350°	
RADIANES		4,3π rad		0,5 rad

11. ★☆☆ Reduce al primer giro los siguientes ángulos expresados en grados y radianes:

a) 529° c) $\frac{55\pi}{6}$ rad

b) 2 952° d) $\frac{217\pi}{4}$ rad

Sol.: a) 169°; b) 72°; c) $\frac{7\pi}{6}$ rad; d) $\frac{\pi}{4}$ rad

12. ★☆☆ ¿Cuántos grados son $\frac{7\pi}{5}$ radianes? ¿Cuántos radianes son 160°?

Sol.: 252°, $\frac{8\pi}{9}$ rad

13. ★☆☆ Expresa los siguientes ángulos en forma incompleja utilizando los grados sexagesimales:

a) $\alpha = 25°\ 9'\ 53''$ b) $\beta = 46°\ 31'\ 18''$

Sol.: $\alpha = 25{,}1647\widehat{2}°$, $\beta = 46{,}512\widehat{6}°$

14. ★☆☆ Expresa en forma compleja estos ángulos:

a) $\alpha = 15{,}7225°$ b) $\beta = 36{,}5736°$

Sol.: $\alpha = 15°\ 43'\ 21''$, $\beta = 36°\ 34'\ 24{,}96''$

15. ★★☆ Dados los ángulos $\alpha = 20°\ 12'\ 30''$ y $\beta = 10°\ 20'\ 15''$:

a) Expresa en forma compleja el resultado de la operación $2\alpha + \beta$.

b) Expresa el resultado del apartado anterior en forma incompleja de segundos.

Sol.: $\alpha = 50°\ 45'\ 15'' = 182715''$

2 RAZONES TRIGONOMÉTRICAS DE UN ÁNGULO AGUDO

16. ★☆☆ Utiliza la calculadora y halla el valor del ángulo α:

a) sen α = 0,608 c) tg α = 2,365

b) cos α = 0,978 d) sen α = 0,123

Sol.: a) 37,445°; b) 12,041°; c) 67,080°; d) 7,065°

17. ★☆☆ En un triángulo rectángulo, ¿cuánto mide α si la hipotenusa mide 2,5 m y el cateto opuesto, 1 m?

Sol.: α = 23,578°

18. ★☆☆ Si sabemos que sen 45° = $\frac{\sqrt{2}}{2}$, ¿cuál es el valor de cosec 45°?

Sol.: $\sqrt{2}$

19. ★☆☆ Calcula el valor de la hipotenusa de este triángulo:

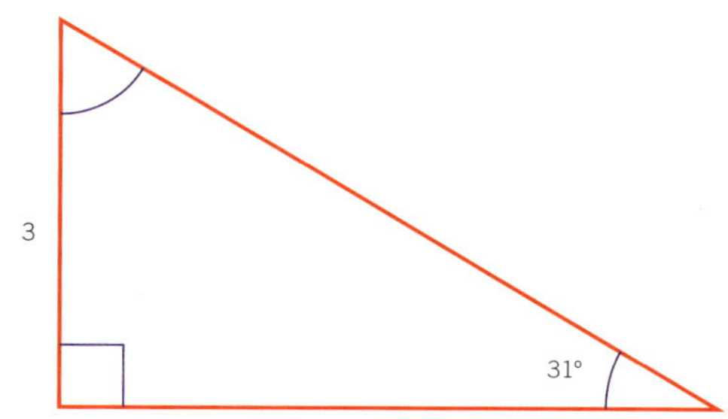

Sol.: 5,82

20. ★☆☆ Dibuja un ángulo agudo α sabiendo que tg α = $\frac{3}{2}$.

21. ★☆☆ Escribe las razones trigonométricas de este ángulo α.

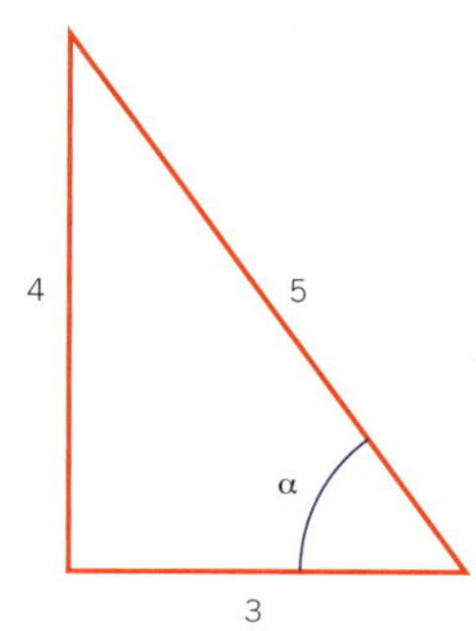

Sol.: sen α = $\frac{4}{5}$, cos α = $\frac{3}{5}$, tg α = $\frac{4}{3}$,
cosec α = $\frac{5}{4}$, sec α = $\frac{5}{3}$, cotg α = $\frac{3}{4}$

22. ★★★ Calcula las razones trigonométricas del ángulo de 60° a partir de las razones trigonométricas del ángulo 30°. Utiliza las propiedades de los ángulos complementarios.

23. ★★★ Sabemos que α es un ángulo del primer cuadrante y que $\cos\alpha = 0{,}6588$. Utiliza esta información para calcular el valor del ángulo y las demás razones trigonométricas.

Sol.: $\alpha = 48{,}79°$, $\text{sen}\,\alpha = 0{,}7523$, $\text{tg}\,\alpha = 1{,}1419$

3 RAZONES TRIGONOMÉTRICAS DE UN ÁNGULO CUALQUIERA

24. ★☆☆ Si sen 23° = 0,39, calcula sin usar la calculadora:

a) cos 67°   b) tg 67°

Sol.: a) 0,39; b) 2,38

25. ★☆☆ Escribe las razones trigonométricas de $\frac{\pi}{2}+\alpha$ en función de las del ángulo α.

26. ★☆☆ Calcula las razones trigonométricas de 75° y 15° a partir de las razones de 30°, 60° y 45°. Comprueba los resultados calculando las razones trigonométricas de 90° a partir de los ángulos de 15° y 75°.

27. ★☆☆ Si $\text{tg}\,\alpha = \frac{1}{3}$ y α está en el primer cuadrante, calcula:

a) $\text{tg}\,(180 - \alpha)$

b) $\text{tg}\,(180 + \alpha)$

c) $\text{tg}\,(360 - \alpha)$

Sol.: a) $-\frac{1}{3}$, b) $\frac{1}{3}$, c) $-\frac{1}{3}$

28. ★☆☆ Si α pertenece al tercer cuadrante y $\text{sen}\,\alpha = -\frac{1}{2}$, determina las siguientes razones trigonométricas: @

a) $\text{sen}\,(180° - \alpha)$ d) $\cos\,(180° - \alpha)$

b) $\text{sen}\,(180° + \alpha)$ e) $\text{tg}\,(180° + \alpha)$

c) $\cos\,(180° + \alpha)$ f) $\text{tg}\,(180° - \alpha)$

— Comprueba los resultados con la calculadora que encontrarás en el siguiente enlace: http://web2.0calc.es/.

Sol.: a) $-\frac{1}{2}$; b) $\frac{1}{2}$; c) $\frac{\sqrt{3}}{2}$; d) $\frac{\sqrt{3}}{2}$; e) $\frac{\sqrt{3}}{3}$; f) $-\frac{\sqrt{3}}{3}$

29. ★☆☆ Halla el ángulo comprendido entre 0 y 2π tal que sus razones trigonométricas coincidan con las de $\frac{11\pi}{4}$. Expresa el resultado en radianes.

Sol.: $\frac{3\pi}{4}$

30. ★☆☆ Expresa las razones trigonométricas de los siguientes ángulos en función de las de un ángulo del primer cuadrante y calcula su valor:

a) sen 960°   b) $\cos\left(\frac{41\pi}{6}\right)$ c) $\text{tg}\left(\frac{-9\pi}{2}\right)$

Sol.: a) $\frac{-\sqrt{3}}{2}$; b) $\frac{-\sqrt{3}}{2}$; c) No existe.

31. ★☆☆ Si α es un ángulo del tercer cuadrante, indica a qué cuadrante pertenece cada uno de estos ángulos:

a) $180° - \alpha$ c) $360° - \alpha$

b) $180° + \alpha$ d) $-\alpha$

Sol.: a) 4°; b) 1°; c) 2°; d) 2°

32. ★★☆ Utiliza la circunferencia goniométrica para hallar, de manera aproximada, las razones trigonométricas de estos ángulos:

a) 50°   c) 230°

b) 120°   d) 300°

33. ★★☆ Si $\text{sen}\,\alpha = -\frac{1}{3}$ y α está en el tercer cuadrante, calcula el valor del coseno y de la tangente.

Sol.: $\cos\alpha = -\frac{\sqrt{8}}{3}$, $\text{tg}\,\alpha = \frac{\sqrt{8}}{8}$

34. ★★☆ Si $\cos\alpha = \frac{\sqrt{3}}{2}$ y α está en el cuarto cuadrante, calcula el valor del seno y de la tangente.

Sol.: $\text{sen}\,\alpha = -\frac{1}{2}$, $\text{tg}\,\alpha = -\frac{\sqrt{3}}{3}$

35. ★★☆ Calcula las razones trigonométricas de los siguientes ángulos:

a) 225°   b) 675°   c) −840°

Sol.: a) sen 225° = −0,707, cos 225° = −0,707, tg 225° = 1;
b) sen 675° = −0,707, cos 675° = 0,707, tg 675° = −1;
c) sen (−840°) = −0,866, cos (−840°) = −0,5, tg (−840°) = 1,732

4 RAZONES TRIGONOMÉTRICAS DE OPERACIONES CON ÁNGULOS

36. ★☆☆ Escribe las razones trigonométricas de los ángulos de 20° y de 80° en función de las de 40°, y calcula una aproximación de cada una de ellas si se sabe que sen 40° = 0,6428.

Sol.: sen 20° = 0,3420, cos 20° = 0,9397, tg 20° = 0,3640, sen 80° = 0,9848, cos 80° = 0,1736, tg 80° = 5,6713

37. ★★☆ A partir de la siguiente tabla:

	0°	30°	45°	60°	90°
sen *x*	0	$\frac{1}{2}$	$\frac{\sqrt{2}}{2}$	$\frac{\sqrt{3}}{2}$	1
cos *x*	1	$\frac{\sqrt{3}}{2}$	$\frac{\sqrt{2}}{2}$	$\frac{1}{2}$	0
tg *x*	0	$\frac{\sqrt{3}}{3}$	1	$\sqrt{3}$	∞

Calcula todas las razones trigonométricas de:

a) 135°   c) 225°   e) 315°

b) 210°   d) 330°

38. ★★☆ Utiliza la suma de ángulos cuyas razones trigonométricas conozcas para calcular cos 75°.

Sol.: $\cos 75° = \frac{\sqrt{3}-1}{2\sqrt{2}}$

39. ★★★ Si $\cos\alpha = \frac{2}{3}$ y α pertenece al primer cuadrante, y $\text{tg}\,\beta = -2{,}3$ y β pertenece al segundo cuadrante, halla las razones trigonométricas:

a) $\cos(\alpha+\beta)$ b) $\text{tg}(\alpha+\beta)$

Sol.: a) –0,949; b) –0,331

5 TRANSFORMACIÓN DE SUMAS EN PRODUCTOS

40. ★★☆Demuestra que $\frac{\text{sen}(\alpha+\beta)}{\text{sen}(\alpha-\beta)} = \frac{\text{tg}\,\alpha+\text{tg}\,\beta}{\text{tg}\,\alpha-\text{tg}\,\beta}$.

41. ★★☆ Demuestra que:

$$\cos\alpha\cdot\cos(\alpha-\beta)+\text{sen}\,\alpha\cdot\text{sen}(\alpha-\beta)=\cos\beta$$

42. ★★☆ Demuestra que $\frac{\cos(x-y)}{\cos(x+y)} = \frac{1+\text{tg}\,x\,\text{tg}\,y}{1-\text{tg}\,x\,\text{tg}\,y}$.

43. ★★☆ Demuestra la siguiente igualdad:

$$\frac{2\,\text{sen}\,\alpha+3}{2\,\text{tg}\,\alpha+3\sec\alpha}=\cos\alpha$$

44. ★★☆ Demuestra que:

a) $\frac{\cos\alpha}{1-\text{sen}\,\alpha}+\frac{1+\text{sen}\,\alpha}{\cos\alpha}=\frac{1+\cos 2\alpha}{\cos\alpha-\frac{1}{2}\text{sen}\,2\alpha}$

b) $\text{sen}(\alpha+\beta)\,\text{sen}(\alpha-\beta)=\text{sen}^2\alpha-\text{sen}^2\beta$

c) $2\left(\cos^2\frac{\alpha}{2}-\frac{1}{2}\cos\alpha\right)=1$

d) $\frac{2\,\text{sen}\,\alpha}{\text{tg}\,2\alpha}+\frac{\text{sen}^2\alpha}{\cos\alpha}=\cos\alpha$

45. ★★☆ Simplifica estas expresiones dando el resultado en función del seno y del coseno:

a) $\frac{\cos 2x}{\text{sen}\,x+\cos x}$ b) $(\cos^3 x-\cos 3x)\,\text{tg}\,x$

Sol.: a) $\cos x - \text{sen}\,x$; b) $3\,\text{sen}^3 x$

46. ★★☆ Comprueba que las siguientes igualdades son correctas:

a) $\text{tg}^2\alpha=\frac{\text{sen}^2\alpha}{1-\text{sen}^2\alpha}$

b) $\text{cosec}^4\alpha-1=2\,\text{cotg}^2\alpha+\text{cotg}^4\alpha$

c) $(\text{sen}\,\alpha+\cos\alpha)^2=1+2\frac{\text{sen}\,\alpha}{\sec\alpha}$

47. ★★★ Simplifica:

$$\frac{\cos^4\alpha-\text{sen}^4\alpha}{1-\text{tg}^4\alpha}$$

48. ★★★ Reduce la siguiente fórmula:

$$\left(\sqrt{\frac{1+\text{sen}\,\alpha}{1-\text{sen}\,\alpha}}-\sqrt{\frac{1-\text{sen}\,\alpha}{1+\text{sen}\,\alpha}}\right)\cdot\left(\sqrt{\frac{1+\cos\alpha}{1-\cos\alpha}}-\sqrt{\frac{1-\cos\alpha}{1+\cos\alpha}}\right)$$

donde $\alpha\in\left(\pi,\frac{3\pi}{2}\right)$.

49. ★★★ Simplifica esta expresión:

$$\frac{\text{sen}^2\alpha(1+\text{cotg}^2\alpha)+\cos^2\alpha(1+\text{tg}^2\alpha)}{\cos^2\alpha(\sec^2\alpha-\text{tg}^2\alpha)+\text{sen}^2\alpha(\text{cosec}^2\alpha-\text{cotg}^2\alpha)}$$

Sol.: 2

50. ★★★ Demuestra las siguientes identidades trigonométricas:

a) $\frac{\text{sen}\,x+\cos x}{\text{sen}\,x}=1+\frac{1}{\text{tg}\,x}$

b) $\frac{\sec x}{\text{tg}\,x+\text{cotg}\,x}=\text{sen}\,x$

c) $\frac{\text{sen}\,x+\text{tg}\,x}{1+\sec x}=\text{sen}\,x$

51. ★★★ Calcula, sin usar la calculadora, los valores de estas expresiones:

a) $\cos^2 135-\frac{1}{2}\text{tg}\,225°\cdot\text{sen}^2 300°-\text{cotg}\,315°$

b) $\text{sen}\,45°-\text{tg}^2 30°\cdot\text{cotg}\,240°\cdot\sec 150°$

Sol.: a) $\frac{9}{8}$; b) $\frac{9\sqrt{2}+4}{18}$

52. ★★★ Demuestra estas identidades trigonométricas:

a) $\cos(x+y)\cos(x-y)=\cos^2 x-\text{sen}^2 y$

b) $\text{sen}^2\left(\frac{x+y}{2}\right)-\text{sen}^2\left(\frac{x-y}{2}\right)=\text{sen}\,x\,\text{sen}\,y$

c) $\cos^2\left(\frac{x-y}{2}\right)-\cos^2\left(\frac{x+y}{2}\right)=\text{sen}\,x\,\text{sen}\,y$

53. ★★★ Calcula las razones trigonométricas del ángulo $\alpha+\beta$ si se sabe que:

— $\text{sen}\,\alpha=\frac{1}{4}$ y α pertenece al primer cuadrante.

— $\cos\beta=-\frac{1}{3}$ y β pertenece al tercer cuadrante.

Sol.: $\text{sen}(\alpha+\beta)=\frac{-1+\sqrt{120}}{12}$, $\cos(\alpha+\beta)=\frac{-\sqrt{15}+\sqrt{8}}{12}$,

$\text{tg}(\alpha+\beta)=\frac{-\sqrt{15}-2\sqrt{2}+2\sqrt{30}\sqrt{15}+4\sqrt{30}\sqrt{2}}{-7}$

6 ECUACIONES TRIGONOMÉTRICAS Y SISTEMAS

54. ★☆☆ Resuelve estas ecuaciones si $0 < x < 360°$:

a) $\text{sen } x = \frac{\sqrt{3}}{2}$

b) $\cos x = \frac{1}{\sqrt{2}}$

c) $\text{tg } x = \frac{1}{\sqrt{3}}$

d) $\cos(x + 45°) = \frac{1}{2}$

e) $\cos x \cdot \text{cotg } x = \frac{3}{2}$

f) $\text{sen } x + \cos x = \sqrt{2}$

g) $\frac{1}{2} \cdot \cos x - \frac{\sqrt{3}}{2} \cdot \text{sen } x = 0$

Sol.: a) $x_1 = 60°, x_2 = 120°$; b) $x_1 = 45°, x_2 = 315°$; c) $x_1 = 30°, x_2 = 210°$; d) $x_1 = 15°, x_2 = 255°$; e) $x_1 = 30°, x_2 = 150°$; f) $x_1 = 45°$; g) $x_1 = 30°, x_2 = 210°$

55. ★☆☆ Resuelve la ecuación $\text{sen } 3x = 0$.

Sol.: $x = 60° \cdot k$

56. ★★☆ Resuelve las siguientes ecuaciones en el intervalo $[0, 360°]$:

a) $\text{sen }(2x) \cdot \cos x = 6 \cdot \text{sen } 3x$

b) $\text{sen }(3x) \cdot \cos (2x) = 1 + \text{sen }(2x) \cdot \cos (3x)$

c) $\cos x = \text{sen } 2x$

d) $(\text{tg } x - 1) \cdot (4 \cdot \text{sen}^2 x - 3) = 0$

e) $\text{sen } x \cdot \cos^2 x - \frac{1}{2}\text{sen } x + \frac{1}{2}\cos^2 x = \frac{1}{4}$

Sol.: a) $x_1 = 0°, x_2 = 30°, x_3 = 150°, x_4 = 210°, x_5 = 330°, x_6 = 180°$;
b) $x = 90°$;
c) $x_1 = 90°, x_2 = 270°, x_3 = 30°, x_4 = 150°$;
d) $x_1 = 45°, x_2 = 60°, x_3 = 120°, x_4 = 225°, x_5 = 240°, x_6 = 300°$;
e) $x_1 = 45°, x_2 = 135°, x_3 = 210°, x_4 = 225°, x_5 = 315°, x_6 = 330°$

57. ★★☆ Resuelve las siguientes ecuaciones expresando el resultado en radianes:

a) $4 \text{sen } x \cdot \cos x = \sqrt{3}$

b) $\frac{2}{\text{sen } x} = \frac{3}{\cos^2 x}$

c) $2 \cos x + 3 \text{ tg } x = 0$

Sol.: a) $x_1 = \frac{\pi}{6} + \pi k,\ x_2 = \frac{\pi}{3} + \pi \cdot k, k \in \mathbb{Z}$

b) $x_1 = \frac{\pi}{6} + 2\pi \cdot k, x_2 = \frac{5\pi}{6} + 2\pi \cdot k, k \in \mathbb{Z}$;

c) $x_1 = \frac{-\pi}{6} + 2\pi \cdot k, x_2 = \frac{7\pi}{6} + 2\pi \cdot k, k \in \mathbb{Z}$

58. ★★☆ Resuelve los siguientes sistemas de ecuaciones en el intervalo $[0, 360°]$:

a) $\left.\begin{array}{l} \text{sen } x + \cos y = 1 \\ 2x + 2y = 180° \end{array}\right\}$

b) $\left.\begin{array}{l} \cos x + \cos y = \sqrt{2} \\ x + y = 90° \end{array}\right\}$

c) $\left.\begin{array}{l} x + \text{sen}^2 y = 2 \\ x + \cos^2 y = 1 \end{array}\right\}$

Sol.: a) $x_1 = 30°, y_1 = 60°; x_2 = 150°, y_2 = -60°$;
b) $x_1 = 45°$;
c) $x = 1, y_1 = 90°, y_2 = 270°$

59. ★★☆ Resuelve el siguiente sistema expresando los ángulos en unidades del Sistema Internacional:

$$\left.\begin{array}{l} 4y \cdot \text{sen } x \cos x = 3 \\ 2y \cdot \cos 2x = \sqrt{3} \end{array}\right\}$$

Sol.: $x_1 = \frac{2\pi}{3} + \pi \cdot k, y_1 = -\sqrt{3}$;
$x_2 = \frac{7\pi}{6} + \pi \cdot k, y_2 = \sqrt{3}$

60. ★★☆ Resuelve la ecuación $2 \text{ sen}^2 x - \text{sen } x = 1$.

Sol.: $x_1 = 90°, x_2 = 210°, x_3 = 330°$

61. ★★★ Halla las soluciones entre 0 y 360° de las siguientes ecuaciones:

a) $\text{sen}(45° + x) - \sqrt{2} \text{ sen } x = 0$

b) $\text{sen}(30° - x) - \text{sen}(60° - x) = 0$

Sol.: $x_1 = 45°, x_2 = 225°$; b) $x_1 = 135°, x_2 = 315°$

62. ★★★ Resuelve los siguientes sistemas en los que los ángulos están expresados en unidades del Sistema Internacional:

a) $\left.\begin{array}{l} \cos x + \cos y = 1 \\ \cos(x + y) = 1 \end{array}\right\}$

b) $\left.\begin{array}{l} x + y = \frac{\pi}{2} \\ \text{sen } x + \text{sen } y = \frac{\sqrt{6}}{2} \end{array}\right\}$

Sol.: a) $x_1 = \frac{5\pi}{3} + 2\pi \cdot k, y_1 = \frac{\pi}{3} + 2\pi \cdot k$;
$x_2 = \frac{\pi}{3} + 2\pi \cdot k, y_2 = \frac{5\pi}{3} + 2\pi \cdot k$;

b) $x_1 = \frac{\pi}{12} + 2\pi \cdot k, y_1 = \frac{5\pi}{12} + 2\pi \cdot k$;
$x_2 = \frac{5\pi}{12} + 2\pi, y_2 = \frac{\pi}{12} + 2\pi \cdot k$

63. ★★★ Halla la solución en el primer cuadrante del siguiente sistema utilizando el método del cambio de variable:

$$\left.\begin{array}{l}\text{sen}(2x)+\cos(3y)=1\\ 2\,\text{sen}(2x)+4\cos(3y)=3\end{array}\right\}$$

Sol.: $x=\pi/12$ rad, $y=\pi/9$ rad

64. ★★★ Dado el sistema:

$$\left.\begin{array}{l}\text{sen}\,x+\text{sen}\,y=\dfrac{\sqrt{6}}{2}\\ \cos x+\cos y=\dfrac{\sqrt{2}}{2}\end{array}\right\}$$

Halla las soluciones si se sabe que $0<x<\pi$ y $0<y<\pi$.

Sol.: $x=\dfrac{7\pi}{12},\ y=\dfrac{\pi}{12},\ x=\dfrac{\pi}{12},\ y=\dfrac{7\pi}{12}$

65. ★★★ Halla las soluciones del primer cuadrante de los siguientes sistemas de ecuaciones:

a) $\left.\begin{array}{l}x+y=120^\circ\\ \text{sen}\,x-\text{sen}\,y=\dfrac{1}{2}\end{array}\right\}$

b) $\left.\begin{array}{l}\cos^2 x+\cos^2 y=1\\ \cos^2 x-\text{sen}^2 y=0\end{array}\right\}$

Sol.: a) $x=\dfrac{\pi}{2},\ y=\dfrac{\pi}{6}$ b) $x=\dfrac{\pi}{6},\ y=\dfrac{\pi}{3}$

66. ★★★ Halla las soluciones de la ecuación:

$$\text{cotg}\,x-2\,\text{cosec}\,2x=1$$

Sol.: $x_1=-\dfrac{7\pi}{8}+\pi k,\ x_2=-\dfrac{3\pi}{8}+\pi k$

67. ★★★ Resuelve estos sistemas de ecuaciones dando las soluciones en el intervalo $[0, 2\pi]$:

a) $\left.\begin{array}{l}\text{sen}\,x+\text{sen}\,y=\sqrt{3}\\ \cos x+\cos y=1\end{array}\right\}$

b) $\left.\begin{array}{l}\text{sen}^2 x+\cos^2 y=\dfrac{3}{4}\\ \cos^2 x-\text{sen}^2 y=\dfrac{1}{4}\end{array}\right\}$

c) $\left.\begin{array}{l}\cos(x+y)=\dfrac{1}{2}\\ \text{sen}(x-y)=\dfrac{1}{2}\end{array}\right\}$

Sol.: a) $x=\dfrac{\pi}{3},\ y=\dfrac{\pi}{3}$; b) $x=\dfrac{\pi}{6},\ y=\dfrac{\pi}{4}$; c) $x=\dfrac{\pi}{4},\ y=\dfrac{\pi}{12}$

SÍNTESIS

68. ★☆☆ Expresa $\cos 4\alpha$ en función de sen α y cos α y comprueba que la expresión obtenida es correcta, con un caso particular.

69. ★★☆ Demuestra que si α, β y γ son los tres ángulos de un triángulo, verifican:

a) $\text{sen}(\alpha+\beta)-\text{sen}\,\gamma=0$

b) $\cos(\alpha+\beta)+\cos\gamma=0$

c) $\text{tg}(\alpha+\beta)+\text{tg}\,\gamma=0$

70. ★★☆ Demuestra la siguiente igualdad:

$$\frac{\text{sen}\,x+\cos x}{\cos x-\text{sen}\,x}\cdot\cos 2x-\text{sen}\,2x=1$$

71. ★★☆ Demuestra que si $\alpha+\beta+\gamma=180^\circ$, entonces:

$$\text{tg}\,\alpha+\text{tg}\,\beta+\text{tg}\,\gamma=\text{tg}\,\alpha\cdot\text{tg}\,\beta\cdot\text{tg}\,\gamma$$

72. ★★☆ Simplifica las expresiones siguientes:

a) $\dfrac{1+\cos(2x)}{\text{sen}(2x)}$

b) $\dfrac{\text{sen}(\pi+\alpha)\cdot\cos\left(\dfrac{\pi}{2}-\alpha\right)}{\left(\cos^2\alpha-1\right)\cdot\text{tg}(\pi-\alpha)\cdot\text{cotg}(2\pi-\alpha)}$

c) $\dfrac{\text{tg}\left(180^\circ-\alpha\right)\cdot\text{cotg}\left(360^\circ-\alpha\right)}{\sec\alpha\cdot\cos\left(180^\circ-\alpha\right)}$

Sol.: cotg x

73. ★★☆ Expresa $\text{sen}\,4\alpha$ en función de sen α y cos α.

Sol.: $4\,\text{sen}\,\alpha\cdot\cos^3\alpha-4\,\text{sen}^3\alpha\cdot\cos\alpha$

74. ★★☆ Calcula sin utilizar la calculadora:

$$\frac{\cos 75^\circ+\cos 15^\circ}{\cos 75^\circ-\cos 15^\circ}$$

Sol.: $-\sqrt{3}$

75. ★★☆ Calcula las razones trigonométricas de los ángulo agudos de un triángulo rectángulo cuyos catetos miden 2 cm y 4 cm.

Sol.: $\text{sen}\alpha=\dfrac{2\sqrt{5}}{5}$, $\cos\alpha=\dfrac{\sqrt{5}}{5}$, $\text{tg}\alpha=2$, $\text{sen}\beta=\dfrac{\sqrt{5}}{5}$,

$\cos\beta=\dfrac{2\sqrt{5}}{5}$, $\text{tg}\beta=\dfrac{1}{2}$

76. ★★☆ Sabemos que $\text{tg}\,\alpha=-2$ y $90^\circ<\alpha<180^\circ$. Halla el seno, el coseno y la tangente de α, $180^\circ-\alpha$ y $360^\circ-\alpha$.

Sol.: sen α = 0,89; cos α = –0,45; tg α = –2;
sen (180 – α) = 0,89; cos (180° – α) = 0,45; tg (180° – α) = 2;
sen (360° – α) = –0,89; cos (360° – α) = –0,45; tg (360° – α) = 2

4 Síntesis

1. Ángulos y medidas
2. Razones trigonométricas de un ángulo agudo
3. Razones trigonométricas de un ángulo cualquiera
4. Razones trigonométricas de operaciones con ángulos
5. Transformación de sumas en productos
6. Ecuaciones trigonométricas y sistemas

Ángulos y medidas

Ángulo es la región comprendida entre dos semirrectas que tienen un origen en común llamado vértice.

Se miden en grados y en radianes: $180° = \pi$ rad

Razones trigonométricas de un ángulo agudo

Si consideramos que α es el ángulo agudo de un triángulo rectángulo:

$$\text{sen }\alpha = \frac{\text{cateto opuesto}}{\text{hipotenusa}} \quad \cos\alpha = \frac{\text{cateto contiguo}}{\text{hipotenusa}} \quad \text{tg }\alpha = \frac{\text{cateto opuesto}}{\text{cateto contiguo}}$$

$$\text{cosec }\alpha = \frac{1}{\text{sen }\alpha} \quad \sec\alpha = \frac{1}{\cos\alpha} \quad \text{cotg }\alpha = \frac{1}{\text{tg }\alpha}$$

Razones trigonométricas de un ángulo cualquiera

Utilizamos la circunferencia goniométrica para definir las razones trigonométricas de cualquier ángulo.

$$\text{sen}(180° - \alpha) = \text{sen }\alpha \quad \cos(180° - \alpha) = -\cos\alpha \quad \text{tg}(180° - \alpha) = -\text{tg }\alpha$$

$$\text{sen}(180° + \alpha) = -\text{sen }\alpha \quad \cos(180° + \alpha) = -\cos\alpha \quad \text{tg}(180° + \alpha) = \text{tg }\alpha$$

$$\text{sen}(360° - \alpha) = \text{sen}(-\alpha) = -\text{sen}\alpha \quad \cos(360° - \alpha) = \cos(-\alpha) = \cos\alpha \quad \text{tg}(360° - \alpha) = \text{tg}(-\alpha) = -\text{tg }\alpha$$

Identidades trigonométricas

Son expresiones que relacionan razones trigonométricas:

$$\text{tg }\alpha = \frac{\text{sen }\alpha}{\cos\alpha} \quad 1 = \text{sen}^2\alpha + \cos^2\alpha \quad \frac{1}{\text{sen}^2\alpha} = 1 + \text{cotg}^2\alpha \quad \frac{1}{\cos^2\alpha} = 1 + \text{tg}^2\alpha$$

Razones trigonométricas de operaciones con ángulos

Existen fórmulas que permiten calcular las razones trigonométricas de $\alpha + \beta$, $\alpha - \beta$, 2α y $\alpha/2$ a partir de las de α y β.

$$\text{sen}(\alpha + \beta) = \text{sen }\alpha \cdot \cos\beta + \cos\alpha \cdot \text{sen }\beta \quad \cos(\alpha + \beta) = \cos\alpha \cdot \cos\beta - \text{sen }\alpha \cdot \text{sen }\beta \quad \text{tg}(\alpha + \beta) = \frac{\text{tg }\alpha + \text{tg }\beta}{1 - \text{tg }\alpha \cdot \text{tg }\beta}$$

$$\text{sen}(\alpha - \beta) = \text{sen }\alpha \cdot \cos\beta - \cos\alpha \cdot \text{sen }\beta \quad \cos(\alpha - \beta) = \cos\alpha \cdot \cos\beta + \text{sen }\alpha \cdot \text{sen }\beta \quad \text{tg}(\alpha - \beta) = \frac{\text{tg }\alpha - \text{tg }\beta}{1 + \text{tg }\alpha \cdot \text{tg }\beta}$$

$$\text{sen}(2\alpha) = 2 \cdot \text{sen }\alpha \cdot \cos\alpha \quad \cos(2\alpha) = \cos^2\alpha - \text{sen}^2\alpha \quad \text{tg}(2\alpha) = \frac{2\,\text{tg }\alpha}{1 - \text{tg}^2\alpha}$$

$$\text{sen}\left(\frac{\alpha}{2}\right) = \pm\sqrt{\frac{1 - \cos\alpha}{2}} \quad \cos\left(\frac{\alpha}{2}\right) = \pm\sqrt{\frac{1 + \cos\alpha}{2}} \quad \text{tg}\left(\frac{\alpha}{2}\right) = \pm\sqrt{\frac{1 - \cos\alpha}{1 + \cos\alpha}}$$

Transformación de sumas en productos

Son expresiones que transforman sumas de razones trigonométricas en productos:

$$\text{sen }A + \text{sen }B = 2\text{sen}\frac{A+B}{2} \cdot \cos\frac{A-B}{2} \quad \cos A + \cos B = 2\cos\frac{A+B}{2} \cdot \cos\frac{A-B}{2}$$

$$\text{sen }A - \text{sen }B = 2\cos\frac{A+B}{2} \cdot \text{sen}\frac{A-B}{2} \quad \cos A - \cos B = -2 \cdot \text{sen}\frac{A+B}{2} \cdot \text{sen}\frac{A-B}{2}$$

Ecuaciones trigonométricas y sistemas

En general, se utilizan las propiedades y las transformaciones trigonométricas para resolverlas.

1 Expresa en radianes los siguientes ángulos expresados en grados sexagesimales:

a) 30°

b) 72°

c) 127°

d) 200°

Sol.: a) $\frac{\pi}{6}$; b) $\frac{2\pi}{5}$; c) $\frac{127\pi}{180}$; d) $\frac{10\pi}{9}$

2 Expresa en grados los siguientes ángulos expresados en radianes:

a) 3 rad

b) $\frac{\pi}{13}$ rad

c) 0,36 rad

d) $\frac{5\pi}{7}$ rad

Sol.: a) 171,887°; b) 13,846°; c) 20,626°; d) 128,571°

3 Si sen 12° = 0,2 y sen 37° = 0,6, calcula las siguientes razones trigonométricas:

a) cos 12° b) tg 12° c) cos 37°

Sol.: a) 0,980; b) 0,204; c) 0,8

4 Si cos 78° = 0,2, calcula sen 78° y tg 78°.

Sol.: 0,98 y 4,9

5 Calcula sin usar la calculadora:

a) $5\cos\frac{\pi}{2} + 2\cos\pi - \cos 0 - \cos\frac{3\pi}{2} + \cos 2\pi$

b) $2\sqrt{3}\,\text{sen}\,\frac{2\pi}{3} - 2\,\text{sen}\,\frac{\pi}{2} + 4\,\text{sen}\,\frac{\pi}{6}$

Sol.: a) –2; b) 3

6 Expresa como razones trigonométricas de un ángulo del primer cuadrante.

a) cos 100° c) sen 1215°

b) cos 930° d) sen (–280°)

7 Demuestra la fórmula:

$$\frac{\cos(a+b) + \cos(a-b)}{\text{sen}\,(a+b) + \text{sen}\,(a-b)} = \frac{1}{\text{tg}\,a}$$

8 Si cos 78° = 0,2, calcula las razones trigonométricas del ángulo mitad y del ángulo doble.

Sol.: sen 39° = 0,632, cos 39° = 0,715, tg 39° = 0,816; sen 156° = 0,392, cos 156° = –0,92, tg 156° = –0,426

9 Resuelve las siguientes ecuaciones:

a) $\cos^2\left(\frac{x}{2}\right) + \cos x = \frac{1}{2}$

b) $\text{sen}\,2x \cdot \cos x = 6\,\text{sen}^3 x$

c) $\text{tg}\left(\frac{\pi}{4} - x\right) + \text{tg}\,x = 1$

d) $\frac{\text{sen}\,3x + \text{sen}\,x}{\cos 3x - \cos x} = \sqrt{3}$

Sol.: a) $x = 45° + 180° \cdot k$; b) $x_1 = 180° \cdot k$, $x_2 = 30° + 180° \cdot k$, $x_3 = 150° + 180° \cdot k$; c) $x_1 = 180° \cdot k$, $x_2 = 45° + 180° \cdot k$; d) $x = 150° + 180° \cdot k$

10 Halla la solución de la ecuación $\text{sen}^2 x = 1 - \cos x$ en el intervalo $[0, 2\pi]$ y expresa el resultado en unidades del Sistema Internacional.

Sol.: $x_1 = 0$ rad, $x_2 = \frac{\pi}{2}$ rad, $x_3 = \frac{3\pi}{2}$ rad, $x_4 = 2\pi$ rad, $x_4 = 2\pi$

11 Resuelve los siguientes sistemas de ecuaciones trigonométricas:

a) $\left.\begin{array}{l} \text{sen}^2 x + \cos^2 y = \frac{5}{4} \\ \text{sen}^2 x - \cos^2 y = \frac{3}{4} \end{array}\right\}$

b) $\left.\begin{array}{l} \text{tg}\,x + \text{tg}\,y = 2 \\ x - y = \pi \end{array}\right\}$

Sol.: a) $x = 90° + 180° \cdot k$, $y_1 = 60° + 180° \cdot k$, $y_2 = 120° + 180° \cdot k$; b) $x = 225° + 180° \cdot k$, $y = 45 + 180° \cdot k$

12 Simplifica estas expresiones:

a) $\frac{\text{sen}^2(\pi - \alpha) \cdot \cos\left(\frac{\pi}{2} - \alpha\right) \cdot \text{tg}\,(\pi + \alpha)}{\text{sen}\,\alpha \cdot (1 - \cos^2\alpha) \cdot \text{sen}\,(2\pi - \alpha)}$

b) $\text{tg}\left(\frac{\pi}{2} - \alpha\right) \cdot \text{tg}\,(\pi - \alpha) - \frac{\text{sen}\left(\frac{\pi}{2} - \alpha\right)}{\cos(\pi + \alpha)}$

Sol.: a) –sec α; b) 0

SOCIETY

¿De dónde viene el nombre de la razón trigonométrica «seno»?

Esta razón trigonométrica fue estudiada por el matemático y astrónomo hindú **Aria Bhatta** (476-550). La denominó *ardhá-jya* ('media cuerda'). Los árabes tradujeron este término como *jiba* y posteriormente como *jiab*, que significa 'bahía'.

En el siglo XII, **Gherardo de Cremona** (1114-1187) la tradujo al latín como *sinus* ('bahía', 'hueco', 'cavidad'...), sinónimo en castellano de *seno*.

SOCIETY

La armónica de cristal

Este instrumento musical fue ideado en 1761 por el científico, inventor y también político norteamericano **Benjamin Franklin.** Se basaba en los distintos sonidos producidos al pasar un dedo húmedo por el borde de diversas copas que contenían cantidades diferentes de agua.

Dichos sonidos emiten **ondas sonoras sinusoidales** llamadas así porque sus gráficas se corresponden con las de la función seno. En los siguientes enlaces, podrás ampliar la información al respecto:

http://links.edebe.com/ecgm y http://links.edebe.com/k9d9qb

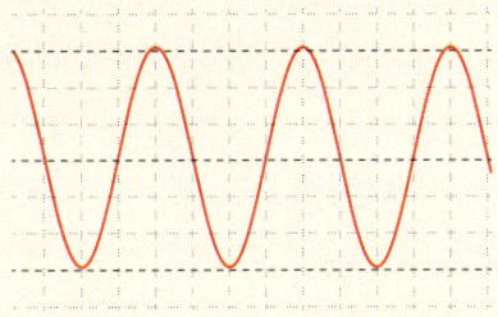

OPINION

La trigonometría y la cardiología

El baipás coronario

La técnica del baipás es un procedimiento quirúrgico en el que en una o más arterias coronarias obstruidas se realiza un injerto para restablecer el flujo normal de sangre al corazón.

Hasta hace unos años para realizar un baipás coronario se empleaba la vena safena localizada en la pierna. En la actualidad, se emplea la vena radial del brazo, que comporta menos complicaciones que las producidas a través de la vena de la pierna. Además, con este procedimiento tan solo hay que llevar a cabo una pequeña incisión de un centímetro en el brazo.

Para practicar la técnica, es necesario conocer el ángulo que forman las arterias, ya que la fricción entre la sangre y la arteria en el punto de unión debe ser mínimo.

– Entra en http://links.edebe.com/wsi2sp y descubre qué relación trigonométrica define el valor de dicho ángulo y de qué valores depende. ¿En qué condiciones no es útil la fórmula? ¿Por qué?

NEW

DISTANCIAS ESTELARES

Una de las aplicaciones de la trigonometría consiste en medir la distancia que hay de la Tierra a las estrellas o entre las estrellas. Para medir las distancias estelares, se utiliza la ***paralaje trigonométrica,*** *que es el ángulo formado por la dirección de dos líneas visuales relativas a la observación de un mismo objeto desde dos puntos distintos.*

Un ejemplo cotidiano de paralaje es observar un objeto levantando un dedo hasta situarlo sin moverlo delante de la cara. Al mirar el objeto con el ojo derecho, el objeto queda a la derecha del dedo y al mirarlo con el ojo izquierdo, el objeto queda a la izquierda. Al repetir el experimento una y otra vez, a pesar de mantener el dedo inmóvil, tendrás la impresión de que tu dedo se mueve a uno y otro lado del objeto.

– Formad grupos de tres o cuatro miembros e investigad la fórmula trigonométrica que interviene en la medida de distancias estelares. Podéis ayudaros de los siguientes enlaces:

- http://links.edebe.com/am46fb
- http://links.edebe.com/zz9dt

– Con la información recogida, calculad la distancia desde la Tierra a la estrella Épsilon Eridani si se sabe que su paralaje es de 0,31".

5

BLOQUE 2. GEOMETRÍA

Resolución de triángulos

- **1. Resolución de triángulos rectángulos**
  - 1.1. Resolución de un triángulo rectángulo conocidos un ángulo agudo y un lado
  - 1.2. Resolución de un triángulo rectángulo conocidos dos lados
  - 1.3. Resolución de triángulos por descomposición en triángulos rectángulos
- **2. Teoremas del seno y del coseno**
  - 2.1. Teorema del seno
  - 2.2. Teorema del coseno
  - 2.3. Resolución de triángulos mediante los teoremas del seno y del coseno

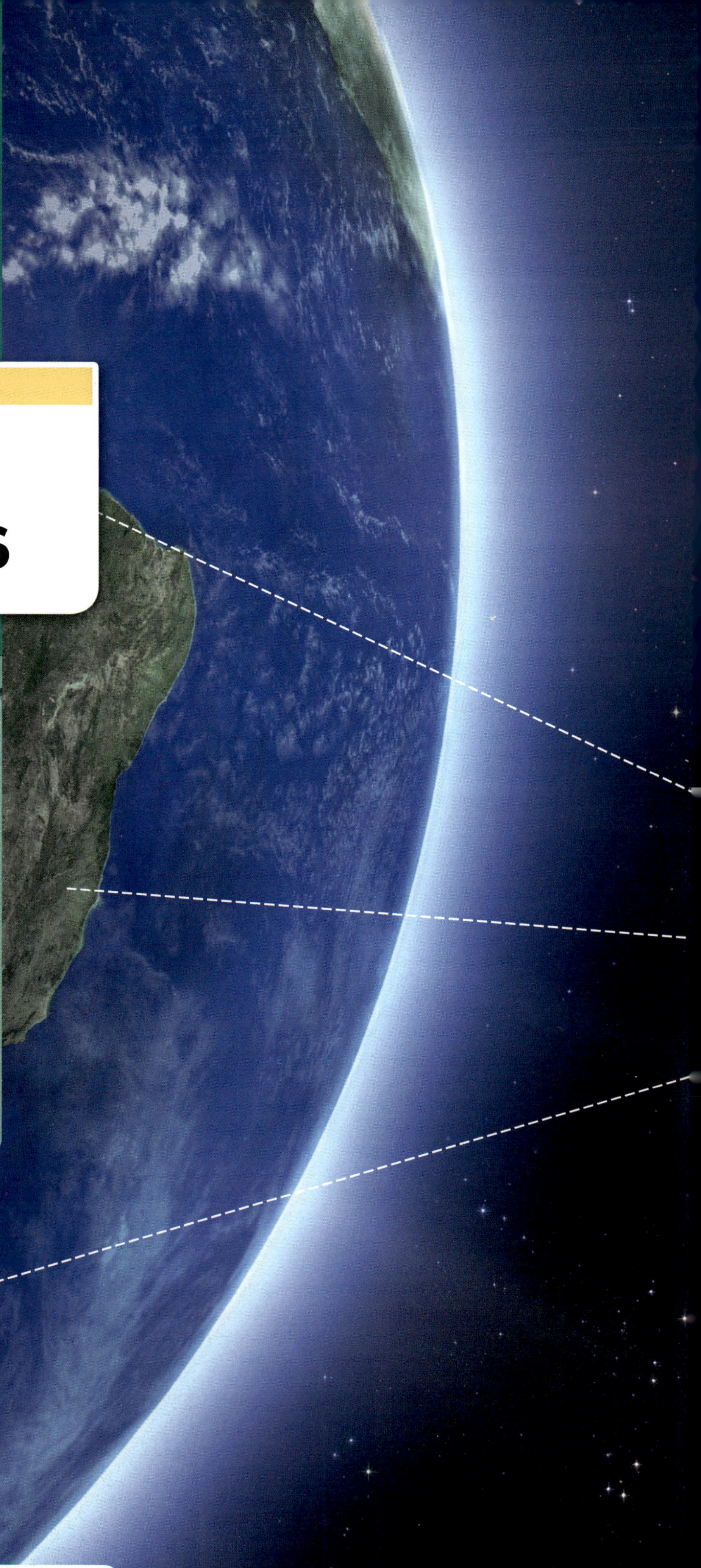

Simulador · Presentación · Problemas interactivos

Películas

El teorema de Pitágoras es uno de los más conocidos y utilizados. En la película *El mago de Oz,* el Espantapájaros intenta demostrar que tiene cerebro enunciando el teorema de Pitágoras, si bien lo hace de forma equivocada pues, dice: «La suma de la raíz cuadrada de cada uno de los dos lados de un triángulo isósceles es igual a la raíz cuadrada del otro lado».

Web

Existen otras razones trigonométricas diferentes a las comúnmente conocidas que, en la práctica, hoy en día ya no se utilizan: el verseno, el vercoseno, la exsecante, la excosecante...

En el siguiente enlace podrás ampliar la información sobre ellas: **http://links.edebe.com/rg**

EN CONTEXTO

a> Busca información en Internet, reflexiona y responde: ¿qué tipo de problemas y necesidades resolvían las antiguas civilizaciones utilizando la triangulación?

b> Observa la imagen:

— Escribe en tu cuaderno que ves en ella, qué piensas al observarla y qué pregunta te sugiere.

— En pequeños grupos, exponed vuestras respuestas de forma razonada.

— Finalmente, ponedlas en común con toda la clase y registrad las respuestas en un cuadro de observaciones.

c> Investiga qué relación existe entre la llamada recta de Euler (**http://links.edebe.com/zzgicb**) en los triángulos rectángulos y cualquier triángulo sagrado egipcio (**http://links.edebe.com/n97jhi**).

1. Resolución de triángulos rectángulos
1.1. Resolución de un triángulo rectángulo conocidos un ángulo agudo y un lado
1.2. Resolución de un triángulo rectángulo conocidos dos lados
1.3. Resolución de triángulos por descomposición en triángulos rectángulos

1. Resolución de triángulos rectángulos

Hemos visto que la trigonometría permite, a partir de las razones trigonométricas, relacionar las longitudes de los lados de un triángulo rectángulo con los ángulos que lo conforman. Así, una de las aplicaciones de la trigonometría es **resolver triángulos.**

Resolver un triángulo consiste en hallar los valores de sus ángulos y sus lados.

Si el triángulo es rectángulo, disponemos ya de un dato: sabemos que uno de los ángulos es **recto (90°)**. Así, las razones trigonométricas y el teorema de Pitágoras nos permitirán resolver el triángulo rectángulo siempre que conozcamos un ángulo agudo y un lado, o dos lados.

RECUERDA

En un triángulo rectángulo:

$$\hat{A} = 90°,\ \hat{B} + \hat{C} = 90°$$

$$a^2 = b^2 + c^2$$

1.1. Resolución de un triángulo rectángulo conocidos un ángulo agudo y un lado

En este caso, podemos determinar el ángulo agudo que falta, pues será el complementario del ángulo dado, y, a continuación, los otros dos lados usando las razones trigonométricas y el teorema de Pitágoras.

Así si conocemos, por ejemplo, a y $\hat{C}$, del siguiente triángulo:

1. $\hat{B} = 90° - \hat{C}$

2. $\operatorname{sen}\hat{C} = \dfrac{c}{a} \longrightarrow c = a \cdot \operatorname{sen}\hat{C}$

3. $a^2 = b^2 + c^2 \longrightarrow b = \sqrt{a^2 - c^2}$

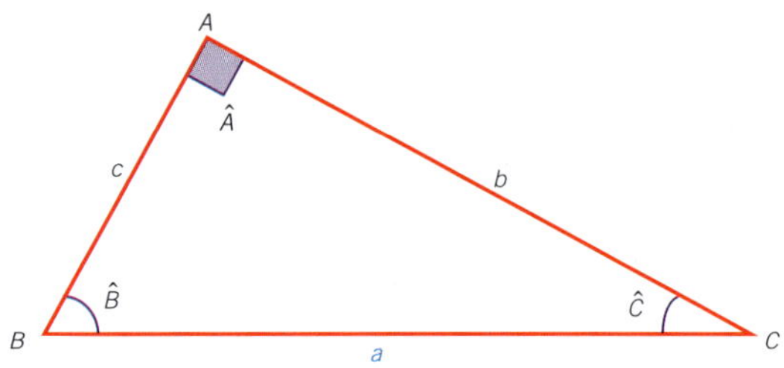

LENGUAJE MATEMÁTICO

Se llaman **ternas pitagóricas** a las ternas de números naturales que verifican el teorema de Pitágoras; por ejemplo, 3, 4, 5, ya que $5^2 = 4^2 + 3^2$.

FÍJATE

La secuencia de pasos que hay que seguir para resolver un triángulo no es única. Por ejemplo, en este primer caso, también podríamos resolver:

$$\hat{B} = 90° - \hat{C}$$

$$\cos\hat{B} = \frac{c}{a} \longrightarrow c = a \cdot \cos\hat{B}$$

$$\operatorname{sen}\hat{B} = \frac{b}{a} \longrightarrow b = a \cdot \operatorname{sen}\hat{B}$$

— Explica una posible secuencia de pasos que utilizarías si el lado conocido fuera la hipotenusa del triángulo rectángulo. Compara el resultado con el de tus compañeros y compañeras. ¿Habéis obtenido la misma secuencia de pasos?

1 EJEMPLO

Resuelve un triángulo rectángulo con hipotenusa $a = 12$ cm y $\hat{C} = 40°$.

Solución

COMPRENSIÓN: Hallaremos el otro ángulo agudo y calcularemos los catetos del triángulo.

RESOLUCIÓN:

1. $\hat{C} = 40°$ y $\hat{A} = 90°$, $\hat{B} = 90° - 40° = 50°$

2. $\operatorname{sen}\hat{C} = \dfrac{c}{a} \Rightarrow \operatorname{sen} 40° = \dfrac{c}{12} \Rightarrow c = 12 \cdot \operatorname{sen} 40° \simeq 12 \cdot 0{,}642 = 7{,}704$ cm

3. Aplicamos el teorema de Pitágoras:

$$b = \sqrt{12^2 - 7{,}704^2} = 9{,}2\ \text{cm}$$

COMPROBACIÓN: Si sumamos los ángulos, comprobamos que efectivamente suman 180° y que los lados obtenidos cumplen el teorema de Pitágoras:

Ángulos: $40° + 90° + 50° = 180°$

Lados: $7{,}704^2 + 9{,}2^2 = 143{,}99 \approx 12^2$

Ejercicios y problemas
5 a 8, 12 a 17

1.2. Resolución de un triángulo rectángulo conocidos dos lados

En este caso, utilizaremos el teorema de Pitágoras para determinar el lado que falta y, a continuación, calcularemos uno de los ángulos agudos utilizando las relaciones trigonométricas.

El segundo ángulo agudo quedará determinado por ser complementario del calculado.

Así, si conocemos los catetos *b* y *c*:

1. $a = \sqrt{b^2 + c^2}$
2. $\operatorname{tg}\hat{B} = \frac{b}{c} \longrightarrow B = \operatorname{arctg}\frac{b}{c}$
3. $\hat{C} = 90° - \hat{B}$

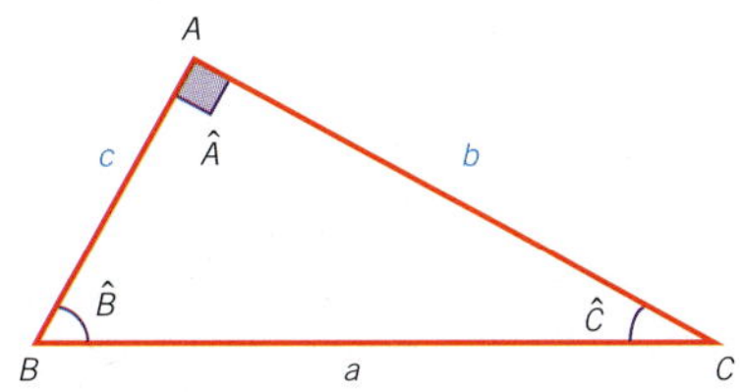

2 EJEMPLO

Resuelve un triángulo rectángulo cuyos catetos miden *b* = 10 cm y *c* = 12 cm.

Solución

COMPRENSIÓN: Calculamos la hipotenusa mediante el teorema de Pitágoras. Para calcular los ángulos utilizamos la arcotangente.

RESOLUCIÓN:

1. $a = \sqrt{12^2 + 10^2} = \sqrt{144 + 100} = \sqrt{244} \simeq 15{,}62\,\text{cm}$
2. $\operatorname{tg}\hat{C} = \frac{c}{b} = \frac{12}{10} = 1{,}2 \Rightarrow \hat{C} = \operatorname{arctg} 1{,}2 \simeq 50°\,12'$
3. $\hat{B} = 90° - \hat{C} = 90° - 50°\,12' = 39°\,48'$

COMPROBACIÓN: Los ángulos suman 180° y los lados cumplen el teorema de Pitágoras.

3 EJEMPLO

Los lados de un triángulo miden 6 m, 8 m y 10 m. Resuélvelo.

Solución

COMPRENSIÓN: Comprobaremos que el triángulo es rectángulo y, en caso, afirmativo, lo resolveremos teniendo en cuenta que el primer paso no será necesario al conocer ya los tres lados.

RESOLUCIÓN:

$$6^2 + 8^2 = 10^2 \Rightarrow 36 + 64 = 100$$

Por tanto, es un triángulo rectángulo con hipotenusa $a = 10$ y catetos $b = 6$ y $c = 8$.

Calculamos el ángulo $\hat{B}$ a partir de la razón $\cos\hat{B} = \frac{c}{a}$:

$$\cos\hat{B} = \frac{c}{a} = \frac{8}{10} = 0{,}8 \Rightarrow \hat{B} = \arccos 0{,}8 \simeq 36°\ 52'$$

Por último, calculamos el ángulo $\hat{C}$, sabiendo que $\hat{B} + \hat{C} = 90°$:

$\hat{C} = 90° - \hat{B} = 90° - 36°\ 52' = 53°\ 08'$. Es decir: $\hat{A} = 90°$; $\hat{B} = 36°\ 52'$; $\hat{C} = 53°\ 08'$

COMPROBACIÓN: Comprueba que los tres ángulos suman 180° y comprueba que las razones trigonométricas de los ángulos se corresponden con los lados, por ejemplo, que $\operatorname{sen}\hat{B} = \frac{6}{10}, \ldots$

FÍJATE

De nuevo, el procedimiento de resolución no es único, de modo que deberás decidir objetivamente cuál es el más exacto y menos complejo.

Ten en cuenta también que, al calcular un ángulo a partir de la arcotangente, hay más de una solución posible, pero que en este caso solamente nos interesa el ángulo agudo.

RECUERDA

Al resolver triángulos rectángulos, los datos de los que dispondrás pueden ser los siguientes:

- Ángulo agudo e hipotenusa.
- Ángulo agudo y cateto opuesto.
- Ángulo agudo y cateto contiguo.
- Los dos catetos.
- Un cateto y la hipotenusa.

Indica en cada situación qué pasos seguirás para resolver el triángulo rectángulo.

FÍJATE

Resuelve el ejemplo 2 utilizando otra razón trigonométrica que no sea la tangente.

— ¿Has obtenido exactamente el mismo resultado? Si no es así, ¿a qué crees que es debido?

— ¿Que criterio deberías seguir para asegurar que el resultado es el más exacto posible?

Problemas resueltos
A

Ejercicios y problemas
9, 18 a 26 y 36

LENGUAJE MATEMÁTICO

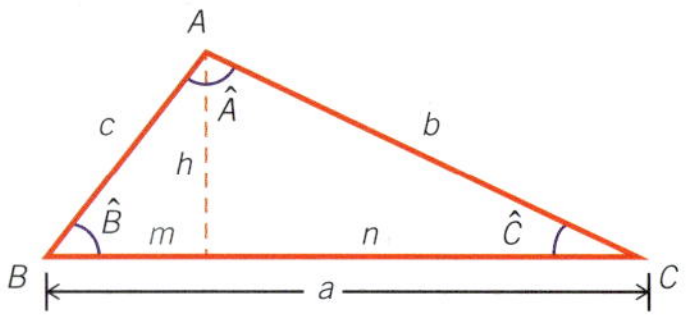

Los segmentos m y n reciben los nombres, respectivamente, de **«proyección de c sobre a»** y **«proyección de b sobre a»**.

FÍJATE

En un triángulo rectángulo:

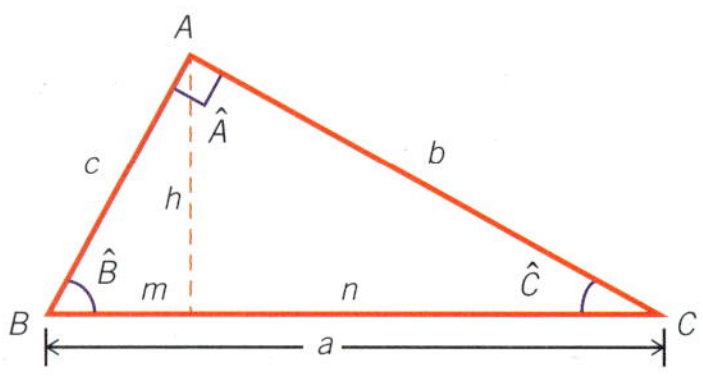

Teorema de Pitágoras: $a^2 = b^2 + c^2$

Teorema de la altura: $h^2 = m \cdot n$

Teorema del cateto:

$$b^2 = a \cdot n,\ c^2 = a \cdot m$$

FÍJATE

Si del triángulo que hay que resolver conocemos un lado (a) y sus dos ángulos adyacentes $\hat{B}$ y $\hat{C}$, podemos proceder del siguiente modo:

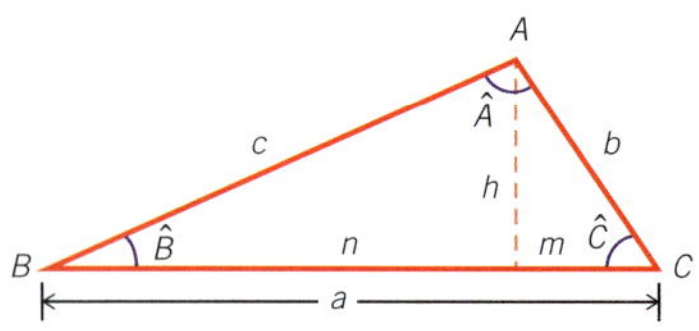

$$\operatorname{tg}\hat{C} = \frac{h}{n};\ \operatorname{tg}\hat{B} = \frac{h}{m}$$

y, a continuación, resolver el sistema de ecuaciones.

Ejercicios y problemas
10, 11 y 27 a 35

1.3. Resolución de triángulos por descomposición en triángulos rectángulos

En ocasiones, y según los datos que conozcamos, podremos resolver un triángulo cualquiera descomponiéndolo previamente en dos triángulos rectángulos.

Observa el triángulo obtusángulo de la derecha.

Si trazamos la altura h del triángulo ABC de la figura sobre la base a, se forman dos triángulos rectángulos, ABD y ACD.

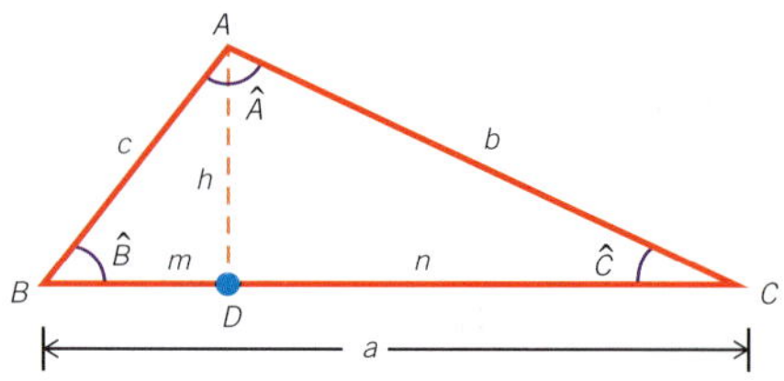

Según los datos que conozcamos, podremos resolver estos triángulos, aplicando los casos de resolución de triángulos rectángulos ya estudiados.

Para ello, deberemos tener en cuenta que: $m + n = a$ y que $\hat{A} + \hat{B} + \hat{C} = 180°$.

4 EJEMPLO

Resuelve el siguiente triángulo:

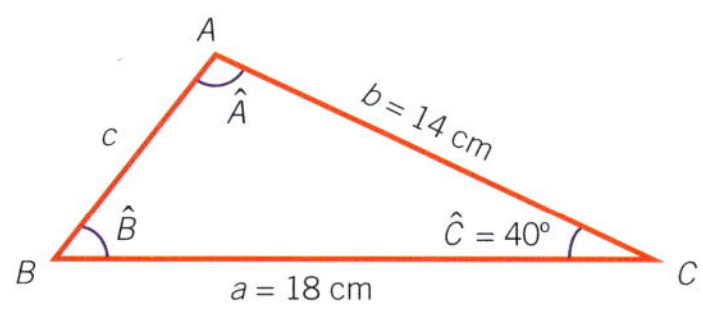

Solución

COMPRENSIÓN: Descompondremos este triángulo no rectángulo en dos triángulos rectángulos. Si trazamos la altura h del vértice superior del triángulo sobre la base, obtendremos las correspondientes proyecciones m y n.

Con las razones trigonométricas del ángulo $\hat{C}$, obtendremos los valores h y n e, inmediatamente, el valor m.

Con estos datos ya conocidos, podremos resolver el triángulo ABC.

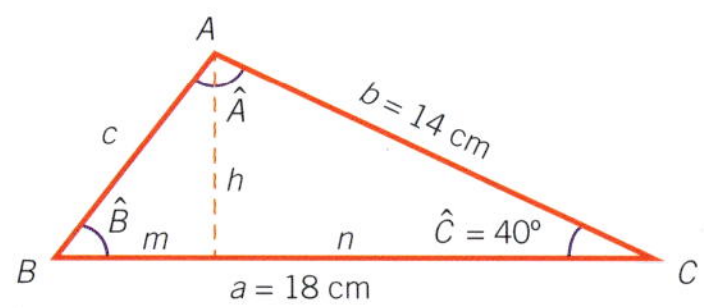

RESOLUCIÓN:

$$h\text{: sen } 40° = \frac{h}{14} \Rightarrow h = 14 \cdot \text{sen } 40° = 14 \cdot 0{,}643 = 9 \text{ cm}$$

$$n\text{: cos } 40° = \frac{n}{14} \Rightarrow n = 14 \cdot \cos 40° \simeq 14 \cdot 0{,}766 = 10{,}72 \text{ cm}$$

$$m = 18 - 10{,}72 = 7{,}28 \text{ cm};\ c = \sqrt{h^2 + m^2} \Rightarrow c = \sqrt{9^2 + 7{,}28^2} \simeq 11{,}58 \text{ cm}$$

$$\hat{B}\text{: } \operatorname{tg}\hat{B} = \frac{h}{m} = \frac{9}{7{,}28} \simeq 1{,}236 \Rightarrow \hat{B} = \operatorname{arctg} 1{,}236 \simeq 51°\ 2'$$

Por último, $\hat{A} = 180° - 40° - 51°\ 2' = 88°\ 58'$

Finalmente, en ABC: $\hat{A} = 88°\ 58'$; $\hat{B} = 51°\ 2'$; $c = 11{,}58$ cm.

COMPROBACIÓN: Podemos verificar la corrección del resultado si calculamos, por ejemplo, la altura h por otro procedimiento:

$$\operatorname{tg}\hat{B} = \frac{h}{m} \Rightarrow h = m \cdot \operatorname{tg}\hat{B} \Rightarrow h = 7{,}28 \cdot \operatorname{tg} 51°\ 2' \simeq 7{,}28 \cdot 1{,}236 \simeq 9 \text{ cm}$$

2. Teoremas del seno y del coseno
2.1. Teorema del seno
2.2. Teorema del coseno
2.3. Resolución de triángulos mediante los teoremas del seno y del coseno

2. Teoremas del seno y del coseno

Los teoremas del seno y del coseno establecen relaciones entre los lados y los ángulos de un triángulo. Estas relaciones permitirán resolver triángulos cualesquiera, sin la necesidad de descomponerlos en triángulos rectángulos.

2.1. Teorema del seno

Este teorema relaciona los ángulos de un triángulo cualquiera con sus lados opuestos.

Los lados *a*, *b* y *c* de un triángulo son proporcionales a los senos de los ángulos opuestos:

$$\frac{a}{\operatorname{sen}\hat{A}} = \frac{b}{\operatorname{sen}\hat{B}} = \frac{c}{\operatorname{sen}\hat{C}}$$

Para demostrar dicho teorema consideraremos el siguiente triángulo. Al trazar la altura h desde A, obtenemos dos triángulos rectángulos y se cumple:

$$\operatorname{sen}\hat{B} = \frac{h}{c} \Rightarrow h = c \cdot \operatorname{sen}\hat{B}$$

$$\operatorname{sen}\hat{C} = \frac{h}{b} \Rightarrow h = b \cdot \operatorname{sen}\hat{C}$$

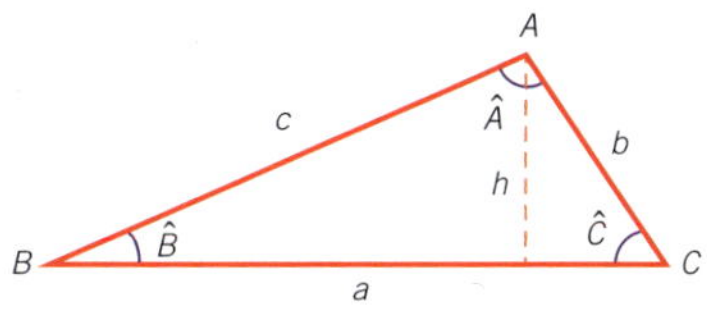

Por tanto: $h = c \cdot \operatorname{sen}\hat{B} = b \cdot \operatorname{sen}\hat{C} \Rightarrow \dfrac{b}{\operatorname{sen}\hat{B}} = \dfrac{c}{\operatorname{sen}\hat{C}}$

Si trazamos una altura desde B, tendremos: $\dfrac{a}{\operatorname{sen}\hat{A}} = \dfrac{c}{\operatorname{sen}\hat{C}}$.

Finalmente, concluimos que: $\dfrac{a}{\operatorname{sen}\hat{A}} = \dfrac{b}{\operatorname{sen}\hat{B}} = \dfrac{c}{\operatorname{sen}\hat{C}}$

5 EJEMPLO

Halla los lados *a* y *c* de este triángulo.

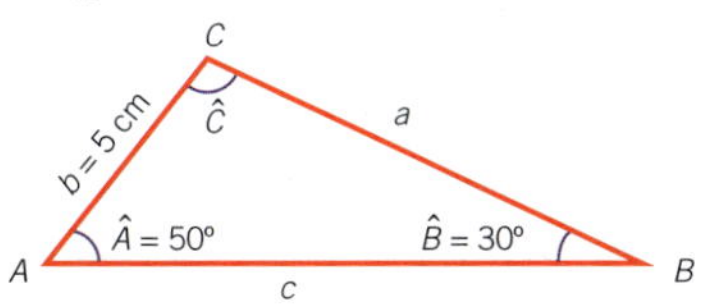

Solución

COMPRENSIÓN: Al ser un triángulo obtusángulo y conocer el lado b y los ángulos $\hat{A}$ y $\hat{B}$, podremos aplicar el teorema del seno.

RESOLUCIÓN: Del teorema del seno: $\dfrac{a}{\operatorname{sen}\hat{A}} = \dfrac{b}{\operatorname{sen}\hat{B}} = \dfrac{c}{\operatorname{sen}\hat{C}}$

Por lo tanto: $\dfrac{a}{\operatorname{sen}50°} = \dfrac{5}{\operatorname{sen}30°} \Rightarrow a = \dfrac{5 \cdot \operatorname{sen}50°}{\operatorname{sen}30°} = \dfrac{5 \cdot 0{,}766}{0{,}5} = 7{,}66\text{ cm}$

$\hat{C} = 180° - \hat{A} - \hat{B} = 100°;\ \dfrac{5}{\operatorname{sen}30°} = \dfrac{c}{\operatorname{sen}100°} \Rightarrow c = \dfrac{5 \cdot \operatorname{sen}100°}{\operatorname{sen}30°} = 9{,}85\text{ cm}$

COMPROBACIÓN: Los resultados son coherentes, pues la suma de los dos lados menores es mayor que la longitud del lado mayor.

CURIOSIDADES

Abul Wafa y Nasir al-Din al-Tusi

El **teorema del seno** es una generalización del teorema de Pitágoras y existen dos posibles autores de la demostración, ya que no fueron contemporáneos entre sí: **Abul Wafa** (940-998) y **Nasir al-Din al-Tusi** (1201-1274). Ambos fueron matemáticos y astrónomos de la antigua Persia.

INTERNET

Si accedes al siguiente enlace, podrás observar de forma interactiva y, paso a paso, la demostración del teorema del seno:

http://links.edebe.com/hp4a

AMPLÍA

Del enunciado del teorema del seno, se deduce la existencia de una constante de proporcionalidad:

$$\frac{a}{\operatorname{sen}\hat{A}} = \frac{b}{\operatorname{sen}\hat{B}} = \frac{c}{\operatorname{sen}\hat{C}} = 2R$$

Donde R es el radio de la circunferencia circunscrita al triángulo ABC.

2.2. Teorema del coseno

El teorema del coseno permite relacionar los tres lados de un triángulo con el coseno de uno de sus ángulos.

El cuadrado del lado de un triángulo es la suma de los cuadrados de los otros dos lados menos el doble de su producto por el coseno del ángulo que estos comprenden.

$$a^2 = b^2 + c^2 - 2 \cdot b \cdot c \cdot \cos \hat{A}$$

$$b^2 = a^2 + c^2 - 2 \cdot a \cdot c \cdot \cos \hat{B}$$

$$c^2 = a^2 + b^2 - 2 \cdot a \cdot b \cdot \cos \hat{C}$$

Para demostrarlo, consideraremos el triángulo de la derecha. Al trazar la altura h a partir del vértice A, obtenemos dos triángulos rectángulos y se cumple:

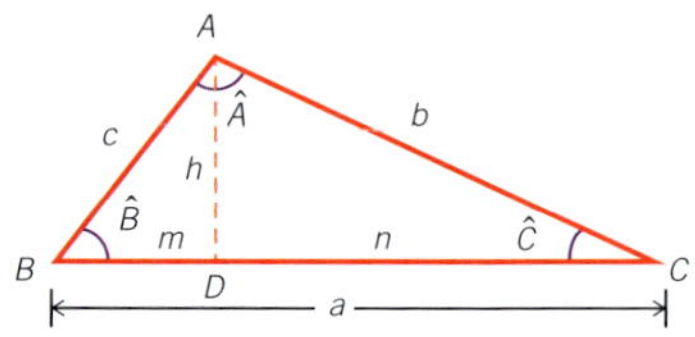

$$\cos \hat{C} = \frac{n}{b} \Rightarrow n = b \cdot \cos \hat{C} \text{ y } m = a - n$$

Al ser el triángulo ACD rectángulo, se cumple:

$$b^2 = h^2 + n^2 = h^2 + b^2 \cdot \cos^2 \hat{C}$$

Observamos también que se cumple:

$$c^2 = h^2 + m^2 = h^2 + (a - n)^2 = h^2 + (a - b \cdot \cos \hat{C})^2 =$$
$$= h^2 + a^2 + b^2 \cdot \cos^2 \hat{C} - 2 \cdot a \cdot b \cdot \cos \hat{C}$$

Restando ambas igualdades:

$$c^2 - b^2 = a^2 - 2 \cdot a \cdot b \cdot \cos \hat{C} \Rightarrow c^2 = a^2 + b^2 - 2 \cdot a \cdot b \cdot \cos \hat{C}$$

Si procedemos de la misma forma con las alturas trazadas desde los vértices B y C del triángulo inicial, se pueden demostrar las otras dos igualdades del teorema.

CURIOSIDADES

Ghiyath al-Kashi

El **teorema del coseno** también es una generalización del teorema de Pitágoras y tuvo un claro precursor: **Euclides** (325 a. C.-265 a. C.). No obstante, quien definitivamente lo enunció y lo demostró fue otro matemático persa: **Ghiyath al-Kashi** (1380-1429).

INTERNET

Si accedes al siguiente enlace, podrás observar de forma interactiva y, paso a paso, la demostración del teorema del coseno:

http://links.edebe.com/hp4a

FÍJATE

Si aplicamos el teorema del coseno referido al ángulo recto de un triángulo rectángulo, tendremos que:

$$a^2 = b^2 + c^2 - 2 \cdot b \cdot c \cdot \cos 90° =$$
$$= b^2 + c^2 - 2 \cdot b \cdot c \cdot 0 = b^2 + c^2$$

Observa que en este caso se reproduce literalmente el teorema de Pitágoras: $a^2 = b^2 + c^2$.

6 EJEMPLO

Un carpintero tiene que recortar una pieza de madera según las medidas de la figura adjunta. Calcula la longitud resultante del tercer lado.

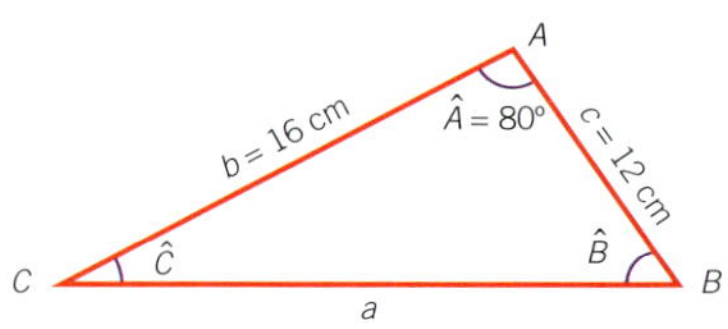

Solución

COMPRENSIÓN: Con los datos del triángulo, podemos calcular el lado a mediante el teorema del coseno.

RESOLUCIÓN: Si aplicamos el teorema del coseno:

$$a^2 = 16^2 + 12^2 - 2 \cdot 16 \cdot 12 \cdot \cos 80° \simeq 400 - 384 \cdot 0{,}173 = 333{,}568 \Rightarrow$$
$$\Rightarrow a = \sqrt{333{,}568} \simeq 18{,}26 \text{ cm}$$

COMPROBACIÓN: Trata de construir el triángulo. Dibuja primero los dos lados de 12 cm y 16 cm de modo que formen un ángulo de 80°. Finalmente, comprueba que, en efecto, el tercer lado mide 18,26 cm.

Ejercicios y problemas
37, 48 a 50 y 66

2.3. Resolución de triángulos mediante los teoremas del seno y del coseno

Veamos cómo se aplican los teoremas del seno y del coseno para resolver cualquier tipo de triángulo.

Conocidos dos ángulos y un lado

Hallaremos primero el tercer ángulo y aplicaremos el teorema del seno. Así, si conocemos el lado a y los ángulos $\hat{B}$ y $\hat{C}$:

1. $\hat{A} = 180° - (\hat{B} + \hat{C})$
2. $\dfrac{a}{\operatorname{sen}\hat{A}} = \dfrac{b}{\operatorname{sen}\hat{B}} \Rightarrow b = \dfrac{a \cdot \operatorname{sen}\hat{B}}{\operatorname{sen}\hat{A}}$
3. $\dfrac{a}{\operatorname{sen}\hat{A}} = \dfrac{c}{\operatorname{sen}\hat{C}} \Rightarrow c = \dfrac{a \cdot \operatorname{sen}\hat{C}}{\operatorname{sen}\hat{A}}$

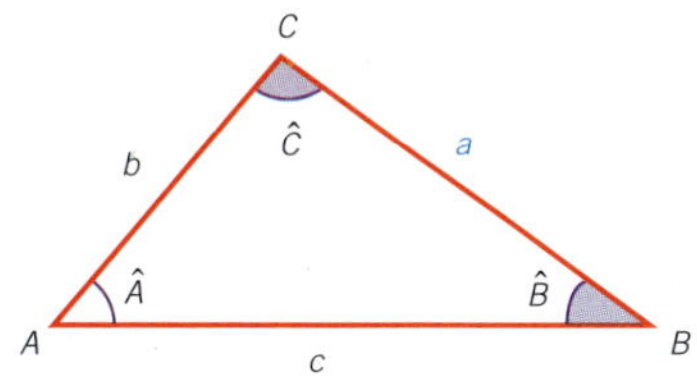

Conocidos dos lados y el ángulo comprendido entre ellos

Calcularemos el tercer lado aplicando el teorema del coseno y aplicaremos el teorema del seno para hallar el resto de ángulos. Por ejemplo, dados el ángulo $\hat{A}$ y los lados b y c con $b < c$:

1. $a^2 = b^2 + c^2 - 2 \cdot b \cdot c \cdot \cos\hat{A}$
2. $\dfrac{a}{\operatorname{sen}\hat{A}} = \dfrac{b}{\operatorname{sen}\hat{B}} \Rightarrow \hat{B} = \operatorname{arcsen}\left(\dfrac{b \cdot \operatorname{sen}\hat{A}}{a}\right)$
3. $\hat{C} = 180° - (\hat{A} + \hat{B})$

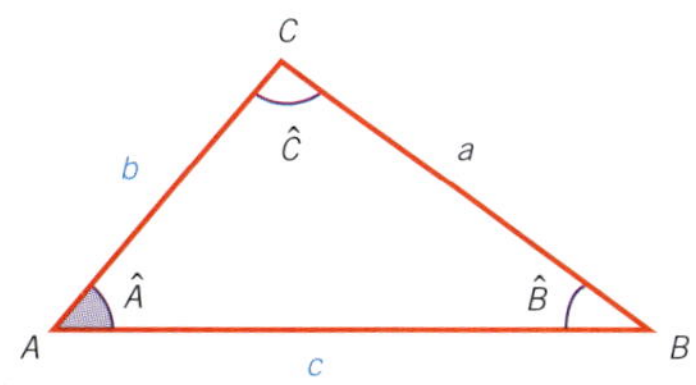

Conocidos los tres lados

Calcularemos un ángulo aplicando el teorema del coseno, y los otros con el teorema del seno. Por ejemplo, dados los lados a, b y c donde, $b < a$ y $b < c$:

1. $a^2 = b^2 + c^2 - 2 \cdot b \cdot c \cdot \cos\hat{A} \Rightarrow \hat{A} = \arccos\left(\dfrac{b^2 + c^2 - a^2}{2 \cdot b \cdot c}\right)$
2. $\dfrac{a}{\operatorname{sen}\hat{A}} = \dfrac{b}{\operatorname{sen}\hat{B}} \Rightarrow \hat{B} = \operatorname{arcsen}\left(\dfrac{b \cdot \operatorname{sen}\hat{A}}{a}\right)$
3. $\hat{C} = 180° - (\hat{A} + \hat{B})$

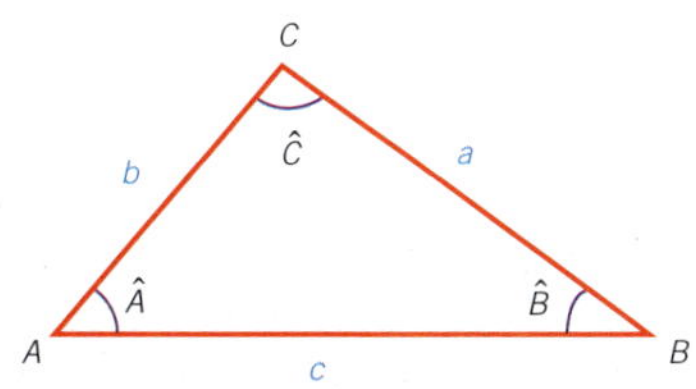

7 EJEMPLO

Resuelve el triángulo del que conocemos dos lados $a = 10$ cm, $b = 8$ cm, y el ángulo comprendido entre ellos $\hat{C} = 30°$.

Solución

RESOLUCIÓN. Conocemos dos lados y el ángulo comprendido entre ellos.

$$c^2 = 10^2 + 8^2 - 160 \cdot \cos 30° = 25{,}44 \Rightarrow c = 5{,}043\,\text{cm}$$

$$\frac{8}{\operatorname{sen}\hat{B}} = \frac{5{,}043}{\operatorname{sen}30°} \Rightarrow \hat{B} = \operatorname{arcsen}\left(\frac{8 \cdot \operatorname{sen}30°}{5{,}043}\right) = 0{,}7931 \Rightarrow \hat{B} = 52{,}47° \text{ o } 127{,}53°$$

Como $b < a$, también debe ocurrir que $\hat{B} < \hat{A}$ y, por lo tanto, $\hat{B}$ no puede ser un ángulo de 127,53°, pues, al ser obtuso, debería ser el mayor ángulo del triángulo.

Por lo tanto, $\hat{B} = 52{,}47°$ y $\hat{A} = 180° - (30° + 52{,}47°) = 97{,}53°$

FÍJATE

En el paso 2 de los casos en los que conocemos dos y tres lados, hemos determinado el ángulo opuesto al menor lado conocido.

La razón es que, al utilizar el teorema del seno,

$$\frac{a}{\operatorname{sen}\hat{A}} = \frac{b}{\operatorname{sen}\hat{B}} \Rightarrow$$

$$\Rightarrow \hat{B} = \operatorname{arcsen}\left(\frac{b \cdot \operatorname{sen}\hat{A}}{a}\right)$$

normalmente, $\hat{B}$ tendrá dos posibles valores: uno que se corresponderá con un ángulo agudo y otro con un ángulo obtuso.

Si b es el menor de los lados conocidos, podemos descartar el ángulo obtuso obtenido pues, al ser obtuso, debería ser el mayor ángulo del triángulo.

Si b no es el menor de los ángulos, deberemos tener en cuenta la relación entre las longitudes de los lados y la amplitud de los ángulos: si $a > b$ entonces $\hat{A} > \hat{B}$; esta propiedad nos permitirá identificar el valor del ángulo $\hat{B}$.

INTERNET

Existen distintas opciones online con las que se pueden resolver cualquier tipo de triángulo.

Puedes entrar, por ejemplo, en las siguientes:

http://links.edebe.com/hgankg

http://links.edebe.com/78

AMPLÍA

Cuando queremos determinar ángulos de un triángulo conocidos tres datos, hemos encontrado expresiones como:

$$\operatorname{sen}\hat{B} = \frac{b \cdot \operatorname{sen}\hat{A}}{a}$$

$$\cos\hat{A} = \frac{b^2 + c^2 - a^2}{2 \cdot b \cdot c}$$

Así, para asegurar que podemos construir un triángulo, deberá cumplirse que:

$$\frac{b \cdot \operatorname{sen}\hat{A}}{a} \leq 1$$

$$\frac{b^2 + c^2 - a^2}{2 \cdot b \cdot c} \leq 1$$

Es decir, que:

$$b \cdot \operatorname{sen}\hat{A} \leq a$$

$$b^2 + c^2 - a^2 \leq 2 \cdot b \cdot c$$

Problemas resueltos
B

Ejercicios y problemas
38 a 47, 51 a 65 y 67 a 70

Síntesis
71 a 74

Conocidos dos lados y el ángulo opuesto a uno de ellos

Hasta ahora, tres datos permitían construir un único triangulo.

Sin embargo, dados dos lados y un ángulo opuesto a uno de ellos, podemos obtener hasta dos triángulos tal y como muestra la figura. Deberemos, por lo tanto, tener en cuenta este hecho, antes de resolver el triángulo.

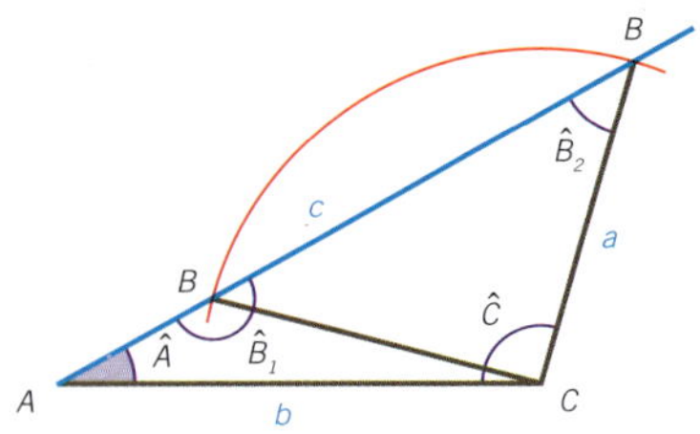

Dados los lados a y b y el ángulo $\hat{A}$, determinaremos el ángulo $\hat{B}$ a partir del teorema del seno:

$$\frac{a}{\operatorname{sen}\hat{A}} = \frac{b}{\operatorname{sen}\hat{B}} \Rightarrow \operatorname{sen}\hat{B} = \frac{b \cdot \operatorname{sen}\hat{A}}{a}$$

Para saber si existen uno o dos triángulos que cumplen con los datos iniciales, hallaremos los ángulos suplementarios $\hat{B}_1$ y $\hat{B}_2$ que tienen el mismo seno, y comprobaremos si el ángulo obtuso obtenido puede ser o no una solución. Si es solución, podrán construirse dos triángulos que cumplan las condiciones iniciales, y si no lo es, únicamente habrá un triángulo que las cumpla.

8 EJEMPLO

Resuelve los siguientes triángulos:

a) $a = 5$ cm, $b = 3$ cm, $\hat{A} = 30°$ **b)** $a = 3$ cm, $b = 5$ cm, $\hat{A} = 30°$

Solución

COMPRENSIÓN: De los triángulos conocemos dos lados y el ángulo opuesto a uno de ellos. Deberemos aplicar el teorema del seno e identificar si con estos datos, podemos construir un único triángulo o dos triángulos.

RESOLUCIÓN:

a) $\frac{5}{\operatorname{sen} 30°} = \frac{3}{\operatorname{sen}\hat{B}} \Rightarrow \operatorname{sen}\hat{B} = \frac{3 \cdot \operatorname{sen} 30°}{5} = 0{,}3$

Luego los ángulos suplementarios que cumplen esta relación son:

$\hat{B}_1 = 17{,}46°$ y $\hat{B}_2 = 162{,}54°$; pero $\hat{B}_2$ no puede ser solución pues $\hat{B}_2 + \hat{A} = 192{,}54° > 180°$.

En este caso, solo podremos construir un único triángulo cuyas medidas son:

$$\hat{A} = 30°;\ \hat{B} = 17{,}46°,\ \hat{C} = 180° - (30° + 17{,}46°) = 132{,}54°$$

$$a = 5 \text{ cm},\ b = 3 \text{ cm},\ c^2 = 5^2 + 3^2 - 30 \cos 132{,}54° = 54{,}28 \longrightarrow c = 7{,}37 \text{ cm}$$

b) $\frac{3}{\operatorname{sen} 30°} = \frac{5}{\operatorname{sen}\hat{B}} \Rightarrow \operatorname{sen}\hat{B} = \frac{5 \cdot \operatorname{sen} 30°}{3} = 0{,}833$. En este caso los ángulos suplementarios son:

$\hat{B}_1 = 56{,}44°$ y $\hat{B}_2 = 123{,}56°$. Como $\hat{B}_2 + \hat{A} = 153{,}56° < 180°$, podremos construir dos triángulos distintos con estas medidas.

Triángulo 1: $\hat{A} = 30°,\ \hat{B} = 56{,}44° \Rightarrow \hat{C} = 180° - (30° + 56{,}44°) = 93{,}56°$

$a = 3$ cm, $b = 5$ cm, y $c^2 = 3^2 + 5^2 - 30 \cdot \cos 93{,}56° = 35{,}86 \Rightarrow c = 5{,}99$ cm

Triángulo 2: $\hat{A} = 30°,\ \hat{B} = 123{,}56° \Rightarrow \hat{C} = 180° - (30° + 123{,}56°) = 26{,}44°$

$a = 3$ cm, $b = 5$ cm y $c^2 = 3^2 + 5^2 - 30 \cdot \cos 26{,}44° = 7{,}14 \Rightarrow c = 2{,}67$ cm

COMPROBACIÓN: Podemos dibujar los triángulos y comprobar que los resultados obtenidos son correctos.

A RESOLUCIÓN DE TRIÁNGULOS RECTÁNGULOS

Una persona que está situada en la orilla de un río ve un árbol en la otra orilla bajo una visual de 60°. Si se aleja 25 m, la visual es de 30°. Determina la altura del árbol y la anchura del río suponiendo que el terreno es horizontal.

Solución

COMPRENSIÓN: Es importante imaginar visualmente la situación del problema y constatar que los triángulos serán triángulos rectángulos. Un dibujo nos permitirá entender el problema y obtener los datos necesarios para resolverlo.

DATOS:

$d = 25$ m; $\hat{C} = 60°$, $\hat{C}' = 30°$, $\hat{A} = 90°$. Llamaremos *x* a la altura del árbol e *y*, a la anchura del río.

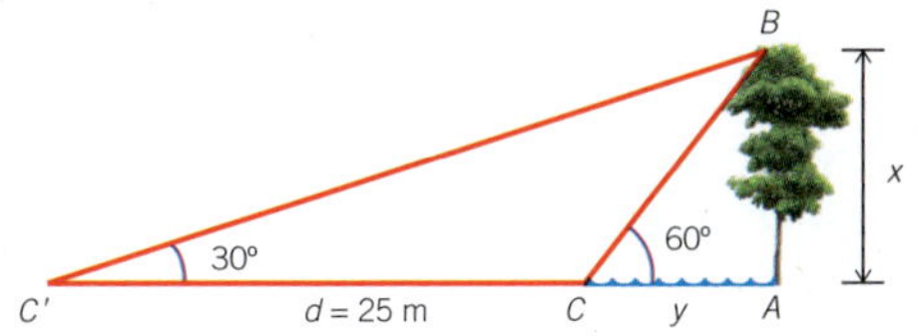

RESOLUCIÓN:

Con la visual de 60°: $\text{tg}\,60° = \dfrac{x}{y} = \sqrt{3}$

Con la visual de 30°: $\text{tg}\,30° = \dfrac{x}{y+25} = \dfrac{\sqrt{3}}{3}$

Despejamos la variable *x* en ambas ecuaciones e igualamos sus valores:

$$x = y\sqrt{3} = \frac{(y+25)\cdot\sqrt{3}}{3} \Rightarrow y\sqrt{3} = \frac{(y+25)\cdot\sqrt{3}}{3}$$

Es decir: $3y\sqrt{3} = (y+25)\cdot\sqrt{3} \Rightarrow 3y = y + 25$

Por tanto: $2y = 25 \Rightarrow y = \dfrac{25}{2} = 12{,}5\,\text{m}$

Para hallar el valor de *x*, bastará con sustituir *y* en una de las igualdades; por ejemplo, en la primera:

$$x = y\sqrt{3} \Rightarrow x = 12{,}5\cdot\sqrt{3} \approx 21{,}65\,\text{m}$$

Así, podemos concluir que:

— La altura del árbol es de 21,65 m.

— La anchura del río es de 12,5 m.

COMPROBACIÓN:

Sustituimos los valores *x* e *y* para comprobar los valores de los ángulos de las visuales a partir de los valores de sus tangentes:

Visual de 60°: $\text{tg}\,60° = \dfrac{x}{y} = \dfrac{21{,}65}{12{,}5} = 1{,}732 \simeq \sqrt{3}$

Visual de 30°: $\text{tg}\,30° = \dfrac{x}{y+25} = \dfrac{21{,}65}{12{,}5+25} = \dfrac{21{,}65}{37{,}5} = 0{,}577\hat{3} \simeq \dfrac{\sqrt{3}}{3}$

1. ★★☆ Una persona observa el punto más alto de la estatua de Colón en Barcelona que se encuentra a 60 m y lo hace desde una visual de 40° respecto de la horizontal. Si retrocede 20 m, calcula:

a) El ángulo de la visual desde este nuevo punto.

b) La distancia que originalmente había entre la persona y la estatua.

Sol.: a) 33° 15' 16"; b) 71,5 m

2. ★★☆ Teniendo en cuenta las características de un cartabón, halla:

a) El valor de su cateto más largo (*y*) y el de su hipotenusa (*z*) en función de su cateto más corto (*x*).

b) El valor de su cateto más corto (*x*) y el de su hipotenusa (*z*) en función de su cateto más largo (*y*).

Sol.: a) $y = x\sqrt{3}$; $z = 2x$; b) $x = \dfrac{y\sqrt{3}}{3}$; $z = \dfrac{2y\sqrt{3}}{3}$

B RESOLUCIÓN DE TRIÁNGULOS NO RECTÁNGULOS

En un cuadrado *ABCD* de lado la unidad se unen los vértices *A* y *B* con un punto *N* situado sobre el lado $\overline{CD}$, de modo que la razón entre los segmentos $\overline{ND}$ y $\overline{NC}$ sea 4. Halla el ángulo que forman los segmentos $\overline{AN}$ y $\overline{BN}$.

Solución

COMPRENSIÓN: Resulta de gran ayuda trazar, en un primer momento, un dibujo de la situación espacial del problema.

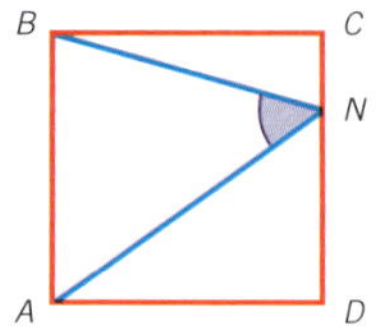

Observa que los triángulos *BCN* y *ADN* son rectángulos, mientras que el triángulo *BNA* no es rectángulo.

DATOS: $\hat{C} = \hat{D} = 90°$,

$$\overline{AB} = \overline{BC} = \overline{CD} = \overline{DA} = 1\,,\ \frac{\overline{ND}}{\overline{NC}} = 4,\ \overline{ND} + \overline{NC} = \overline{CD} = 1$$

RESOLUCIÓN: Intenta resolver el problema tú solo. Para ello, oculta la respuesta y sigue estos pasos:

Pasos

1. Determina las longitudes de los segmentos $\overline{ND}$ y $\overline{NC}$.
2. Halla el valor de $\overline{NB}$ dentro del triángulo *BCN* mediante el teorema de Pitágoras.
3. Halla el valor de $\overline{NA}$ dentro del triángulo *AND* mediante el teorema de Pitágoras.
4. Aplica el teorema del coseno en el triángulo *BNA* y resuelve la ecuación planteada.

Respuesta

1. $\overline{ND} = 4\overline{NC}$

$$\overline{ND} + \overline{NC} = 1 \Rightarrow 5\overline{NC} = 1 \Rightarrow \overline{NC} = \frac{1}{5} \Rightarrow \overline{ND} = \frac{4}{5}$$

2. $\overline{NB} = \sqrt{\overline{BC}^2 + \overline{NC}^2} = \sqrt{1^2 + \left(\frac{1}{5}\right)^2} = \frac{\sqrt{26}}{5}$

3. $\overline{NA} = \sqrt{\overline{AD}^2 + \overline{ND}^2} = \sqrt{1^2 + \left(\frac{4}{5}\right)^2} = \frac{\sqrt{41}}{5}$

4. $\overline{AB}^2 = \overline{NB}^2 + \overline{NA}^2 - 2 \cdot \overline{NB} \cdot \overline{NA} \cos\hat{N} \Rightarrow$

$$1^2 = \left(\frac{\sqrt{26}}{5}\right)^2 + \left(\frac{\sqrt{41}}{5}\right)^2 - 2\frac{\sqrt{26}}{5}\frac{\sqrt{41}}{5}\cos\hat{N}$$

$$1 = \frac{67}{25} - 2\frac{\sqrt{1066}}{25}\cos\hat{N} = \frac{67}{25} - \frac{65{,}30}{25}\cos\hat{N} \Rightarrow$$

$$\Rightarrow 25 = 67 - 65{,}30\cos\hat{N} \Rightarrow$$

$$\Rightarrow \cos\hat{N} = \frac{42}{65{,}30} = 0{,}6432 \Rightarrow \hat{N} = 49°\,58'\,11''$$

COMPROBACIÓN: Podemos hallar los valores del ángulo $\hat{N}$ en los triángulos *BCN* y *ADN,* y comprobar que la suma de dichos ángulos junto al hallado en el problema suman 180°.

Para *BCN:*

$$\operatorname{tg}\hat{N} = \frac{\overline{BC}}{\overline{NC}} = \frac{1}{\frac{1}{5}} = 5 \Rightarrow \hat{N} = 78°\,41'\,24''$$

Para *ADN:*

$$\operatorname{tg}\hat{N} = \frac{\overline{DA}}{\overline{ND}} = \frac{1}{\frac{4}{5}} = \frac{5}{4} \Rightarrow \hat{N} = 51°\,20'\,25''$$

Por tanto: 49° 58' 11" + 78° 41' 24" + 51° 20' 25" = 180°

3. ★★☆ Queremos hallar la distancia entre dos puntos inaccesibles *A* y *B*. Para ello, tomamos dos puntos fijos *C* y *D* en una superficie plana que distan entre sí 180 m. Las visuales de *C* y *D* en dirección a *B* son, respectivamente, de 40° y 71° mientras que las visuales de *C* y *D* en dirección a *A* son, respectivamente, de 69° y 39°. Calcula la distancia entre *A* y *B*.

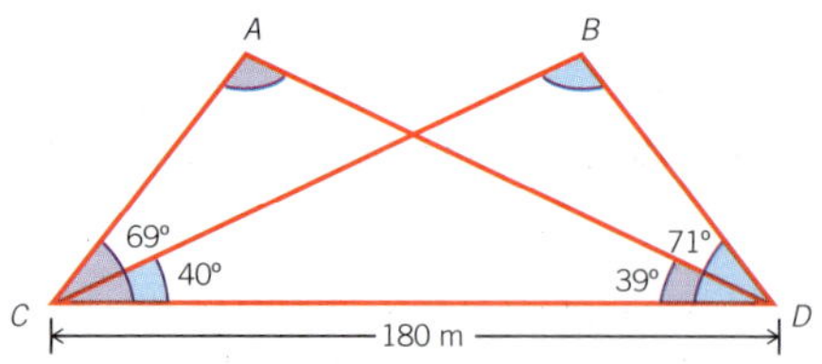

Sol.: 97,15 m

4. En la costa hay dos faros iguales *A* y *B* que distan entre sí 15 km. Un buque que navega paralelamente a la recta que los une es observado desde cada uno de ellos mediante dos visuales de 62° y 56°, respectivamente. Al cabo de media hora, las respectivas visuales son de 48° y 80°. Calcula la distancia recorrida por el barco en este tiempo y a qué velocidad navega.

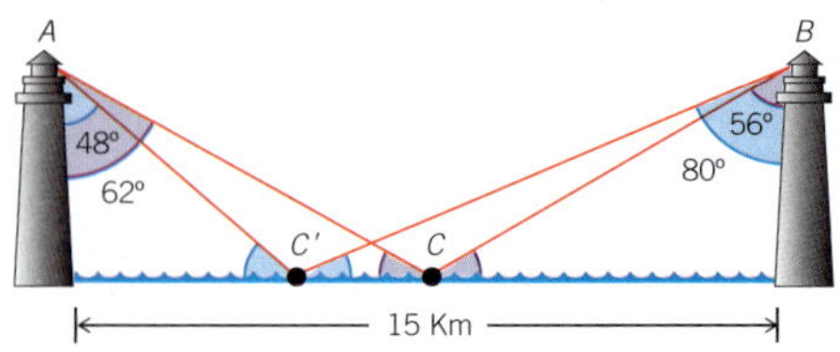

Sol.: 7,322 km; 14,644km / h

EJERCICIOS Y PROBLEMAS

1 RESOLUCIÓN DE TRIÁNGULOS RECTÁNGULOS

5. ★☆☆ Comprueba si los triángulos con las siguientes medidas son rectángulos:

a) $a = 10$ cm; $b = 8$ cm; $c = 6$ cm

b) $a = 15$ cm; $b = 10$ cm; $c = 10$ cm

c) $a = 136$ cm; $b = 88$ cm; $c = 105$ cm

d) $\hat{B} = \hat{C} = 45°$ No se puede resolver

e) $\hat{B} = 33°, \hat{C} = 66°$ //

6. ★☆☆ Razona por qué un triángulo cuyos lados miden 20 cm, 30 cm y 40 cm no puede ser rectángulo.

7. ★☆☆ Resuelve un triángulo rectángulo si sabemos que un cateto mide 20 cm y su ángulo opuesto, 40°.

Sol.: cateto = 23,84 cm, hipotenusa = 31,11 cm, ángulos: 90° y 50°

8. ★☆☆ Con la ayuda de la calculadora, resuelve un triángulo rectángulo sabiendo que uno de sus ángulos agudos mide 52° 5' 43" y que su cateto contiguo, 3,5 cm.

Sol.: $a = 5{,}7$ cm, $c = 4{,}5$ cm, $\hat{A} = 90°$, $\hat{B} = 37° 54' 17''$

9. ★☆☆ Resuelve el triángulo rectángulo cuyos catetos miden 9 cm y 12 cm.

Sol.: $a = 15$ cm, $\hat{A} = 90°$, $\hat{B} = 53° 8'$, $\hat{C} = 36° 52'$

10. ★☆☆ Resuelve un triángulo isósceles cuyo lado desigual mide 12 cm y cuyo ángulo igual mide 40°.

Sol.: tercer ángulo = 100°, lados iguales = 7,83 cm

11. ★☆☆ Comprueba si los siguientes triángulos son rectángulos:

a) Altura h sobre la base de 12 cm; proyecciones m y n de los lados inclinados sobre la base de 4 cm y 36 cm, respectivamente.

b) Base a de 27 cm, lado inclinado b de 9 cm, proyección m de dicho lado sobre la base de 3 cm.

c) Base a de 40 cm, lado inclinado c de 20 cm, proyección n de dicho lado sobre la base de 12 cm.

d) Altura h sobre la base de 16 cm; proyecciones m y n de los lados inclinados sobre la base de 14 cm y 10 cm, respectivamente.

12. ★★☆ Una antena está sujeta al suelo mediante un cable inclinado que forma 48° con la horizontal.

Si desde la base de la antena hasta la base del cable hay 12 m, resuelve el triángulo rectángulo formado.

Sol.: altura antena = 13,33 m, longitud cable = 17,93 m, ángulos: 90° y 42°

13. ★★☆ Resuelve el siguiente triángulo rectángulo:

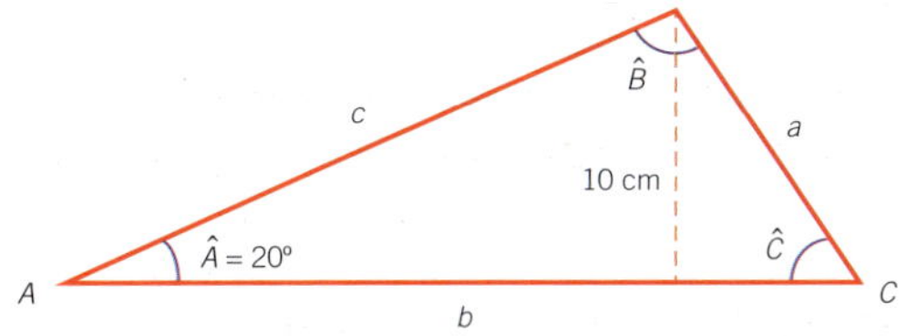

Sol.: $\hat{C} = 70°$, $\hat{B} = 90°$, $\overline{CB} = 10{,}64$ cm, $\overline{AB} = 29{,}24$ cm, $\overline{AC} = 31{,}12$ cm

14. ★★☆ Calcula la altura de una chimenea sabiendo que la visual dirigida al punto más alto por un observador de 1,75 m de altura forma un ángulo de 37° con la horizontal, y que el observador se encuentra a 50 m de la chimenea.

Sol.: 39,43 m

15. ★★☆ Con la aplicación que encontrarás en el enlace, resuelve un triángulo rectángulo cuya hipotenusa mide 3,2 cm siendo 57° uno de sus ángulos adyacentes: @

http://links.edebe.com/eesu4

Sol.: 2,6837 cm, 1,7428 cm, 33°

16. ★★☆ Utiliza la calculadora para resolver triángulos que encontrarás en el siguiente enlace y resuelve un triángulo rectángulo que tiene un cateto de longitud 6 cm y cuyo ángulo opuesto mide 40°: @

http://links.edebe.com/45r2d

Sol.: cateto = 7,15 cm, hipotenusa = 9,33 cm, ángulos: 90° y 50°

17. ★★☆ Queremos construir un puente de 3 m de altura sobre un río con una rampa de acceso desde cada uno de sus extremos. Si las rampas deben tener una inclinación de 16°, calcula:

a) La longitud que debe tener cada rampa.

b) ¿A qué distancia de la orilla deben construirse?

Sol.: a) 10,88 m; b) 10,46 m

18. ★★☆ Una escalera de 7,5 m se apoya contra una pared de forma que alcanza 6 m de altura.

Calcula el ángulo de inclinación de la escalera respecto del suelo y qué distancia hay entre la base de la escalera y la pared.

Sol.: 53° 8', 4,5 m

19. ★★☆ Una cinta inclinada transportadora lleva carbón hasta una central térmica.

Si la cinta mide 360 m y tiene que salvar un desnivel de 40 m, ¿qué ángulo de elevación debe tener la cinta?

Sol.: 6° 22' 46"

20. ★★☆ Resuelve el triángulo rectángulo formado por la mitad de un triángulo equilátero cuyo lado mide 16 cm.

Sol.: $c = 13{,}86$ cm, $\hat{B} = 30°$, $\hat{C} = 60°$, $\hat{A} = 90°$

21. ★★☆ En un triángulo rectángulo la hipotenusa mide 20 m y el área es 96 m². Resuelve dicho triángulo.

Sol.: $b = 16$ m, $c = 12$ m, $\hat{A} = 90°$, $\hat{B} = 53° 7' 48''$, $\hat{C} = 36° 52' 12''$

22. ★★☆ Las bases de un trapecio isósceles miden 12 cm y 20 cm. Determina su altura y el ángulo en su base para que el lado no paralelo sea de 6 m.

Sol.: 4,47 m, 48° 11'

23. ★★☆ En un ortoedro de 4 m de largo, 3 m de ancho y 5 m de altura, ¿cuál es el ángulo que forma la diagonal de la base con la diagonal del poliedro en el mismo vértice?

Sol.: 45°

24. ★★☆ Resuelve el triángulo rectángulo formado por una escalera de mano apoyada contra la pared sabiendo que la escalera mide cinco veces más que la distancia existente entre su extremo inferior y la base de la pared.

Sol.: distancia a la pared = x,
ángulos: 78° 27' 47", 11° 32' 13" y 90°,
altura de la pared = $2x\sqrt{6}$

25. ★★☆ Resuelve el siguiente triángulo rectángulo:

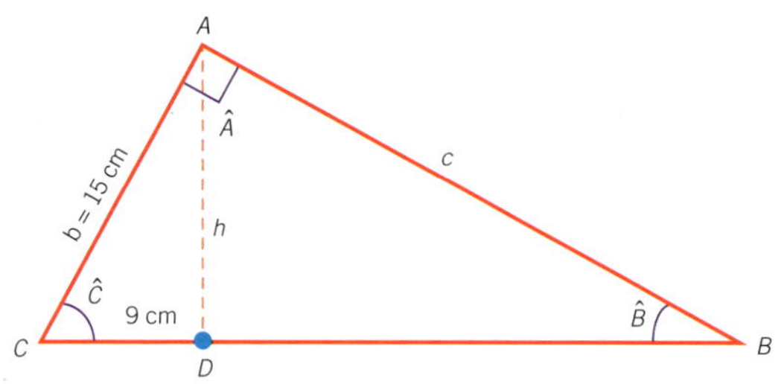

Sol.: $\hat{A}$ = 90°, $\hat{B}$ = 36° 52', $\hat{C}$ = 53° 8',
$\overline{CB}$ = 25 cm, $\overline{AB}$ = 20 cm

26. ★★☆ Las dimensiones de un rectángulo son 20 cm de base y 12 cm de altura. Determina los ángulos que las diagonales forman con los lados.

Sol.: 30° 58' y 59° 2'

27. ★★☆ Resuelve un triángulo oblicuángulo conociendo dos de sus ángulos, 50° y 56°, y siendo 40 cm la longitud del lado opuesto al ángulo de 50°.

Sol.: lados: 43,29 cm y 50,19 cm, ángulo = 74°

28. ★★☆ Resuelve un triángulo oblicuángulo sabiendo que la base mide 30 cm y que sus dos ángulos adyacentes miden 35° y 85°.

Sol.: lados: 19,9 y 34,5 cm, ángulo = 60°

29. ★★☆ Halla la altura y la diagonal mayor de un romboide de lados 40 cm y 20 cm, respectivamente, y ángulo obtuso de 112°.

Sol.: 18,54 cm; 50,98 cm

30. ★★☆ Del centro de un lago sale verticalmente un chorro de agua del que se desea medir a qué altura llega.

Para ello, se mide el ángulo de elevación desde la orilla hasta la parte más alta del chorro y se obtienen 40°. Si nos alejamos 120 m del lago, el ángulo de elevación obtenido es ahora de 32°.

Calcula la altura del chorro de agua.

Sol.: 293,699 m

31. ★★☆ Para conocer la altura de la torre más alta de un castillo, se ha medido el ángulo que desde la horizontal forma la visual con el punto más alto. Su valor es de 36°.

Si nos acercamos 20 m, dicho ángulo es ahora de 60°. ¿Qué altura tiene la torre?

Sol.: 25,03 m

32. ★★☆ Dos personas situadas en dos puntos X e Y que están a 100 m una de la otra y en lados contrarios de una torre, ven esta bajo dos visuales de 50° y 65°, respectivamente.

a) ¿A qué distancia está cada persona de la torre?

b) ¿Cuál es la altura de la torre?

Sol.: a) 64,28 m, 35,72 m; b) h = 76,6 m

33. ★★☆ Dos personas contemplan un globo desde dos puntos distintos y opuestos. La visual de la primera persona al globo es de 40° mientras que la de la segunda es de 50°. Si el globo está a 100 m de altura y está alineado con los observadores, ¿qué distancia hay entre las dos personas?

Sol.: 203,08 m

34. ★★☆ Dos personas observan una torre de forma que las tres ubicaciones están alineadas. Sabiendo que la torre está situada entre las dos personas, que sus visuales a la parte superior de la torre son de 30° y 45°, y que la primera de ellas dista 800 m de la parte superior de la torre, halla la altura de la torre y la distancia entre las dos personas.

Sol.: h = 400 m;
distancia = 1 092,82 m

35. ★★☆ En una circunferencia de radio 10 cm se traza una cuerda $\overline{AB}$ a 4 cm del centro. Calcula el ángulo $\widehat{AOB}$.

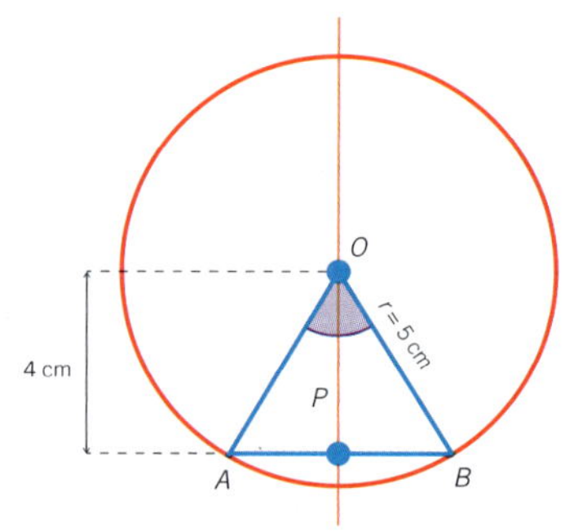

Sol.: 132° 50'

36. ★★★ La corriente de un río tiene una velocidad de 6 km / h y lo queremos cruzar con una barca que navega a 12 km / h. Si partimos en dirección perpendicular a la corriente del río, calcula:

a) La velocidad real de la barca.

b) El ángulo que se desviará la trayectoria de la barca respecto de la corriente del río.

Sol.: a) 13,42 km / h; b) 63° 26'

2 TEOREMAS DEL SENO Y DEL COSENO

37. ★☆☆ Aplica el teorema del seno para verificar si en cada caso estos valores corresponden a un mismo triángulo:

a) a = 3,02 cm; b = 2 cm; $\hat{A} = 35°$; $\hat{B} = 30°$

b) a = 4 cm; b = 6 cm; $\hat{A} = 36°$; $\hat{B} = 72° 23'$

c) b = 5 cm; c = 12 cm; $\hat{B} = 48°$; $\hat{C} = 89°$

d) a = 7 cm; c = 9 cm; $\hat{A} = 37°$; $\hat{C} = 50° 42'$

38. ★☆☆ Resuelve un triángulo del que se conocen los ángulos $\hat{A} = 65°$ y $\hat{B} = 88°$ y su lado *a* mide 8,5 cm.

Sol.: *b* = 9,37 cm, *c* = 4,26 cm, $\hat{C} = 27°$

39. ★☆☆ Resuelve el triángulo cuya base mide 30 cm y sus dos ángulos adyacentes miden 45° y 115°.

Sol.: ángulo = 20°, lados: 62,02 cm y 70,50 cm

40. ★☆☆ Resuelve el siguiente triángulo:

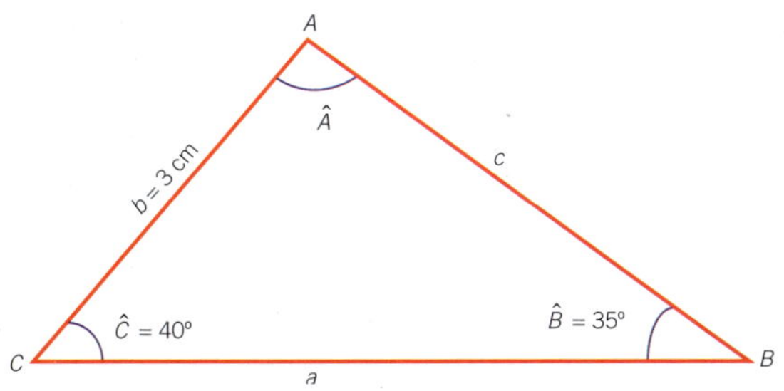

Sol.: *a* = 5,05, *c* = 3,36 cm, $\hat{A} = 105°$

41. ★☆☆ Resuelve un triángulo de lados 8 cm y 10 cm, y ángulo de 100° comprendido entre ellos.

Sol.: ángulos: 34° 41' y 45° 19', lado = 13,85 cm

42. ★☆☆ Resuelve un triángulo de lados 10 cm y 20 cm, siendo 72° el ángulo comprendido entre ellos.

Sol.: lado = 19,40 cm, ángulos: 78° 39' y 29° 21'

43. ★☆☆ Resuelve un triángulo del que conocemos dos de sus lados, 10 cm y 20 cm, y el ángulo comprendido entre ellos, 30°.

Sol.: lado = 12,39 cm, ángulos: 23° 48' y 126° 12'

44. ★☆☆ Resuelve un triángulo cuyos lados miden 5, 6 y 7 cm.

Sol.: 57° 7', 78° 28' y 44° 25'

45. ★☆☆ Resuelve un triángulo del que se conocen los lados *a* = 16 cm y *b* = 12 cm, y su ángulo $\hat{B}$ mide 33°.

Sol.: *c* = 21,67 cm, $\hat{A} = 46,57°$, $\hat{C} = 100,43°$; *c* = 5,17 cm, $\hat{A} = 133,43°$, $\hat{C} = 13,57°$

46. ★☆☆ Resuelve un triángulo tal que *b* = 54 cm, *c* = 43 cm y $\hat{C} = 15°$.

Sol.: *a* = 92,83 cm, $\hat{A} = 146,03°$, $\hat{B} = 18,97°$; *a* = 11,50 cm, $\hat{A} = 3,97°$, $\hat{B} = 161,03°$

47. ★☆☆ Resuelve el triángulo que tiene por lados 20 cm y 22 cm, siendo 60° el ángulo opuesto al primero de los lados.

Sol.: 17,83 cm, 72,29°, 47,71°; 4,92 cm, 107,71°, 12,29°

48. ★★☆ Utiliza el teorema del seno para verificar que la relación entre la diagonal y el lado de un pentágono regular equivale al número Φ o número áureo (Φ = 1,618033...).

49. ★★☆ En un triángulo las longitudes de los lados guardan las siguientes proporciones: $1 : \frac{3}{2} : 2$. Calcula la relación del seno del ángulo mayor ($\hat{A}$) respecto de los senos de los otros dos ángulos.

Sol.: $\frac{4}{3}$; 2

50. ★★☆ Mediante el teorema del coseno, justifica que el radio de la circunferencia circunscrita a un hexágono regular equivale al lado de este.

51. ★★☆ Un avión (*C*) sobrevuela dos ciudades (*A* y *B*) dentro de un mismo plano vertical. Las ciudades distan entre sí 9 km y desde ellas se ve el avión bajo visuales de 20° y 24°, respectivamente. Calcula la distancia desde cada ciudad hasta el avión y a qué altura vuela este.

Sol.: $\overline{AC}$ = 5,27 km, $\overline{BC}$ = 4,43 km, *h* = 1,802 km

52. ★★☆ Calcula el lado de un polígono regular de 18 lados que está inscrito en una circunferencia de 10 cm de radio.

Sol.: 3,47 cm

53. ★★☆ Tres pueblos *A*, *B* y *C* están unidos por carreteras rectas que forman un triángulo. La distancia de *A* hasta *B* es de 15 km, de *A* hasta *C* es de 18 km y el ángulo $\hat{A}$ mide 60°. Calcula la distancia del pueblo *B* hasta *C*.

Sol.: 19,95 km

54. ★★☆ Halla el lado del eneágono regular inscrito en una circunferencia de 4 cm de radio.

Sol.: 2,736 cm

55. ★★☆ Dos barcos salen de puerto a la misma hora con rumbos distintos formando un ángulo de 110°. Se sabe que el primero navega a 17 nudos y el segundo a 26 nudos (1 nudo = 1 milla náutica / hora).

Calcula a qué distancia estarán uno del otro al cabo de dos horas de navegación.

Sol.: 71,2 millas náuticas

56. ★★☆ Un solar tiene forma de triángulo del que se conocen dos de sus tres lados, 45 m y 56 m, y el ángulo comprendido entre ellos, 60°. @

Calcula su área mediante la *fórmula de Herón,* que hallarás en: http://links.edebe.com/he3xye

Sol.: 1 091,19 m²

57. ★★☆ Dos carreteras se cortan en un punto *A* y forman un ángulo de 40°. Sobre una de ellas se señala un punto *B* que dista del cruce 350 m, y sobre la otra carretera el punto *C* que está a 400 m del cruce. Halla la distancia existente entre los dos puntos.

Sol.: 260,78 m

58. ★★☆ Calcula los ángulos de un rombo si su perímetro es de 800 m y una de sus diagonales mide 90 m.

Sol.: dos ángulos de 26° y dos ángulos de 154°

59. ★★☆ La relación entre el lado l de un heptágono regular y el radio r de su circunferencia circunscrita es $l = \frac{r\sqrt{3}}{2}$.

Calcula, a partir de dicha equivalencia, el ángulo central correspondiente a este polígono.

Sol.: 51° 25' 43"

60. ★★☆ Tres ciudades *A*, *B* y *C* forman un triángulo del que se conoce que $\overline{AB} = 150$ km y $\overline{BC} = 100$ km.

Calcula la distancia entre las ciudades *A* y *C* si $\hat{B} = 120°$.

Sol.: 217,94 km

61. ★★☆ Resuelve el triángulo del que se conocen los lados $a = 5$ cm, $b = 2$ cm y el ángulo $\hat{A} = 130°$. @

Para ello, usa la aplicación que encontrarás en el enlace:

http://links.edebe.com/78

Sol.: $\hat{B} = 17° 50'$, $\hat{C} = 32° 10'$, $a = 3{,}47$ cm

62. ★★☆ ¿Existe algún triángulo cuyos lados midan 7 cm y 8,5 cm, siendo 92° el ángulo opuesto al primero de los lados facilitados?

63. ★★☆ En un triángulo dos de sus lados miden 6,5 cm y 7 cm, siendo 67° el ángulo opuesto al primero de ellos. Calcula el ángulo opuesto al segundo de los lados dados y cuántas soluciones tiene.

Sol.: $\hat{C}_1 = 82° 26' 32"$, $\hat{C}_2 = 97° 33' 28"$

64. ★★☆ Calcula la relación entre el lado (l) de un heptágono regular y la más corta de sus diagonales (d). @

Para ello, consulta el siguiente enlace:

http://links.edebe.com/eqif

Sol.: d ~ 1,8 l

65. ★★☆ Dos vías de tren de 1,5 m de ancho se cruzan y forman un rombo. Si uno de los ángulos de corte es de 44°, calcula cuánto mide la diagonal mayor de dicho rombo.

Sol.: 4 m

66. ★★★ Aplica el teorema del coseno para comprobar que la relación entre la diagonal *D* trazada entre el primer y el cuarto vértices de un octógono regular y su lado l equivale al número de plata. @

Para comprobar tu respuesta, accede al siguiente enlace:

http://links.edebe.com/gj64c

67. ★★★ Utiliza el programa GeoGebra para resolver un triángulo oblicuángulo cuya base mide 5,6 cm y sus dos ángulos adyacentes, 20° y 110°. @

http://links.edebe.com/bjx

Sol.: lados: 2,5 y 6,87 cm, ángulo = 50°

68. ★★★ Dos barcos parten de un puerto con rumbos que forman entre sí un ángulo de 130°. El primero sale a las 9 h de la mañana con una velocidad de 16 nudos y el segundo sale dos horas más tarde con una velocidad de 28 nudos. Si el alcance de cada uno de sus radios es de 200 km, ¿podrán contactar entre ellos a las 16 h? (1 nudo = 1 852 m / hora).

69. ★★★ Utiliza el programa GeoGebra para resolver un triángulo cuyos lados miden 4 cm, 6 cm y 8 cm. @

http://links.edebe.com/2fjx

Sol.: 104° 29', 46° 34' y 28° 57'

70. ★★★ Resuelve el triángulo del que se conocen sus tres lados, 7,3 cm, 6,2 cm y 5,4 cm, con el programa Cabri que encontrarás en el enlace: @

http://www.cabri.com/es/

Sol.: 77° 39' 36", 56° 4' 3" y 46° 16' 21"

SÍNTESIS

71. ★★☆ Observa la figura y resuelve el triángulo rectángulo *ABC:*

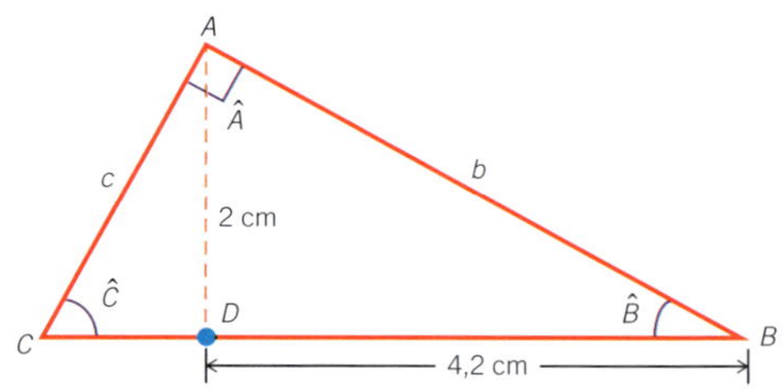

Sol.: $a = 5{,}15$ cm, $b = 4{,}65$ cm, $c = 2{,}21$ cm, $\hat{A} = 90°$, $\hat{B} = 64° 32'$, $\hat{C} = 25° 28'$

72. ★★☆ Un avión vuela sobre dos ciudades *X*, *Y* que distan 100 km entre sí. También se sabe que la vertical del avión se encuentra entre las dos ciudades y que las visuales de la aeronave a *X* e *Y* son de 35° y 27°, respectivamente, sobre la horizontal. Resuelve el triángulo formado por el avión y los puntos *X* e *Y*, y especifica a qué altura vuela y su distancia a las dos ciudades.

Sol.: $h = 29{,}49$ km, $d_x = 51{,}42$ km, $d_y = 64{,}96$ km

73. ★★★ Desde un punto *P* exterior a una circunferencia de 20 cm de radio, se trazan las tangentes a esta formando entre sí un ángulo de 50°. Calcula la distancia de *P* a cada uno de los puntos de tangencia.

Sol.: 42,9 cm

74. ★★★ En un círculo de 20 cm de radio halla el área comprendida entre una de sus cuerdas geométricas de 30 cm y el diámetro paralelo a ella. @

Podrás orientar tu resolución si accedes a:

http://links.edebe.com/5ybk

Sol.: 487,54 cm^2

Resolución de triángulos

Resolver un triángulo consiste en hallar los valores de sus ángulos y de sus lados.

Resolución de triángulos rectángulos

$\hat{A} = 90°, \hat{B} + \hat{C} = 90°$

$a^2 = b^2 + c^2$

$\text{sen } \hat{B} = \frac{b}{a} \quad \cos \hat{B} = \frac{c}{a} \quad \text{tg } \hat{B} = \frac{b}{c}$

$\text{sen } \hat{C} = \frac{c}{a} \quad \cos \hat{C} = \frac{b}{a} \quad \text{tg } \hat{C} = \frac{c}{b}$

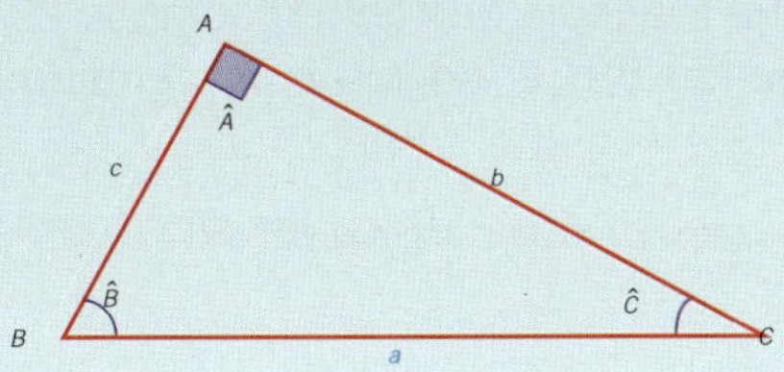

- Conocidos un ángulo agudo ($\hat{C}$) y un lado (a):
  1. $\hat{B} = 90° - \hat{C}$
  2. $\text{sen } \hat{C} = \frac{c}{a} \longrightarrow c = a \cdot \text{sen } \hat{C}$
  3. $a^2 = b^2 + c^2 \longrightarrow b = \sqrt{a^2 - c^2}$
- Conocidos dos lados (b y c):
  1. $a = \sqrt{b^2 + c^2}$
  2. $\text{tg } \hat{B} = \frac{b}{c} \longrightarrow \hat{B} = \text{arctg } \frac{b}{c}$
  3. $\hat{C} = 90° - \hat{B}$

Resolución de triángulos por descomposición en triángulos rectángulos

$\hat{A} + \hat{B} + \hat{C} = 180°$

$a = m + n$

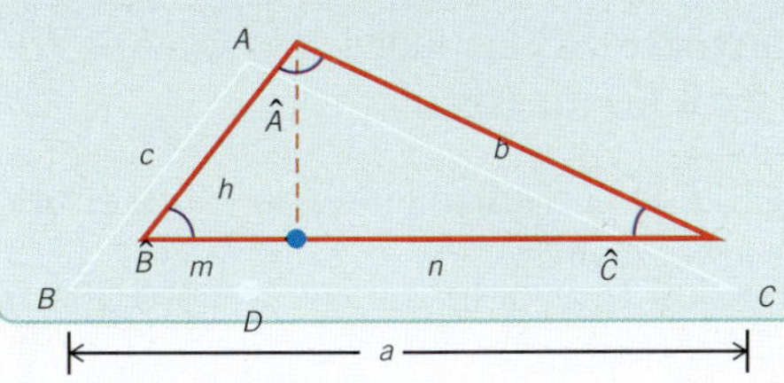

Teoremas del seno y del coseno

Teorema del seno

$$\frac{a}{\text{sen } \hat{A}} = \frac{b}{\text{sen } \hat{B}} = \frac{c}{\text{sen } \hat{C}}$$

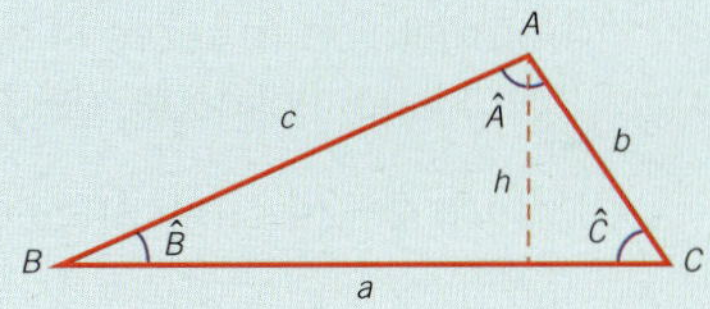

Teorema del coseno

$$a^2 = b^2 + c^2 - 2 \cdot b \cdot c \cdot \cos \hat{A}$$
$$b^2 = a^2 + c^2 - 2 \cdot a \cdot c \cdot \cos \hat{B}$$
$$c^2 = a^2 + b^2 - 2 \cdot a \cdot b \cdot \cos \hat{C}$$

Resolución de triángulos mediante los teoremas del seno y del coseno

- Conocidos dos ángulos ($\hat{B}$ y $\hat{C}$) y un lado (a):
  1. $\hat{A} = 180° - (\hat{B} + \hat{C})$
  2. $\frac{a}{\text{sen } \hat{A}} = \frac{b}{\text{sen } \hat{B}} \Rightarrow b = \frac{a \cdot \text{sen } \hat{B}}{\text{sen } \hat{A}}$
  3. $\frac{a}{\text{sen } \hat{A}} = \frac{c}{\text{sen } \hat{C}} \Rightarrow c = \frac{a \cdot \text{sen } \hat{C}}{\text{sen } \hat{A}}$
- Conocidos dos lados (b y c) y el ángulo comprendido entre ellos ($\hat{A}$):
  1. $a^2 = b^2 + c^2 - 2 \cdot b \cdot c \cdot \cos \hat{A}$
  2. $\frac{a}{\text{sen } \hat{A}} = \frac{b}{\text{sen } \hat{B}} \Rightarrow \hat{B} = \text{arcsen}\left(\frac{b \cdot \text{sen } \hat{A}}{a}\right)$
  3. $\hat{C} = 180° - (\hat{A} + \hat{B})$
- Conocidos los tres lados:
  1. $a^2 = b^2 + c^2 - 2 \cdot b \cdot c \cdot \cos \hat{A} \Rightarrow \hat{A} = \text{arccos}\left(\frac{b^2 + c^2 - a^2}{2 \cdot b \cdot c}\right)$
  2. $\frac{a}{\text{sen } \hat{A}} = \frac{b}{\text{sen } \hat{B}} \Rightarrow \hat{B} = \text{arcsen}\left(\frac{b \cdot \text{sen } \hat{A}}{a}\right)$
  3. $\hat{C} = 180° - (\hat{A} + \hat{B})$
- Conocidos dos lados (a y b) y el ángulo opuesto a uno de ellos ($\hat{A}$): puede haber dos triángulos que cumplan las condiciones iniciales.

$$\frac{a}{\text{sen } \hat{A}} = \frac{b}{\text{sen } \hat{B}} \Rightarrow \text{sen } \hat{B} = \frac{b \cdot \text{sen } \hat{A}}{a}$$

1 Verifica si estos triángulos son rectángulos u oblicuángulos:

a) Lados de 20 cm, 30 cm y 40 cm.

b) Altura h = 30 cm sobre la base; proyecciones m y n de los lados inclinados sobre la base de 18 cm y 50 cm, respectivamente.

c) Base a de 50 cm, lado inclinado c de 40 cm, proyección m sobre la base, correspondiente al otro lado inclinado, de 35 cm.

d) Base de 24 cm y ángulos adyacentes de 32° y 58°.

e) Lados de 10 cm y 6 cm, y ángulo opuesto al primer lado de 40°.

Sol.: a) oblicuángulo; b) rectángulo; c) oblicuángulo; d) rectángulo; e) oblicuángulo

2 Resuelve un triángulo rectángulo cuya hipotenusa mide 33 cm, y el valor de uno de sus ángulos agudos es 33°.

Sol.: catetos: 27,68 cm y 17,97 cm, ángulos: 90° y 57°

3 Calcula la altura de una catedral sabiendo que a una distancia de 1 km se la observa bajo un ángulo de 9° 5' respecto de la horizontal.

Sol.: 159,88 m

4 Una persona observa una torre a cierta distancia bajo una visual de 40°. Si se acerca 40 m a la torre, la visual es de 60°. Calcula la altura de la torre. Si se acerca 10 m más, ¿cuál será la visual?

Sol.: 65,1 m; 67°

5 Observa la figura y con los datos facilitados calcula la altura del árbol. (Orientación: halla por separado la altura de la parte enramada del árbol y la parte vista del tronco).

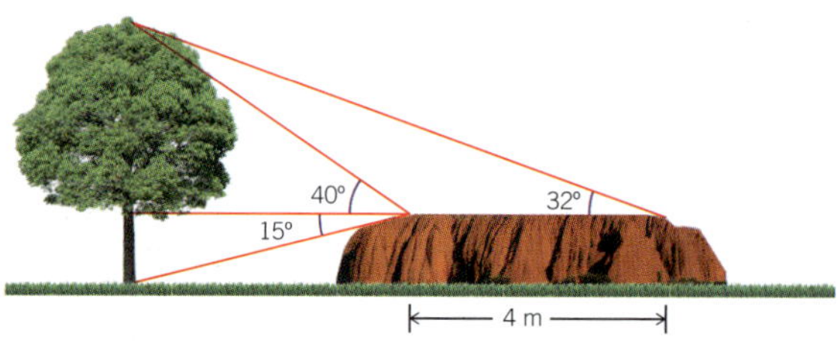

Sol.: 12,916 m

6 Resuelve un triángulo cuya base mide 14 cm y sus ángulos adyacentes, 35° y 100°.

Sol.: ángulo de 45° y lados de 11,36 cm y 19,50 cm

7 Queremos medir la anchura del río en un tramo donde las orillas son paralelas. Para ello, marcamos en una de ellas dos puntos separados 100 m y desde dichos puntos, observamos otro punto de la orilla opuesta bajo dos visuales de 54° y 65°. ¿Qué anchura tiene el río?

Sol.: 83,83 m

8 Resuelve un triángulo que tiene por lados 20 cm y 40 cm, siendo 68° el ángulo comprendido entre ellos:

Sol.: lado = 37,42 cm, ángulos: 82° 21' 17" y 29° 38' 43"

9 Los lados de un triángulo miden 10 cm, 15 cm y 20 cm.

a) Resuelve el triángulo.

b) Calcula su área.

Sol.: a) 46° 34' 3", 104° 28' 39", 28° 57' 18"; b) 72,62 cm^2

10 Los lados de un romboide miden 20 cm y 30 cm, y forman entre sí un ángulo de 40°. Calcula:

a) La longitud de la diagonal menor.

b) La longitud de la diagonal mayor.

Sol.: a) 19,51 cm; b) 47,11 cm

11 En un triángulo rectángulo de catetos b y c, e hipotenusa a:

a) Justifica que $c = \sqrt{a^2 - b^2}$, aplicando el teorema del coseno para dicho lado.

b) Comprueba que el producto de las tangentes de los ángulos agudos de este triángulo equivale a la unidad.

12 En un triángulo ABC los lados miden: a = 70 m, b = 50 m y c = 60 m. Calcula:

a) La longitud de la mediana trazada sobre el lado a.

b) Los ángulos que determinan la mediana y el lado a al cortarse.

Sol.: a) 42,71 m; b) 79° 24' 7" y 100° 35' 53"

SOCIETY

Los triángulos en las pirámides egipcias

Los triángulos sagrados egipcios son aquellos triángulos rectángulos cuyos lados están en la relación 3 - 4 - 5. Los egipcios utilizaron estos triángulos en las construcciones de templos y pirámides; en dibujos y pinturas.

Las pendientes de las primeras pirámides

En la construcción de pirámides, unos de los problemas básicos era mantener la misma pendiente en las cuatro caras laterales.
La elección de la pendiente en la mayoría de las pirámides era la constante obtenida por la unidad de medida denominada *seked* que se definía como el número de palmos horizontales que correspondían en la base de la pirámide a un codo vertical en su altura.

En la siguiente página: **http://links.edebe.com/9v87f**, encontrarás más información sobre las pirámides egipcias.

- ¿A cuántos grados, minutos y segundos equivale un *seked*?
- Elige uno de los problemas del papiro matemático y resuélvelo.

NEW

La verdad sobre el Triángulo de las Bermudas

«Cómo brillantes informáticos resolvieron el misterio del Triángulo de las Bermudas»

Este es el título de un artículo publicado por *Terrence Aym* (2010) en el que se explica que el informático australiano Joseph Monaghan y su equipo demostraron científicamente que las acumulaciones de gas metano en el conocido Triángulo de las Bermudas podrían ser la causa de las desapariciones de barcos y aviones.

- Busca en la Red la ubicación exacta de dicho triángulo y la longitud aproximada de sus lados.
- Calcula la superficie del Triángulo de las Bermudas.
- Investiga otras zonas geográficas de forma triangular que guardan semejanzas con el Triángulo de las Bermudas.

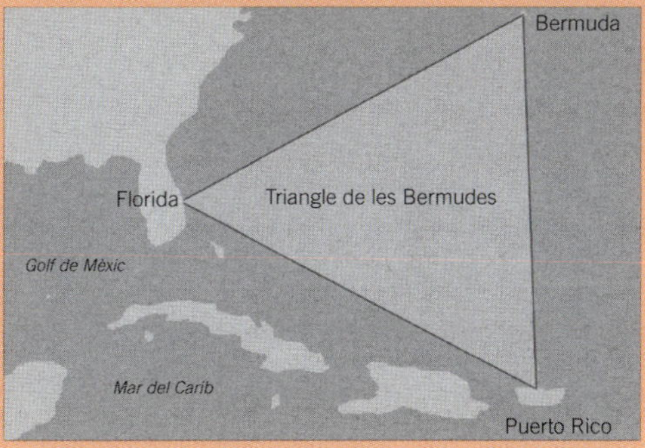

TECHNOLOGICAL DEVELOPMENTS

LOS SISTEMAS DE POSICIONAMIENTO

PROBLEM-BASED PBL LEARNING

Una empresa de rescate de nueva creación quiere utilizar un sistema de posicionamiento global para determinar la posición de los clientes que, en caso de emergencia, necesiten los servicios de la empresa. Ayúdala a escoger entre diferentes sistemas de posicionamiento.

- Formad grupos de cinco componentes, como máximo, y distribuid las tareas con el fin de dar respuesta a este interrogante.
- Para dar respuesta a esta cuestión, puede resultar de ayuda consultar información sobre distintos sistemas de posicionamiento (GPS, Galileo, Glonass...) y observar las diferencias más significativas entre ellos. Informaos sobre los riesgos que suponen estos sistemas sobre la privacidad personal; quién los ha creado y para qué; si son de uso civil y/o militar; si es necesaria su contratación; cuánto cuesta para el emisor y/o receptor, etc.
- Podéis consultar libros de texto, páginas de Internet; buscar información en la prensa, en foros...
- Deberéis presentar el resultado de vuestra investigación en un PowerPoint o en Prezzi.

6

BLOQUE 2. GEOMETRÍA

Números complejos

1. Número complejo
- 1.1. Conjugado y opuesto de un número complejo

2. Operaciones en forma binómica
- 2.1. Suma y resta
- 2.2. Multiplicación y división

3. Representación gráfica

4. Forma polar de un número complejo
- 4.1. Operaciones en forma polar

5. Ecuaciones con soluciones complejas
- 5.1. Ecuaciones de segundo grado
- 5.1. Ecuaciones bicuadradas

Presentación

Problemas interactivos

Libros

— Aprende tanto la historia como muchas de las curiosidades de los números imaginarios con *An Imaginary Tale: The Story of* $\sqrt{-1}$, de Paul J. Nahin. Se trata de una narración muy entretenida donde podrás ver algunas de las aplicaciones de los números complejos: desde las leyes de Kepler hasta los circuitos eléctricos.

— En la publicación *Una Introducción a los Números Complejos* (Universidad de los Andes, 2001) encontrarás un primer capítulo dedicado a la historia de los números complejos: **http://links.edebe.com/g48p**

Web

Aprende sobre los números complejos con la página web de la Universidad de Valladolid en: **http://links.edebe.com/kdj**

Películas

Proof, de John Madden (el director de *Shakespeare in Love*), gira en torno a la figura de un genial matemático. En ella, uno de los personajes principales, Hal, tiene una banda de música. Escucha cómo suena su canción titulada *i* (de *imaginaria*), relacionada con los números imaginarios, y que dura… ¡tres minutos de silencio!

EN CONTEXTO

a> Reflexiona durante unos momentos.

— ¿Qué sabes sobre los números complejos?

— ¿Qué preguntas o inquietudes te surgen sobre ellos?

— ¿Qué te gustaría investigar sobre este tema?

b> La figura que aparece en esta página corresponde al conjunto de Mandelbrot, el más conocido de los conjuntos fractales.

— ¿Qué es un fractal?

— ¿Qué relación tiene el conjunto de Mandelbrot con los números complejos?

— Busca información en Internet sobre los conjuntos de Julia. ¿Qué relación tienen con el conjunto de Mandelbrot?

c> Maravíllate con algunas de las fotografías que puedes ver en el siguiente enlace y piensa qué otros fractales puedes encontrar en la naturaleza: **http://links.edebe.com/jv7p**.

1. Número complejo
1.1. Conjugado y opuesto de un número complejo

1. Número complejo

Sabemos que la ecuación $x^2 = -4$ no tiene solución, pues no existe ningún número real cuyo cuadrado sea un número negativo. Sin embargo, podríamos expresar la solución como $x = \sqrt{-4} = \sqrt{4} \cdot \sqrt{-1} = \pm 2\sqrt{-1}$.

Si ahora definimos el número $i = \sqrt{-1}$, podemos expresar la solución de la ecuación como $x = \pm 2i$.

El número $i = \sqrt{-1}$ se denomina **unidad imaginaria,** y las expresiones numéricas en las que aparece explícitamente, como, por ejemplo, $2 + 3i$, $1 - \frac{1}{4}i$, $\sqrt{7} + 2i$, se denominan **números complejos.**

Las expresiones de la forma $a + bi$, donde a y b son números reales, se denominan números complejos, siendo a la parte real y b la parte imaginaria.

La expresión de un complejo como la suma de una parte real y una parte imaginaria se denomina **forma binómica** de un número complejo:

$$z = a + bi$$

Observa que un número real es un caso particular de número complejo $a + bi$, cuya parte imaginaria es 0 ($b = 0$).

Análogamente, los números complejos cuya parte real es 0 ($a = 0$), se llaman **números imaginarios.**

1.1. Conjugado y opuesto de un número complejo

Dado un número complejo, podemos obtener su conjugado y su opuesto del modo que se detalla a continuación.

El **conjugado** de un número complejo se obtiene cambiando el signo de la parte imaginaria. Así, el conjugado ($\overline{z}$) del número complejo $z = a + bi$ es:

$$\overline{z} = a - bi$$

El **opuesto** de un número complejo se obtiene cambiando el signo de la parte real y de la parte imaginaria. Así, el opuesto ($-z$) del número complejo $z = a + bi$ es:

$$-z = -a - bi$$

1 EJEMPLO

Identifica las partes imaginaria y real de los siguientes números complejos y halla su conjugado y su opuesto:

a) $z = 6 + 2i$ **b)** $z = 5$

Solución

RESOLUCIÓN:

a) La parte real es $a = \text{Re}(z) = 6$ y la parte imaginaria es $b = \text{Im}(z) = 2$.

El conjugado es $\overline{z} = 6 - 2i$ y el opuesto de z es $-z = -6 - 2i$.

b) La parte real es $a = \text{Re}(z) = 5$ y la parte imaginaria es $b = \text{Im}(z) = 0$.

El conjugado de z es $\overline{z} = 5$ y el opuesto de z es $-z = -5$.

LENGUAJE MATEMÁTICO

Los números complejos suelen representarse con la letra z.

A la parte real de un número complejo a la llamaremos $\text{Re}(z)$, mientras que a la parte imaginaria b la llamaremos $\text{Im}(z)$.

El conjunto de los números complejos se simboliza mediante la letra $\mathbb{C}$.

FÍJATE

Los **enteros** ($\mathbb{Z}$) son una extensión de los **naturales** ($\mathbb{N}$) que admiten soluciones negativas de restas.

Los **racionales** ($\mathbb{Q}$) son una extensión de los enteros que incluyen cocientes no exactos.

Los **reales** ($\mathbb{R}$) son una extensión de los racionales e incluyen los irracionales, números que no pueden expresarse como un cociente de enteros, como π, $\sqrt{2}$ o el número e.

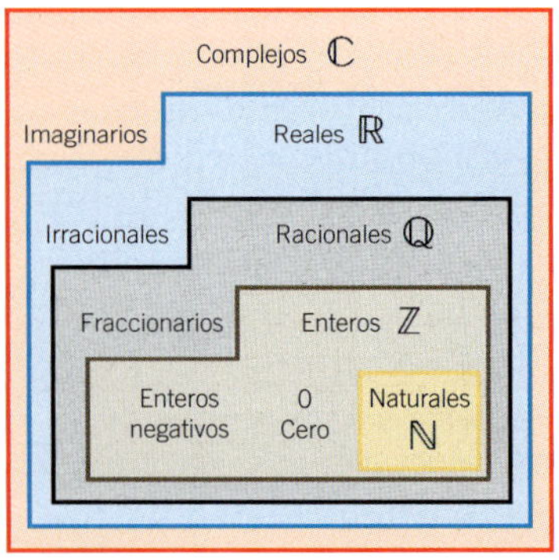

Relaciones entre los conjuntos numéricos

— ¿Cómo definirías los complejos?

Ejercicios y problemas 3 a 7

2. Operaciones en forma binómica

Los números complejos se utilizan en la ingeniería electrónica y otros campos de la física. Por eso, es importante ver cómo se efectúan operaciones con ellos. Las mismas operaciones definidas para los números reales pueden realizarse con los números complejos, teniendo en cuenta que $i^2 = 1$.

2.1. Suma y resta

Para **sumar** dos números complejos $z_1 = a + bi$ y $z_2 = c + di$, se suman por separado las partes reales y las partes imaginarias:

$$z_1 + z_2 = (a + bi) + (c + di) = (a + c) + (b + d)i$$

La suma de dos o más números complejos cumple las mismas propiedades que las sumas de los números reales.

Para **restar** dos números complejos $z_1 = a + bi$ y $z_2 = c + di$, se le suma al minuendo el opuesto del sustraendo:

$$z_1 - z_2 = z_1 + (-z_2) = (a + bi) + (-c - di) = (a - c) + (b - d)i$$

RECUERDA

Propiedades de la suma de los números complejos:

— Conmutativa:

$$z_1 + z_2 = z_2 + z_1$$

— Asociativa:

$$z_1 + (z_2 + z_3) = (z_1 + z_2) + z_3$$

— 0 es elemento neutro:

$$z + 0 = 0 + z = z$$

— Elemento opuesto de z es $-z$:

$$z + (-z) = 0$$

Comprueba estas propiedades escribiendo los números en su forma binómica.

2 EJEMPLO

Dados los números complejos $z_1 = 56 + 4i$ y $z_2 = 4 + 8i$, calcula:

a) $z_1 + z_2$ **b)** $z_1 - z_2$

Solución

COMPRENSIÓN: Para realizar la suma y la diferencia de números complejos, hay que separar la parte real y la parte imaginaria.

RESOLUCIÓN:

a) $z_1 + z_2 = 56 + 4i + 4 + 8i = (56 + 4) + (4 + 8)i = 60 + 12i$

b) $z_1 - z_2 = (56 + 4i) - (4 + 8i) = (56 - 4) + (4 - 8)i = 52 - 4i$

INTERNET

En el siguiente enlace se explica cómo trabajar la representación gráfica de la suma y la resta de los números complejos:

http://links.edebe.com/mfv

3 EJEMPLO

Dados los números complejos $z_1 = 6 - 4i$, $z_2 = 8i$ y $z_3 = 3 + i$, demuestra que:

a) La suma de dos de ellos cumple la propiedad conmutativa.

b) La suma de los tres cumple la propiedad asociativa.

Solución

COMPRENSIÓN: Para demostrar las dos propiedades, basta con realizar las operaciones a ambos lados de la igualdad y comprobar que los resultados coinciden.

RESOLUCIÓN:

a) $z_1 + z_2 = (6 - 4i) + 8i = 6 + 4i$ $\quad z_2 + z_1 = 8i + (6 - 4i) = 6 + 4i$

$z_2 + z_3 = 8i + (3 + i) = 3 + 9i$ $\quad z_3 + z_2 = (3 + i) + 8i = 3 + 9i$

$z_1 + z_3 = (6 - 4i) + (3 + i) = 9 - 3i$ $\quad z_3 + z_1 = (3 + i) + (6 - 4i) = 9 - 3i$

b) $z_1 + (z_2 + z_3) = (6 - 4i) + ((8i) + (3 + i)) = (6 - 4i) + (3 + 9i) = 9 + 5i$

$(z_1 + z_2) + z_3 = ((6 - 4i) + 8i)) + (3 + i) = 6 + 4i + (3 + i) = 9 + 5i$

Ejercicios y problemas
8 y 9

2.2. Multiplicación y división

Para **multiplicar** dos números complejos $z_1 = a + bi$ y $z_2 = c + di$, procederemos como si multiplicáramos dos binomios, teniendo en cuenta que $i^2 = -1$. El resultado de la multiplicación es un número complejo:

$$z_1 \cdot z_2 = (a + bi) \cdot (c + di) = ac + adi + bci + bdi^2 = (ac - bd) + (ad + bc)i$$

Para **dividir** dos números complejos, escribimos la operación en forma de fracción y multiplicamos el numerador y el denominador por el conjugado del denominador eliminando la parte imaginaria del denominador. El resultado de la división es otro número complejo:

$$\frac{z_1}{z_2} = \frac{(a + bi)}{(c + di)} \cdot \frac{(c - di)}{(c - di)} = \frac{ac - adi + bci + bd}{c^2 - \cancel{c}\cancel{d}i + \cancel{d}\cancel{c}i + d^2} =$$

$$= \frac{ac + bd + (bc - ad)i}{c^2 + d^2} = \frac{ac + bd}{c^2 + d^2} + \frac{bc - ad}{c^2 + d^2}i$$

4 EJEMPLO

Dados los números $z_1 = 3 + 6i$ y $z_2 = 2 + 3i$, calcula:

a) $z_1 \cdot z_2$ b) $\dfrac{z_1}{z_2}$ c) z_2^3

Solución

COMPRENSIÓN:

Calcularemos los resultados desarrollando las expresiones correspondientes. En el caso de la potencia, multiplicaremos el número complejo tantas veces como indique el numerador.

RESOLUCIÓN:

a) $z_1 \cdot z_2 = (3 + 6i) \cdot (2 + 3i) = 3 \cdot 2 + 3 \cdot 3i + 6i \cdot 2 + 6 \cdot 3i^2 = 6 + 9i + 12i + 18i^2 =$
$= 6 + 21i - 18 = -12 + 21i$

b) $\dfrac{z_1}{z_2} = \dfrac{(3 + 6i)}{(2 + 3i)} \cdot \dfrac{(2 - 3i)}{(2 - 3i)} = \dfrac{6 - 9i + 12i + 18}{4^2 + 9^2} = \dfrac{24 + 3i}{97} = 0{,}25 + 0{,}03i$

c) $z_2^2 = z_2 \cdot z_2 = (2 + 3i) \cdot (2 + 3i) = 4 + 6i + 6i - 9 = -5 + 16i$

$z_1^3 = z_1 \cdot z_1^2 = (2 + 3i) \cdot (-5 + 18i) = -10 + 36i - 15i - 54 = -64 + 21i$

COMPROBACIÓN:

Puedes comprobar el resultado utilizando la calculadora en línea que encontrarás en el siguiente enlace: **http://www.wolframalpha.com**.

Inverso de un número complejo

Del mismo modo que los números reales, todo número complejo $z \neq 0$ tiene un número inverso z^{-1} que cumple:

$$z \cdot z^{-1} = 1$$

Para calcular el inverso de un número complejo, basta con escribir z^{-1} en forma de fracción y efectuar la división correspondiente:

$$z^{-1} = \frac{1}{z} = \frac{1}{a + bi} \cdot \frac{a - bi}{a - bi} = \frac{a - bi}{a^2 + b^2}$$

AMPLÍA

Utiliza el producto de números complejos en forma binomial para comprobar que se cumplen las siguientes propiedades:

— Asociativa:
$z_1 \cdot (z_2 \cdot z_3) = (z_1 \cdot z_2) \cdot z_3$

— Conmutativa:
$z_1 \cdot z_2 = z_2 \cdot z_1$

— Elemento neutro:
$z \cdot 1 = 1 \cdot z = z$

— Distributiva de la multiplicación respecto de la suma:
$z_1 \cdot (z_2 + z_3) = z_1 \cdot z_2 + z_1 \cdot z_3$

FÍJATE

Potencias de *i*

Las potencias sucesivas del número imaginario i siguen el ciclo

$1 \rightarrow i \rightarrow -1 \rightarrow -i \rightarrow 1$:

$i^0 = 1$ $i^1 = i$ $i^2 = -1$ $i^3 = -i$

$i^4 = 1$ $i^5 = i$ $i^6 = -1$ $i^7 = i$

...

— En grupo, hallad una fórmula para determinar el valor de cualquier potencia de i.

Ejercicios y problemas 10 y 11

3. Representación gráfica

Los números reales se representan por un punto situado en la recta real. Los números complejos, en cambio, al tener una parte real y una parte imaginaria, los representaremos en un plano denominado **plano complejo.** Para ello, utilizamos un sistema de coordenadas cartesianas en que:

— En el eje de abscisas, se representa la parte real de los números complejos. Este eje se denomina **eje real.**

— En el eje de ordenadas, se representan los números imaginarios y recibe el nombre de **eje imaginario.**

Observa que cada punto (a, b) de este plano se corresponde con un número complejo. Cada uno de estos puntos recibe el nombre de **afijo** de un número complejo.

El punto (a, b) del plano complejo que representa el número $z = a + bi$ se denomina afijo de z.

Cada afijo del plano complejo determina un vector con el origen de coordenadas, de modo que la suma y la resta de números complejos puede interpretarse como suma y resta de vectores.

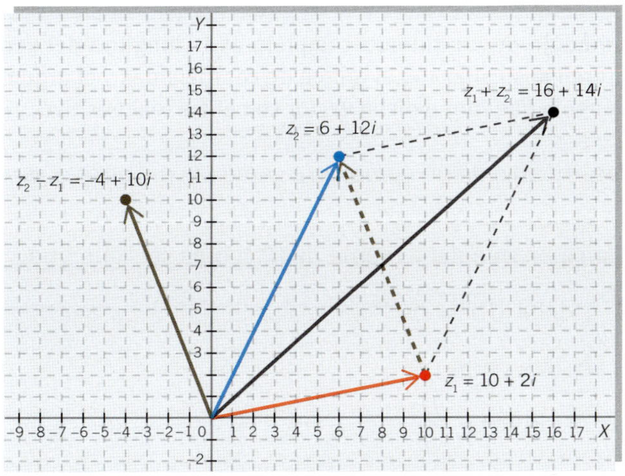

Suma y resta de $z_1 = 10 + 2i$ y $z_2 = 6 + 12i$.

Al representar gráficamente un número complejo, su conjugado y su opuesto, podemos ver las relaciones geométricas que se establecen entre ellos.

Los afijos de los números complejos z y $-z$ son simétricos respecto del origen de coordenadas.

Los afijos de un número complejo y su conjugado z y $\bar{z}$ son simétricos respecto al eje real.

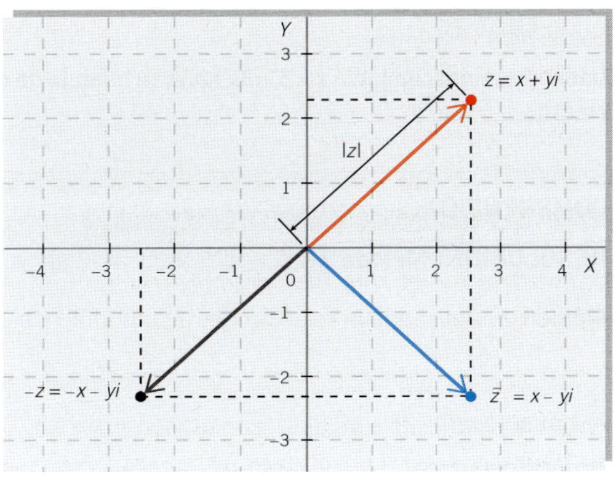

Representación gráfica (general) del afijo de un número complejo, de su conjugado y su opuesto.

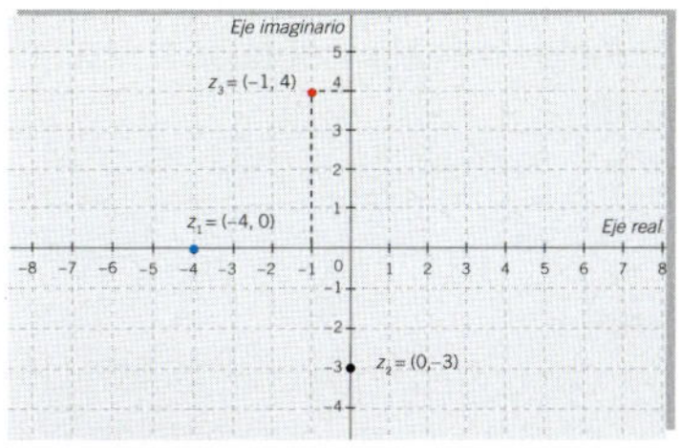

Plano complejo.

La representación de $z_1 = -4$ se corresponde con el punto $(-4, 0)$.

La representación de $z_2 = -3i$ se corresponde con el punto $(0, -3)$.

La representación de $z_3 = -1 + 4i$ se corresponde con el punto $(-1, 4)$.

CURIOSIDADES

El plano complejo también se conoce con el nombre de *plano de Argand,* en honor al matemático francés autodidacta Jean Robert Argand (Ginebra, 1768 - París, 1822), que lo ideó mientras trabajaba en una librería en París.

INTERNET

Puedes investigar la representación gráfica de los números complejos en los siguientes enlaces:

http://links.edebe.com/586

http://links.edebe.com/h3495u

FÍJATE

El eje de abscisas del plano complejo contiene los afijos de los números reales, $z = a + 0i$, mientras que el de ordenadas contiene los afijos de los números imaginarios, $z = 0 + bi$.

FÍJATE

El módulo de un número complejo z coincide con el módulo de su conjugado:

$$|z| = \sqrt{a^2 + b^2}$$

$$|\bar{z}| = \sqrt{a^2 + (-b)^2} = \sqrt{a^2 + b^2}$$

— Comprueba que el módulo de un número complejo coincide con el de su opuesto.

AMPLÍA

El módulo de los números complejos tiene las siguientes propiedades:

$$|z_1 + z_2| \leq |z_1| + |z_2|$$

$$|z_1 \cdot z_2| = |z_1| \cdot |z_2|$$

$$|z_1| - |z_2| \leq |z_1 - z_2|$$

— Compruébalo para dos números complejos cualesquiera.

RECUERDA

— Si $\alpha < 90°$ es un ángulo de un triángulo rectángulo:

$$tg\ \alpha = \frac{\text{cateto opuesto}}{\text{cateto contiguo}}$$

— La **arcotangente** de un ángulo α es la función inversa de la tangente de este ángulo, de modo que si $x = \text{tg}\ \alpha$, entonces

$$\alpha = \text{arc tg}\ (x).$$

— Los ángulos pueden escribirse en radianes o en grados:

$$2\pi \text{ rad} = 360°$$

FÍJATE

Encontrarás libros y páginas web en los que el módulo de z se define como:

$$|z|^2 = z \cdot \bar{z} \rightarrow |z| = \sqrt{z \cdot \bar{z}}$$

Una justificación de esta igualdad es la siguiente:

$$z \cdot \bar{z} = (a + bi) \cdot (a - bi) =$$
$$= a^2 - \cancel{(a \cdot bi)} + \cancel{(bi \cdot a)} - bi \cdot bi =$$
$$= a^2 - (b^2 \cdot i^2) = a^2 - b^2 \cdot (-1) =$$
$$= a^2 + b^2 = |z|^2$$

5 EJEMPLO

Dados los números complejos $z_1 = 3 - 4i$ y $z_2 = 1 - 6i$, representa en un plano complejo:

a) La suma y la resta de ambos números.

b) El conjugado y el opuesto de z_1.

Solución

a)

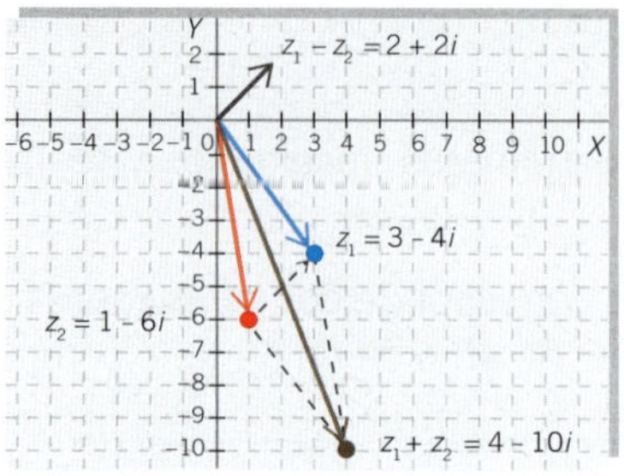

b)

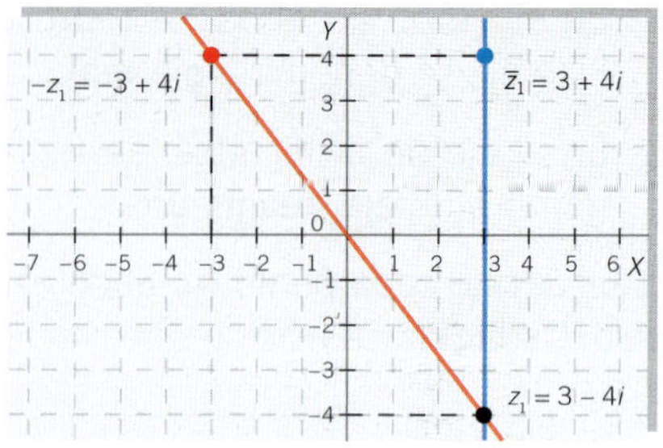

Módulo y argumento

El afijo de todo número complejo determina un vector con el origen de coordenadas; por lo tanto, cualquier número complejo podrá expresarse geométricamente como un vector de **módulo** y **argumento** definidos.

El módulo de un número complejo es la longitud del vector que determina su afijo con el origen de coordenadas y el argumento es el ángulo que forma dicho vector con el eje real positivo.

Expresaremos el módulo de un complejo z como $|z|$, mientras que $\alpha = \arg(z)$ será su argumento.

Observa en la imagen que del teorema de Pitágoras se sigue que:

$$|z| = \sqrt{a^2 + b^2}$$

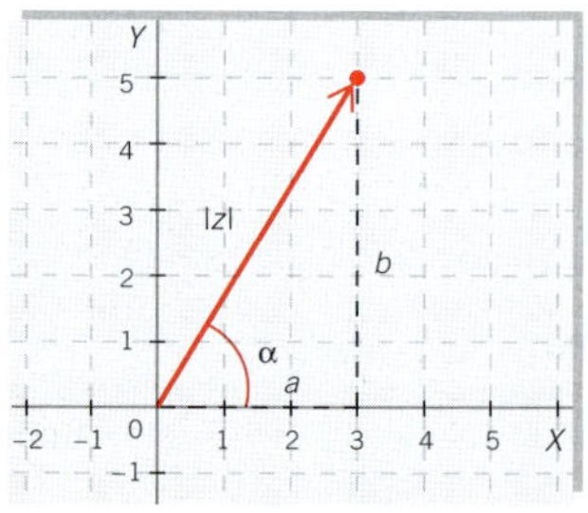

Mientras que, por otra parte:

$$\text{tg}\ (\alpha) = \frac{b}{a}$$

Y que, por lo tanto:

$$\alpha = \text{arctg}\left(\frac{b}{a}\right)$$

6 EJEMPLO

Dado el número complejo $z = 3 + 3i$, halla su módulo de dos formas distintas y también su argumento.

Solución

COMPRENSIÓN: Aplicaremos las definiciones teniendo en cuenta que $a = 3$ y $b = 3$.

RESOLUCIÓN: Método 1: $|z| = \sqrt{3^2 + 3^2} = \sqrt{18} = 3\sqrt{2}$

Método 2: Aplicando la relación entre el módulo y el complejo conjugado:

$$|z|^2 = z \cdot \bar{z} = (3 + 3i)(3 - 3i) = 9 + 9 = 18 \rightarrow |z| = 3\sqrt{2}$$

Argumento: $\arg(z) = \text{arctg}\ (3/3) = \text{arctg}\ 1 = 45°$

COMPROBACIÓN: Hemos obtenido el mismo resultado del módulo con ambos métodos. Para comprobar que el argumento es correcto, podemos representar el afijo del número complejo y comprobar que coincide con la bisectriz del primer cuadrante.

7 EJEMPLO

Dado el número complejo $z = 7 + 5i$, responde y resuelve las siguientes cuestiones:

a) Identifica la parte real y la parte imaginaria de z.

b) Busca el conjugado de z.

c) Calcula el módulo de z y su argumento.

d) Calcula el módulo y el argumento de su conjugado $\bar{z}$.

e) Representa, en una misma gráfica, los vectores que determinan los afijos de z, su opuesto y su conjugado.

Solución

COMPRENSIÓN: Aplicaremos las definiciones de número complejo, su conjugado, módulo y argumento, y recordaremos cómo se representa el afijo de un complejo expresado en forma binómica.

RESOLUCIÓN: a) La parte real del número complejo $z = 7 + 5i$ es 7 y la escribimos como $a = \text{Re}(z) = 7$. La parte imaginaria es $5i$ y la representamos como $b = \text{Im}(z) = 5i$.

b) El conjugado de un número z (que se representa como $\bar{z}$) es este mismo número, pero cambiando el signo de la parte imaginaria. Así pues, el conjugado de z será $\bar{z} = 7 - 5i$.

c) El módulo de $z = a + bi$ es $|z| = \sqrt{a^2 + b^2}$; por lo tanto, $|z| = \sqrt{7^2 + 5^2} = \sqrt{74} = 8{,}6$.

El argumento es arctg (b/a) = arctg $(5/7) = 35{,}54°$.

d) El módulo de un número complejo coincide con el de su conjugado; por lo tanto, $|\bar{z}| = 8{,}6$.

En este caso, el argumento es arc tg (b/a) = arc tg $(-5/7) = 324{,}46°$.

e) Recuerda que la parte real se representa en el eje X y la parte imaginaria, en el eje Y. Ten en cuenta también que $|\bar{z}|$ es el simétrico de z respecto del eje X, mientras que $-z$ lo es respecto del origen de coordenadas.

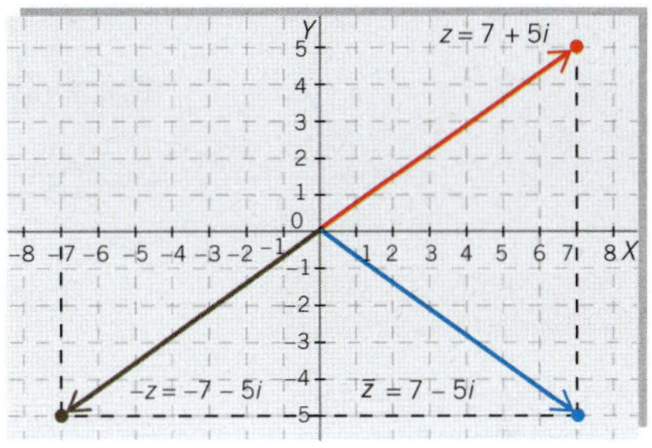

Representación gráfica de $z = 7 + 5i$ y $\bar{z} = 7 - 5i$ y $-z = -7 - 5i$.

8 EJEMPLO

Representa en los mismos ejes de coordenadas los vectores que se corresponden con:

a) $z = 3 + 2i$. **b) Su conjugado.** **c) Su opuesto.** **d) Su inverso.**

Solución

COMPRENSIÓN: Deberemos calcular el módulo y el argumento de cada uno de los vectores, antes de representarlos.

RESOLUCIÓN: a) El módulo de z es $|z| = \sqrt{3^2 + 2^2} = \sqrt{13} \approx 3{,}61$, mientras que su argumento es arc tg $(2/3) = 33{,}69°$.

b) El conjugado de z es $\bar{z} = 3 - 2i$. Su afijo es el simétrico del afijo de z respecto del eje real (eje X).

c) El opuesto de z es $-z = -3 - 2i$. Su afijo es el simétrico del afijo de z respecto del origen 0.

d) El inverso de z es:

$$\frac{1}{z} = \frac{\bar{z}}{|z|^2} = \frac{3 - 2i}{3^2 + 2^2} \approx 0{,}23 - 0{,}15i$$

Representamos los resultados obtenidos:

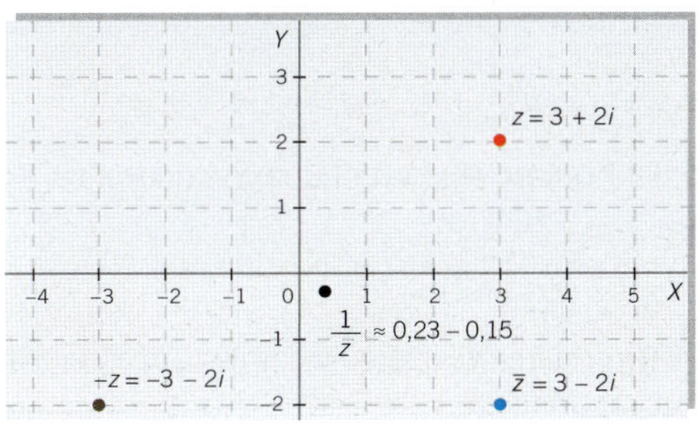

FÍJATE

Al calcular una arcotangente, la mayoría de las calculadoras y programas dan como resultado ángulos comprendidos entre $-\pi/2$ y $\pi/2$.

Cuando el afijo de un número complejo está en el primer cuadrante, obtendrás un valor positivo del ángulo y será el argumento que buscas; en caso contrario, debes tener en cuenta en qué cuadrante está el afijo.

Reflexiona sobre la posición de los afijos y el resultado que obtienes en la calculadora y verás que:

Afijo en el segundo cuadrante ⟶

$\alpha < 0 \longrightarrow \arg(z) = 180 - \alpha$

Afijo en el tercer cuadrante ⟶

$\alpha > 0 \longrightarrow \arg(z) = 180 + \alpha$

Afijo en el cuarto cuadrante ⟶

$\alpha < 0 \longrightarrow \arg(z) = 360 - \alpha$

Problemas resueltos
A

Ejercicios y problemas
12 a 22

4. Forma polar de un número complejo
4.1. Operaciones en forma polar

4. Forma polar de un número complejo

Hasta ahora hemos expresado los números complejos en su forma binómica, determinando así sus coordenadas en el plano complejo.

No obstante, un número complejo puede expresarse a partir del módulo y argumento que representa su afijo. Es la **forma polar** de un número complejo.

La **forma polar** de un número complejo de argumento α y módulo r es $z = r_\alpha$.

Así, $1_{90°}$ o $\sqrt{2}_{150°}$ son números complejos expresados en forma polar.

De forma binómica a forma polar y viceversa

Para pasar de forma binómica a forma polar el número $z = a + bi$:

— Calculamos el módulo del número complejo: $r = |z| = \sqrt{a^2 + b^2}$

— Calculamos el argumento: $\text{tg}\ \alpha = \dfrac{b}{a} \rightarrow \alpha = \text{arctg}\dfrac{b}{a}$

Para pasar de forma polar a binómica el número $z = r_\alpha$, podemos hacerlo a partir de su representación gráfica y de las relaciones trigonométricas:

— Calculamos la parte real: $\text{Re}(z) = a = r \cdot \cos \alpha$

— Calculamos la parte imaginaria:

$$\text{Im}(z) = b = r \cdot \text{sen}\ \alpha$$

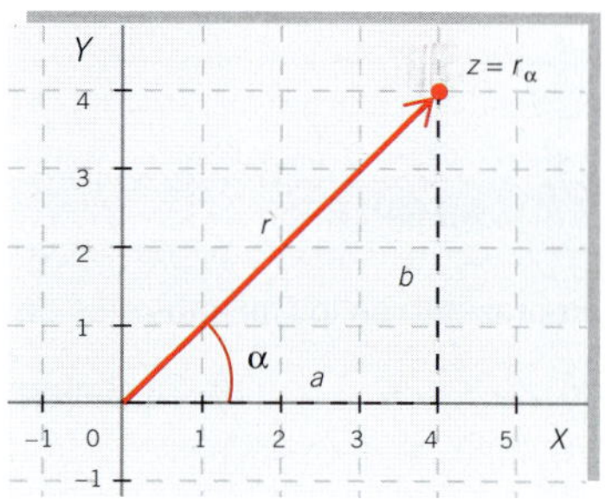

Estas igualdades permiten expresar el número complejo $z = a + bi$ como:

$$z = r \cdot \cos \alpha + i\, r \cdot \text{sen}\ \alpha = r\,(\cos \alpha + i\ \text{sen}\ \alpha)$$

Esta expresión es conocida como **forma trigonométrica** de un número complejo.

INTERNET

Utiliza este enlace para comprobar la transformación de la forma binómica de un número complejo a su forma polar:

http://links.edebe.com/5ys3n

AMPLÍA

Un complejo en forma polar también puede escribirse en forma exponencial: $z = re^{i\alpha}$.

La relación entre esta expresión y la forma trigonométrica es la denominada **fórmula de Euler.** Busca en Internet información de esta fórmula para saber más sobre esta expresión.

FÍJATE

Hemos calculado la forma trigonométrica de un número complejo, cuyo afijo está representado en el primer cuadrante. Comprueba que la igualdad se cumple si z está en cualquier otro cuadrante. Para ello, ten presente la relación entre las razones trigonométricas de α, $180° - \alpha$, $180° + \alpha$ y $360° - \alpha$, que podrás encontrar en esta web:

http://links.edebe.com/b4m

9 EJEMPLO

Transforma los siguientes números complejos:

a) El número $z = 5 - 8i$ a forma polar.

b) El número $z = 7_{\pi/2}$ a forma binómica.

Solución

COMPRENSIÓN: Utilizaremos las relaciones entre la forma binómica y polar de los números complejos que acabamos de ver.

RESOLUCIÓN:

a) $z = r_\alpha = \sqrt{a^2 + b^2}_{\ \text{arctg}(b/a)} = \sqrt{5^2 + 8^2}_{\ \text{arctg}(-8/5)} \approx 9{,}4_{-58°}$

Observa que el afijo del número está en el cuarto cuadrante. Por lo tanto, el resultado obtenido es $z = 9{,}4_{360° - 58°} = 9{,}4_{302°}$.

b) $z = 7_{\pi/2} = 7 \cos (\pi/2) + i\ 7 \text{ sen } (\pi/2) = 7i$

COMPROBACIÓN: Recorre el camino inverso y comprueba que obtienes, en cada caso, el número complejo de cada apartado.

Ejercicios y problemas
23 a 30, 37 y 38

4.1. Operaciones en forma polar

Una vez conocidas las dos formas de expresar los números complejos, para operar con ellos podemos utilizar una u otra forma, según nos convenga.

Así, la forma binómica es una buena opción para sumar y restar números complejos; sin embargo, la forma polar facilita el cálculo de multiplicaciones, divisiones, potencias y, como veremos, radicales.

Multiplicación

El producto de dos números complejos en forma polar es otro número complejo que tiene por módulo el producto de los módulos de los factores, y por argumento, la suma de sus argumentos:

$$z = z_1 \cdot z_2 = (r_1)_\alpha \cdot (r_2)_\beta = (r_1 \cdot r_2)_{(\alpha+\beta)}$$

División

El cociente de dos números complejos en forma polar es otro número complejo que tiene por módulo el cociente entre el módulo del dividendo y el divisor, y por argumento, la diferencia de sus argumentos:

$$z = \frac{z_1}{z_2} = \frac{(r_1)_\alpha}{(r_2)_\beta} = \left(\frac{r_1}{r_2}\right)_{\alpha-\beta}$$

10 EJEMPLO

Dados $z_1 = 1 + 1i$ y $z_2 = 1 - 1i$, calcula y expresa en forma binómica:

a) $z_1 \cdot z_2$

b) $\frac{z_1}{z_2}$

Solución

COMPRENSIÓN: Expresaremos en forma polar los números expresados en forma binómica para efectuar el cálculo y, a continuación, escribiremos el resultado en forma binómica.

RESOLUCIÓN:

$$z_1 = 1 + 1i = r_{\alpha_a}; \quad r = \sqrt{a^2 + b^2} = \sqrt{1^2 + 1^2} = \sqrt{2};$$

$$\alpha = \text{arctg}\,(b/a) = \text{arctg}\,(1) = \pi/4 \longrightarrow z_1 = \sqrt{2}_{\,\pi/4}$$

$$z_2 = 1 - 1i = r_\alpha; \quad r = \sqrt{a^2 + b^2} = \sqrt{1^2 + (-1)^2} = \sqrt{2};$$

$$\alpha = \text{arctg}\,(b/a) = \text{arctg}\,(-1) = -\pi/4 \longrightarrow z_2 = \sqrt{2}_{\,-\pi/4}$$

El afijo de z_2 está en el cuarto cuadrante. Por lo tanto, su argumento es $2\pi - \pi/4 = 7\pi/4$, es decir, el número es $z_2 = \sqrt{2}_{\,7\pi/4}$.

Ahora ya podemos hallar el producto y el cociente de ambos números y expresarlos en forma binómica.

a) Expresamos el resultado en forma binómica: $z_1 \cdot z_2 = (\sqrt{2} \cdot \sqrt{2})_{\pi/4+7\pi/4} = 2_{2\pi}$.

$$a = 2\cos 2\pi = 2; \quad b = 2\,\text{sen}\,2\pi = 0 \longrightarrow z_1 \cdot z_2 = 2$$

b) $\frac{z_1}{z_2} = \frac{\sqrt{2}_{\,\pi/4}}{\sqrt{2}_{\,7\pi/4}} = 1_{-3\pi/2} = 1_{2\pi-3\pi/2} = 1_{\pi/2}$. Expresamos el resultado en forma binómica:

$$a = 1\cos(\pi/2) = 0; \quad b = 1\,\text{sen}(\pi/2) = 1 \longrightarrow \frac{z_1}{z_2} = i$$

COMPROBACIÓN:

Para comprobar el resultado, podemos realizar la multiplicación y la división en la forma binómica o realizar los cálculos en el siguiente *applet:* **http://links.edebe.com/rshd4m**.

FÍJATE

Si quieres multiplicar o dividir dos números que están en forma binómica, puede resultar práctico pasarlos primero a forma polar y, una vez realizada la operación, convertirlos de nuevo a forma binómica.

Del mismo modo, para sumar o restar dos números en forma polar, puedes convertirlos primero a forma binómica y, después, expresar el resultado de nuevo en forma polar.

INTERNET

En el siguiente enlace tienes un *applet* para realizar operaciones de números complejos en forma polar:

http://links.edebe.com/63qwn2

FÍJATE

Al hacer una división $\frac{z_1}{z_2}$ si el argumento de z_2 es mayor que el de z_1, el argumento del resultado será negativo.

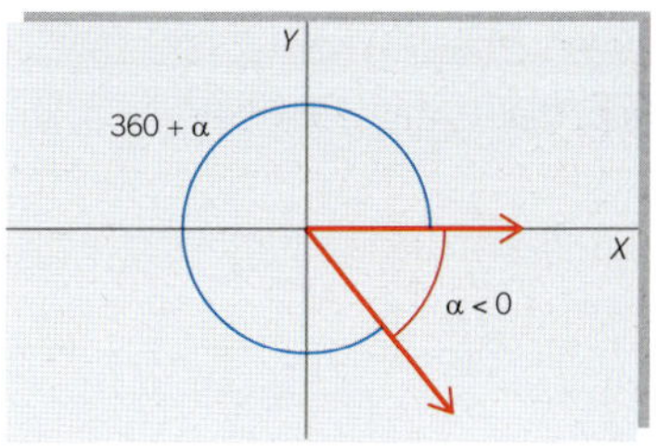

Si quieres expresarlo con un valor comprendido entre 0 y 360°, solo tienes que sumarle 360.

AMPLÍA

Para calcular potencias de números complejos, te puede interesar utilizar la siguiente fórmula:

$$(\cos\alpha + i \operatorname{sen}\alpha)^n = \cos(n\alpha) + i \operatorname{sen}(n\alpha)$$

Se conoce como **fórmula de De Moivre.**

Así si $z = r(\cos\alpha + i \operatorname{sen}\alpha)$ entonces $z^n = r^n(\cos n\alpha) + i \operatorname{sen} n\alpha)$.

INTERNET

La raíz enésima de un número complejo en forma polar tiene n soluciones distintas. Así, por ejemplo, la raíz quinta de un número complejo tendrá cinco soluciones (o cinco raíces quintas). En el siguiente enlace puedes ver la representación, en forma polar, de las raíces quintas de $z = \cos(\pi/3) + i\operatorname{sen}(\pi/3)$:

http://links.edebe.com/kdj

FÍJATE

Si expresas los ángulos en radianes, la expresión de los argumentos de las raíces es:

$$\alpha' = \frac{\alpha + 2\pi k}{n},\ k = 0, 1, \ldots, n-1$$

Potenciación

Según lo que hemos visto, si calculamos el producto de un complejo $z = r_\alpha$ por sí mismo, obtenemos el resultado $z^2 = z \cdot z = r^2_{2\alpha}$. A continuación, si multiplicamos el resultado anterior por z,, obtenemos $z^3 = z^2 \cdot z = r^2_{2\alpha} \cdot r_\alpha = (r^2 \cdot r)_{2\alpha+\alpha} = r^3_{3\alpha}$. No es difícil comprobar que, análogamente, $z^4 = r^4_{4\alpha}$, y así sucesivamente.

Por lo tanto, concluimos que al elevar un número en forma polar a la potencia enésima, su módulo queda elevado a n, y su argumento, multiplicado por n:

$$z^n = (r_\alpha)^n = (r^n)_{n\alpha}$$

11 EJEMPLO

Dado el número complejo $z = 2_{\pi/2}$, calcula z^5.

Solución

RESOLUCIÓN: $z^5 = (2_{\pi/2})^5 = (2^5)_{5\pi/2} = 32_{5\pi/2} = 32_{5\pi/2 - 2\pi} = 32_{\pi/2}$

Observa que el argumento del resultado era mayor que 2π ($5\pi/2$) y lo hemos expresado como un número comprendido entre 0 y 2π.

Radicación

La raíz enésima del número complejo R_α es otro número complejo r_β cuya potencia enésima es R_α.

$$\sqrt[n]{R_\alpha} = r_\beta \Leftrightarrow (r_\beta)^n = R_\alpha$$

Sin embargo, $(r_\beta)^n = r^n_{n\beta}$. Por lo tanto:

$$r^n_{n\beta} = R_\alpha \Rightarrow \begin{cases} r^n = R \Rightarrow \sqrt[n]{R} \\ n\beta = \alpha + 360° \cdot k;\ k \in \mathbb{Z} \Rightarrow \beta = \dfrac{\alpha + 360k}{n} \end{cases}$$

Si damos valores enteros a k desde 0 hasta $n-1$, obtenemos n argumentos distintos:

Si $k = 1$ $\beta_1 = \dfrac{\alpha}{n}$; si $k = 2$ $\beta_2 = \dfrac{\alpha + 360°}{n}$; ...; si $k = n-1$ $\beta_n = \dfrac{\alpha + 360° \cdot (n-1)}{n}$

Así, un número complejo $z = R_\alpha$ tiene n raíces enésimas distintas:

$$\sqrt[n]{R_\alpha} = (\sqrt[n]{R})_{\frac{\alpha+360k}{n}};\ k = 0, 1, 2, \ldots, n-1$$

12 EJEMPLO

Calcula las raíces cuadradas de $z = 2_\pi$ y las raíces cúbicas de $z = 27_{30°}$.

Solución

COMPRENSIÓN: Para calcular raíces, hallaremos la raíz del módulo y calcularemos los argumentos dando valores a k desde 0 hasta $n-1$.

RESOLUCIÓN: Las raíces cuadradas de $z = 2_\pi$ tendrán módulo $\sqrt{2}$ y argumentos:

$$\alpha_1 = \frac{\pi + 0}{2} = \frac{\pi}{2};\quad \alpha_2 = \frac{\pi + 2\pi \cdot 1}{2} = \frac{2\pi}{3}$$

Por lo tanto, las raíces son $(\sqrt{2})_{\frac{\pi}{2}}$ y $(\sqrt{2})_{\frac{3\pi}{2}}$.

Las raíces cúbicas de $z = 27_{30°}$ tendrán módulo $\sqrt[3]{27} = 3$ y argumentos:

$$\alpha_1 = \frac{30° + 0°}{3} = 10°;\quad \alpha_2 = \frac{30° + 360° \cdot 1}{3} = 130°;\quad \alpha_3 = \frac{30° + 360° \cdot 2}{3} = 250°$$

Las raíces son, por lo tanto, $3_{10°}$, $3_{130°}$ y $3_{250°}$.

Ejercicios y problemas
31, 32, 33, 35, 39

5. Ecuaciones con soluciones complejas

Introducimos el conjunto de los números complejos como el resultado de añadir a los números reales las soluciones de las ecuaciones polinómicas que se obtienen a partir de la definición de la unidad imaginaria *i*.

Veamos cómo calcular todas las soluciones de las ecuaciones de segundo grado y de las ecuaciones bicuadradas.

5.1. Ecuaciones de segundo grado

Recuerda que las **ecuaciones de segundo grado** o **cuadráticas** con una incógnita son de la forma:

$$ax^2 + bx + c = 0$$

Y que sus dos raíces se hallan a partir de la siguiente **fórmula cuadrática:**

$$x = \frac{-b \pm \sqrt{b^2 - 4ac}}{2a}$$

Considera la ecuación $x^2 - 2x + 5 = 0$.

Al hallar sus soluciones, aparece la raíz cuadrada de un número negativo:

$$x = \frac{2 \pm \sqrt{-16}}{2}$$

Esta ecuación no tiene soluciones en los números reales, pero si consideramos la posibilidad de que las soluciones sean números complejos obtenemos:

$$x = \frac{2 \pm \sqrt{-16}}{2} = \frac{2 \pm \sqrt{16 \cdot (-1)}}{2} = \frac{2 \pm \sqrt{16} \cdot \sqrt{-1}}{2} = \frac{2 \pm 4i}{2} = 1 \pm 2i$$

En este caso, las dos soluciones son complejas: $x_1 = 1 + 2i$; $x_2 = 1 - 2i$.

Veamos, pues, que toda ecuación de segundo grado tiene solución si admitimos que esta puede ser un número complejo.

Las soluciones de la ecuación serán dos números reales si el discriminante es positivo o nulo, y dos números complejos conjugados si el discriminante es negativo:

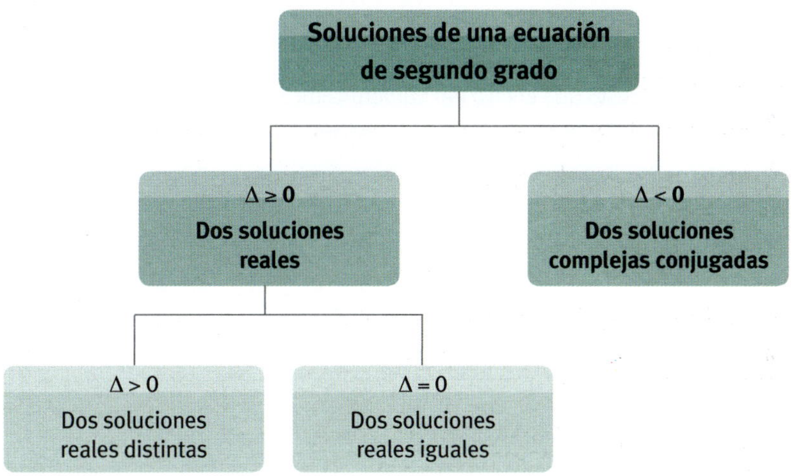

AMPLÍA

Si *z* es una raíz de un polinomio *P*, su conjugado también lo es. ¿Qué puedes afirmar de las soluciones de un polinomio de grado par? ¿Y cuando es impar?

FÍJATE

Al calcular las raíces de polinomios, hallamos también los puntos de corte de sus gráficas con el eje *X*.

Fíjate en la representación de la función asociada a la ecuación del ejemplo.

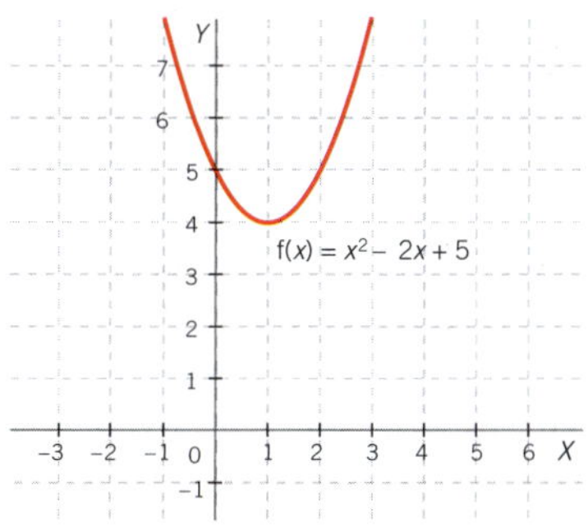

$f(x) = x^2 - 2x + 5 = 0$

Cuando las raíces obtenidas son complejas, la gráfica no corta el eje *X*; por lo tanto, no debes confundir el afijo de los complejos con ningún punto de la gráfica.

Problemas resueltos
B

Ejercicios y problemas
2 y 42 a 45

CURIOSIDADES

Un número z en forma polar se expresa en función de dos parámetros, el módulo r y el argumento α, que se consideran también como coordenadas: las **coordenadas polares.**

Así pues, por ejemplo, una circunferencia de radio 1 con centro en (0, 0) que en coordenadas cartesianas se expresaría como $x_2 + y_2 = 1$, en coordenadas polares se escribiría $r = 1$.

Por otra parte, una expresión como $y = x$ representa una recta en coordenadas cartesianas, mientras que $r = \alpha$ representa una espiral de Arquímedes en coordenadas polares.

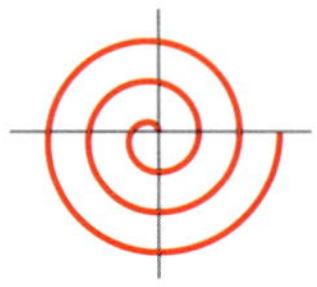

Espiral de Arquímedes.

Ejercicios y problemas
46 a 48

Síntesis
50 a 56

5.2. Ecuaciones bicuadradas

Las **ecuaciones bicuadradas** son las ecuaciones cuyo término general es de la forma:

$$ax^4 + bx^2 + c = 0$$

Estas ecuaciones pueden reducirse a una ecuación de segundo grado, efectuando el siguiente cambio de variable:

$$x^4 = t^2$$

$$x^2 = t$$

$$at^2 + bt + c = 0$$

Si consideramos la posibilidad de la existencia de soluciones complejas, podemos encontrar las soluciones t_1 y t_2 de esta ecuación de segundo grado y, deshaciendo el cambio de variables, hallaremos las raíces del polinomio original.

Observa que las raíces t_1 y t_2 de $at^2 + bt + c = 0$ pueden ser de tres tipos:

— Un número real positivo t (solución doble).

Al calcular x, obtendremos dos números reales $x = \pm\sqrt{t}$.

— Un número real negativo t (solución doble). Al calcular x, obtendremos dos números imaginarios $x = \pm i\sqrt{t}$.

— Un número complejo z.

Al calcular x, deberemos aplicar el método de radicación de complejos visto anteriormente y obtendremos dos complejos conjugados.

13 EJEMPLO

Resuelve la siguiente ecuación bicuadrada: $x^4 + 2x^2 + 2 = 0$.

Solución

COMPRENSIÓN: Efectuaremos los cambios de variable $x^4 = t^2 \rightarrow x^2 = t$, resolveremos la ecuación resultante y, finalmente, desharemos el cambio.

RESOLUCIÓN: Los cambios de variable nos permiten escribir la ecuación de la siguiente forma: $t^2 + 2t + 2 = 0$.

A continuación, la resolvemos: $t = \dfrac{-b \pm \sqrt{b^2 - 4ac}}{2a} = \dfrac{-2 \pm \sqrt{2^2 - 4 \cdot 1 \cdot 2}}{2 \cdot 1} = \dfrac{-2 \pm \sqrt{4 - 8}}{2} = \dfrac{-2 \pm \sqrt{-4}}{2} = \dfrac{-2 \pm 2i}{2} = -1 \pm i$.

Las soluciones son dos complejos conjugados y, para deshacer el cambio, deberemos aplicar el método de radicación de complejos. Para ello, expresaremos las soluciones en forma polar:

$t_1 = -1 + i$; $r = \sqrt{(-1)^2 + 1^2} = \sqrt{2}$; tg $\alpha = -1 \rightarrow \begin{cases} \alpha = 135° \\ \alpha = 315° \end{cases}$. Puesto que el afijo del número complejo pertenece al segundo cuadrante, su argumento es $\alpha = 135°$.

$t_2 = -1 - i$; $r = \sqrt{(-1)^2 + 1^2} = \sqrt{2}$; tg $\alpha = -1 \rightarrow \begin{cases} \alpha = 45° \\ \alpha = 225° \end{cases}$. Puesto que el afijo del número complejo pertenece al cuarto cuadrante, su argumento es $\alpha = 225°$.

Por lo tanto, $t_1 = \sqrt{2}_{135°}$ y $t_2 = \sqrt{2}_{225°}$.

Ahora debemos deshacer el cambio de variable para calcular las x.

Las raíces de t_1 tienen módulo $\sqrt{\sqrt{2}} = \sqrt[4]{2}$ y argumentos $\dfrac{135°}{2} = 67{,}5°$ y $\dfrac{135° + 360°}{2} = 247{,}5° \rightarrow x_1 = \sqrt[4]{2}_{67{,}5°}$, $x_2 = \sqrt[4]{2}_{247{,}5°}$.

Las raíces de t_2 tienen módulo $\sqrt{\sqrt{2}} = \sqrt[4]{2}$ y argumentos $\dfrac{225°}{2} = 112{,}5°$ y $\dfrac{225° + 360°}{2} = 292{,}5° \rightarrow x_3 = \sqrt[4]{2}_{112{,}5°}$, $x_4 = \sqrt[4]{2}_{292{,}5°}$.

COMPROBACIÓN: Expresa las soluciones en forma binómica y sustitúyelas por x en la ecuación bicuadrada.

Problemas RESUELTOS

A OPERACIONES Y FORMA POLAR DE NÚMEROS COMPLEJOS

Los números complejos se utilizan en los circuitos eléctricos que llevan una impedancia asociada. La impedancia es una magnitud compleja que sirve para expresar la oposición que presentan algunos dispositivos eléctricos al paso de la corriente alterna.

Habitualmente, se representa con la letra Z y consta de tres elementos distintos: la resistencia (R), la inductancia (X_L) y la capacitancia (X_C). La primera es una magnitud real, mientras que la inductancia y la capacitancia son magnitudes complejas, la primera positiva y la segunda negativa, y se relacionan mediante la siguiente expresión:

$$Z = R + i(X_L - X_C)$$

Disponemos de un circuito eléctrico que tiene una resistencia de 4 kΩ, una inductancia de 6 kΩ y una capacitancia de 3 kΩ.

a) Representa gráficamente la resistencia, la inductancia y la impedancia.

b) ¿Cuál es el módulo de la impedancia?

c) Representa el afijo de Z en el gráfico obtenido en a).

d) Expresa la impedancia en forma polar y represéntala gráficamente.

e) Si la intensidad total que circula por el circuito está alineada con R, y la tensión está alineada con el módulo de Z, ¿qué ángulo forma la intensidad respecto de la tensión?

f) ¿Cuál sería el módulo de la impedancia si la inductancia fuera nula?

Solución

COMPRENSIÓN: La impedancia en corriente alterna es una magnitud compleja y está formada por la suma de una magnitud real (resistencia) y dos magnitudes complejas.

RESOLUCIÓN: a) La resistencia R es la parte real de la impedancia; por lo tanto, la representaremos en el eje X. Por otro lado, la inductancia X_L y la capacitancia X_C las representaremos en el eje imaginario Y. Los números que deberemos representar son: $R = 4$, $X_L = 6i$ y $X_C = -3i$.

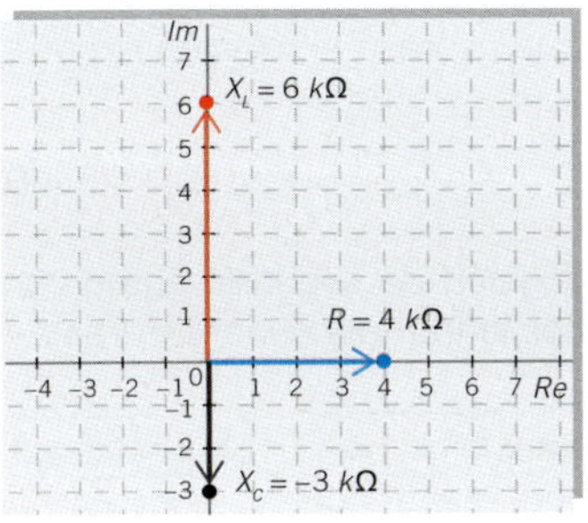

b) El módulo de la impedancia vendrá dado por:

$$|Z| = \sqrt{R^2 + (X_L - X_C)^2} \rightarrow$$

$$\rightarrow |Z| = \sqrt{4^2 + (6-3)^2} = \sqrt{16+9} = 5 \text{ k}\Omega$$

c) La componente imaginaria del vector resultante será 6 kΩ – – 3 kΩ = 3 kΩ, que junto con los 4 kΩ del eje real nos servirán para representar gráficamente el afijo de Z.

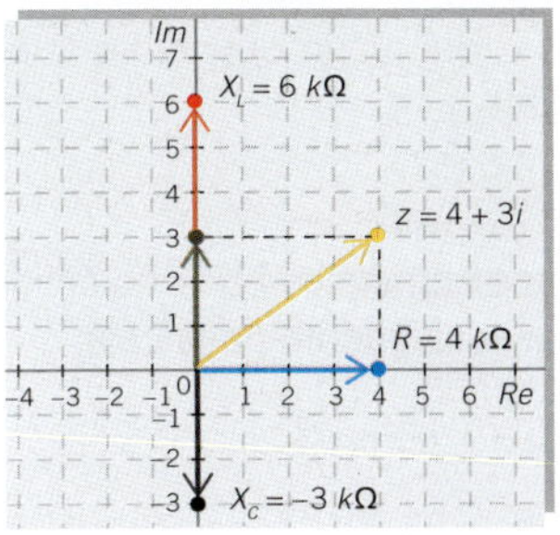

d) La impedancia del circuito en forma binómica es, pues, $Z = 4 + 3i$. Para convertirla a forma polar con módulo r y argumento α, utilizamos:

$$Z = a + bi = |Z|_{\text{arctg}(b/a)} \rightarrow Z = 5_{\text{arctg}(3/4)} = 5_{\pi/5} = 5_{36°}$$

Si representamos el afijo de la impedancia a partir de su forma polar, observamos que coincide con el representado en el apartado anterior:

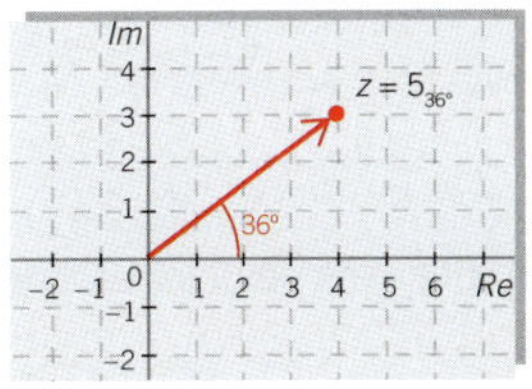

e) Si la intensidad total que circula por el circuito está alineada con R,, significa que esta se encuentra en el eje real y, por lo tanto, el ángulo que forma con la tensión es de nuevo: $\pi/5 = 36°$.

f) Si solamente la resistencia y la capacitancia contribuyen a la impedancia, tendríamos que $Z = 4 - 3i$ kΩ, y que, por lo tanto:

$$|Z| = \sqrt{R^2 + (-X_C)^2} = \sqrt{4^2 + (-3)^2} = \sqrt{16+9} = 5 \text{ k}\Omega$$

En este caso, observamos que el módulo de la impedancia total no variaría.

1. ★★★ La impedancia de un circuito de corriente alterna en forma polar viene dada por $z = 32_{\pi}$.

a) Calcula sus raíces quintas.

b) Represéntalas gráficamente.

Sol.: a) $z_1 = 2_{\pi/5}$; $z_2 = 2_{3\pi/5}$; $z_3 = 2_{\pi}$; $z_4 = 2_{7\pi/5}$; $z_5 = 2_{9\pi/5}$

B ECUACIONES CON SOLUCIONES COMPLEJAS

Un grupo de amigos se reunió para jugar al *Monopoly*. Al abrir la caja vieron que únicamente había 25 billetes «reales» del propio juego, así que decidieron crear algunos otros «imaginarios» para poder jugar.

Al empezar el juego se repartieron los billetes «reales» e «imaginarios» de modo que si a ocho veces el total de billetes que tenía cada jugador, le restabas este mismo total al cuadrado, el resultado era el número de billetes iniciales que había en la caja. ¿Cuantos billetes «reales» e «imaginarios» tenía cada jugador al empezar la partida?

Solución

COMPRENSIÓN: Al empezar la partida cada jugador tenía una cantidad de billetes resultado de sumar los billetes «reales», que representan los billetes propios del juego, con los «imaginarios», que son los billetes que crearon. Dadas estas condiciones, deberemos expresar el total de billetes como un número complejo y expresar con una ecuación la relación que cumple la cantidad total de billetes que tenían inicialmente.

DATOS: Cantidad de billetes «reales»: a

Número de billetes «imaginarios»: b

Total de billetes «reales»: 25

RESOLUCIÓN: Intenta resolver el problema individualmente. Para ello, tapa la respuesta y sigue estos pasos.

Pasos	**Respuesta**
1. Expresamos la suma total de billetes como un número complejo.	1. La suma total de billetes es: $a + bi = z$
2. Expresamos la relación del enunciado en forma de ecuación.	2. La ecuación que expresa la relación expresada en el enunciado es: $8z - z^2 = 25 \rightarrow z^2 - 8z + 25 = 0$
3. Resolvemos la ecuación, asumiendo que las soluciones pueden ser complejas.	3. Al ser una ecuación de segundo grado con una incógnita (z), utilizaremos la fórmula cuadrática para resolverla. $z = \frac{-b \pm \sqrt{b^2 - 4ac}}{2a} = \frac{8 \pm \sqrt{64 - 4 \cdot 25}}{2} = \frac{8 \pm \sqrt{64 - 100}}{2} = \frac{8 \pm \sqrt{-36}}{2} = \frac{8 \pm 6i}{2} = 4 \pm 3i$
4. Interpretamos las posibles soluciones que se obtienen.	4. Hay dos posibles soluciones que cumplen las condi-ciones del enunciado: $a = 4$ y $b = 3$, y $a = 4$ y $b = -3$. La segunda solución no es coherente pues no se pueden tener –3 billetes. Así, la respuesta a la pregunta es que al iniciar la partida, cada jugador tiene un total de $4 + 3i$ billetes; es decir, 4 billetes «reales» (del juego original) y 3 billetes «imaginarios» (fabricados).

COMPROBACIÓN:

Para comprobar que las soluciones obtenidas son correctas, sustituimos ambos números complejos en la ecuación que expresa la relación del enunciado y verificamos que el resultado es el número de billetes que había inicialmente en la caja.

$$z = 4 + 3i \rightarrow 8 \cdot (4 + 3i) - (4 + 3i)^2 = 24 + 24i - (9 - 16 + 24i) = 25$$

Del mismo modo, puedes comprobar que la solución $a = 4$ y $b = -3$ también es correcta.

2. ★★☆ Halla el número complejo que al multiplicarlo por $(1 + 3i)$ y restarle $(13 + 59i)$ da como resultado el número imaginario $6i$.

Sol.: $19 + 2i$

EJERCICIOS Y PROBLEMAS

1 NÚMERO COMPLEJO

3. ★☆☆ Calcula las siguientes raíces: $\sqrt[4]{16}$, $\sqrt{-9}$, $\sqrt[3]{-8}$, $\sqrt{-121}$, $\sqrt[5]{-1}$.

Sol.: 2; ±3*i*; – 2; ±11*i*; –1

4. ★☆☆ Indica cuál es la parte real y la parte imaginaria de los siguientes números complejos:

a) $z = 3 - 2i$
b) $z = 4 + 5i$
c) $z = 10$
d) $z = 6i$
e) $z = 3i^2$
f) $z = 1 / i$

Sol.: a) Re(z) = 3, Im(z) = –2; b) Re(z) = 4, Im(z) = 5; c) Re(z) = 10, Im(z) = 0; d) Re(z) = 0, Im(z) = 6; e) Re(z) = 0, Im(z) = –1

5. ★☆☆ Calcula los conjugados y opuestos de los siguientes números complejos, y comprueba tus resultados utilizando el *applet* que encontrarás en la página: @

http://links.edebe.com/njj

a) $z = 4$
b) $z = 5 + 15i$
c) $z = 75i$
d) $z = 45 + 3i$

Sol.: a) $\overline{z} = 4$, $-z = -4$; b) $\overline{z} = 5 - 15i$, $-z = -5 - 15i$; c) $\overline{z} = -75i$, $-z = -75i$; d) $\overline{z} = 45 - 3i$, $-z = -45 - 3i$

6. ★☆☆ Un número complejo z en forma binómica se representa como $z = a + bi$. ¿Cuál debe ser el valor de a y b para que z sea igual a su complejo conjugado y a su opuesto?

Sol.: $a = 0$; $b = 0$

7. ★★☆ Halla el valor del parámetro real k para que el número $\dfrac{1-2ki}{k-i}$ sea:

a) Un número real.
b) Un número imaginario.

Sol.: a) $k = \pm\dfrac{\sqrt{2}}{2}$; b) $k = 0$

2 OPERACIONES EN FORMA BINÓMICA

8. ★☆☆ Efectúa las siguientes operaciones en forma binómica:

a) $(3 - 2i) + (4 + 5i)$
b) $8 + (13 + 5i)$
c) $(5 + 9i) - (5 - 9i)$
d) $(16 - 2i) - (15 - 2i)$

Sol.: a) $7 + 3i$; b) $21 + 5i$; c) $18i$; d) 1

9. ★☆☆ ¿Qué número hay que sumar a $5 - 6i$ para obtener $8i$?

Sol.: $-5 + 14i$

10. ★☆☆ Calcula:

a) $(3 - 2i) \cdot (4 + 5i)$
b) $(6 + 2i) \cdot (3 + 3i)$
c) $(2 + i) / i$
d) $3 / (4 + i)$
e) $(2 - i) / (1 + 3i)$
f) $(2 + 3i)^2$

Sol.: a) $22 + 7i$; b) $12 + 24i$; c) $1 - 2i$; d) $12 / 17 - 3i / 17$; e) $-1 / 10 - 7i / 10$; f) $-5 + 12i$

11. ★☆☆ Si dividimos un número complejo $z = a + bi$ entre su complejo conjugado, obtenemos su opuesto más $1 + 2i$. ¿De qué número z se trata?

Sol.: $z = 1 + i$

3 REPRESENTACIÓN GRÁFICA

12. ★☆☆ Observa la siguiente representación gráfica:

a) ¿Qué número complejo está representado?
b) Representa gráficamente su complejo conjugado.
c) Calcula el cuadrado del número que has hallado en el apartado a) y represéntalo gráficamente.

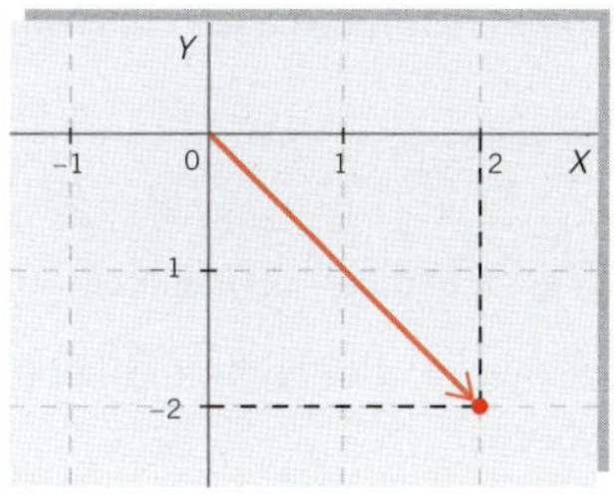

13. ★☆☆ Dado el número complejo $z = 15 + 22i$, representa su afijo en el plano complejo, junto con:

a) El vector que define el afijo con el origen de coordenadas.
b) Su conjugado $\overline{z}$.
c) Su opuesto $-z$.

— Debate con tus compañeros qué relación mantienen los afijos de z, $\overline{z}$ y $-z$ y los vectores que determinan con el origen de coordenadas.

14. ★★☆ Realiza las siguientes operaciones de forma gráfica:

a) $(5 + 5i) + (2 + 2i)$
b) $(4 - 2i) + (6 - 2i)$
c) $(3 - 2i) - (4 + 7i)$
d) $(-4 - 5i) - (-2 - i)$
e) $5 \cdot (3 + 2i)$
f) $(3 + 4i) + (1 + 2i)$

15. ★★☆ Calcula el módulo de los siguientes números complejos:

a) $z = 3 + 4i$
b) $z = 5$
c) $z = 4 - 3i$
d) $z = 10i$

Sol.: a) $|z| = 5$; b) $|z| = 5$; c) $|z| = 5$; d) $|z| = 10$

16. ★★☆ Sea el número complejo $z = 7 - 6i$, ¿cuál es su conjugado? Calcula su módulo utilizando dos métodos distintos.

Sol.: $\overline{z} = 7 + 6i$, $|z| = 9{,}2$

17. ★★☆ Representa en el plano los siguientes números complejos y calcula sus módulos:

a) $z = 6$
b) $z = 15 + 5i$
c) $z = 4i$
d) $z = 3 - 4i$

Sol.: a) $|z| = 6$; b) $|z| = 15{,}8$; c) $|z| = 4$; d) $|z| = 5$

18. ★★☆ Representa en un mismo eje de coordenadas los siguientes números complejos y sus conjugados, y compáralos. ¿Qué relación se observa entre $\bar{z}$ y z en cada caso?

a) $z = 6 + 6i$ c) $z = 12$

b) $z = -3i$ d) $z = 12 - 3i$

19. ★★☆ Realiza las siguientes operaciones y representa gráficamente su resultado:

a) $(4 + 8i) + (4 - 8i)$ d) $(2 + 7i) / i$

b) $(124 - 78i) - (124 + 78i)$ e) $(2 + i)^3$

c) $(5 + 8i) \cdot (10 - 2i)$ f) $(1 - i) / (1 + i)$

Sol.: a) 8; b) $-156i$; c) $66 + 70i$; d) $7 - 2i$; e) $2 + 11i$; f) $-i$

20. ★★☆ Halla el inverso de los siguientes números complejos y aproxima el resultado a las centésimas:

a) i c) $7 - i$

b) $5 + 6i$ d) $-4 - 5i$

Sol.: a) $-i$; b) $0{,}08 - 0{,}1i$; c) $0{,}14 + 0{,}2i$; d) $-0{,}1 + 0{,}12i$

21. ★★☆ Halla el inverso del complejo conjugado de los siguientes números:

a) i c) $4 + 2i$

b) $6 - i$ d) $0{,}1 + 0{,}1i$

Sol.: a) i; b) $6 / 37 - i / 37i$; c) $0{,}2 + 0{,}1i$; d) $5 + 5i$

22. ★★★ Debate con tus compañeros cuál es la mejor forma de calcular las siguientes potencias y efectúalas:

a) i^{1231} b) i^{10320} c) i^{7037} d) i^{883002}

4 FORMA POLAR DE UN NÚMERO COMPLEJO

23. ★☆☆ Identifica el módulo (r) y el argumento (α) de los siguientes números complejos:

a) $z = 3_{\pi/2}$ c) $z = 1_{2\pi}$ e) $z = 4_{2\pi}$

b) $z = 10_{\pi}$ d) $z = 3_{\pi}$ f) $z = 1_0$

24. ★☆☆ Representa los siguientes números complejos en el plano:

a) $z = 10_{\pi/4}$ c) $z = 26_{3\pi/2}$ e) $z = 4_{\pi/3}$

b) $z = 5_{-\pi}$ d) $z = 1_{180^\circ}$ f) $z = 8_{45^\circ}$

25. ★☆☆ ¿Cuál es el argumento de los siguientes números reales?

a) 8 b) -13

26. ★☆☆ Un número complejo que expresa la media del número de cartas comerciales (parte real) y el número de correos electrónicos (parte imaginaria) que recibe una persona cada día viene dado por $z = 6 + 9i$.

a) Expresa esta cantidad en forma polar.

b) Represéntala en el plano complejo.

Sol.: a) $z = 10{,}8_{56.31^\circ}$

27. ★☆☆ Observa la siguiente figura e indica a qué número complejo en forma polar equivale esta representación:

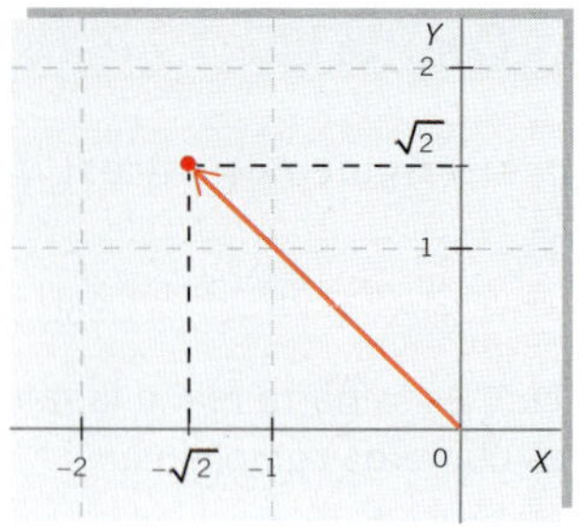

Sol.: $z = 2_{3\pi/4}$

28. ★★☆ Expresa en forma polar los siguientes números complejos:

a) $z = 7i$ d) $z = 4 - 4i$

b) $z = -5 + 5i$ e) $z = 2i^2$

c) $z = -6$

Sol.: a) $z = 7_{\pi/2}$; b) $7{,}07_{135^\circ}$; c) $z = 6_{\pi}$; d) $z = 5{,}66_{315^\circ}$; e) $z = 2_{\pi}$

29. ★★☆ Expresa en forma polar el conjugado del opuesto de $z = -5 + 10i$:

Sol.: $z = 11{,}18_{63{,}43^\circ}$

30. ★★☆ Expresa en forma binómica los siguientes números complejos:

a) $z = 7_{5\pi/2}$ c) $z = 9_{3\pi/2}$

b) $z = 1_{-\pi/2}$ d) $z = 3_{\pi/4}$

Sol.: a) $7i$; b) $-i$; c) $-9i$; d) $2{,}12 + 2{,}12i$

31. ★★☆ Calcula los productos de los siguientes números complejos en forma polar z_1 y z_2:

a) $z_1 = 8_{3\pi/2}$; $z_2 = 0{,}5_{\pi/2}$ d) $z_1 = 6_{5^\circ}$; $z_2 = 5_{6^\circ}$

b) $z_1 = 25_{\pi/2}$; $z_2 = 2_{\pi/2}$ e) $z_1 = 2_{2\pi}$; $z_2 = 7_{2\pi}$

c) $z_1 = e_{\pi/3}$; $z_2 = 7_{\pi/5}$

Sol.: a) $4_{2\pi}$; b) 50_{π}; c) $7e_{8\pi/15}$; d) 30_{11°; e) $14_{4\pi} = 14_{2\pi}$

32. ★★☆ Dados los números complejos en forma polar z_1 y z_2, calcula z_1 / z_2:

a) $z_1 = 8_{5\pi/2}$; $z_2 = 0{,}5_{\pi/2}$ d) $z_1 = 1_{5^\circ}$; $z_2 = 10_{6^\circ}$

b) $z_1 = 10_{\pi/2}$; $z_2 = 2_{\pi/2}$ e) $z_1 = 2_{2\pi}$; $z_2 = 4_{-2\pi}$

c) $z_1 = 5_{\pi/3}$; $z_2 = 1_{\pi/5}$

Sol.: a) $16_{2\pi}$; b) 5_0; c) $5_{2\pi/15}$; d) $0{,}1_{359^\circ}$; e) $0{,}5_{4\pi} = 0{,}5_{2\pi}$

33. ★★☆ Calcula la potencia n de cada uno de los números complejos que tienes a continuación:

a) $z = 10_{\pi/2}$; $n = 3$ d) $z = 2_{1^\circ}$; $n = 4$

b) $z = 2_{3\pi/2}$; $n = 6$ e) $z = 5_{90^\circ}$; $n = 2$

c) $z = 1_{\pi}$; $n = 9$ f) $z = 3_{30^\circ}$; $n = 3$

Sol.: a) $1\,000_{3\pi/2}$; b) $64_{9\pi} = 64_{\pi}$; c) $1_{9\pi} = 1_{\pi}$; d) 16_{4°; e) 25_{180°; f) 27_{90°

34. ★★☆ Dados los números complejos en forma polar $z_1 = 2_{\pi/2}$ y $z_2 = 10_{-\pi/2}$, efectúa estas operaciones:

a) $z_1 \cdot z_2$

b) $z_1^3 \cdot z_2$

c) $(z_1 / z_2)^6$

d) $z_1 \cdot \sqrt{z_2}$

Sol.: a) 20; b) 80_π; c) $5^{-6}{}_{6\pi}$; d) $6{,}3_{\pi/4}$, $6{,}3_{5\pi/4}$

35. ★★☆ Calcula las siguientes raíces:

a) $\sqrt[4]{16_{120°}}$

b) $\sqrt[5]{1_{10°}}$

c) $\sqrt[3]{27_\pi}$

d) $\sqrt[2]{4_{30°}}$

e) $\sqrt[4]{1+i}$

f) $\sqrt[6]{2_{27}}$

36. ★★☆ Utiliza el *applet* que encontrarás en el siguiente enlace para representar y comprobar los resultados de los apartados b) y d) del ejercicio anterior:

http://links.edebe.com/2ddj

37. ★★☆ Tenemos que representar un número complejo en forma polar. Tan solo sabemos que, en forma binómica, la parte imaginaria es el doble de la parte real y que su módulo más la parte real es igual a 80,9. (Aproxima los resultados con un decimal).

a) ¿De qué número se trata?

b) Represéntalo en el plano complejo.

Sol.: a) $z = 55{,}9_{63{,}4°}$

38. ★★☆ La siguiente figura muestra las raíces cúbicas de un número complejo. Averigua de qué número se trata.

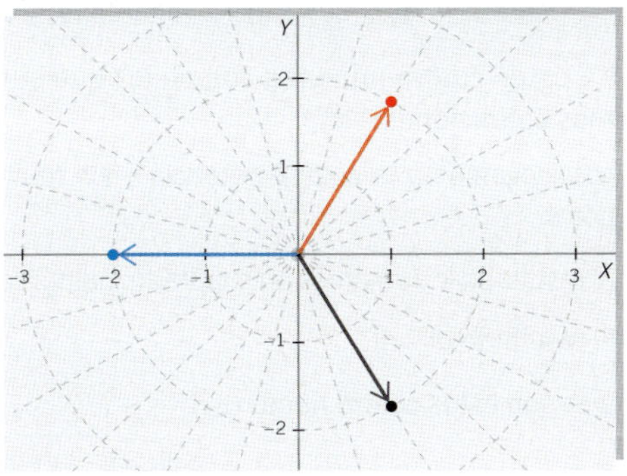

Sol.: $z = 8_\pi$

39. ★★☆ Dos números complejos que representan los puntos extremos de un segmento son $z_1 = 8 - 5i$ y $z_2 = 4 - 12i$, respectivamente.

a) Súmalos y calcula el inverso del resultado.

b) Conviértelos en forma polar y, de nuevo, efectúa la suma y calcula su inverso.

c) Comprueba que las operaciones que has hecho en los apartados a) y b) dan el mismo resultado.

Sol.: a) $12/433 + 17/433i$; b) $\left(\frac{\sqrt{433}}{433}\right)_{54{,}78°}$

40. ★★★ Realiza las siguientes operaciones y representa gráficamente las raíces obtenidas en cada caso:

a) $\sqrt[6]{3_\pi \cdot 3_\pi}$

b) $\sqrt[3]{(1_{2\pi}) \cdot (1_{3\pi})}$

c) $\sqrt[4]{(16_{2\pi}) \cdot (1_{3\pi})}$

d) $\sqrt[5]{(25_{\pi/2}) \cdot (125_{\pi/2})}$

e) $\sqrt[6]{(1_{\pi/3}) \cdot (1_{\pi/2})}$

f) $\sqrt[6]{(-3) \cdot 243}$

41. ★★★ Observa esta figura y responde a las cuestiones, redondeando los resultados a las centésimas cuando sea necesario:

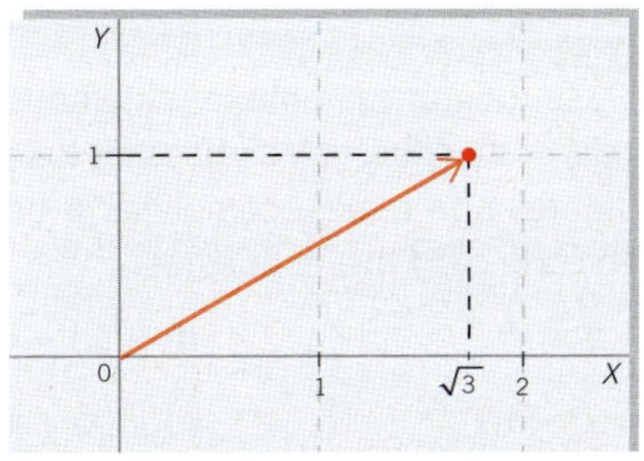

a) Expresa el número complejo que está representado gráficamente en forma binómica y en forma polar.

b) Multiplícalo por su conjugado y expresa el resultado en forma binómica y en forma polar.

c) Halla las raíces cúbicas del complejo del apartado a).

Sol.: a) $z = \sqrt{3} + i$, $z = 2_{\pi/6}$; b) 4, $4_{0°}$; c) $1{,}26_{\pi/18}$, $1{,}26_{13\pi/18}$, $1{,}26_{25\pi/18}$

5 ECUACIONES CON SOLUCIONES COMPLEJAS

42. ★☆☆ Resuelve las siguientes ecuaciones e indica si las soluciones son números reales o complejos:

a) $x^2 + x = 0$

b) $x^2 + 16 = 0$

c) $6x^2 = -6$

d) $-10x^2 = 1\,000$

e) $x^2 + 25 = 0$

f) $1\,000x^2 = -10$

Sol.: a) −1, 0; b) $\pm 4i$; c) $\pm i$; d) $\pm 10i$; e) $\pm 5i$; f) $\pm 0{,}1i$

43. ★★☆ Resuelve las siguientes ecuaciones expresando el resultado con un decimal y representa las soluciones en el plano complejo:

a) $x^2 + 6x + 10 = 0$

b) $x^2 - 6x + 10 = 0$

c) $x^2 + 2x + 3 = 0$

d) $6x^2 - 36x + 72 = 0$

e) $9x^2 - 2x = -121$

f) $x^2 - x = 2$

Sol.: a) $-3 \pm i$; b) $3 \pm i$; c) $-1 \pm 1{,}4i$; d) $3 \pm 1{,}7i$; e) $0{,}1 \pm 3{,}6i$; f) −1, 2

44. ★★☆ Resuelve la siguiente ecuación de segundo grado: $x^2 + 7x + 10 = 0$. Represéntala gráficamente y averigua si tiene puntos de corte con el eje *X*. Razona tu respuesta.

Sol.: −5, −2

45. ★★☆ Efectúa lo mismo que en el problema anterior, pero ahora con la ecuación: $10x^2 + x + 7 = 0$, expresando los resultados con dos decimales.

Represéntala gráficamente y descubre si tiene puntos de corte con el eje *X*. Razona tu respuesta.

Sol.: $-0{,}05 \pm 0{,}83i$

46. ★★☆ Resuelve las siguientes ecuaciones y representa sus soluciones:

a) $x^4 - 16 = 0$
b) $x^4 + 16 = 0$
c) $-x^4 = 1$
d) $1 = x^8$
e) $3x^4 = 243$
f) $x^4 + 2x^2 + 1$

47. ★★☆ Resuelve las siguientes ecuaciones bicuadradas, expresando los resultados dentro de radicales:

a) $x^4 + 6x^2 + 10 = 0$
b) $x^4 - 6x^2 + 10 = 0$
c) $x^4 + 2x^2 + 3 = 0$
d) $9x^4 - 2x^2 = -121$

48. ★★★ Representa gráficamente los siguientes polinomios e indica, a partir de ellos, si las raíces de los polinomios correspondientes son reales, complejas o de ambos tipos. Razona en cada caso tus respuestas.

a) $P(x) = 1 + x^4$
b) $P(x) = x^4 - 16$
c) $P(x) = 9x^4 - 2x^2 - 121$
d) $P(x) = x^4 + 6x^2 + 10$
e) $P(x) = x^4 + 16$
f) $P(x) = -1 + x^8$

49. ★★★ Tenemos dos números complejos en forma polar $z_1 = 3e^{i\pi x}$ y $z_2 = 15e^{-i\pi/3}$.

a) Calcula el producto.

b) Halla el valor de todas las x que satisfacen la igualdad $z_1 \cdot z_2 = 45$.

c) Halla el valor de todas las x que satisfacen $z_1 \cdot z_2 = 22{,}5 - 38{,}97i$.

NOTA: Puedes continuar el procedimiento en forma binómica si en algún momento lo crees conveniente.

Sol.: a) $z = 45e^{(3x-1)\cdot i\pi/3}$; b) $x = 1/3 + 6k/3$, k entero; c) $x = 0 + 2k$, k entero

SÍNTESIS

50. ★☆☆ Realiza las siguientes operaciones en forma binómica. Representa gráficamente los resultados obtenidos y halla, en cada caso, el complejo conjugado y el opuesto a partir de dicha representación.

a) $(8 + 5i) + (5 - 4i)$
b) $(6 + 7i) - (-5 + 2i)$
c) $(2i) \cdot (3 + 4i)$
d) $(2 + 2i) / 4i$

Sol.: a) $z = 13 + i$; $\bar{z} = 13 - i$; $-z = -13 - i$;
b) $z = 11 + 5i$; $\bar{z} = 11 - 5i$; $-z = -11 - 5i$;
c) $z = -8 + 6i$; $\bar{z} = -8 - 6i$; $-z = 8 - 6i$;
d) $z = 0{,}5 - 0{,}5i$; $\bar{z} = 0{,}5 + 0{,}5i$; $-z = -0{,}5 + 0{,}5i$

51. ★★☆ Escribe los siguientes números complejos en su forma binómica y calcula su inverso a partir de ella:

a) $5_{27°}$
b) $8_{5\pi/2}$
c) $3_{65°}$
d) $11_{-\pi/4}$
e) $2_{30°}$
f) $5_{\pi/3}$
g) $1_{270°}$
h) $4_{2\pi}$

52. ★★☆ Representa gráficamente las siguientes ecuaciones y razona, a partir del gráfico, si las raíces son reales o complejas, o de ambos tipos:

a) $x^2 + 6x + 10$
b) $6x^2 - 36x + 72$
c) $10 + 1\,000x^2$
d) $9x^2 - 2x - 121$
e) $x^2 - 6x + 10 = 0$
f) $x^2 + 16$

53. ★★★ Resuelve las siguientes ecuaciones cuadradas y bicuadradas y convierte las soluciones del primer apartado a forma polar:

a) $100 = 100\,000x^2$
b) $x^4 + 625 = 0$
c) $2x^2 + 3x - 1 = 0$
d) $11x^2 - 2x = -12$

54. ★★☆ Dos números complejos son, respectivamente, $z_1 = 6 - 8i$ y $z_2 = 4 + 12i$. Calcula, aproximando los resultados con dos decimales:

a) Transfórmalos a forma polar y calcula el producto $z_1 \cdot z_2$.

b) Realiza la misma operación en forma binómica y comprueba que el resultado final es el mismo en ambos casos.

c) Utiliza la forma polar para calcular z_1 / z_2.

Comprueba todos los resultados utilizando la calculadora que encontrarás en:

http://www.wolframalpha.com/

Sol.: a) $z = 126{,}5_{18{,}44°}$; b) $z = 120 + 40i$; c) $z = 0{,}79_{235{,}31°}$

55. ★★★ Existen cuatro números complejos que cumplen las mismas condiciones:

— Los elevamos a la cuarta potencia y los multiplicamos por 3.
— Al resultado le sumamos su cuadrado multiplicado por 6.
— El resultado es –6.

¿Cuáles son estos cuatro números?

Sol.: $\pm\sqrt{-1+i}$, $\pm\sqrt{-1-i}$

56. ★★★ Los cuaterniones son una extensión de los números complejos en la que se añaden tres unidades imaginarias i, j y k, de manera que se cumple:

$$i^2 = j^2 = k^2 = -1$$

La forma binómica de los complejos se extiende a los cuaterniones de forma natural, es decir, un cuaternión se puede expresar como $q = a + bi + cj + dk$.

a) ¿Cuánto valdrán los productos ijk, ij, ik, jk?

b) La suma y el producto de cuaterniones también se extienden de forma natural, es decir, las operaciones se hacen componente a componente. ¿Cuál será el resultado de la suma de dos cuaterniones q_1 y q_2?

Síntesis

1. Número complejo
2. Operaciones en forma binómica
3. Representación gráfica
4. Forma polar de un número complejo
5. Ecuaciones con soluciones complejas

NÚMERO COMPLEJO

Expresión numérica en la que aparece explícitamente la unidad imaginaria $i = \sqrt{-1}$.

Forma binómica

$z = a + bi$

Expresión de un número complejo como suma de una parte real (a) y una parte imaginaria (b).

Conjugado

$\bar{z} = a - bi$

Opuesto

$-z = -a - bi$

Operaciones en forma binómica

$$z_1 + z_2 = (a + bi) + (c + di) = (a + c) + (b + d)i$$

$$z_1 - z_2 = (a + bi) - (c + di) = (a + c) - (b + d)i$$

$$z_1 \cdot z_2 = (a + bi) \cdot (c + di) = (ac - bd) + (ad + bc)i$$

$$\frac{z_1}{z_2} = \frac{a + bi}{c + di} = \frac{(a + bi)}{(c + di)} \cdot \frac{(c - di)}{(c - di)} = \frac{ac + bd}{c^2 + d^2} + \frac{(bc - ad)}{c^2 + d^2} i$$

$$\frac{1}{z} = \frac{1}{a + bi} = \frac{1}{a + bi} \cdot \frac{a - bi}{a - bi} = \frac{a - bi}{a^2 + b^2} = \frac{\bar{z}}{|z|^2}$$

De binómica a polar

$$r = |z| = \sqrt{a^2 + b^2} \qquad \alpha = \text{arctg}\,\frac{b}{a}$$

De polar a binòmica

$$a = r \cdot \cos\alpha \qquad b = r \cdot \text{sen}\,\alpha$$

Forma polar

$z = r_\alpha$

Expresión de un número complejo a partir del modulo r y el argumento α que representa su afijo.

Operaciones en forma polar

$$z_1 \cdot z_2 = (r_1)_\alpha \cdot (r_2)_\alpha = (r_1 \cdot r_2)_{(\alpha + \beta)}$$

$$\frac{z_1}{z_2} = \frac{(r_1)_\alpha}{(r_2)_\beta} = (r_1 \cdot r_2)_{\alpha - \beta}$$

$$z^n = (r_\alpha)^n = (r^n)_{n\alpha}$$

$$\sqrt[n]{z} = (\sqrt[n]{z})_{\frac{\alpha + 360 \cdot k}{n}}\ ;\ k = 0, 1, \ldots n - 1$$

Representación gráfica

(a, b)

Un número complejo $z = a + bi$ puede representarse en el plano complejo mediante el punto (a, b) denominado afijo.

Ecuaciones con soluciones complejas

Admitiendo que la solución de una ecuación puede ser un número complejo, podremos hallar las soluciones de las ecuaciones en las que aparezcan raíces de números negativos.

1 Indica si son verdaderas o falsas las siguientes afirmaciones:

a) La parte imaginaria del número complejo $z = 6 - 8i$ es $\text{Im}(z) = 8$.

b) El opuesto del conjugado de $z = 4 + 5i$ es $\bar{z} = 4 - 5i$.

c) Cualquier número complejo en forma binómica puede representarse también en forma polar.

d) Un número complejo con parte imaginaria nula no puede ser representado en forma polar.

e) El inverso de $2i$ es $-0{,}5i$.

f) El conjugado del inverso de $3 + 2i$ es $0{,}23 + 0{,}15i$.

g) Si el módulo de z es r, el de $-z$ es $-r$.

h) $i^{150} = i$

2 Dados los números complejos $z_1 = 3 + 2i$ y $z_2 = -7i$, calcula los resultados de las siguientes operaciones:

a) $z_1 + z_2$

b) $|z_1| - \bar{z}_2$

c) $\dfrac{z_1}{z_2}$

d) $\dfrac{1}{z_1} - |\bar{z}_2|$

e) $-z_1 - z_2$

f) $z_1 \cdot z_2$

g) $z_1^2 + z_2^3$

h) $\dfrac{1}{z_1 + z_2}$

Sol.: a) $3 - 5i$; b) $\sqrt{13} - 7i$; c) $-2/7 + 3i/7$; d) $-88/13 - 2i/13$; e) $-3 + 5i$; f) $14 - 21i$; f) $5 + 355i$; h) $3/34 + 5i/34$

3 Expresa en forma polar los números complejos y las operaciones escritas en forma binómica, y viceversa.

a) $z = 2 - 4i$

b) $z = 6_{2\pi}$

c) $z = (1 + 2i)^2$

d) $z = (5 + 5i)^3$

e) $z = 2 + 3i$

f) $z = 5_{\pi} + 5_{\pi/2}$

g) $z = i$

h) $z = 0{,}5_{2\pi/3}$

Sol.: a) $4{,}47_{296{,}56°}$; b) 6; c) $5_{126{,}86°}$; d) $353{,}55_{135°}$; e) $3{,}6_{56{,}3°}$; f) $-5 + 5i$; g) $1_{\pi/2}$; h) $-0{,}25 + 0{,}43i$

4 Un complejo z más su conjugado al cuadrado es igual a $5 - 3i$. Halla el valor de z, sabiendo, además, que la parte real es el doble de la parte imaginaria.

Sol.: $2 + i$

5 Dados los números complejos $z_1 = 3_{\pi/2}$ y $z_2 = 3_{\pi}$, escribe los resultados de las siguientes operaciones en forma polar:

a) $z_1 \cdot z_2$

b) $z_1^3 \cdot z_2$

c) $\left(\dfrac{z_1}{z_2}\right)^4$

d) $\sqrt{z_1^3}$

e) $\dfrac{z_1}{z_2}$

f) $\dfrac{z_1}{z_2^{\,2}}$

g) $\sqrt{z_2}$

h) $z_1^2 + z_2^3$

Sol.: a) $9_{3\pi/2}$; b) $81_{5\pi/2}$; c) $1_{2\pi}$; d) $\sqrt{27}_{3\pi/4}$, $\sqrt{27}_{7\pi/4}$; e) $1_{3\pi/2}$; f) $(1/3)_{\pi/2}$; g) $\sqrt{3}_{\pi/2}$, $\sqrt{3}_{3\pi/2}$; h) 36_{π}

6 Sin efectuar ningún cálculo, indica cuáles son las dos raíces del polinomio de segundo grado $x^2 + 6x + 10 = 0$. Justifica el por qué de tu elección.

a) $x = 3 + 3i$

b) $x = 3 - i$

c) $x = -3 + i$

d) $x = -3 + 3i$

e) $x = -3 - i$

f) $x = 1 - 3i$

Finalmente, comprueba tu respuesta efectuando los cálculos correspondientes.

Sol.: d) y e)

7 Halla k para que $\dfrac{(k + 3i)^2 (1 - i)^2}{(2 - 2i)}$ sea:

a) Un número real. b) Un imaginario puro.

Sol.: a) $3 \pm 3\sqrt{2}/2$; b) $-3 \pm 3\sqrt{2}$

8 Halla las raíces cúbicas de $z = \sqrt{32} + \sqrt{32}\,i$:

Sol.: $2_{\pi/4} = 1{,}41 + 1{,}41i$; $2_{11\pi/12} = -1{,}93 + 0{,}51i$; $2_{19\pi/12} = 0{,}51 - 1{,}93i$

9 Resuelve $x^2 + x + 2 = 0$ y representa gráficamente la función. Halla los puntos de corte con el eje X, si los hay. En caso contrario, explica por qué.

Sol.: $x_1 = -0{,}5 + 1{,}32i$; $x_2 = -0{,}5 - 1{,}32i$

10 Un vértice de un cuadrado centrado en el origen es el punto $P = (1, 2)$. Halla las coordenadas de los restantes vértices.

— Si P es el afijo de un número complejo, indica qué operaciones es necesario efectuar para conseguir los afijos correspondientes a los restantes vértices del cuadrado.

Sol.: $(-2, 1)$; $(-1, -2)$; $(2, -1)$

SOCIETY

El secreto de Gerolamo Cardano

Los números complejos fueron utilizados por primera vez en los trabajos de **Gerolamo Cardano** (1501-1576). Los usó en la resolución de ecuaciones de tercer y cuarto grado. No obstante, la resolución de las ecuaciones del tipo $x^3 + ax = b$ se le resistieron durante años.

Tuvo que ser un colega suyo, **Niccolo Fontana,** más conocido como **Tartaglia,** quien le proporcionó la solución general para este tipo de ecuaciones, si bien le hizo jurar que nunca la desvelaría.

Al cabo de un tiempo, llegaron a las manos de Cardano, unos documentos escritos por **Scipione del Ferro,** y anteriores a Tartaglia, que permitían llegar a la misma solución que este había explicado a Cardano. Con estos escritos, Cardano se consideró desligado de su juramento y publicó la solución general para las ecuaciones del tipo $x^3 + ax = b$.

N. Cardano

Tartaglia

SOCIETY

La filatelia y los números complejos

La representación de los números complejos en el plano tal y como la conocemos hoy en día se debe al famoso matemático alemán **Carl F. Gauss** (1777-1855). Con motivo del segundo centenario de su nacimiento, se editó este sello conmemorativo.

OPINION

Los números complejos y los negativos

« Los números complejos no son más absurdos que los negativos, y si estos se pueden representar en una recta entonces es posible representar los complejos en un plano».
(John Wallis, 1616-1703).

Este matemático inglés estableció de forma rigurosa la noción de límite en su obra *Aritmética Infinitorum* (1656), en la que por primera vez aparece el símbolo para designar la idea de infinito. También fue el primero en representar gráficamente números complejos aunque utilizando una metodología distinta a la actual.

- Accede al enlace **http://links.edebe.com/g48p** y explica con tus propias palabras en qué consistía esta metodología.

CRITICAL SENSE

¿SON ÚTILES LOS NÚMEROS COMPLEJOS?

En la actualidad no se cuestiona la aplicación de los números complejos en diversos ámbitos, tanto científicos como industriales o cotidianos. No obstante, este tipo de números también ha tenido sus detractores. Umaba que «Dios hizo los números naturales; el resto es obra del hombre». *Con esta frase defendía que la aritmética y el análisis matemático se deben basar en los números enteros, prescindiendo así de los irracionales y los complejos.*

- Accede al enlace **http://links.edebe.com/yhcdqs** y observa qué relación existe entre los números complejos y el diseño de las alas de los aviones.
- Busca en la Red información sobre aplicaciones concretas en las que los números complejos tengan un papel fundamental.

ENTREPRENEURS

LA ISLA DEL TESORO

Accede al enlace **http://links.edebe.com/4a6** en el que encontrarás un reto que debe resolverse relacionado con la famosa novela de **Robert L. Stevenson.**

- Formad grupos de 3-4 miembros y averiguad la solución a partir de la utilización de los números complejos.
- Preparad una presentación en PowerPoint o Prezzi con los pasos que habéis seguido para resolver el reto.

7

BLOQUE 2. GEOMETRÍA

Vectores

- **1. Vectores**
  - 1.1. Vectores fijos
  - 1.2. Vectores libres
- **2. Operaciones con vectores**
- **3. Combinación lineal de vectores**
- **4. Bases de V_2**
- **5. Operaciones con componentes**
- **6. Producto escalar de dos vectores**
- **7. Coordenadas de un punto en el plano**

Simulador

Presentación

Problemas interactivos

Libros

Como puedes leer en el siguiente fragmento del libro *Iniciación a la aeronáutica* de Antonio Creus Solé, los vectores desempeñan un papel fundamental en la navegación aérea:

«En vuelo sin viento, la ruta sobre el suelo descrita por el avión es igual al rumbo. El viento desplazará el avión de su rumbo y la ruta verdadera descrita sobre el suelo diferirá del rumbo mantenido.

El viento puede ser representado por un vector definido por su dirección y su velocidad. La dirección del viento es la dirección de la que viene el viento, no a la que apunta el viento. De este modo, un viento de 180° 10 nudos significa un viento que viene del sur y de intensidad 10 nudos.

Para dibujar la ruta verdadera del avión se dibuja el llamado *triángulo de velocidades*. Para ir de un punto *A* a otro *B* se dibuja una recta que los une sobre el mapa. A continuación, se traza sobre ella, partiendo del punto *A*, la velocidad verdadera del avión (TAS) y el viento estimado de 210° 20 nudos (el viento viene de 210°) y se unen los extremos de los dos vectores».

Web

Robin Cook escribió en 1999 una novela titulada *Vector* que trata sobre el peligro de las armas bacteriológicas.

En la siguiente página **http://links.edebe.com/h6dd**, podrás ampliar la información sobre el autor y su bibliografía.

EN CONTEXTO

a> ¿Por qué crees que se utiliza un vector para representar el viento? ¿Se te ocurren otros fenómenos físicos que deban ser representados con vectores?

— Anota en una lista varios fenómenos físicos que se representen con vectores.

— Busca en Internet, como mínimo, tres fenómenos físicos más que también se representen con vectores, y resumidlos brevemente.

— Poned en común en clase los fenómenos físicos que hayáis encontrado.

b> Busca información en Internet sobre los vectores biológicos y las enfermedades transmitidas por vectores. ¿Qué relación tienen con el libro de Robin Cook? ¿Por qué crees que se utiliza el término *vector* para definirlas?

1. Vectores
1.1. Vectores fijos
1.2. Vectores libres

1. Vectores

Existen magnitudes, como la masa, la longitud o la temperatura, que quedan totalmente determinadas a partir de un número real (o escalar) y una unidad de medida. Decimos que son **magnitudes escalares.**

Sin embargo, hay magnitudes como la fuerza o la velocidad que para determinarlas completamente han de indicarse su módulo, su sentido y su dirección. Estas magnitudes se llaman **magnitudes vectoriales.**

Las magnitudes vectoriales se representan mediante **vectores.**

LENGUAJE MATEMÁTICO

Para nombrar un segmento que une los puntos *A* y *B*, se escriben las dos letras que lo determinan y encima una barra: $\overline{AB}$.

Para nombrar un vector que une los puntos *A* y *B*, se escriben las dos letras que lo determinan y encima una flecha: $\overrightarrow{AB}$.

1.1. Vectores fijos

Por dos puntos del plano, *A* y *B*, no coincidentes, pasa una única recta sobre la que se puede definir un segmento con origen y extremo en estos puntos.

Dados dos puntos *A* y *B* del plano, se denomina vector fijo de origen *A* y extremo *B* al par ordenado (*A*, *B*). Se le representa por $\overrightarrow{AB}$.

Así todos los vectores fijos tienen un módulo, una dirección y un sentido.

El **módulo** del vector $\overrightarrow{AB}$ es la longitud del segmento que lo determina. Se representa por $|\overrightarrow{AB}|$ y es siempre un valor positivo.

La **dirección** del vector $\overrightarrow{AB}$ es la de la recta determinada por *A* y por *B*.

El **sentido** del vector $\overrightarrow{AB}$ se define sobre la recta y va del origen del vector (punto *A*) al extremo (punto *B*).

RECUERDA

Un **segmento** es un fragmento de recta limitado por dos puntos. A un segmento podemos asociarle una dirección, la de la recta que lo contiene, y una longitud, la distancia entre sus extremos.

Sin embargo, no podemos asociarle un sentido: los segmentos $\overline{AB}$ y $\overline{BA}$ son el mismo segmento.

Vectores equipolentes

Observa la figura. Dados un módulo, una dirección y un sentido, es posible determinar un vector tomando como origen cualquier punto del plano. Obtenemos así **vectores equipolentes.**

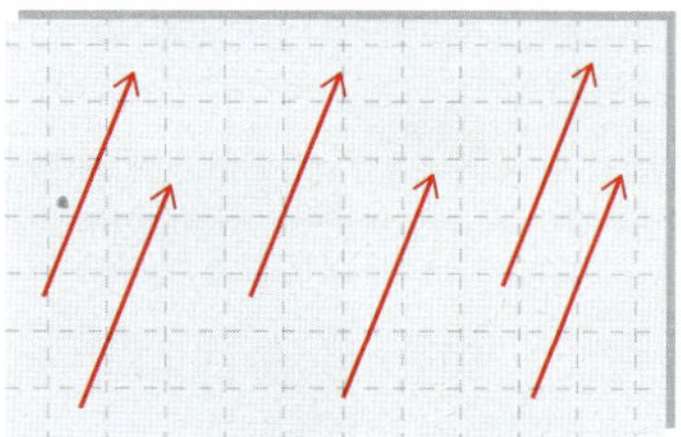

Dos o más vectores fijos son equipolentes si tienen el mismo módulo, la misma dirección y el mismo sentido.

FÍJATE

— Dos vectores **paralelos** tienen la misma dirección.

— Dos vectores pueden tener la misma dirección, pero distinto sentido $\overrightarrow{AB} \neq \overrightarrow{BA}$.

— Si el origen y el extremo de un vector coinciden, el vector es **nulo.**

1 EJEMPLO

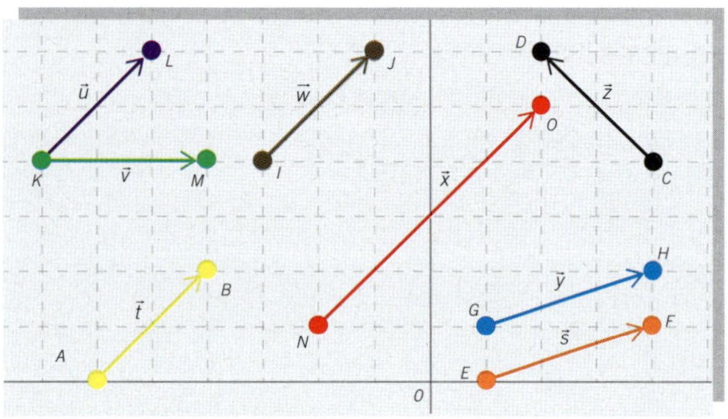

Indica cuáles de estos vectores tienen el mismo módulo, cuáles tienen el mismo sentido y cuáles son equipolentes.

Solución

RESOLUCIÓN:

Tienen el mismo módulo los vectores $\overrightarrow{KL}$, $\overrightarrow{IJ}$, $\overrightarrow{AB}$ y $\overrightarrow{CD}$ y la pareja $\overrightarrow{GH}$ y $\overrightarrow{EF}$.

Tienen el mismo sentido los vectores $\overrightarrow{KL}$, $\overrightarrow{IJ}$, $\overrightarrow{AB}$ y la pareja $\overrightarrow{GH}$ y $\overrightarrow{EF}$.

Los vectores $\overrightarrow{KL}$, $\overrightarrow{IJ}$, $\overrightarrow{AB}$ y la pareja $\overrightarrow{GH}$ y $\overrightarrow{EF}$ son equipolentes.

1.2. Vectores libres

Un ejemplo de un vector fijo podría ser la fuerza que aplicamos sobre un punto determinado de una mesa.

No obstante, ten en cuenta que para definir dicha fuerza no necesitamos saber el punto exacto sobre el que la aplicamos, sino que tenemos suficiente con conocer su dirección, su sentido y su módulo.

La relación de equipolencia nos permite clasificar el conjunto de vectores fijos del plano en colecciones de vectores que, desde el punto de vista matemático, se comportan como uno solo. Estas colecciones son los **vectores libres.**

Un vector libre es el conjunto formado por todos los vectores fijos equipolentes a uno dado.

Cada uno de los vectores fijos que componen un vector libre es un **representante** de este vector.

Los vectores libres se representan mediante letras minúsculas ($\vec{u}$, $\vec{v}$, $\vec{w}$...) o encerrando entre corchetes uno de los vectores fijos que lo componen.

Así, el vector $[\overrightarrow{AB}]$ representa el vector libre formado por todos los vectores equipolentes a $\overrightarrow{AB}$.

Módulo, dirección y sentido de un vector libre

Los vectores fijos que determinan un vector libre, al ser equipolentes entre sí, tienen el mismo módulo, la misma dirección y el mismo sentido.

El módulo, la dirección y el sentido de un vector libre es el módulo, la dirección y el sentido de cualquiera de sus representantes.

2 EJEMPLO

Observa detenidamente este octágono y anota todos los vectores fijos que ves representados. A continuación:

a) Agrupa los vectores anteriores en conjuntos de vectores equipolentes.

b) Indica cuántos vectores libres hay representados.

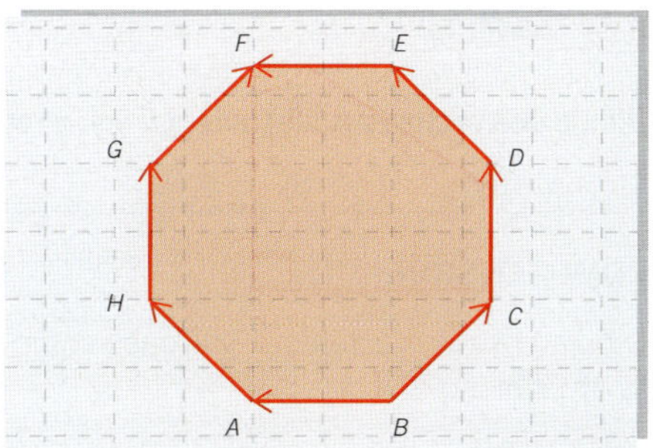

Solución

COMPRENSIÓN: Deberemos analizar la dirección y el sentido de los vectores fijos para determinar cuáles son equipolentes entre sí y, por lo tanto, poder indicar cuántos vectores libres hay representados.

RESOLUCIÓN: Los vectores fijos representados son $\overrightarrow{BA}$, $\overrightarrow{BC}$, $\overrightarrow{CD}$, $\overrightarrow{DE}$, $\overrightarrow{EF}$, $\overrightarrow{GF}$, $\overrightarrow{HG}$, $\overrightarrow{AH}$.

a) Son equipolentes: $\overrightarrow{BA}$ y $\overrightarrow{EF}$; $\overrightarrow{BC}$ y $\overrightarrow{GF}$; $\overrightarrow{CD}$ y $\overrightarrow{HG}$; $\overrightarrow{DE}$ y $\overrightarrow{AH}$.

b) Los vectores libres representados son $[\overrightarrow{BA}]$, $[\overrightarrow{BC}]$, $[\overrightarrow{CD}]$, $[\overrightarrow{DE}]$.

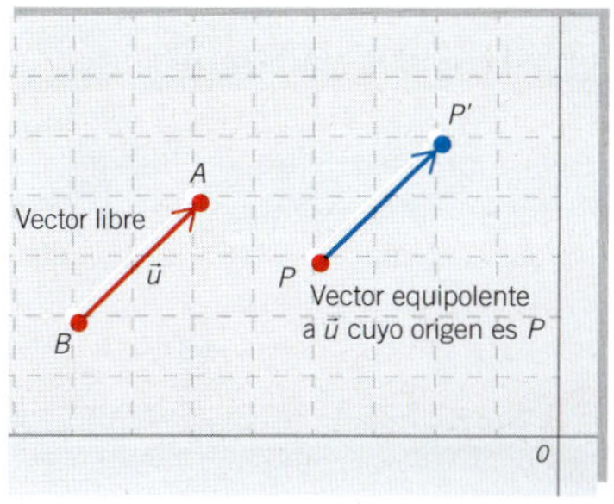

Existe una propiedad matemática denominada **propiedad fundamental** de los vectores libres:

Dado un punto P del plano cartesiano y un vector libre cualquiera $\vec{u}$, existe un único representante de $\vec{u}$ que tiene el origen en el punto P.

INTERNET

En el siguiente enlace encontrarás más información acerca de los vectores fijos y los vectores libres:

http://links.edebe.com/beqap

— ¿Cómo se demuestra la equipolencia de dos vectores? ¿Es siempre posible esta demostración?

FÍJATE

A partir de ahora, llamaremos vectores a los vectores libres.

LENGUAJE MATEMÁTICO

El conjunto de todos los vectores libres del plano se denomina V_2.

Ejercicios y problemas
14, 15, 16

2. Operaciones con vectores

Observa cómo podemos efectuar operaciones con vectores gráficamente, utilizando el concepto de representante de un vector libre.

Producto de un número real por un vector

Llamamos producto de un número real k por un vector $\vec{u}$ y lo representamos por $k \cdot \vec{u}$ al vector libre que tiene:

— Dirección: la misma dirección que el vector $\vec{u}$.

— Módulo: el módulo de $\vec{u}$ multiplicado por el valor absoluto de k.

— Sentido: el mismo que $\vec{u}$ si k es positivo, y contrario a $\vec{u}$ si k es negativo.

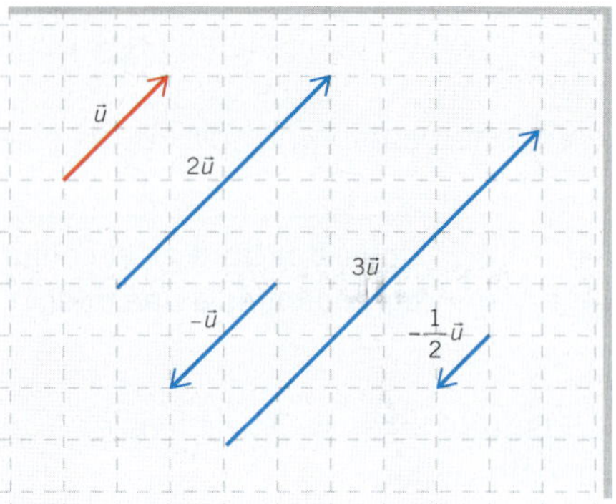

Suma de vectores

Llamamos **suma** de los vectores libres $\vec{u}$ y $\vec{v}$, y la representamos por $\vec{u} + \vec{v}$, al vector libre que se obtiene con el siguiente procedimiento:

— Elegimos dos representantes de $\vec{u}$ y $\vec{v}$ de modo que el extremo del primer vector coincida con el origen del segundo.

— Trazamos el vector cuyo origen es el origen del representante del primer vector y el extremo es el extremo del representante del segundo vector.

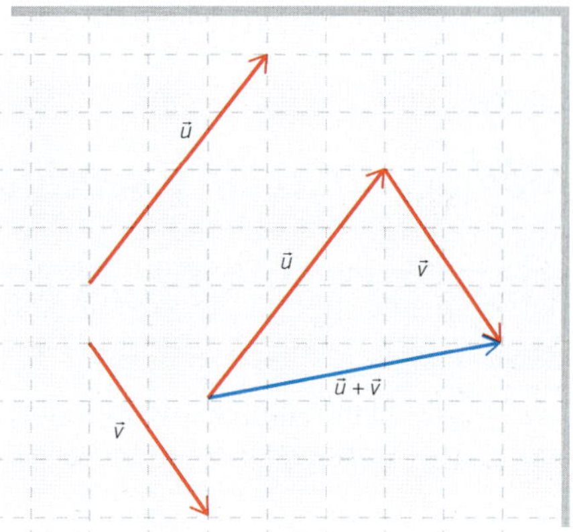

LENGUAJE MATEMÁTICO

El número real que multiplica un vector se llama **escalar.**

FÍJATE

Propiedades del producto de un número real por un vector

- Asociativa:

  $k \cdot (k' \cdot \vec{u}) = (k \cdot k') \cdot \vec{u}$

- Distributiva respecto de la suma de vectores:

  $k \cdot (\vec{u} + \vec{v}) = k \cdot \vec{u} + k \cdot \vec{v}$

- Distributiva respecto de la suma de escalares:

  $(k + k') \cdot \vec{u} = k \cdot \vec{u} + k' \cdot \vec{u}$

- Elemento neutro:
  $1 \cdot \vec{u} = \vec{u} \cdot 1 = \vec{u}$

Propiedades de la suma de vectores

- Conmutativa:

  $\vec{u} + \vec{v} = \vec{v} + \vec{u}$

- Asociativa:

  $(\vec{u} + \vec{v}) + \vec{w} = \vec{u} + (\vec{v} + \vec{w})$

- Elemento neutro: $\vec{0}$

  $\vec{u} + \vec{0} = \vec{0} + \vec{u} = \vec{u}$

- Elemento opuesto: $-\vec{u}$

  $\vec{u} + (-\vec{u}) = (-\vec{u}) + \vec{u} = \vec{0}$

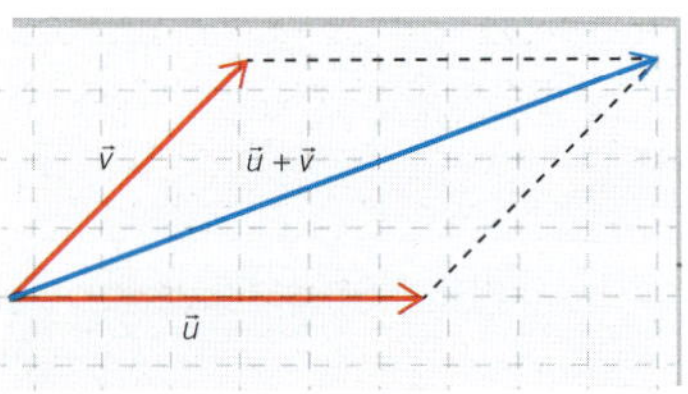

Regla del paralelogramo.

3 EJEMPLO

Dibuja dos vectores cualesquiera $\vec{u}$ y $\vec{v}$, y representa los vectores $\vec{u} + \vec{v}$ y $3 \cdot \vec{v}$.

Solución

COMPRENSIÓN:

Dibujamos dos vectores $\vec{u}$ y $\vec{v}$ cualesquiera en el plano.

Para sumarlos, situamos el vector $\vec{v}$ de modo que su origen coincida con el extremo del vector $\vec{u}$. Al unir el origen de $\vec{u}$ y el extremo de $\vec{v}$, obtenemos el vector suma.

Para dibujar el vector $3 \cdot \vec{v}$, alargamos el vector $\vec{v}$ hasta que mida el triple.

RESOLUCIÓN:

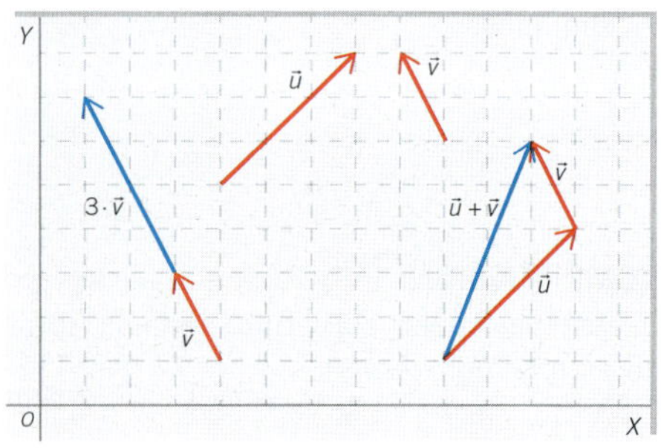

COMPROBACIÓN:

Podemos comprobar que las representaciones son correctas en un programa de representaciones gráficas como GeoGebra.

Problemas resueltos
A

Ejercicios y problemas
17 y 18

Resta de vectores

Para **restar** dos vectores, usamos el concepto de elemento opuesto de la suma. Por ello, dados dos vectores $\vec{u}$ y $\vec{v}$, para obtener $\vec{u} - \vec{v}$ basta con construir el vector $-\vec{v}$ y sumarlo al vector $\vec{u}$. Así, $\vec{u} - \vec{v} = \vec{u} + (-\vec{v})$.

Observa que obtenemos el mismo resultado si utilizamos el procedimiento aplicado en la suma o si aplicamos la regla del paralelogramo.

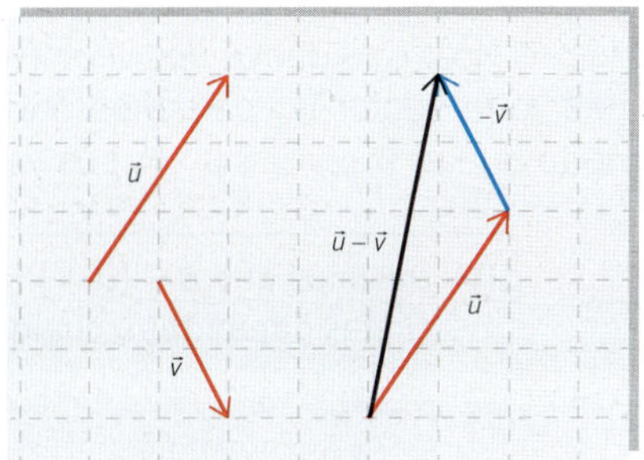

3. Combinación lineal de vectores

Dados dos vectores $\vec{u}$ y $\vec{v}$, con distinta dirección, podemos obtener otro vector $\vec{w}$ combinando las operaciones suma y multiplicación por un número real:

$$\vec{w} = \alpha \cdot \vec{u} + \beta \cdot \vec{v}$$

donde α y β son números reales cualesquiera.

Decimos que el vector $\vec{w}$ es **combinación lineal** de los vectores $\vec{v}$ y $\vec{u}$.

Así, por ejemplo, el vector $\vec{w} = 3 \cdot \vec{u} - 2 \cdot \vec{v}$ es una combinación lineal de los vectores $\vec{u}$ y $\vec{v}$.

Observa que el vector $\vec{0}$ es una combinación lineal de cualquier par de vectores, pues: $\vec{0} = 0 \cdot \vec{u} + 0 \cdot \vec{v}$.

Expresión de un vector como combinación lineal de otros dos

Dados dos vectores $\vec{u}$ y $\vec{v}$, con distinta dirección, cualquier otro vector del plano $\vec{w}$ puede expresarse como combinación lineal de $\vec{u}$ y $\vec{v}$.

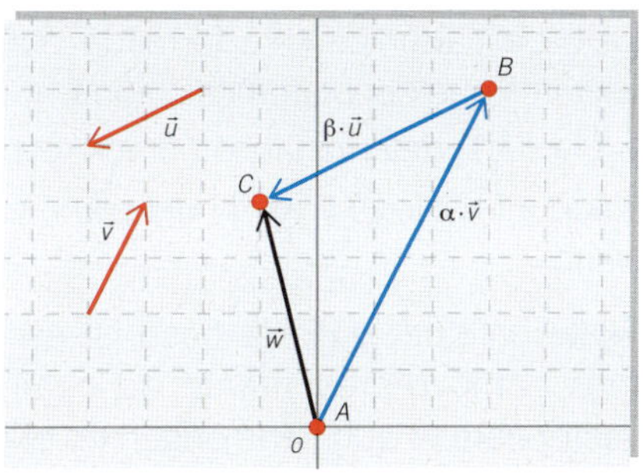

4 EJEMPLO

Dibuja dos vectores cualesquiera $\vec{u}$ y $\vec{v}$, y representa el vector $\vec{w} = 2 \cdot \vec{u} + \vec{v}$.

Solución

COMPRENSIÓN:

Dibujamos dos vectores $\vec{u}$ y $\vec{v}$ cualesquiera en el plano. Primero, dibujamos $2 \cdot \vec{u}$, después desplazamos el vector $\vec{v}$ hasta el extremo de $2 \cdot \vec{u}$. Uniendo el origen de $2 \cdot \vec{u}$ con el extremo de $\vec{v}$, obtenemos el vector $2 \cdot \vec{u} + \vec{v}$.

RESOLUCIÓN:

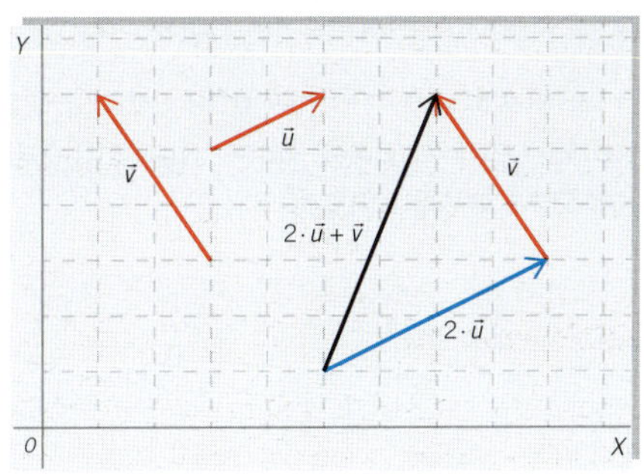

FÍJATE

Es posible escribir combinaciones lineales de tantos vectores como se quiera. Así:

$$\vec{v} = k_1 \cdot \vec{u}_1 + k_2 \cdot \vec{u}_2 + ... + k_n \cdot \vec{u}_n$$

con k_1, k_2, ..., k_n números reales cualesquiera, es una combinación lineal de los vectores $\vec{u}_1$, $\vec{u}_2$, ..., $\vec{u}_n$.

LENGUAJE MATEMÁTICO

Dos vectores son linealmente independientes si la relación:

$$\alpha \cdot \vec{u} + \beta \cdot \vec{v} = 0$$

solamente se cumple si α y β son ambos iguales a 0.

Gráficamente, en el plano, la condición necesaria para que dos vectores sean linealmente independientes es que tengan distinta dirección.

En caso contrario, decimos que son **linealmente dependientes** que, en el plano, es lo mismo que decir que tienen la misma dirección.

Problemas resueltos B

Ejercicios y problemas 19 a 22

4. Bases de V_2

Hemos visto que dados dos vectores no nulos, $\vec{u}$ y $\vec{v}$, con distinta dirección y cualquier otro vector $\vec{w}$, podemos encontrar siempre dos números reales α y β de modo que $\vec{w} = \alpha \cdot \vec{u} + \beta \cdot \vec{v}$. Los vectores $\vec{u}$ y $\vec{v}$ forman una base de V_2.

Decimos que $B = \{\vec{u}, \vec{v}\}$ forma una base de V_2 si $\vec{u}$ y $\vec{v}$ tienen direcciones diferentes y cualquier vector $\vec{w}$ puede expresarse como:

$$\vec{w} = \alpha \cdot \vec{u} + \beta \cdot \vec{v}$$

Los números reales α y β son componentes de $\vec{w}$ en la base B.

Así, si $\vec{w} = 3 \cdot \vec{u} + 4 \cdot \vec{v}$, las componentes de $\vec{w}$ en la base formada por $\vec{u}$ y $\vec{v}$ son (3, 4) y escribiremos: $\vec{w} = (3, 4)$.

Si los dos vectores de la base son perpendiculares, es decir, forman un ángulo de 90°, diremos que constituyen una **base ortogonal.**

Si además de perpendiculares los dos vectores de la base son vectores **unitarios** (esto es, tienen módulo 1), diremos que forman una **base ortonormal.**

Base canónica

Las componentes de los vectores no son únicas, pues dependerán de la base que utilicemos para definirlos.

Por ello, se define una base ortonormal, llamada **base canónica,** que facilitará la identificación de las componentes de los vectores.

La base canónica está formada por dos vectores que denotaremos como $\vec{i} = (1, 0)$ y $\vec{j} = (0, 1)$ determinados por los respectivos puntos (1, 0) y (0, 1) del plano cartesiano.

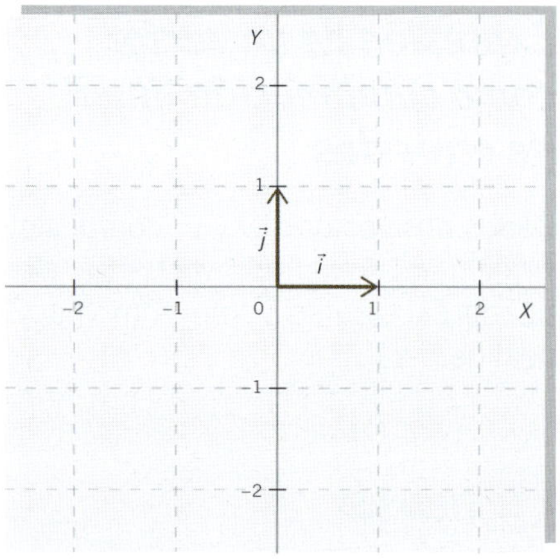

Fíjate en que, en esta base, si escogemos como representante de cualquier vector libre el que tiene origen en el punto (0, 0), las coordenadas del extremo coinciden con las componentes del vector.

Así, si, por ejemplo, consideramos el vector determinado por el origen de coordenadas (0, 0) y el punto $A = (6, 7)$ del plano, vemos que $\overline{OA} = 6\vec{i} + 7\vec{j}$. Por lo tanto, las componentes del vector en esta base son (6, 7); es decir, coinciden con las coordenadas del punto A.

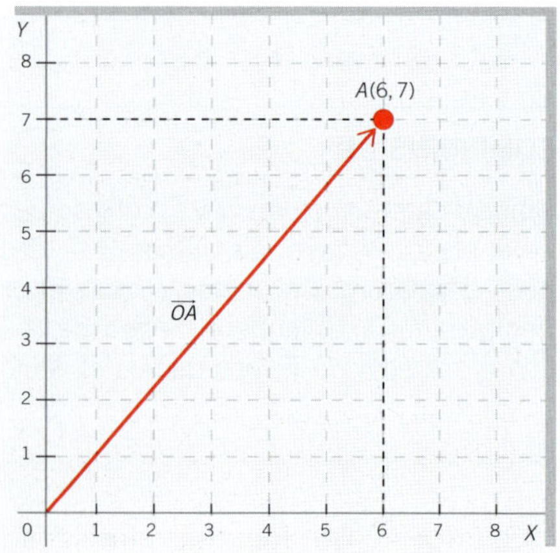

En adelante, a menos que se especifique lo contrario, la base que utilizaremos será la canónica.

FÍJATE

Desde el punto de vista matemático, se define la **base de un espacio vectorial** de cualquier dimensión como un conjunto de vectores de dicho espacio que cumplen estos requisitos:

1. Son linealmente independientes.
2. Cualquier vector puede expresarse como una combinación lineal de dichos vectores.

En el plano, hemos visto que una base está formada por cualquier par de vectores que tengan diferente dirección; es decir, que sean linealmente independientes.

RECUERDA

El plano cartesiano queda determinado por dos ejes de coordenadas: uno vertical (Y) y otro horizontal (X) que se cortan en el origen de coordenadas, el punto (0, 0).

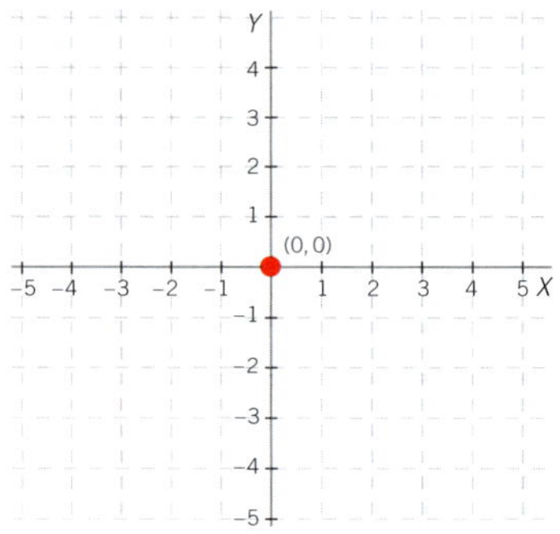

Problemas resueltos
C

Ejercicios y problemas
23 a 26

5. Operaciones con componentes

Sabemos ya cómo operar con vectores gráficamente, veamos ahora cómo efectuar estas mismas operaciones mediante las componentes de los vectores.

Multiplicación de un vector por un número real

Las componentes de $\vec{u}$ en la base $B = \{\vec{i}, \vec{j}\}$ son (3, 1), pero ¿qué componentes tendrá el vector $2 \cdot \vec{u}$?

Al representarlo gráficamente, puedes comprobar que el vector $2 \cdot \vec{u}$ tiene componentes (6, 2), que es el resultado de multiplicar por 2 las componentes de $\vec{u}$.

En general, si $\vec{u} = (u_1, u_2)$ son las componentes de $\vec{u}$ en una cierta base, las componentes $k \cdot \vec{u}$ en esa misma base son:

$$k \cdot \vec{u} = (k \cdot u_1, k \cdot u_2)$$

5 EJEMPLO

Dado el vector $\vec{v} = (3, 2)$, calcula el valor de $\vec{w} = -7 \cdot \vec{v}$.

Solución

COMPRENSIÓN: Multiplicamos las componentes del vector $\vec{v}$ por −7.

RESOLUCIÓN: $\vec{w} = -7 \cdot \vec{v} = -7 \cdot (3, 2) = (-7 \cdot 3, -7 \cdot 2) = (-21, -14)$

Suma y resta de vectores

Las componentes de $\vec{u}$ y $\vec{v}$ en la base $B = \{\vec{i}, \vec{j}\}$ son (3, 1) y (2, −2), respectivamente. Pero ¿qué componentes tendrá el vector $\vec{u} + \vec{v}$?

Al representarlo gráficamente, puedes comprobar que el vector $\vec{u} + \vec{v}$ tiene componentes (5, −1), que es el resultado de sumar las componentes de $\vec{u}$ con las de $\vec{v}$.

En general, si $\vec{u} = (u_1, u_2)$ y $\vec{v} = (v_1, v_2)$ son las componentes de $\vec{u}$ y $\vec{v}$ en una cierta base, las componentes $\vec{u} + \vec{v}$ en esa misma base son:

$$\vec{u} + \vec{v} = (u_1 + v_1, u_2 + v_2)$$

Las componentes $\vec{u} - \vec{v}$ en esa misma base son:

$$\vec{u} - \vec{v} = (u_1 - v_1, u_2 - v_2)$$

6 EJEMPLO

Dados los vectores $\vec{u} = (3, 2)$ y $\vec{v} = (-2, 5)$, calcula el valor del vector $\vec{w} = \vec{u} + \vec{v}$ y de $\vec{s} = \vec{u} - \vec{v}$.

Solución

COMPRENSIÓN: Para calcular las componentes del vector $\vec{w} = \vec{u} + \vec{v}$, sumamos las componentes de $\vec{u}$ y $\vec{v}$. Para calcular las componentes del vector $\vec{s} = \vec{u} - \vec{v}$, sumamos las componentes de $\vec{u}$ y el vector opuesto de $\vec{v}$.

RESOLUCIÓN: $\vec{w} = \vec{u} + \vec{v} = (3 + (-2), 2 + 5) = (1, 7)$

El opuesto del vector $\vec{v}$ es $(-(-2), -5) = (2, -5)$

$$\vec{s} = \vec{u} - \vec{v} = \vec{u} + (-\vec{v}) = (3 + 2, 2 + (-5)) = (5, -3)$$

COMPROBACIÓN: Representamos gráficamente las operaciones para comprobar que los resultados obtenidos son correctos.

RECUERDA

La expresión del opuesto del vector $\vec{v}$ de componentes (v_1, v_2) es el vector $-\vec{v}$ de componentes $(-v_1, -v_2)$.

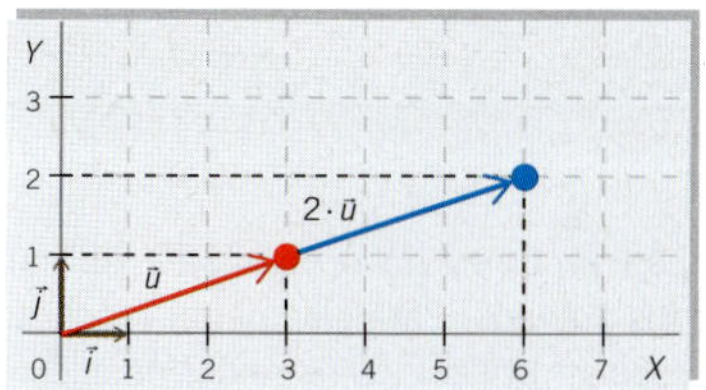

FÍJATE

Si trabajamos con coordenadas, también podemos demostrar las propiedades de las operaciones con vectores.

Por ejemplo, la propiedad asociativa de la multiplicación de un vector por un número real se demostraría así:

$$k \cdot (k' \cdot \vec{v}) = k \cdot (k' \cdot (v_1, v_2)) =$$
$$= k \cdot (k' \cdot v_1, k' \cdot v_2) =$$
$$= (k \cdot k' \cdot v_1, k \cdot k' \cdot v_2) =$$
$$= k \cdot k' \cdot (v_1, v_2) = (k \cdot k') \cdot \vec{v}$$

Trata de demostrar el resto de las propiedades.

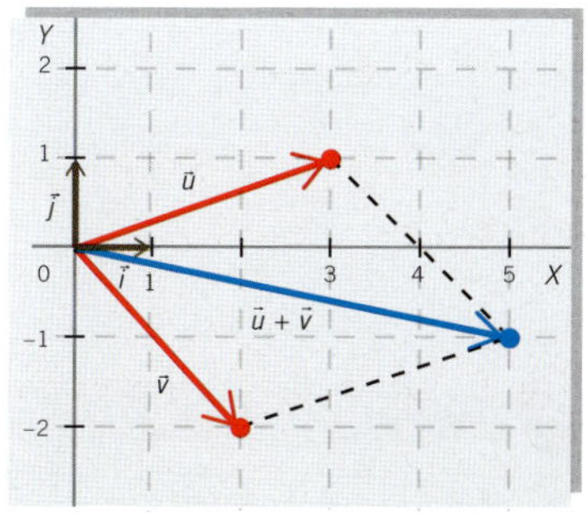

INTERNET

En el siguiente enlace, puedes ver ejemplos del uso de los vectores en el mundo real:

http://links.edebe.com/zjkk

Ejercicios y problemas
27 a 33

6. Producto escalar de dos vectores

El producto escalar es una operación que asocia a cada par de vectores libres un número real o escalar. Se define de la siguiente forma:

$$\vec{u}\cdot\vec{v} = |\vec{u}|\cdot|\vec{v}|\cdot\cos\alpha$$

donde α es el ángulo menor que forman los dos vectores.

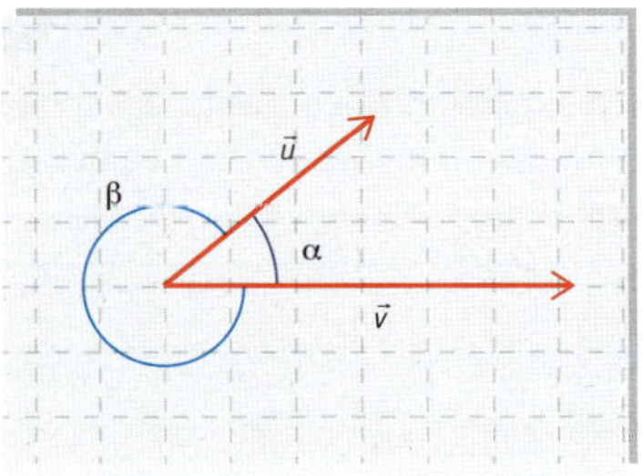

Los vectores no ortogonales forman dos ángulos. Para calcular el producto escalar, utilizamos el menor de ellos.

Interpretación geométrica

El producto escalar entre dos vectores $\vec{u}$ y $\vec{v}$ representa el producto del módulo de uno de ellos por el módulo de la proyección del otro sobre él.

Fíjate en la imagen. De la definición de coseno, se obtiene que $|\vec{v}|\cdot\cos\alpha$ es el módulo de la proyección de $\vec{v}$ sobre $\vec{u}$.

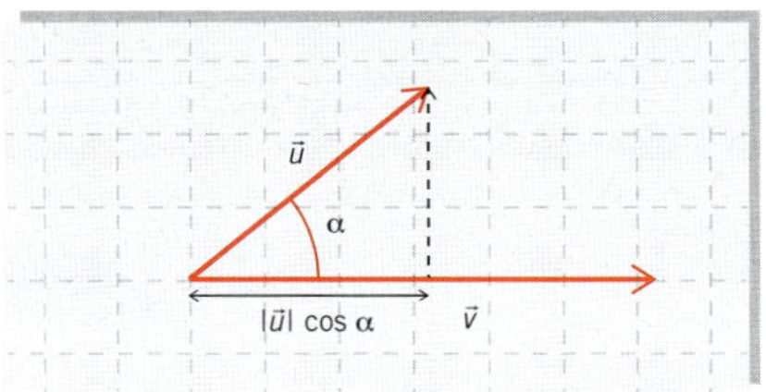

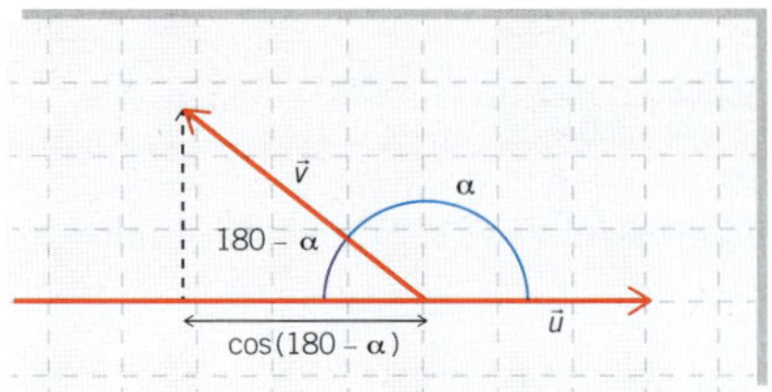

Por lo tanto, si α es agudo: $\vec{u}\cdot\vec{v} = |\vec{u}|\cdot|\vec{v}|\cdot\cos\alpha = |\vec{u}|\cdot|\vec{v}'|$.

Teniendo en cuenta que $\cos(180-\alpha) = -\cos\alpha$, de forma análoga se puede demostrar que si α es obtuso: $\vec{u}\cdot\vec{v} = -|\vec{u}|\cdot|\vec{v}'|$.

FÍJATE

Propiedades del producto escalar

- Conmutativa:

  $\vec{u}\cdot\vec{v} = \vec{v}\cdot\vec{u}$

- Distributiva respecto de la suma de vectores:

  $\vec{u}\cdot(\vec{v}+\vec{w}) = \vec{u}\cdot\vec{v}+\vec{u}\cdot\vec{w}$

- Distributiva respecto del producto de un escalar por un vector:

  $k\cdot(\vec{u}\cdot\vec{v}) = \vec{u}\cdot(k\cdot\vec{v})$

Propiedades del producto escalar

— Si $\vec{u}$ y $\vec{v}$ son vectores perpendiculares, su producto escalar es 0, y viceversa, puesto que $\cos 90° = 0$.

En efecto, $\vec{u}\cdot\vec{v} = |\vec{u}|\cdot|\vec{v}|\cdot\cos\alpha = |\vec{u}|\cdot|\vec{v}|\cdot\cos 90 = |\vec{u}|\cdot|\vec{v}|\cdot 0 = 0$.

— El producto de un vector por él mismo es igual al cuadrado del módulo del vector.

En efecto, el ángulo formado por un vector con él mismo es de 0° y $\cos 0° = 1$; por tanto, $\vec{v}\cdot\vec{v} = |\vec{v}|\cdot|\vec{v}|\cdot\cos 0° = |\vec{v}|^2\cdot 1 = |\vec{v}|^2 \Rightarrow |\vec{v}| = \sqrt{\vec{v}\cdot\vec{v}}$.

FÍJATE

Los **vectores ortogonales** son aquellos cuyo producto escalar es 0 sin que ninguno de ellos sea nulo.

Si tenemos un vector con componentes (u_1, u_2), el vector $(u_2, -u_1)$ es ortogonal al anterior. Y, por supuesto, también el vector $(-u_2, u_1)$.

Expresión analítica en una base ortonormal

Consideramos $\vec{u}$ y $\vec{v}$, dos vectores cuyas componentes en la base ortonormal $B = \{\vec{i}, \vec{j}\}$ son (u_1, u_2) y (v_1, v_2); es decir, $\vec{u} = u_1\vec{i} + u_2\vec{j}$ y $\vec{v} = v_1\vec{i} + v_2\vec{j}$. Si utilizamos las propiedades del producto escalar:

$$\vec{u}\cdot\vec{v} = (u_1\vec{i}+u_2\vec{j})\cdot(v_1\vec{i}+v_2\vec{j}) = u_1\vec{i}\cdot(v_1\vec{i}+v_2\vec{j}) + u_2\vec{j}\cdot(v_1\vec{i}+v_2\vec{j}) =$$

$$= u_1v_1\vec{i}\cdot\vec{i} + u_1v_2\vec{i}\cdot\vec{j} + u_2v_1\vec{j}\cdot\vec{i} + u_2v_2\vec{j}\cdot\vec{j} = u_1v_1|\vec{i}|^2 + u_1v_2\vec{i}\cdot\vec{j} + u_2v_1\vec{j}\cdot\vec{i} + u_2v_2|\vec{j}|^2$$

Como B es ortonormal, $\vec{i}\cdot\vec{j} = \vec{j}\cdot\vec{i} = 0$ y $|\vec{i}| = |\vec{j}| = 1$; es decir, $\vec{u}\cdot\vec{v} = u_1v_1 + u_2v_2$.

Módulo de un vector

La expresión analítica del producto escalar en una base ortonormal permite obtener el módulo de un vector en función de sus componentes. Sea el vector $\vec{v} = (v_1, v_2)$, donde v_1 y v_2 son sus componentes en una base ortonormal:

$$|\vec{v}| = \sqrt{\vec{v}+\vec{v}} = \sqrt{(v_1, v_2)\cdot(v_1, v_2)} = \sqrt{v_1^2 + v_2^2} \Rightarrow |\vec{v}| = \sqrt{v_1^2 + v_2^2}$$

Vector unitario

Un **vector unitario** es un vector cuyo módulo es igual a 1.

Dado el vector $\vec{u}$, el vector unitario con la misma dirección y el mismo sentido se calcula dividiendo el vector entre su módulo: $\frac{1}{|\vec{u}|} \cdot \vec{u}$.

Dado el vector $\vec{u}$, si queremos calcular un vector con la misma dirección y el mismo sentido que $\vec{u}$ pero con módulo k, se calcula el vector unitario con la misma dirección y el mismo sentido que $\vec{u}$ y se multiplica por k: $\frac{k}{|\vec{u}|} \cdot \vec{u}$.

7 EJEMPLO

Transforma el vector $\vec{v} = (5, 12)$ en un vector unitario con el mismo sentido y la misma dirección.

Solución

COMPRENSIÓN: Para convertir el vector en unitario, calculamos el módulo del vector y dividimos cada componente entre el módulo.

RESOLUCIÓN:

$$|\vec{v}| = \sqrt{5^2 + 12^2} = \sqrt{169} = 13\,; \quad \vec{u} = \left(\frac{v_1}{|\vec{v}|}, \frac{v_2}{|\vec{v}|}\right) = \left(\frac{5}{13}, \frac{12}{13}\right)$$

COMPROBACIÓN:

$$|\vec{u}| = \sqrt{\left(\frac{5}{13}\right)^2 + \left(\frac{12}{13}\right)^2} = \sqrt{\frac{5^2 + 12^2}{13^2}} = \sqrt{\frac{169}{169}} = 1$$

FÍJATE

El valor del producto escalar de dos vectores del plano cartesiano puede ser negativo, nulo o positivo.

— Es positivo cuando el menor ángulo que forman los vectores es agudo.

— Es negativo cuando el menor ángulo que forman los vectores es obtuso.

— Es nulo cuando los vectores son ortogonales.

Ángulo entre dos vectores

A partir de la definición de producto escalar, podemos determinar el ángulo que forman dos vectores en el plano.

Se define el ángulo formado por dos vectores del siguiente modo:

$$\cos\alpha = \frac{\vec{u} \cdot \vec{v}}{|\vec{u}| \cdot |\vec{v}|}$$

INTERNET

En el siguiente enlace, podrás ver cómo calcular gráficamente y con componentes el producto escalar de dos vectores:

http://links.edebe.com/i45

8 EJEMPLO

Calcula el ángulo formado por los vectores $\vec{u}$ y $\vec{v}$ cuyas componentes en la base canónica son $\vec{u} = (2, 7)$ y $\vec{v} = (-3, 5)$.

Solución

COMPRENSIÓN: Aplicamos directamente la fórmula del ángulo entre dos vectores.

RESOLUCIÓN:

$$\cos\alpha = \frac{\vec{u} \cdot \vec{v}}{|\vec{u}| \cdot |\vec{v}|} = \frac{2 \cdot (-3) + 7 \cdot 5}{\sqrt{2^2 + 7^2} \cdot \sqrt{(-3)^2 + 5^2}} = \frac{-6 + 35}{\sqrt{53} \cdot \sqrt{34}} = \frac{29}{\sqrt{53} \cdot \sqrt{34}}$$

$$\alpha = \text{arc cos}\,\frac{29}{\sqrt{53} \cdot \sqrt{34}} = 46{,}91^\circ$$

COMPROBACIÓN: Puedes comprobar el resultado utilizando la calculadora que encontrarás en la página http://links.edebe.com/wzc47.

Problemas resueltos
D y E

Ejercicios y problemas
34 a 36

7. Coordenadas de un punto en el plano

A continuación, sabremos cómo utilizar los vectores para asignar coordenadas a los puntos del plano.

Consideremos un punto fijo O del plano y una base $B = \{\vec{u}, \vec{v}\}$ de V_2.

El conjunto formado por O y $B = \{\vec{u}, \vec{v}\}$ constituye un **sistema de referencia** en el plano, pues permite determinar la posición de cualquier punto del plano. Lo denotaremos por $R = \{O; \vec{u}, \vec{v}\}$.

En efecto, cualquier otro punto P del plano determina con O un vector $\overrightarrow{OP}$. El vector libre $[\overrightarrow{OP}]$, que denotaremos por $\vec{p}$, se denomina *vector posición del punto P*.

Sean (p_1, p_2) las componentes de $\vec{p}$ en la base B. Diremos que (p_1, p_2) son las coordenadas del punto P en el sistema de referencia $R = \{O; \vec{u}, \vec{v}\}$ y escribiremos $P = (p_1, p_2)$.

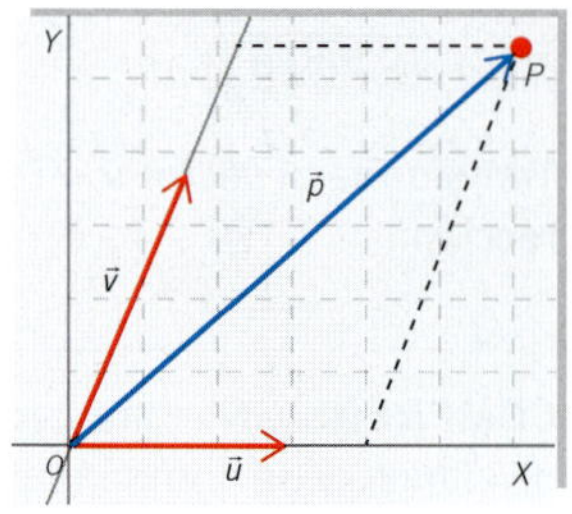

Las **coordenadas de un punto** P respecto al sistema de referencia $R = \{O; \vec{u}, \vec{v}\}$ son las componentes del vector posición de P en la base $B = \{\vec{u}, \vec{v}\}$.

Así, dado un sistema de referencia $R = \{O; \vec{u}, \vec{v}\}$, para asignar coordenadas a un punto P del plano procedemos del siguiente modo:

$$[\overrightarrow{OP}] = \vec{p} = p_1\vec{u} + p_2\vec{v} \longrightarrow P = (p_1, p_2)$$

Recuerda, por ejemplo, que la base canónica y el origen de coordenadas forman un sistema de referencia en el que las coordenadas de un punto coinciden con sus coordenadas cartesianas.

A partir de ahora, utilizaremos sistemas de referencia cuya base sea ortonormal.

Componentes de un vector determinado por dos puntos

Sea $R = \{O; \vec{i}, \vec{j}\}$ un sistema de referencia. Veamos cómo determinar las componentes de un vector $[\overrightarrow{PQ}]$ en la base $B = \{\vec{i}, \vec{j}\}$ a partir de las coordenadas de P y Q.

$$[\overrightarrow{OP}] + [\overrightarrow{PQ}] = [\overrightarrow{OQ}] \longrightarrow \vec{p} + [\overrightarrow{PQ}] = \vec{q} \longrightarrow [\overrightarrow{PQ}] = \vec{q} - \vec{p}$$

Si $P = (p_1, p_2)$ y $Q = (q_1, q_2)$, se tiene $[\overrightarrow{PQ}] = (q_1 - p_1, q_2 - p_2)$.

9 EJEMPLO

Calcula las componentes del vector $\vec{v}$ que tiene origen en $A = (2, 5)$ y extremo en $B = (1, 3)$.

Solución

COMPRENSIÓN: Las componentes del vector $\vec{v} = \overrightarrow{AB}$ se obtienen restando las componentes de los puntos.

RESOLUCIÓN: $\overrightarrow{AB} = (2, 5) - (1, 3) = (2 - 1, 5 - 3) = (1, 2)$

COMPROBACIÓN: Representamos gráficamente los puntos para comprobar que las componentes del vector calculadas son las correctas.

LENGUAJE MATEMÁTICO

El conjunto V_2 dotado de las operaciones de suma y de producto por un escalar que hemos definido constituye lo que se llama un **espacio vectorial.**

La **dimensión** de un espacio vectorial es el máximo número de vectores que puede tener una base.

En el caso de V_2, la dimensión es 2; es decir, no puede haber tres vectores linealmente independientes.

INTERNET

En este enlace, podrás trabajar la determinación de vectores por dos puntos y utilizar vectores para calcular el punto medio de un segmento:

http://links.edebe.com/vd78x

Problemas resueltos
F

Ejercicios y problemas
47 a 57

Síntesis
58 a 71

Problemas RESUELTOS

A OPERACIONES CON VECTORES

Un automóvil recorre 100 km en dirección este y luego cambia el rumbo con un giro de 75° hacia el norte durante otros 100 km. Calcula el módulo y el sentido que corresponden a la trayectoria equivalente a la del automóvil.

Solución

COMPRENSIÓN: La trayectoria equivalente es el resultado de sumar los dos vectores que representan cada uno de los sentidos de movimiento del automóvil.

DATOS:

— Identificamos el primer movimiento en dirección este con el vector $\vec{u}$.

— Identificamos el segundo movimiento, después del giro de +75°, con el vector $\vec{v}$.

— El módulo de cada uno de los recorridos es de 100 km.

RESOLUCIÓN:

Primero, dibujamos el vector de módulo 100 en dirección este (eje horizontal). A continuación, giramos en sentido antihorario 75° y trazamos el siguiente vector de módulo 100 y colocamos el origen de este vector en el extremo del primer vector.

La suma va desde el origen del primer vector hasta el extremo del segundo vector.

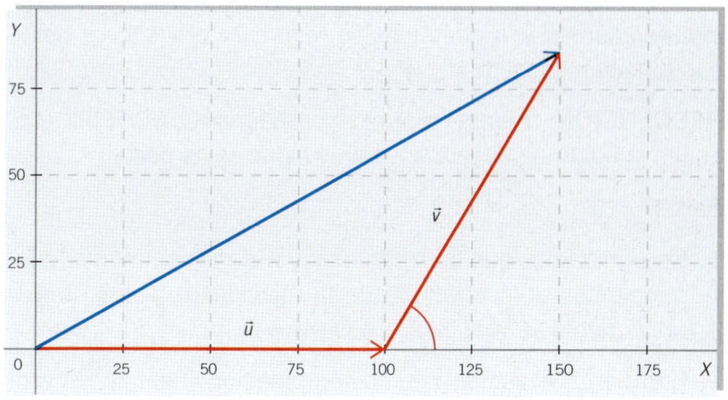

COMPROBACIÓN: Si utilizamos la regla del paralelogramo, obtendremos el mismo vector solución.

1. ★☆☆ Juan y Pedro pasean por una avenida de su ciudad. Empiezan caminando 1 200 m en dirección este y luego giran 135° en sentido antihorario y continúan caminando 2 000 m más. Dibuja los vectores que representan los movimientos realizados y averigua el desplazamiento resultante.

B COMBINACIÓN LINEAL DE VECTORES

Determina, sin representarlos, que los puntos $A = (1, 2)$, $B = (4, 2)$ y $C = (3, 3)$ forman un triángulo.

Solución

COMPRENSIÓN: Calculamos las componentes de los vectores $\overrightarrow{AB}$ y $\overrightarrow{AC}$. Los puntos formarán un triángulo si los vectores no están alineados.

RESOLUCIÓN: Componentes de los vectores:

$$\overrightarrow{AB} = (4, 2) - (1, 2) = (3, 0) \qquad \overrightarrow{AC} = (3, 3) - (1, 2) = (2, 1)$$

Los vectores están alineados si existe un número real que verifica $\overrightarrow{AB} = k \cdot \overrightarrow{AC}$; es decir, si $3 = 2k$ y $0 = k$.

Pero como $\frac{3}{2} \neq \frac{0}{1}$, los vectores no están alineados y forman un triángulo.

COMPROBACIÓN: Representamos gráficamente los puntos en el plano para ver que no están alineados.

2. ★★☆ Determina, sin representarlo gráficamente, las coordenadas del extremo del vector $\overrightarrow{AB} = (-3, -1)$ si el origen es el punto $A = (1, 2)$.

Sol.: $B(-2, 1)$

3. ★★☆ Comprueba si los puntos $A = (0, 0)$, $B = (0, 4)$, $C = (2, 3)$ y $D = (2,6)$ forman un paralelogramo.

C BASES DE V_2

Las componentes de un vector expresadas en la base canónica son $\vec{u} = (-5,5)$. Halla las componentes de este mismo vector expresadas en las bases $B = \{\vec{v}, \vec{w}\}$, teniendo en cuenta que las componentes en la base canónica de los vectores que las forman son $\vec{v} = (1,3)$ y $\vec{w} = (2,1)$.

Solución

COMPRENSIÓN: Para hallar las componentes en la base *B*, deberemos asegurar que los vectores $\vec{v}$ y $\vec{w}$ son linealmente independientes y, a continuación, expresar el vector $\vec{u}$ como combinación lineal de $\vec{v}$ y $\vec{w}$.

RESOLUCIÓN: Intenta resolver el problema tú solo. Para ello, oculta la columna de la respuesta y sigue estos pasos:

Pasos

1. Determinamos que los vectores $\vec{v}$ y $\vec{w}$ son linealmente independientes demostrando que la relación $\alpha \cdot \vec{u} + \beta \cdot \vec{v} = 0$ únicamente se verifica si $\alpha = 0$ y $\beta = 0$.
2. Escribimos el vector $\vec{u}$ como combinación lineal de los vectores $\vec{v}$ y $\vec{w}$.
3. Sustituimos los vectores por sus componentes, igualamos y resolvemos el sistema de ecuaciones.
4. Escribimos el vector $\vec{u}$ en la base $\{\vec{v}, \vec{w}\}$.

Respuesta

1. $0 = \alpha \cdot \vec{v} + \beta \cdot \vec{w}$

$$(0,0) = \alpha \cdot (1,3) + \beta \cdot (2,1) = (\alpha, 3 \cdot \alpha) + (2 \cdot \beta, \beta) = (\alpha + 2 \cdot \beta, 3 \cdot \alpha + \beta)$$

$$\left.\begin{array}{l} 0 = \alpha + 2 \cdot \beta \\ 0 = 3 \cdot \alpha + \beta \end{array}\right\} \rightarrow \alpha = 0,\ \beta = 0$$

2. $\vec{u} = \alpha \cdot \vec{v} + \beta \cdot \vec{w}$

$$(-5, 5) = \alpha \cdot (1, 3) + \beta \cdot (2, 1) = (\alpha, 3 \cdot \alpha) + (2 \cdot \beta, \beta) = (\alpha + 2 \cdot \beta,\ 3 \cdot \alpha + \beta)$$

3. $\left.\begin{array}{l} -5 = \alpha + 2 \cdot \beta \\ 5 = 3 \cdot \alpha + \beta \end{array}\right\} \rightarrow \alpha = 3,\ \beta = -4$

4. $\vec{u} = 3 \cdot \vec{v} - 4 \cdot \vec{w}$

Las componentes de $\vec{u}$ en la base *B* son $\vec{u} = (3, -4)$.

4. ★★☆ Halla las componentes del vector $\vec{u} = (2, 3)$ en la base formada por los vectores $\vec{v} = (1, 0)$ y $\vec{w} = (2, 6)$.

Sol.: $\vec{u} = (1, 1/2)$

5. ★★☆ Justifica que los vectores $\vec{v} = (1, 1)$ y $\vec{w} = (-2, -2)$ no pueden formar una base de V_2.

D PRODUCTO ESCALAR DE DOS VECTORES

Dado el vector $\vec{v} = 3\vec{i} + 4\vec{j}$, halla el módulo de la proyección de este vector sobre otro cuyas componentes sean $\vec{u} = 5\vec{i} + 1\vec{j}$.

Solución

COMPRENSIÓN: El módulo de la proyección de un vector sobre otro puede obtenerse a partir de la fórmula del producto escalar de dos vectores.

RESOLUCIÓN: La fórmula del producto escalar de dos vectores es $\vec{u} \cdot \vec{v} = |\vec{u}| \cdot |\vec{v}| \cdot \cos\alpha$ donde $|\vec{v}| \cdot \cos\alpha$ es el módulo del vector $\vec{v}$ proyectado sobre $\vec{u}$.

Para obtener el módulo de la proyección de $\vec{u}$ sobre $\vec{v}$, expresaremos el producto escalar como $\vec{v} \cdot \vec{u} = |\vec{v}| \cdot |\vec{u}| \cdot \cos\alpha$ y aislaremos el módulo del vector proyección que es $|\vec{u}| \cdot \cos\alpha$:

$$|\vec{u}| \cdot \cos\alpha = \frac{\vec{v} \cdot \vec{u}}{|\vec{v}|} = \frac{v_1 \cdot u_1 + v_2 \cdot u_2}{\sqrt{v_1^2 + v_2^2}} = \frac{3 \cdot 5 + 4 \cdot 1}{\sqrt{9 + 16}} = 3{,}8$$

El módulo de la proyección de $\vec{u}$ sobre $\vec{v}$ es 3,8.

COMPROBACIÓN: Con un programa de representación gráfica como GeoGebra podemos comprobar la solución obtenida.

6. ★★☆ Calcula el valor de *k* para que los vectores $\vec{u} = (-1, k)$ y $\vec{v} = (12 + k, k)$ sean perpendiculares.

Sol.: $k = 3$, $k = -4$

7. ★★☆ Dados los vectores $\vec{u} = (3, -4)$, $\vec{v} = (5, k)$, halla el valor de *k* para que:

a) $\vec{u}$ y $\vec{v}$ sean perpendiculares.
b) $\vec{u}$ y $\vec{v}$ sean paralelos.
c) $\vec{u}$ y $\vec{v}$ formen un ángulo de 180°.

Sol.: a) $k = 15/4$; b) $k = -20/3$; c) $k = -20/3$

E ÁNGULO ENTRE DOS VECTORES

Tenemos los siguientes puntos en el plano enumerados de modo consecutivo $A = (0, 0)$, $B = (-2, 2)$, C, $D = (2, 2)$. Calcula, sin representarlas, las coordenadas del punto C para que represente un cuadrado.

Solución

COMPRENSIÓN: Un cuadrado es una figura que tiene los lados perpendiculares entre sí y paralelos dos a dos. Cada par de puntos consecutivos representará un lado. Los puntos *A, B, C* y *D* definen cuatro lados que deben ser perpendiculares dos a dos y tener el mismo módulo para formar así un cuadrado.

RESOLUCIÓN:

Llamamos (c_1, c_2) a las coordenadas del punto C y definimos los vectores asociados a cada lado.

$$\overrightarrow{AB} = (-2,2),\ \overrightarrow{BC} = (c_1 + 2, c_2 - 2),\ \overrightarrow{CD} = (2 - c_1, 2 - c_2)$$
$$\text{y } \overrightarrow{DA} = (2,2).$$

Para calcular las coordenadas del punto C hemos de tener presente que $\overrightarrow{AB}$ es perpendicular a $\overrightarrow{BC}$ y que $\overrightarrow{CD}$ lo es a $\overrightarrow{DA}$, y recordar que dos vectores perpendiculares tienen su producto escalar nulo.

$\overrightarrow{AB}$ perpendicular a $\overrightarrow{BC}$: $-2 \cdot c_1 + 2 \cdot c_2 = 8$

$\overrightarrow{CD}$ perpendicular a $\overrightarrow{DA}$: $2 \cdot (2 - c1) + 2 \cdot (2 - c_2) = 0$

Resolvemos el sistema: $-c_1 + c_2 = 4$ y $c_1 + c_2 = 4$

Obtenemos que las coordenadas del punto C son $(0, 4)$.

COMPROBACIÓN: Representamos los cuatro puntos en un sistema de coordenadas y comprobamos que la figura obtenida es un cuadrado.

8. ★★☆ Un jugador de billar quiere lanzar la bola blanca situada en el punto $A = (-18, 12)$ para que golpee directamente a la bola roja, situada en el punto $B = (12, 20)$. ¿Cuál es el ángulo con el que debe situar el taco para conseguirlo? (Considera que el origen de coordenadas se encuentra en el centro de la mesa).

Sol.: $\alpha = 14{,}93°$

9. ★★★ Queremos arrastrar un barco por el río sabiendo que se aplican los vectores $\vec{v} = (6,8)$ y $\vec{w} = (8,4)$. Indica el ángulo que forman ambos vectores, cuáles son las componentes del vector resultante que se aplica al barco y cuál es el módulo de dicho vector.

Sol.: ángulo: 26,57°; resultante: (14, 12); módulo: 18,44

10. ★★★ ¿Cuál es la fuerza que se aplicará a una barcaza para arrastrarla por un río sabiendo que las dos fuerzas que se aplican son de 40 NW a 45° sobre la línea horizontal (dirección NE) y de 55 NW aplicada a −30° (dirección SE) por debajo de la línea horizontal?

Sol.: 75,91° NW

F COORDENADAS DE UN PUNTO EN EL PLANO

Queremos dividir en tres partes iguales el segmento que une los puntos A y B cuyas coordenadas son $A = (-4, 7)$ y $B = (11, 13)$. ¿Cuáles son las coordenadas de los puntos en que queda dividido el vector?

Solución

COMPRENSIÓN: Calcularemos las componentes del vector $\overrightarrow{AB}$ y, a partir de ellas, determinaremos los puntos que pide el enunciado.

DATOS: Los extremos del segmento son:

$$A = (-4, 7) \qquad B = (11, 13)$$

RESOLUCIÓN:

Calculamos las componentes del vector:

$$\overrightarrow{AB} = (11, 13) - (-4, 7) = (11 + 4, 13 - 7) = (15, 6)$$

y dividimos entre 3:

$$\frac{1}{3} \cdot \overrightarrow{AB} = \frac{1}{3} \cdot (15, 6) = \left(\frac{1}{3} \cdot 15, \frac{1}{3} \cdot 6\right) = (5, 2)$$

Sumamos (5, 2) a las coordenadas del punto *A:*

$$A_1 = (-4, 7) + (5, 2) = (1, 9)$$

Para obtener la siguiente división repetimos la operación, pero ahora sobre las coordenadas del punto A_1. El punto resultante es $A_2 = (6, 11)$.

Al repetir la operación, obtenemos las coordenadas del extremo B y ya hemos terminado.

El mismo procedimiento sirve para dividir el segmento en n partes iguales.

COMPROBACIÓN: Calculamos los tres vectores en los que se divide el sector y los sumamos.

El resultado es el vector $\overrightarrow{AB}$.

11. ★★★ Halla las coordenadas del extremo C del segmento $\overline{AC}$ sabiendo que $A = (-6, 4)$ y las coordenadas del punto medio B son $(4, -6)$.

Sol.: (14, −16)

12. ★★★ Divide en cuatro partes el segmento que tiene por extremos los puntos $A = (-2, 0)$ y $B = (2, 8)$.

Sol.: (−1, 2), (0, 4) y (1, 6)

13. ★★★ Al dividir el segmento AB en tres partes, hemos obtenido los puntos $A_1 = (1, 0)$ y $A_2 = (3, 3)$. Si sabemos que las coordenadas del punto A son $(-1, -3)$, ¿cuáles son las coordenadas de B?

Sol.: (5, 6)

EJERCICIOS Y PROBLEMAS

1 VECTORES

14. ★☆☆ Dibuja dos vectores que sean equipolentes.

15. ★☆☆ Indica qué vectores son equipolentes:

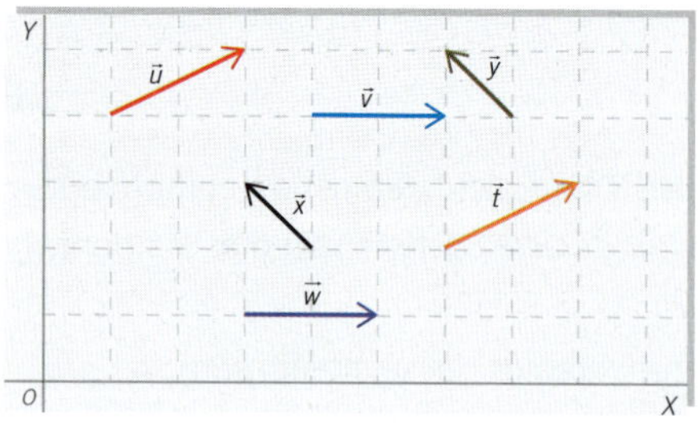

16. ★☆☆ Señala qué vectores tienen el mismo módulo:

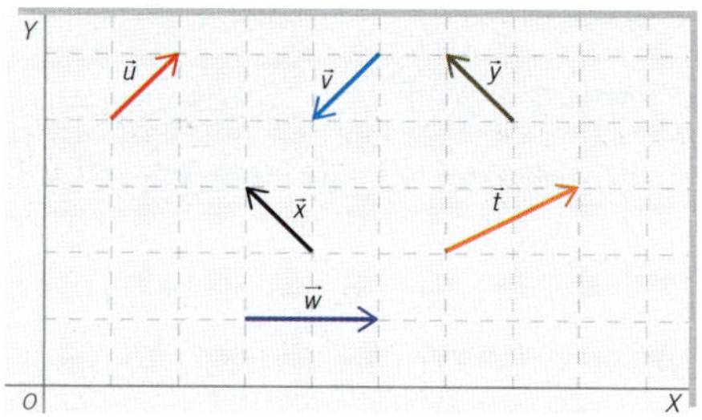

2 OPERACIONES CON VECTORES

17. ★☆☆ Observa la figura e indica cuál de las afirmaciones es cierta.

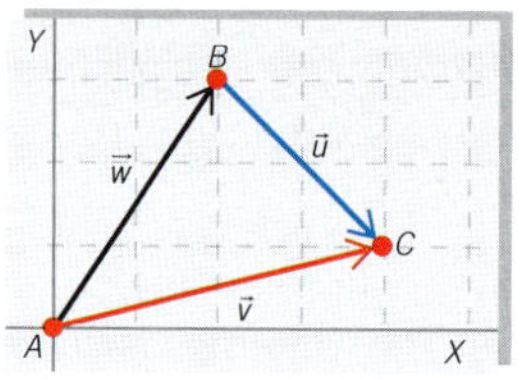

a) $\vec{w}+\vec{v}=\vec{u}$ c) $\vec{w}+\vec{u}=\vec{v}$

b) $\vec{u}+\vec{v}=\vec{w}$ d) $\vec{w}-\vec{v}=\vec{u}$

Sol.: c)

18. ★★☆ Dibuja dos vectores cualesquiera $\vec{u}$ y $\vec{v}$. Demuestra la propiedad conmutativa de la suma $(\vec{u}+\vec{v}=\vec{v}+\vec{u})$. Utiliza el programa GeoGebra para demostrar esta propiedad: http://links.edebe.com/c75ng.

3 COMBINACIÓN LINEAL DE VECTORES

19. ★☆☆ Dados estos vectores libres, representa:

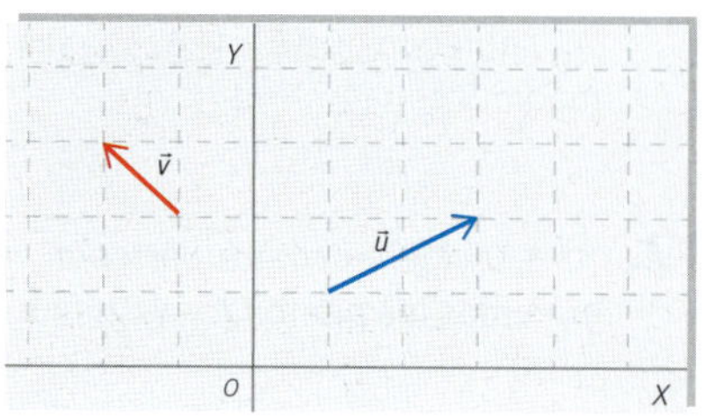

a) $2\cdot\vec{u}+\vec{v}$

b) $3\cdot\vec{u}-2\cdot\vec{v}$

20. ★★☆ Si el vector $\vec{u}$ verifica que $\vec{u}=2\cdot\vec{v}-3\cdot\vec{w}$, expresa $\vec{v}$ como combinación lineal de $\vec{u}$ y $\vec{w}$.

Sol.: $\vec{v}=\frac{1}{2}\cdot\vec{u}+\frac{3}{2}\cdot\vec{w}$

21. ★★☆ Dibuja dos vectores cualesquiera $\vec{u}$ y $\vec{v}$ y demuestra que se cumple:

a) $3\cdot\vec{u}+3\cdot\vec{v}=3\cdot(\vec{u}+\vec{v})$ b) $\vec{u}-\vec{v}=-(\vec{v}-\vec{u})$

22. ★★☆ ¿Es el vector $\vec{u}=(3,4)$ combinación lineal de los vectores $\vec{v}=(3,-3)$ y $\vec{w}=(4,6)$? Justifica tu respuesta.

4 BASES DE V_2

23. ★☆☆ Expresa en la base canónica los siguientes vectores:

a) $\vec{v}=(-9,4)$ b) $\vec{v}=-(7,-8)$ c) $\vec{v}=-\left(\frac{7}{3},7\right)$

Sol.: a) $-9\vec{i}+4\vec{j}$; b) $-7\vec{i}+8\vec{j}$; c) $-\frac{7}{3}\vec{i}-7\vec{j}$

24. ★★★ Dados los vectores $\vec{v}=(1,3)$, $\vec{w}=(2,-2)$ y $\vec{t}=(5,-1)$, halla si existen dos números reales a y b tales que se cumpla $a\cdot\vec{v}+b\cdot\vec{w}=\vec{t}$.

Sol.: $a=1$; $b=2$

25. ★★★ Comprueba si los vectores $\vec{u}=(-3,4)$ y $\vec{v}=(9,4)$ forman una base. Justifica tu respuesta.

26. ★★★ Demuestra que los vectores $\vec{u}=(1,1)$ y $\vec{v}=(1,-1)$ forman una base y, a continuación, expresa el vector $\vec{t}=(4,0)$ como combinación lineal de $\vec{u}$ y $\vec{v}$.

Sol.: $\vec{t}=2\cdot\vec{u}+2\cdot\vec{v}$

5 OPERACIONES CON COMPONENTES

27. ★☆☆ Las coordenadas del extremo de cuatro vectores posición son $A=(1,1)$, $B=(-2,3)$, $C=(-2,-1)$ y $D=(3,-1)$.

a) Dibuja el vector resultante de la suma de los cuatro vectores.

b) Calcula las componentes del vector posición resultante.

Sol.: b) (0, 2)

28. ★☆☆ Sean los vectores $\vec{u}=(1,-3)$, $\vec{v}=(2,-1)$ y $\vec{w}=(1,1)$. Calcula las componentes de los siguientes vectores:

a) $\vec{u}+\vec{v}+\vec{w}$ c) $2\cdot\vec{w}-\vec{u}$

b) $2\cdot\vec{v}-\vec{u}-\vec{w}$ d) $-4\cdot\vec{v}+\vec{u}-2\cdot\vec{w}$

Sol.: a) (4, −3); b) (1, 5); c) (2, 0); d) (−9, −1)

29. ★☆☆ Halla los valores de x e y en cada una de las igualdades entre vectores.

a) $5\cdot(x,y)+(3,-9)-2\cdot(6,8)+(-11,10)=(0,0)$

b) $2\cdot(-3,7)+6\cdot(x,-2)-(13,y)=2\cdot(-x,y)+(-91,-49)$

Sol.: a) $x=4$, $y=3$; b) $x=-9$, $y=17$

30. ★☆☆ Halla el valor de k para que la siguiente igualdad entre vectores sea cierta:

$$7\cdot(3,-k)+(-5,-5)=(16,-26)$$

Sol.: $k=3$

31. ★☆☆ Sabemos que el vector $\vec{v}$ tiene estas componentes: $(-10, 8)$. Halla un vector $\vec{w}$ tal que $\vec{w}+\vec{v}=(7,2)$.

Sol.: $\vec{w}=(17,-6)$

32. ★☆☆ Calcula las componentes del vector $\vec{u}=2\cdot\vec{v}-3\cdot\vec{w}$, sabiendo que $\vec{v}=-3\vec{i}+6\vec{j}$ y $\vec{w}=7\vec{i}-3\vec{j}$.

Sol.: $\vec{u}=-27\vec{i}+21\vec{j}$

33. ★★★ Si el segmento de extremos $A=(1,3)$ y $B=(10,6)$ se divide en tres partes iguales, ¿cuáles son las coordenadas de los puntos de división?

Sol.: $A_1=(4,4)$, $A_2=(7,5)$

6 PRODUCTO ESCALAR DE DOS VECTORES

34. ★☆☆ Calcula el módulo del vector $\vec{v}=(-5,12)$.

Sol.: 13

35. ★☆☆ Calcula el producto escalar de los vectores $\vec{v}=(-5,12)$ y $\vec{w}=(8,15)$.

Sol.: $\vec{v}\cdot\vec{w}=140$

36. ★☆☆ Calcula el módulo de la proyección del vector $\vec{u}=(4,3)$ sobre el vector $\vec{v}=(5,12)$.

Sol.: 0,29

37. ★★☆ Calcula el ángulo que forman los vectores $\vec{v}=(-3,4)$ y $\vec{w}=(8,15)$.

Representa la solución gráficamente con GeoGebra.

Sol.: 64,94°

38. ★★☆ Dados los vectores $\vec{u}=(-2,5)$ y $\vec{v}=(-5,7)$, halla $(2\cdot\vec{u})\cdot(-3\cdot\vec{v})$.

Sol.: −270

39. ★★☆ En un reportaje de *National Geographic*, se describe la trayectoria de una ballena a la que se le ha implantado un localizador.

La trayectoria descrita por la ballena considera que el origen de coordenadas se encuentra en la estación de seguimiento. La trayectoria seguida por la ballena es: oeste 3 000 km, norte 2 000 km; luego, 3 000 km dirección este y, finalmente, 4 000 km dirección norte, que es donde el barco de investigación la ha localizado.

a) Dibuja la trayectoria que debe seguir el barco desde la estación hasta la posición actual de la ballena.

b) ¿Qué distancia deberá recorrer el barco?

Sol.: b) 6 000 km

★★☆ Halla el valor de la componente x del vector $(20, x)$ de forma que el módulo sea 101. Comprueba el resultado con la calculadora en línea que encontrarás en el siguiente enlace: **http://links.edebe.com/9z9xr**.

Sol.: 99

41. ★★☆ Halla el ángulo formado por dos vectores cuyo módulo es $\sqrt{5}$ y 5, respectivamente, y su producto escalar es 9.

Sol.: 36,39°

42. ★★★ Calcula el valor de k sabiendo que el módulo del vector $\vec{v}=(k,12)$ es 13.

Sol.: $k=5,-5$

43. ★★★ Transforma el vector de componentes (8, 15) en un vector unitario con la misma dirección y el mismo sentido.

Sol.: (8 / 17, 15 / 17)

44. ★★★ Calcula el ángulo que forman los vectores $\vec{v}=(-16,8)$ y $\vec{w}=(4,-2)$.

Sol.: 180°

45. ★★★ Sabiendo que $|\vec{u}|=8$ y que $\frac{u_1}{v_1}=\frac{u_2}{v_2}=\frac{4}{3}$, halla el producto escalar $\vec{u}\cdot\vec{v}$.

Sol.: 48

46. ★★★ Calcula el valor de x para que los vectores $\vec{v}=(4,-3)$ y $\vec{w}=(7,x)$ formen un ángulo de 60°.

Sol.: $x=2{,}99$

7 COORDENADAS DE UN PUNTO EN EL PLANO

47. ★☆☆ Calcula el vector opuesto al vector $\overrightarrow{AB}$ definido por los puntos $A=(7,-4)$ y $B=(-8,7)$.

Sol.: $\overrightarrow{BA}=(15,-11)$

48. ★☆☆ Expresa las componentes del vector cuyo origen es el punto $(2,-3)$ y el extremo es $(7,9)$.

Sol.: (5, 12)

49. ★☆☆ Dados los puntos A, B, C y D cuyas coordenadas son $A=(1,3)$, $B=(-2,1)$, $C=(3,1)$, $D=(-1,2)$:

Halla las componentes de los vectores cuyo origen y extremos son los que se indican:

a) $\overrightarrow{AB}$ b) $\overrightarrow{BD}$ c) $\overrightarrow{DC}$ d) $\overrightarrow{CA}$

Utiliza el programa GeoGebra para comprobar los resultados obtenidos.

50. ★★☆ La instalación de un servicio de asistencia mecánica se encuentra en una posición de coordenadas (120, 110) en kilómetros. Halla la distancia de un vehículo averiado que llama desde la posición (−12, 140).

Sol.: 135,37 km

51. ★★☆ Dado el punto $A=(13,6)$, escribe las coordenadas de otro punto B de modo que el vector $\overrightarrow{AB}$ sea equipolente al vector $\vec{u}=(4,-9)$.

Sol.: (17, −3)

52. ★★☆ Dado el vector $\vec{w}=(x,12)$:

a) Halla el valor de x para que $\vec{w}$ sea ortogonal al vector $\vec{u}=(-4,-3)$.

b) Halla el módulo de ambos vectores.

c) Transforma el vector $\vec{w}$ en un vector unitario con la misma dirección y el mismo sentido.

Sol.: a) −9; b) 5 y 15; c) $\left(-\frac{3}{5},\frac{4}{5}\right)$

53. ★★★ Una barca se desplaza por un río en dirección (15, 7) y la corriente lleva orientación (– 3, 4). ¿Cuál es el vector de desplazamiento real de la barca? Calcula el módulo del vector de desplazamiento.

Sol.: (12, 11); 16,28

54. ★★★ *ABCD* son los vértices de un cuadrado. Si dos de los vértices son $A = (-5, -4)$ y $B = (-2, 3)$, halla los vértices *C*, *D* del cuadrado.

Sol.: $C = (2, -7)$ y $D = (5, 0)$

55. ★★★ Sabemos que el vector de componentes (x, y) cumple que la diferencia entre la segunda y la primera componente es igual a 7 y el módulo del vector es 73. Calcula las componentes del vector.

Sol.: 48 y 55

56. ★★★ Comprueba que los puntos $A = (7, 4)$, $B = (-2, 1)$, $C = (6, -3)$ y $D = (7, -2)$ pertenecen a una circunferencia de centro (3, 1). Halla el valor del radio de la circunferencia.

Sol.: 5

57. ★★★ Indica si el triángulo formado por los puntos $A = (1, 3)$, $B = (3, 2)$ y $C = (4, 5)$ es equilátero, isósceles o escaleno. Justifica tu respuesta.

SÍNTESIS

58. ★☆☆ Dado el vector $\vec{u} = (-3, 7)$:

a) Dibuja tres vectores equipolentes al vector $\vec{u}$.

b) Dibuja un vector equipolente a $\vec{u}$ con el extremo en $O = (0, 0)$.

c) Dibuja un vector equipolente a $\vec{u}$ con origen en $B = (-7, 12)$.

59. ★☆☆ Dado el vector $\vec{v} = (4, 3)$, halla la expresión de un vector perpendicular a $\vec{v}$.

60. ★★☆ Las coordenadas de un triángulo son $A = (3, 0)$, $B = (b_1, b_2)$ y $C = (5, 2)$. Halla las coordenadas del vértice *B* para que junto a las coordenadas de *A* y *C* formen un triángulo rectángulo.

Sol.: $B = (1, 2)$

61. ★★☆ La posición de un vehículo sobre unos ejes de coordenadas es el punto $A = (7, 5)$ y se desplaza según el vector $\vec{u} = (9, 5)$. De otro vehículo, sabemos que salió con la misma velocidad de la posición (12, 43) y se dirige al punto $B = (28, 53)$. ¿Pueden llegar a chocar? Justifica tu respuesta.

62. ★★☆ Dado el punto $A = (0, x)$, determina el valor de *x* de modo que la distancia de este al punto $B = (5, 7)$ sea de 13 unidades.

Sol.: $x = -5$

63. ★★☆ Un camión queda averiado en la posición $A = (14, 140)$. Llama pidiendo ayuda y le contestan dos servicios de helicópteros que se encuentran en las posiciones $B = (-21, 100)$ y $C = (40, 73)$.

Si consideramos que ambos helicópteros avanzan con la misma velocidad, ¿cuál de los dos llegará primero al punto donde se encuentra el camión averiado?

64. ★★☆ Estamos construyendo una carretera que enlace los puntos $A = (12, 21)$ y $B = (17, 23)$. Otro punto se encuentra en $C = (3, 9)$. ¿Es posible que una única carretera permita unir estos tres puntos?

65. ★★☆ Dado el vector $\vec{w} = (28, x)$, halla, en cada caso, el valor de *x* para que:

a) El vector tenga un módulo de 53 unidades.

b) El producto por el vector $\vec{u} = (-5, 3)$ sea igual a -44.

c) El vector sea perpendicular al vector de componentes $(3, -12)$.

Sol.: a) 45; b) 32; c) 7

66. ★★☆ Dados los puntos $A = (1, 1)$, $B = (3, 5)$, $C = (10, 6)$ y $D = (7, -1)$, comprueba si forman un trapecio. Justifica tu respuesta.

67. ★★☆ Halla el valor de *x* en cada una de las siguientes igualdades entre vectores:

a) $-3 \cdot (x, -2) + (2x, -6) = (14, 0)$

b) $2 \cdot (3x, -9) + 3 \cdot (-3x, 12) - (-3, 6) = (-15, 12)$

Sol.: a) $x = -14$; b) $x = 6$

68. ★★☆ Clasifica el triángulo determinado por los puntos $A = (4, -3)$, $B = (3, 0)$ y $C = (0, 1)$.

a) Calcula la longitud de cada uno de los lados.

b) Halla el vector suma $\overrightarrow{AB} + \overrightarrow{AC}$.

c) Expresa $\overrightarrow{AB} - \overrightarrow{AC}$ en la base canónica.

Sol.: a) $\sqrt{10}$, $\sqrt{10}$ y $\sqrt{32}$; b) $(-5, 7)$; c) $(3, -1)$

69. ★★☆ Dados los vectores $\vec{u} = (2, 5)$, $\vec{v} = (-3, 4)$ y $\vec{w} = (5, 12)$:

a) Halla $2 \cdot \vec{u} + 3 \cdot \vec{v} - 5 \cdot \vec{w}$.

b) Halla $2 \cdot \vec{u} \cdot (-3 \cdot \vec{v})$.

c) Calcula el ángulo que forman $\vec{w}$ y $\vec{v}$.

d) Normaliza el vector $\vec{v}$.

e) Expresa $\vec{w}$ como combinación de los vectores de la base si consideramos como base los vectores $\vec{u}$ y $\vec{v}$.

Sol.: a) $(-30, -38)$; b) -84; c) 59,5°; d) $\left(-\frac{3}{5}, \frac{4}{5}\right)$

70. ★★☆ Sabemos que los puntos $A = (2, 1)$ y $B = (4, 3)$ son los extremos del diámetro de una circunferencia.

a) Calcula el centro de la circunferencia.

b) Halla el radio de la circunferencia.

c) Dibuja la circunferencia.

Sol.: a) (3, 2); b) $\sqrt{2}$

71. ★★☆ *I*, *J*, *K*, *L* son los vértices de un rombo que forman ángulos de 45° y 135°. Cada lado mide 12 cm. ¿Cuál es el producto escalar de los siguientes vectores?

a) $\overrightarrow{OK} \cdot \overrightarrow{OJ}$ b) $\overrightarrow{KJ} \cdot \overrightarrow{IJ}$ c) $\overrightarrow{OJ} \cdot \overrightarrow{OL}$

Sol.: a) 0; b) 101,82; c) – 122,38

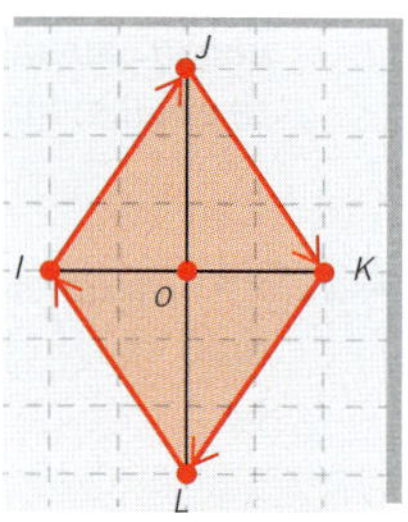

Síntesis

1. Vectores
2. Operaciones con vectores
3. Combinación lineal de vectores
4. Bases de V_2
5. Operaciones con componentes
6. Producto escalar de dos vectores
7. Coordenadas de un punto en el plano

Vectores

Vectores fijos

Pares ordenados de puntos que se definen a partir de su módulo, su sentido y su dirección.

Vectores libres

El conjunto de todos los vectores fijos equipolentes a un vector dado.

Operaciones con vectores

Producto de un número real por un vector: $k \cdot \vec{u}$

Suma y resta de vectores: $\vec{u} \pm \vec{v}$

Combinación lineal de vectores

Escritura de vectores utilizando las operaciones con vectores.

$$\vec{u} = \alpha \cdot \vec{v} + \beta \cdot \vec{w}$$

Bases de V_2

Dos vectores $\vec{v}$ y $\vec{w}$ con diferente dirección forman una base y si:

$$\vec{u} = \alpha \cdot \vec{v} + \beta \cdot \vec{w}$$

α y β son las **componentes** de $\vec{u}$ en esta base.

Operaciones con componentes

Podemos usar las componentes de los vectores para efectuar operaciones:

- Producto de un número real por un vector:

$$k \cdot \vec{u} = (k \cdot u_1, k \cdot u_2)$$

- Suma y resta de vectores:

$$\vec{u} \pm \vec{v} = (u_1 \pm v_1, u_2 \pm v_2)$$

Producto escalar de dos vectores

$$\vec{u} \cdot \vec{v} = |\vec{u}| \cdot |\vec{v}| \cdot \cos\alpha$$

Expresión analítica en una base ortonormal:

$$\vec{u} \cdot \vec{v} = u_1v_1 + u_2v_2$$

Lo podemos usar para calcular el módulo de un vector y para calcular el ángulo que forman dos vectores.

Coordenadas de un punto en el plano

Utilizando un sistema de referencia $R = \{O; \vec{u}, \vec{v}\}$, definimos las coordenadas de un punto P de la siguiente forma:

$$[\overrightarrow{OP}] = \vec{p} = p_1\vec{u} + p_2\vec{v} \Rightarrow P = (p_1, p_2)$$

1 Dados los puntos $A = (-3, 7)$ y $B = (5, -4)$:

a) Halla las componentes del vector $\overrightarrow{BA}$.

b) Comprueba que se cumple $\overrightarrow{BA} = -\overrightarrow{AB}$.

c) Halla el punto medio de los dos puntos.

d) Halla las componentes del vector $2 \cdot \overrightarrow{AB}$.

Sol.: a) (−8, 11); c) (1, 3/2); d) (16, −22)

2 Dados los puntos $A = (3, 7)$, $B = (-2, -3)$ y el vector $\vec{u} = (4, -5)$, halla un punto C que cumpla:

a) $\overrightarrow{AC} = \vec{u}$

b) $\overrightarrow{AC} + 2 \cdot (\overrightarrow{BC}) = 3 \cdot \vec{u}$

Sol.: a) $C = (7, 2)$; b) $C = \left(\frac{13}{3}, \frac{-14}{3}\right)$

3 Halla el módulo del vector cuyo origen es el punto $A = (-14, 9)$ y el extremo es $B = (-2, 14)$.

Sol.: $|\overrightarrow{AB}| = 13$

4 Sabemos que las componentes del vector $\vec{v}$ son $(8, -6)$. Halla un vector $\vec{w}$ tal que $\vec{w} + 3 \cdot \vec{v} = (1, 4)$.

Sol.: $\vec{w} = (-23, 22)$

5 Halla el producto escalar de $\vec{w} \cdot 3 \cdot \vec{v}$ sabiendo que $\vec{w} = (-3, 5)$ y $\vec{v} = (1, 4)$.

Sol.: 51

6 Si consideramos los vectores $\vec{v} = (-1, 2)$, $\vec{w} = (2, -3)$ y $\vec{t} = (5, -6)$, comprueba si existen dos números reales a y b tales que se cumpla $a \cdot \vec{v} + b \cdot \vec{w} = \vec{t}$.

Sol.: $a = 3$; $b = 4$

7 Dado el vector $(-40, 9)$, halla:

a) Su módulo.

b) El ángulo que forma con el vector (3, 7).

c) El producto escalar con el vector (1, 10).

d) Un vector con la misma dirección, el mismo sentido y con módulo 2.

Sol.: a) 41; b) 100,52°; c) 50; d) $\left(\frac{-80}{41}, \frac{18}{41}\right)$

8 Calcula los ángulos del triángulo cuyos vértices son los puntos $A = (6, 5)$, $B = (3, 10)$ y $C = (1, 2)$.

Sol.: $\hat{A} = 90°$, $\hat{B} = 45°$, $\hat{C} = 45°$

9 Halla el valor de la componente x para que el vector $(5, x)$ sea perpendicular al vector $(-9, 15)$.

Sol.: $x = 3$

10 Calcula:

a) El producto escalar de los vectores $\vec{v} = (-12, 5)$ y $\vec{w} = (15, 8)$.

b) El ángulo que forman los vectores $\vec{v} = (4, -6)$ y $\vec{w} = (12, 8)$.

c) El producto escalar de los vectores $\vec{v} = (3, -4)$ y $\vec{w} = (1, -1)$.

d) El ángulo que forman los vectores $\vec{v} = (0, -2)$ y $\vec{w} = (3, 4)$.

Sol.: a) $\vec{v} \cdot \vec{w} = -140$; b) 90°; c) 7; d) 143,13°

11 Normaliza los siguientes vectores, transformándolos en vector unitario:

a) (15, −8)

b) (3, −4)

c) (4, 0)

d) (2, −3)

e) (−4, 7)

f) (−5, −3)

Sol.: a) (15/17, −8/17); b) (3/5, −4/5); c) (1, 0); d) $\left(\frac{2}{\sqrt{13}}, \frac{-3}{\sqrt{13}}\right)$; e) $\left(\frac{-4}{\sqrt{65}}, \frac{7}{\sqrt{65}}\right)$; f) $\left(\frac{-5}{\sqrt{34}}, \frac{-3}{\sqrt{34}}\right)$

12 Sean los vectores $\vec{u} = (3, -4)$ y el vector $\vec{v} = (-5, 12)$, calcula:

a) El producto escalar de ambos vectores.

b) El módulo de cada vector.

c) El ángulo que forman ambos vectores.

Sol.: a) −63; b) $|\vec{u}| = 5$, $|\vec{v}| = 13$; c) 165,75°

13 Las coordenadas de dos vértices consecutivos de un paralelogramo son $A = (1, -2)$ y $B = (6, 1)$. El centro del paralelogramo es $M = (0, 2)$. Calcula las coordenadas de los otros dos puntos.

Sol.: $C = (-1, 6)$, $D = (-6, 3)$

SOCIETY

El cuaternión

El origen de la palabra *vector* se atribuye al matemático italiano **Giusto Bellavitis** (1803-1880). No obstante, dicho concepto tuvo un precursor, el *cuaternio* o *cuaternión*, impulsado por el matemático irlandés **William R. Hamilton** (1805-1865), quien en 1843 representó los números complejos con cuatro dimensiones. De esta cantidad deriva dicho nombre.

Placa conmemorativa en el puente de Brougham (Dublín, Irlanda) donde Hamilton ideó los *cuaterniones* mientras paseaba.

SOCIETY

El billar y los vectores

En el choque de dos bolas de billar intervienen, en su desplazamiento, vectores.

En el siguiente enlace podrás acceder a actividades interactivas relacionadas con los vectores y el billar:

http://links.edebe.com/mwx

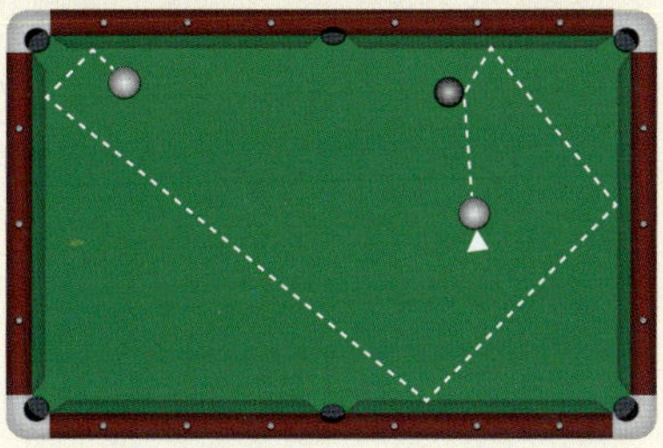

OPINION

Einstein y la teoría de la relatividad

«Los problemas de espacio y tiempo se piensan durante la infancia; yo lo hice cuando ya había crecido».

Esta frase pertenece al científico alemán **Albert Einstein** (1879-1955), quien, entre 1905 y 1915, publicó sus teorías de la relatividad sobre la localización de los sucesos físicos. En estos escritos, habló por primera vez del tiempo como una cuarta dimensión indispensable para ubicar un objeto en el espacio en un momento determinado.

– Accede al enlace **http://links.edebe.com/yhbn** y obtendrás información sobre la relación entre los vectores en el plano y en el espacio y cómo, a partir de ellos, se configura una cuarta dimensión en las matemáticas y la física.

NEW

Vectores y navegación aérea

Habitualmente, el piloto navega usando los instrumentos de vuelo, mecanismos que permiten una travesía en condiciones seguras sin que sea necesario el contacto visual con el terreno. En áreas con cobertura de radar, el controlador aéreo puede recibir diferentes rumbos y altitudes representadas en forma de vector. Además, con el sistema automático ILS (*Instrumental Landing System*), un avión es guiado con precisión durante la aproximación a la pista de aterrizaje y, en algunos casos, a lo largo de esta. Para llevar a cabo estas pruebas de navegación aérea, se utilizan simuladores de vuelo doméstico.

– Accede al enlace **http://links.edebe.com/wxrjg** y conocerás diversos aspectos de los vuelos instrumentales y el papel que en ellos desempeñan los vectores.

CRITICAL SENSE

LOS VECTORES Y LA ANIMACIÓN AUDIOVISUAL

Una de las aplicaciones de los vectores es la creación de animaciones de gráficos vectoriales. A partir de programas informáticos, el usuario crea y edita imágenes con el ordenador.

– El enlace **http://links.edebe.com/i3sz9c** te facilitará información sobre los gráficos vectoriales y el tipo de imágenes que produce. ¿Qué diferencia existe respecto a las imágenes creadas a partir de mapas de *bits*?

– Busca en Internet información sobre distintos tipos de editores de gráficos y averigua en qué casos es más adecuado usar unos u otros, así como sus ventajas y sus inconvenientes.

8

BLOQUE 2. GEOMETRÍA

Elementos del plano

- **1. Ecuaciones de la recta**
- **2. Posición relativa de dos rectas**
  - 2.1. Rectas paralelas y coincidentes
  - 2.2. Rectas secantes
  - 2.3. Ángulo entre dos rectas
- **3. Distancias**
  - 3.1. Distancia entre dos puntos
  - 3.2. Distancia de un punto a una recta
  - 3.3. Distancia entre rectas paralelas
- **4. Lugares geométricos**
  - 4.1. Mediatriz de un segmento
  - 4.2. Bisectriz de un ángulo

Problemas interactivos

Noticias

Premio Abel para Pierre Deligne, hacedor de puentes entre islas matemáticas

[...] El galardón, a menudo referido como el *Nobel de las matemáticas,* reconoce las «contribuciones seminales» de Deligne a la geometría algebraica [...].«Sus poderosos conceptos, ideas, resultados y métodos», sigue reconociendo la Academia, «siguen influyendo en el desarrollo de la geometría algebraica, y de las matemáticas en su conjunto» [...].

El matemático José Ignacio Burgos, investigador del ICMAT [...], explica que el premiado no solo tendió nexos creativos para derribar algunas de las «fronteras internas» de las matemáticas (como la que separa la geometría del álgebra), sino también otras fronteras externas, con implicaciones en la física teórica.

[...]

«La geometría algebraica tuvo en principio unos objetivos simples», dice Burgos. «Se trataba de saber qué figuras geométricas pueden ser soluciones de las ecuaciones polinomiales; pero esta materia ha alcanzado con el tiempo un grado de sofisticación soberbio» [...].

El País, 20-3-2013 (adaptación).

Vídeo

La **cicloide** es una curva con propiedades geométricas curiosas que puedes ver en el siguiente enlace:

http://links.edebe.com/3x8zvk

EN CONTEXTO

a> Reflexiona durante unos momentos:

— ¿Qué sabes acerca de la geometría analítica?

— ¿Qué preguntas o inquietudes te surgen sobre ello?

— ¿Qué te gustaría investigar sobre este tema?

Anota tus respuestas a las tres cuestiones y, en grupos, ponedlas en común para exponer vuestras conclusiones ante el grupo clase.

b> Después de ver el vídeo de la cicloide, contesta:

— ¿El camino más corto es siempre el más rápido?

— La cicloide es una curva tautócrona. ¿Qué significa?

— ¿Qué ventajas tendría un péndulo cuya trayectoria fuera una cicloide?

1. Ecuaciones de la recta

René Descartes

(La Haye, 1596-Estocolmo, 1650)

Su obra más importante fue el *Discurso del método,* publicada en el año 1637.

En uno de los apéndices de esta obra, titulado «Geométrie», desarrolla procedimientos geométricos para resolver determinados problemas algebraicos e introduce el sistema de referencia que actualmente se conoce como *coordenadas cartesianas.*

RECUERDA

Un **sistema de referencia** en el plano se define a partir de un punto fijo O llamado **origen** y una **base** formada por dos vectores $\vec{e_1}$, $\vec{e_2}$ con distinta dirección.

A partir de un sistema de referencia, se pueden expresar analíticamente los elementos del plano.

FÍJATE

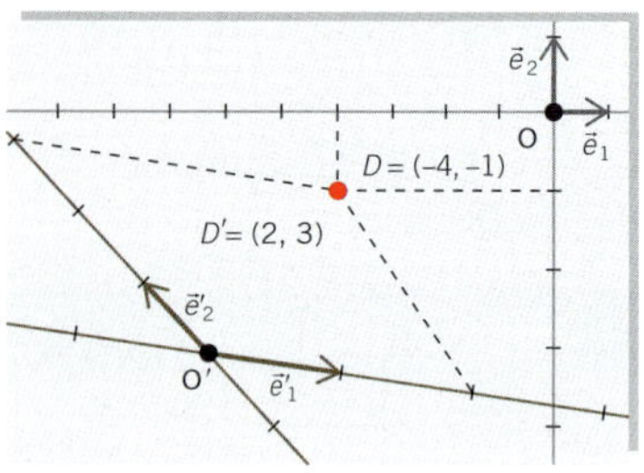

Un mismo punto D tiene distintas coordenadas según cual sea el sistema de referencia elegido.

Una recta es un elemento geométrico, formado por una sucesión infinita de puntos en una sola dimensión.

Una recta en el plano queda determinada por dos puntos, A y B, o por un punto A y un vector $\vec{u}$ llamado **vector director,** que indica su dirección. Calcular la ecuación de una recta consiste en hallar la relación que cumplen todos sus pun tos. Observa las distintas formas que tenemos de expresar una recta.

Ecuación de la recta en forma vectorial

Consideramos una recta determinada por un punto $A = (a_1, a_2)$ y un vector director $\vec{u} = (u_1, u_2)$.

Si $P = (x, y)$ es un punto cualquiera de la recta y $\vec{p}$ y $\vec{a}$ son los **vectores posición** de P y A respectivamente, aplicando la suma de vectores se verifica que cualquier punto P cumplirá:

$$\vec{p} = \vec{a} + \overrightarrow{AP}$$

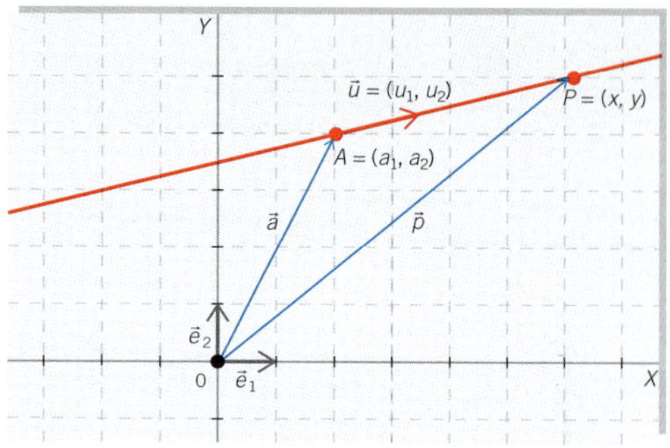

El vector $\overrightarrow{AP}$ tiene la misma dirección que el vector $\vec{u}$ y podremos escribirlo como $\overrightarrow{AP} = k \cdot \vec{u}$, siendo k un número real. Sustituyendo a la igualdad anterior, obtenemos la **ecuación vectorial de la recta.**

$$\vec{p} = \vec{a} + k \cdot \vec{u} \text{ donde } k \in \mathbb{R}$$

Dando valores al parámetro k, obtenemos todos los puntos de la recta; así, para $t = 0$ obtenemos el punto A y para $k = 1$ obtenemos el punto $(a_1 + u_1, a_2 + u_2)$.

Punto medio de un segmento

Para hallar el punto medio del segmento que une dos puntos P y Q, podemos utilizar la ecuación vectorial de la recta.

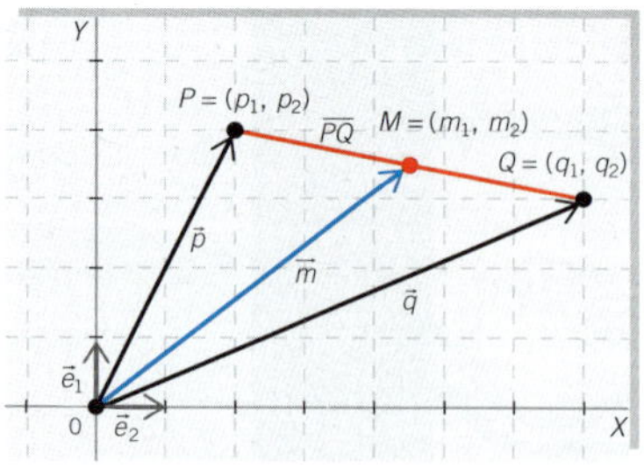

Sea $\vec{m}$ el vector posición del punto medio del segmento $\overline{PQ}$. Este punto verificará la ecuación:

$$\vec{m} = \vec{p} + \frac{1}{2}\,\overrightarrow{PQ}$$

$$(m_1, m_2) = (p_1, p_2) + \frac{1}{2}\,(q_1 - p_1,\ q_2 - p_2)$$

$$(m_1, m_2) = \left(p_1 + \frac{1}{2}\,(q_1 - p_1),\ p_2 + \frac{1}{2}\,(q_2 - p_2)\right)$$

$$(m_1, m_2) = \left(\frac{p_1 + q_1}{2},\ \frac{p_2 + q_2}{2}\right)$$

El punto medio M de un segmento $\overline{PQ}$ es la semisuma de las coordenadas de P y Q.

Por ejemplo, si $P = (3, 5)$ y $Q = (7, -3)$, el punto medio M del segmento $\overline{PQ}$ es:

$$M = \left(\frac{7+3}{2}, \frac{5-3}{2}\right) = (5, 1)$$

Ecuación de la recta en forma paramétrica

Si expresamos la ecuación vectorial de la recta utilizando las componentes de los vectores y operamos, se obtiene:

$$(x, y) = (a_1, a_2) + k\,(u_1, u_2)$$

$$(x, y) = (a_1, a_2) + (k \cdot u_1, k \cdot u_2)$$

$$(x, y) = (a_1 + k \cdot u_1, a_2 + k \cdot u_2)$$

Al igualar componentes, obtenemos la **ecuación paramétrica de la recta.**

$$\left.\begin{array}{l} x = a_1 + k u_1 \\ y = a_2 + k u_2 \end{array}\right\}, \text{ donde } k \in \mathbb{R}$$

Igual que en la ecuación vectorial, los diferentes puntos de la recta se obtienen dando valores al parámetro k.

Del mismo modo, si queremos saber si un punto concreto pertenece a la recta, sustituiremos el punto en la ecuación y resolveremos. El punto pertenecerá a la recta si el valor de k obtenido es el mismo para ambas ecuaciones.

Ecuación continua

Si despejamos k de la ecuación paramétrica e igualamos las expresiones resultantes, obtenemos la **ecuación continua de la recta:**

$$\frac{x - a_1}{u_1} = \frac{y - a_2}{u_2}$$

La ecuación continua solo tiene sentido si las componentes u_1 y u_2 del vector director de la recta son distintas de cero.

Árboles dispuestos en línea recta.

RECUERDA

Si $\vec{u}$ es un vector director, $\vec{v} = k\,\vec{u}$, donde $k \in \mathbb{R}$, también lo es.

FÍJATE

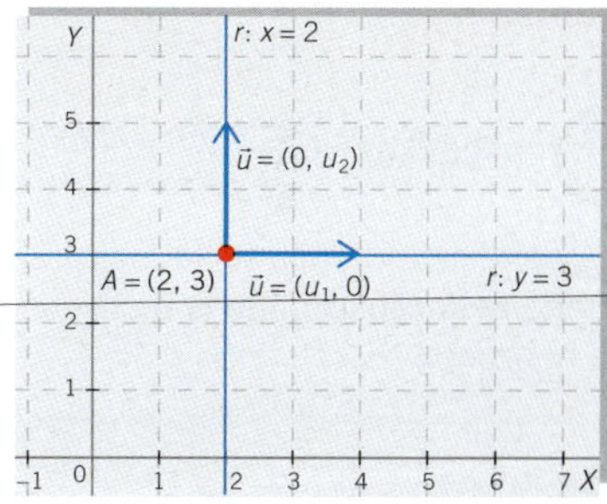

Si $\vec{u} = (0, u_2)$ es un vector director de la recta r que pasa por el punto $A = (2, 3)$, la recta r tendrá como ecuación $x = 2$. Si $\vec{u} = (u_1, 0)$, la ecuación de r será $y = 3$.

1 EJEMPLO

Dados el punto $A = (2, -3)$ y el vector director $\vec{u} = (6, 4)$:

a) Halla la ecuación vectorial, paramétrica y continua de la recta r determinada por A y $\vec{u}$.

b) ¿Pertenecen los puntos $B = (5, -1)$ y $C = (4, 2)$ a la recta r?

Solución

COMPRENSIÓN: Para expresar las diferentes ecuaciones, sustituiremos el punto y el vector director en la expresión general de cada una de ellas. Para comprobar si B y C pertenecen a la recta, sustituiremos ambos puntos en la ecuación paramétrica.

RESOLUCIÓN: a) Ec. vectorial: $\vec{x} = (2, -3) + k \cdot (6, 4)$; Ec. paramétrica: $\left.\begin{array}{l} x = 2 + 6k \\ y = -3 + 4k \end{array}\right\}$; Ec. continua: $\dfrac{x-2}{6} = \dfrac{y+3}{4}$

b) Sustituimos las coordenadas de B y C en la ecuación paramétrica:

$$\left.\begin{array}{r} 5 = 2 + 6k \\ -1 = -3 + 4k \end{array}\right\} \rightarrow \left.\begin{array}{l} k = \dfrac{3}{6} = \dfrac{1}{2} \\ k = \dfrac{2}{4} = \dfrac{1}{2} \end{array}\right\} \rightarrow B = (5,1) \in r \qquad \left.\begin{array}{r} 4 = 2 + 6k \\ 2 = -3 + 4k \end{array}\right\} \rightarrow \left.\begin{array}{l} k = \dfrac{2}{6} = \dfrac{1}{3} \\ k = \dfrac{5}{4} \end{array}\right\} \rightarrow C = (4,2) \notin r$$

Ecuación general de la recta

Al desarrollar la ecuación continua y agrupar términos, obtenemos:

$$\frac{x - a_1}{u_1} = \frac{y - a_2}{u_2} \Rightarrow u_2(x - a_1) = u_1(y - a_2) \Rightarrow$$
$$\Rightarrow u_2x - u_2a_1 = u_1y - u_1a_2 \Rightarrow u_2x - u_1y - u_2a_1 + u_1a_2 = 0$$

Si hacemos los cambios $A = u_2$, $B = -u_1$ y $C = -u_2a_1 + u_1a_2$, obtenemos la **ecuación general de la recta.**

$$Ax + By + C = 0$$

Observa que un vector director de r es $\vec{u} = (-B, A)$ y un vector normal a esta tendrá la forma $\vec{n} = (A, B)$, pues se verifica que el producto escalar $\vec{u} \cdot \vec{n}$ es nulo:

$$\vec{u} \cdot \vec{n} = (-B, A) \cdot (A, B) = -AB + AB = 0$$

FÍJATE

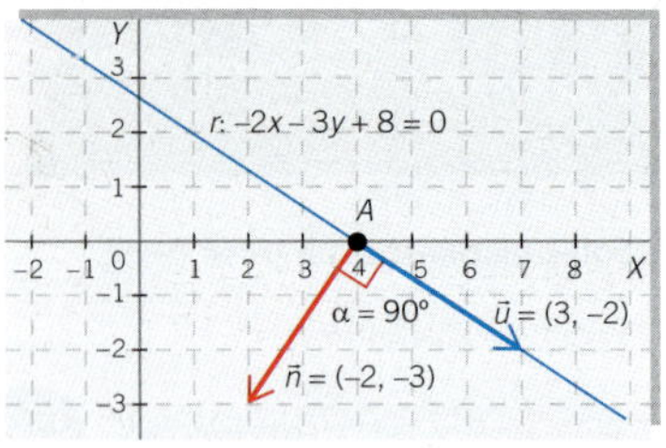

El vector $\vec{n} = (-2, -3)$ es normal a la recta $-2x - 3y + 8 = 0$ de vector director $\vec{u} = (3, -2)$.

2 EJEMPLO

Halla la ecuación general de la recta cuyo vector director es $\vec{u} = (3, -5)$ y pasa por el punto $P = (1, -2)$.

Solución

COMPRENSIÓN: Obtendremos la ecuación general calculando los parámetros A, B y C a partir del vector director y del punto P de la recta.

RESOLUCIÓN: Calculamos los parámetros A y B a partir del vector director:

$$\vec{u} = (3, -5) = (-B, A) \Rightarrow B = -3 \text{ y } A = -5$$

Sustituimos estos valores en la ecuación general: $-5x - 3y + C = 0$.

Calculamos C imponiendo que la recta pase por el punto P:

$$-5 \cdot 1 - 3 \cdot (-2) + C = 0 \Rightarrow -5 + 6 + C = 0 \Rightarrow C = -1$$

La recta es: $-5x - 3y - 1 = 0$.

COMPROBACIÓN: Podemos ver que la ecuación es correcta sustituyendo el vector director y el punto en la ecuación continua, y transformándola en la ecuación general.

RECUERDA

La pendiente de una recta indica el grado de inclinación de la recta con la horizontal.

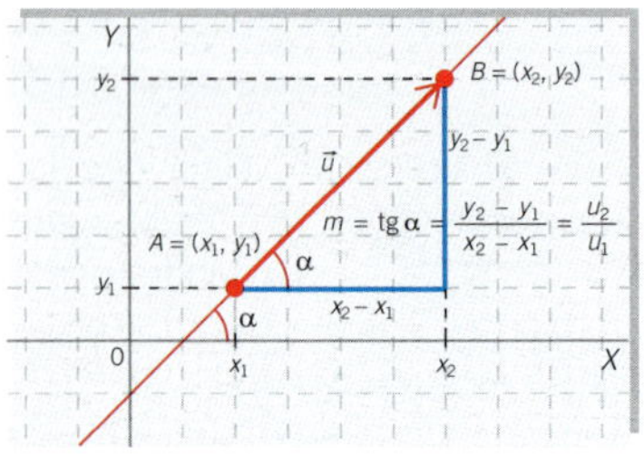

La pendiente es la tangente del ángulo que forma la recta con el eje OX. Si $\vec{u} = (u_1, u_2)$ es un vector director de la recta, su pendiente es:

$$\text{tg}\,\alpha = m = \frac{u_2}{u_1}$$

Ecuación explícita de la recta

Si despejamos y de la ecuación continua, tendremos:

$$\frac{x - a_1}{u_1} = \frac{y - a_2}{u_2} \Rightarrow \frac{u_2}{u_1}(x - a_1) = y - a_2$$

$$y = \frac{u_2}{u_1}x - \frac{u_2}{u_1}a_1 + a_2$$

Definiendo $m = \frac{u_2}{u_1}$, $n = -\frac{u_2}{u_1}a_1 + a_2$, obtenemos la **ecuación explícita de la recta.**

$$y = mx + n$$

En la ecuación explícita, m es la **pendiente** de la recta y n es su **ordenada en el origen.**

AMPLÍA

Tres puntos $A = (a_1, a_2)$, $B = (b_1, b_2)$ y $C = (c_1, c_2)$ están alineados si las pendientes de los segmentos $\overline{AB}$ y $\overline{BC}$ son iguales; es decir $\overline{AB}$ y $\overline{BC}$ tienen la misma dirección $\Leftrightarrow$

$$\frac{b_1 - a_1}{c_1 - b_1} = \frac{b_2 - a_2}{c_2 - b_2}$$

Ecuación punto-pendiente

Partimos de nuevo de la ecuación continua y aislamos $y - a_2$:

$$\frac{x - a_1}{u_1} = \frac{y - a_2}{u_2} \Rightarrow y - a_2 = \frac{u_2}{u_1}(x - a_1)$$

Teniendo en cuenta que hemos definido la pendiente como $m = \frac{u_2}{u_1}$, obtenemos la **ecuación punto-pendiente.**

$$y - a_2 = m \cdot (x - a_1)$$

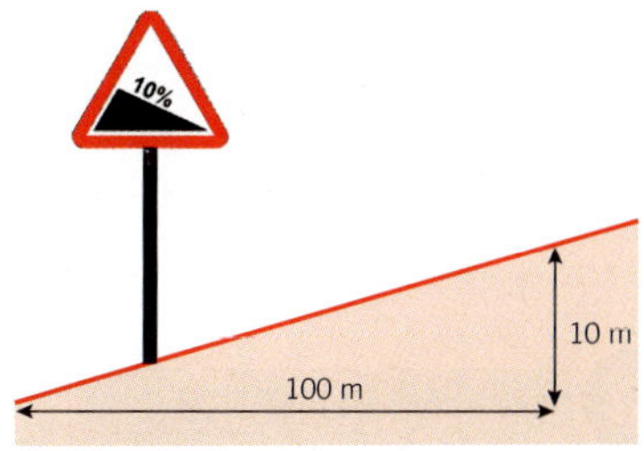

Pendiente de la carretera cuyo desnivel es el 10 % $\Rightarrow m = 10/100 = 0,1$.

Ecuación canónica de la recta

Otra forma de expresar una recta es a partir de sus cortes con los ejes. Si, por ejemplo, esta pasa por $A = (a, 0)$ y $B = (0, b)$, hallamos un vector director:

$$\vec{u} = \overrightarrow{AB} = (0 - a, b - 0) = (-a, b)$$

Si sustituimos un punto y el vector director en la ecuación continua y operamos, obtenemos la ecuación canónica de la recta:

$$\frac{x - a}{-a} = \frac{y - 0}{b} \Rightarrow -\frac{x}{a} + \frac{-a}{-a} = \frac{y}{b} \Rightarrow 1 = \frac{x}{a} + \frac{y}{b}$$

$$\frac{x}{a} + \frac{y}{b} = 1$$

Esta expresión solo tiene sentido si la recta corta los dos ejes de coordenadas, es decir, siempre que no pase por el centro de coordenadas.

FÍJATE

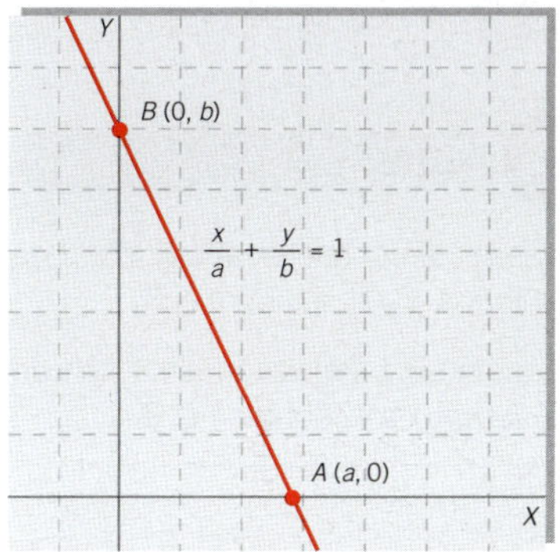

Ecuación canónica de la recta que pasa por $B = (0, b)$ y $A = (a, 0)$.

Ejercicios y problemas
6 a 23

ECUACIONES DE UNA RECTA

Sea un punto $A = (a_1, a_2)$ de la recta r y un vector director $\vec{u} = (u_1, u_2)$. La pendiente es $m = u_2/u_1$.

TIPO DE ECUACIÓN	ECUACIÓN	EJEMPLO: $P = (-2, 1)$ $\vec{u} = (3, -4)$
Vectorial	$\vec{p} = \vec{a} + k\vec{u}$, donde $k \in \mathbb{R}$	$\vec{p} = (-2, 1) + k(3, -4)$, donde $k \in \mathbb{R}$
Paramétrica	$r: \left.\begin{array}{l} x = a_1 + ku_1 \\ y = a_2 + ku_2 \end{array}\right\}$, donde $k \in \mathbb{R}$	$r: \left.\begin{array}{l} x = -2 + 3k \\ y = 1 - 4k \end{array}\right\}$ donde $k \in \mathbb{R}$
Continua	$\frac{x - a_1}{u_1} = \frac{y - a_2}{u_2}$	$\frac{x + 2}{3} = \frac{y - 1}{-4}$
General	$Ax + By + C = 0$ $\vec{u} = (-B, A)$ $\vec{n} = (A, B)$ pendiente: $m = -A/B$	$\frac{x + 2}{3} = \frac{y - 1}{-4} \Rightarrow -4x - 8 = 3y - 3 \Rightarrow$ $-4x - 3y - 5 = 0 \Rightarrow 4x + 3y + 5 = 0$
Explícita	$y = mx + n$, m pendiente n ordenada en el origen	$-4x - 3y - 5 = 0 \Rightarrow -3y = 4x + 5 \Rightarrow y = -\frac{4}{3}x - \frac{5}{3}$
Punto-pendiente	$y - a_2 = m \cdot (x - a_1)$	$m = -\frac{4}{3} \Rightarrow y - 1 = -\frac{4}{3}(x + 2)$
Canónica	Pasa por $P = (a, 0)$ y $Q = (0, b)$: $\frac{x}{a} + \frac{y}{b} = 1$	Si $x = 0 \Rightarrow y = -\frac{5}{3}$ y si $y = 0 \Rightarrow x = -5/4 \Rightarrow \frac{x}{-5/4} + \frac{y}{-5/3} = 1$

2. Posición relativa de dos rectas
2.1. Rectas paralelas y coincidentes
2.2. Rectas secantes
2.3. Ángulo entre dos rectas

2. Posición relativa de dos rectas

Para dar indicaciones o situarnos en un plano, es habitual utilizar las posiciones relativas de las rectas.

Dos rectas en el plano pueden ser **paralelas** si no tienen puntos en común, **secantes** si se cortan en un punto y **coincidentes** si comparten todos sus puntos.

LENGUAJE MATEMÁTICO

$\parallel$ paralelas, misma dirección
$\perp$ perpendicular
$\angle$ ángulo

2.1. Rectas paralelas y coincidentes

En el plano dos rectas son paralelas si tienen la misma dirección, es decir, tienen vectores directores proporcionales, o lo que es lo mismo, tienen la misma pendiente.

Al conjunto de todas las rectas paralelas a una determinada recta $r: Ax + By + C = 0$, se le denomina **haz de rectas paralelas.** Las rectas que forman el haz tienen la forma:

$$Ax + By + k = 0 \text{ donde } k \in \mathbb{R}$$

Si la ecuación explícita de r es $y = mx + n$, el haz se expresa: $y = mx + k$, donde $k \in \mathbb{R}$.

Dos rectas paralelas con un punto en común tienen todos los puntos en común. Son rectas **coincidentes.**

FÍJATE

Las rectas paralelas al eje X son de la forma $y = k$, donde $k \in \mathbb{R}$.

Las rectas paralelas al eje Y son de la forma $x = k$, donde $k \in \mathbb{R}$.

Condición de paralelismo

Para saber si dos rectas son paralelas, podemos fijarnos en sus coeficientes o resolver el sistema de ecuaciones que forman.

Sean $r: Ax + By + C = 0$ y $s: A'x + B'y + C' = 0$ dos rectas cualesquiera.

— Si $\frac{A}{A'} = \frac{B}{B'} \neq \frac{C}{C'} \longrightarrow$ son paralelas; si $\frac{A}{A'} = \frac{B}{B'} = \frac{C}{C'} \longrightarrow$ son coincidentes.

— Si el sistema formado por las ecuaciones de las dos rectas no tiene solución (es incompatible), las rectas son paralelas. Si el sistema tiene infinitas soluciones (sistema compatible indeterminado), las rectas son coincidentes.

Viñedo.

3 EJEMPLO

Indica si los siguientes pares de rectas son paralelas:

a) $r: -3x + 4y - 5 = 0 \quad s: y = 2x + 3$ **b)** $r: \frac{x-1}{2} = \frac{y+3}{3} \quad s: 6x - 4y + 1 = 0$

Solución

COMPRENSIÓN: Podemos comparar sus vectores directores o sus pendientes para ver si las rectas son paralelas.

RESOLUCIÓN:

a) $\vec{u}_r = (-B, A) = (-4, -3) \Rightarrow$ La pendiente de r es $m_r = \frac{3}{4}$ y la de s es $m_s = 2$. Por lo tanto, no son paralelas.

b) $\vec{u}_r = (2, -3)$ y $\vec{u}_s = (-B, A) = (4, 6) \Rightarrow$ Los vectores directores son proporcionales y, por lo tanto, las rectas son paralelas.

COMPROBACIÓN: Para ver que la solución es correcta, podemos expresarlas en la forma general y comparar los coeficientes, o resolver el sistema de ecuaciones.

CURIOSIDADES

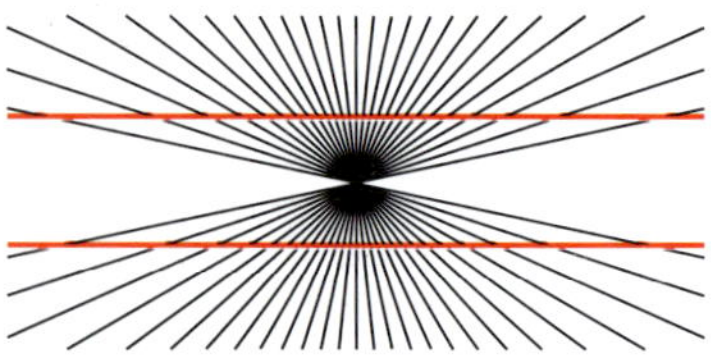

Las líneas rojas son rectas paralelas, aunque nuestros ojos «nos engañen». Es una ilusión óptica.

Ejercicios y problemas
24, 26, 27 y 29

2.2. Rectas secantes

En el plano, dos rectas son secantes si tienen direcciones distintas, es decir, sus vectores directores no son proporcionales, o lo que es lo mismo, sus pendientes son diferentes.

Al conjunto de todas las rectas secantes a un punto $A = (a_1, a_2)$ se le denomina **haz de rectas de centro *A*.** La ecuación de las rectas que forman el haz tiene la forma:

$$y - a_2 = m(x - a_1),\text{ donde } m \in \mathbb{R}$$

Los radios de una bicicleta forman parte del haz de rectas secantes que pasan por el centro de la rueda.

Un caso particular de las rectas secantes son las **rectas perpendiculares,** que forman un ángulo de 90°.

Si las rectas $r: Ax + By + C = 0$ y $s: A'x + B'y + C' = 0$ son perpendiculares, sus vectores directores también lo serán y su producto escalar se anulará:

$$r \perp s \Leftrightarrow \vec{u}_r \cdot \vec{u}_s = 0$$

Si expresamos los vectores directores a partir de las variables de la ecuación general y desarrollamos el producto escalar, se obtiene que las pendientes de dos rectas perpendiculares cumplen:

$$\frac{A}{B} = -\frac{B}{A} \rightarrow \frac{-A}{B} = -\frac{1}{-\frac{A}{B}} \rightarrow m_r = -\frac{1}{m_s}$$

FÍJATE

Las rectas perpendiculares al eje X son de la forma $x = a$, donde $a \in \mathbb{R}$.

Las rectas perpendiculares al eje Y son de la forma $y = b$, donde $b \in \mathbb{R}$.

Las rectas cuyos vectores directores son (A, B) y $(-B, A)$, respectivamente, son perpendiculares.

Condición de rectas secantes

Para saber si dos rectas son secantes, podemos fijarnos en sus coeficientes o resolver el sistema de ecuaciones que forman.

Sean $r: Ax + By + C = 0$ y $s: A'x + B'y + C' = 0$ dos rectas cualesquiera.

— Si $\frac{A}{A'} \neq \frac{B}{B'}$, las rectas son secantes.

— Si el sistema formado por las ecuaciones de las dos rectas tiene solución (es compatible), las rectas son secantes y la solución es el punto de corte.

Ejercicios y problemas
25, 28, 30, 31 y 35

4 EJEMPLO

Indica si los siguientes pares de rectas son secantes; en tal caso, calcula el punto común y el haz de rectas con centro en dicho punto:

a) $r: -x + 2y + 5 = 0 \quad s: y = 2x + 1$

b) $r: \frac{x-2}{2} = \frac{y+1}{-1} \quad s: \begin{cases} x = 1 + t \\ y = 2t \end{cases}$

Solución

COMPRENSIÓN: En ambos casos compararemos las pendientes de las rectas y, si son secants, resolveremos el sistema.

RESOLUCIÓN:

a) $\vec{u}_r = (-2, -1) \Rightarrow m_r = 1/2$, además $m_s = 2$.

Como las pendientes son distintas, las rectas son secantes.

Para obtener el punto común, resolvemos el sistema que forman las ecuaciones de las rectas:

$$\left.\begin{array}{l} -x + 2y + 5 = 0 \\ y = 2x + 1 \end{array}\right\} \rightarrow x = -\frac{7}{3};\ y = -\frac{11}{3}$$

Punto de corte: $(-7/3, -11/3)$

Haz de rectas secantes: $y + 11/3 = m(x + 7/3)$

b) $\vec{u}_r = (2, -1)$ y $\vec{u}_s = (1, 2)$

Los vectores no son proporcionales y, por lo tanto, las rectas serán secantes.

Las expresamos en forma general y resolvemos el sistema:

$$\left.\begin{array}{l} x + 2y = 0 \\ 2x - y - 1 = 0 \end{array}\right\} \rightarrow x = \frac{4}{5};\ y = -\frac{2}{5}$$

Punto de corte: $(4/5, -2/5)$

Haz de rectas: $y + 2/5 = m(x - 4/5)$

RECUERDA

Para calcular el ángulo que forman dos rectas, usamos la fórmula del producto escalar o la fórmula de la tangente de la diferencia de sus ángulos:

$$\vec{u} \cdot \vec{v} = |\vec{u}||\vec{v}| \cos(\vec{u}, \vec{v})$$

$$\operatorname{tg}(\alpha - \beta) = \frac{\operatorname{tg}\alpha - \operatorname{tg}\beta}{1 + \operatorname{tg}\alpha \operatorname{tg}\beta}$$

CURIOSIDADES

Podemos utilizar el ángulo entre dos rectas para calcular los ángulos de un disparo a portería:

Busca información en Internet sobre este problema.

FÍJATE

Al calcular el ángulo, tomamos valores absolutos porque buscamos un ángulo agudo.

Ejercicios y problemas
32 a 34 y 36 a 38

2.3. Ángulo entre dos rectas

Dos rectas secantes determinan cuatro ángulos iguales dos a dos.

El ángulo entre dos rectas es el menor ángulo que determinan y que coincide con el ángulo que forman sus vectores directores.

Según la definición, si las rectas no son perpendiculares, el ángulo que forman es agudo. En el caso de que las rectas sean coincidentes, el ángulo será de 0°. Para calcular el ángulo entre dos rectas, podemos hacerlo a partir de sus vectores directores y de sus pendientes.

Ángulo entre dos rectas a partir de sus vectores directores

Si α es el ángulo formado por dos rectas *r* y *s* con vectores directores $\vec{u}$ y $\vec{v}$, respectivamente, se verifica:

$$\cos\alpha = |\cos\alpha| = \left|\frac{\vec{u} \cdot \vec{v}}{|\vec{u}| \cdot |\vec{v}|}\right|$$

Ángulo entre dos rectas a partir de su pendiente

Consideramos ahora las rectas *r* y *s* de la figura. Fíjate en que el ángulo que forman es $\delta = \alpha - \beta$ y que las pendientes están relacionadas con el ángulo de la forma $m = \operatorname{tg}\alpha$ y $m' = \operatorname{tg}\beta$:

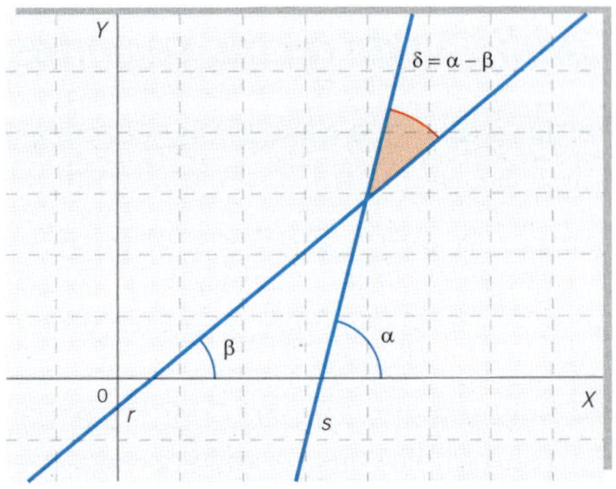

En este caso:

$$\operatorname{tg}\delta = \operatorname{tg}(\alpha - \beta) =$$

$$= \left|\frac{\operatorname{tg}\alpha - \operatorname{tg}\beta}{1 + \operatorname{tg}\alpha \operatorname{tg}\beta}\right| = \left|\frac{m - m'}{1 + m m'}\right|$$

5 EJEMPLO

Calcula el ángulo entre las siguientes rectas: $r: 4x - y + 2 = 0$ y $s: y - 3 = 2(x + 1)$.

Solución

COMPRENSIÓN: Buscaremos el ángulo que forman usando los dos métodos estudiados. Para ello, calcularemos los vectores directores y las pendientes.

RESOLUCIÓN: El vector director de *r* es: $\vec{u}_r(-B, A) = (1, 4)$. Así, $m_r = 4$.

La pendiente de *s* es $m_s = 2$. Así, un vector director puede ser $\vec{v}_s = (1, 2)$.

Método 1:

$$\cos\alpha = \frac{|\vec{u} \cdot \vec{v}|}{|\vec{u}| \cdot |\vec{v}|} = \frac{|1 \cdot 1 + 4 \cdot 2|}{\sqrt{1^2 + 4^2} \cdot \sqrt{1^2 + 2^2}} = \frac{9}{\sqrt{85}} \rightarrow \alpha = \arccos\frac{9}{\sqrt{85}} = 12° \, 31'$$

Método 2: $\operatorname{tg}\delta = \left|\frac{4 - 2}{1 + 42}\right| = \frac{2}{9} \rightarrow \delta = \operatorname{arc\,tg}\frac{2}{9} = 12° \, 31'$

COMPROBACIÓN: El resultado es correcto, pues con los dos métodos hemos obtenido el mismo resultado.

3. Distancias
3.1. Distancia entre dos puntos
3.2. Distancia de un punto a una recta
3.3. Distancia entre rectas paralelas

3. Distancias

La distancia entre dos puntos del plano se define de forma natural como la longitud del segmento que determinan.

Sin embargo, esta noción de distancia no es suficiente para determinar la que existe entre un punto y una recta o entre dos rectas paralelas, pues, en estos casos, hay infinidad de puntos implicados en el cálculo y deberemos saber cuál escoger.

La **distancia** entre dos elementos del plano es la mínima distancia que existe entre sus puntos.

3.1. Distancia entre dos puntos

Observa los puntos $P = (p_1, p_2)$ y $Q = (q_1, q_2)$ de la figura.

La distancia entre ellos es la longitud de la hipotenusa del triángulo *EPQ*. Por lo tanto:

$$d(P, Q) = \sqrt{(q_1 - p_1)^2 + (q_2 - p_2)^2}$$

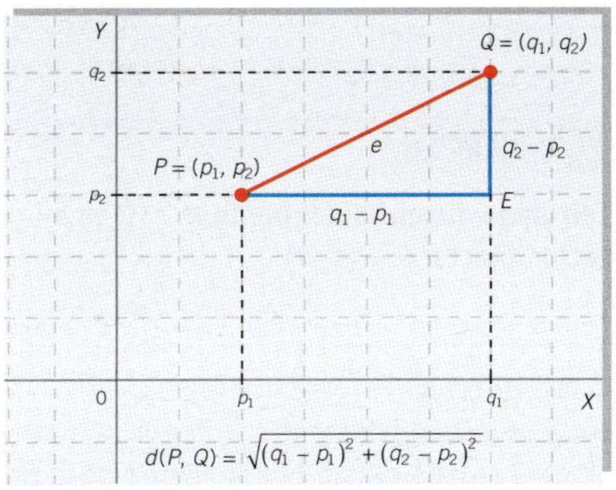

Simétrico de un punto *P* respecto de otro punto *Q*

La distancia entre dos puntos nos servirá para determinar el punto simétrico de un punto respecto a otro.

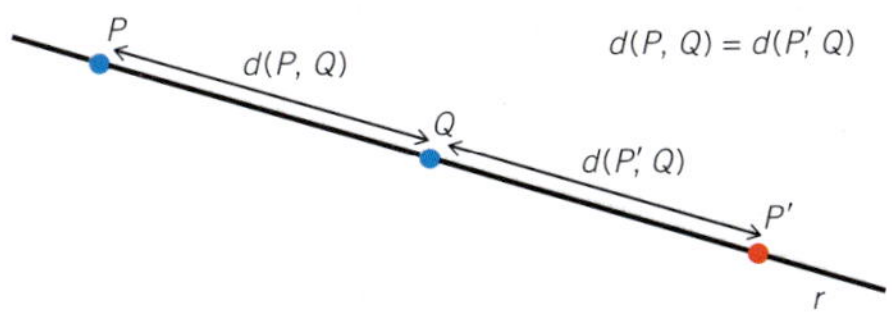

El simétrico de *P* respecto de *Q* es el punto *P'* de la recta *r* que pasa por *P* y *Q*, tal que:

$$d(P, Q) = d(P', Q)$$

Por lo tanto, *Q* es el punto medio del segmento determinado por *P* y *P'*.

6 EJEMPLO

Demuestra que el triángulo de vértices $A = (2, -1)$, $B = (7, 2)$ y $C = (3, 3)$ es isósceles.

Solución

COMPRENSIÓN: Calculamos las distancias entre los vértices. Si dos son iguales y otra es diferente, el triángulo es isósceles.

RESOLUCIÓN:

$$d(A, B) = \sqrt{(7-2)^2 + (2-(-1))^2} = \sqrt{25+9} = \sqrt{34}$$

$$d(A, C) = \sqrt{(3-2)^2 + (3-(-1))^2} = \sqrt{1+16} = \sqrt{17}$$

$$d(B, C) = \sqrt{(3-7)^2 + (3-2)^2} = \sqrt{16+1} = \sqrt{17}$$

Por lo tanto, el triángulo es isósceles.

COMPROBACIÓN: Si representamos el triángulo con un programa gráfico, comprobaremos que, efectivamente, es isósceles.

AMPLÍA

Para dividir un segmento $\overline{AB}$ en n partes iguales, los $n - 1$ puntos de división ($M_1, M_2, \ldots, M_{n-1}$) se obtienen imponiendo:

$$\overline{AM_i} = \frac{i}{n}\overline{AB}, \; i = 1, \ldots, n$$

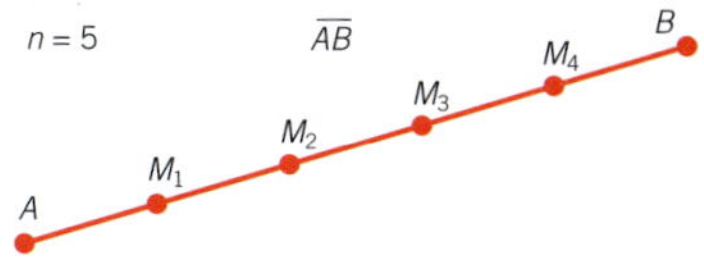

Por ejemplo, si $n = 5$:

$$\overline{AM_1} = \frac{1}{5}\overline{AB} \quad \overline{AM_2} = \frac{2}{5}\overline{AB}$$

$$\overline{AM_3} = \frac{3}{5}\overline{AB} \quad \overline{AM_4} = \frac{4}{5}\overline{AB}$$

FÍJATE

Si *P* y *Q* son dos puntos del plano:

$$d(P, Q) = |\overrightarrow{PQ}|$$

INTERNET

En el siguiente enlace encontrarás un *applet* de GeoGebra relacionado con el concepto de punto simétrico:

http://links.edebe.com/g4havy

— Investiga cómo se ha creado este *applet* e intenta crear uno parecido fijando otro elemento del plano.

Ejercicios y problemas
39, 42, 44, 46, 48 y 57

INTERNET

En la siguiente página web, puedes repasar cuáles son las rectas y los puntos notables de un triángulo:

http://links.edebe.com/bek9c

AMPLÍA

Fuente luminosa puntual en un espejo plano:

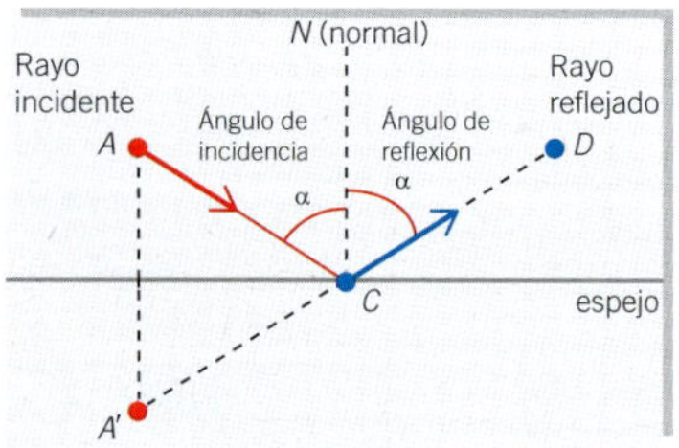

A', *C* y *D* (punto del rayo reflejado) están alineados.

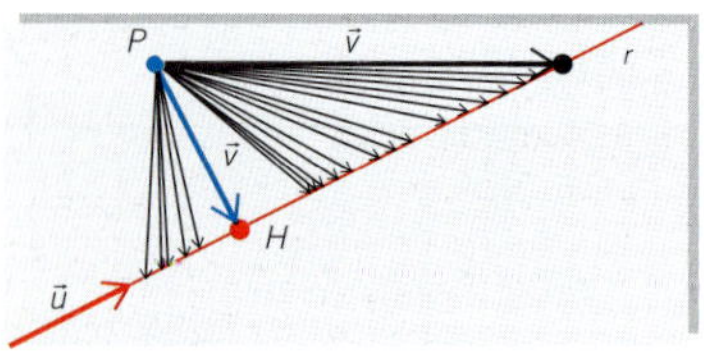

H es el punto de *r* que se encuentra a menor distancia de *P*.

3.2. Distancia de un punto a una recta

Según la definición de distancia, entre dos elementos del plano, esta debe ser mínima. Así, la distancia entre un punto y una recta estará relacionada con la perpendicular a esta que pase por el punto:

$$d(P, r) = d(P, H)$$

donde *H* es el pie de la perpendicular de *P* sobre *r*.

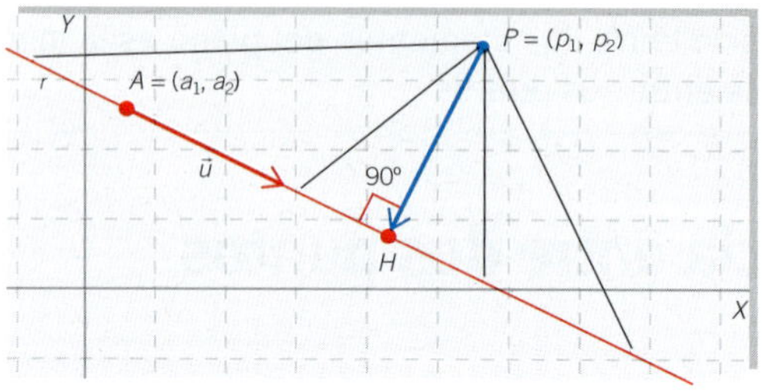

7 EJEMPLO

Calcula la distancia del punto $P = (5, 2)$ a la recta r que pasa por el punto $A = (2, -3)$, y tiene vector director $\vec{u} = (1, 4)$.

Solución

COMPRENSIÓN: Buscaremos un vector normal a la recta *r* y, a partir de él, hallaremos la recta *s* perpendicular a la anterior que pase por *P*. Determinaremos el punto de intersección de ambas rectas *H* y aplicaremos la definición de distancia entre dos puntos: $d(P, H)$.

RESOLUCIÓN: Escribimos la ecuación de *r* en la forma paramétrica:

$$\left.\begin{aligned} x &= 2 + t \\ y &= -3 + 4t \end{aligned}\right\}$$

El vector director de *s* debe ser normal a la recta *r*. Si $\vec{u} = (1,4)$ es el vector director de *r*, el vector $\vec{v} = (-4, 1)$ será un vector perpendicular; por lo tanto, podemos considerar que es el vector que buscamos.

Escribimos la recta *s* en su forma reducida:

$$\frac{x-5}{-4} = \frac{y-2}{1} \rightarrow x + 4y - 13 = 0$$

Para calcular $H = r \cap s$, sustituimos las expresiones de la ecuación de *r* en la ecuación general de *s*:

$$2 + t + 4(-3 + 4t) - 13 = 0 \rightarrow t = \frac{23}{17} \rightarrow H\left(2 + \frac{23}{17}, -3 + 4 \cdot \frac{23}{17}\right) = \left(\frac{57}{17}, \frac{41}{17}\right)$$

$$\text{Por lo tanto: } d(P, r) = d(P, H) = \sqrt{\left(\frac{57}{17} - 5\right)^2 + \left(\frac{41}{17} - 2\right)^2} = \frac{7\sqrt{17}}{17}$$

Simétrico de un punto *P* respecto de una recta *r*

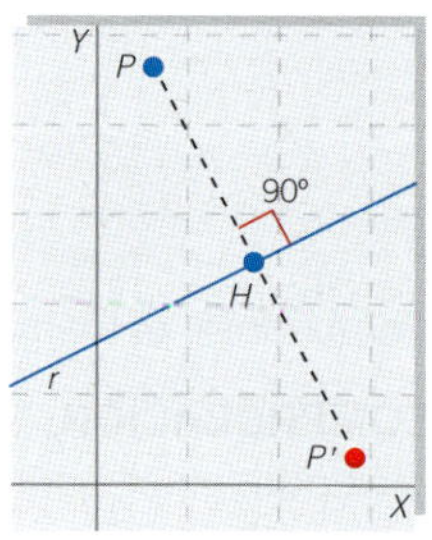

El simétrico de *P* respecto de *r* es el punto *P'*, tal que:

$$d(P, H) = d(P', H)$$

Por lo tanto, *H* es el pie de la perpendicular de *P* sobre *r*.

Cálculo directo de la distancia de un punto a una recta

Si consideramos el punto $P = (p_1, p_2)$ exterior a la recta r de ecuación general $Ax + By + C = 0$, no es necesario calcular el punto de intersección entre r y una perpendicular que pase por P, pues podemos calcular directamente la distancia de P a la recta r a partir de la fórmula:

$$d(P, r) = \frac{|A \cdot p_1 + B \cdot p_2 + C|}{\sqrt{A^2 + B^2}}$$

Veamos la demostración de esta igualdad.

Sea P un punto exterior a la recta, $A = (a_1, a_2)$ un punto cualquiera de la recta r y $\vec{n} = (A, B)$ un vector perpendicular a r. La distancia de P a r es la mínima entre ambos elementos: $d(P, r) = d(P, H) = |\overrightarrow{PH}|$. Por ser PHA un triángulo rectángulo, se cumple:

$$\cos\alpha = \frac{|\overrightarrow{PH}|}{|\overrightarrow{PA}|} \Rightarrow |\overrightarrow{PH}| = |\overrightarrow{PA}| \cdot \cos\alpha$$

Aplicando la definición de producto escalar de vectores:

$$\overrightarrow{PA} \cdot \vec{n} = |\overrightarrow{PA}|\,|\vec{n}| \cos\alpha \Rightarrow \cos\alpha = \frac{\overrightarrow{PA} \cdot \vec{n}}{|\overrightarrow{PA}|\,|\vec{n}|}$$

Sustituimos en la primera fórmula la expresión de cos α obtenida en la segunda:

$$d(P, r) = |\overrightarrow{PH}| = \cancel{|\overrightarrow{PA}|} \cdot \frac{\overrightarrow{PA} \cdot \vec{n}}{\cancel{|\overrightarrow{PA}|}\,|\vec{n}|} = \frac{|(p_1 - a_1, p_2 - a_2) \cdot (A, B)|}{\sqrt{A^2 + B^2}} =$$

$$= \frac{|(p_1 - a_1) \cdot A + (p_2 - a_2) \cdot B|}{\sqrt{A^2 + B^2}} = \frac{|Ap_x + Bp_y - a_1A - a_2B|}{\sqrt{A^2 + B^2}}$$

Como $A = (a_1, a_2) \in r$, entonces $Aa_1 + Ba_2 + C = 0 \Rightarrow C = -Aa_1 - Ba_2$.

$$d(P, r) = \frac{|Ap_1 + Bp_2 + C|}{\sqrt{A^2 + B^2}}$$

3.3. Distancia entre rectas paralelas

La distancia entre dos rectas paralelas r y s es la distancia de un punto cualquiera de una de ellas a la otra recta, es decir:

$$r \| s \longrightarrow d(r, s) = d(P, r) = d(A, s), \text{ siendo } A \in r \text{ o } P \in s$$

8 EJEMPLO

Calcula la distancia entre las rectas r: $2x - y + 3 = 0$ y s: $4x - 2y + 1 = 0$.

Solución

COMPRENSIÓN: Las rectas r y s son paralelas. Por lo tanto, tomaremos, por ejemplo, un punto P de s y calcularemos $d(P, r)$.

RESOLUCIÓN: Si $y = 0 \Rightarrow 4x + 1 = 0 \Rightarrow x = -1/4$, con lo cual $P(-1/4, 0)$.

$$d(r, s) = d(P, r) = \frac{|2 \cdot (-1/4) - 0 + 3|}{\sqrt{2^2 + (-1)^2}} = \frac{5}{2\sqrt{5}} = \frac{\sqrt{5}}{2}$$

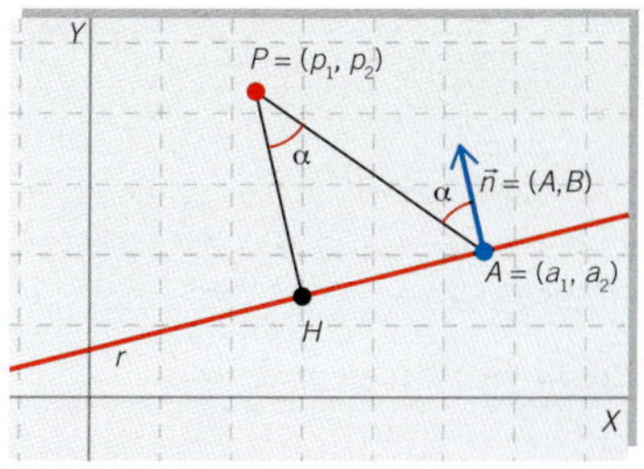

Distancia de un punto a una recta.

INTERNET

En la siguiente página web, encontrarás una gran variedad de actividades para practicar y ampliar los conocimientos de geometría métrica:

http://links.edebe.com/v796

FÍJATE

Al ser α un ángulo agudo, se cumplirá que cos α > 0 y podremos definir el ángulo como:

$$\cos\alpha = \frac{|\overrightarrow{AP} \cdot \vec{n}|}{|\overrightarrow{AP}| \cdot |\vec{n}|}$$

AMPLÍA

Si aplicamos la definición:

$$d(P, r) = \frac{|Ap_1 + Bp_2 + C|}{\sqrt{A^2 + B^2}}$$

y definimos C' como el término independiente de la recta paralela s, se verifica que $C' = -Ap_1 - Bp_2$, pues p pertenece a la recta; entonces, podemos escribir:

$$d(P, r) = \frac{|C' - C|}{\sqrt{A^2 + B^2}}$$

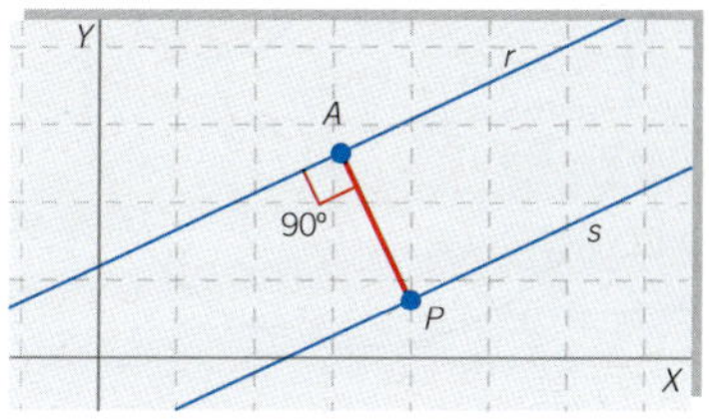

Distancia entre rectas paralelas: $d(s, r) = d(P, r)$.

Problemas resueltos
B

Ejercicios y problemas
40, 41, 45, 47 y 49 a 56

4. Lugares geométricos
4.1. Mediatriz de un segmento
4.2. Bisectriz de un ángulo

4. Lugares geométricos

Un **lugar geométrico** es un conjunto de puntos que cumplen una determinada propiedad geométrica. Por ejemplo, el lugar geométrico de los puntos del plano que equidistan de un punto fijo llamado centro es una circunferencia.

AMPLÍA

Cicloide.
Lugar geométrico de las posiciones de un punto de una circunferencia que rueda.

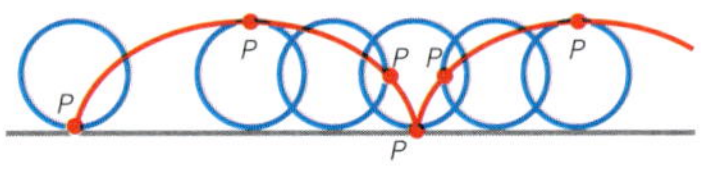

Epicicloide.
Lugar geométrico de la trayectoria de un punto de una circunferencia que rueda sobre otra circunferencia.

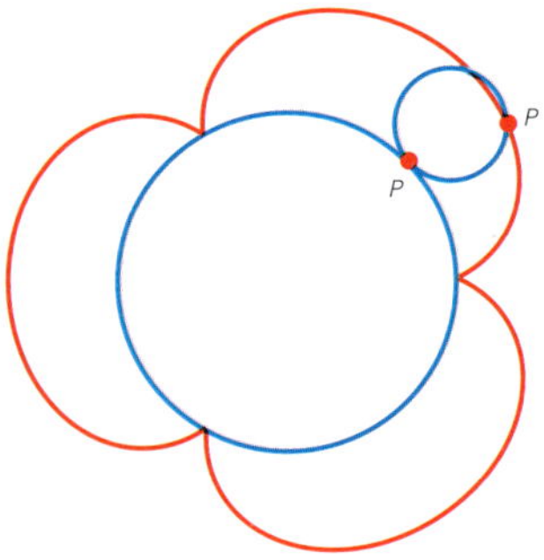

Hipocicloide.
Lugar geométrico descrito por un punto situado sobre una circunferencia que rueda por el interior de otra circunferencia.

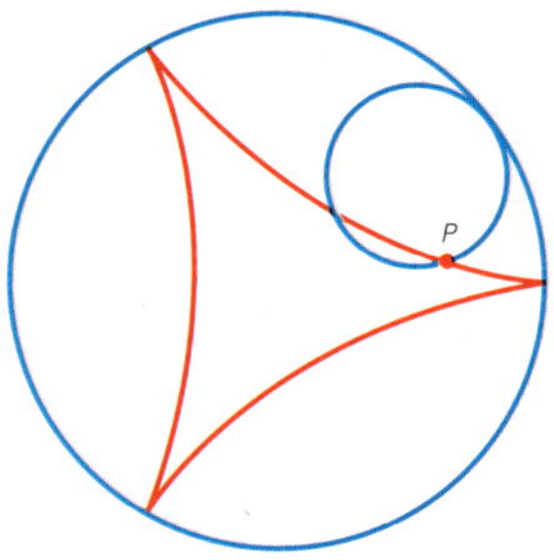

4.1. Mediatriz de un segmento

Si trazas la perpendicular a un segmento $\overline{AB}$ que pasa por su punto medio, puedes comprobar con un compás que todos sus puntos están a la misma distancia de A y B. Esta recta es la **mediatriz.**

> La **mediatriz** de un segmento es el lugar geométrico de los puntos que equidistan de los extremos del segmento.

Para calcular la mediatriz, existen dos métodos:

Método 1: Igualar la expresión de las distancias entre los extremos del segmento y un punto cualquiera.

Método 2: Hallar la ecuación de la recta perpendicular a $\overline{AB}$ que pase por su punto medio.

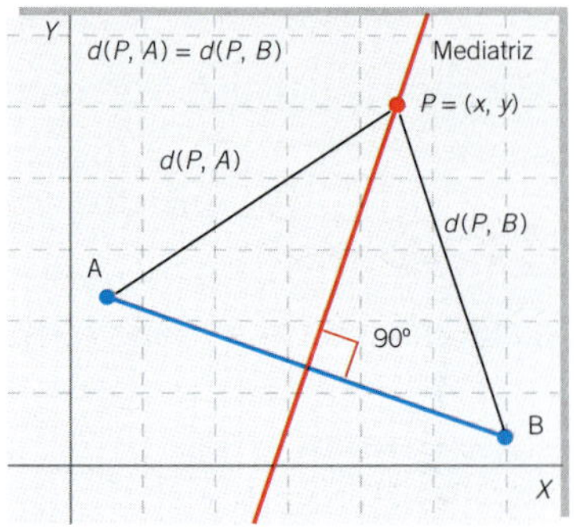

9 EJEMPLO

Calcula, utilizando los dos métodos, la mediatriz del segmento determinado por los puntos $A = (2, -3)$ y $B = (0, 1)$.

Solución

COMPRENSIÓN: Calcularemos la expresión de la mediatriz primero igualando la expresión de las distancias a un punto cualquiera del plano, y después hallando la expresión de la recta perpendicular que pase por el punto medio del segmento.

RESOLUCIÓN:

Método 1: Todo punto $P(x, y)$ que pertenezca a la mediatriz cumple:

$$d(P, A) = d(P, B)$$

Desarrollamos analíticamente esta expresión:

$$\sqrt{(x-2)^2+(y+3)^2} = \sqrt{x^2+(y-1)^2} \rightarrow (x-2)^2+(y+3)^2 = x^2+(y-1)^2 \rightarrow$$

$$x^2-4x+4+y^2+6y+9 = x^2+y^2-2y+1 \rightarrow -4x+4+6y+9 = -2y+1 \rightarrow$$

$$-4x+8y+12 = 0;\ \text{si simplificamos: } -x+2y+3 = 0$$

Método 2: Buscamos un vector $\vec{n}$ perpendicular al segmento por su punto medio M, y hallamos la expresión de la recta cuyo vector director sea $\vec{n}$ y pase por el punto M:

$$\overrightarrow{AB} = (2-0, -3-1) = (2, -4) \qquad \vec{n} = (4, 2) \qquad M = \left(\frac{2+0}{2}, \frac{-3+1}{2}\right) = (1, -1)$$

Por lo tanto, la ecuación de la mediatriz es:

$$\frac{x-1}{4} = \frac{y+1}{2} \rightarrow 2 \cdot (x-1) = 4 \cdot (y+1) \rightarrow -2x+4y+6 = 0 \rightarrow -x+2y+3 = 0$$

COMPROBACIÓN: Observamos que con los dos métodos hemos obtenido la misma ecuación.

Problemas resueltos
A

Ejercicios y problemas
58, 59, 61 a 63, 65, 68, 69 y 71

4.2. Bisectriz de un ángulo

Dado un ángulo cualquiera, la recta que lo divide en dos ángulos iguales es la bisectriz.

La **bisectriz** de un ángulo es el lugar geométrico de los puntos que equidistan de las rectas que determinan el ángulo.

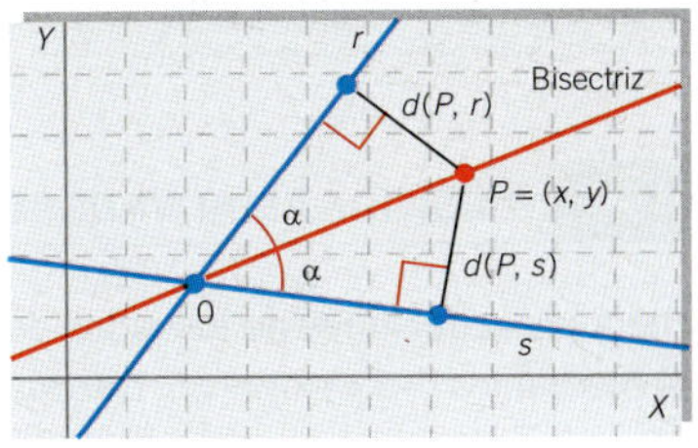

Bisectriz de un ángulo.

Recuerda que dos rectas secantes definen dos ángulos iguales dos a dos y que, por lo tanto, al efectuar los cálculos obtendremos dos bisectrices que, como en el caso de la mediatriz, se pueden calcular de dos formas distintas:

Método 1: Igualar la expresión de las distancias entre un punto, el plano y las rectas que determinan el ángulo.

Método 2: Las bisectrices pasan por el punto de intersección entre las rectas que definen los ángulos, y sus vectores directores son la suma y la resta respectivamente de los **vectores unitarios** de la misma dirección que dichas rectas.

LENGUAJE MATEMÁTICO

La igualdad entre dos valores absolutos equivale a dos opciones, es decir:

$$|a| = |b| \Rightarrow \left.\begin{matrix} a = b \\ a = -b \end{matrix}\right\}$$

10 EJEMPLO

Calcula las bisectrices de las rectas r: $3x + y - 1 = 0$ y s: $2x - 3y + 5 = 0$.

Solución

COMPRENSIÓN: Calcularemos la expresión de la bisectriz igualando la expresión de las distancias de las rectas a un punto cualquiera del plano.

RESOLUCIÓN:

Un punto $P(x, y)$ pertenece a las bisectrices si:

$$d(P, r) = d(P, s) \Rightarrow \frac{|3x + y - 1|}{\sqrt{3^2 + 1^2}} = \frac{|2x - 3y + 5|}{\sqrt{2^2 + (-3)^2}}$$

Como dos rectas determinan cuatro ángulos, para determinar las dos bisectrices deberemos tener en cuenta los dos signos de las raíces del denominador. Así, si denominamos t_1 y t_2 a las bisectrices, obtenemos dos ecuaciones:

$$t_1\text{: } \sqrt{13}\,(3x + y - 1) = \sqrt{10}\,(2x - 3y + 5)$$
$$t_2\text{: } \sqrt{13}\,(3x + y - 1) = -\sqrt{10}\,(2x - 3y + 5)$$

Si desarrollamos la ecuación y extraemos factores de la raíz, obtenemos las ecuaciones de las dos bisectrices:

$$t_1\text{: } (3\sqrt{13} - 2\sqrt{10})x + (\sqrt{13} + 3\sqrt{10})y - (\sqrt{13} + 5\sqrt{10}) = 0$$
$$t_2\text{: } (3\sqrt{13} + 2\sqrt{10})x + (\sqrt{13} - 3\sqrt{10})y - (\sqrt{13} - 5\sqrt{10}) = 0$$

COMPROBACIÓN: Para comprobar que el resultado es correcto, podemos utilizar el segundo método y ver que el resultado es el mismo. Ten en cuenta que para realizar este método deberás obtener el vector director de cada una de las bisectrices, a partir de la suma y la resta de los vectores directores de las rectas secantes.

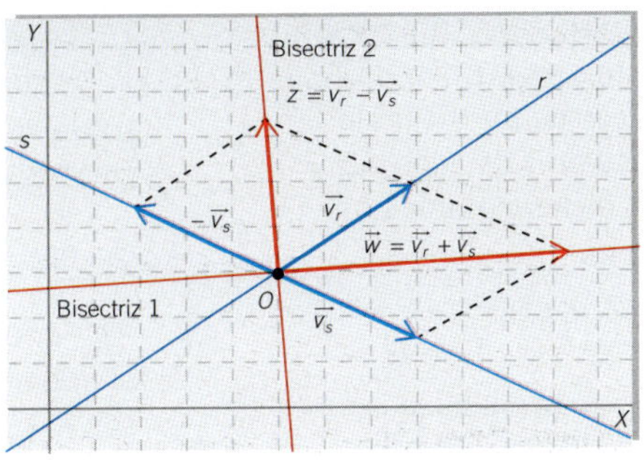

RECUERDA

Un **vector unitario** es el que tiene módulo 1.

Si $\vec{u}$ es un vector cualquiera, $\dfrac{\vec{u}}{|\vec{u}|}$ es **unitario** y de la misma dirección que $\vec{u}$.

Ejercicios y problemas
60, 64, 66, 67, 70 y 72

Síntesis
73 a 84

Problemas RESUELTOS

A POSICIÓN RELATIVA DE DOS RECTAS

Halla las ecuaciones de los lados de un triángulo, conocido uno de sus vértices $C = (3, 2)$ y las ecuaciones de la altura $r: 3x - 2y = -14$ y de la mediana $s: -3x + 4y = 16$, trazadas desde un mismo vértice.

Solución

COMPRENSIÓN: Uno de los vértices, por ejemplo *B,* será la intersección de *r* y *s,* con lo que ya podemos calcular el lado $\overline{BC}$. Otro lado estará sobre la recta *t* que pasa por *C* y es perpendicular a la altura *r.* Para calcular el vértice *A,* hallaremos el punto de intersección de la recta *t* con la mediana *s;* este punto será el punto medio entre *C* y *A.*

DATOS: Un vértice del triángulo y la altura y la mediana de otro vértice.

RESOLUCIÓN: Intenta resolver el problema tú solo. Para ello oculta la respuesta y sigue estos pasos.

Pasos

1. Calculamos la intersección de las rectas *r* y *s.* El punto obtenido será el vértice.
2. Obtenemos la recta *t* que pasa por $C = (3, 2)$ y es perpendicular a la altura $r: 3x - 2y = -14$.

   El vector normal a $r: 3x - 2y + 14 = 0$ será el vector director de la recta *t* que buscamos.
3. Calculamos el punto de intersección de la recta *t* con la mediana. La solución *M* será el punto medio entre *C* y *A.*
4. Calculamos *A* sabiendo que *M* es el punto medio de *C* y *A.*
5. La recta calculada *t* es la ecuación del lado $\overline{CA}$. Las otras dos serán las que pasan por $\overline{AB}$ y por $\overline{BC}$.

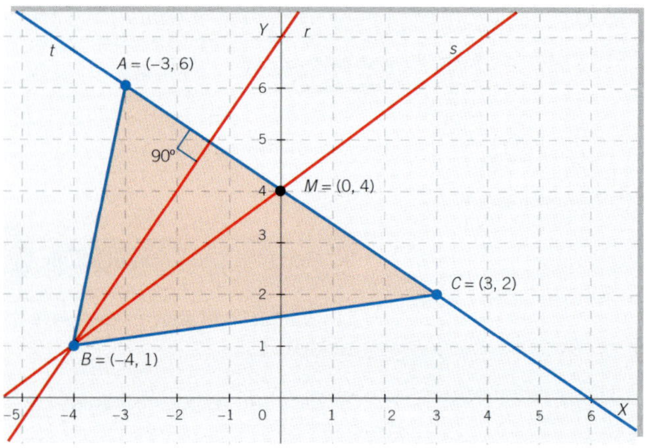

Respuesta

1. $\left.\begin{array}{l} -3x + 4y = 16 \\ 3x - 2y = -14 \end{array}\right\} \Rightarrow \left.\begin{array}{l} y = 1 \\ x = -4 \end{array}\right\} \Rightarrow B = (-4, 1)$

2. El vector normal a *r* es: $(3, -2)$. La pendiente de *t* será: $m = -2/3$. La ecuación de la recta que pasa por *C* será:

$$t: y - 2 = (-2/3)\,(x - 3) \Rightarrow t: 2x + 3y - 12 = 0$$

3. $\left.\begin{array}{l} -3x + 4y = 16 \\ 2x + 3y = 12 \end{array}\right\} \Rightarrow \left.\begin{array}{l} y = 4 \\ x = 0 \end{array}\right\} \Rightarrow M = (0, 4)$

4. Si $A = (a_1, a_2)$, se cumple que:

$$M = (0, 4) = \left(\frac{a_1 + 3}{2}, \frac{a_2 + 2}{2}\right)$$

$$\left.\begin{array}{l} 0 = \dfrac{a_1 + 3}{2} \\ 4 = \dfrac{a_2 + 2}{2} \end{array}\right\} \Rightarrow \left.\begin{array}{l} a_1 = -3 \\ a_2 = 6 \end{array}\right\} \Rightarrow A = (-3, 6)$$

5. La recta que pasa por $A = (-3, 6)$ y $B = (-4, 1)$ es:

$$\overrightarrow{AB} = (-1, -5) \Rightarrow \vec{u}_{AB} = (1, 5) \Rightarrow m = 5/1 = 5$$

La recta en forma explícita es $y = 5x + n$.

Para calcular *n,* imponemos que pase por $A = (-3, 6) \Rightarrow 6 = -15 + n \Rightarrow n = 21 \Rightarrow$ La recta determinada por el segmento $\overline{AB}$ es $y = 5x + 21$.

La recta que pasa por $B = (-4, 1)$ y $C = (3, 2) \Rightarrow \overrightarrow{BC} = (7, 1)$ es el vector director de la recta.

Ecuación del lado $\overline{BC}$: $\dfrac{x + 4}{7} = \dfrac{y - 1}{1}$

1. ★★☆ Halla las ecuaciones y los vértices de un triángulo *ABC* si sabemos que $A = (3, 11)$, la mediatriz del lado $\overline{AB}$ es $r: -3x - 11y = -65$, otra de sus rectas notables es $s: -3x - 11y = -37$, y su área es 40,5 u^2.

Sol.: $A = (3, 11)$, $B = (-6, 5)$, $C = (0, 0)$, $r_1: -2x + 3y - 27 = 0$, $r_2: 5x + 6y = 0$, $r_3: -11x + 3y = 0$

2. ★★☆ El triángulo *ABC* tiene el lado $\overline{BC}$ en el eje de abscisas, una altura tiene por ecuación $x = -1$ y la mediatriz sobre el lado $\overline{AB}$ tiene por ecuación $r: 2x - 3y = -7$. Calcula los vértices y las ecuaciones de los lados.

Sol.: $A = (-1, 6)$, $B = (-4, 0)$, $C = (3, 0)$, $r_1: y = 0$, $r_2: -2x + y - 8 = 0$, $r_3: 3x + 2y - 9 = 0$

3. ★★☆ Encuentra las coordenadas del ortocentro, punto en el que se cortan las alturas del triángulo cuyos vértices son $A = (-4, 2)$, $B = (0, 6)$ y $C = (6, -4)$.

Sol.: $(-3/2, 7/2)$

B DISTANCIAS Y ÁREAS

a) En la recta $r: -x + 2y = 16$, halla un punto E equidistante de los puntos $C = (6, 12)$ y $D = (-7, 7)$.

b) Calcula el punto F de manera que $DECF$ sea un paralelogramo y halla su área.

Solución

COMPRENSIÓN: En primer lugar, dibujamos el esquema del problema.

a) Escribimos los puntos de la recta en función de un parámetro, imponemos la equidistancia con C y D y resolvemos la ecuación resultante.

b) F será la intersección entre la recta s, que es paralela a $\overline{DE}$ y pasa por C, y la recta t, que es paralela a $\overline{EC}$ y pasa por D.

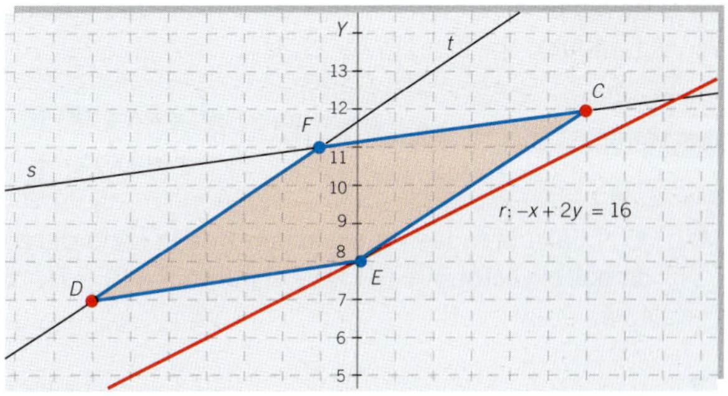

DATOS: $r: -x + 2y = 16$; $C = (6, 12)$; $D = (-7, 7)$.

RESOLUCIÓN:

a) Las coordenadas (x, y) de un punto cualquiera de la recta r cumplen la ecuación $-x + 2y = 16 \Rightarrow$ Si hacemos el cambio $y = t$, podemos escribir que $x = 2t - 16$.

Por lo tanto, un punto cualquiera de la recta r es de la forma $E = (2t - 16, t)$, donde $t \in \mathbb{R}$.

Ahora imponemos la condición del enunciado y operamos: $d(C, E) = d(D, E) \Rightarrow$

$$\sqrt{(6-(2t-16))^2+(12-t)^2} = \sqrt{(-7-(2t-16))^2+(7-t)^2} \Rightarrow \sqrt{(22-2t)^2+(12-t)^2} = \sqrt{(9-2t)^2+(7-t)^2} \Rightarrow$$

$$(22-2t)^2+(12-t)^2 = (9-2t)^2+(7-t)^2 \Rightarrow 5t^2 - 112t + 628 = 5t^2 - 50t + 130 \Rightarrow$$

$$-62t = -498 \Rightarrow t = \frac{249}{31} \Rightarrow E = \left(2 \cdot \frac{249}{31} - 16, \frac{249}{31}\right) = \left(\frac{2}{31}, \frac{249}{31}\right) \approx E = (0{,}06; 8{,}03)$$

b) Deberemos calcular ahora la intersección entre las rectas s y t:

$$\text{Recta } s: \overline{DE} = (7{,}06; 1{,}03) \text{ y } C = (6,12) \Rightarrow m = 1{,}03/7{,}06 \approx 0{,}15 \Rightarrow s: \; y - 12 = 0{,}15(x - 6)$$

$$s: y = 0{,}15x + 11{,}1$$

$$\text{Recta } t: \overline{EC} = (5{,}94; 3{,}97) \text{ y } D = (-7,7) \Rightarrow m = 3{,}97/5{,}94 \approx 0{,}67 \Rightarrow t: \; y - 7 = 0{,}67(x + 7)$$

$$t: y = 0{,}67x + 11{,}69$$

$$\text{Punto } F: \left.\begin{array}{l} y = 0{,}15x + 11{,}1 \\ y = 0{,}67x + 11{,}69 \end{array}\right\} \Rightarrow \left.\begin{array}{l} x = -1{,}13 \\ y = 10{,}93 \end{array}\right\} \Rightarrow F = (-1{,}13; 10{,}93)$$

El área del paralelogramo $DECF$ es el producto de su base por su altura, es decir: $A_{DECF} = d(D, E) \cdot d(F, \overline{DE})$

$$\overline{DE}: m = 0{,}15; \text{ pasa por } D = (-7, 7); \text{ entonces } y = 0{,}15x + n \Rightarrow n = 8{,}05 \Rightarrow \overline{DE}: 0{,}15x - y + 8{,}05 = 0$$

$$d(F, \overline{DE}) = \frac{|0{,}15 \cdot (-1{,}13) - 10{,}93 + 8{,}05|}{\sqrt{0{,}15^2 + (-1)^2}} = \frac{3{,}05}{1{,}01} = 3{,}02$$

$$d(D, E) = \sqrt{7{,}06^2 + 1{,}03^2} = 7{,}13$$

Área del paralelogramo: $A_{DECF} = 7{,}13 \cdot 3{,}02 = 21{,}53 \text{ u}^2$

COMPROBACIÓN: Si contamos los cuadrados que encierra el paralelogramo, comprobamos que el resultado es coherente.

★☆☆ Halla el lugar geométrico de los puntos del plano cuya suma de los cuadrados de sus distancias a los puntos $A = (2, 1)$ y $B = (0, 5)$ es igual a 10 unidades.

Sol.: $x^2 + y^2 - 2x - 6y + 10 = 0$

4. ★★☆ El área de un triángulo es 10 u². Dos de sus vértices son $A = (1, 2)$ y $B = (-3, -2)$. El tercer vértice está en el eje OX. Obtén el triángulo.

Sol.: $C = (4, 0)$ o $C = (-6, 0)$

1 ECUACIONES DE LA RECTA

5. ★☆☆ Halla:

a) La ecuación continua de la recta que pasa por el punto $P = (0, -3)$ y tiene como vector director $\vec{v} = (2, 3)$.

b) La ecuación paramétrica de la recta que pasa por los puntos $A = (5, -1)$ y $B = (1, 1)$.

Sol.: a) $\frac{x}{2} = \frac{y+3}{3}$; b) $\left.\begin{array}{l} x = 1 + 2k \\ y = 1 - k \end{array}\right\}, k \in \mathbb{R}$

6. ★☆☆ Calcula todas las ecuaciones de la recta determinada por el vector $\vec{v} = (-1, 2)$ y el punto $P = (0, -1)$.

Sol.: $2x + y + 1 = 0$

7. ★☆☆ Encuentra un punto y un vector director de las siguientes rectas:

a) r: $\left.\begin{array}{l} x = -3 + 2t \\ y = -t \end{array}\right\}$ b) $\frac{x-2}{3} = \frac{y+1}{4}$ c) $x = 2$

d) $s: -2x + 7y - 1 = 0$ e) $t: y - 2 = -8(x + 10)$

Sol.: a) $P(-3, 0)$, $\vec{u}(2, -1)$; b) $P(2, -1)$, $\vec{u}(3, 4)$; c) $P(2, 0)$, $\vec{u}(0, 1)$; d) $P(0, 1/7)$, $\vec{u}(7, 2)$; e) $P(-10, 2)$, $\vec{u}(-1, 8)$

8. ★☆☆ Calcula la ecuación de las rectas que pasan por los siguientes pares de puntos:

a) $P = (1, 0)$ y $Q = (0, 3)$ b) $P = (5, 2)$ y $Q = (1, -4)$

Sol.: a) $\frac{x}{1} + \frac{y}{3} = 1$; b) $3x - 2y - 11 = 0$

9. ★☆☆ Calcula las diagonales de la figura $ABCDE$ cuyos vértices son $A = (-3, 3)$, $B = (0, 6)$, $C = (4, 4)$, $D = (2, 0)$ y $E = (-2, 0)$.

Sol.: $3x + 5y = 6$; $-x + 7y = 24$; $-3x + y = 6$; $-2x + 3y = 4$; $-3x - y = -6$

10. ★☆☆ Halla la ecuación canónica de la recta que pasa por el punto $A = (1, 3)$ y es perpendicular a la recta $s: 2x + 3y = 0$.

Sol.: $\frac{x}{-1} + \frac{y}{3/2} = 1$

11. ★☆☆ Calcula un vector y un punto de las siguientes rectas:

a) La rectas que forman cada uno de los ejes de coordenadas.

b) Las rectas que forman las bisectrices del 1.er y 3.er cuadrante y del 2.º y 4.º cuadrante.

Sol.: $\vec{u}_{OX}(1, 0)$; $\vec{v}_{OY}(0, 1)$; $\vec{w}_{B13}(1, 1)$; $\vec{z}_{B24}(-1, 1)$

12. ★★☆ Calcula las ecuaciones de los lados y las medianas del triángulo cuyos vértices están situados en los puntos $A = (-2, 3)$, $B = (4, 5)$ y $C = (4, -2)$.

Sol.: Lados: $x - 3y + 11 = 0$; $x = 4$; $5x + 6y - 8 = 0$;
Medianas: $x + 4y - 10 = 0$; $3x - 2y - 2 = 0$; $-2x - y + 6 = 0$

13. ★★☆ Halla la ecuación de las siguientes rectas:

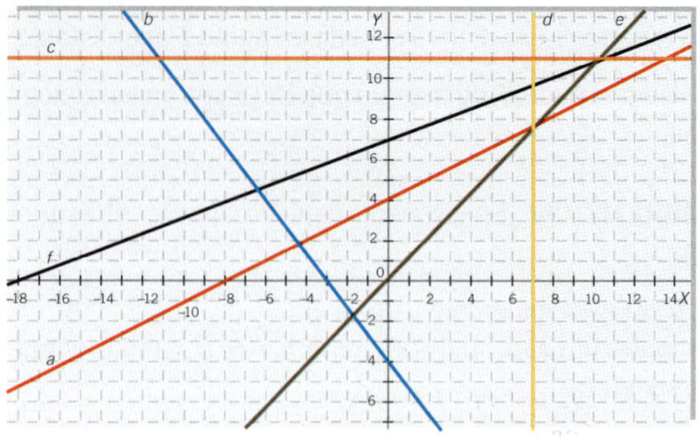

Sol.: a) $-x + 2y = 8$; b) $-4x - 3y = 12$; c) $y = 11$; d) $x = 7$; e) $-7{,}5x + 7y = 0$; f) $7x - 18y = -126$

14. ★★☆ Por el punto $A = (-3, 4)$ se traza una recta que corta al eje de abscisas y al eje de ordenadas, de modo que los segmentos determinados con el origen de coordenadas tienen la misma longitud. Halla la ecuación de dicha recta.

— Comprueba el resultado con un programa de representaciones gráficas. @

Sol.: $x + y - 1 = 0$; $x - y + 7 = 0$

15. ★★☆ Calcula la ecuación de cada una de las rectas que determinan la siguiente figura:

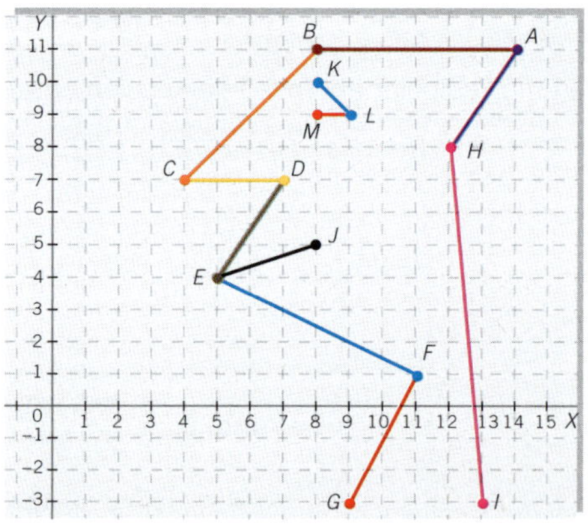

Sol.: $\overline{AB}: y = 11$; $\overline{BC}: x - y + 3 = 0$; $\overline{CD}: y = 7$; $\overline{DE}: 3x - 2y - 7 = 0$; $\overline{EJ}: -x + 3y - 7 = 0$; $\overline{EF}: x + 2y - 13 = 0$; $\overline{FG}: 2x - y - 21 = 0$; $\overline{AH}: 3x - 2y - 20 = 0$; $\overline{HI}: 11x + y - 140 = 0$; $\overline{KL}: x + y - 18 = 0$; $\overline{LM}: y = 9$

16. ★★☆ Halla la recta que pasa por el punto $P = (2, 2)$ y forma con los semiejes positivos un triángulo de área 9 unidades.

Sol.: $2x + y = 6$; $x + 2y = 6$

17. ★★☆ Los vértices de un triángulo son $A = (-3, 6)$, $B = (13, 8)$ y $C = (3, -2)$. Calcula el punto de intersección entre la recta r que pasa por A y es paralela al lado $\overline{BC}$ y la recta s que pasa por B y es perpendicular a r.

Sol.: $D = (6, 15)$

18. ★★☆ Para regar los árboles de un parque, se van a colocar puntos de riego próximos a ellos. Si tres de los puntos estarán situados en $A = (2, 3)$, $B = (5, -1)$ y $C = (6{,}5; -3)$, ¿es posible unirlos con una única tubería recta?

19. ★★☆ Divide el segmento determinado por $A = (9, 1)$ y $B = (15, 3)$ en tres partes iguales. Indica las coordenadas de los puntos de división.

Sol.: $C = \left(11, \frac{5}{3}\right), D = \left(13, \frac{7}{3}\right)$

20. ★★☆ Las diagonales de un rombo se cortan en el punto $Q = (8, 7)$. La ecuación general de uno de los lados es $-x + 2y - 16 = 0$ y la de una de las diagonales es $3x + 4y - 52 = 0$. Halla las coordenadas de los vértices del rombo.

Sol.: $A = (4, 10)$, $B = (14, 15)$, $C = (12, 4)$ y $D = (2, -1)$

22. ★★★ Los puntos medios de los lados de un triángulo son $M_A = (3, 7)$, $M_B = (12, 10)$ y $M_C = (7, -3)$. Halla los vértices del triángulo ABC y las ecuaciones de sus lados en forma paramétrica.

Sol.: Vértices: $A = (16, 0)$, $B = (-2, -6)$ y $C = (8, 20)$

Lados: $r: \left.\begin{matrix} x = 3 + 5t \\ y = 7 + 13t \end{matrix}\right\}$ $s: \left.\begin{matrix} x = 7 + 3t \\ y = -3 + t \end{matrix}\right\}$ $p: \left.\begin{matrix} x = 12 + 2t \\ y = 10 - 5t \end{matrix}\right\}$

23. ★★★ Entre las rectas que pasan por $A = (0, 2)$, halla una de modo que A sea el punto medio del segmento de dicha recta comprendido entre las rectas de ecuación: $5x - y + 16 = 0$ y $-x + 3y = -8$.

Sol.: $2x + y = 2$

2 POSICIÓN RELATIVA DE DOS RECTAS

24. ★☆☆ Calcula el valor de n para que las siguientes rectas $r: 2x - 3y + 5 = 0$ y $s: \dfrac{x+3}{n+1} = \dfrac{y}{n}$ sean paralelas.

Sol.: $n = 2$

25. ★☆☆ Indica la posición relativa entre los siguientes pares de rectas. Si son secantes, calcula el punto de intersección.

a) $r: \left.\begin{matrix} x = 2 - t \\ y = -1 + 3t \end{matrix}\right\}$ $s: \dfrac{x+2}{-2} = \dfrac{y-3}{1}$

b) $r: 3x - 2y + 1 = 0$ $s: y = -3x + 2$

c) $r: y - 2 = -7(x + 1)$ $s: 7x + y + 1 = 0$

d) $r: \left.\begin{matrix} x = 2 + t \\ y = -1 - t \end{matrix}\right\}$ $s: \left.\begin{matrix} x = 1 - 2t \\ y = 1 + 3t \end{matrix}\right\}$

Sol.: a) Secantes; $P = \left(\frac{6}{5}, \frac{7}{5}\right)$; b) Secantes; $P = \left(\frac{1}{3}, 1\right)$;

c) Paralelas; d) Secantes; $P = (3, -2)$

26. ★☆☆ Calcula el valor de k para que las siguientes rectas sean paralelas: $r: 2x - 3y + 5 = 0$ y $s: 7x + ky + 2 = 0$.

Sol.: $k = -\dfrac{21}{2}$

27. ★☆☆ En un radar se observa la trayectoria de dos submarinos. Uno de ellos se encuentra en el punto de coordenadas (2, 5) y se desplaza siguiendo la dirección del vector $\vec{u} = (-3, 4)$.

La trayectoria del segundo queda determinada por la recta de ecuación $4x + 3y - 10 = 0$. Si continúan avanzando de forma indefinida, ¿chocarán en algún momento?

Sol.: No

28. ★☆☆ En la siguiente página web, encontrarás información sobre las posiciones relativas de las rectas: @

http://links.edebe.com/ugj3a

Explica cómo determinar, con ejemplos, la posición relativa de dos rectas a partir de sus ecuaciones generales.

29. ★☆☆ Halla el haz de rectas paralelas a la recta de ecuación canónica:

$$\frac{x}{2} + \frac{y}{-3} = 1$$

Sol.: $-3x + 2y + C = 0, C \in \mathbb{R}$

30. ★☆☆ Calcula el valor de k para que las siguientes rectas sean perpendiculares:

$$r: 3x - 5y + 8 = 0 \quad s: \frac{2x-1}{k} = \frac{y+3}{10}$$

Sol.: $k = -6$

31. ★☆☆ Halla el haz de rectas que pasa por el punto $P = (2, -3)$.

Sol.: $y + 3 = m(x - 2)$, donde $m \in \mathbb{R}$, además de $x = 2$

32. ★☆☆ Determina el ángulo que forman las rectas:

$$r: \left.\begin{matrix} x = -2 + 2t \\ y = 1 + t \end{matrix}\right\} \quad s: y + 2 = -3(x - 1)$$

Sol.: 81° 52′

33. ★☆☆ Sean los puntos $A = (2, 1)$, $B = (0, 3)$ y $C = (4, 0)$, calcula el ángulo que forman las rectas determinadas por $\overline{AB}$ y por $\overline{AC}$.

Sol.: 18° 26′

34. ★☆☆ Determina el ángulo que forman las rectas:

$$\frac{x+1}{3} = \frac{y-4}{-1} \quad \text{y} \quad \frac{x-2}{1} = \frac{y+1}{2}$$

Sol.: 81° 52′ 12″

35. ★★☆ Halla la ecuación de la recta que pertenece al haz de rectas determinadas por $r: 2x + 3y - 5 = 0$ y $s: x - y = 0$, y que pasa por el punto $(2, -1)$.

Sol.: $2x + y - 3 = 0$

36. ★★☆ En un billar golpeamos la bola A, que debe golpear a la bola B y luego a la C. Considerando los lados de la mesa como ejes de coordenadas, las posiciones de las bolas son: $A = (9, 4)$, $B = (-3, -2)$ y $C = (-1, 4)$.

¿Con qué ángulo, respecto a la trayectoria seguida por A cuando golpea a la bola B debe salir la bola para golpear a la bola C?

Sol.: 45°

37. ★★★ Dos rectas se cortan en el eje OX, y forman entre sí un ángulo de 45°. La de menor pendiente tiene por ecuación $x + y - 4 = 0$. Calcula la ecuación de la otra recta.

Sol.: $y = 0$

38. ★★★ Dadas las rectas $r: ax + (a-1)y - 2(a+2) = 0$ y $s: 3ax - (3a+1)y - (5a+4) = 0$, calcula:

a) El valor de a para que las rectas sean paralelas.

b) El valor de a para que sean perpendiculares. Halla en este caso el punto de corte.

Sol.: a) $1/3$; b) $a = -1/2$; $P = (-1{,}5; -1{,}5)$

3 DISTANCIAS

39. ★☆☆ Calcula la distancia entre los siguientes pares de puntos:

a) $P = (2, 0)$ y $Q = (-7, 5)$

b) $R = (-1, 7)$ y $S = (-2, -3)$

Sol.: a) $\sqrt{106}$; b) $\sqrt{101}$

40. ★☆☆ En la siguiente página web encontrarás la demostración de la fórmula de la distancia de una recta a un punto: @

http://links.edebe.com/adj

¿Qué diferencias hay entre la demostración que has estudiado en la unidad y la que se muestra en esta página?

41. ★☆☆ Dadas las siguientes rectas:

$$r: \frac{x+2}{3} = \frac{y+2}{4} \qquad s: \left.\begin{array}{l} x = 4+k \\ y = k \end{array}\right\}$$

determina la distancia del punto de corte entre r y s con la recta $-4x - y = 4$.

Sol.: $(70/\sqrt{17})$ u

42. ★☆☆ Halla el punto simétrico de $P = (-3, 9)$ respecto del punto $Q = (2, 3)$.

Sol.: $P' = (7, -3)$

43. ★★☆ Calcula la distancia entre el punto $P = (3, -5)$ y la recta que pasa por el punto $Q = (0, 2)$ y es paralela a la recta de ecuación $y = -2x + 6$.

44. ★★☆ En una carrera la meta está situada en el punto $M = (32, 12)$. Dos participantes que están situados en los puntos $A = (103, 22)$ y $B = (30, 100)$ salen al mismo tiempo hacia ella. Si se dirigen hacia la meta con la misma velocidad y en línea recta, ¿cuál llegará primero?

Sol.: Llega primero el participante A

45. ★★☆ Calcula la distancia entre las siguientes rectas:

$$r: \left.\begin{array}{l} x = -3t \\ y = 1+2t \end{array}\right\} \qquad s: \frac{x-1}{6} = \frac{y+1}{-4}$$

Sol.: $4/\sqrt{13}$

46. ★★☆ Demuestra que los puntos $A = (0, 9)$, $B = (6, 4)$, $C = (11, 10)$ y $D = (5, 15)$ forman un cuadrado.

Sol.: Todos los lados miden $\sqrt{61}$ y $\overrightarrow{AB} \cdot \overrightarrow{BC} = \overrightarrow{BC} \cdot \overrightarrow{CD} = \overrightarrow{CD} \cdot \overrightarrow{AD} = 0$

47. ★★☆ Halla el valor de k para que la distancia del punto $P = (3, k)$ a la recta $r: -2x + 4y - 1 = 0$ sea de 4 unidades.

Sol.: $\frac{7 \pm 8\sqrt{5}}{4}$

48. ★★☆ Sea un cuadrilátero cuyos vértices están en los puntos $A = (3, 3)$, $B = (7, 2)$, $C = (6, 6)$ y $D = (2, 7)$. En grupos, debatid qué condiciones geométricas deberían darse para cada uno de los cuadriláteros. A continuación, determinad, sin representar los puntos, de qué cuadrilátero se trata y cuál es su área.

Sol.: Área = 15 u^2

49. ★★☆ Halla las coordenadas del punto simétrico de $P = (7, 1)$ respecto de la recta:

$$s: \left.\begin{array}{l} x = -3+2t \\ y = 1+t \end{array}\right\}$$

Sol.: $P' = (3, 9)$

50. ★★☆ Calcula los vértices y el área del triángulo formado por las siguientes rectas:

$r: 2x + 3y = 3 \quad s: 6x - y = -21 \quad t: -2x + 7y = -13$

Sol.: $A = (-3, 3)$, $B = (3, -1)$, $C = (-4, -3)$. Área = 20 u^2

51. ★★☆ Calcula los vértices y el área del polígono determinado por las rectas:

$r: y = 2x - 1 \qquad s: 2x - y + 3 = 0$

$t: 2x + 3y + 3 = 0 \qquad u: y = -2x/3 + 3$

¿De qué polígono se trata?

Sol.: Es un paralelogramo. $A = (0, 3)$, $B = (-1{,}5; 0)$, $C = (0, -1)$ y $D = (1{,}5; 2)$. Área 6 u^2

52. ★★☆ Calcula los vértices del cuadrado en el que uno de los lados viene determinado por los puntos $A = (3, 5)$ y $B = (9, 2)$.

Sol.: Primera solución: $A = (3, 5)$, $B = (9, 2)$, $C = (12, 8)$ y $D = (6, 11)$. Segunda solución: $A = (3, 5)$, $B = (9, 2)$, $C = (6, -4)$ y $D = (0, -1)$

53. ★★☆ Halla un punto de la recta $-3x + 5y = 1$ que equidiste de los puntos $P = (-1, 3)$ y $Q = (5, 1)$.

Sol.: $C = (1{,}75; 1{,}25)$

54. ★★☆ Las ecuaciones de dos lados de un cuadrado son $-x + 2y = 1$ y $-x + 2y = -14$. Halla los vértices y las ecuaciones de los otros dos lados, sabiendo que el punto $Q = (-1, -5)$ está en uno de los lados de este cuadrado.

Sol.: Vértices: $A = (-3, -1)$, $B = (3, 2)$, $C = (6, -4)$ y $D = (0, -7)$. Lados: $-2x - y = 7$, $-2x - y = -8$
Otra solución: $A = (-3, -1)$, $B = (0, -7)$, $C = (-9, -4)$ y $D = (-6, -10)$. Lados: $-2x - y = 7$, $-2x - y = 32$

55. ★★☆ La recta r tiene como abscisa en el origen -3 y como ordenada en el origen 2. Calcula la distancia del punto $C(5, 1)$ a dicha recta. Luego, encuentra la ecuación de la recta s que siendo paralela a r tiene por ordenada en el origen 6.

Sol.: $\sqrt{13}$ u, $2x - 3y = -18$

56. ★★★ Resuelve:

a) Indica el camino que debe seguir una bola de billar situada en el punto de coordenadas $A = (-1, 7)$ para llegar al punto $P = (7, 15)$ después de rebotar en una de las bandas de ecuación $-x + 2y = 5$.

b) Un ciclista se encuentra en el punto $A = (3, 7)$ y quiere llegar al punto $B = (18, 5)$ pasando previamente por el eje OX. ¿Qué recorrido debe realizar para que la distancia total del trayecto sea mínima?

Sol.: a) De $A = (-1, 7)$ a $M = (31/7, 33/7)$ y después a $P = (7, 15)$.
b) De A a $C = (11{,}75; 0)$ y después a B

57. ★★★ Dado el cuadrado de vértices $A = (1, 3)$, $B = (5, -1)$, $C = (9, 3)$ y $D = (5, 7)$, se construye el triángulo equilátero ABE. Sea P el punto de intersección de las rectas determinadas por $\overline{AC}$ y $\overline{BE}$, y F el punto simétrico de P respecto de la recta $\overline{DC}$. Demuestra:

a) El triángulo CEF es equilátero.

b) El triángulo DEF es rectángulo e isósceles.

c) El triángulo BDF es isósceles.

d) El triángulo PDF es equilátero.

4 LUGARES GEOMÉTRICOS

58. ★☆☆ Calcula el lugar geométrico de los puntos del plano que equidistan 3 unidades del punto $P = (2, -3)$.

Sol.: $(x-2)^2 + (y+3)^2 = 9$

59. ★☆☆ Calcula la mediatriz del segmento determinado por los puntos $A = (2, 0)$ y $B = (-1, 4)$.

Sol.: $-3x + 4y = 6{,}5$

60. ★☆☆ Calcula las bisectrices de las rectas $r: y = -x - 1$ y $s: x - y = -2$.

Sol.: $x = -1{,}5$; $y = 0{,}5$

61. ★☆☆ Un punto se mueve de tal manera que su distancia al eje Y disminuida en 2 unidades es siempre igual al triple de su distancia al eje X. Halla la ecuación de su lugar geométrico.

Sol.: $x - 3y - 2 = 0$

62. ★☆☆ Halla el lugar geométrico de los puntos del plano que forman un triángulo isósceles que tiene una base determinada por los puntos $A = (6, -2)$ y $B = (-1, 3)$.

Sol.: $-7x + 5y = -15$

63. ★★☆ Halla el lugar geométrico de los puntos del plano que equidista del punto $P = (-1, 1)$ y de la recta $r: x + y + 1 = 0$.

Sol.: $x^2 + y^2 - 2xy + 2x - 6y + 3 = 0$

64. ★★☆ Calcula el incentro (punto donde se cortan las bisectrices) del triángulo determinado por los puntos $A = (-7, -3)$, $B = (0, 4)$ y $C = (5, -1)$.

Sol.: $I = (0; 0{,}6)$

65. ★★☆ Calcula el circuncentro (punto donde se cortan las mediatrices) del triángulo determinado por la recta $3x - 4y = 12$ y los puntos de intersección de dicha recta con los ejes de coordenadas.

Sol.: $Q = (2; -1{,}5)$

66. ★★☆ ¿Cuál es el lugar geométrico de los puntos del plano cuyo producto de distancias a los puntos $A = (2, 6)$ y $B = (1, -2)$ es 1 unidad?

Sol.: $x^4 + y^4 - 6x^3 - 8y^3 + 53x^2 - 3y^2 - 100x + 100y +$
$+ 2x^2y^2 - 8x^2y - 6xy^2 + 8xy + 199 = 0$

67. ★★☆ Los vértices de un triángulo se sitúan en los puntos $A = (5, 10)$, $B = (-3, 2)$ y $C = (11, 4)$. Halla el punto de intersección de la bisectriz del ángulo C y el lado $\overline{AB}$.

Sol.: $D = (2, 7)$

68. ★★☆ Halla el lugar geométrico de los puntos del plano que equidistan de las rectas:

$$r: 2x - y + 5 = 0 \quad \text{y} \quad s: 2x - y + 1 = 0$$

Sol.: Es la paralela media: $2x - y + 3 = 0$

69. ★★☆ Encuentra un punto que equidiste de las rectas $a: 6x + y - 26 = 0$, $b: x + y = 1$, $c: -x + y = 5$.

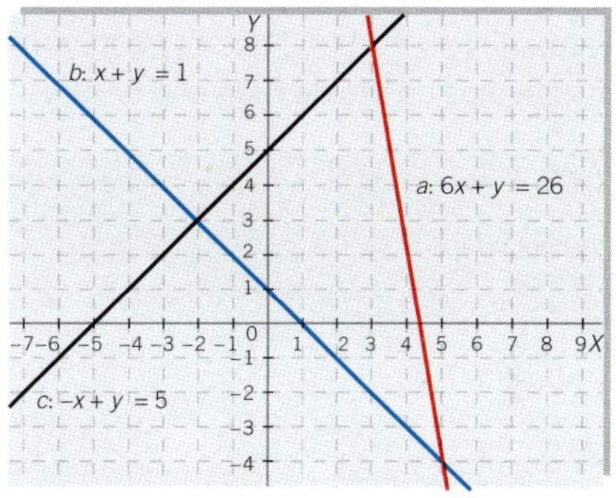

Sol.: $P = (1{,}4; 3)$

70. ★★☆ Halla el lugar geométrico del punto $Q = (x, y)$ que se mueve de tal manera que la pendiente de la recta que lo une con el punto $A = (0, 4)$ es $\frac{1}{4}$ de la pendiente de la recta que lo une con $B = (2, 1)$.

Sol.: $x^2 + y^2 = 25$

71. ★★★ Dos de los vértices de un triángulo son los puntos $A = (-1, 2)$ y $B = (5, 3)$. Halla la ecuación del lugar geométrico del tercer vértice $C = (x, y)$, que se mueve de tal manera que la pendiente del lado $\overline{AC}$ es siempre el triple de la pendiente del lado $\overline{BC}$.

Sol.: $-2xy + 7x - 8y + 19 = 0$

72. ★★★ Halla el lugar geométrico que describirá el punto E en la siguiente figura, si el área del trapecio $AOBE$ es de 14 u²:

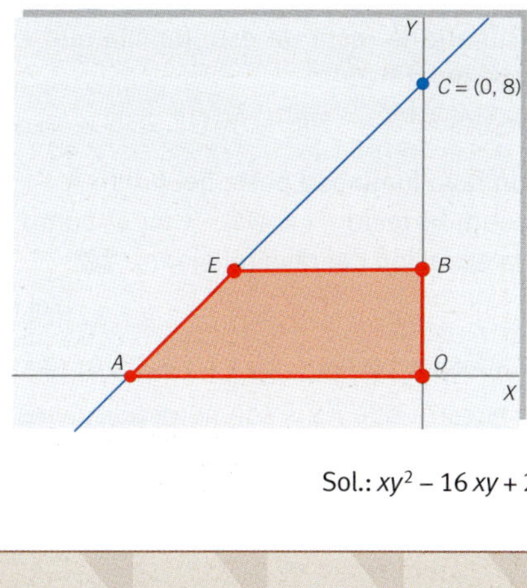

Sol.: $xy^2 - 16xy + 28y - 224 = 0$

SÍNTESIS

73. ★★☆ Dado el triángulo ABC donde $A = (-2, -4)$, $B = (2, -1)$ y $C = (-1, 5)$, calcula:

a) La mediatriz del lado $\overline{AB}$.

b) La altura desde el vértice C.

c) La mediana desde el vértice B.

d) El punto simétrico de C respecto del lado $\overline{AB}$.

e) El área del triángulo.

Sol.: a) $-4x - 3y = 7{,}5$; b) 6,6 u; c) $-1{,}5x - 3{,}5y = 0{,}5$; d) $C'\left(\frac{173}{25}, -\frac{139}{25}\right)$; e) 16,5 u^2

74. ★★☆ El siguiente dibujo muestra las posiciones de tres jugadores de fútbol que van a tirar a una portería definida por los puntos $D = (4, 6)$ y $E = (7, 9)$. Si los balones están situados en $F = (10, 2)$, $G = (13, 6)$ y $H = (11, 8)$, indica los ángulos de tiro de cada uno de ellos.

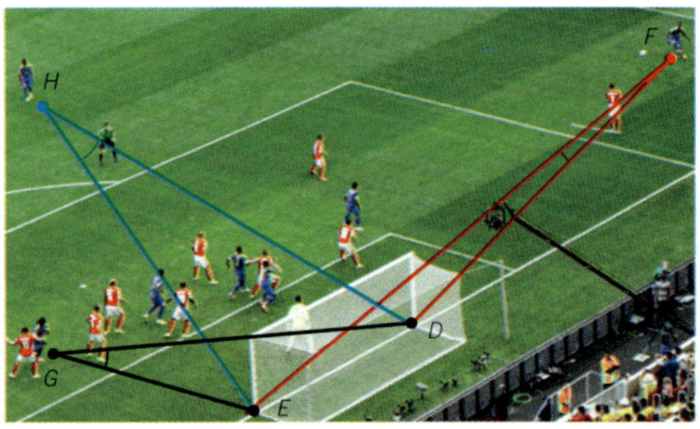

Sol.: F con ángulo de 33° 6'; G tiene 26° 34' y H tiene 29° 58'

75. ★★☆ Dados los puntos $A = (2, 1)$, $B = (0, -3)$ y $C = (3, -2)$:

a) Calcula el simétrico de A respecto de B.

b) Calcula el simétrico de C respecto de la recta determinada por A y B.

c) ¿Qué tipo de cuadrilátero forman los puntos A, B y C con este último punto? Calcula su área.

Sol.: a) $A' = (-2, -7)$; b) $C' = (-1, 0)$; c) Cuadrado, área = 10 u^2

76. ★★☆ Se considera la familia de rectas:

$$mx + (m - 1)y + (m + 2) = 0$$

siendo m un número real.

a) Determina el punto común de todas las rectas de la familia.

b) Halla la recta que pase por el punto $P = (1, 2)$.

c) Encuentra la recta de esta familia que es paralela a $r: x - 3y + 1 = 0$.

Sol.: a) $P = (-3, 2)$; b) $y = 2$; c) $x - 3y + 9 = 0$

77. ★★★ Un rayo luminoso parte del punto $A = (3, 4)$ y se refleja sobre la recta $-x + y = -3$ en el punto $C = (11, 8)$. Halla la ecuación del rayo reflejado.

Sol.: $-2x + y = -14$

78. ★★★ Dadas las rectas $r: 5x + 4y = 30$, $s: -4x + 5y = 17$:

a) Demuestra que r y s son perpendiculares y calcula el punto de intersección M.

b) Si r y s son las diagonales de un rombo, calcula sus vértices sabiendo que la diagonal mayor vale $2\sqrt{164}$ unidades y la menor, $2\sqrt{41}$.

c) Halla las ecuaciones de sus lados:

Sol.: a) $M = (2, 5)$; b) $A = (-6, 15)$, $B = (7, 9)$, $C = (10, -5)$, $D = (-3, 1)$, o bien $E = (-2, 10)$, $F = (12, 13)$, $G = (6, 0)$, $H = (-8, -3)$

79. ★★★ Halla las ecuaciones de los lados de un triángulo isósceles ABC, sabiendo que su lado desigual tiene como extremos los puntos $A = (2, -2)$ y $B = (7, 3)$, y que su tercer vértice C es un punto de la bisectriz del primer cuadrante.

Sol.: $-x + y = -4$; $0{,}5x - 4{,}5y + 10 = 0$; $-4{,}5x + 0{,}5y + 10 = 0$

80. ★★★ Halla las ecuaciones de las rectas que pasan por el punto $P = (-1, 2)$ y forman un ángulo de 30° con la recta $x + y = 0$.

Sol.: $s: y - 2 = \frac{3+\sqrt{3}}{-3+\sqrt{3}}(x + 1)$; $t: y - 2 = \frac{-3+\sqrt{3}}{3+\sqrt{3}}(x + 1)$

81. ★★★ La recta de Euler de un triángulo es la que une el ortocentro, el circuncentro y el baricentro del triángulo.

Encuentra estos puntos en el triángulo de vértices $A = (7, 1)$, $B = (-1, -1)$ y $C = (-2, 3)$. Comprueba que están alineados y escribe la ecuación de la recta de Euler.

Sol.: $6x - 7y = 1$

82. ★★★ Dos lados $r: -5x + 14y - 179 = 0$, $s: 7x - 4y + 79 = 0$ y una diagonal $t: x + 5y = 50$ parten de un mismo vértice de un paralelogramo. El punto de intersección de las diagonales está en el eje OY. Encuentra los vértices y las ecuaciones de los otros lados.

Sol.: Vértices: $A = (-5, 11)$, $B = (9, 16)$, $C = (-9, 4)$ y $D = (5, 9)$. Lados: $r': -5x + 14y - 101 = 0$, $s': 7x - 4y + 1 = 0$

83. ★★★ En grupos de cuatro, buscad información sobre el teorema de Napoleón y explicad con vuestras palabras en qué consiste. A continuación, elaborad una presentación que explique este teorema y que demuestre que se verifica para el triángulo de vértices $A = (8, 0)$, $B = (0, 6)$ y $C = (3, 11)$.

84. ★★★ Halla todos los puntos que se muestran en el siguiente pentágono y calcula su área aproximando los valores a las décimas:

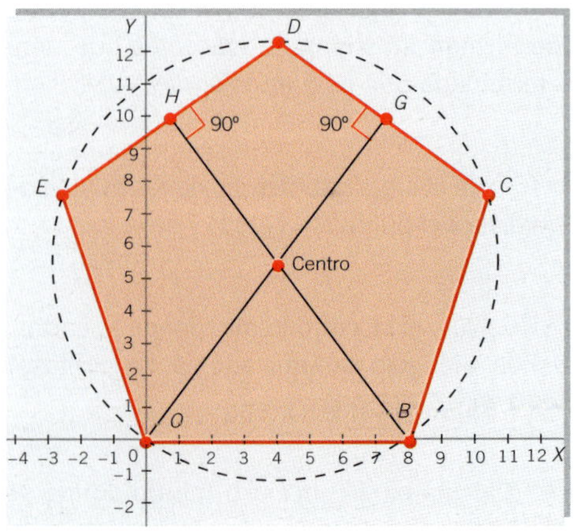

Sol.: $O = (0, 0)$, $B = (8, 0)$, $C = (10{,}5; 7{,}6)$, $D = (4; 12{,}3)$, $E(-2{,}5; 7{,}6)$, $F = (4; 5{,}5)$ $H = (0{,}8; 10)$, $G = (7{,}2; 10)$. Área 110,1 u^2

1. Ecuaciones de la recta
2. Posición relativa de dos rectas
3. Distancias
4. Lugares geométricos

Elementos en el plano

Ecuaciones de una recta

Punto: $A = (a_1, a_2)$
Vector director: $\vec{u} = (u_1, u_2)$
Pendiente: $m = u_2 / u_1$

Vectorial: $\vec{x} = \vec{a} + k\vec{u}, k \in \mathbb{R}$

Paramétrica: $r: \left. \begin{array}{l} x = a_1 + k u_1 \\ y = a_2 + k u_2 \end{array} \right\}$, donde $k \in \mathbb{R}$

Continua: $\dfrac{x - a_1}{u_1} = \dfrac{y - a_2}{u_2}$

General: $Ax + By + C = 0$
$A = u_2; B = -u_1; C = -u_2 a_1 + u_1 a_2$
(A, B) vector normal

Explícita: $y = mx + n$
$n = \dfrac{u_2}{u_1} a_1 + a_2$

Punto pendiente: $y - a_2 = m(x - a_1)$

Canónica: $P = (a, 0), Q = (0, b) \in r \longrightarrow \dfrac{x}{a} + \dfrac{y}{b} = 1$

Posición relativa de dos rectas

$r: Ax + By + C = 0$
$s: A'x + B'y + C' = 0$

$\dfrac{A}{A'} = \dfrac{B}{B'} = \dfrac{C}{C'}$ coincidentes

$\dfrac{A}{A'} = \dfrac{B}{B'} \neq \dfrac{C}{C'}$ paralelas

$\dfrac{A}{A'} \neq \dfrac{B}{B'}$ secantes

$\cos \alpha = \left| \dfrac{\vec{u}_r \cdot \vec{u}_s}{|\vec{u}_r| \cdot |\vec{u}_s|} \right|$

Haz de rectas paralelas a $r \longrightarrow Ax + By + k = 0, k \in \mathbb{R}$
Haz de rectas por $P(x_0, y_0) \longrightarrow k(y - y_0) + k'(x - x_0) = 0, k, k' \in \mathbb{R}$
Haz de rectas por $r \cap s \longrightarrow k(Ax + By + C) + k'(A'x + B'y + C') = 0, k, k' \in \mathbb{R}$

Distancias

$P = (p_x, p_y), Q = (q_x, q_y) \longrightarrow d(P, Q) = \sqrt{(q_x - p_x)^2 + (q_y - p_y)^2}$

$r: Ax + By + C = 0;\ P(p_x, p_y) \longrightarrow d(r, P) = \dfrac{|Ap_x + Bp_y + C|}{\sqrt{A^2 + B^2}}$

$r \parallel s \longrightarrow d(r, s) = d(A, s) = d(r, B)$, donde $A \in r, B \in s$

Lugares geométricos

Mediatriz de $\overline{AB} \longrightarrow \{P$ tal que $d(P, A) = d(P, B)\}$
Bisectriz de r y $s \longrightarrow \{P$ tal que $d(P, r) = d(P, s)\}$

1 Halla la ecuación de la recta que pasa por el punto $A = (2, -3)$ y tiene como vector director $\vec{u} = (2, -5)$ en todas sus formas posibles.

2 Dado el triángulo de vértices $A = (-4, 2)$, $B = (-1, 6)$ y $C = (3, -2)$, calcula:

a) La ecuación canónica de la recta determinada por el segmento $\overline{BC}$.

b) La altura que parte del vértice *A*.

c) La mediana que parte del vértice *B*, en forma paramétrica.

d) El área del triángulo.

e) El ángulo *ACB*.

3 Determina si los siguientes pares de rectas son secantes, paralelas o coincidentes. En el caso de ser secantes, calcula las coordenadas de su punto de corte; y si son paralelas, calcula la distancia entre ellas.

a) $r: -2x + y + 5 = 0 \qquad s: \dfrac{x+2}{-4} = \dfrac{y-4}{5}$

b) $r: y = 2x + 7 \qquad s: \left.\begin{array}{l} x = 1 + 2k \\ y = 3 + 4k \end{array}\right\}, k \in \mathbb{R}$

4 Dado el cuadrilátero *ABCD*, donde $A = (1, 0)$, $B = (6, 2)$, $C = (0, 6)$ y $D = (-10, 2)$:

a) ¿Qué tipo de cuadrilátero es?

b) Calcula su área.

c) Halla el simétrico del punto *D* respecto de la recta determinada por el segmento $\overline{AB}$.

Sol.: b) 48 u^2; c) (162/29, −262/29)

5 Calcula las ecuaciones determinadas por los segmentos de la siguiente figura. (Cada ecuación debe ser dada de una forma distinta).

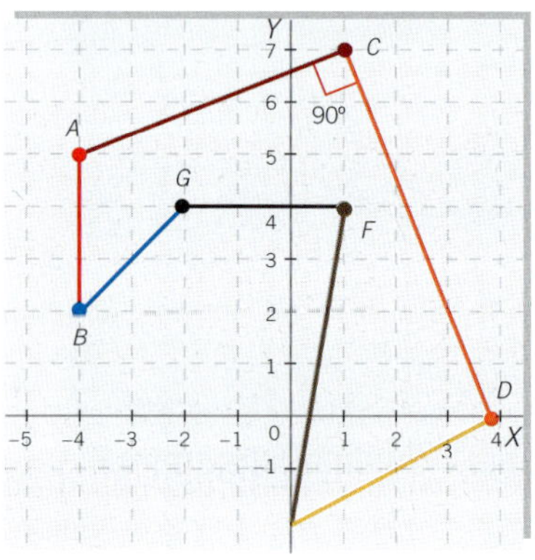

6 Dado el triángulo de vértices $A = (2, 5)$, $B = (-1, 2)$ y $C = (-1, 5)$, halla el lugar geométrico de los puntos *M* tal que el área del triángulo *ABC* sea la misma que la del triángulo *ABM*.

7 El teorema de la bisectriz dice: *La bisectriz de un ángulo interior de un triángulo divide el lado opuesto en partes que son proporcionales a los otros dos lados.* Halla el lado *D* del siguiente triángulo y comprueba que se verifica el teorema de la bisectriz:

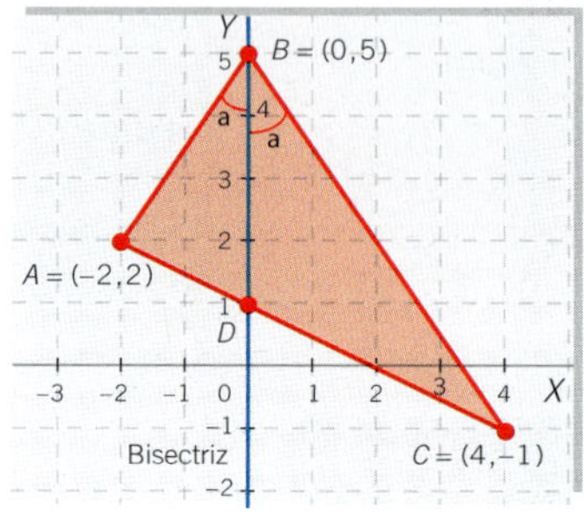

Donde $A = (-2, 2)$, $B = (0, 5)$ y $C = (4, -1)$.

Sol.: $D = (0, 1)$

8 Se considera la recta $r: ax + by + 2 = 0$. Determina *a* y *b* para que dicha recta sea paralela a la recta $s: 2x - 3y = 9$ y diste 3 unidades del origen de coordenadas.

9 Dado el triángulo de vértices $A = (-2, 3)$, $B = (2, 5)$ y $C = (2, -1)$, demuestra que los pies de la perpendicular desde el punto $Q = (4, 3)$ a los lados del triángulo están alineados.

Sol.: (1, 0), (2, 3), (14/5, 27/5)

10 Desde el punto $A = (1, 5)$ parte un rayo luminoso que se refleja en la recta $r: -3x + 7y = -5$ y, después de la reflexión, llega al punto $B = (8, 8)$. ¿En qué punto de la recta *r* deberá reflejarse el rayo?

Sol.: (186/29, 59/29)

11 Calcula los vértices, lados y área del triángulo *DEF*.

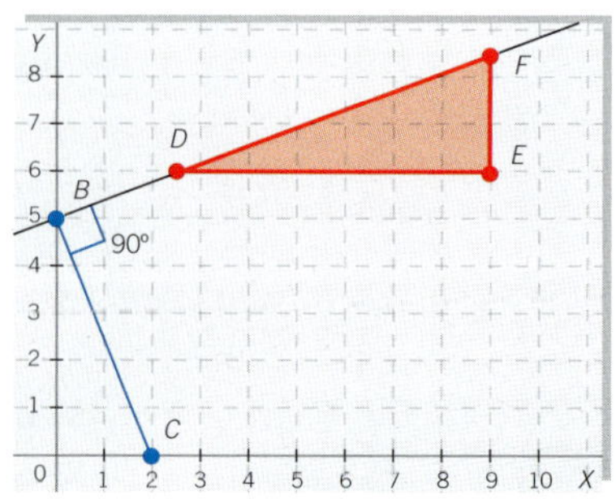

Sol.: $D = (5/2, 6)$, $E = (9, 6)$, $F = (9, 43/5)$; $y = 2x/5 + 5$; $y = 6$; $x = 9$; $A = 169/20$ u^2

SOCIETY

Euclides, el padre de la geometría

Euclides (325 a. C.-265 a. C.) fue un matemático y geómetra griego, autor de la obra *Los elementos* en la que describe de manera formal el estudio de elementos del plano, resumidos en cinco postulados. En ella aparece la primera definición de la línea recta: «Es aquella que yace por igual respecto de los puntos que están en ella».

SOCIETY

Cuando la línea recta no es la más corta...

En un plano, la distancia más corta entre dos puntos es la que corresponde a una línea recta. Pero, ¿qué ocurre si la superficie que tenemos es curva? Esta circunstancia se produce al calcular los trayectos de los aviones que cubren largos recorridos. En este caso, hay que considerar los principios de la geometría esférica.

En el enlace:

http://links.edebe.com/28gb5

podrás obtener más información.

OPINION

¿Imposible?

«Dos rectas paralelas se cortan en el infinito»

Esta polémica afirmación corresponde al matemático e ingeniero francés **Jean-Victor Poncelet** (1788-1867). En la geometría de Poncelet, al igual que en la *geometría proyectiva,* dos rectas en un plano pueden cortarse o cruzarse, pero, no pueden ser paralelas, ya que considera que hasta estas se cortan en un punto del infinito denominado punto impropio.

– Accede al enlace http://links.edebe.com/yzz y obtendrás más información sobre la geometría proyectiva. ¿De qué principios parte?

– Busca las diferencias sustanciales entre los principios de la geometría euclidiana y la proyectiva.

NEW

Medidores láser de distancias

Un medidor láser, también conocido como telémetro láser, para medir distancias, utiliza el tiempo que tarda un pulso de luz láser en reflejarse en un punto y volver al origen. El tiempo transcurrido recibe el nombre de tiempo de vuelo. Una de las aplicaciones de los medidores láser es calcular la distancia entre la Tierra y la Luna.

– Accede al enlace http://links.edebe.com/gmnqh9 y contesta:

- Busca las diferencias sustanciales entre los principios de la geometría euclidiana y la proyectiva.
- ¿Qué fórmula emplean los medidores láser para calcular la distancia entre dos puntos?
- ¿Cuál sería el tiempo de vuelo si la distancia medida es de 300 m?
- ¿Por qué crees que cuando medimos la distancia entre dos puntos muy próximos o muy lejanos los medidores pierden precisión?
- ¿Por qué se utiliza luz tipo láser y no de otra tipología?

CRITICAL SENSE

EL 5.º POSTULADO DE EUCLIDES A DEBATE

De los cinco postulados de **Euclides,** el quinto de ellos ha sido motivo de controversia, ya que es menos evidente y más complejo de demostrar que los anteriores.

– Formad grupos de 3-4 personas y describid el contenido de los cuatro primeros postulados accediendo a http://links.edebe.com/5ujz.

– Buscad diversas reformulaciones del quinto postulado y qué matemáticos posteriores fueron los más críticos al respecto. Podréis encontrar más información en http://links.edebe.com/3ez3.

– A partir de la reformulación de dicho postulado, indicad los principios de la geometría que se plantean.

9

BLOQUE 2. GEOMETRÍA

Cónicas

- **1. Cónicas**
- **2. Circunferencia**
  - 2.1. Ecuación de la circunferencia
  - 2.2. Determinación del centro y el radio
  - 2.3. Posiciones relativas de puntos, rectas y circunferencias
- **3. Elipse**
  - 3.1. Relaciones métricas
  - 3.2. Excentricidad
  - 3.3. Ecuación reducida
- **4. Hipérbola**
  - 4.1. Relaciones métricas
  - 4.2. Excentricidad
  - 4.3. Ecuación reducida
- **5. Parábola**
  - 5.1. Ecuación reducida

Problemas interactivos

Simulador

Películas

En el siguiente enlace puedes ver un fragmento de la película *Ágora* en la que Hipatia teoriza sobre la posibilidad de que la Tierra describa una órbita elíptica alrededor del Sol:

http://links.edebe.com/6bsve

Web

En este vídeo puedes observar un fenómeno que se denomina *descenso de la serpiente:*

http://links.edebe.com/k6gc

Este fenómeno se produce cada año con la llegada del equinoccio de primavera en la Pirámide de Kukulkán (525 d. C.), en la antigua ciudad maya de Chichén Itzá.

Consiste en un juego de luces que representa el cuerpo de una serpiente que se desplaza desde la cima de la pirámide hasta la base.

La Pirámide de Kukulkán es, en realidad, un calendario gigante con el que los mayas podían, por ejemplo, predecir los cambios de estación. También demuestra los profundos conocimientos de matemáticas, geometría y astronomía que esta cultura poseía.

EN CONTEXTO

a> Visualiza el fragmento de la película *Ágora:*

— En la época de Hipatia, ¿cómo se pensaba que eran los movimientos de los cuerpos celestes?

— ¿Conoces algún otro personaje que en su día se cuestionara la creencia de que la Tierra orbita de manera circular alrededor del Sol?

— ¿Quién fue el primer personaje en demostrar que las órbitas de los planetas eran elípticas? ¿Cómo llegó a esta conclusión?

b> Durante muchos siglos, los fenómenos celestes fueron objeto de estudio y estuvieron sujetos a supersticiones, creencias, etc. Busca información sobre la cultura maya y su amplio conocimiento de la astronomía. 360

1. Cónicas
2. Circunferencia
2.1. Ecuación de la circunferencia
2.2. Determinación del centro y el radio
2.3. Posiciones relativas de puntos, rectas y circunferencias

1. Cónicas

Si giramos una recta alrededor de un eje con el que tiene un punto en común, obtenemos una **superficie cónica de revolución.**

La intersección de una superficie cónica de revolución con un plano determina una familia de curvas que tienen una gran importancia en campos como la arquitectura o la ingeniería: las **cónicas.**

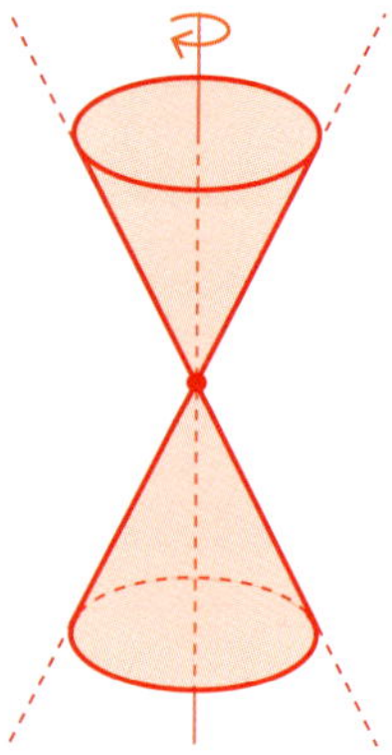

Superficie cónica de revolución.

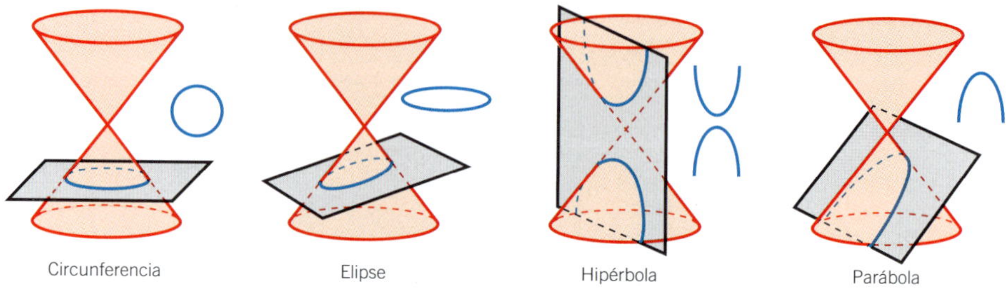

Observamos en la imagen que las cónicas varían en función de la inclinación del plano.

Una **cónica** es la curva que se obtiene como intersección de una superficie cónica de revolución y un plano.

Veamos a continuación cómo definir las cónicas como **lugares geométricos del plano.**

LENGUAJE MATEMÁTICO

Un **lugar geométrico** es un conjunto de puntos que cumplen una determinada condición geométrica.

2. Circunferencia

Si fijamos uno de los extremos de un hilo en un punto *C,* lo estiramos y lo desplazamos, obtenemos una circunferencia.

La **circunferencia** es el lugar geométrico de los puntos del plano cuya distancia a un punto *C,* llamado *centro,* es constante.

La distancia entre cualquier punto *P* de la circunferencia y el centro se llama **radio** y lo representamos con la letra *r.*

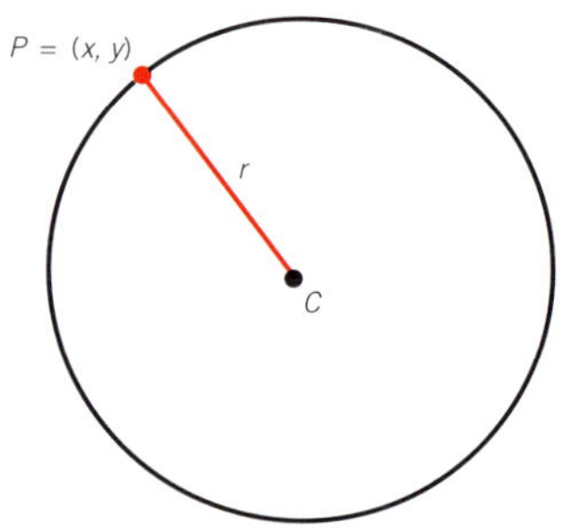

Circunferencia de centro *C* y radio *r.*

2.1. Ecuación de la circunferencia

Si $P=(x, y)$ es un punto cualquiera de una circunferencia de radio r y centro $C=(a, b)$, debe cumplirse la siguiente condición:

$$d(P,C) = r \rightarrow \sqrt{(x-a)^2+(y-b)^2} = r$$

La **ecuación analítica** de la circunferencia se obtiene elevando al cuadrado los dos miembros de la expresión anterior:

$$(x-a)^2+(y-b)^2 = r^2$$

Así, la ecuación de la circunferencia de centro $C = (2, 4)$ y radio $r = 3$ es:

$$(x-2)^2+(y-4)^2 = 9$$

RECUERDA

Sean $P = (p_1, p_2)$ y $Q = (q_1, q_2)$ dos puntos del plano, la distancia entre ellos viene determinada por el módulo del vector $\overline{PQ}$:

$$d(P,Q) = |\overline{PQ}| = \sqrt{(q_1-p_1)^2+(q_2-p_2)^2}$$

Ecuación general

Si desarrollamos el primer miembro de la ecuación analítica de la circunferencia, obtenemos la siguiente expresión:

$$x^2 - 2ax + a^2 + y^2 - 2by + b^2 = r^2$$

Que podemos reescribir de la siguiente forma:

$$x^2 + y^2 - 2ax - 2by + a^2 + b^2 - r^2 = 0$$

Si consideramos ahora $m = -2a$, $n = -2b$ y $p = a^2 + b^2 - r^2$, obtenemos la **ecuación general** de la circunferencia:

$$x^2 + y^2 + mx + ny + p = 0$$

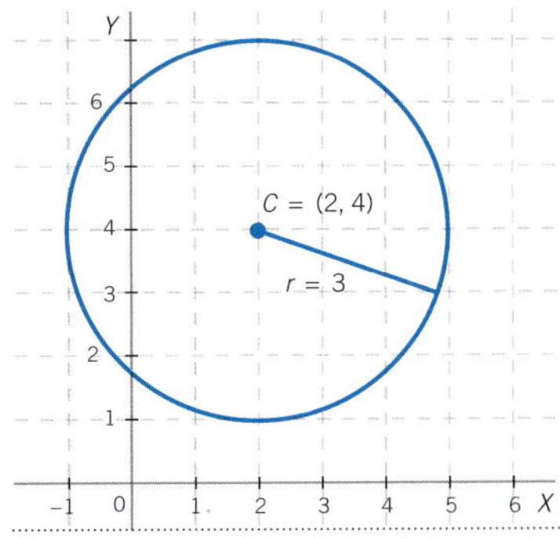

Circunferencia de centro $C = (2, 4)$ y radio $r = 3$.

1 EJEMPLO

Halla las ecuaciones analítica y general de la circunferencia de radio $r = 6$ y centro $C = (-2, -1)$.

Solución

COMPRENSIÓN: Usaremos los datos para hallar la ecuación analítica y a partir de esta, calcularemos *m*, *n* y *p*.

RESOLUCIÓN: $a = -2$, $b = -1$ y $r = 6$; y, por lo tanto:

$$(x + 2)^2 + (y + 1)^2 = 36$$

Usamos ahora *a*, *b* y *r* para calcular *m*, *n* y *p*:

$$m = -2 \cdot (-2) = 4$$

$$n = -2 \cdot (-1) = 2$$

$$p = (-2)^2 + (-1)^2 - 36 = 4 + 1 - 36 = -31$$

Por lo tanto, la ecuación general de la circunferencia es:

$$x^2 + y^2 + 4x + 2y - 31 = 0$$

COMPROBACIÓN: Podemos ver que el resultado es correcto obteniendo la ecuación general a partir de la analítica y verificando que resulta la misma expresión:

$$(x + 2)^2 + (y + 1)^2 = 36$$

$$x^2 + 4x + 4 + y^2 + 2y + 1 = 36$$

$$x^2 + y^2 + 4x + 2y - 31 = 0$$

2.2. Determinación del centro y el radio

Hemos visto cómo determinar la ecuación de la circunferencia a partir de su centro y radio. Veamos en el siguiente ejemplo cómo recorrer el camino inverso.

2 EJEMPLO

Halla las coordenadas del centro y el radio de las siguientes circunferencias:

a) $(x + 4)^2 + (y - 6)^2 = 49$ **b) $x^2 + y^2 + 6x - 8y + 21 = 0$**

Solución

COMPRENSIÓN: El centro y el radio aparecen explícitamente en la ecuación analítica. En la ecuación general debemos utilizar las expresiones de *m*, *n* y *p*.

RESOLUCIÓN:

a) El centro de la circunferencia es el punto $C = (-4, 6)$ y el radio es $r = 7$.

b) De la ecuación de la circunferencia obtenemos las expresiones $6 = -2a$; $-8 = -2b$, de las que resulta que $a = -3$, $b = 4$. Por otra parte:

$$p = a^2 + b^2 - r^2 \rightarrow 21 = (-3)^2 + (4)^2 - r^2 \rightarrow r^2 = 4 \rightarrow r = 2$$

Por lo que el centro es $C = (-3, 4)$ y el radio $r = 2$.

FÍJATE

Si el centro de la circunferencia es el origen de coordenadas $C = (0, 0)$, su ecuación es de la forma:

$$x^2 + y^2 = r^2$$

Esta expresión se denomina **ecuación reducida** de la circunferencia.

Ejercicios y problemas
8 a 14, 17, 19 y 21 a 23

2.3. Posiciones relativas de puntos, rectas y circunferencias

Conocidos el centro y el radio de una circunferencia podemos determinar su posición relativa respecto de un punto, una recta y otra circunferencia.

Punto y circunferencia

Hay tres posibles posiciones relativas de un punto respecto de una circunferencia:

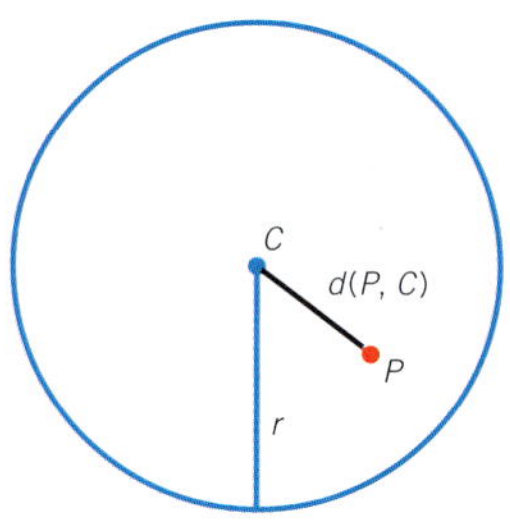

El punto P es **interior** a la circunferencia si la distancia que lo separa del centro C es menor que el radio de la circunferencia:

$$d(P,C) < r$$

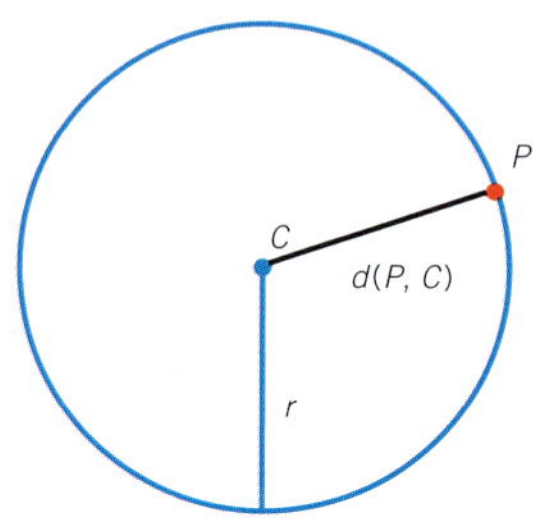

El punto P **pertenece** a la circunferencia si la distancia que lo separa del centro C es igual al radio de la circunferencia:

$$d(P,C) = r$$

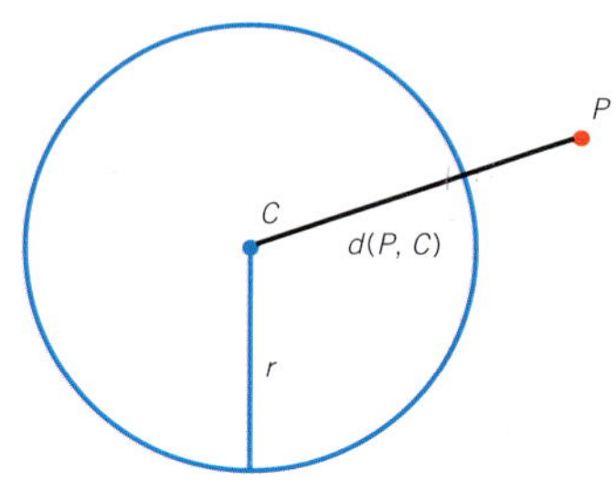

El punto P es **exterior** a la circunferencia si la distancia que lo separa del centro C es mayor que el radio de la circunferencia:

$$d(P,C) > r$$

3 EJEMPLO

Halla la posición relativa del punto $P = (-4, 2)$ respecto de la circunferencia $x^2 + y^2 - 6x + 8y = 0$.

Solución

COMPRENSIÓN: Determinaremos las coordenadas del centro de la circunferencia y su radio para, a continuación, calcular la distancia entre el punto y el centro, $d(P, C)$, y compararla con el radio.

RESOLUCIÓN: De las expresiones de m, n y p obtenemos:

$$-6 = -2a \rightarrow a = 3;\ 8 = -2b \rightarrow b = -4$$

$$0 = 3^2 + (-4)^2 - r^2 \rightarrow r^2 = 9 + 16 = 25 \rightarrow r = 5$$

Calculamos ahora la distancia entre el punto P y el centro de la circunferencia C:

$$d(P,C) = \sqrt{(-4-3)^2 + (2+4)^2} = \sqrt{85}$$

Y puesto que $d(P,C) = \sqrt{85} > 5 = r$, el punto P es exterior a la circunferencia.

FÍJATE

La ecuación:

$$x^2 + y^2 + 2x + 2y + 4 = 0$$

no se corresponde con ninguna circunferencia, aunque aparentemente sea una ecuación general.

Podría parecer que se trata de una circunferencia de centro $(-1, -1)$, pero al tratar de calcular el radio encontraríamos la ecuación:

$$4 = (-1)^2 + (-1)^2 - r^2$$

que no tiene solución real.

4 EJEMPLO

¿Pertenece el punto $P = (8, 2)$ a la circunferencia $(x - 10)^2 + (y - 3)^2 = 5$?

Solución

COMPRENSIÓN: El punto P pertenece a la circunferencia si $d(P, C) = r$.

RESOLUCIÓN: Las coordenadas del centro de la circunferencia son $C = (10, 3)$ y su radio es $r = \sqrt{5}$.

$d(P, C) = \sqrt{(10-8)^2 + (3-2)^2} = \sqrt{2^2 + 1^2} = \sqrt{5} \rightarrow P$ pertenece a la circunferencia.

COMPROBACIÓN: Si P pertenece a la circunferencia, cumplirá su ecuación: $(x - 10)^2 + (y - 3)^2 = 5 \rightarrow (8 - 10)^2 + (2 - 3)^2 = 5$.

Recta y circunferencia

En función del número de puntos de corte, la posición relativa de una recta respecto de una circunferencia también presenta tres posibilidades:

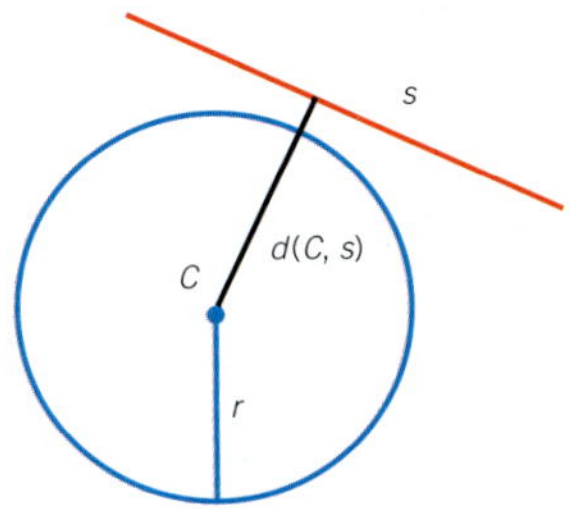	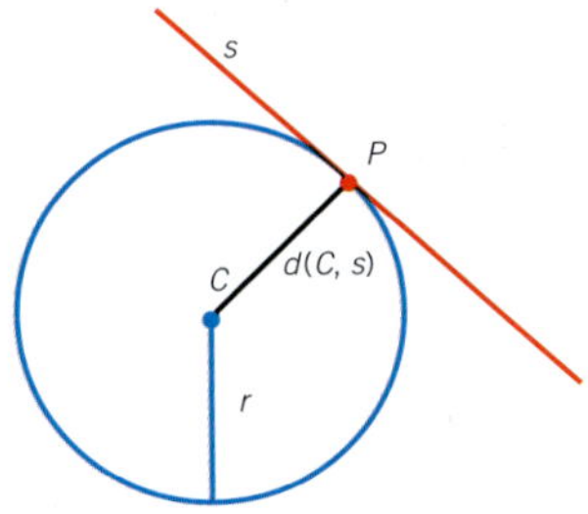	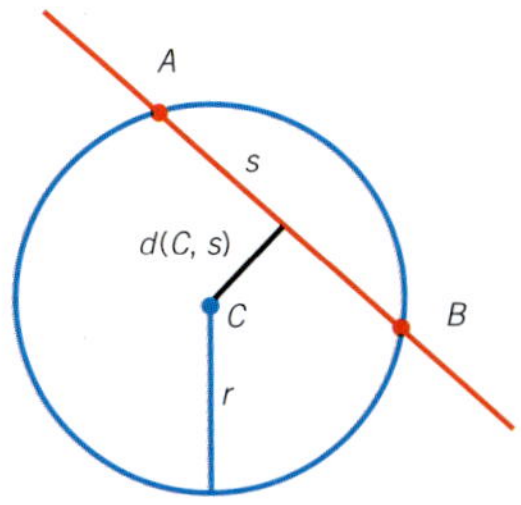
Si no tienen puntos en común, decimos que la recta es **exterior** a la circunferencia. En este caso, $d(C, s) > r$.	Si tienen un punto en común, decimos que la recta es **tangente** a la circunferencia. En este caso, $d(C, s) = r$.	Si tienen dos puntos en común, decimos que la recta es **secante** a la circunferencia. En este caso, $d(C, s) < r$.

5 EJEMPLO

Halla la posición relativa de la recta *s*: $x + y = -1$ respecto de la circunferencia $(x+6)^2 + (y-1)^2 = 8$.

Solución

COMPRENSIÓN: Calcularemos la distancia entre la recta y el centro de la circunferencia y la compararemos con el radio de esta.

RESOLUCIÓN: En este caso, $C = (-6, 1)$ y $r = \sqrt{8}$. Por otra parte, podemos escribir la recta como $x + y + 1 = 0$:

$$\left.\begin{array}{l} d(C,s) = \dfrac{|-6+1+1|}{\sqrt{1+1}} = \dfrac{4}{\sqrt{2}} = 2\sqrt{2} \\ r = \sqrt{8} = 2\sqrt{2} \end{array}\right\} \rightarrow d(C,s) = r$$

Por lo tanto, la recta es tangente a la circunferencia.

COMPROBACIÓN: Podemos verificar la solución hallando directamente los posibles puntos de corte. Para ello, resolvemos el sistema:

$$\left.\begin{array}{l} (x+6)^2 + (y-1)^2 = 8 \\ x + y = -1 \end{array}\right\}$$

Para resolver el sistema, utilizaremos, por ejemplo, el método de sustitución:

$$\left.\begin{array}{l} (x+6)^2 + (y-1)^2 = 8 \\ x = -1 - y \end{array}\right\} \rightarrow (-y-1+6)^2 + (y-1)^2 = 8$$

$$(-y+5)^2 + (y-1)^2 = 8$$

$$y^2 - 6y + 9 = 0 \rightarrow y = 3, x = -4$$

Obtenemos un único punto de corte, $P = (-4, 3)$, de modo que se confirma que la recta es tangente a la circunferencia, pues únicamente se cortan en un punto.

6 EJEMPLO

Halla la posición relativa de la recta *s*: $y = x + 11$ respecto de la circunferencia $(x+3)^2 + (y-2)^2 = 36$.

Solución

COMPRENSIÓN: Como en el ejemplo anterior, compararemos la distancia entre la recta y el centro de la circunferencia con el radio de esta.

RESOLUCIÓN: En este caso, $C = (-3, 2)$, $r = 6$ y la recta podemos escribirla como $-x + y - 11 = 0$. Por lo tanto:

$$\left.\begin{array}{l} d(C,s) = \dfrac{|3+2-11|}{\sqrt{1+1}} = \dfrac{6}{\sqrt{2}} = 3\sqrt{2} \\ r = 6 \end{array}\right\} \rightarrow d(C,s) < r$$

Es decir, la recta es secante a la circunferencia.

COMPROBACIÓN: Podemos verificar la solución hallando directamente los posibles puntos de corte. Para ello, resolvemos el sistema:

$$\left.\begin{array}{l} (x+3)^2 + (y-2)^2 = 36 \\ y = x + 11 \end{array}\right\}$$

Para resolver el sistema, utilizaremos, por ejemplo, el método de sustitución:

$$(x+3)^2 + (x+11-2)^2 = 36$$

$$(x+3)^2 + (x+9)^2 = 36$$

$$2x^2 + 24x + 54 = 0 \rightarrow x_1 = -3, x_2 = -9$$

Obtenemos dos puntos de corte, $P = (-9, 2)$ y $Q = (-3, 8)$. Por lo tanto, concluimos que la recta es secante a la circunferencia.

Problemas resueltos
A

Ejercicios y problemas
15 a 18, 20 y 24 a 27

Dos circunferencias

En el estudio de la posición relativa de dos circunferencias, se pueden dar cinco casos que dependen del número de puntos de corte y de si una de las circunferencias está contenida o no en el área del plano delimitada por la otra:

<table>
<tr>
<td>Interiores: 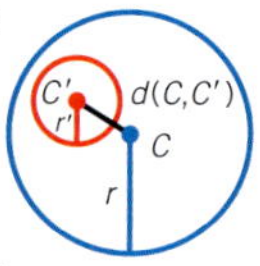
Exteriores: 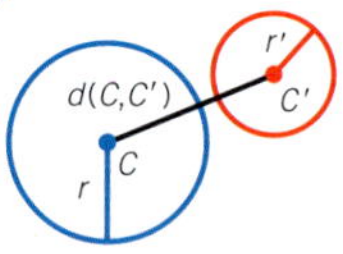</td>
<td>Tangentes interiores: 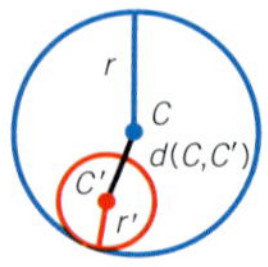
Tangentes exteriores: 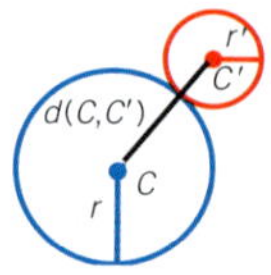</td>
<td>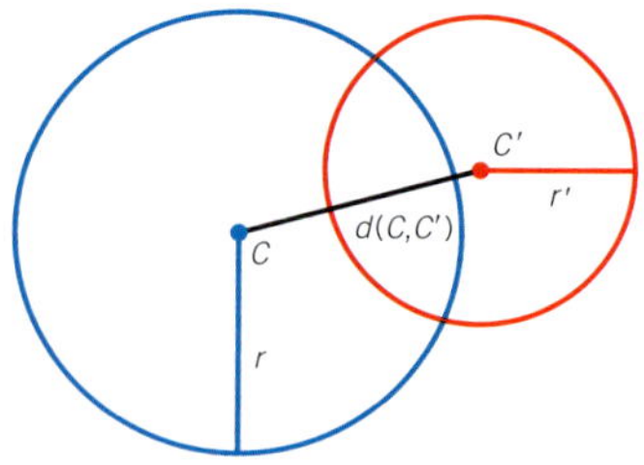</td>
</tr>
<tr>
<td>Si las circunferencias no se cortan, pueden ser interiores o exteriores.
Si $d(C, C') < r - r'$ son interiores.
Si $d(C, C') > r + r'$ son exteriores.
Si $C = C'$ son concéntricas.</td>
<td>Si las circunferencias tienen un punto en común, son tangentes interiores o exteriores.
Si $d(C, C') = r - r'$ son tangentes interiores.
Si $d(C, C') = r + r'$ son tangentes exteriores.</td>
<td>Si las circunferencias tienen dos puntos en común, son secantes.
En este caso: $r - r' < d(C, C') < r + r'$.</td>
</tr>
</table>

7 EJEMPLO

Halla la posición relativa de las circunferencias de ecuación $x^2 + y^2 + 12x - 2y + 29 = 0$ y $x^2 + y^2 + 10x + 24 = 0$.

Solución

COMPRENSIÓN: Para determinar la intersección entre las circunferencias, resolveremos el sistema formado por sus ecuaciones. Si optamos por los criterios indicados en la tabla anterior, deberemos hallar sus radios y centros.

RESOLUCIÓN: Planteamos el sistema:

$$\left.\begin{array}{r} x^2 + y^2 + 12x - 2y + 29 = 0 \\ x^2 + y^2 + 10x + 24 = 0 \end{array}\right\}$$

El sistema está formado por dos ecuaciones cuadráticas y es aparentemente complicado. No obstante, podemos aprovechar la analogía que presentan las ecuaciones para resolverlo.

Si restamos la segunda ecuación de la primera, obtenemos:

$$2x - 2y + 5 = 0 \rightarrow x = \frac{2y - 5}{2}$$

Sustituimos esta expresión en la segunda ecuación del sistema:

$$\left(\frac{2y - 5}{2}\right)^2 + y^2 + 10\left(\frac{2y - 5}{2}\right) + 24 = 0$$

Simplificamos y obtenemos la expresión siguiente:

$$2y^2 + 5y + \frac{21}{4} = 0$$

Multiplicamos ahora por 4: $8y^2 + 20y + 21 = 0$.

La ecuación no tiene solución real y, por lo tanto, tampoco la tiene el sistema original. Las circunferencias no se cortan.

Sin embargo, este método de resolución no aporta información sobre si las circunferencias son exteriores o interiores.

Para determinarlo, debemos utilizar los criterios de la tabla:

$$x^2 + y^2 + 12x - 2y + 29 = 0 \rightarrow C = (-6, 1),$$
$$r = \sqrt{8} = 2\sqrt{2}$$
$$x^2 + y^2 + 10x + 24 = 0 \rightarrow C' = (-5, 0),\ r' = 1$$

Es decir: $d(C, C') = \sqrt{(-6 + 5)^2 + (1 - 0)^2} = \sqrt{2}$

$$r - r' = 2\sqrt{2} - 1$$

Como $d(C, C') < r - r'$ podemos afirmar que las circunferencias son interiores.

8 EJEMPLO

Halla la posición relativa de las circunferencias definidas por $x^2 + y^2 + 8x = 0$ y $x^2 + y^2 - 2x + y - 3 = 0$.

Solución

COMPRENSIÓN: Calcularemos la distancia entre centros y la compararemos con la suma y resta de radios.

RESOLUCIÓN: El centro y el radio de la primera circunferencia son $C = (-4, 0)$ y $r = 4$, mientras que la segunda tiene centro $C' = (1, -1/2)$ y radio $r' = \sqrt{17/4} \cong 2,06$.

Por lo tanto, si $d(C, C') = 5{,}02$; $r - r' = 1{,}94$; $r + r' = 6{,}06 \rightarrow r - r' < d(C, C') < r + r'$, las circunferencias son secantes.

3. Elipse
3.1. Relaciones métricas
3.2. Excentricidad
3.3. Ecuación reducida

3. Elipse

Consideremos dos puntos F y F' del plano y fijemos los extremos de un hilo en ellos. Si mantenemos el hilo tirante con la punta de un lápiz y lo desplazamos, la curva que se obtiene es una **elipse.**

Observa que la suma de las distancias de cada punto de la elipse a F y F' coincide con la longitud del hilo empleado y, por lo tanto, no varía. Esta propiedad es la que define a la elipse.

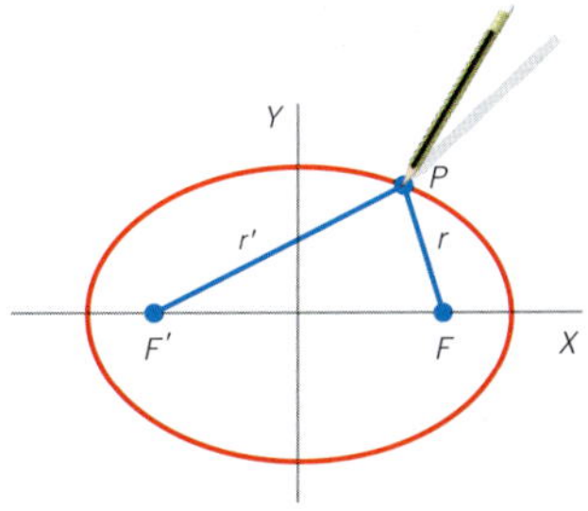

Elipse de focos F y F'.

> La **elipse** es el lugar geométrico de los puntos del plano cuya suma de distancias a dos puntos fijos, llamados *focos,* es constante.

ELEMENTOS

DESCRIPCIÓN	EJEMPLO
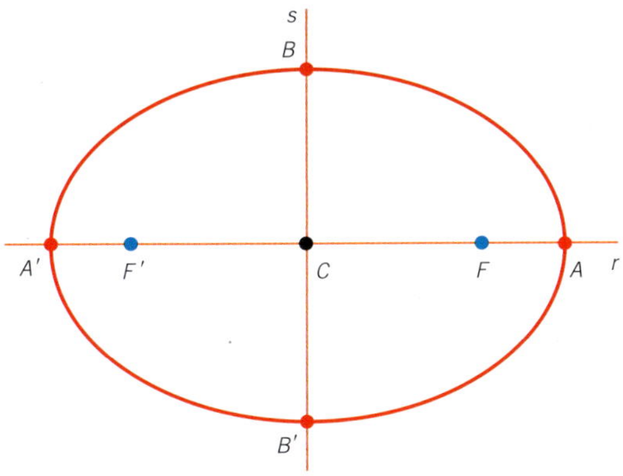	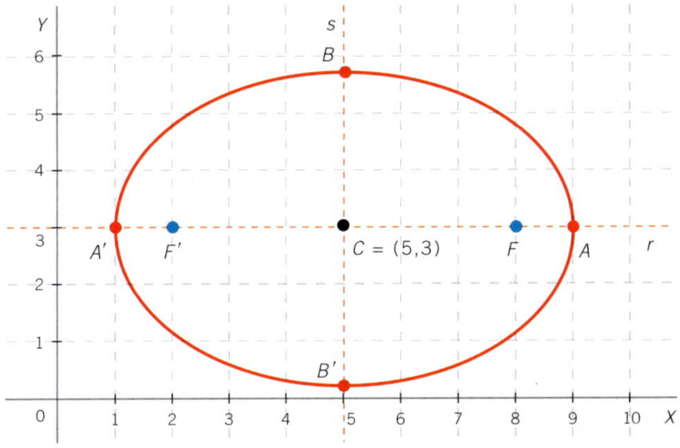
Focos: Los puntos F y F'.	**Focos:** Los puntos $F = (2, 3)$ y $F' = (8, 3)$.
Ejes de simetría: La recta r, que pasa por F y F', y la recta s mediatriz del segmento $\overline{FF'}$.	**Ejes de simetría:** La recta $y = 3$ y la recta $x = 5$.
Centro: El punto C donde se cortan los ejes de simetría.	**Centro:** El punto $C = (5, 3)$.
Vértices: Los puntos A, A', B y B', donde la elipse corta a los ejes de simetría.	**Vértices:** Los puntos $A = (1, 3)$, $A' = (9, 3)$, $B = (5; 5{,}6)$ y $B' = (5; 0{,}3)$.
Eje mayor: El segmento $\overline{AA'}$.	**Eje mayor:** El segmento determinado por $A = (1, 3)$ y $A' = (9, 3)$.
Eje menor: El segmento $\overline{BB'}$.	**Eje menor:** El segmento determinado por $B = (5; 5{,}6)$ y $B' = (5; 0{,}3)$.
Distancia focal: La longitud del segmento $\overline{FF'}$.	**Distancia focal:** La longitud del segmento $\overline{FF'} = 6$.

Las distancias r y r' entre un punto P cualquiera de la elipse y los focos son los **radios vectores** de dicho punto. De la definición de la elipse se sigue que su suma es constante:

$$r + r' = d(F, P) + d(F', P) = \overline{FP} + \overline{F'P}$$

Veamos a continuación las relaciones métricas que se establecen entre los radios vectores de la elipse.

LENGUAJE MATEMÁTICO

Si AB es el segmento de extremos A y B, su longitud se escribirá $\overline{AB}$.

Ejercicios y problemas
34 y 35

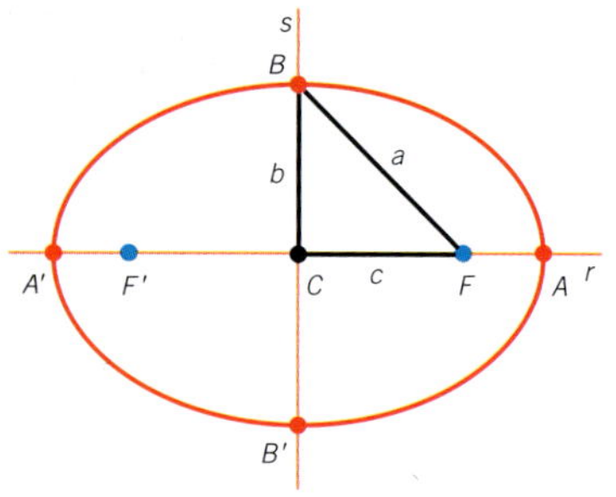

La **relación métrica fundamental** de la elipse relaciona las medidas de los ejes y la distancia focal.

3.1. Relaciones métricas

Consideramos que la longitud del eje mayor es $2a$ y la longitud del eje menor, $2b$; es decir, $\overline{AA'} = 2a$ y $\overline{BB'} = 2b$.

Representamos también la distancia focal como $2c$: $\overline{FF'} = 2c$.

Como los vértices A y B pertenecen a la elipse y $\overline{AF} = \overline{A'F'}$ se cumple:

$$\overline{BF} + \overline{BF'} = \overline{AF'} + \overline{AF} = \overline{AF'} + \overline{A'F'} = \overline{AA'} = 2a$$

Como $\overline{BF} = \overline{BF'}$, obtenemos que $\overline{BF} = \overline{BF'} = a$.

Dado que el triángulo de vértices BCF es rectángulo, por el teorema de Pitágoras, obtenemos la **relación métrica fundamental** de la elipse:

$$a^2 = b^2 + c^2$$

RECUERDA

Semieje mayor: $\overline{AC} = \overline{A'C} = a$.

Semieje menor: $\overline{BC} = \overline{B'C} = b$.

Semidistancia focal: $\overline{FC} = \overline{F'C} = c$.

9 EJEMPLO

Halla la medida de los ejes y la distancia focal de la elipse centrada en el origen de coordenadas, sabiendo que uno de los focos es el punto $F = (3, 0)$ y un vértice es el punto $A = (4, 0)$.

Solución

COMPRENSIÓN: A partir de los datos podemos calcular la medida del semieje mayor y la semidistancia focal. Luego, a partir de la relación métrica fundamental, calcularemos la longitud del semieje menor.

RESOLUCIÓN: Como $C = (0, 0)$ y $F = (3, 0)$, la semidistancia focal es $c = 3$.

Análogamente, como $A = (4, 0)$, la medida del semieje mayor es $a = 4$.

Por la relación métrica fundamental, tenemos: $4^2 = b^2 + 3^2 \longrightarrow b = \sqrt{16 - 9} = \sqrt{7}$.

Por lo tanto, la longitud del eje mayor es 8, la del menor es $2\sqrt{7}$ y la distancia focal es 6.

3.2. Excentricidad

Una de las características que definen una elipse es en qué grado es similar a una circunferencia, es decir, si es más o menos achatada. Esta propiedad se refleja mediante un parámetro llamado **excentricidad.**

La **excentricidad** de una elipse es el cociente entre la semidistancia focal y el semieje mayor, y se representa por e: $e = \dfrac{c}{a}$.

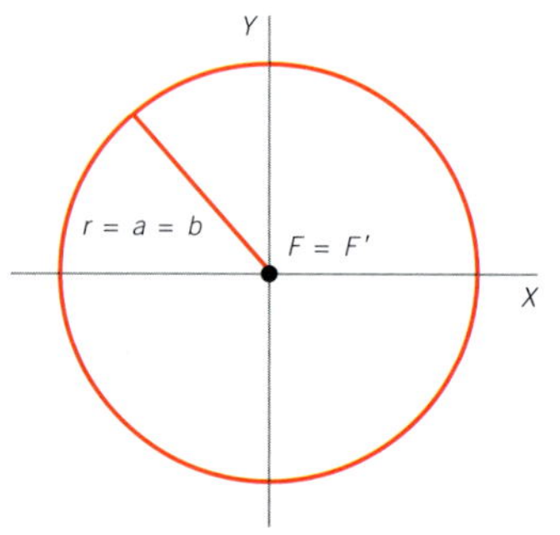

Elipse con $e \cong 0$.

Observa que, al ser $c < a$, la excentricidad es un valor comprendido entre 0 y 1, es decir:

$$0 < e < 1$$

- La excentricidad toma valores cercanos a 0 cuando lo hace c, es decir, cuando los focos están próximos al centro de la elipse.

  En este caso, la diferencia entre el eje mayor y el eje menor es muy pequeña y la elipse se parece a una circunferencia de radio $r = a = b$ y centro C.

- La excentricidad toma valores cercanos a 1 cuando los valores de c y a son muy parecidos, es decir, cuando los focos están muy próximos a los vértices.

  En este caso, la longitud del eje menor es un valor cercano al 0 y decimos que la elipse **degenera** en el segmento AA'.

Elipse con $e \cong 1$.

Ejercicios y problemas
30, 38 y 39

3.3. Ecuación reducida

Supongamos que los ejes de simetría de una elipse coinciden con los ejes de coordenadas y que los focos están situados sobre el eje de abscisas.

En este caso, su centro es el punto $C = (0, 0)$ y las coordenadas de los focos son $F = (c, 0)$ y $F' = (-c, 0)$. Un punto cualquiera $P = (x, y)$ de la elipse debe cumplir:

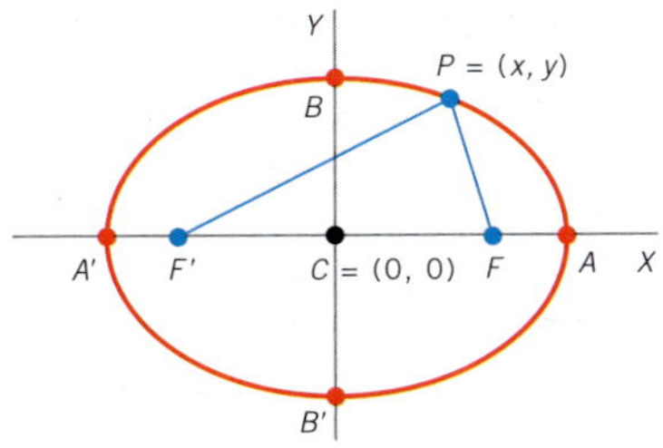

$$d(P, F) + d(p, F') = 2a$$

Si a esta expresión le aplicamos la definición de distancia, obtenemos:

$$\sqrt{(x+c)^2 + y^2} + \sqrt{(x-c)^2 + y^2} = 2a$$

Aislamos una de las raíces, elevamos ambos miembros al cuadrado y simplificamos los términos semejantes:

$$\left(\sqrt{(x+c)^2 + y^2}\right)^2 = \left(2a - \sqrt{(x-c)^2 + y^2}\right)^2 \rightarrow 4cx = 4a^2 - 4a\sqrt{(x-c)^2 + y^2}$$

Aislamos de nuevo la raíz, elevamos al cuadrado y simplificamos:

$$(4cx - 4a^2)^2 = \left(-4a\sqrt{(x-c)^2 + y^2}\right)^2 \rightarrow a^2(a^2 - c^2) = (a^2 - c^2)x^2 + a^2y^2$$

Teniendo en cuenta la relación métrica fundamental: $a^2 - c^2 = b^2$,

$$a^2\,b^2 = b^2\,x^2 + a^2\,y^2$$

Finalmente, al dividir esta expresión por $a^2\,b^2$ obtenemos la **ecuación reducida** de la elipse con focos en el eje de abscisas:

$$\frac{x^2}{a^2} + \frac{y^2}{b^2} = 1$$

10 EJEMPLO

Halla las coordenadas de los focos y los vértices de la elipse definida por $\frac{x^2}{9} + \frac{y^2}{4} = 1$.

Solución

COMPRENSIÓN: Para hallar los focos y los vértices deberemos determinar los parámetros a y b de la ecuación, y realizar los cálculos restantes teniendo en cuenta que, por ser el denominador de x^2 mayor que el de y^2, los focos de la elipse están en el eje OX.

RESOLUCIÓN: $a^2 = 9$ y $b^2 = 4 \rightarrow c^2 = a^2 - b^2 = 5 \rightarrow c = \sqrt{5}$.

Luego, $F = (\sqrt{5}, 0)$, $F' = (\sqrt{5}, 0)$, $A = (3, 0)$, $A' = (-3, 0)$, $B = (0, 2)$, $B' = (0, -2)$.

11 EJEMPLO

Halla la ecuación de la elipse con focos $F = (0, 8)$, $F' = (0, -8)$ y excentricidad $e = 4/5$.

Solución

COMPRENSIÓN: Con los datos realizaremos los cálculos para hallar a y b.

RESOLUCIÓN: De la expresión de la excentricidad: $e = \frac{c}{a} \rightarrow \frac{4}{5} = \frac{8}{a} \rightarrow a = 10$.

Calculamos b aplicando la relación fundamental: $b^2 = a^2 - c^2 = 36 \rightarrow b = 6$.

La ecuación reducida de la elipse es: $\frac{x^2}{36} + \frac{y^2}{100} = 1$.

FÍJATE

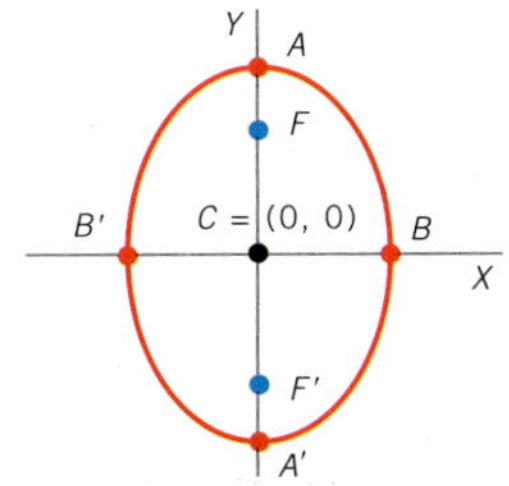

Si los ejes de la elipse coinciden con los de coordenadas y los focos están sobre el eje de ordenadas, la ecuación reducida de la elipse es:

$$\frac{x^2}{b^2} + \frac{y^2}{a^2} = 1$$

AMPLÍA

Para obtener una elipse centrada en un punto $C = (x_0, y_0)$ y con ejes paralelos a los ejes de coordenadas, basta con trasladar la correspondiente elipse centrada en el origen de coordenadas.

Se obtiene, por lo tanto, la ecuación de dicha elipse sustituyendo x por $x - x_0$ e y por $y - y_0$ en la correspondiente ecuación reducida.

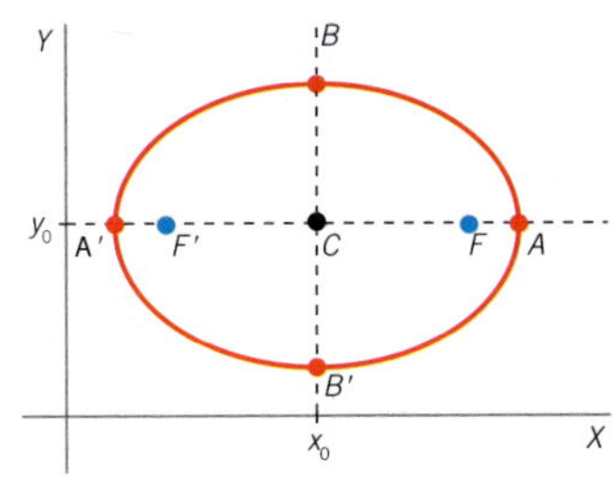

$$\frac{(x - x_0)^2}{a^2} + \frac{(y - y_0)^2}{b^2} = 1$$

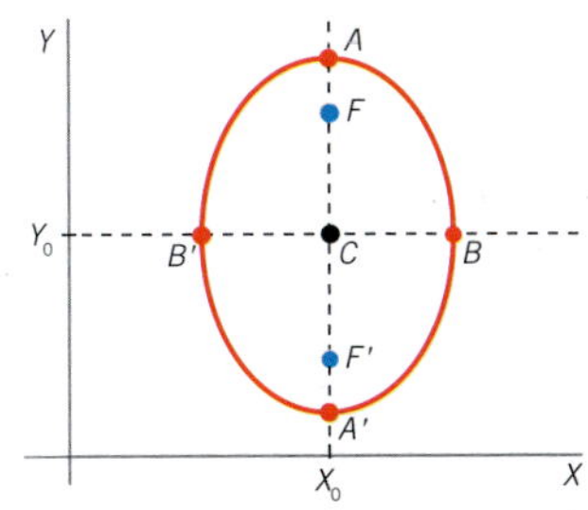

$$\frac{(x - x_0)^2}{b^2} + \frac{(y - y_0)^2}{a^2} = 1$$

Problemas resueltos
B

Ejercicios y problemas
28, 29, 31 a 33, 36 y 37

4. Hipérbola
4.1. Relaciones métricas
4.2. Excentricidad
4.3. Ecuación reducida

4. Hipérbola

Consideremos dos puntos F y F' del plano. Fijemos el extremo de una regla en el punto F' y los extremos de un hilo de longitud menor que la de la regla en el punto F y en el otro extremo de la regla, N. Si con la ayuda de un lápiz mantenemos el hilo tenso y apoyado sobre la regla y lo desplazamos, la curva que se obtiene es una rama de una **hipérbola.**

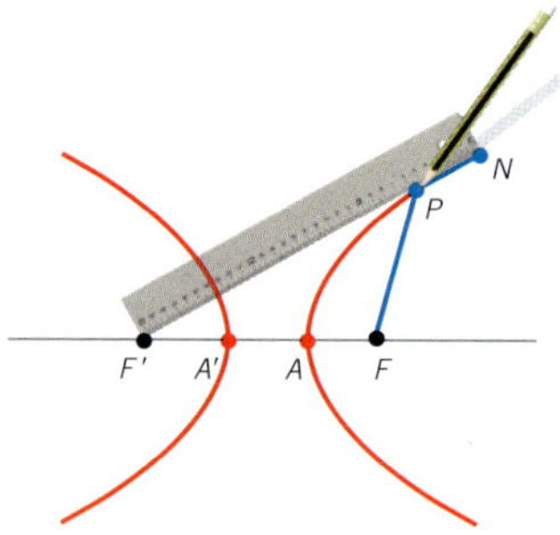

Hipérbola de focos *F* y *F'*.

Si se realiza el proceso análogo fijando el extremo de la regla en el punto F, se obtiene la otra rama de la hipérbola.

Dado un punto P de esta curva se cumple que la diferencia $\overline{PF'} - \overline{PF}$ es constante:

$$\overline{PF'} - \overline{PF} = \overline{PF'} + \overline{NP} - (\overline{NP} + \overline{PF}) = \text{longitud de la regla} - \text{longitud del hilo}$$

La hipérbola es el lugar geométrico de los puntos cuya diferencia de distancias a dos puntos fijos, llamados *focos*, es constante.

ELEMENTOS	
DESCRIPCIÓN	EJEMPLO
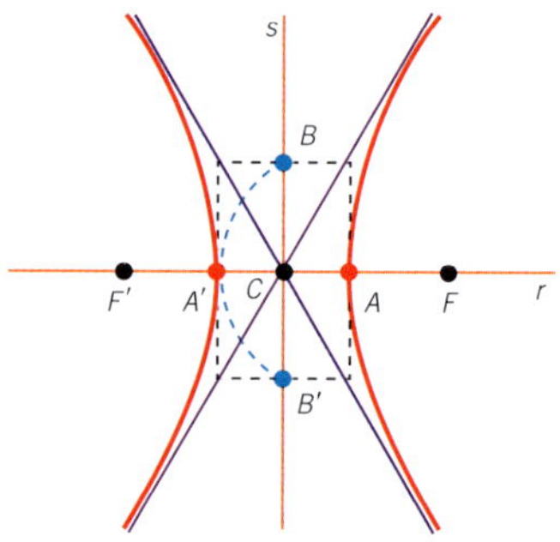	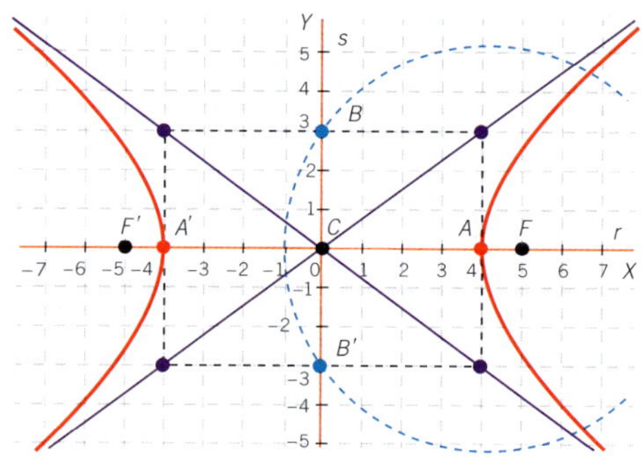
Focos: Los puntos F y F'.	**Focos:** Los puntos $F = (5, 0)$ y $F' = (-5, 0)$.
Ejes de simetría: La recta r, que pasa por F y F', y la recta s, mediatriz del segmento $\overline{FF'}$.	**Ejes de simetría:** La recta $y = 0$ y la recta $x = 0$.
Centro: El punto C donde se cortan los ejes de simetría.	**Centro:** El punto $C = (0, 0)$.
Vértices reales: Los puntos A y A', donde la hipérbola corta la recta r.	**Vértices reales:** Los puntos $A = (4, 0)$, $A' = (-4, 0)$.
Vértices imaginarios: Los puntos B y B', que son la intersección de la circunferencia de centro A y radio $\overline{CF}$ con s.	**Vértices imaginarios:** Los puntos $B = (0, 3)$, $B' = (0, -3)$.
Eje real: El segmento $\overline{AA'}$.	**Eje real:** El segmento determinado por $A = (4, 0)$ y $A' = (-4, 0)$.
Eje imaginario: El segmento $\overline{BB'}$.	**Eje imaginario:** El segmento determinado por $B = (0, 3)$ y $B' = (0, -3)$.
Distancia focal: La longitud del segmento $\overline{FF'}$.	**Distancia focal:** La longitud del segmento $\overline{FF'}$, es decir, 10.
Asíntotas: Las rectas m y n, diagonales del rectángulo que tiene por puntos medios de los lados los vértices A, A', B y B'. Tienen por ecuación $y = \pm \frac{b}{a} x$.	**Asíntotas:** $y = \frac{3}{4} x$, $y = -\frac{3}{4} x$.

Las distancias r y r' entre un punto P cualquiera de la hipérbola y los focos son los **radios vectores** de dicho punto. Por la definición de la hipérbola, el valor absoluto de su resta es constante:

$$|r' - r| = \left|d(F', P) - d(F, P)\right| = \left|\overline{F'P} - \overline{FP}\right|$$

4.1. Relaciones métricas

Consideremos que la longitud del eje real es $2a$ y que la del eje imaginario es $2b$, es decir, $\overline{AA'} = 2a$ y $\overline{BB'} = 2b$.

Representamos también la distancia focal como $2c$, $\overline{FF'} = 2c$.

Como los vértices imaginarios de la hipérbola son la intersección del eje imaginario con la circunferencia de centro A y radio $\overline{CF}$ se cumple:

$$\overline{AB} = \overline{CF} = c$$

Dado que el triángulo de vértices ABC es rectángulo, por el teorema de Pitágoras, obtenemos la **relación métrica fundamental** de la hipérbola:

$$c^2 = a^2 + b^2$$

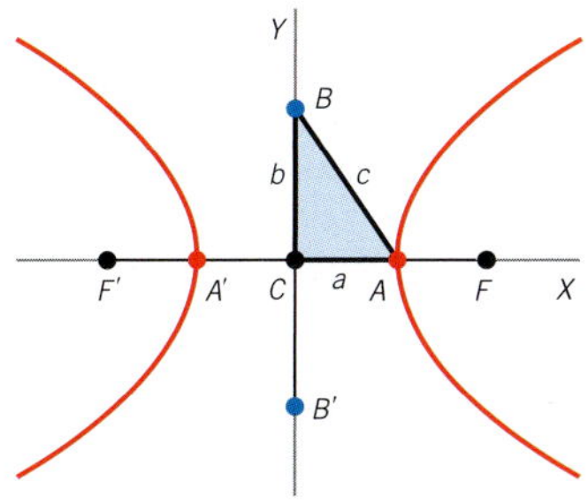

Como en el caso de la elipse, la **relación métrica fundamental** de la hipérbola relaciona las medidas de los ejes y la distancia focal.

12 EJEMPLO

El eje real de una hipérbola mide 8 cm y su eje imaginario, 4 cm. ¿Cuál es su distancia focal?

Solución

COMPRENSIÓN: Para obtener el valor de la distancia focal, deberemos hallar los parámetros a, b y c a partir de los datos y de la relación métrica fundamental de la hipérbola.

RESOLUCIÓN: Si el eje real mide 8 cm: $\overline{AA'} = 8 = 2a \longrightarrow a = 4$.

Del mismo modo, si el eje imaginario mide 4 cm: $\overline{BB'} = 4 = 2b \longrightarrow b = 2$.

A partir de la relación métrica fundamental de la hipérbola:

$$c^2 = a^2 + b^2 \longrightarrow c^2 = 4^2 + 2^2 = 16 + 4 = 20 \longrightarrow c = \sqrt{20} = 2\sqrt{5} \text{ cm}$$

Por lo tanto, la distancia focal es:

$$\overline{FF'} = 2c = 4\sqrt{5} \text{ cm}$$

AMPLÍA

Un caso particular de las hipérbolas son las que tienen los semiejes de igual medida.

Este tipo de hipérbolas se llaman **equiláteras.**

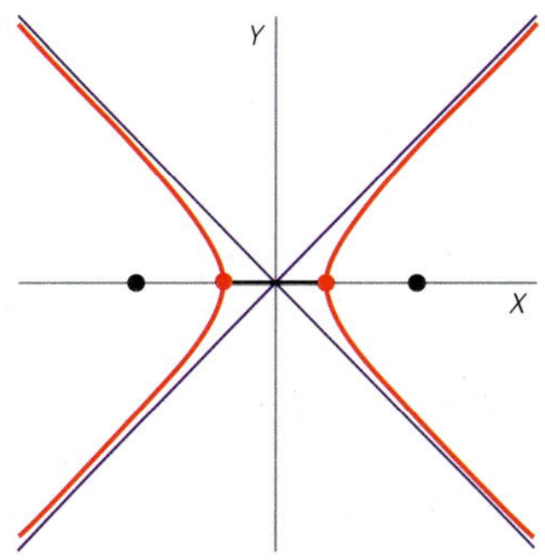

Hipérbola equilátera.

4.2. Excentricidad

Para medir el grado de abertura de una hipérbola respecto del eje real, utilizamos un parámetro llamado **excentricidad.**

Se llama excentricidad de una hipérbola al cociente entre la semidistancia focal y el semieje real, y se representa por *e*: $e = \dfrac{c}{a}$.

Observa que, a diferencia de la elipse, la excentricidad de la hipérbola es mayor que 1, pues $c > a$. Es decir:

$$e > 1$$

- La excentricidad toma valores cercanos a 1 cuando c y a son muy similares.

  En este caso, la longitud del eje imaginario es muy pequeña y, por lo tanto, las ramas de la parábola quedan muy cerradas en torno al eje real. Se dice que la parábola **degenera** en dos semirrectas con origen en cada uno de los vértices reales.

- La excentricidad toma valores muy grandes cuando c es mucho mayor que a. En este caso, las ramas de la parábola se abren, alejándose del eje de simetría que une los dos focos.

Problemas resueltos C

Ejercicios y problemas 43 y 47

FÍJATE

Si los ejes de simetría de la hipérbola coinciden con los de coordenadas pero sus focos están sobre el eje de ordenadas, razonando de forma análoga se obtiene la siguiente ecuación reducida:

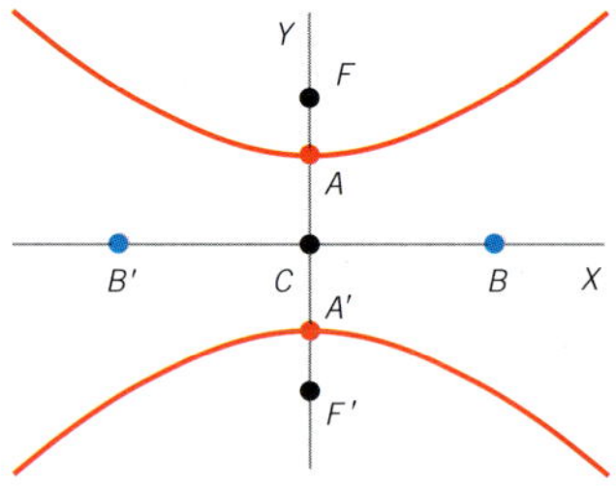

$$\frac{x^2}{b^2} - \frac{y^2}{a^2} = 1$$

AMPLÍA

Para obtener una hipérbola centrada en un punto $C = (x_0, y_0)$ y con ejes paralelos a los de coordenadas, se traslada la correspondiente hipérbola centrada en el origen de coordenadas.

La ecuación de dicha hipérbola se obtiene sustituyendo x por $x - x_0$ e y por $y - y_0$ en la ecuación reducida correspondiente.

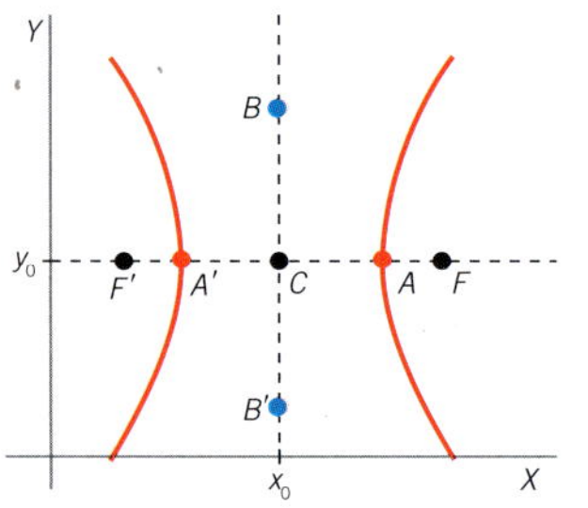

$$\frac{(x - x_0)^2}{a^2} - \frac{(y - y_0)^2}{b^2} = 1$$

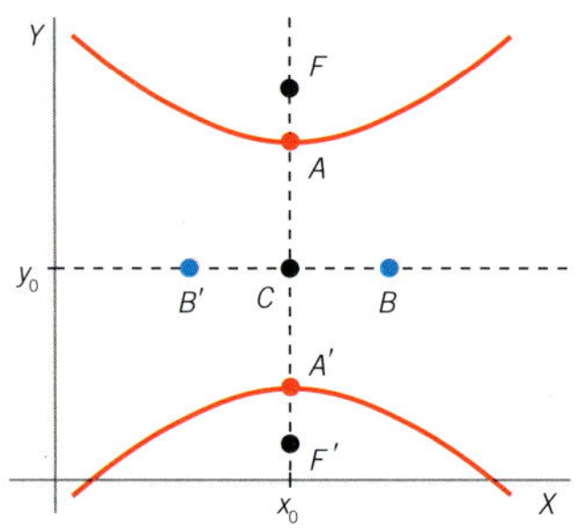

$$\frac{(x - x_0)^2}{b^2} - \frac{(y - y_0)^2}{a^2} = 1$$

Ejercicios y problemas
40 a 43 y 44 a 46

4.3. Ecuación reducida

Supongamos que los ejes de simetría de una hipérbola coinciden con los ejes de coordenadas y los focos están situados sobre el eje de abscisas.

En este caso, su centro es el punto $C = (0, 0)$ y las coordenadas de los focos son $F = (c, 0)$ y $F' = (-c, 0)$. Un punto cualquiera $P = (x, y)$ de la hipérbola debe cumplir:

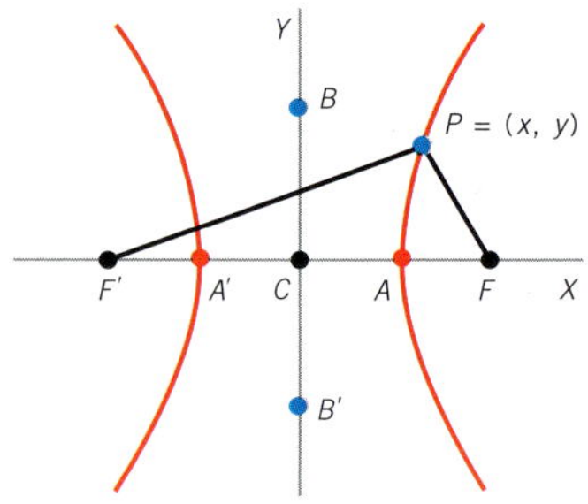

$$|d(P, F') - d(P, F)| = 2a$$

Aplicando la definición de distancia obtenemos:

$$\left|\sqrt{(x + c)^2 + y^2} - \sqrt{(x - c)^2 + y^2}\right| = 2a$$

Si procedemos de forma análoga al caso de la elipse, obtenemos la **ecuación reducida** de la hipérbola con focos en el eje de abscisas:

$$\frac{x^2}{a^2} - \frac{y^2}{b^2} = 1$$

13 EJEMPLO

Halla los focos, los vértices y las asíntotas de la hipérbola $x^2 - 9y^2 + 9 = 0$.

Solución

COMPRENSIÓN: Para hallar los focos, los vértices y las asíntotas, deberemos escribir la ecuación de la hipérbola en su forma reducida para así determinar los coeficientes a y b.

RESOLUCIÓN: Escribimos la ecuación de la hipérbola en forma reducida.: $x^2 - 9y^2 = -9$.

Dividimos la expresión obtenida por 9: $\frac{x^2}{9} - y^2 = -1$.

En este caso, los focos de la hipérbola están en el eje OY. Por lo tanto, $a^2 = 1$ y $b^2 = 9$, es decir, $a = 1$, $b = 3$.

Aplicamos ahora la relación métrica fundamental para calcular c:

$$c^2 = a^2 + b^2 \longrightarrow c^2 = 1^2 + 3^2 = 10 \longrightarrow c = \sqrt{10}$$

Los vértices de la hipérbola son $A = (0, 1)$, $A' = (0, -1)$, $B = (3, 0)$ y $B' = (-3, 0)$; mientras que los focos son $F = (0, \sqrt{10})$ y $F' = (0, -\sqrt{10})$.

Las asíntotas son $y = x/3$, $y = -x/3$.

14 EJEMPLO

Halla la ecuación de la hipérbola con vértices en (3, 0) y (−3, 0) y focos $F = (4, 0)$ y $F' = (-4, 0)$.

Solución

COMPRENSIÓN: Determinaremos los parámetros de la hipérbola a partir de los datos del enunciado y la relación métrica fundamental.

RESOLUCIÓN: Los focos están sobre el eje de abscisas; así, la ecuación reducida de la hipérbola tendrá la forma $\frac{x^2}{a^2} - \frac{y^2}{b^2} = 1$.

Determinamos b a partir de la relación métrica: $c^2 = a^2 + b^2 \longrightarrow 4^2 = 3^2 + b^2 \longrightarrow b = \sqrt{7}$.

La ecuación de la hipérbola es: $\frac{x^2}{9} - \frac{y^2}{7} = 1$.

5. Parábola

Sea F un punto del plano y d una recta. Apoyemos el cateto menor de un cartabón sobre una regla situada sobre la recta d y fijemos al vértice B y al punto F los extremos de un hilo de longitud igual al lado AB del cartabón.

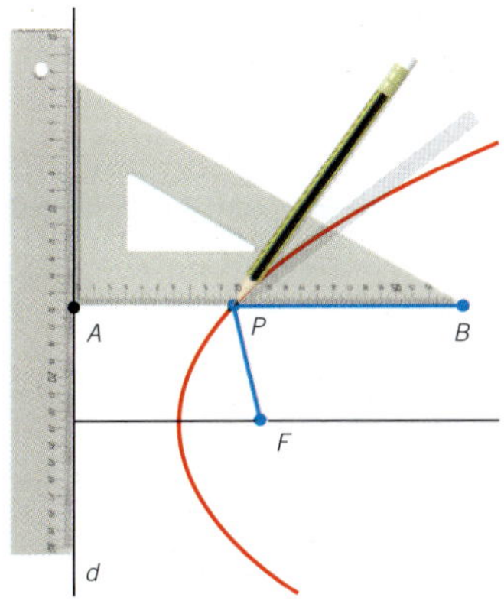

Si deslizamos el cartabón sobre la regla manteniendo el hilo tirante con la punta de un lápiz apoyado en el lado AB, la curva que se obtiene es una **parábola.**

Observa que cualquier punto P de esta curva equidista del punto fijo F y de la recta d, pues:

$$\left.\begin{array}{l}\overline{PF}+\overline{PB}=\text{longitud del hilo}=\overline{AB}\\ \overline{AP}+\overline{PB}=\text{longitud del hilo}=\overline{AB}\end{array}\right\}\longrightarrow \overline{PF}=\overline{AP}$$

La **parábola** es el lugar geométrico de los puntos del plano que equidistan de un punto fijo, llamado *foco,* y de una recta fija, llamada *directriz.*

La distancia r entre un punto P cualquiera de la parábola y el foco se llama **radio vector** del punto P y, por definición de la parábola, verifica:

$$r = d(F, P) = d(\text{directriz}, P)$$

ELEMENTOS	
DESCRIPCIÓN	EJEMPLO
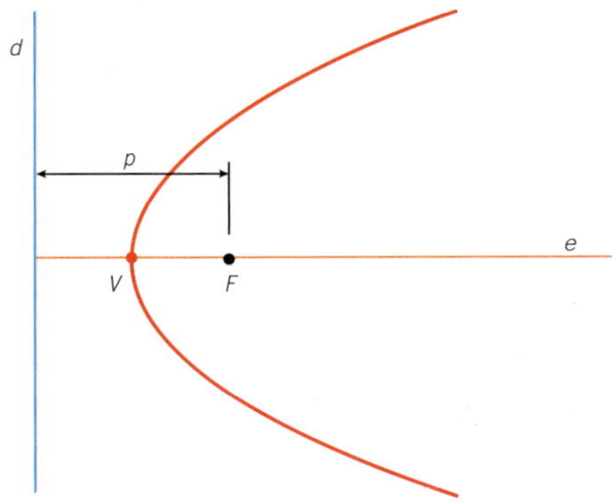	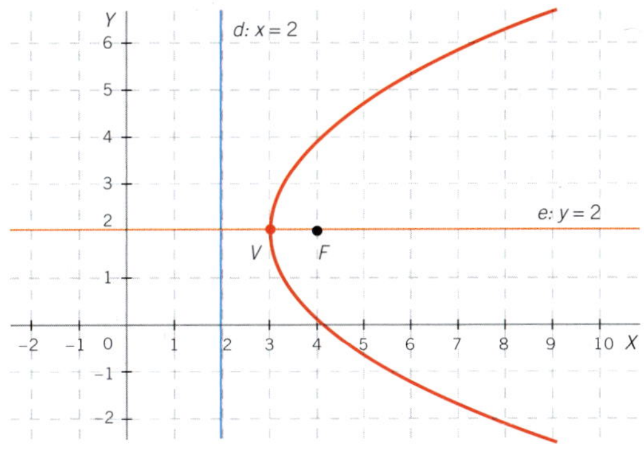
Foco: El punto F.	**Foco:** El punto $F = (4, 2)$.
Directriz: La recta d.	**Directriz:** La recta d: $x = 2$.
Eje de simetría: La recta e, que pasa por el foco F, y es perpendicular a la recta directriz d. También podemos llamarlo *eje de la parábola.*	**Eje de simetría:** La recta e: $y = 2$.
Vértice: El punto V, donde la parábola corta el eje de simetría.	**Vértice:** El punto $V = (3, 2)$.
Distancia focal: Distancia $\frac{p}{2}$ entre el vértice y el foco.	**Distancia focal:** $d(V, F) = 1$.
Parámetro: La distancia p del foco a la directriz. Es el doble de la distancia focal.	**Parámetro:** La distancia de F a d es $p = 2$.

5.1. Ecuación reducida

Veamos cómo obtener la ecuación reducida de una parábola con vértice en el origen de coordenadas, $V = (0, 0)$, y cuyo eje de simetría coincide con uno de los ejes de coordenadas.

En función de cuál sea el eje de la parábola, *OX* u *OY*, y de la posición del foco, distinguiremos cuatro casos:

PRIMER CASO: e = eje *OX* y $F = \left(\frac{p}{2}, 0\right)$

En este caso, la directriz *d* es: $x = -\frac{p}{2}$.

Como $d(P, F) = d(P, d)$:

$$\sqrt{\left(x - \frac{p}{2}\right)^2 + y^2} = \left|x + \frac{p}{2}\right|$$

Operando, se obtiene: $\boldsymbol{y^2 = 2px}$.

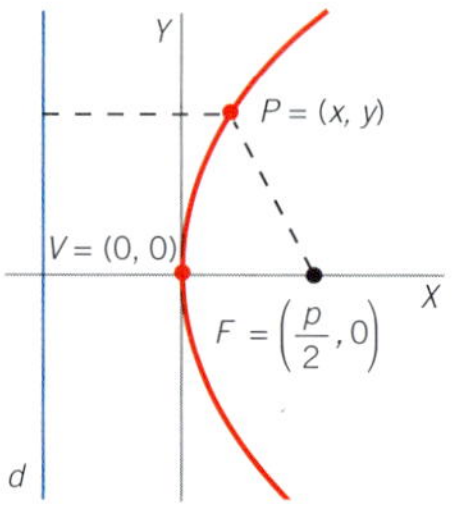

SEGUNDO CASO: e = eje *OX* y $F = \left(\frac{-p}{2}, 0\right)$

En este caso, la directriz *d* es: $x = \frac{p}{2}$.

Como $d(P, F) = d(P, d)$:

$$\sqrt{\left(x + \frac{p}{2}\right)^2 + y^2} = \left|x - \frac{p}{2}\right|$$

Operando, se obtiene: $\boldsymbol{y^2 = -2px}$.

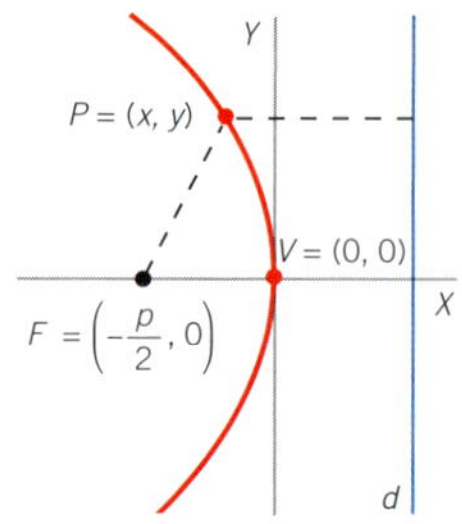

TERCER CASO: e = eje *OY* y $F = \left(0, \frac{p}{2}\right)$

En este caso, la directriz *d* es: $y = -\frac{p}{2}$.

Como $d(P, F) = d(P, d)$:

$$\sqrt{x^2 + \left(y - \frac{p}{2}\right)^2} = \left|y + \frac{p}{2}\right|$$

Operando, se obtiene: $\boldsymbol{x^2 = 2py}$.

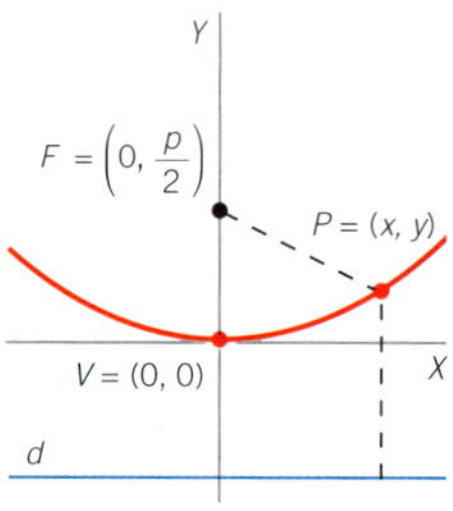

CUARTO CASO: e = eje de ordenadas y $F = \left(0, \frac{-p}{2}\right)$

En este caso, la directriz *d* es: $y = \frac{p}{2}$.

Como $d(P, F) = d(P, d)$:

$$\sqrt{x^2 + \left(y + \frac{p}{2}\right)^2} = \left|y - \frac{p}{2}\right|$$

Operando, se obtiene: $\boldsymbol{x^2 = -2py}$.

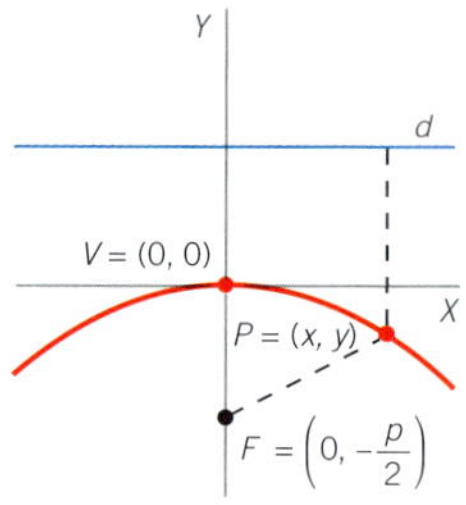

AMPLÍA

Para obtener una parábola de vértice $V = (x_0, y_0)$ con el eje de simetría paralelo a uno de los ejes de coordenadas, basta con trasladar la correspondiente parábola con vértice en el origen de coordenadas.

De esta forma, la ecuación de dicha parábola es la que resulta de sustituir x por $x - x_0$ e y por $y - y_0$ en la correspondiente ecuación reducida.

— Halla la ecuación reducida de estas parábolas.

Problemas resueltos
D

Ejercicios y problemas
48 a 56

Síntesis
57 a 66

15 EJEMPLO

Halla la ecuación de la parábola con vértice en el origen de coordenadas y foco $F = (0, 2)$.

Solución

COMPRENSIÓN: Debemos analizar en qué posición está la parábola en función de su vértice y foco. Una vez determinada, podremos escribir su ecuación.

RESOLUCIÓN: El foco está situado en el semieje positivo del eje de ordenadas y, por lo tanto, por encima del vértice. Como $F = (0, 2)$, podemos deducir que $\frac{p}{2} = 2 \rightarrow p = 4$.

La ecuación reducida de la parábola es: $x^2 = 2 \cdot 4y = 8y$.

16 EJEMPLO

Halla el foco y la directriz de la parábola $y = -x^2$.

Solución

COMPRENSIÓN: Escribiremos la ecuación reducida de la parábola y calcularemos el parámetro *p* que nos permitirá calcular las coordenadas del foco y la directriz.

RESOLUCIÓN: La ecuación reducida es: $y = -x^2 \rightarrow x^2 = -y$.

Por lo tanto, $2p = 1 \rightarrow p = \frac{1}{2}$, y concluimos que $F = \left(0, \frac{-1}{4}\right)$ y *d* es $y = \frac{1}{4}$.

Problemas RESUELTOS

A CIRCUNFERENCIA

Halla la ecuación de la circunferencia de centro $C = (2, -3)$ tangente a la recta r: $y = -3x + 1$.

Solución

COMPRENSIÓN: Para hallar la ecuación de la circunferencia debemos calcular el radio que, en este caso, será la distancia del centro C a la recta r.

DATOS: $C = (2, -3)$ y r: $y = -3x + 1$.

RESOLUCIÓN: Intenta resolver el problema individualmente. Para ello, oculta la respuesta y sigue estos pasos.

Pasos

1. Calculamos la distancia del centro de la circunferencia a la recta r.
2. Escribimos la ecuación de la circunferencia de centro $C = (2, -3)$ y de radio, la distancia a la recta.

Respuesta

1. $d(C, r) = \dfrac{|3 \cdot 2 + 1 \cdot (-3) - 1|}{\sqrt{3^2 + 1^2}} = \dfrac{2}{\sqrt{10}} = \dfrac{\sqrt{10}}{5}$

2. $(x-2)^2 + (y+3)^2 = \left(\dfrac{\sqrt{10}}{5}\right)^2 \rightarrow (x-2)^2 + (y+3)^2 = \dfrac{2}{5}$

1. ★★☆ Halla la ecuación de la circunferencia de centro $C = (-6, 1)$ tangente a la recta r: $3x + 2y = -3$.

Sol.: $(x+6)^2 + (y-1)^2 = 13$

2. ★★☆ Halla la ecuación de la circunferencia de centro $C = (1, 4)$ tangente al eje de abscisas.

Sol.: $(x-1)^2 + (y-4)^2 = 16$

B ELIPSE

La parte decorativa superior de una ventana se ha construido con forma de semielipse. Esta pieza tiene una altura máxima de 20 cm y una base de 80 cm. Halla la altura de la semielipse en un punto situado a 25 cm del centro de la base.

Solución

COMPRENSIÓN: Para hallar la ecuación de la semielipse calcularemos los parámetros a y b, a partir de los datos de la altura máxima y la longitud de la base de la pieza semielíptica.

DATOS: Altura máxima: 20 cm; base = 80 cm; altura a 25 cm del centro de la base.

RESOLUCIÓN: Para calcular los parámetros determinamos las coordenadas de los vértices. Como la altura máxima es 20 cm y la base mide 80 cm, podemos definir las coordenadas de los parámetros como:

$$A = (40, 0),\ A' = (-40, 0),\ B = (0, 20),\ B' = (0, -20)$$

Por lo tanto, $a = 40$, $b = 20$, y la ecuación de la elipse es:

$$\frac{x^2}{40^2} + \frac{y^2}{20^2} = 1$$

Para calcular la altura en el punto que pide el enunciado, $x = 25$, sustituiremos la x de la ecuación por este valor:

$$\frac{25^2}{40^2} + \frac{y^2}{20^2} = 1 \rightarrow y = 20 \cdot \sqrt{1 - \frac{25^2}{40^2}} = \frac{5}{2}\sqrt{39} \cong 15{,}61 \text{ cm}$$

Al buscar una distancia, no consideramos el valor negativo de la raíz.

La altura es, aproximadamente, de 15,61 cm.

COMPROBACIÓN: La altura es menor que la altura máxima, así que es una altura razonable.

3. ★★★ Los planetas se mueven alrededor del Sol describiendo órbitas elípticas con uno de los focos situados en el mismo Sol. El punto de la órbita en que el planeta está más cerca del Sol se llama *perihelio* y el punto más alejado, *afelio*. Estos puntos son los vértices de la órbita. La distancia de la Tierra al Sol en el perihelio es de 147 000 000 km y en el afelio es de 153 000 000 km. Halla la ecuación de la órbita terrestre.

Sol.: $\dfrac{x^2}{2{,}25 \cdot 10^{16}} + \dfrac{y^2}{2{,}2491 \cdot 10^{16}} = 1$

4. ★★★ Los puntos de una órbita lunar elíptica más cercanos y más alejados del centro de la Luna se denominan *perilune* y *apolune*, respectivamente. Estos puntos son dos de los vértices de la órbita y el centro de la Luna es uno de sus focos. El *Apolo 11* fue colocado en una órbita lunar con una distancia mínima de 68 millas a la superficie lunar, y una distancia máxima de 195 millas. Si el radio lunar es de 1 075 millas, halla la ecuación de la órbita del *Apolo 11*.

Sol.: $\dfrac{x^2}{1\,455\,642} + \dfrac{y^2}{1\,451\,610} = 1$

C HIPÉRBOLA

En el sistema de navegación de largo alcance, LORAN (*Long Range Navigation*), una estación principal de radio y una estación secundaria emiten señales que pueden ser recibidas por un barco en el mar. Aunque el barco siempre recibe las dos señales, generalmente se halla más cerca de una de las dos estaciones, de modo que las distancias que recorren las dos señales son diferentes. Por lo tanto, hay una pequeña diferencia entre los instantes en que las señales son registradas.

Supongamos que dos estaciones LORAN están separadas 250 millas a lo largo de una costa recta.

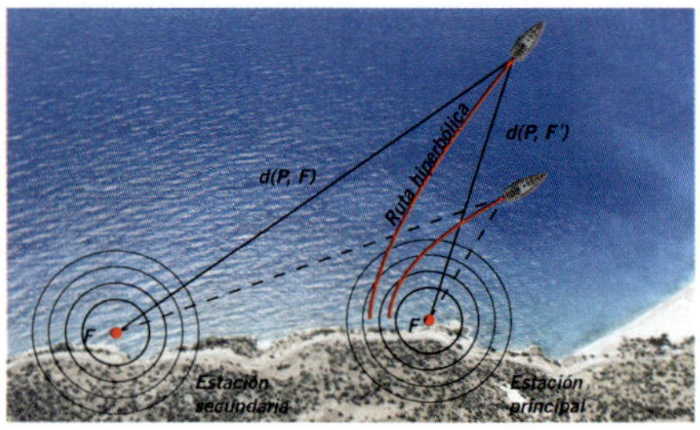

a) Si el barco lleva una ruta que mantiene fija la diferencia de tiempo, ¿qué tipo de trayectoria seguirá? ¿Qué sistema de coordenadas será apropiado para determinar el lugar donde el barco alcanzará la costa?

b) Si un barco registra una diferencia de tiempo de 0,000 86 s entre las señales LORAN, ¿cuál será la ubicación exacta del barco cuando alcance la costa siguiendo esta trayectoria? (Nota: la velocidad de cada señal de radio es de 186 000 millas/s).

Solución

COMPRENSIÓN: Deberemos deducir la trayectoria del barco antes de realizar los cálculos.

DATOS: $\Delta t = 0{,}00086$ s; $v = 186000$ millas/s; $d = 250$ millas.

RESOLUCIÓN:

a) La trayectoria del barco será una hipérbola cuyos focos están localizados en las dos estaciones de radio. Centraremos la hipérbola en el origen de coordenadas, de forma que los focos estén sobre el eje de abscisas y el origen de coordenadas sea el punto medio del segmento que determinan.

b) Utilizando la velocidad de las ondas de radio y la diferencia de tiempo, $2a = 186000 \cdot 0.00086 \cong 160$ millas, es decir, $a = 80$ millas.

Por lo tanto, uno de los vértices de la hipérbola está en el punto $V = (80, 0)$.

Como $d = 250$ y $250/2 = 125$, uno de los focos está en el punto $F = (125, 0)$.

El barco alcanzará la costa a $125 - 80 = 45$ millas de la estación principal.

5. ★★★ Dos estaciones de radio LORAN están separadas 500 millas. Un barco recibe la señal de la estación *A* 2 640 microsegundos antes que la señal de la estación *B*. Halla los parámetros *a, b* y *c* de la hipérbola sobre la que navega el barco, suponiendo que la velocidad de cada señal de radio es de 186 000 millas/s.

Sol.: $a = 245{,}52$; $b = 47{,}11$; $c = 250$

D PARÁBOLA

Halla el vértice, el foco y la directriz de la parábola $x^2 - 4x = 8y - 28$.

Solución

COMPRENSIÓN: Para calcular los parámetros, hallaremos la ecuación reducida de la parábola trasladada.

RESOLUCIÓN: Para realizar la transformación de la ecuación utilizaremos la técnica de completar cuadrados:

a) Sumamos 4 a cada miembro de la ecuación:

$$x^2 - 4x = 8y - 28 \longrightarrow x^2 - 4x + 4 = 8y - 28 + 4$$

b) El primer miembro es el cuadrado de una resta:

$$x^2 - 4x + 4 = 8y - 28 + 4 \longrightarrow (x - 2)^2 = 8y - 24$$

c) Sacamos factor común del segundo miembro:

$$(x - 2)^2 = 8y - 24 \longrightarrow (x - 2)^2 = 8(y - 3)$$

Por lo tanto, tenemos una ecuación parabólica del tipo:

$$(x - x_0)^2 = 2p(y - y_0)$$

Donde $x_0 = 2$; $y_0 = 3$; $p = 4$. El foco de $x^2 = 8y$ es $F = (0, 2)$ y su directriz es $y = -2$.

Por lo tanto, el vértice es $V' = (2, 3)$, el foco $F' = (2, 3 + 5) = (2, 8)$ y la recta directriz es $y = -2 + 3 = 1$.

6. ★★☆ Halla el vértice, el foco y la directriz de la parábola $4x^2 - 4x - 8y + 9 = 0$.

Sol.: $V = (1/2, 1)$; directriz $y = 1/2$; $F = (1/2, 3/2)$

7. ★★☆ Halla el vértice, el foco y la directriz de la parábola $y^2 = 4(x + 2y)$.

Sol.: $V = (-4, 4)$; directriz $x = -5$; $F = (-3, 4)$

EJERCICIOS y PROBLEMAS

1 Circunferencia

8. ★☆☆ Halla la ecuación del lugar geométrico de los puntos que distan 10 metros del punto $P = (-3, 8)$.

Sol.: $(x + 3)^2 + (y - 8)^2 = 100$

9. ★☆☆ Halla la ecuación del lugar geométrico del plano formado por los puntos que distan 7 unidades del punto $A = (-4, -5)$.

Sol.: $(x + 4)^2 + (y + 5)^2 = 49$

10. ★☆☆ Determina las ecuaciones de las circunferencias siguientes:

a) Centro $(2, -1)$ y radio 3.

b) Centro $(3, 0)$ y radio 4.

c) Centro $(-1, 5)$ y pasa por el punto $P = (-4, -6)$.

Sol.: a) $(x - 2)^2 + (y + 1)^2 = 9$; b) $(x - 3)^2 + y^2 = 16$; c) $(x + 1)^2 + (y - 5)^2 = 130$

11. ★★☆ Halla la ecuación de la circunferencia que contiene los puntos $A = (1, 8)$ y $B = (5, -6)$ y son diametralmente opuestos.

Sol.: $(x - 3)^2 + (y - 1)^2 = 53$

12. ★★☆ Halla la ecuación de la circunferencia concéntrica a la circunferencia $x^2 + y^2 - 4x + 2y - 3 = 0$ y radio 2 unidades.

Sol.: $(x - 2)^2 + (y + 1)^2 = 4$

13. ★★☆ Demuestra si las siguientes ecuaciones representan una circunferencia. En caso afirmativo, halla su centro y su radio.

a) $(x-3)^2 + (y+12)^2 = 625$

b) $x^2 + y^2 - 4x + 10y + 13 = 0$

c) $x^2 + y^2 + \frac{1}{2}x + 2y + \frac{1}{16} = 0$

d) $x^2 + y^2 - 3xy + y - 1 = 0$

Sol.: a) $C = (3, -12)$; $r = 25$; b) $C = (2, -5)$; $r = 4$; c) $C = (-1/4, -1)$; $r = 1$; d) No es una circunferencia.

14. ★★☆ Calcula los valores de m para que el punto $P = (1, 1)$ pertenezca a la circunferencia $x^2 + y^2 - 2mx + 4my - 4m^2 = 0$. Halla el centro y el radio para los valores obtenidos.

Sol.: $m = 1 \rightarrow C = (1, -2)$, $r = 3$; $m = -1/2 \rightarrow C = (-1/2, 1)$, $r = 1{,}5$

15. ★★☆ Determina la posición relativa de los puntos $A = (5, 4)$, $B = (-1, 1)$ y $C = (2, -1)$ respecto a la circunferencia $x^2 + y^2 - 4x - 2y - 4 = 0$.

Sol.: A, exterior; B, de la circunferencia; C, interior

16. ★★☆ Determina la posición relativa de las siguientes rectas respecto a la circunferencia de ecuación:

$$x^2 + y^2 - 2x + 3y + 2 = 0$$

a) $r: y = 2x + 3$ b) $s: x + 4y = -5$ c) $t: y = 3 - 2x$

Sol.: a) Exterior; b) Secante; c) Tangente

17. ★★☆ Determina el centro, el radio y la gráfica de la circunferencia $x^2 + y^2 - 4x + 2y = 0$.

Sol.: $C = (2, -1)$, $r = \sqrt{5}$

18. ★★☆ Halla la ecuación de la circunferencia que tiene su centro en el punto de intersección de las rectas de ecuación $x + 3y + 3 = 0$, $x + y + 1 = 0$ y cuyo radio es $r = 5$.

Sol.: $x^2 + (y + 1)^2 = 25$

19. ★★☆ Halla la ecuación del lugar geométrico de los puntos del plano tales que la suma de los cuadrados de sus distancias a los puntos $A = (0, 0)$ y $B = (1, 1)$ es igual a 9.

Sol.: Circunferencia de $C = (1/2, 1/2)$ y r: 2

20. ★★★ Determina la posición relativa de las siguientes circunferencias respecto a la circunferencia de ecuación $x^2 + y^2 - 6x - 2y - 15 = 0$.

a) $x^2 + y^2 - 16x - 10y + 87 = 0$

b) $x^2 + y^2 - 8y + 12 = 0$

c) $x^2 + y^2 - 22x + 6y + 121 = 0$

Sol.: a) Tangente exterior; b) Secante; c) Exterior

21. ★★★ Determina la ecuación de la circunferencia que pasa por los puntos $A = (2, 1)$, $B = (-3, -4)$ y $C = (-6, 5)$.

Sol.: $x^2 + y^2 + 6x - 2y - 15 = 0$

22. ★★★ Escribe la ecuación de la circunferencia que pasa por el origen de coordenadas, tiene su centro en la bisectriz del cuarto cuadrante y su radio mide 2 unidades.

Sol.: $x^2 + y^2 - 2\sqrt{2}\,x + 2\sqrt{2}\,y = 0$

23. ★★★ Una circunferencia pasa por los puntos $A = (1, 3)$ y $B = (3, 5)$ y tiene el centro sobre la recta $x + 2y = 3$. Halla su centro y su radio.

Sol.: $C = (9, -3)$; $r = 10$

24. ★★★ Estudia la posición relativa del punto $A = (a + 1, 2a)$ respecto de la circunferencia $x^2 + y^2 - 1 = 0$ en función del valor de a.

25. ★★★ Halla la ecuación de la circunferencia concéntrica a $x^2 + y^2 - 4x + 2y = 0$ que es tangente a la recta de ecuación $2x - y + 2 = 0$.

Sol.: $(x - 2)^2 + (y + 1)^2 = 49/5$

26. ★★★ Halla la ecuación de la circunferencia que circunscribe el triángulo determinado por los puntos $A = (1, 3)$, $B = (4, 4)$, $C = (3,1)$.

Sol.: $\left(x - \frac{11}{4}\right)^2 + \left(y - \frac{11}{4}\right)^2 = \frac{50}{16}$

27. ★★★ Determina para qué valores del parámetro k la recta de ecuación $x + 2y + k = 0$ es tangente a la circunferencia $x^2 + y^2 - 9 = 0$ y para qué valores de k es exterior.

Sol.: Tangente si $k \pm = 6{,}71$ y exterior si $k > 6{,}71$ y $k < -6{,}71$

2 Elipse

28. ★☆☆ Halla la ecuación de las siguientes elipses:

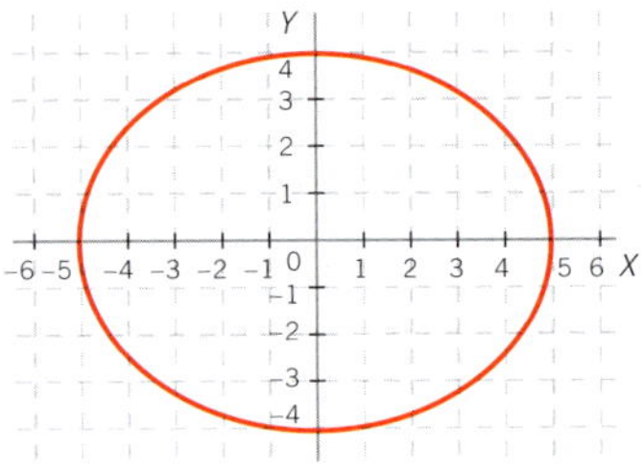

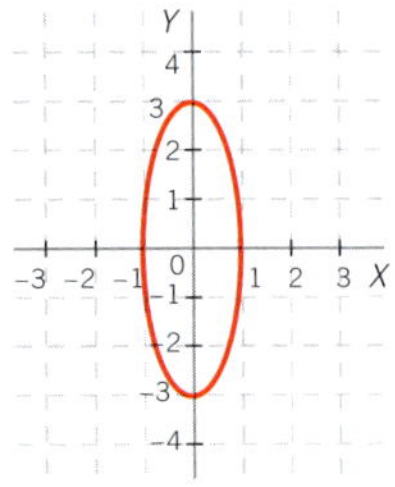

Sol.: $x^2 + \dfrac{y^2}{9} = 1$; $16x^2 + 25y^2 = 400$

29. ★☆☆ Un punto de una elipse dista de sus focos, que están situados sobre el eje de abscisas, 2 cm y 8 cm. Sabiendo que la distancia focal es 6 m, calcula:

a) La ecuación reducida de la elipse.

b) Los focos y la excentricidad.

Sol.: a) $\dfrac{x^2}{25} + \dfrac{y^2}{16} = 1$; b) $F = (\pm 3, 0)$; $e = 3/5$

30. ★★☆ Halla los vértices, los focos y la excentricidad de las siguientes elipses:

a) $\dfrac{x^2}{25} + \dfrac{y^2}{9} = 1$

b) $9x^2 + 4y^2 = 36$

c) $5x^2 + 6y^2 = 30$

d) $x^2 = 4 - 2y^2$

31. ★★☆ Halla la ecuación de la elipse de focos $F = (3, 0)$ y $F' = (-3, 0)$, sabiendo que la suma de las distancias de un punto cualquiera a los focos es 10.

Sol.: $\dfrac{x^2}{25} + \dfrac{y^2}{16} = 1$

32. ★★☆ Halla la ecuación de las elipses determinadas por las siguientes condiciones:

a) Focos: $(\pm 4, 0)$. Vértices: $(0, \pm 5)$.

b) Longitud del eje mayor: 6. Longitud del eje menor: 4. Focos en el eje X.

c) Focos: $(\pm 5, 0)$. Longitud del eje mayor: 12.

d) Extremos del eje menor: $(0, \pm 3)$. Distancia focal: 8.

e) Excentricidad: 0,8. Focos: $(\pm 1{,}5, 0)$.

f) Corta el eje de ordenadas en los puntos $A = (0, 6)$ y $A' = (0, -6)$ y la excentricidad es $e = 1/3$.

Sol.: a) $\dfrac{x^2}{9} + \dfrac{y^2}{25} = 1$; b) $\dfrac{x^2}{9} + \dfrac{y^2}{4} = 1$; c) $\dfrac{x^2}{36} + \dfrac{y^2}{11} = 1$; d) $\dfrac{x^2}{25} + \dfrac{y^2}{9} = 1$; e) $\dfrac{64x^2}{225} + \dfrac{64y^2}{81} = 1$; f) $\dfrac{x^2}{32} + \dfrac{y^2}{36} = 1$

33. ★★☆ Halla la ecuación de las elipses que satisfacen las siguientes condiciones:

a) Foco: $(7, 2)$. Vértice: $(9, 2)$. Centro: $(4, 2)$.

b) Centro: $(1, 4)$. Distancia focal: 16.

Eje mayor: Paralelo al eje OX y de longitud 20.

Sol.: a) $\dfrac{(x-4)^2}{25} + \dfrac{(y-2)^2}{16} = 1$; b) $\dfrac{(x-1)^2}{100} + \dfrac{(y-4)^2}{36} = 1$

34. ★★☆ Halla el centro y los focos de las siguientes elipses de ecuación:

a) $\dfrac{(x-3)^2}{64} + \dfrac{(y+4)^2}{16} = 1$ b) $\dfrac{(x-2)^2}{1} + \dfrac{(y+1)^2}{4} = 1$

Sol.: a) $F = (-4, -4)$; $F' = (10, -4)$; $C = (3, -4)$;
b) $F = (2, -1 + \sqrt{3})$ $F' = (2, -1 - \sqrt{3})$; $C = (2, -1)$

35. ★★☆ La Luna describe una órbita elíptica alrededor de la Tierra, que es uno de sus focos. Si la excentricidad de la órbita lunar es 0,84 y la distancia focal es de 369 200 km, halla la distancia máxima a la que se encuentra la Tierra de la Luna.

Sol.: 404 361,904 8 km

36. ★★★ Halla las coordenadas del punto medio de la cuerda que determinan la recta $x + 2y - 1 = 0$ y la elipse $x^2 + 2y^2 = 3$.

Sol.: $P = (1/3, 1/3)$

37. ★★★ Halla la ecuación de la elipse que pasa por el punto $P = (3, 1)$ y tiene sus focos en $F = (4, 0)$ y $F' = (-4, 0)$.

Sol.: $\dfrac{x^2}{18} + \dfrac{y^2}{2} = 1$

38. ★★★ Halla la excentricidad de una elipse en la que los segmentos que unen los extremos de su eje menor con cada uno de los focos forman un cuadrado.

Sol.: $e = \sqrt{2}/2$

39. ★★★ Demuestra que si dos elipses tienen la misma excentricidad, las longitudes de sus semiejes mayores y menores son proporcionales.

3 Hipérbola

40. ★☆☆ Relaciona cada ecuación con la gráfica de la hipérbola correspondiente.

a) $y^2 - \dfrac{x^2}{9} = 1$

b) $9x^2 - 25y^2 = 225$

c) $\dfrac{x^2}{4} - y^2 = 1$

d) $16y^2 - x^3 = 144$

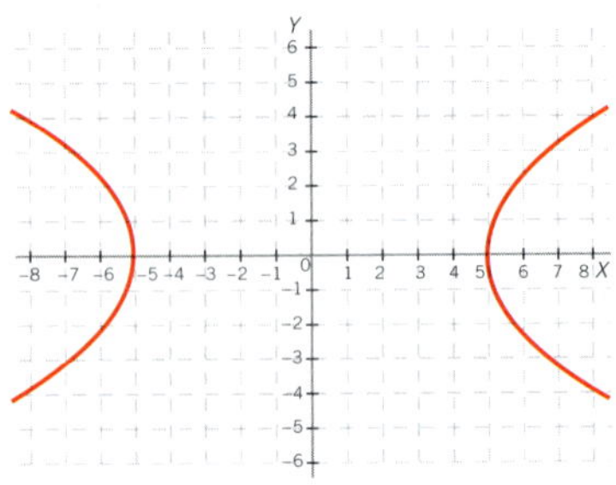

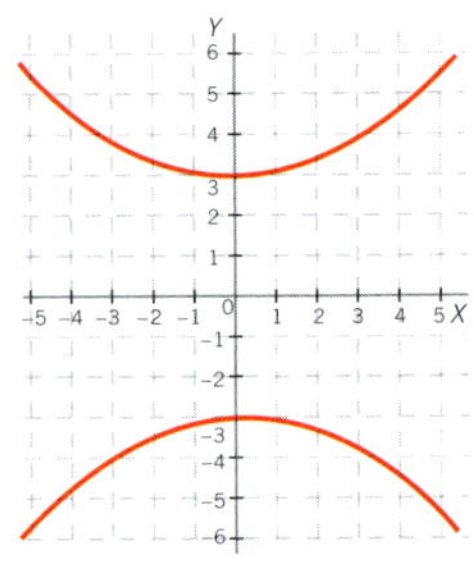

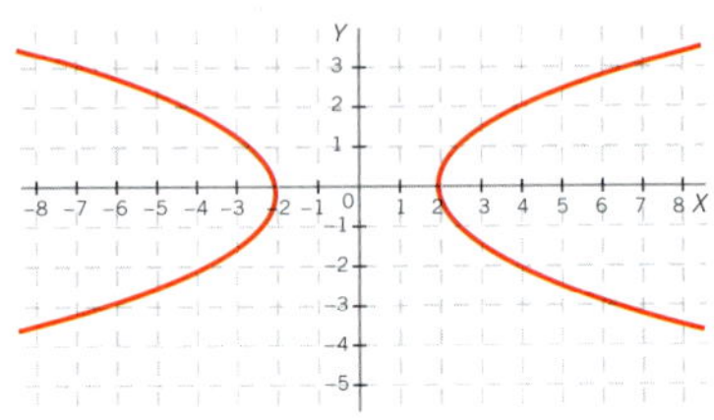

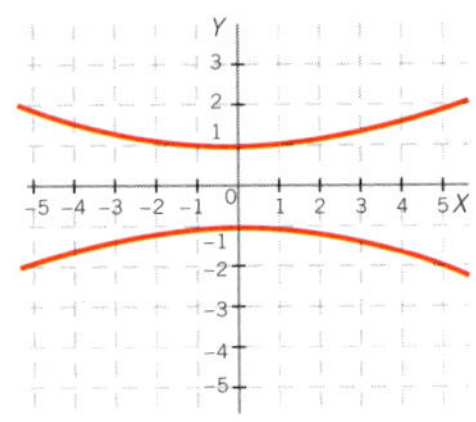

Sol.: a) –4; b) –1; c) –3; d) –2

41. ★☆☆ Halla la ecuación de las hipérbolas que satisfacen las siguientes condiciones:

a) Focos: $F = (-3, 0)$ y $F' = (3, 0)$. Pasa por el punto $P = (8, 5\sqrt{3})$.

b) Centro: $C = (3, -3)$. Distancia focal: 8. Eje real paralelo al eje OY de longitud 4.

c) Centrada en el origen. Eje real de longitud 12. Pasa por el punto de coordenadas $P = (8, 14)$.

d) Sus asíntotas son las rectas $y = 2x$, $y = -2x$. Vértices: $A = (1, 0)$ y $A' = (-1, 0)$.

Sol.: a) $\frac{x^2}{4} - \frac{y^2}{5} = 1$; b) $\frac{(x-3)^2}{12} - \frac{(y+3)^2}{4} = -1$; c) $\frac{x^2}{36} - \frac{y^2}{252} = 1$; d) $x^2 - \frac{y^2}{4} = 1$

42. ★★☆ Halla la ecuación de las hipérbolas determinadas por las siguientes condiciones:

a) Focos: $(\pm 5, 0)$. Vértices: $(\pm 3, 0)$.

b) Focos: $(0, \pm 10)$. Vértices: $(0, \pm 8)$.

c) Vértices: $(\pm 1, 0)$. Asíntotas: $y = \pm 5x$.

d) Vértices: $(0, \pm 6)$. Pasa por: $P = (-5, 9)$.

e) Focos: $(0, \pm 1)$. Longitud eje real: 1.

f) Asíntotas: $y = \pm \frac{x}{2}$. Pasa por el punto de coordenadas: $(5, 2)$.

Sol.: a) $\frac{x^2}{9} - \frac{y^2}{16} = 1$; b) $\frac{y^2}{64} - \frac{x^2}{36} = 1$; c) $x^2 - \frac{y^2}{25} = 1$; d) $\frac{y^2}{36} - \frac{x^2}{20} = 1$; e) $4y^2 - \frac{4x^2}{3} = 1$; f) $x^2 - 4y^2 = 9$

43. ★★☆ Halla los vértices, los focos y las asíntotas de estas hipérbolas:

a) $\frac{x^2}{4} - \frac{y^2}{16} = 1$

b) $9x^2 - 4y^2 = 36$

c) $x^2 - y^2 + 4 = 0$

d) $x^2 - y^2 - 8 = 0$

Sol.: a) $V = (\pm 2, 0)$, $F = (\pm 2\sqrt{5}, 0)$; $y = \pm 2x$; b) $V = (\pm 2, 0)$, $F = (\pm\sqrt{13}, 0)$; $y = \pm 3/2x$; c) $V = (0, \pm 2)$; $F = (0, \pm 2\sqrt{2})$; $y = \pm x$; d) $V = (\pm 2\sqrt{2}, 0)$; $F = (\pm 4, 0)$; $y = \pm x$

44. ★★☆ Halla las ecuaciones de las hipérbolas que tienen las siguientes gráficas:

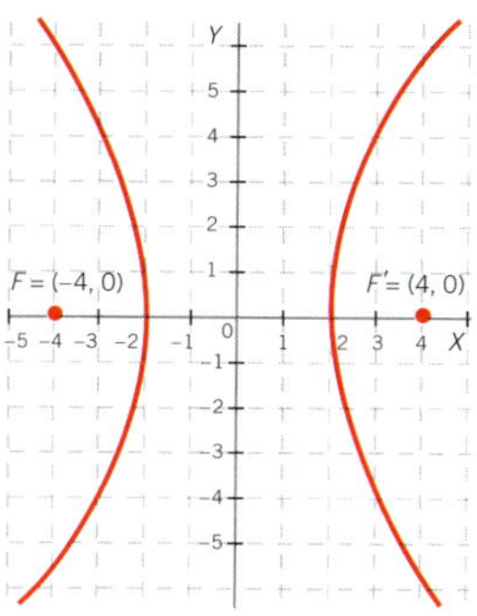

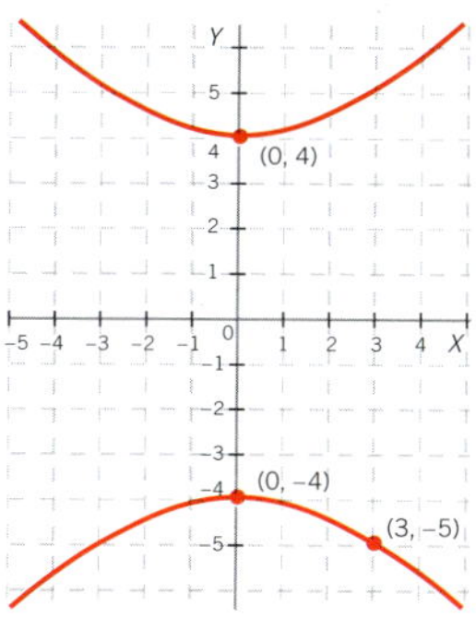

Sol.: a) $\frac{x^2}{4} - \frac{y^2}{12} = 1$; b) $\frac{y^2}{16} - \frac{x^2}{16} = 1$

45. ★★☆ Halla la ecuación reducida de una hipérbola equilátera con focos en el eje de ordenadas. Halla sus asíntotas y calcula su excentricidad.

Sol.: $\frac{x^2}{a^2} - \frac{y^2}{a^2} = -1$; $y = -x$, $y = x$; $e = \sqrt{2}$

46. ★★★ Halla la ecuación de la hipérbola de focos $F = (5, 0)$ y $F' = (-5, 0)$, sabiendo que la diferencia de distancias de un punto cualquiera a los focos es 8.

Sol.: $\frac{x^2}{16} - \frac{y^2}{9} = 1$

47. ★★★ Halla el centro, los focos y los vértices de las siguientes hipérbolas:

a) $\frac{(x-4)^2}{16} - \frac{(y+1)^2}{9} = 1$

b) $\frac{(x-1)^2}{5} - \frac{4(y-2)^2}{5} = 1$

Sol.: a) $C = (4, -1)$; $F = (-1, -1)$, $F' = (9, -1)$; $V = (0, -1)$, $V' = (8, -1)$; b) $C = (1, 2)$; $F = (-3/2, 2)$, $F' = (7/2, 2)$; $V = (1 + \sqrt{5}, 2)$, $V' = (1 - \sqrt{5}, 2)$

4 Parábola

48. ★☆☆ Halla el valor del parámetro p de la parábola $x^2 = -2py$ sabiendo que el punto $P = (-6, -1)$ está contenido en ella.

Sol.: $p = 18$

49. ★☆☆ Halla el foco y la directriz de las siguientes parábolas:

a) $y^2 = -8x$

b) $x^2 = 12y$

c) $y = 5x^2$

d) $8x^2 + 12y = 0$

Sol.: a) $F = (-2, 0)$; $x = 2$; b) $F = (0, 3)$, $y = -3$; c) $F = (0, 1/20)$; $y = -1/20$; d) $F = (0, -3/8)$; $y = 3/8$

50. ★★☆ Determina en su forma reducida las ecuaciones de las siguientes parábolas:

a) $6y^2 - 12x = 0$

b) $15x^2 = -42y$

A continuación, indica en cada caso el valor del parámetro p, las coordenadas del foco y la ecuación de la directriz.

Sol.: a) $p = 1$; $F = (1/2, 0)$; $x = -1/2$; b) $p = 7/5$; $F = (0, -7/10)$; $x = 7/10$

51. ★★☆ Halla la ecuación de las parábolas que satisfacen las siguientes condiciones:

a) Vértice: $(0, 0)$. Foco: $(-2, 0)$. Directriz: $x = 2$.

b) Vértice: $(0, 0)$. Directriz: $y = 6$.

c) Foco: $(0, -5)$. Directriz: $y = 5$.

d) Vértice: $(0, 0)$. Eje de simetría: eje OY. Pasa por el punto $P = (-3, 3)$.

Sol.: a) $y^2 = -8x$; b) $x^2 = -24y$; c) $x^2 = -20y$; d) $x^2 = 3y$

52. ★★☆ Halla la ecuación de las parábolas que satisfacen las siguientes condiciones:

a) Vértice: (5, 2). Foco: (3, 2).

b) Vértice: (–2, 2). Foco: (–2, 5).

c) Vértice: (1, 4). Foco: (3, 4).

Sol.: a) $(y-2)^2 = -8(x-5)$;
b) $(x+2)^2 = 12(y-2)$; c) $(y-4)^2 = 8(x-1)$

53. ★★☆ Determina la ecuación de la parábola que tiene por directriz la recta $y = 0$ y por foco $F = (2, 4)$.

Sol.: $(x-2)^2 = 8(y-2)$

54. ★★☆ Escribe la ecuación de la parábola con foco en el punto (3, 2) y vértice en el punto (5, 2).

Sol.: $(y-2)^2 = -8(x-5)$

55. ★★★ Completa cuadrados para transformar las ecuaciones y calcula el vértice y el foco de las siguientes parábolas:

a) $y^2 - 6y - 8x + 17 = 0$

b) $x^2 - 8x - 6y - 5 = 0$

Sol.: a) $V = (1, 3)$, $F = (3, 3)$; b) $V = (4, -7/2)$, $F = (4, -2)$

56. ★★★ Dada la parábola de ecuación $y = \frac{1}{8}x^2 - 2$:

a) Halla sus puntos de intersección con los ejes de coordenadas.

b) Halla una ecuación y dibuja la gráfica de la elipse que tiene como vértices los puntos hallados en el apartado anterior. Calcula su excentricidad.

Sol.: a) $A = (4, 0)$, $B = (-4, 0)$, $C = (0, -2)$;
b) $x^2 + 4y^2 = 16$; $e = \sqrt{3}/2$

Síntesis

57. ★★☆ Identifica las siguientes cónicas y calcula sus elementos característicos:

a) $4x^2 + 9y^2 = 36$

b) $16x^2 - 9y^2 = 144$

c) $9x^2 + 9y^2 = 25$

d) $y^2 = 14x$

Sol.: En todas, $C = (0, 0)$; a) $a = 3$; $b = 2$; b) $a = 3$; $b = 4$;
c) $r = 5/3$; d) $V = (0, 0)$, d: $x = -7/2$

58. ★★☆ La ecuación general de una cónica es de la forma $Ax^2 + By^2 + Cx + Dy + E = 0$. Reflexiona sobre los tipos de ecuaciones que has visto en la unidad y relaciona:

a) Si $A \neq B$ y uno de los dos es cero...

b) Si $A = B$ y son diferentes de cero...

c) Si $A \neq B$ y tienen el mismo signo...

d) Si $A \neq B$ y tienen el signo diferente...

... la cónica es...

1) ... una circunferencia.

2) ... una elipse.

3) ... una hipérbola.

4) ... una parábola.

59. ★★☆ Halla la ecuación de una circunferencia que pasa por los focos de la cónica $4x^2 + 3y^2 - 48 = 0$ y cuyo centro está sobre la recta $2x - 3y + 7 = 0$.

Sol.: $\left(x + \frac{7}{2}\right)^2 + y^2 = \frac{65}{4}$

60. ★★☆ Puedes poner a prueba tus conocimientos sobre las cónicas en la siguiente página web: @

http://links.edebe.com/vyt6c

61. ★★☆ Determina la ecuación de la circunferencia que pasa por el punto $P = (-3, -2)$ y por los puntos de intersección de las circunferencias:

$$x^2 + y^2 - 2x + 10y + 17 = 0$$
$$x^2 + y^2 - 14x - 2y + 5 = 0$$

Sol.: $(x+1)^2 + (y+7)^2 = 29$

62. ★★☆ La órbita de Plutón alrededor del Sol define aproximadamente una elipse de ecuación reducida:

$$\frac{x^2}{5\,800^2} + \frac{y^2}{1\,500^2} = 1$$

Si las cifras representan millones de kilómetros:

a) ¿Cuál es la distancia máxima y la distancia mínima de Plutón al Sol?

b) ¿Cuál es la excentricidad de la órbita?

Sol.: a) Máx.: 11 403 km; Mín.: 197 km; b) $e = 0{,}97$

63. ★★☆ Identifica las siguientes cónicas y halla sus elementos característicos:

a) $x^2 + y^2 + 2x + 6y + 1 = 0$

b) $8x^2 - 3y^2 = 120$

c) $x^2 + 4y^2 = 100$

d) $y^2 = 36x$

Sol.: a) Circunferencia; b) Hipérbola; c) Elipse; d) Parábola

64. ★★★ Halla la ecuación del lugar geométrico de los puntos del plano con diferencia de distancias a los puntos $A = (0, 3)$ y $B = (0, -1)$ igual a 1. ¿De qué tipo de curva se trata?

Sol.: Hipérbola, $4x^2 - 60y^2 + 120y - 45 = 0$

65. ★★★ Halla los puntos de intersección de la elipse $\frac{x^2}{25} + \frac{y^2}{9} = 1$ con la circunferencia cuyo centro es el origen de coordenadas y que pasa por los focos de la elipse.

Sol.: $\left(\frac{\pm 5\sqrt{7}}{4}, \frac{\pm 9}{4}\right)$

66. ★★★ Considera las cónicas, C_1 y C_2, definidas por las ecuaciones:

C_1: $9x^2 + 16y^2 = 144$ $\quad$ C_2: $9x^2 - 16y^2 = 144$

a) Clasifícalas, especifica los elementos característicos de cada una de ellas y esboza sus gráficas.

b) Halla la ecuación de la parábola con eje de simetría paralelo al eje de abscisas, abierta hacia la derecha y que pasa por tres de los vértices de la cónica C_1.

Sol.: a) $C_1 \rightarrow$ Elipse con $a = 4$, $b = 3$, $c = \sqrt{7}$;
$C_2 \rightarrow$ Hipérbola con $a = 4$, $b = 3$, $c = 5$; b) $y^2 = \frac{9}{4}(x+4)$

Cónicas

- **Circunferencia**
  Centro: C
  Radio: r
  - Definición: $d(P, C) = r$
  - Ecuación: $(x - a)^2 + (y - b)^2 = r^2$
  - Ecuación general: $x^2 + x^2 + mx + ny + p = 0$; $m = -2a$, $n = -2b$, $p = a^2 + b^2 - r^2$
  - Posición relativa de una circunferencia y un punto P
    - Interior: $d(P, C) < r$
    - De la circunferencia: $d(P, C) = r$
    - Exterior: $d(P, C) > r$
  - Posición relativa de una circunferencia y una recta
    - Secante: $d(C, recta) < r$
    - Tangente: $d(C, recta) = r$
    - Exterior: $d(C, recta) > r$
  - Posición relativa de dos circunferencias
    - Secantes: $r - r' < d(C, C') < r + r'$
    - Tangentes interiores: $d(C, C') = r - r'$
    - Tangentes exteriores: $d(C, C') = r + r'$
    - Interiores: $d(C, C') < r - r'$
    - Exteriores: $d(C, C') > r + r'$
- **Elipse**
  Focos: F, F'
  Centro: C
  Eje mayor: $2a$
  Eje menor: $2b$
  Distancia focal: $2c$
  - Definición: $d(F, P) + d(F', P) = 2a$
  - Relación métrica fundamental: $b^2 + c^2 = a^2$
  - Excentricidad: $e = c/a$
  - Ecuación reducida: $\dfrac{x^2}{a^2} + \dfrac{y^2}{b^2} = 1$
- **Hipérbola**
  Focos: F, F'
  Centro: C
  Eje real : $2a$
  Eje imaginario: $2b$
  Distancia focal: $2c$
  - Definición: $|d(F, P) - d(F', P)| = 2a$
  - Relación métrica fundamental: $a^2 + b^2 = c^2$
  - Excentricidad: $e = c/a$
  - Ecuación reducida: $\dfrac{x^2}{a^2} + \dfrac{y^2}{b^2} = 1$
- **Parábola**
  Foco: F
  Vértice: V
  Recta directriz: d
  Distancia focal: $p/2$
  - Definición: $d(F, P) = d(d, P)$
  - Ecuación reducida: $y^2 = 2px$
    $y^2 = -2px$
    $x^2 = 2py$
    $x^2 = -2py$

1 Halla la ecuación de la circunferencia:

a) Cuyo centro es $C = (2, -3)$ y pasa por el punto $P = (1, 4)$.

b) Que tiene por diámetro el segmento $\overline{MN}$ siendo $M = (-3, -3)$ y $N = (3, 3)$.

c) Que tiene por diámetro el segmento $\overline{PQ}$ siendo $P = (-6, 6)$ y $Q = (2, 0)$.

d) Que tiene su centro en el punto de intersección de las rectas $2x + 5y = 10$ y $x - 8y = 26$ y su radio es 2.

Sol.: a) $(x-2)^2 + (y+3)^2 = 50$;
b) $x^2 + y^2 = 18$;
c) $(x+2)^2 + (y-3)^2 = 25$;
d) $(x-10)^2 + (y+2)^2 = 4$

2 Halla la ecuación de la circunferencia cuyo centro está en la recta $x + 2y = 0$ y pasa por los puntos $P = (4, 3)$ y $Q = (0, 1)$.

Sol.: a) $(x-4)^2 + (y+2)^2 = 25$

3 Halla la ecuación de la circunferencia de radio 4 y concéntrica a la circunferencia:

$$x^2 + y^2 + 2x + 10y + 17 = 0$$

Sol.: $(x+1)^2 + (y+5)^2 = 16$

4 Halla las posiciones relativas de las circunferencias y rectas siguientes:

a) C: $x^2 + y^2 - 4x - 1 = 0$ y r: $2x - y - 4 = 0$.

b) C: $x^2 + y^2 - 2x + 3y + 2 = 0$ y

r: $2x + y - 3 = 0$.

5 Determina las coordenadas de los focos y de los vértices, así como la excentricidad de las siguientes elipses:

a) $\dfrac{(x-1)^2}{4} + \dfrac{(y-3)^2}{9} = 1$ b) $2x^2 + y^2 = 4$

Sol.: a) $F = (0, \pm\sqrt{5})$, $A = (0, \pm 3)$, $B = (\pm 2, 0)$, $e = \sqrt{5}/3$;
b) $F = (0, \pm\sqrt{2})$, $A(0, \pm 2)$, $B = (\pm\sqrt{2}, 0)$, $e = \sqrt{2}/2$

6 Escribe las ecuaciones de las hipérbolas que cumplen las siguientes características:

a) Centro: $C = (-3, 0)$. Foco: $F = (2, 0)$. $e = 5/4$.

b) Vértices: $A = (6, 2)$, $A' = (-2, 2)$. Distancia focal: 10.

Sol.: a) $\dfrac{(x+3)^2}{16} - \dfrac{y^2}{9} = 1$;
b) $\dfrac{(x-2)^2}{16} - \dfrac{(y-2)^2}{9} = 1$

7 Determina las coordenadas del centro, de los focos, de los vértices y la excentricidad de la hipérbola que tiene por ecuación:

$$\frac{(x-1)^2}{9} - \frac{(y-3)^2}{4} = 1$$

Sol.: $C = (1, 3)$, $F = (1 \pm \sqrt{13}, 3)$ $A = (4, 3)$,
$A' = (-2, 3)$, $e = \sqrt{13}/3$

8 Escribe las ecuaciones que corresponden a las parábolas que cumplen las siguientes propiedades:

a) Vértice: $V = (2, -2)$. Directriz: $y = -5$.

b) Foco: $F = (6, 1)$. Vértice: $V = (2, 1)$.

Sol.: a) $(x-2)^2 = 12(y+2)$; b) $(y-1)^2 = 16(x-2)$

9 Halla la intersección, en caso de que exista, de la parábola que tiene por ecuación $y^2 = 9x$ con la hipérbola $\dfrac{x^2}{16} - \dfrac{y^2}{9} = 1$.

Sol.: $A = (16{,}94, -12{,}35)$, $B = (16{,}94, 12{,}35)$

10 Clasifica las siguientes cónicas justificando en cada caso tu respuesta:

a) $9x^2 + 4y^2 - 36 = 0$

b) $(x-2)^2 + (y-3)^2 = 1$

c) $y = 3x^2$

A continuación, halla los elementos que definen a cada una de ellas.

11 Durante un partido de fútbol, un jugador chuta a portería para marcar un gol.

Observamos que la pelota sigue una trayectoria parabólica de ecuación:

$$(x-11)^2 = -24\left(y - \frac{121}{24}\right)$$

en la que x indica el desplazamiento horizontal e y el desplazamiento vertical. Ambas distancias están expresadas en metros.

a) ¿Qué altura máxima alcanzará la trayectoria de la pelota?

b) ¿A qué distancia del jugador volverá a tocar el suelo?

c) Si la pelota se dirige a la portería, que está situada a 20 metros del jugador, ¿entrará o pasará por encima del travesaño situado a una altura de 2,40 metros?

Sol.: a) 121/24 m; b) 22 m

SOCIETY

El gran geómetra

Así era conocido el matemático griego **Apolonio de Perge** (262 a. C.-190 a. C.), famoso por ser quien otorgó el nombre de *elipse, parábola* e *hipérbola* a las figuras que hoy conocemos. Recopiló todos sus estudios en su famosa obra *Sobre las secciones cónicas* en la que, además, trataba las curvas planas y la cuadratura de sus áreas. También se le atribuye la hipótesis de las órbitas excéntricas para intentar explicar el movimiento aparente de los planetas.

SOCIETY

LA PAPIROFLEXIA Y LAS CÓNICAS

La papiroflexia es el arte de origen japonés que consiste en el plegado de papel para obtener diversas figuras. Además de las técnicas conocidas con finalidades lúdicas (aviones, barcos, pajaritas, etc.), doblar un papel puede ayudar a conseguir elementos geométricos relacionados con las cónicas.

Observa cómo obtener una elipse a partir de una circunferencia: **http://links.edebe.com/puv8db**

– Busca información para obtener, con una técnica parecida, otras cónicas.

OPINION

Mark Twain y el cometa Halley

«Yo nací con el cometa y me iré con él».

El famoso cometa **Halley** es visible desde la Tierra aproximadamente cada 76 años (entre 74 y 79 años), siendo en 1986 la última vez que sucedió. Se da la circunstancia de que el célebre escritor estadounidense **Mark Twain** (autor de obras como *Las aventuras de Tom Sawyer* o *Las aventuras de Huckleberry Finn*) nació el 30 de noviembre de 1835, coincidiendo con el paso del cometa, y predijo que moriría cuando fuera posible volver a verlo. Y así fue, exactamente, el 21 de abril de 1910.

Para conocer más detalles sobre las características de este cometa, accede al enlace: http://links.edebe.com/fg

– Con los datos del enlace anterior, calcula la longitud del semieje menor de la órbita elíptica del cometa Halley. Comprueba el resultado consultando la página: http://links.edebe.com/4i7

TECHNOLOGICAL DEVELOPMENTS

Antenas parabólicas

Las antenas parabólicas se caracterizan por incorporar un reflector parabólico cuya superficie es un paraboloide (superficie tridimensional resultante de girar una parábola en torno a su eje de simetría). Tienen la propiedad de reflejar los rayos paralelos entrantes hacia su foco, donde suele ubicarse un receptor de señales. Se utilizan para conectar con satélites, comunicarse con radioaficionados o recoger señales de muy alta frecuencia.

Antena parabólica.

– En grupos, realizad una presentación con fotografías de elementos del entorno donde se identifiquen superficies cónicas o derivadas de ellas.

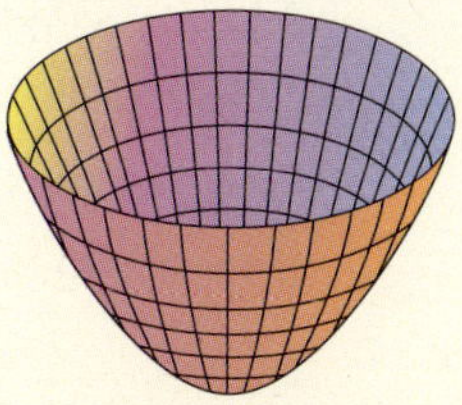

Paraboloide.

CRITICAL SENSE

ÓVALOS, OVOIDES Y ELIPSES

Estas tres figuras pueden llevar a comparaciones un tanto complejas y confusas; mientras la elipse es una curva cónica, el óvalo y el ovoide no lo son.

— Busca en Internet una definición correcta de *óvalo* y de *ovoide.* ¿Con qué otra cónica se les puede relacionar?

Accede al enlace http://links.edebe.com/tvea y observa los distintos métodos para obtener óvalos y ovoides.

— ¿En qué coinciden y en qué se diferencian estas dos líneas curvas?

MATEMÁTICAS y las TIC

GeoGebra<

GeoGebra permite tratar la trigonometría de una forma dinámica. Podemos utilizar las pantallas de **Vista Algebraica *(Algebra)*** y **Vista Gráfica *(Graphics)*.** Además, con la opción **Deslizador *(Slider)*** es posible obtener distintos valores de un ángulo para determinar los valores de sus razones trigonométricas.

Trigonometría

La amplitud de un ángulo (en sentido antihorario; es decir, *C, B, A*) puede obtenerse a partir de tres puntos que determinan dos rectas en el plano. Podemos utilizar el icono para dibujar los puntos y para marcar los segmentos. Al mover los puntos con se observa que el valor del ángulo va variando según la nueva amplitud.

En esta imagen se muestran las razones trigonométricas de 30°, 45° y 60°. Al mover los puntos *A, B* y *D, G* de cada triángulo se puede observar que el valor de las razones trigonométricas no varía, aunque cambie el tamaño del triángulo.

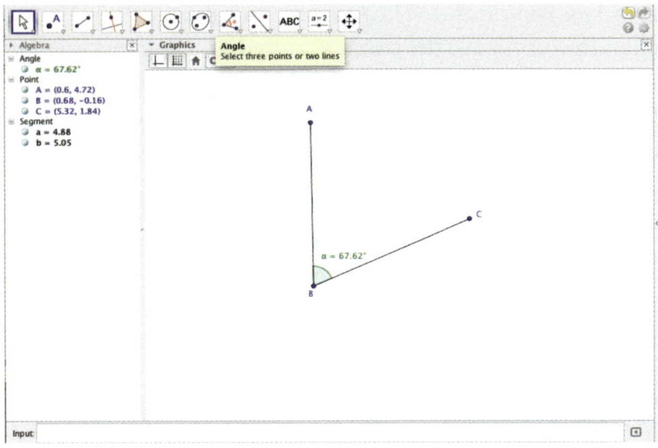

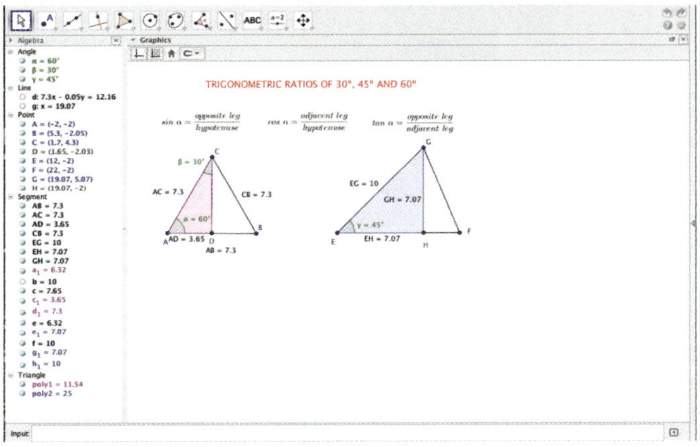

Para determinar las razones trigonométricas, se sigue este proceso:

— Dibujar dos puntos, en este caso, *A, B* y *E, F*.

— Dibujar el tercer punto con la amplitud del ángulo que se desee.

— Unir los tres puntos para obtener el triángulo deseado.

— Trazar la perpendicular desde el punto *C* o *G* al lado opuesto del triángulo para conseguir un triángulo rectángulo.

— Determinar el punto de intersección de dicha perpendicular con el lado del triángulo.

— Determinar el valor de la longitud de los lados.

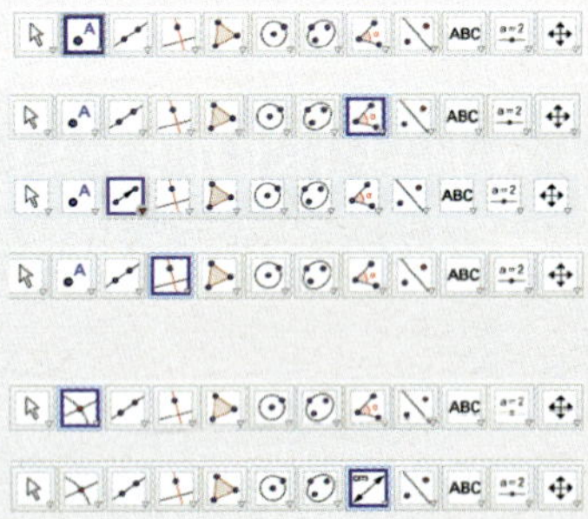

Para estudiar las razones del ángulo de 90°, puede utilizarse la circunferencia goniométrica. Al mover el deslizador se obtienen las razones trigonométricas de los ángulos hasta 360°.

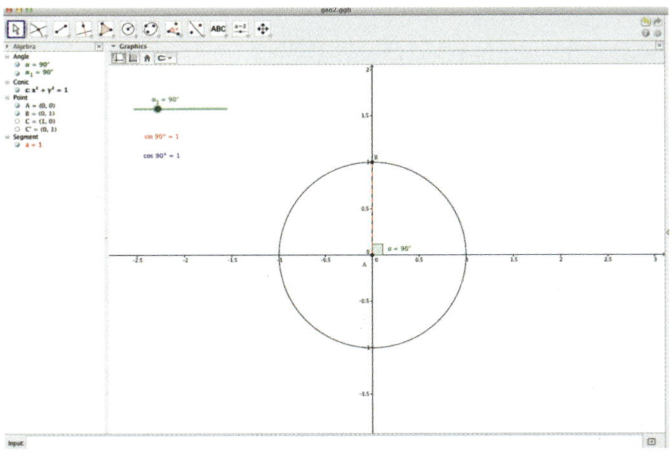

Vectores en el plano

Un vector es un segmento orientado. Tiene módulo, dirección y sentido.

Con GeoGebra podemos trazar vectores a partir de dos iconos:

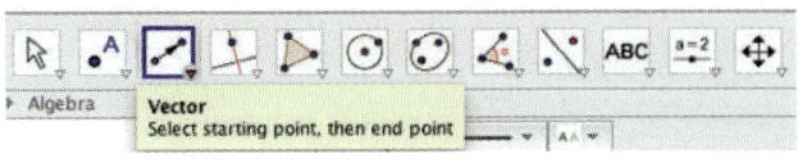

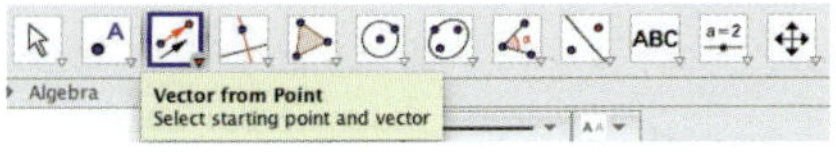

En la pantalla algebraica aparecen las coordenadas de los puntos origen y extremo, sus componentes y el valor de su módulo. Al mover los puntos *A* y *B,* se muestran nuevos vectores con sus correspondientes características. El sentido del vector viene determinado por el orden en que se clican los puntos *A* y *B*.

También podemos dibujar cualquier recta paralela a un vector.

En la ventana algebraica se visualiza la ecuación implícita de la recta. Al mover *A* y *B,* aparecen nuevas rectas paralelas.

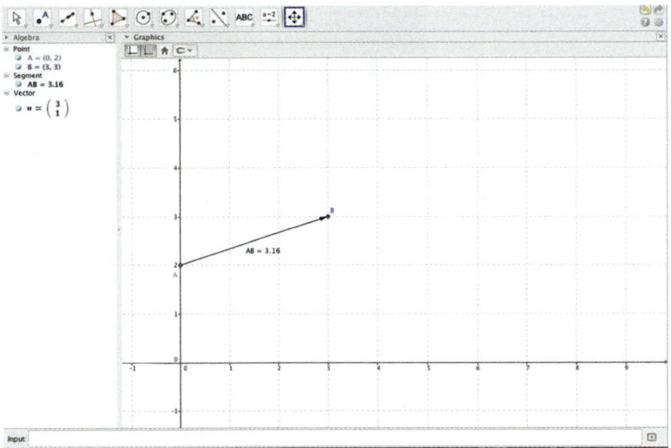

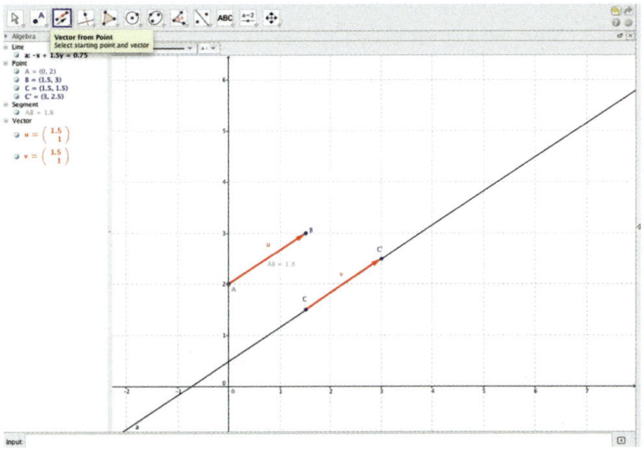

Utiliza el programa GeoGebra para resolver las siguientes actividades:

1. Halla las razones trigonométricas de los ángulos α y β del triángulo rectángulo *ABC*.

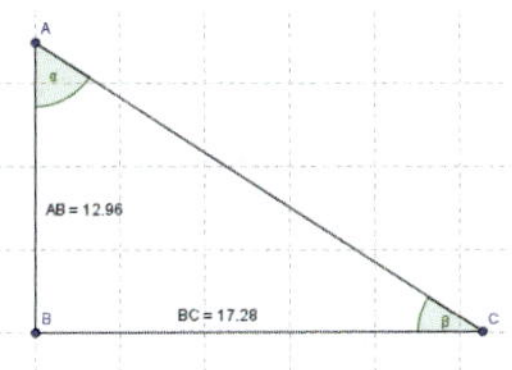

2. Calcula el área de este triángulo:

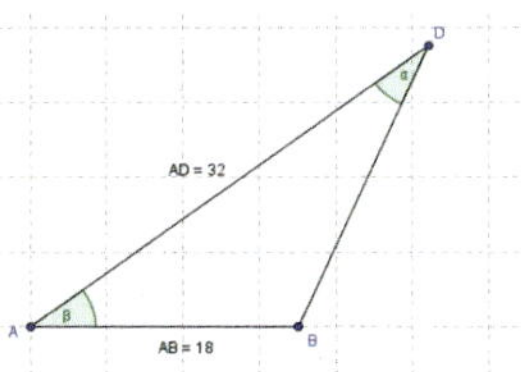

3. Con los puntos $A(-2, 4)$, $B(1, 6)$, $C(5, 0)$ y $D(3, -8)$ se forma un cuadrilátero regular. Comprueba gráfica y vectorialmente que con los puntos medios de cada lado se forma un paralelogramo.

4. Determina gráficamente la ecuación explícita de la recta *r* en cada caso:

a) Pasa por el punto $A(2, 0)$ y tiene como dirección el vector $\vec{u} = (1, 2)$.

b) Pasa por los puntos $A(4, 2)$ y $B(1, 4)$.

c) Corta a los ejes de coordenadas en los puntos $P(0, 5)$ y $Q(2, 0)$.

— Halla las ecuaciones paramétricas, la vectorial y la general de dichas rectas.

ANÁLISIS

>> LOS PIONEROS

El antecedente más antiguo que conocemos de lo que hoy se entiende por *función* se remonta a la antigua Mesopotamia: de este período se conservan diversas tablillas de arcilla en las que se recogen series de números relacionados entre sí.

No obstante, el estudio de las funciones como relación de dependencia entre magnitudes no comenzó a abordarse de forma rigurosa hasta el siglo XVII.

Puede afirmarse que la idea de función está implícita en los trabajos de los matemáticos franceses **R. Descartes** y **P. de Fermat.** Sin embargo, hubo que esperar a la publicación en 1638 del *Discorsi e dimostrazioni matematiche intorno a due nuove scienze,* del astrónomo y matemático italiano **G. Galilei,** para que los modelos funcionales se aplicaran decididamente en las ciencias experimentales, en especial al estudio de las leyes del movimiento.

Galileo enseñando al dux de Venecia el uso del telescopio. Fresco de Giuseppe Bertini.

>> EL CAMINO HACIA EULER

El *análisis* es la rama de las matemáticas que proporciona métodos para la investigación cuantitativa de la dependencia de unas magnitudes respecto de otras, así como de los procesos de cambio que se producen entre ellas.

Esta disciplina surgió de la necesidad de una herramienta que permitiera abordar los problemas que preocupaban a la ciencia del siglo XVII, y que podemos englobar en dos grandes grupos.

El primer grupo incluye problemas físicos, en especial los relacionados con el cálculo de velocidades en un movimiento, junto a problemas geométricos de determinación de tangentes, máximos y mínimos, etc. Este conjunto de problemas condujo a una rama del análisis que recibe el nombre de *cálculo diferencial.*

El segundo grupo abarca una serie de problemas físicos asociados al cálculo del espacio recorrido por un móvil, así como problemas geométricos de obtención del área de una figura curvilínea: el llamado *problema de la cuadratura.* Este conjunto de problemas llevó a otra rama del análisis conocida como *cálculo integral.*

Para abordar los problemas anteriores, los matemáticos de aquella época disponían de una gran colección de procedimientos de cálculo, desarrollados a lo largo de la historia de manera particular e independiente: los *métodos infinitesimales.* El físico y matemático inglés **I. Newton** y el filósofo y matemático alemán **G. W. Leibniz** unificaron y desarrollaron de manera casi simultánea estas ideas, que durante siglos habían permanecido dispersas.

Los problemas que preocupaban a los científicos en el siglo XVII fueron la causa del nacimiento del análisis. En esta época Isaac Newton formuló la ley de la gravitación universal.

Más tarde, ya en el siglo XVIII, el estudio de las funciones se desarrolló gracias, sobre todo, a los trabajos de los matemáticos de la familia **Bernoulli.**

Sin embargo, el momento culminante de este desarrollo se alcanzó con el matemático suizo **L. Euler,** quien en su obra *Introductio in analysin infinitorum,* publicada en 1748, sistematizó los conocimientos de su época. Asimismo, L. Euler introdujo la notación $f(x)$, que hoy utilizamos, y dio una definición de función que presidió el desarrollo de las matemáticas durante más de un siglo: «Función es cualquier expresión analítica formada con cantidades variables y con cantidades constantes».

>> UNA IMAGEN VALE MÁS QUE MIL PALABRAS

El filósofo francés **N. Oresme** fue el primero, hacia mediados del siglo XIV, en sugerir la posibilidad de representar gráficamente las funciones. Sin embargo, las carencias de la mate-

UD 10. Funciones de variable real

UD 11. Sucesiones y límites

UD 12. Derivadas

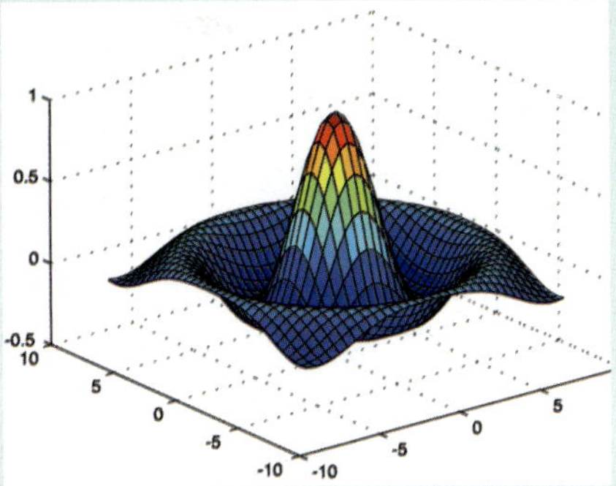

Las aplicaciones informáticas especializadas permiten la representación gráfica de funciones en dos y tres dimensiones.

mática de su época impidieron que pudiera desarrollar esta noción más allá de algunos casos concretos relacionados con el estudio del movimiento.

Hubo que esperar hasta la segunda mitad del siglo XVII para que surgiera una de las inspiraciones más brillantes en la historia de la matemática: la conexión entre el concepto de función y la representación de una curva en un sistema de coordenadas. De hecho, puede afirmarse que la idea de función está implícita en los trabajos de los matemáticos franceses **R. Descartes** y **P. de Fermat** sobre lo que más adelante se llamó *geometría analítica.*

La representación gráfica de funciones arrojó una nueva luz sobre el desarrollo del análisis. A partir de aquel momento, se consideró que una gráfica determinaba por sí misma una función, independientemente de que esta viniera dada por una expresión analítica. Ya en el siglo XIX, el matemático alemán **P. G. L. Dirichlet** generalizó el concepto de función como cualquier relación entre conjuntos de elementos expresada de cualquier modo concebible.

>> EL PRELUDIO DEL PRESENTE

Durante las primeras décadas del siglo XIX, un gran número de matemáticos se sumó a la lista de aquellos que hicieron posible el avance del análisis. Entre ellos cabe destacar al francés **A. L. Cauchy.** Su obra *Cours d'analyse de l'École Polytechnique,* publicada en 1821, dio al análisis elemental la forma que prácticamente adopta hoy.

Más adelante, hacia la segunda mitad del siglo XIX, surgió una profunda crisis acerca de los fundamentos de esta disciplina. De esta forma, los poderosos métodos de cálculo que se habían desarrollado hasta ese momento pasaron a ser vistos con grandes reservas.

Se inició entonces una ardua tarea de sistematización del análisis. Este proceso fue llevado a cabo, entre otros, por **K. Weierstrass, A. A. Márkov, A. M. Liapunov, H. Poincaré, F. Klein** y **D. Hilbert.** Con ellos culminó una etapa marcada por el rigor en la fundamentación de las matemáticas.

>> LA SENDA DEL FUTURO

Los actuales avances científicos y tecnológicos ofrecen una oportunidad de oro para que el análisis desempeñe un papel cada vez más destacado.

Entre otras muchas disciplinas que no podrían concebirse sin el análisis, cabe destacar la *mecánica cuántica.* No únicamente su desarrollo, sino también sus principios fundamentales requieren el concurso de los más avanzados resultados de esta rama de las matemáticas.

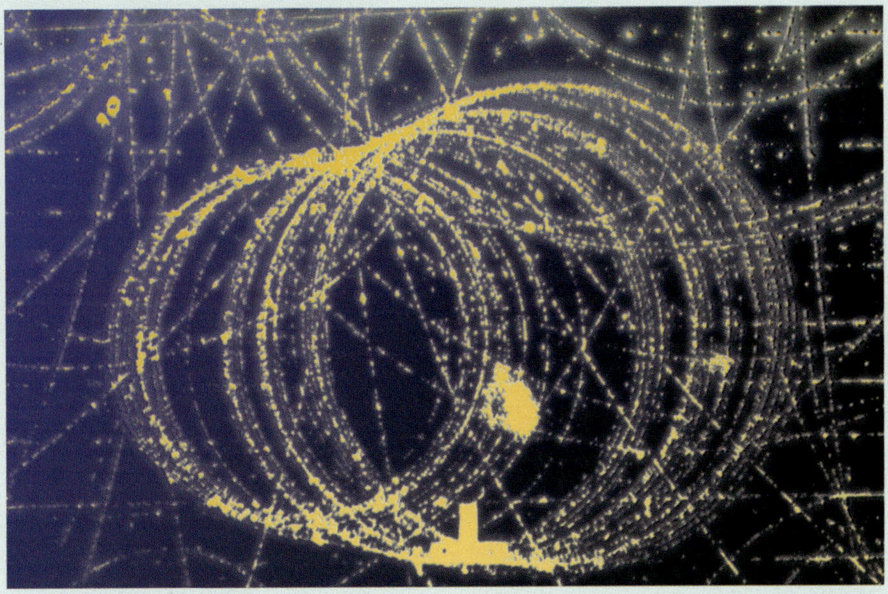

Los avances de la mecánica cuántica se basan en los últimos desarrollos del análisis. En la imagen se observan las trazas de varias partículas subatómicas durante un experimento en una cámara de burbujas.

10

BLOQUE 3. ANÁLISIS

Funciones de variable real

- **1. Concepto de función**
  - 1.1. Formas de expresión de una función
  - 1.2. Dominio y recorrido
- **2. Operaciones con funciones**
  - 2.1. Composición de funciones
  - 2.2. Función inversa
- **3. Transformación de funciones**
  - 3.1. Traslación
  - 3.2. Dilatación y contracción
- **4. Características de una función**
  - 4.1. Continuidad
  - 4.2. Intersección con los ejes
  - 4.3. Monotonía
  - 4.4. Extremos relativos y absolutos
  - 4.5. Periodicidad
  - 4.6. Paridad
- **5. Tipos de funciones**
  - 5.1. Funciones polinómicas
  - 5.2. Funciones racionales
  - 5.3. Funciones irracionales
  - 5.4. Funciones definidas a trozos
  - 5.5. Funciones exponenciales y logarítmicas
  - 5.6. Funciones trigonométricas
- **6. Interpolación y extrapolación**
  - 6.1. Interpolación lineal
  - 6.2. Interpolación cuadrática

Simulador | Problemas interactivos | Presentación

Noticias

Gaudí lo dejó todo preparado: maquetas, bocetos, anotaciones. Pero lo que nunca se imaginó es que serían los ordenadores quienes se encargarían de (casi) todo en el futuro. Gracias a la utilización de ***software*** especializado y técnicas de modelado de 3D conocidas como **«ingeniería inversa»,** el sueño de Gaudí ya es realidad.

El Confidencial (13-03-2013):

http://links.edebe.com/2h2h

Películas

En la película *Antoni Gaudí: una visión inacabada* se reviven los últimos días de este artista.

Libros

En el siguiente libro, descubrirás curiosidades matemáticas relacionadas con las artes:

Claudi Alsina, *Geometría para turistas.* Ariel, 2009.

EN CONTEXTO

a> Antoni Gaudí se basó en la curva llamada *catenaria* para construir arcos: los denominados *arcos catenarios.* En apariencia, esta curva es muy semejante a la parábola, pero en realidad tiene propiedades muy distintas.

— Investiga las diferencias entre las fórmulas de ambas curvas y las consecuencias de ello.

b> Describe otras tres curvas que estén presentes en la arquitectura de Gaudí.

c> Busca y pon ejemplos de funciones que aparezcan en otras actividades artísticas.

1. Concepto de función
1.1. Formas de expresión de una función
1.2. Dominio y recorrido

1. Concepto de función

Las relaciones funcionales están presentes en todas las ramas de las ciencias. La razón es que describen multitud de fenómenos de nuestro entorno en los que se relacionan magnitudes: tiempo y espacio, longitud y superficie…

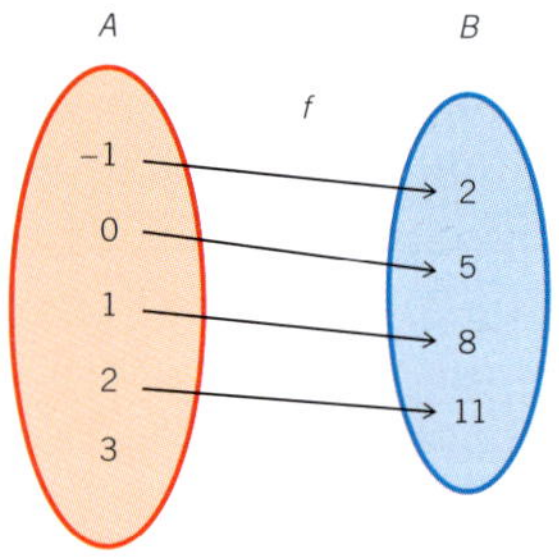

Representación de una función mediante un diagrama de Venn.

Llamamos función a una relación de dependencia entre dos conjuntos, *A* y *B*, en la que a cada elemento *x* del conjunto *A* le corresponde, a lo sumo, un único elemento *y* del conjunto *B*.

Para referirnos a una función f que relaciona dos conjuntos A y B, utilizaremos la notación habitual en la literatura matemática:

$$f: A \longrightarrow B$$
$$x \longrightarrow y = f(x)$$

Si un elemento x del conjunto A se corresponde con un elemento y del conjunto B, decimos que y es la **imagen de** x **por la función** f, o que x es una **antiimagen de** y.

El objetivo de esta unidad es estudiar los casos en los que tanto A como B son conjuntos de números reales. En este caso, decimos que f es una **función real de variable real.**

RECUERDA

En la expresión $y = f(x)$, x es la variable independiente e y, la variable dependiente.

1 EJEMPLO

Considera la siguiente relación de números reales, $x = y^2$; justifica si la relación $y = f(x)$ que se deriva de esta relación es función o no.

Solución

COMPRENSIÓN: Debemos comprobar si se puede establecer una relación funcional entre el cuadrado de un número a y el mismo número a.

RESOLUCIÓN: La respuesta es que $y = f(x)$ no es una función, ya que cualquier número real positivo es el cuadrado de dos números de diferente signo pero con el mismo valor absoluto. Así, por ejemplo, $x = 16$ es cuadrado de $y = -4$ y de $y = 4$. Por lo tanto, $f(16)$ debería tener dos imágenes contradiciendo la definición de función.

LENGUAJE MATEMÁTICO

Generalmente, las funciones son relaciones de un conjunto de números reales con otro conjunto de números reales.

$$f: \mathbb{R} \longrightarrow \mathbb{R}$$

¿Se te ocurren funciones entre otro tipo de conjuntos?

1.1. Formas de expresión de una función

Una función se puede expresar mediante una expresión verbal, una expresión algebraica, una tabla de valores o una gráfica.

	EXPRESIÓN VERBAL	EXPRESIÓN ALGEBRAICA	TABLA DE VALORES	GRÁFICA
DESCRIPCIÓN	Un texto puede indicarnos cómo se relacionan entre sí dos variables.	Describimos la relación entre las dos variables mediante una expresión algebraica.	Identificamos cada variable independiente con su variable dependiente, mediante una tabla.	Representamos en unos ejes de coordenadas todos los pares $(x, f(x))$.
EJEMPLO	A cada número real le corresponde su mitad más uno.	$f: \mathbb{R} \longrightarrow \mathbb{R}$ $x \longrightarrow y = f(x) = 0{,}5x + 1$ Aunque, si no existe confusión, se habla simplemente de: $f(x) = 0{,}5x + 1$	x: 0, 2, 4, 6 $f(x)$: 1, 2, 3, 4	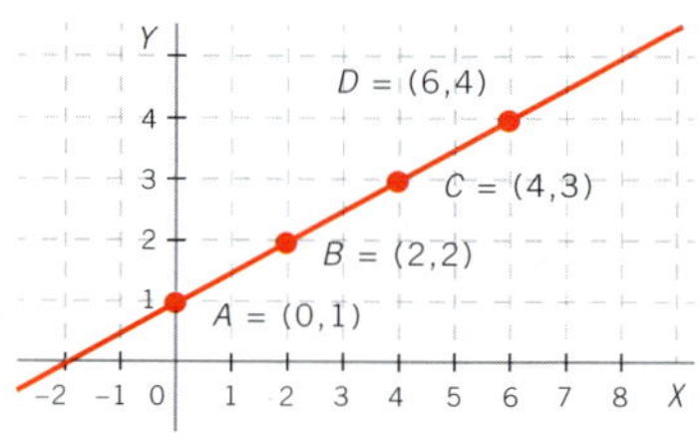

1.2. Dominio y recorrido

El **dominio** y el **recorrido** de una función son el rango de valores que pueden tomar la variable independiente y la variable dependiente, respectivamente.

> **Llamamos dominio de una función al conjunto de los valores x para los cuales está definida la imagen $f(x)$. Se denomina $D(f)$.**
>
> **Llamamos recorrido de la función f al conjunto de las imágenes de los elementos del dominio. Se denomina $R(f)$.**

Podemos determinar el dominio y el recorrido de una función, a partir de su gráfica o de su expresión algebraica.

Obtención gráfica del dominio y recorrido de una función

Para determinar el dominio y el recorrido de una función a partir de una gráfica, deberemos fijarnos en los pares de valores representados y tener en cuenta que:

— Un número real $x = a$ es del dominio de una función si y solo si la recta vertical $x = a$ corta la gráfica en un único punto.

— Un número real $y = b$ es del recorrido de una función si y solo si la recta horizontal $f(x) = b$ corta la función en al menos un punto.

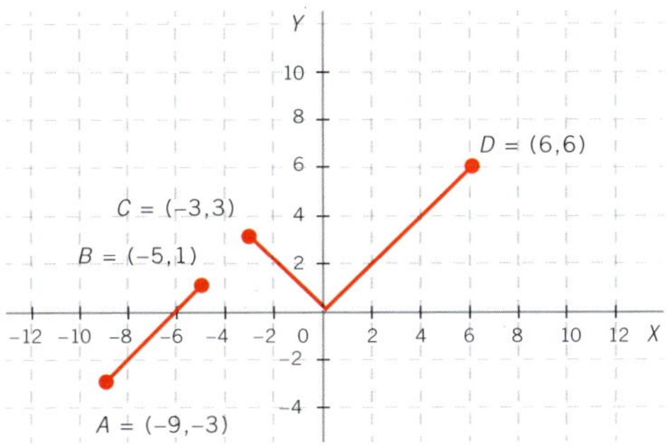

En la figura, se comprueba gráficamente que el dominio y el recorrido de la función representada son: $D(f) = [-9, -5] \cup [-3, 6]$ y $R(f) = [-3, 6]$.

Obtención del dominio y recorrido de una función a partir de una expresión algebraica

Para obtener el dominio a partir de una expresión algebraica, debemos comprobar qué números reales tienen una antiimagen asociada.

2 EJEMPLO

Calcula el dominio y el recorrido de la siguiente función: $f(x) = \dfrac{2}{x-1}$.

Solución

COMPRENSIÓN: Para estudiar el dominio de una función racional, tenemos que ver los puntos que anulan el denominador, y para el recorrido, nos fijaremos en los puntos singulares de la función.

RESOLUCIÓN: $D(f) = \mathbb{R} - \{+1\}$ porque $x - 1 = 0$.

Por la derecha de $x = 1$, la función crece indefinidamente, mientras que por la izquierda decrece de forma indefinida. Por otra parte, no corta al eje OX, y cuando x crece indefinidamente en valor absoluto, la función se aproxima a $y = 0$.

LENGUAJE MATEMÁTICO

Sea $f: \mathbb{R} \rightarrow \mathbb{R}$:

$D(f) = \{x \in \mathbb{R} \mid \exists\, y \in \mathbb{R},\ y = f(x)\}$

$R(f) = \{y \in \mathbb{R} \mid \exists\, x \in \mathbb{R},\ y = f(x)\}$

La simbología $\mid \exists\, x \in \mathbb{R}$ se lee: «tal que existe una x perteneciente a los números reales».

FÍJATE

Esta gráfica no representa ninguna función. ¿Sabrías decir por qué?

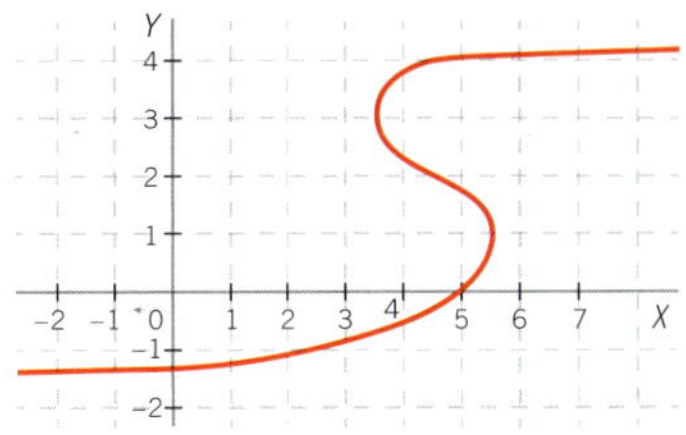

RECUERDA

Cuando representamos intervalos, un corchete indica que el extremo correspondiente pertenece a dicho intervalo, mientras que un paréntesis indica que no pertenece a él:

$(-1, 2]$ contiene a $x = 2$, pero no a $x = -1 \rightarrow$ es un intervalo **semiabierto.**

$[3, 5]$ contiene a $x = 3$ y $x = 5 \rightarrow$ es un intervalo **cerrado.**

$(-3, 1)$ no contiene a $x = -3$ ni a $x = 1 \rightarrow$ es un intervalo **abierto.**

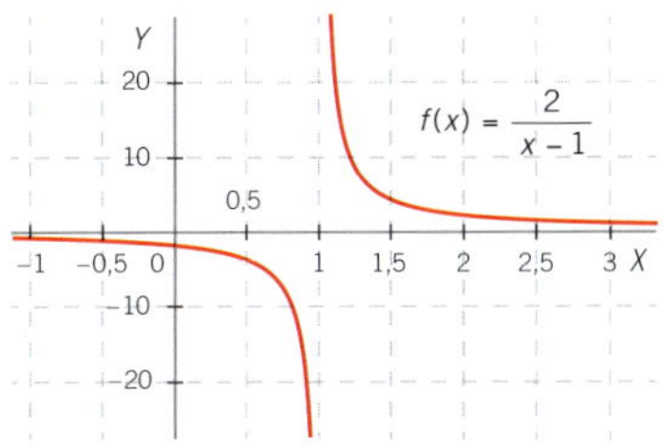

$f(x)$ crece y decrece indefinidamente alrededor de $x = 1$, el valor de x que no está en su dominio.

Problemas resueltos
B

Ejercicios y problemas
2 y 5 a 17

2. Operaciones con funciones
2.1. Composición de funciones
2.2. Función inversa

2. Operaciones con funciones

Entre funciones reales de variable real, se pueden definir diversas operaciones.

Suma y resta de funciones

Sean f y g dos funciones cuyos dominios son $D(f)$ y $D(g)$. La **función suma,** $f + g$, y la **función diferencia,** $f - g$, son funciones que asignan a cada número real x, la suma y la diferencia, respectivamente, de las imágenes por la función f y la función g:

$$(f + g)(x) = f(x) + g(x), \quad \forall x \in D(f) \cap D(g)$$

$$(f + g)(x) = f(x) - g(x), \quad \forall x \in D(f) \cap D(g)$$

El dominio de las funciones suma y diferencia es la intersección de los dominios de f y g:

$$D(f + g) = D(f) \cap D(g) \qquad D(f - g) = D(f) \cap D(g)$$

FÍJATE

Las propiedades de la suma de funciones son:

- Asociativa:

$$(f + g) + h = f + (g + h)$$

- Conmutativa:

$$f + g - g + f$$

- Elemento neutro:

  Función constante $O(x) = 0$ para todo $x \in D(f)$:

$$f + O = f$$

- Elemento opuesto:

  Dada una función $f(x)$, existe una función $-f(x)$ tal que:

$$f + (-f) = O$$

Producto de funciones

Sean f y g dos funciones cuyos dominios son $D(f)$ y $D(g)$. La **función producto,** $f \cdot g$, es la función que asigna, a cada número real x, el producto de las imágenes por la función f y por la función g:

$$(f \cdot g)(x) = f(x) \cdot g(x), \quad \forall x \in D(f) \cap D(g)$$

El dominio de la función producto es la intersección de los dominios de f y g:

$$D(f \cdot g) = D(f) \cap D(g)$$

FÍJATE

Las propiedades del producto de funciones son:

- Asociativa:

$$(f \cdot g) \cdot h = f \cdot (g \cdot h)$$

- Conmutativa:

$$f \cdot g = g \cdot f$$

- Distributiva de la suma:

$$f \cdot (g + h) = f \cdot g + f \cdot h$$

- Elemento neutro:

  Función constante $I(x) = 1$ para todo $x \in D(f)$:

$$f \cdot I = f$$

3 EJEMPLO

Dadas las funciones $f(x) = \dfrac{3}{x-2}$ y $g(x) = x + 2$, calcula la función suma, la función resta y la función producto, y determina el dominio de cada una de ellas.

Solución

COMPRENSIÓN:

Obtenemos las funciones suma, resta y multiplicación, operando las expresiones analíticas, y para el dominio determinamos la intersección de ambos dominios.

RESOLUCIÓN:

Suma: $(f + g)(x) = f(x) + g(x) = \dfrac{3}{x-2} + (x+2) = \dfrac{3 + x^2 - 4}{x-2} = \dfrac{x^2 - 1}{x-2}$

Resta: $(f - g)(x) = f(x) - g(x) = \dfrac{3}{x-2} - (x+2) = \dfrac{3 - x^2 + 4}{x-2} = \dfrac{7 - x^2}{x-2}$

Producto: $(f \cdot g)(x) = f(x) \cdot g(x) = \dfrac{3}{x-2} \cdot (x+2) = \dfrac{3x + 6}{x-2}$

Para hallar el dominio, determinamos primero el dominio de las funciones f y g:

$$D(f) = \mathbb{R} - \{2\}; \ D(g) = \mathbb{R}$$

El dominio será la intersección de ambos:

$$D(f + g) = D(f - g) = D(f \cdot g) = D(f) \cap D(g) = \mathbb{R} - \{2\}$$

COMPROBACIÓN:

Puedes dar diferentes valores a x y comprobar que, por ejemplo, $f(x) + g(x) = (f + g)(x)$, $f(x) - g(x) = (f - g)(x)$ y $f(x) \cdot g(x) = (f \cdot g)(x)$.

Cociente de funciones

Sean f y g dos funciones cuyos dominios son $D(f)$ y $D(g)$. La **función cociente** de f y g, $\left(\frac{f}{g}\right)$, es la función que asigna, a cada número real x, el cociente de las imágenes por la función f y la función g, siempre que $g(x) \neq 0$:

$$\left(\frac{f}{g}\right)(x) = \frac{f(x)}{g(x)}$$

El dominio de la función cociente es la intersección de los dominios de f y g menos los puntos que anulan el denominador.

$$D(f/g) = D(f) \cap D(g) - \{x \mid g(x) = 0\}$$

4 EJEMPLO

Dadas las funciones $f(x) = \frac{3}{2-x}$ y $g(x) = x + 2$, calcula la función cociente $\left(\frac{f}{g}\right)$ y determina su dominio.

Solución

COMPRENSIÓN: Obtenemos la función cociente, operamos las expresiones analíticas y hallamos el dominio determinando la intersección de los dominios y los puntos que anulan a $g(x)$.

RESOLUCIÓN: $\left(\frac{f}{g}\right)(x) = \frac{f(x)}{g(x)} = \frac{\frac{3}{2-x}}{x+2} = \frac{3}{4-x^2}$

Para hallar el dominio, determinamos primero el dominio de las funciones f y g, y los puntos donde se anula $g(x)$:

$$D(f) = \mathbb{R} - \{2\};\ D(g) = \mathbb{R} - \{-2\}, \text{ ya que } g(-2) = 0$$

$$D\left(\frac{f}{g}\right) = [D(f) \cap D(g)] - \{-2\} = \mathbb{R} - \{-2, 2\}$$

2.1. Composición de funciones

Dadas dos funciones f y g, definimos la **función compuesta de f y g,** $(g \circ f)$, como la función obtenida al aplicar la función f a un conjunto real y, a continuación, la función g a su imagen.

$$(g \circ f)(x) = g(f(x))$$

$$x \longrightarrow f(x) \longrightarrow g(f(x))$$

5 EJEMPLO

Dadas las funciones $f(x) = x^2 - 4$ y $g(x) = 3x + 6$, calcula las funciones compuestas $(g \circ f)(x)$ y $(f \circ g)(x)$, y halla su dominio. ¿Son iguales estas funciones?

Solución

COMPRENSIÓN: Operamos las expresiones analíticas en el orden preciso, es decir, empezando por la derecha.

RESOLUCIÓN: $(g \circ f)(x) = g(f(x)) = 3(x^2 - 4) + 6 = 3x^2 - 12 + 6 = 3x^2 - 6$

$$(f \circ g)(x) = f(g(x)) = (3x + 6)^2 - 4 = 9x^2 + 36x + 32$$

En ambos casos las funciones son polinómicas, de forma que el dominio es $\mathbb{R}$. Observamos también que $(f \circ g) \neq (g \circ f)$.

LENGUAJE MATEMÁTICO

En la composición de funciones, se nombra en primer lugar la función de la derecha, porque es la primera en actuar sobre x:

$$(g \circ f)(x)$$

Se lee: «f compuesta con g».

FÍJATE

La composición de funciones cumple la propiedad asociativa:

$$f \circ (g \circ h) = (f \circ g) \circ h$$

Sin embargo, no cumple la propiedad conmutativa:

$$(g \circ f) \neq (f \circ g)$$

El dominio de $(g \circ f)$ es el conjunto de las x del dominio de f, tales que $f(x)$ esté en el dominio de g.

$$D(g \circ f) = \{x \in f(x) \mid f(x) \in D(g)\}$$

Problemas resueltos
C

Ejercicios y problemas
18 a 21

2.2. Función inversa

Hemos visto que toda función f asigna a cada x de su dominio un único valor de su recorrido. La pregunta que podemos hacernos ahora es si existe alguna función entre el recorrido y el dominio que nos permita recuperar el valor inicial x.

Observa la función que asigna a cada número real su cuádruple.

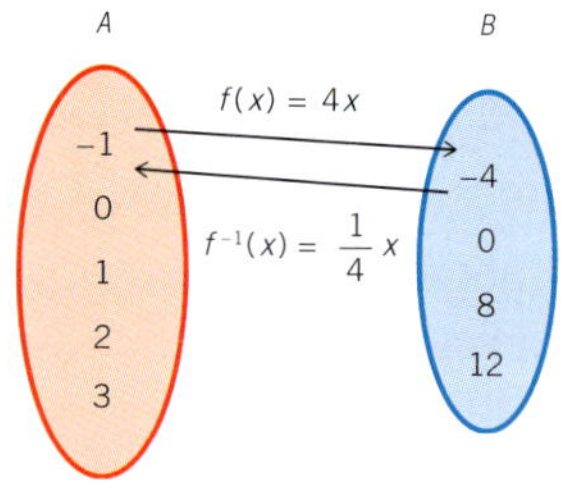

Si ahora consideramos la función que a cada número real le asigna la cuarta parte, esta función nos está relacionando el recorrido de la función inicial con su dominio. Esta función se denomina función inversa de f y se representa como f^{-1}.

Así, si la imagen de 1 por la función f es 4, entonces 4 pasa a ser la antiimagen de 1 por la función inversa f^{-1}.

Propiedades de la función inversa

— El dominio de f^{-1} es el recorrido de f.

— El recorrido de f^{-1} es el dominio de f.

— Las gráficas de una función y de su función inversa son simétricas respecto a la bisectriz del primer y tercer cuadrante $y = x$.

— La composición de una función f con su inversa f^{-1} es la identidad $I(x) = x$.

$$(f^{-1} \circ f)(x) = f^{-1}(f(x)) = I(x)$$

$$(f \circ f^{-1})(x) = f(f^{-1}(x)) = I(x)$$

— La inversa de una función inversa es la función original f:

$$(f^{-1} \circ f^{-1})(x) = f^{-1}(f^{-1}(x)) = f(x)$$

Cálculo de la función inversa

Para obtener la función inversa de una función dada, podemos sustituir la variable x por la variable y, y viceversa, y a continuación aislar la variable y.

6 EJEMPLO

Dada la función $f(x) = 3x - 6$, calcula la función inversa.

Solución

COMPRENSIÓN: Al ser una función polinómica de grado 1, podemos asegurar que la función es inyectiva, pues a cada valor distinto de x le corresponde un valor diferente de y. Por tanto, tenemos la seguridad de la existencia de la función inversa.

RESOLUCIÓN: Expresamos la función como $y = 3x - 6$ y sustituimos la x por la y, y viceversa: $x = 3y - 6$.

Aislamos la variable y y obtenemos la función inversa:

$$y = \frac{x}{3} + 2 \longrightarrow f^{-1}(x) = \frac{x}{3} + 2$$

COMPROBACIÓN: Si componemos una función con su inversa, debemos obtener la función identidad, a cada x le corresponde el mismo valor de x:

$$(f \circ f^{-1})(x) = f\left(\frac{x}{3} + 2\right) = 3 \cdot \left(\frac{x}{3} + 2\right) - 6 = x + 6 - 6 = x$$

$$(f^{-1} \circ f)(x) = f^{-1}(3x - 6) = \frac{3x - 6}{3} + 2 = x - 2 + 2 = x$$

FÍJATE

Observa que para poder definir una función inversa, la función f debe ser inyectiva, es decir, f debe asignar imágenes distintas a valores de su dominio diferentes.

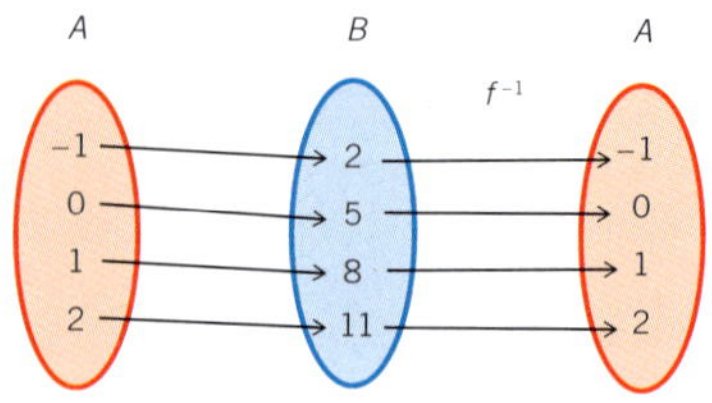

Función inyectiva de la que podemos definir su inversa.

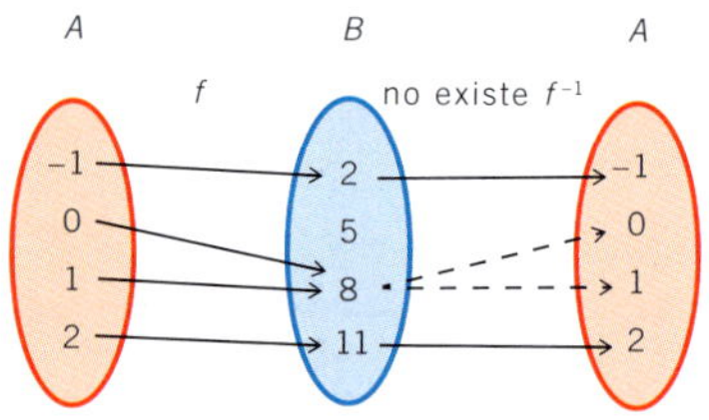

Función no inyectiva de la que no podemos definir su inversa.

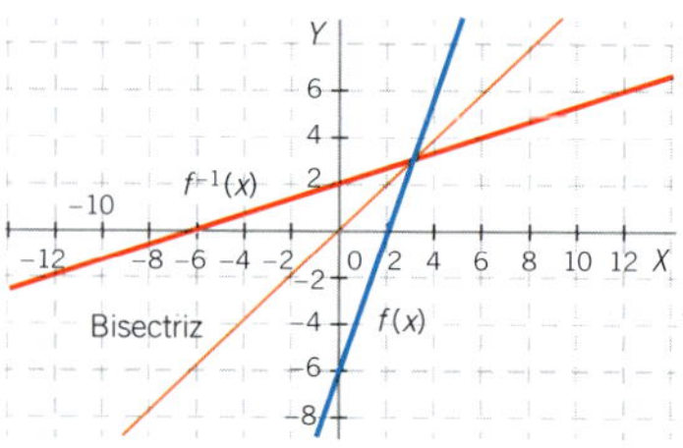

Gráficas de $f(x) = 3x - 6$ y $f^{-1}(x) = x/3 + 2$ simétricas respecto a $y = x$.

Ejercicios y problemas
22 y 23

3. Transformación de funciones
3.1. Traslación
3.2. Dilatación y contracción

3. Transformación de funciones

A partir de una función $f(x)$ conocida, podemos trazar funciones relacionadas con ella aplicándole algún tipo de transformación.

3.1. Traslación

Al sumar un número real k a la función $f(x)$, obtenemos otra función $g(x)$, desplazada k unidades verticalmente respecto a la función original.

$$g(x) = f(x) + k$$

Según k sea positivo o negativo, la función resultante estará desplazada hacia arriba o hacia abajo respecto a la función original.

Al sumar un número real k a la variable x, obtenemos otra función $g(x)$, desplazada k unidades horizontalmente respecto a la función original.

$$g(x) = f(x + k)$$

Según k sea positivo o negativo, la función resultante estará desplazada hacia la izquierda o hacia la derecha respectivamente, respecto a la función original.

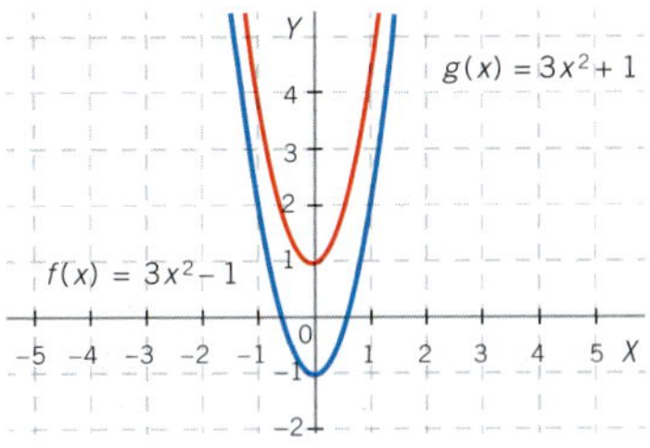

Traslación vertical de una parábola.

7 EJEMPLO

Dada la función $f(x) = 3x^2 - 1$, obtén una función $g(x)$ desplazada 2 unidades hacia la izquierda y represéntala.

Solución

COMPRENSIÓN: Para desplazar la función horizontalmente a la izquierda, debemos sumar k unidades a la variable x, siendo k un valor positivo. Para representarla, podemos representar la función original y desplazarla 2 unidades a la izquierda.

RESOLUCIÓN:

Debemos sustituir x por $x + 2$ en la expresión de la función:

$$g(x) = 3(x + 2)^2 - 1 = 3x^2 + 12x + 11$$

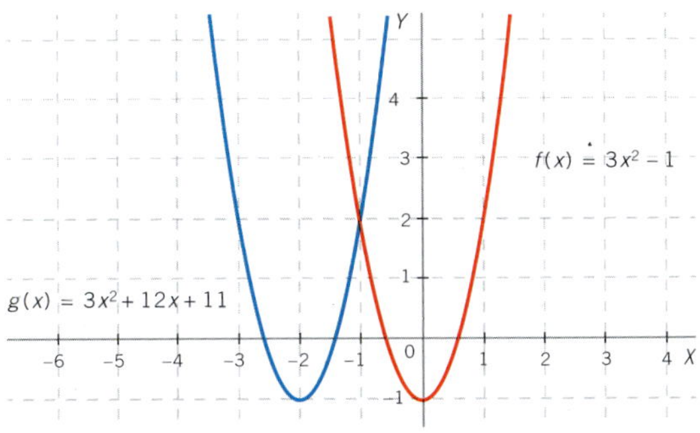

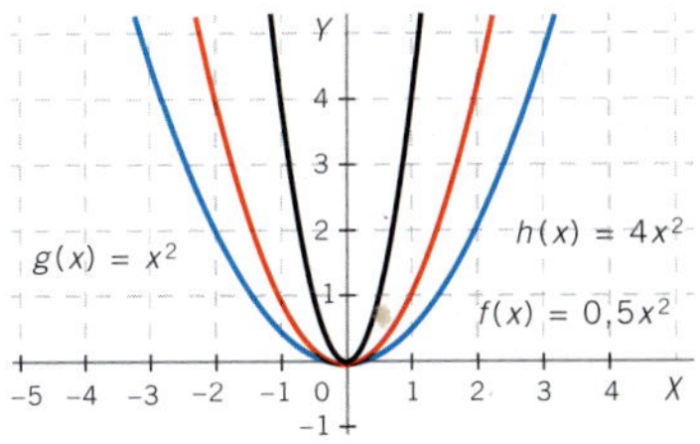

Contracción ($4x^2$) y dilatación ($0,5x^2$) de $f(x) = x^2$.

FÍJATE

También podemos obtener transformaciones cambiando el signo.

Al cambiar el signo de la función, obtenemos la función **simétrica respecto al eje *X*:** $y = -f(x)$.

Al cambiar el signo de la variable, obtenemos la **función simétrica respecto el eje *Y*:** $y = f(-x)$.

3.2. Dilatación y contracción

Otras transformaciones sencillas que podemos realizar a una función son la **dilatación** o **contracción** de dicha función.

Al multiplicar un número real k por la variable x, obtenemos otra función $g(x)$, dilatada o contraída respecto a la función original.

$$y = f(kx)$$

Si $k > 1$, la función se contrae, y si $0 < k < 1$, la función se dilata. Evidentemente, si $k = 1$, la función no se transforma.

Ejercicios y problemas 24 a 27

4. Características de una función
4.1. Continuidad
4.2. Intersección con los ejes
4.3. Monotonía
4.4. Extremos relativos y absolutos
4.5. Periodicidad
4.6. Paridad

4. Características de una función

En la gráfica de una función, podemos observar ciertas características que nos aportan información sobre su comportamiento. El estudio de estas característica puede también facilitar la representación gráfica de una función concreta.

4.1. Continuidad

Una función es continua si podemos representarla sin levantar el lápiz del papel. Del mismo modo, una función que no cumpla esta condición es una función no continua.

Al estudiar funciones no continuas, debemos prestar especial atención a los valores de x en los que se produce la discontinuidad, porque en sus entornos pueden producirse cambios drásticos en el comportamiento de la función.

FÍJATE

Por el hecho de ser función, como máximo existirá un punto de corte con el eje de ordenadas (y). En cambio, pueden existir múltiples puntos de corte con el eje de abscisas (x).

4.2. Intersección con los ejes

Los puntos de corte con los ejes son puntos que ayudan a caracterizar una función.

a) **Intersección con el eje de ordenadas:** puntos en los que la función corta el eje OY; en ellos el valor de x es 0.

b) **Intersección con el eje de abscisas:** puntos en los que la función corta el eje OX; en ellos el valor de y es 0.

8 EJEMPLO

Encuentra los puntos de intersección con los ejes de la función $f(x) = x^2 - 4$.

Solución

COMPRENSIÓN: Para encontrar la intersección con el eje OY, igualamos x a 0 y calculamos el valor de $f(0)$. Para hallar las intersecciones con el eje OX, igualamos $f(x)$ a 0 y calculamos los valores de x.

RESOLUCIÓN: $y(0) = x^2 - 4 = 0 - 4 = -4$; corta el eje de ordenadas en el punto $(0, -4)$.

$0 = x^2 - 4 \longrightarrow x^2 = 4$; corta el eje de abscisas en los puntos $(-2, 0)$ y $(2, 0)$.

VOCABULARIO

Cuando las desigualdades de la definición de monotonía no son estrictas, decimos que la función es *creciente* o *decreciente*.

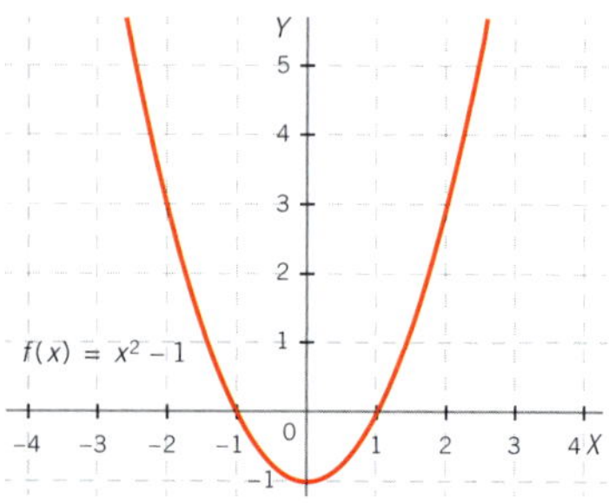

Función estrictamente creciente en $(0, +\infty)$ y estrictamente decreciente en $(-\infty, 0)$.

4.3. Monotonía

Estudiar la monotonía de una función consiste en determinar los valores del dominio para los que la función es creciente o decreciente.

Una función es **estrictamente creciente** en un intervalo de su dominio, si para dos puntos cualesquiera de este intervalo x_1 y x_2 tales que $x_1 < x_2$ se cumple que $f(x_1) < f(x_2)$.

Una función es **estrictamente decreciente** en un intervalo de su dominio, si para dos puntos cualesquiera de este intervalo x_1 y x_2 tales que $x_1 < x_2$ se cumple que $f(x_1) > f(x_2)$.

4.4. Extremos relativos y absolutos

Cuando una función es continua en el entorno de $x \in D(f)$ y este valor marca un cambio en la monotonía de la función, se dice que es un extremo relativo:

Una función f tiene un **máximo relativo** en $x_0 \in D(f)$ si existe un entorno E de x_0 tal que $f(x) < f(x_0)$ para todo $x \in E$.

Una función f tiene un **mínimo relativo** en $x_0 \in D(f)$ si existe un entorno E de x_0 tal que $f(x) > f(x_0)$ para todo $x \in E$.

Este concepto hace referencia al entorno de ciertos puntos. Si lo extendemos a todos los puntos del dominio, podemos definir los extremos absolutos de una función:

Una función f tiene un **máximo absoluto (mínimo absoluto)** en x_0 si para todo x del dominio de f se verifica que x_0 tal que $f(x) \in f(x_0)$ $(f(x) \geq f(x_0))$.

Funciones acotadas

Que una función alcance un extremo absoluto significa que está acotada, es decir, que sus imágenes son mayores o menores que un cierto valor llamado **cota:**

Una función f está **acotada superiormente** si existe un número real k tal que, para cualquier x del dominio de f, se verifica $f(x) \leq k$.

Una función f está **acotada inferiormente** si existe un número real k tal que, para cualquier x del dominio de f, se verifica $f(x) \geq k$.

Si la función alcanza el valor de la menor cota superior, llamada **supremo,** o la mayor cota inferior, llamada **ínfimo,** se dice que tiene extremos absolutos.

4.5. Periodicidad

En nuestro entorno, hay muchos fenómenos que se repiten cada cierto tiempo y pueden ser descritos por funciones periódicas.

Una función es **periódica** cuando existe un número real T llamado *período* tal que $f(x + T) = f(x)$, para todo $x \in D(f)$.

4.6. Paridad

Las gráficas de algunas funciones pueden presentar simetrías:

Una función es **par** si $f(x) = f(-x)$, para todo $x \in D(f)$.

Una función es **impar** si $f(x) = -f(-x)$, para todo $x \in D(f)$.

Las funciones pares son simétricas respecto al eje de ordenadas, mientras que las impares lo son respecto al origen de coordenadas.

FÍJATE

Un entorno de $x \in \mathbb{R}$ es un intervalo E tal que $x \in E$.

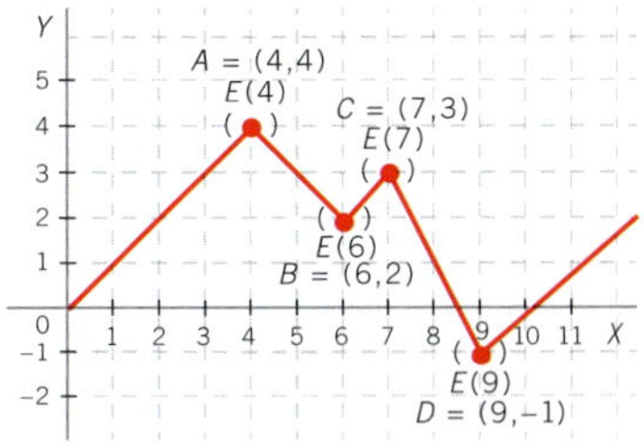

Máximos relativos: $x = 4$, $x = 7$
Mínimos relativos: $x = 6$, $x = 9$

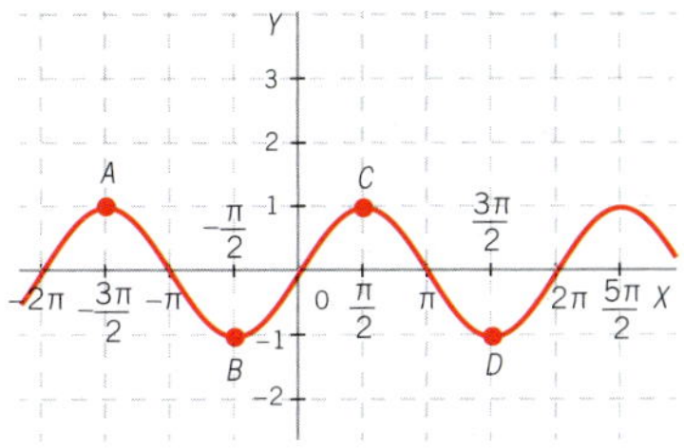

Función acotada superior e inferiormente por $y = 1$, $y = -1$, y que tiene extremos absolutos al alcanzar el valor del ínfimo y el supremo.

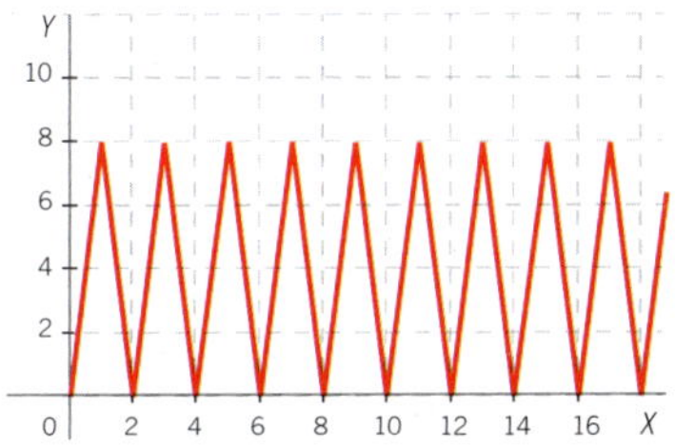

Función periódica de período 2, es decir, $f(x + 2) = f(x)$.

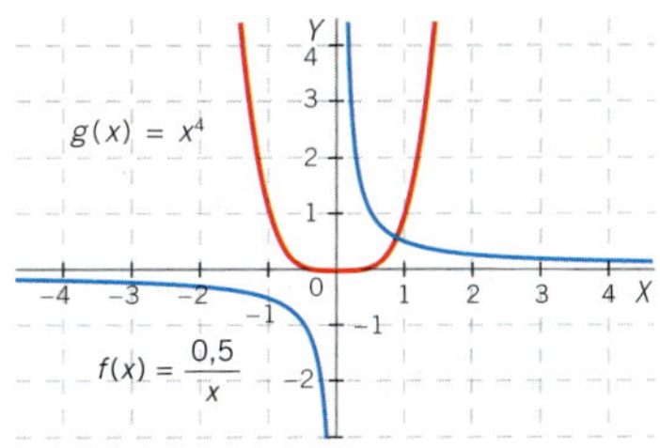

Función par $g(x) = x^4$ y función impar $f(x) = 0{,}5/x$.

Ejercicios y problemas 28 a 38

5. Tipos de funciones
5.1. Funciones polinómicas
5.2. Funciones racionales
5.3. Funciones irracionales
5.4. Funciones definidas a trozos
5.5. Funciones exponenciales y logarítmicas
5.6. Funciones trigonométricas

5. Tipos de funciones

A continuación, vamos a estudiar los tipos de funciones más habituales.

5.1. Funciones polinómicas

Las funciones polinómicas de **grado *n*** son aquellas cuya expresión analítica es un polinomio:

$$f(x) = a_n x^n + a_{n-1}x^{n-1} + \dots + a_1 x + a_0$$

donde $n \in \mathbb{N} \cup \{0\}$ y $a_n, a_{n-1}, \dots, a_1, a_0 \in \mathbb{R}$, $a_n \neq 0$ si $n \neq 0$.

Son funciones continuas cuyo dominio es el conjunto de los números reales.

FUNCIÓN CONSTANTE: $f(x) = k$	FUNCIÓN AFÍN: $f(x) = ax + b,\ a \neq 0$	FUNCIÓN CUADRÁTICA: $f(x) = ax^2 + bx + c,\ a \neq 0$
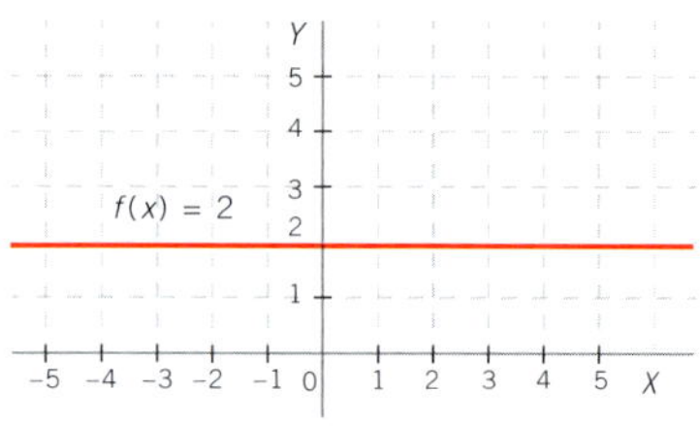	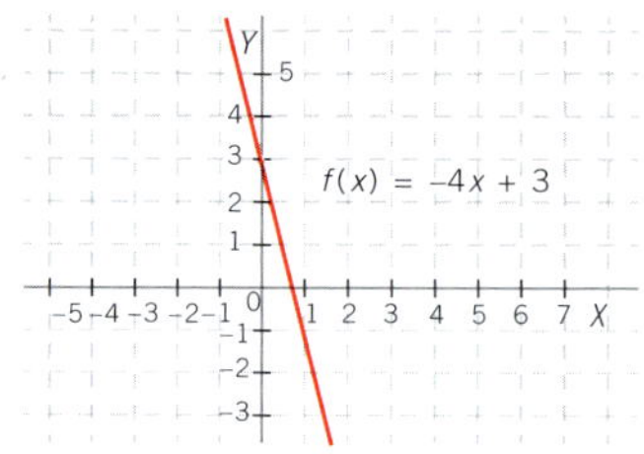	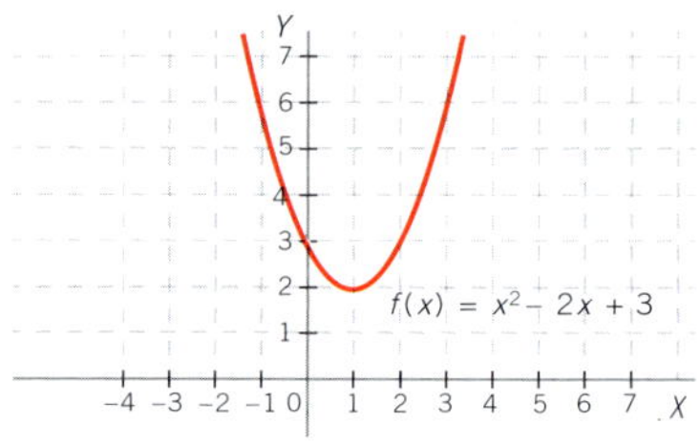
Función polinómica de grado 0. Su gráfica es una recta horizontal.	Función polinómica de primer grado. Su gráfica es una recta de pendiente *a* que corta el eje de abscisas en el punto (0, *b*). Para $b = 0$ se llama **función lineal.**	Función polinómica de segundo grado. Su representación es una parábola cuyo vértice se encuentra en el punto $\left(-\dfrac{b}{2a}, -\dfrac{b^2 - 4ac}{4a}\right)$

5.2. Funciones racionales

Las funciones racionales son aquellas cuya expresión analítica es el cociente de dos polinomios:

$$f(x) = \frac{P(x)}{Q(x)}$$

Ejercicios y problemas
39 a 42 y 45

El dominio de estas funciones son todos los números reales, excepto los valores que anulen el polinomio denominador:

$$D(f(x)) = \mathbb{R} - \{x \in \mathbb{R} \mid Q(x) = 0\}$$

FUNCIÓN DE PROPORCIONALIDAD INVERSA: $f(x) = \dfrac{k}{x},\ k \neq 0$	
Es un caso particular de función racional donde $P(x) = k \neq 0$ y $Q(x) = x$. La representación gráfica es una hipérbola equilátera con centro en el origen de coordenadas. Su recorrido es el conjunto de los números reales, excepto el 0: $R(f(x)) = \mathbb{R} - \{0\}$. Es impar y tiene una asíntota vertical en $x = 0$ y horizontal en $y = 0$.	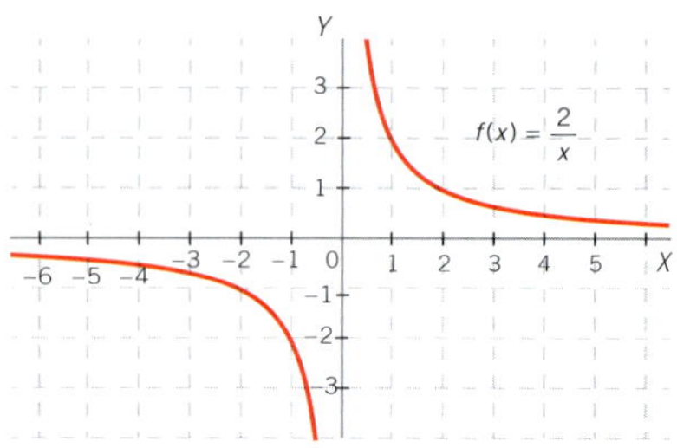

5.3. Funciones irracionales

Las funciones irracionales son aquellas en la que la variable independiente x aparece bajo el signo radical: $f(x) = \sqrt[n]{g(x)}$.

RADICALES CON ÍNDICE IMPAR	RADICALES CON ÍNDICE PAR
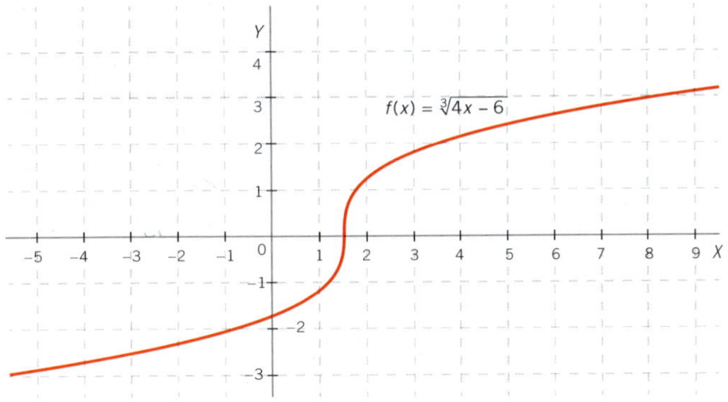	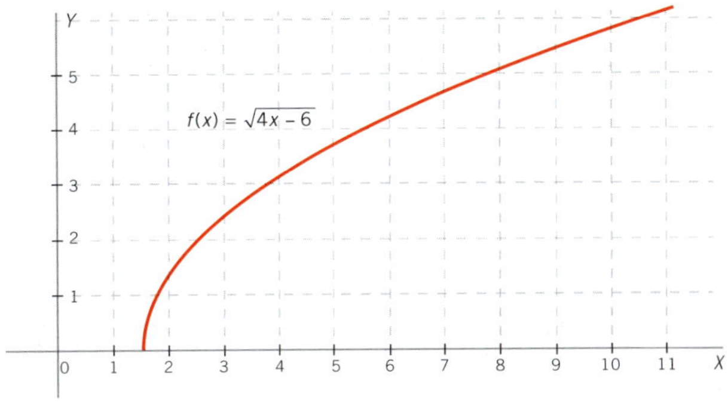
$D(f) = \mathbb{R}$, ya que existe tanto para valores negativos como positivos.	El dominio son todos los números reales para los cuales el radicando no sea negativo. En nuestro caso: $D(f) = \left\{x \mid x \geq \frac{3}{2}\right\} = \left[\frac{3}{2}, +\infty\right)$

5.4. Funciones definidas a trozos

Una función definida a trozos es una función diferenciada en varios intervalos, donde cada uno está definido por una función distinta. Así, la función:

$$f(x) = \begin{cases} x & \text{si } x \leq -1 \\ 0{,}5 & \text{si } -1 < x < 1 \\ x^2 - 1 & \text{si } x \geq 1 \end{cases} \text{ o bien } f(x) = \begin{cases} x & \text{si } x \in (-\infty, -1] \\ 0{,}5 & \text{si } x \in (-1, 1) \\ x^2 - 1 & \text{si } x \in [-1, +\infty) \end{cases}$$

es una función definida en tres trozos o intervalos.

El dominio de la función definida a trozos es la unión de los dominios de los diferentes intervalos.

El recorrido de la función definida a trozos es la unión de los recorridos de los diferentes intervalos.

Problemas resueltos
A y B

Ejercicios y problemas
46, 48, 50 y 51

FUNCIÓN VALOR ABSOLUTO: $y = |f(x)|$

Se puede transformar en una función definida a trozos determinando los intervalos en los que f es positiva y negativa.

$$y = |f(x)| = \begin{cases} -f(x) & \text{si } f(x) < 0 \\ f(x) & \text{si } f(x) \geq 0 \end{cases}$$

En los intervalos en los que la función es positiva, la función se deja tal y como está.

En los que es negativa, se cambia de signo.

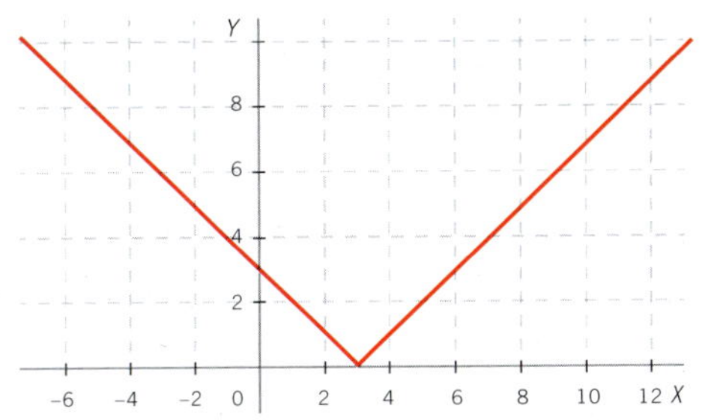

$$f(x) = x - 3 \rightarrow y = |x - 3| = \begin{cases} -x + 3 & \text{si } x < 3 \\ x - 3 & \text{si } x \geq 3 \end{cases}$$

5.5. Funciones exponenciales y logarítmicas

RECUERDA

Un caso particular es la función exponencial de base $e = 2{,}718281\ldots$

Función exponencial

Las funciones exponenciales son aquellas cuya expresión analítica tiene la forma:

$$f(x) = ka^x$$

donde a es un número real positivo ($a \neq 1$) y k, una constante real.

<table>
<tr><th>PROPIEDADES</th><th>FUNCIÓN EXPONENCIAL CON $a > 1$</th><th>FUNCIÓN EXPONENCIAL CON $0 < a < 1$</th></tr>
<tr><td>$D(f) = \mathbb{R}$; $R(f) = \mathbb{R}^+$
Si $a > 1$, la función es estrictamente creciente.
Si $a < 1$, la función es estrictamente decreciente.
La función corta al eje de ordenadas en el punto (0, 1).
Tiene una asíntota horizontal en $y = 0$.</td><td>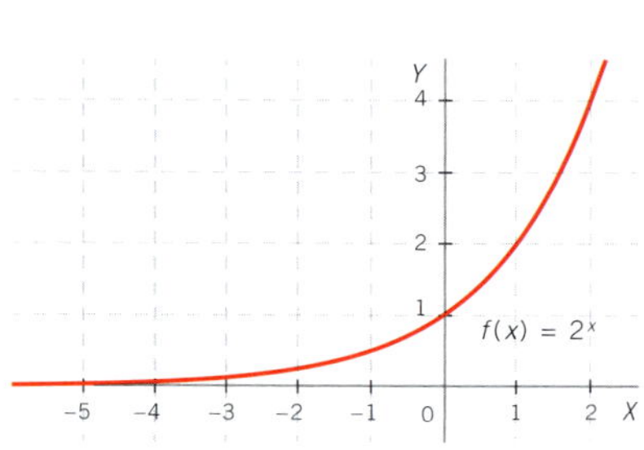
</td><td>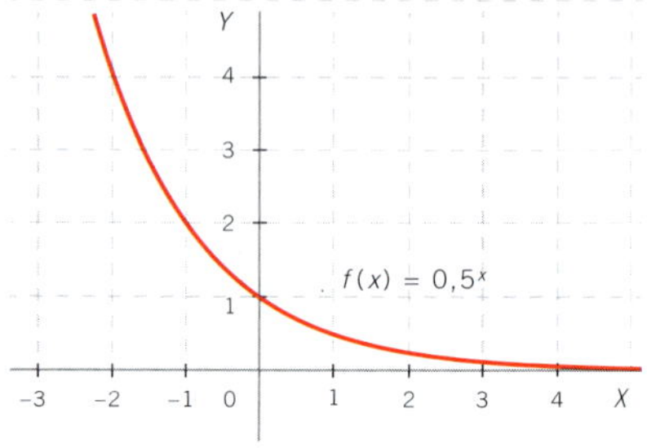
</td></tr>
</table>

Función logarítmica

La función logarítmica de base a es la función inversa de la función exponencial de base a y su expresión analítica es de la forma:

$$f(x) = k \log_a x$$

donde a es un número real positivo distinto de 1 ($a > 0$, $a \neq 1$) y k, una constante positiva.

Si la base es 10, se denomina **logaritmo decimal** y se representa:

$$f(x) = \log x$$

El logaritmo de base e se denomina **neperiano** y se representa:

$$f(x) = \ln x$$

<table>
<tr><th>PROPIEDADES</th><th>FUNCIÓN LOGARÍTMICA CON $a > 1$</th><th>FUNCIÓN LOGARÍTMICA CON $a < 1$</th></tr>
<tr><td>$D(f) = \mathbb{R} - \{x \leq 0\}$
Si $a > 1$, la función es estrictamente creciente.
Si $a < 1$, la función es estrictamente decreciente.
La función corta al eje de abscisas en el punto (1, 0).
Tiene una asíntota vertical en $x = 0$.</td><td>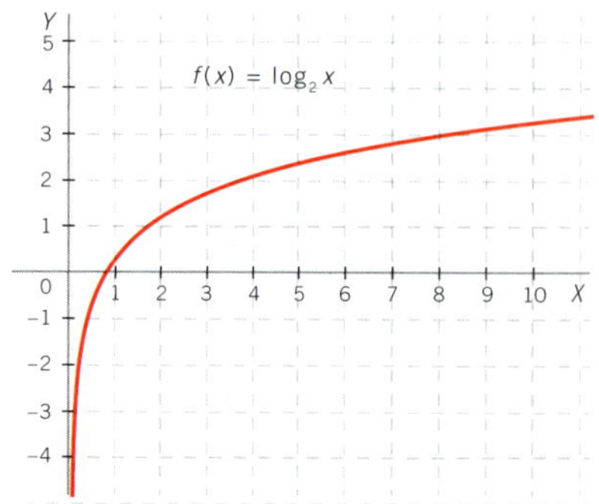
</td><td>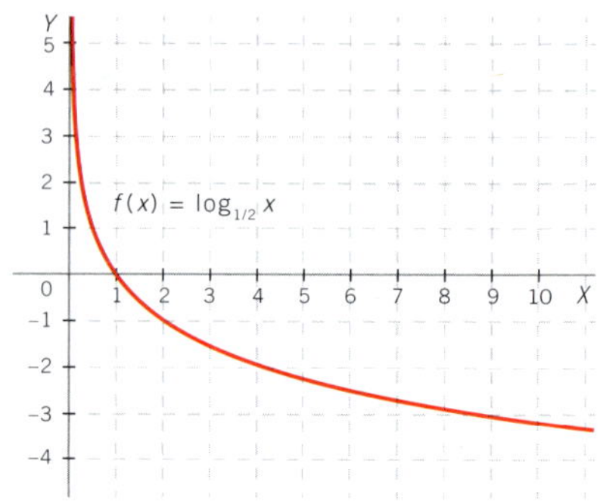
</td></tr>
</table>

5.6. Funciones trigonométricas

Las funciones trigonométricas asignan al valor de un ángulo, expresado en radianes, el valor de una razón trigonométrica. Sus expresiones analíticas son:

	PROPIEDADES	GRÁFICA
$f(x) = \text{sen } x$	$D(f) = \mathbb{R}$ $\quad R(f) = [-1, 1]$ Máximos relativos en $x = \frac{\pi}{2} + 2k\pi,\ k \in \mathbb{Z}$ Mínimos relativos en $x = \frac{3\pi}{2} + 2k\pi,\ k \in \mathbb{Z}$ $T = 2\pi$ rad Impar	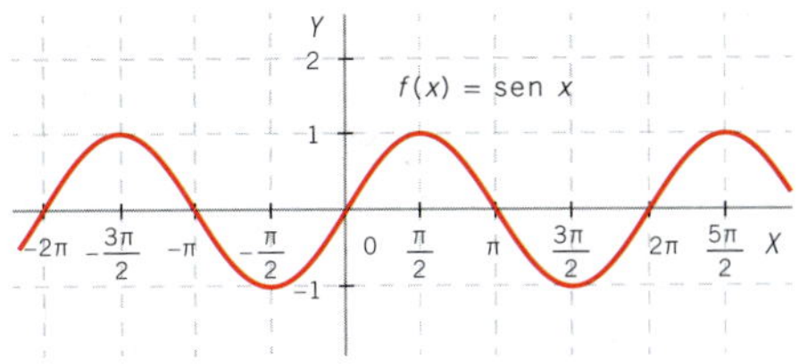
$f(x) = \cos x$	$D(f) = \mathbb{R}$ $\quad R(f) = [-1, 1]$ Máximos relativos en $x = 2k\pi,\ k \in \mathbb{Z}$ Mínimos relativos en $x = \pi + 2k\pi,\ k \in \mathbb{Z}$ $T = 2\pi$ rad Par	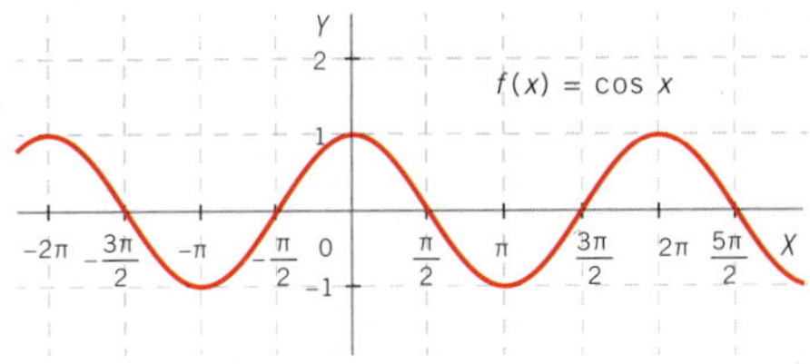
$f(x) = \text{tg } x$	$D(f) = \mathbb{R} - \left\{x = \frac{\pi}{2} + k\pi, k \in \mathbb{Z}\right\}$ $\quad R(f) = \mathbb{R}$ Es creciente en todo el dominio, sin máximos ni mínimos relativos. $T = \pi$ rad Impar	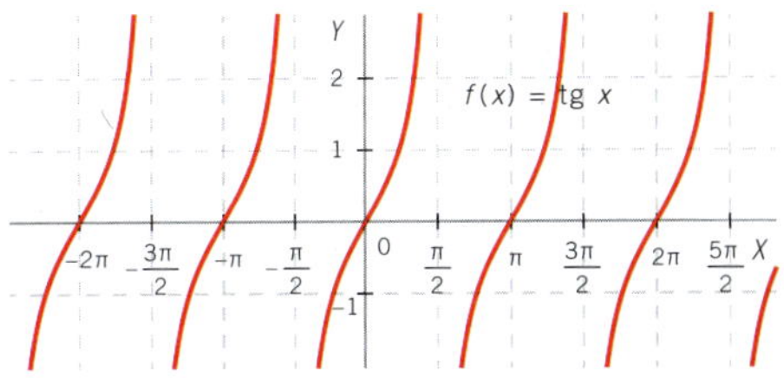

Problemas resueltos
D

Ejercicios y problemas
43, 44, 47, 49, 52 y 53

Funciones secante, cosecante y cotangente

Son las recíprocas de las funciones trigonométricas: la secante corresponde al coseno; la cosecante, al seno, y la cotangente, a la tangente.

	PROPIEDADES	GRÁFICA
$f(x) = \sec x = \frac{1}{\cos x}$	$D(f) = \mathbb{R} - \left\{x = \frac{\pi}{2} + n\pi,\ n \in \mathbb{Z}\right\}$ $R(f) = (-\infty, -1] \cup [1, +\infty)$ $T = 2\pi$ rad $\qquad$ Par	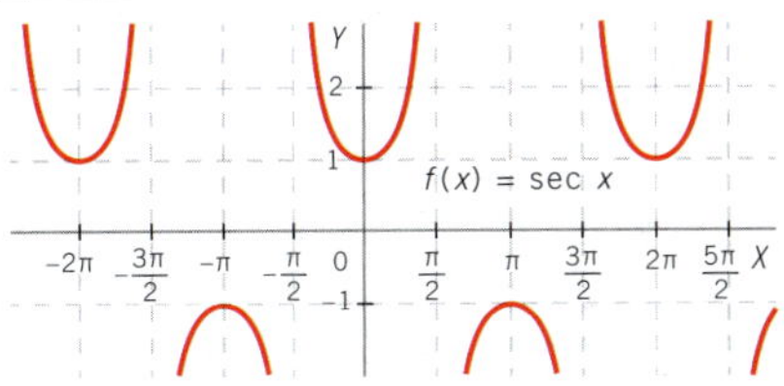
$f(x) = \text{cosec } x = \frac{1}{\text{sen } x}$	$D(f) = \mathbb{R} - \{x = n\pi,\ n \in \mathbb{Z}\}$ $R(f) = (-\infty, -1] \cup [1, \infty)$ $T = 2\pi$ rad $\qquad$ Impar	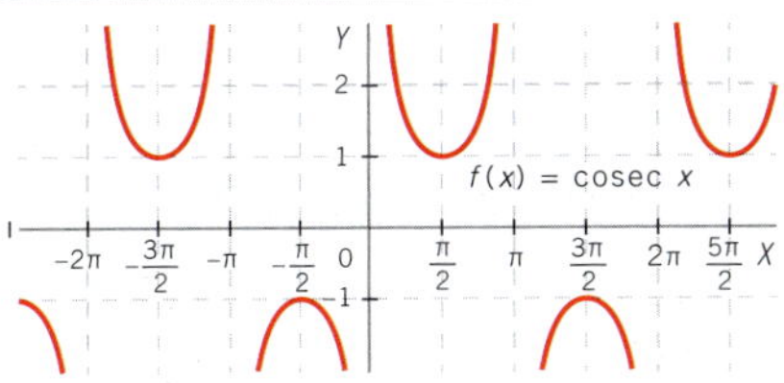
$f(x) = \text{cotg } x = \frac{1}{\text{tg } x}$	$D(f) = \mathbb{R} - \{x = n\pi, n \in \mathbb{Z}\}$ $R(f) = \mathbb{R}$ $T = \pi$ rad $\qquad$ Impar	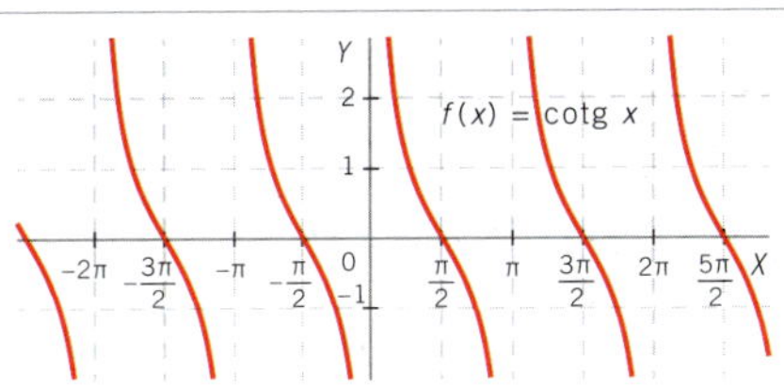

6. Interpolación y extrapolación
6.1. Interpolación lineal
6.2. Interpolación cuadrática

6. Interpolación y extrapolación

En muchas ramas de la ciencia se efectúan experimentos para estudiar la relación entre dos variables. El resultado de estos experimentos es un conjunto de pares de valores $(x_0, y_0), \ldots, (x_n, y_n)$.

Si pudiéramos hallar una función que los relacionara, podríamos utilizarla para obtener otros pares de valores, distintos a los observados.

Una **función de interpolación** es la que se ajusta a los pares de valores obtenidos en un experimento.

Así, si representamos los pares de valores observados en un sistema de coordenadas, la gráfica de la función de interpolación pasará por estos puntos.

A partir de la función de interpolación, podremos predecir otros resultados de nuestro experimento, escogiendo un valor de x y sustituyéndolo en la función de interpolación.

— Si escogemos un valor x entre dos de los valores obtenidos en el experimento, estamos **interpolando.**

— Si, por el contrario, escogemos un valor ya sea mayor o menor que cualquiera de los valores experimentales, decimos que estamos **extrapolando.**

De todas las funciones de interpolación, las más sencillas son las polinómicas $f(x) = P(x)$, cuyo grado será el número de puntos del experimento menos 1. A este polinomio se le denomina *polinomio interpolador.*

INTERNET

En el siguiente enlace, encontrarás una aplicación que te enseña cómo efectuar una interpolación a partir de un ejemplo práctico:

http://links.edebe.com/ge4va7

RECUERDA

Hacemos interpolación cuando nos interesa predecir resultados sin necesidad de repetir un experimento.

CURIOSIDADES

El término *interpolar* proviene del latín *interpolare,* que significa 'intercalar'.

FÍJATE

Estudiaremos la interpolación lineal y cuadrática, pero existen muchas más y se denominan según las funciones interpoladoras. Así pues, podemos tener interpolación exponencial e interpolación logarítmica.

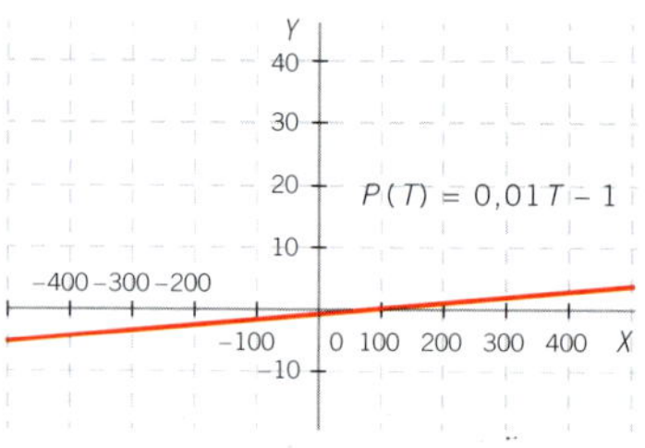

Función $P(T) = 0{,}01T - 1$, cuya gráfica es una recta a la que pertenecen los puntos (300, 2), (340, 2,4) y (380, 2,8).

6.1. Interpolación lineal

Si conocemos dos pares de valores de un experimento, (x_0, y_0) y (x_1, y_1), el polinomio interpolador será de grado 1, pues existe un único polinomio de primer grado $P(x) = ax + b$ que tome estos valores. La representación gráfica de este polinomio es una recta de la que deberemos hallar los coeficientes a y b.

9 EJEMPLO

En un volumen de gas de 10 L, hemos recogido estos datos de presión y temperatura:

P(atm)	2	2,8
T(K)	300	380

¿Qué presión marcaba el manómetro cuando la temperatura era de $T = 340$ K?

Solución

COMPRENSIÓN:

Para hallar la presión, deberemos determinar primero los coeficientes del polinomio interpolador resolviendo un sistema de ecuaciones para $P(T) = aT + b$.

RESOLUCIÓN:

$$\left.\begin{array}{l} P_1 = aT_1 + b \\ P_2 = aT_2 + b \end{array}\right\} \rightarrow \left.\begin{array}{l} 2 = a \cdot 300 + b \\ 2{,}8 = a \cdot 380 + b \end{array}\right\} \rightarrow a = 0{,}01;\ b = -1 \rightarrow P(T) = 0{,}01 \cdot T - 1$$

Para saber la presión a 340 K, sustituimos: $P(340) = 0{,}01 \cdot 340 - 1 = 2{,}4$ atm.

6.2. Interpolación cuadrática

Si partimos de un conjunto de tres puntos (x_1, y_1), (x_2, y_2) y (x_3, y_4) *no* alineados, podemos hallar un polinomio interpolador de grado 2 que pase por estos tres puntos. El polinomio interpolador tendrá la forma:

$$P(x) = ax^2 + bx + c$$

La representación gráfica de este polinomio es una parábola, y para hallar sus coeficientes deberemos sustituir tres puntos en el polinomio y resolver el sistema de ecuaciones resultante:

$$\left.\begin{aligned} y_1 &= ax_1^2 + bx_1 + c \\ y_2 &= ax_2^2 + bx_2 + c \\ y_3 &= ax_3^2 + bx_3 + c \end{aligned}\right\}$$

Interpolación lineal a trozos

Siguiendo con este sistema, cuanto mayor sea el conjunto de puntos de partida, más complicada será la función de interpolación y los cálculos necesarios para determinarla. Si partimos de un conjunto de cuatro puntos, el polinomio interpolador será de grado 3; cinco puntos permitirían encontrar un polinomio interpolador de grado 4…, y así, sucesivamente.

Como alternativa, si partimos de un conjunto de puntos no alineados, podemos considerar la opción de asignar un polinomio interpolador de primer grado a cada par de puntos consecutivos.

De esta forma, obtendremos una función definida a trozos, cuya gráfica serán segmentos que unirán los sucesivos puntos del conjunto de partida:

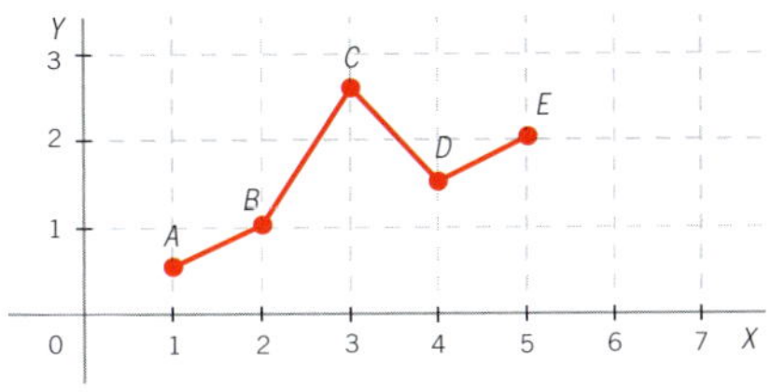

10 EJEMPLO

Hemos medido la resistencia eléctrica de un dispositivo semiconductor a tres temperaturas distintas, obteniendo las lecturas mostradas en la tabla. Halla la resistencia eléctrica del dispositivo a 15 °C.

T(°C)	10	20	30
R(Ω)	$6 \cdot 10^4$	$4{,}5 \cdot 10^4$	$4{,}5 \cdot 10^4$

Solución

COMPRENSIÓN: Para hallar el valor de la resistencia a 15 °C, deberemos buscar el polinomio interpolador que mejor se ajuste a los datos. Al tener tres puntos, realizaremos una interpolación cuadrática.

RESOLUCIÓN: Para hallar los coeficientes *a*, *b* y *c*, sustituimos en $R(x)$: $ax^2 + bx + c$.

$$\left.\begin{aligned} 6 \cdot 10^4 &= 100a + 10b + C \\ 4{,}5 \cdot 10^4 &= 400a + 20b + C \\ 4{,}5 \cdot 10^4 &= 900a + 30b + C \end{aligned}\right\} \rightarrow \begin{aligned} a &= 25 \\ b &= -2\,250 \\ c &= 80\,000 \end{aligned} \rightarrow R(x) = 25x^2 - 2\,250x + 80\,000$$

Sustituimos el valor $T = 15$: $R(15) = 25 \cdot 15^2 - 2\,250 \cdot 15x + 80\,000 = 5{,}19 \cdot 10^4 \Omega$

COMPROBACIÓN: Para confirmar que el polinomio interpolador es correcto, podemos comprobar que los tres puntos de la tabla son raíces del polinomio.

FÍJATE

Cuantos más puntos de la gráfica interpolemos, mejor se ajustan los segmentos a la curva.

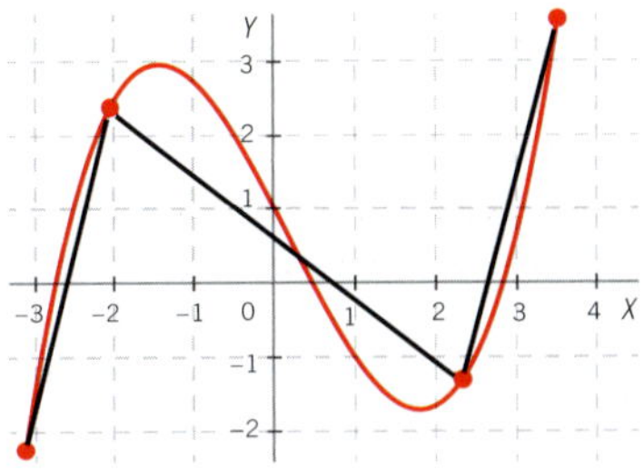

RECUERDA

Un sistema de ecuaciones lineales se puede resolver mediante el método de Gauss o Cramer.

Ejercicios y problemas
54 a 60

Síntesis
61 a 65

Problemas RESUELTOS

A FUNCIONES DEFINIDAS A TROZOS

El fin de semana pasado, Juan hizo una salida en bicicleta para preparar la carrera del próximo domingo. Al llegar a casa, estudió los datos que había registrado mediante una aplicación que simulaba un velocímetro. Durante la primera hora, su velocidad media fue de 30 km/h. A continuación, estuvo 30 minutos descansando y después reanudó la marcha, consiguiendo en las 2 horas siguientes ir a una velocidad media de 40 km/h. Estuvo entonces 30 minutos parado y, finalmente, recorrió el último tramo en 30 minutos y a una media de 20 km/h.

a) Representa gráficamente la posición en función del tiempo y determina qué distancia recorrió.

b) Indica el dominio y el recorrido de la función.

c) Halla la expresión analítica que determina la función.

Solución

COMPRENSIÓN: Para hallar la distancia que recorrió, deberemos tener en cuenta que los datos que aporta el problema son la velocidad y el tiempo, y deberemos relacionarlos con la posición. Del mismo modo, para dibujar y estudiar la gráfica, es importante en este caso organizar los datos por tramos.

DATOS: $t_1 = 1$ h, $v_1 = 30$ km/h, $t_2 = 0{,}5$ h, $t_3 = 2$ h, $v_3 = 40$ km/h, $t_4 = 30$ min, $t_5 = 30$ min, $v_5 = 20$ km/h

RESOLUCIÓN: Intenta resolver el problema individualmente. Para ello, oculta la respuesta y sigue estos pasos:

Pasos

1. Organizamos los datos por tramos determinando en cada uno la velocidad, el tiempo y la distancia que se recorre.
2. Dibujamos la gráfica de la función que representa la posición según el tiempo a partir de los datos y hallamos la distancia total recorrida.
3. Determinamos el dominio y el recorrido de la función.
4. Determinamos el tipo de función y escribimos la función analítica que la representa.

Respuesta

1. Tramo 1: $t_1 = 1$ h, $v_1 = 30$ km/h $\longrightarrow$ distancia = 30 km

   Tramo 2: $t_2 = 0{,}5$ h, $v_2 = 0$ km/h $\longrightarrow$ distancia = 0 km

   Tramo 3: $t_3 = 2$ h, $v_3 = 40$ km/h $\longrightarrow$ distancia = 80 km

   Tramo 4: $t_4 = 0{,}5$ h, $v_4 = 0$ km/h $\longrightarrow$ distancia = 0 km

   Tramo 5: $t_5 = 0{,}5$ h, $v_5 = 20$ km/h $\longrightarrow$ distancia = 10 km

2. Dibujarnos la gráfica a partir de los datos de la distancia recorrida en cada tramo y el tiempo:

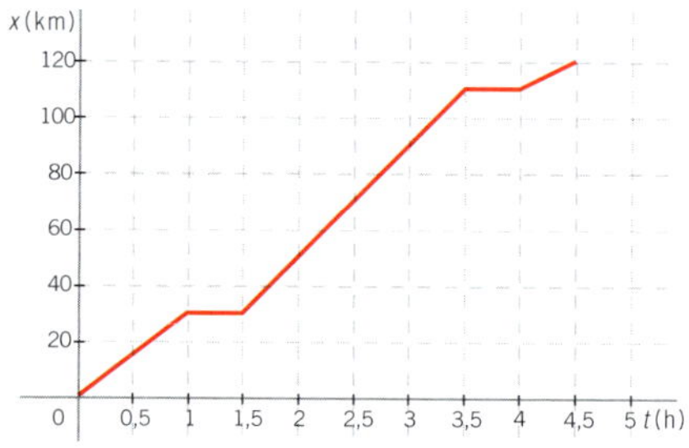

El último punto nos indica que la distancia recorrida es de 120 km.

$$D(f) = [0,\ 4{,}5],\ R(f) = [0,\ 120]$$

3. En la gráfica vemos que se trata de una función definida a trozos, donde cada tramo es constante o una función de primer grado:

$$f(x) = \begin{cases} 30t & \text{si } 0 \le t < 1 \\ 30 & \text{si } \le t < 1{,}5 \\ 30 + 40(t - 1{,}5) & \text{si } 1{,}5 \le t < 3{,}5 \\ 110 & \text{si } 3{,}5 \le t < 4 \\ 110 + 20(x - 4) & \text{si } 4 \le t \le 4{,}5 \end{cases}$$

COMPROBACIÓN: Sustituimos los puntos en la función y vemos que coinciden con la gráfica. Además, observamos que las distancias que hemos obtenido son coherentes con el enunciado.

1. ★★☆ Se lanza un globo sonda de 2 m^3 de volumen. Cada 100 m de subida aumenta el volumen en 0,1 m^3 hasta los 800 m. Luego sube 200 m sin aumentarlo y, después, incrementa 0,2 m^3 cada 100 m durante 1 km. Finalmente, disminuye 0,2 m^3 al subir los últimos 500 m antes de explotar.

a) Representa el volumen del globo en función de la altura e indica el dominio, el recorrido, los extremos relativos, los tramos de crecimiento y el decrecimiento de la función.

b) Calcula el volumen cuando el globo está a 400 m de altura.

Sol.: a) $D(f) = [0,\ 2\,000]$, $R(f) = [2;\ 4{,}8]$, máx. [2 000; 4,8], crec. [0, 800), (1 000, 2 000), decrec. (2 000, 2 500); b) 2,4 m^3

B FUNCIONES IRRACIONALES

Halla el dominio de la función $f(x) = \sqrt{\dfrac{x+5}{x-4}}$.

Solución

COMPRENSIÓN: La función $f(x)$ es una función irracional de una fracción algebraica. Así pues, deberemos asegurar que los valores de la fracción algebraica sean mayores que 0, excluyendo además los valores que puedan anular el denominador.

RESOLUCIÓN: El conjunto definición deberá cumplir $\dfrac{x+5}{x-4} \geq 0$. Para resolver esta inecuación, habrá que resolver los siguientes sistemas:

$$\left.\begin{array}{l} x+5 \geq 0 \\ x-4 > 0 \end{array}\right\} \qquad \left.\begin{array}{l} x+5 \leq 0 \\ x-4 < 0 \end{array}\right\}$$

El conjunto solución del primer sistema es $S_1 = (4, +\infty)$, y del segundo sistema, $S_2 = (-\infty, -5]$.

Por tanto, el dominio será $D(f) = (-\infty, -5] \cup (4, +\infty)$.

2. ★★☆ Halla el dominio y el recorrido de las funciones:

a) $f(t) = \dfrac{2}{t-1}$ b) $f(x) = e^{x+1}$

Sol.: a) $D(f) = \mathbb{R} - \{1\}$, $R(f) = \mathbb{R} - \{0\}$; b) $D(f) = \mathbb{R}$, $R(f) = (0, +\infty)$

C COMPOSICIÓN DE FUNCIONES

Dadas las funciones $f(x) = x + 3$, $g(x) = \dfrac{2x+3}{x^2}$ y $h(x) = \sqrt{\cos x}$, calcula: a) $f \circ g$; b) $g \circ f$; c) $g \circ f \circ h$.

Solución

COMPRENSIÓN: La composición de funciones no es conmutativa. Por lo tanto, debemos respetar el orden de composición.

RESOLUCIÓN:

a) $f \circ g = f(g(x)) = \dfrac{2x+3}{x^2} + 3 = \dfrac{3x^2+2x+3}{x^2}$

b) $g \circ f = g(f(x)) = \dfrac{2 \cdot (x+3) + 3}{(x+3)^2} = \dfrac{2x+9}{(x+3)^2}$

c) $g \circ f \circ h = g(f(h(x))) = g\left(\sqrt{\cos x} + 3\right) =$

$= \dfrac{2(\sqrt{\cos x} + 3) + 3}{(\sqrt{\cos x} + 3)^2} = \dfrac{2\sqrt{\cos x} + 9}{(\sqrt{\cos x} + 3)^2}$

3. ★★☆ Dadas las siguientes funciones:

$f(x) = x^2 - 2$ $g(x) = e^{-x}$ $h(x) = \dfrac{1}{x-2}$, calcula:

a) $h \circ g$ b) $h \circ f \circ g$ c) $f \circ g$ d) $f \circ g \circ h$

Sol.: a) $\dfrac{1}{e^{-x}-2}$; b) $\dfrac{1}{e^{-2x}-4}$; c) e^{-2x}; d) $e^{\frac{-2}{x-2}} - 2$

D FUNCIONES EXPONENCIALES

Un material radiactivo, con 10^{25} núcleos radiactivos, decrece según la ecuación: $N = N_0 \cdot e^{-kt}$, donde N_0 son los núcleos radiactivos iniciales; t, el tiempo transcurrido en años, y k, una constante propia del material. Si deben transcurrir 100 años para que los núcleos se reduzcan a la mitad:

a) Calcula la constante k, para obtener la ecuación que define el decrecimiento.

b) Halla el dominio y el recorrido.

c) ¿Cuántos núcleos quedarán después de 300 años?

d) ¿Cuánto tiempo habrá pasado cuando solo quede el 10% de los núcleos?

e) Representa la función gráficamente.

Solución

COMPRENSIÓN: Con las condiciones iniciales, obtendremos la constante. Después, podremos obtener cualquier punto sustituyendo en la ecuación.

DATOS: $N_0 = 10^{25}$; $N = 0,5 \cdot 10^{25}$ para $t = 100$ años

RESOLUCIÓN: a) $0,5 \cdot 10^{25} = 10^{25} \cdot e^{-k} \cdot 100 \longrightarrow \ln 0,5 = -k \cdot 100$

Por lo tanto, $k = 7 \cdot 10^{-3}$ y la función queda: $N = 10^{25} \cdot e^{-7 \cdot 10^{-3}\, t}$

b) $D(f) = \{t \geq 0\}$ $R(f) = (0, 10^{25}]$

c) $N = 10^{25} \cdot e^{-7 \cdot 10^{-3} \cdot 300} = 1,2 \cdot 10^{24}$ núcleos

d) $0,1 \cdot 10^{25} = 10^{25} \cdot e^{-7 \cdot 10^{-3} t}$

$\ln 0,1 = -7 \cdot 10^{-3} \longrightarrow t = 328,9$ años

e)

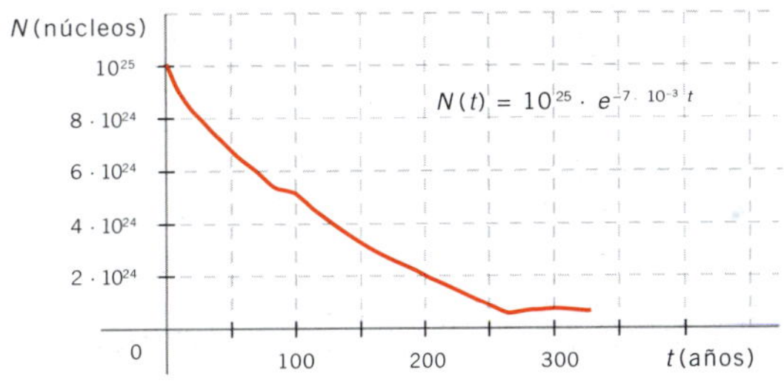

4. ★★☆ El crecimiento bacteriológico de cierta especie viene dado por $N = N_0 \cdot 2^{kt}$, siendo t el tiempo en horas. Si inicialmente tenemos una bacteria y al cabo de 4 h tenemos 6, resuelve las siguientes cuestiones:

a) Calcula la constante k. b) Representa la gráfica.

Sol.: a) $k = 0,65$

EJERCICIOS Y PROBLEMAS

1 CONCEPTO DE FUNCIÓN

5. ★☆☆ Halla $f(0)$, $f(-2)$ y $f(3)$ para las siguientes funciones:

a) $f(x) = x^3 - 4x + 6$ c) $f(x) = \ln(x + 1)$

b) $f(x) = \sqrt{x - 3}$ d) $f(x) = \dfrac{x - 1}{x + 2}$

Sol.: a) 6, 6, 21; b) N.E., N.E., 0; c) 0, N.E. 1,39; d) −0,5, N.E., 0,4

6. ★☆☆ Representa las siguientes funciones con la ayuda de una tabla de valores:

a) $f(x) = 3x + 2$ b) $f(x) = x^2 - 4$

7. ★☆☆ Escribe las expresiones analíticas de los siguientes enunciados:

a) La tarifa de un taxi es de 0,20 € por km, más 2,50 € de bajada de bandera.

b) La población inicial de un tipo de insecto decrece exponencialmente con el tiempo (en años).

8. ★☆☆ Halla las antiimágenes de $f(x) = 0$, $f(x) = 1$ y $f(x) = e$, para la siguiente función:

$$f(x) = e^{-x}$$

Sol.: N.E., 0, −1

9. ★☆☆ Halla la expresión analítica de la siguiente función:

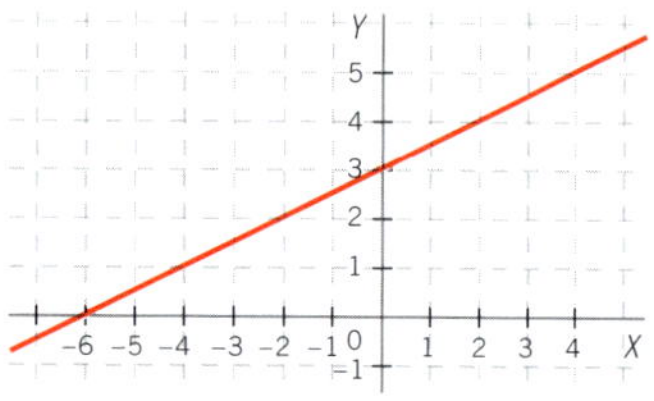

Sol.: $f(x) = 0{,}5x + 3$

10. ★☆☆ Indica si las siguientes relaciones son funciones o no. Respecto a las que sean funciones, escribe la ecuación correspondiente y represéntala.

a) La tarifa de una taxi es 3 € de bajada de bandera, más 0,80 € por kilómetro recorrido.

b) Los minutos jugados por un baloncestista y los puntos encestados.

c) La velocidad que toma un objeto en caída libre con el tiempo transcurrido.

11. ★☆☆ Halla el dominio y el recorrido de las siguientes funciones:

a) $f(x) = \dfrac{5}{x - 3}$ b) $f(x) = \sqrt{x - 2}$

Sol.: a) $D(f) = \mathbb{R} - \{3\}$, $R(f) = \mathbb{R} - \{0\}$;
b) $D(f) = \{x \mid x \geq 2\}$, $R(f) = \{x \mid x \geq 0\}$

12. ★☆☆ Halla de la siguiente función: $f(x) = \dfrac{2}{x - 4}$

a) Las imágenes para $x = 2$, $x = 4$ y $x = 6$.

b) Las antiimágenes de $f(x) = 0{,}25$, $f(x) = -1$ y $f(x) = 0{,}5$.

Sol.: a) −1, N.E., 1; b) $x = 12$, $x = 2$, $x = 8$

13. ★★☆ Halla el dominio de las siguientes funciones:

a) $f(x) = \sqrt{(x - 3)(x + 3)}$ c) $f(x) = \dfrac{x}{\operatorname{sen} x}$

b) $f(x) = \dfrac{x}{2} - \cos x$ d) $f(x) = \dfrac{4x}{x^3 - x}$

Sol.: a) $D(f) = (-\infty, -3] \cup [3, +\infty)$; b) $D(f) = \mathbb{R} - \{k\pi, k \in \mathbb{Z}\}$;
c) $D(f) = \mathbb{R}$; d) $D(f) = \mathbb{R} - \{-1, 0, +1\}$

14. ★★☆ Halla el dominio y el recorrido de las siguientes funciones:

a) $f(x) = \sqrt{x^2 + 2x + 1}$ b) $f(x) = \dfrac{x + 2}{x^2 - 4}$

Sol.: a) $D(f) = \mathbb{R}$, $R(f) = [0, +\infty)$;
b) $D(f) = \mathbb{R} - \{+2, -2\}$, $R(f) = \mathbb{R} - \{0\}$

15. ★★☆ Halla la expresión analítica de la siguiente función:

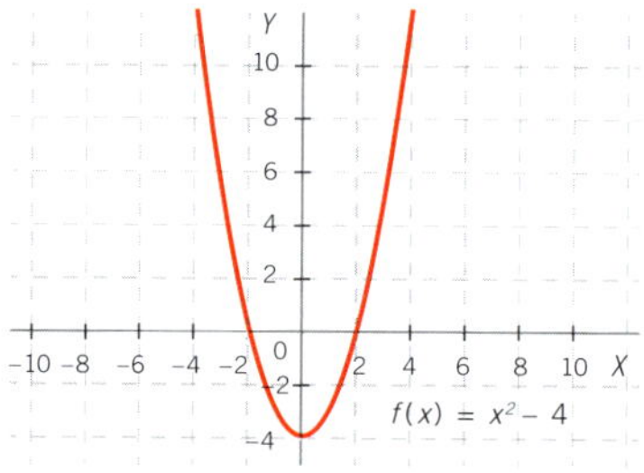

Sol.: $f(x) = x^2 - 4$

16. ★★☆ Representa las siguientes funciones, utilizando el programa GeoGebra:

a) $f(x) = e^{-2x}$ d) $f(x) = \cos(x^2)$

b) $f(x) = x^3 - 2x + 3$ e) $f(x) = \ln(x^2 + 1)$

c) $f(x) = \operatorname{sen}(2x)$ f) $f(x) = x^2 + 1$

17. ★★☆ Indica cuál de las siguientes gráficas corresponde a una función. Justifica tu respuesta. De las gráficas que sean función, indica el dominio y el recorrido.

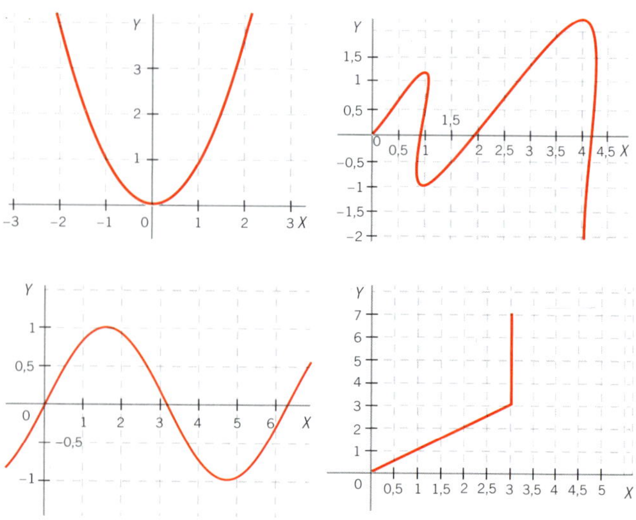

2 OPERACIONES CON FUNCIONES

18. ★☆☆ Si $f(x) = x + 2$ y $g(x) = \dfrac{x}{x^2 - 8}$, halla para $x = 4$:

a) $g(x) - f(x)$ c) $(f \circ g)(x)$

b) $f(x) \cdot g(x)$ d) $(g \circ f)(x)$

Sol.: a) – 5,5; b) 3; c) 2,5; d) 0,21

19. ★☆☆ Si $f(x) = x^2 - 1$, $g(x) = 2x + 3$ y $h(x) = \dfrac{2}{x+1}$, halla:

a) $f(x) + g(x)$ c) $h(x) - g(x)$ e) $f(x) \cdot g(x)$ g) $\dfrac{f(x)}{g(x)}$

b) $f(x) + h(x)$ d) $g(x) - h(x)$ f) $g(x) \cdot h(x)$ h) $\dfrac{g(x)}{f(x)}$

20. ★★☆ Si un objeto realiza dos movimientos definidos bajo las funciones:

$$f(x) = \sqrt{x^2 - 4} \qquad g(x) = \frac{x^2 - 4}{x}$$

Calcula:

a) $f(x) - g(x)$ c) $(f \circ g)(x)$

b) $f(x) \cdot g(x)$ d) $(g \circ f)(x)$

21. ★★☆ Dadas las funciones $f(x) = \cos x$ y $g(x) = \sqrt{x - 2}$, calcula:

a) $(f \circ g)(x)$ c) $(g \circ g)(x)$

b) $(g \circ f)(x)$ d) $(f \circ g \circ f)(x)$

Sol.: a) $\cos\sqrt{x-2}$; b) $\sqrt{\cos x - 2}$; c) $\sqrt{\sqrt{x-2} - 2}$; d) $\cos(\sqrt{\cos x - 2})$

22. ★★☆ Halla la función inversa de las siguientes funciones:

a) $f(x) = 2x - 6$ c) $f(x) = \sqrt{x^2 - 16}$

b) $f(x) = -x$ d) $f(x) = \dfrac{2x}{x - 5}$

Sol.: a) $\dfrac{x}{2}$; b) $-x$; c) $\pm\sqrt{x^2 + 16}$; d) $\dfrac{5x}{x - 2}$

23. ★★☆ Dado el volumen de una esfera $V = \dfrac{4\pi r^3}{3}$, halla su función inversa y comprueba mediante un programa de representación gráfica que son simétricas respecto a la bisectriz. @

3 TRANSFORMACIÓN DE FUNCIONES

24. ★☆☆ Si $f(x) = x^2$, representa en los mismos ejes de coordenadas las siguientes funciones:

a) $f(x) - 2$ c) $f(2x)$

b) $f(x + 4)$ d) $f(0{,}5x)$

25. ★☆☆ El movimiento de un proyectil viene dado por la siguiente ecuación:

$$f(x) = 5 + 3t - 4{,}9t^2$$

a) Representa la función.

b) Representa $f(t + 2)$.

c) Representa $f(-t)$.

d) Representa $-f(t)$.

26. ★★☆ A partir de la primera función, determina la expresión analítica del resto de las funciones.

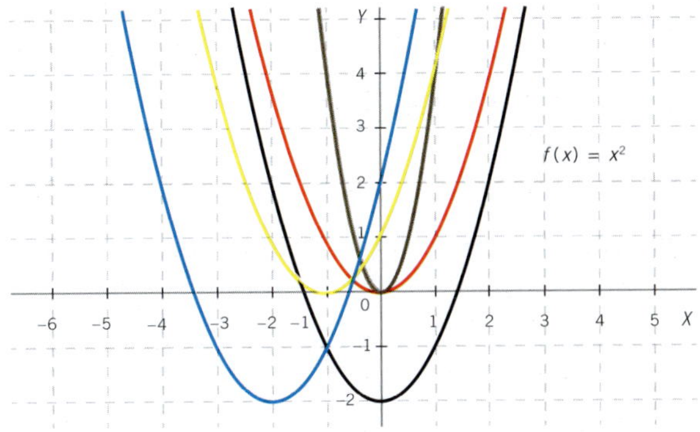

27. ★★☆ Efectúa las siguientes transformaciones a partir de la función $f(x)$ representada en el gráfico:

a) $f(x) - 2$ c) $f(-x)$

b) $f(x + 3)$ d $-f(x)$

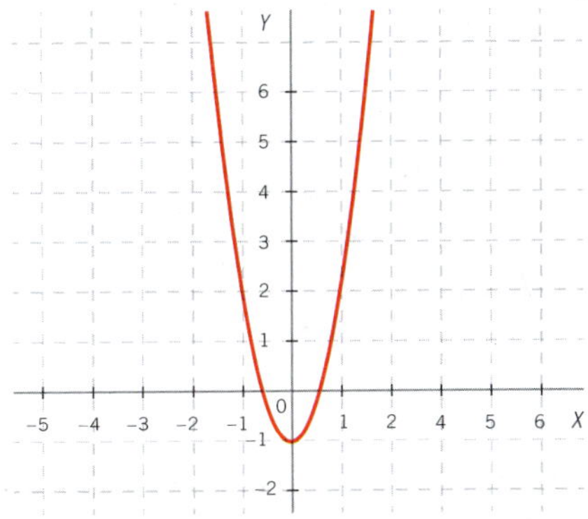

4 CARACTERÍSTICAS DE UNA FUNCIÓN

28. ★☆☆ Halla los puntos de corte con los ejes de las siguientes funciones:

a) $f(x) = 4x$ c) $f(x) = x^2 - 3x + 2$

b) $f(x) = 3x - 2$ d) $f(x) = x^2 - 16$

Sol.: a) (0, 0); b) (0, – 2), (2 / 3, 0); c) (0, 2), (1, 0), (2, 0); d) (0, – 16), (– 4, 0), (4, 0)

29. ★☆☆ Dada la función $f(x) = e^x$, representa:

a) $f(-x)$ b) $-f(x)$

30. ★☆☆ Representa gráficamente y halla los máximos y los mínimos de las siguientes funciones:

a) $f(x) = x^2 - 3x + 2$ b) $f(x) = x^2 - 4$

Sol.: a) mín. (1,5; – 0,25); b) mín. (0, – 4)

31. ★★☆ Dibuja una función que cumpla las siguientes condiciones:

a) Máximos en (– 1, 2) y (2, 4).

b) Cortes con los ejes en (0, 2), (4, 0) y (6, 0).

c) Decreciente a partir de $x = 5$.

32. ★★☆ Dibuja una función que cumpla:

a) Periódica para $x > 0$.

b) Mínimo en (–2, 0).

c) Decreciente para $x < -2$.

d) Creciente para $-2 < x < 0$.

33. ★★☆ Halla los intervalos de crecimiento y decrecimiento, los máximos y mínimos y la intersección con los ejes de las siguientes gráficas de funciones:

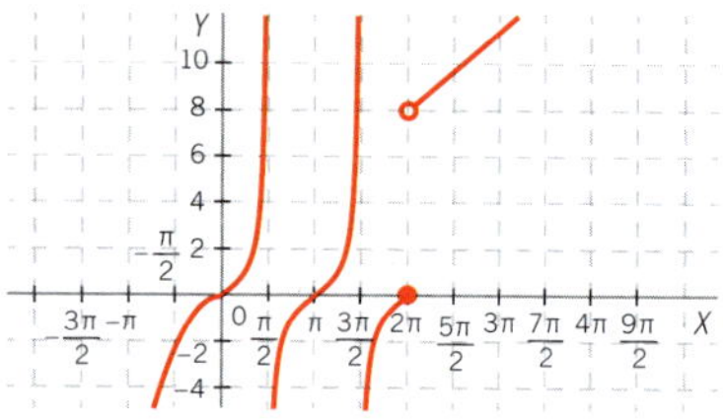

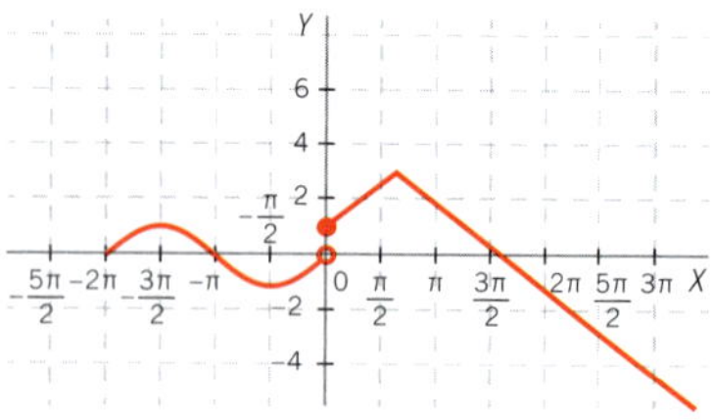

34. ★★☆ Averigua si las funciones son pares o impares.

a) $f(x) = 4x^2 - 16$ c) $f(x) = 2x^3 + x$

b) $f(x) = \text{sen } 2x$ d) $f(x) = \dfrac{2}{x^2 - 1}$

35. ★★☆ Representa con el *software* en línea que creas conveniente las gráficas de las siguientes funciones y di cuáles son sus asíntotas: @

a) $f(x) = 2 + \dfrac{1}{x^2}$

b) $f(x) = \dfrac{4x^3 + 1}{x^2}$

c) $f(x) = \dfrac{3}{x + 2}$

Sol.: a) $x = 0$, $y = 2$; b) $x = 0$, $y = 4x$; c) $x = -2$, $y = 0$

36. ★★☆ Laura y Gonzalo han visto dos ofertas diferentes por el mismo ordenador:

Oferta A: su precio es de 200 € más el 2% mensual (del precio inicial), si pagas a plazos.

Oferta B: su precio es de 220 €, más el 1% mensual (del precio inicial), a partir del sexto mes.

a) Representa ambas ofertas en un mismo gráfico (durante el primer año).

b) ¿En qué momento es mejor cada oferta?

c) ¿Cuánto y cuándo es la diferencia máxima entre las dos ofertas?

Sol.: c) 20 €, mes 0

37. ★★☆ Un ciclista recorre 30 km en 1 hora, descansa 20 minutos, reanuda la marcha y avanza 30 km en 50 minutos, y se detiene a hidratarse y alimentarse durante 30 minutos. Para regresar, emplea 2 horas y 35 minutos.

a) Representa la función que relaciona la distancia con el punto de partida y el tiempo.

b) Define el dominio y el recorrido de la función.

c) Define el corte con los ejes.

d) Indica los tramos de crecimiento y decrecimiento.

e) ¿Tiene máximos y mínimos relativos?

Sol.: b) $D(f) = [0; 5{,}15]$, $R(f) = [0, 60]$; c) (0, 0), (5 h 5 min, 0); d) crec. (0, 1), (1 h 20 min, 2 h 5 min), decrec. (2 h 35 min, 5 h 5 min); e) No

38. ★★☆ Halla la monotonía, los intervalos de crecimiento y decrecimiento, los extremos absolutos y relativos y el corte con los ejes de las siguientes funciones: @

a) $f(x) = x^2 - 5x + 4$ c) $f(x) = \dfrac{-x + 1}{2}$

b) $f(x) = \sqrt{2x - 8}$ d) $f(x) = \ln x + x$

— Comprueba los resultados representando las funciones con el programa GeoGebra.

5 TIPOS DE FUNCIONES

39. ★☆☆ Representa las siguientes funciones polinómicas:

a) $f(x) = 2x$ c) $f(x) = 5x^2 - 6x + 7$

b) $f(x) = -3x + 6$ d) $f(x) = 0{,}5x^2 + 2$

40. ★☆☆ El área de un círculo es $A = \pi r^2$. Representa gráficamente esta función.

41. ★☆☆ Representa una recta que pase por los puntos $A = (0, 0)$ y $B = (1, 4)$. A continuación, en el mismo gráfico construye una parábola con vértice en (0, 0) y que pase por el punto (1, 4). Halla la expresión algebraica de ambas.

42. ★☆☆ Indica la expresión analítica de la siguiente función:

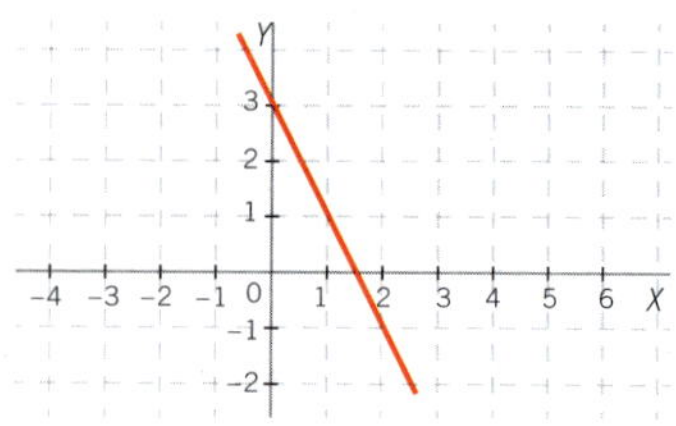

Sol.: $f(x) = -2x + 3$

43. ★☆☆ Representa las gráficas de las funciones:

a) $f(x) = e^x$ b) $f(x) = \ln x$

44. ★☆☆ Utiliza la calculadora en modo radianes y encuentra $f(\pi / 2)$, $f(3\pi / 2)$, $f(-\pi)$ de las siguientes funciones:

a) $f(x) = \cos(2x)$ c) $f(x) = \text{tg}^2\, x$

b) $f(x) = \text{sen}^2\, x$ d) $f(x) = \text{cosec}\, x$

Sol.: a) −1, −1, 1; b) 1, 1, 0; c) N.E., N.E:, 0; d) 1, −1, N.E.

45. ★☆☆ Representa gráficamente el volumen de una esfera en función del radio.

46. ★☆☆ Observa la siguiente gráfica definida a trozos:

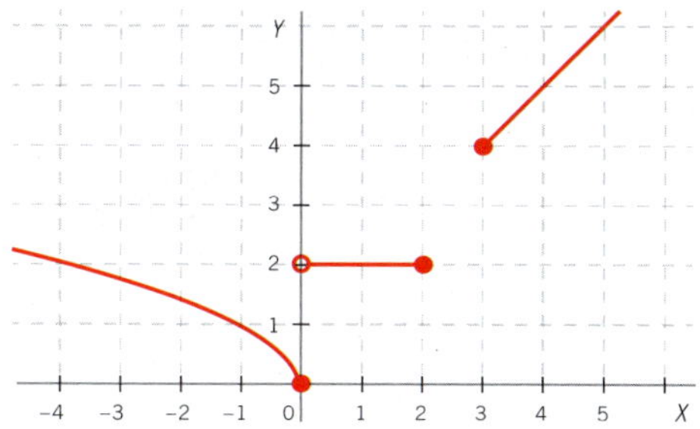

a) Halla la función para cada tramo.

b) Halla los períodos de crecimiento y decrecimiento, los máximos y los mínimos y los puntos de corte con los ejes.

47. ★★☆ Dibuja, aproximadamente, las siguientes funciones en el intervalo $[0, 2\pi]$:

a) $f(x) = \text{sen}\,(x - \pi)$ b) $f(x) = \text{tg}\,(2x)$

48. ★★☆ Representa gráficamente la siguiente función:

$$f(x) = \begin{cases} x+2 & \text{si } x \leq 1 \\ 3 & \text{si } 1 < x \leq 3 \\ 2x-3 & \text{si } x > 3 \end{cases}$$

49. ★★☆ Representa la gráfica de las siguientes funciones:

a) $f(x) = \log|x|$ c) $f(x) = |x - 3|$

b) $f(x) = \sqrt{|2x - 1|}$ d) $f(x) = |-x - 3|$

50. ★★☆ Si de un triángulo rectángulo conocemos que uno de los catetos es $b = 3$ cm:

a) Representa la hipotenusa a como función dependiente del cateto c.

b) Representa el cateto c como función dependiente de la hipotenusa a.

c) ¿Qué medidas puede tener la hipotenusa?

51. ★★☆ Un trabajador tiene un sueldo anual de 20 000 €. La empresa firma un aumento anual del 3 % durante los próximos 8 años.

a) Determina la tabla salarial anual para los 8 años.

b) Representa la gráfica de la función.

c) Si el sueldo al final de los 8 años es de 25 000 €, calcula el incremento real anual que le ha aplicado la empresa.

d) Si la empresa le hubiese ofrecido un aumento anual de 650 €, representa esta segunda función.

e) ¿En qué años habrá cobrado más con esta segunda oferta?

f) Al final de los 8 años, ¿qué opción le habría interesado más al trabajador? ¿Y a la empresa?

Sol.: a) 20 600 €, 21 218 €, 21 854,54 €, 22 510,17 €, 23 185,48 €, 23 881,04 €, 24 597,48 €, 25 335,40 €; c) 2,83 %

52. ★★★ Busca información sobre los diferentes procesos físicos. @

a) Representa la energía de un fotón en función de su frecuencia.

b) Representa la desintegración de los núcleos atómicos radiactivos en función del tiempo.

c) Representa la expresión del período en función del radio en la tercera ley de Kepler.

d) Representa la fuerza de la ley de gravitación universal de Newton en función de la distancia entre la Tierra y la Luna.

53. ★★★ Observa las gráficas. La primera función representa la caída libre de un proyectil, inicialmente parado, desde 50 m de altura hasta impactar con el suelo.

Describe qué representa la segunda función.

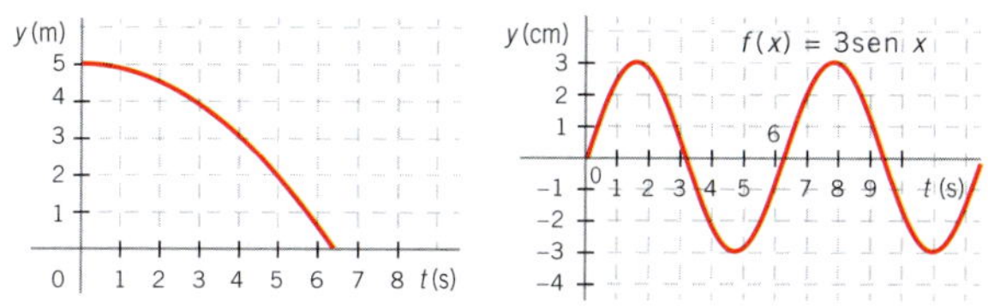

6 INTERPOLACIÓN Y EXTRAPOLACIÓN

54. ★☆☆ Dados los puntos $A = (2, 3)$ y $B = (6, 9)$, aplicando interpolación lineal, halla:

a) $f(3)$ b) $f(4, 5)$ c) $f(5)$

Sol.: a) $f(3) = 4{,}5$; b) $f(4, 5) = 6{,}75$; c) $f(5) = 7{,}5$

55. ★☆☆ Dados los mismos puntos del ejercicio anterior, halla por extrapolación lineal:

a) $f(0)$ b) $f(20)$

Sol.: a) $f(0) = 0$; b) $f(20) = 30$

56. ★☆☆ ¿Cuántos puntos necesitaríamos, como mínimo, para realizar una interpolación cúbica?

Sol.: 4

57. ★☆☆ En un laboratorio, aplicamos una fuerza a una masa y obtenemos los valores de fuerza y aceleración:

$(F_1, a_1) = (15 \text{ N}, 6 \text{ m/s}^2)$ $(F_2, a_2) = (35 \text{ N}, 14 \text{ m/s}^2)$

a) Halla el polinomio interpolador de primer grado.

b) Representa este polinomio.

c) Averigua la fuerza cuando la aceleración con la que sale el objeto es de 8,5 m/s².

d) Utiliza la función para extrapolar y encontrar las aceleraciones para 50 N y 80 N.

Sol.: a) $y = 8x/20$; c) $F = 21{,}25$ N; d) $a = 20 \text{ m/s}^2$, $a = 32 \text{ m/s}^2$

58. ★★☆ Dados los puntos $A = (0, 3)$, $B = (1, 1)$ y $C = (3, 9)$, encuentra, aplicando interpolación cuadrática, los siguientes valores:

a) $f(0{,}5)$ b) $f(4)$

Sol.: a) $f(0, 5) = 1{,}5$; b) $f(4) = 19$

59. ★★★ Con los puntos de las figuras, realiza las operaciones definidas a continuación y dibuja las gráficas resultantes:

a) Interpolación cuadrática.

b) Interpolaciones lineales para los puntos consecutivos.

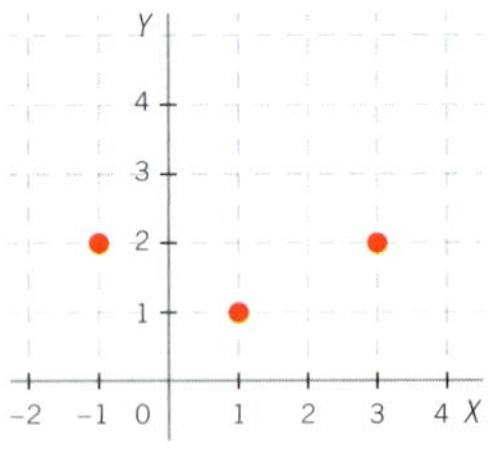

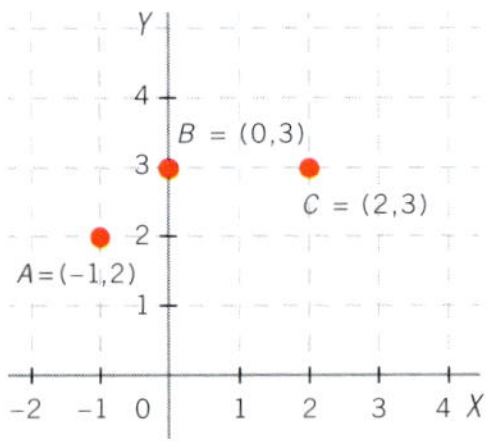

60. ★★★ Dados los puntos $A = (0, 5)$, $B = (1, 4)$, $C = (2, 7)$:

a) Realiza la interpolación cuadrática.

b) Calcula el valor de la función cuadrática para $x = 3$.

c) Realiza las interpolaciones lineales a trozos.

d) Calcula el valor de las funciones lineales para $x = 5$.

e) Representa la función cuadrática y las funciones lineales a trozos.

Sol.: a) $f(x) = 2x^2 - 3x + 5$; b) $f(3) = 14$;
c) $g(x) = -x + 5$, $h(x) = 3x + 1$; d) $g(5) = 0$, $h(5) = 16$

SÍNTESIS

61. ★★☆ Dadas las siguientes funciones:

$$f(x) = x^2 - 25 \qquad g(x) = e^x$$

a) Calcula el dominio y el recorrido de las funciones.

b) Representa las funciones.

c) Calcula $(f \circ g)$ y $(g \circ f)$.

d) Representa las dos nuevas funciones.

e) Indica en la representación el dominio, el recorrido, los máximos y los mínimos y los intervalos de crecimiento y decrecimiento.

f) Elige dos puntos de la función f y realiza interpolación lineal.

62. Trata de justificar las siguientes afirmaciones:

a) Si una función f es continua en un intervalo $[a, b]$ y se cumple que $f(a) > 0$ y $f(b) < 0$, entonces existe un $c \in (a, b)$ tal que $f(c) = 0$.

b) Si una función es no constante y continua en $[a, b]$ y $f(a) = f(b)$, entonces existe un extremo relativo $c \in (a, b)$.

63. ★★★ Dadas las siguientes funciones:

$$f(x) = \sqrt{x - 2} \qquad g(x) = \ln(x + 1)$$

a) Calcula el valor de las funciones para $x = 2$ y para $x = 4$.

b) Efectúa el estudio de las dos funciones.

c) Representa las dos funciones.

d) Halla los puntos de corte entre las dos funciones.

e) Calcula $(f \circ g)$.

f) Efectúa el estudio de la función obtenida en el apartado anterior.

64. ★★★ Dada la siguiente función:

$$f(x) = \frac{5}{3x - 2}$$

Calcula:

a) El valor de la función para los valores $x = -2$, $x = 1$, $x = 2$.

b) Las antiimágenes para $f(x) = 1$, $f(x) = 5$.

c) Halla el dominio y el recorrido.

d) Representa la función.

e) Halla los intervalos de crecimiento y decrecimiento, los máximos y los mínimos, los puntos de corte con los ejes, la periodicidad y la simetría de la función.

f) A partir de los puntos del apartado a), halla los siguientes polinomios:

— Los polinomios interpoladores lineales a trozos.

— El polinomio interpolador cuadrático.

65. ★★★ Dada la siguiente función: $f(x) = \sqrt{16 + b^2}$.

Calcula:

a) El valor de la función para $b = 3$ y $b = 7$.

b) Halla el dominio y el recorrido.

c) Representa la función.

d) Halla los intervalos de crecimiento y decrecimiento, los máximos y los mínimos, los puntos de corte con los ejes, la periodicidad y la simetría de la función.

e) Halla la función inversa.

f) A partir de los puntos del apartado a), halla:

— El polinomio interpolador lineal.

Síntesis

1. Concepto de función
2. Operaciones con funciones
3. Transformación de funciones
4. Características de una función
5. Tipos de funciones
6. Interpolación y extrapolación

Funciones

Operaciones

- Inversa: $f^{-1}(x)$ tal que $(f^{-1} \circ f)(x) = (f \circ f^{-1})(x) = f(x)$
- Composición: $(g \circ f)(x) = g(f(x))$
- División: $(f/g)(x) = f(x)/g(x)$
- Multiplicación: $(f \cdot g)(x) = f(x) \cdot g(x)$
- Suma y resta: $(f \pm g)(x) = f(x) \pm g(x)$

Transformación

- Traslación: $f(x) + k$
- Dilatación y contracción: $f(kx)$

Estudio

- Dominio / Recorrido:
- $f(x) = 0$, cortes con OX
- $f(0)$, corte con OY
- Monotonía / Extremos
- Continuidad
- Simetría par: $f(x) = f(-x)$
- Simetría impar: $f(x) = -f(-x)$
- Periodicidad: $f(x) = f(x + T)$

Representación

- Gráfica / Tabla / Fórmula

Tipo

- Racionales: $f(x) = \dfrac{P(x)}{Q(x)}$ Irracionales: $f(x) = \sqrt[n]{g(x)}$
- Exponenciales: $f(x) = a^x$ Logarítmicas: $f(x) = \log_a x$
- Trigonométricas:
  $f(x) = \text{sen}\, x$, $f(x) = \cos x$, $f(x) = \text{tg}\, x$
  $f(x) = \text{cosec}\, x$, $f(x) = \sec x$, $f(x) = \text{cotg}\, x$
- Definida a trozos trozos
- Polinómicas: $f(x) = a_n x^n + a_{n-1}x^{n-1} + \ldots + a_1 x + a_0$

Interpolación

- Interpolación lineal
- Interpolación cuadrática
- Extrapolación

1 Calcula el dominio de las siguientes funciones:

a) $f(x) = 4x^2 - 2x + 18$

b) $f(x) = \sqrt{9 - x^2}$

c) $f(x) = 4 \ln x$

d) $f(x) = \dfrac{2x + 5}{x^3 - 5x^2 + 4x}$

Sol.: a) $D(f) = \mathbb{R}$; b) $D(f) = \{x \mid -3 \leq x \leq 3\}$; c) $D(f) = \mathbb{R} > 0$; d) $D(f) = \mathbb{R} - \{0, 1, 4\}$

2 Halla el dominio, el recorrido, los intervalos de crecimiento y decrecimiento, los máximos y los mínimos, la intersección con los ejes y la periodicidad de las siguientes funciones:

a)

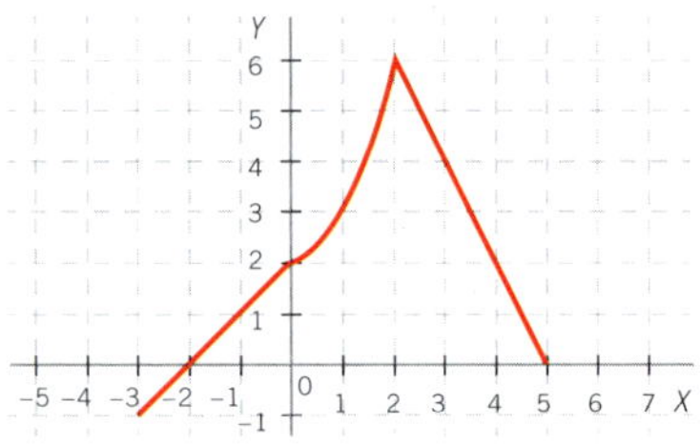

b)

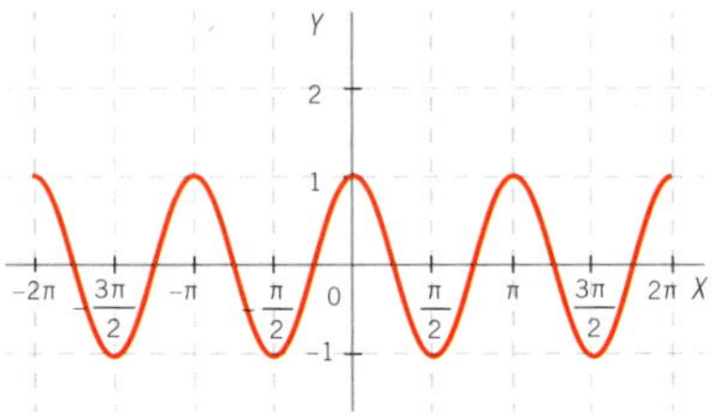

Sol.: a) $D(f) = [-3, 5]$, $R(f) = [-1, 6]$, crec. $(-3, 2)$, decr. $(2, 5)$, máx. $(2, 6)$; $(-2, 0)$, $(5, 0)$, $(0, 2)$; b) $D(f) = \mathbb{R}$, $R(f) = [-1, 1]$, crec. $(\pi/2 + k\pi, \pi + k\pi)$, decr. $(\pi + k\pi, \pi/2 + k\pi)$; máx. $(\pi + k\pi, 1)$, mín. $(\pi/2 + k\pi, -1)$; $(0, 1)$, $(\pi/4 + k\pi/2, 0)$; $T = \pi$

3 Un corredor realiza una maratón (42 km) en 3 horas, de la siguiente manera: durante la primera hora, recorre 18 km; en la segunda, 16 km, momento en que sufre una pequeña lesión que le obliga a ser atendido durante 15 minutos; en los siguientes 30 minutos, realiza 7 km, para durante 10 minutos y en 5 minutos hace 1 km.

a) Dibuja la gráfica posición-tiempo y la gráfica velocidad-tiempo.

b) Define el dominio, el recorrido, la continuidad y los intervalos de crecimiento de las gráficas.

Sol.: b) $D(f) = [0, 3]$, $D(g) = [0, 3]$, $R(f) = [0, 42]$, $R(g) = [0, 18]$

4 Considera la función $F = \dfrac{4}{d^2}$:

a) Indica el dominio y el recorrido de la función.

b) Representa la función.

c) Halla la antiimagen para $F(d) = 1$.

d) Halla las imágenes para $d = 0$, $d = -1$, $d = 1$ y $d = 100$.

Sol.: a) $D(f) = \mathbb{R} - \{0\}$, $R(f) = \{x \mid x > 0\}$; c) 2, –2; d) $F(0) =$ N.E., $F(-1) = 4$, $F(1) = 4$, $F(100) = 0{,}0004$

5 Calcula la inversa de la siguiente función: $f(x) = e^{x+1}$

Sol.: $-1 + \ln x$

6 Considera las funciones $f(x) = x^3 - 4x + 6$ y $g(x) = 2x^2 + 5$, y calcula:

a) $(f \circ g)(x)$

b) $(f \circ g)(2)$

c) $(g \circ f)(x)$

d) $(g \circ f)(2)$

Sol.: a) $8x^6 + 60x^4 + 142x^2 + 111$; b) 2,151; c) $2x^6 - 16x^4 + 24x^3 + 32x^2 - 96x + 77$; d) 77

7 Representa gráficamente las siguientes funciones:

a) $f(x) = e^{2x}$

b) $f(x) = \dfrac{2}{3x}$

8 Disponemos de los siguientes datos sobre la posición de un móvil respecto de un punto de referencia:

t (s)	3	5	8
x (m)	37	25	–23

a) Halla los polinomios interpoladores lineales.

b) Halla el polinomio interpolador cuadrático.

c) Suponiendo que es una función cuadrática, ¿cuál será su posición a los 6 s? ¿Cuánto tiempo habrá transcurrido cuando *x* sea 0 m? ¿Y cuando $x = 10$ m?

Sol.: a) $-6t + 55$, $-16t + 105$; b) $-2t^2 + 10t + 25$; c) $x(6) = 13$ m, $t(0) = 6{,}8$ s, $t(10) = 6{,}2$ s

9 Dibuja una función que verifique las siguientes condiciones:

a) Máximos en $x = -2$ y $x = 0$.

b) Mínimos en $x = -1$, $x = -3$ y $x = 6$.

c) Constante para $x > 7$.

d) Corta al eje *x* en tres puntos.

10 Una parábola corta al eje de abscisas en $x = 3$ y en $x = 9$, y al eje de ordenadas en $y = 10$.

a) Calcula la ecuación de dicha parábola.

b) Representa la traslación $f(x + 2)$.

c) Representa $f(-x)$.

Sol.: a) $10x^2/27 - 40x/9 + 10$

SOCIETY

La idea actual de función

El concepto de **función,** tal y como lo conocemos hoy en día, fue estudiado y precisado por el matemático francés **Augustin Louis Cauchy** (1789-1857). Fue pionero en el análisis matemático de las funciones al eliminar de ellas toda referencia inicial a expresiones formales y basarlas en la idea de correspondencia entre conjuntos.

Augustin L. Cauchy.

NEW

Gráficas sin esfuerzo

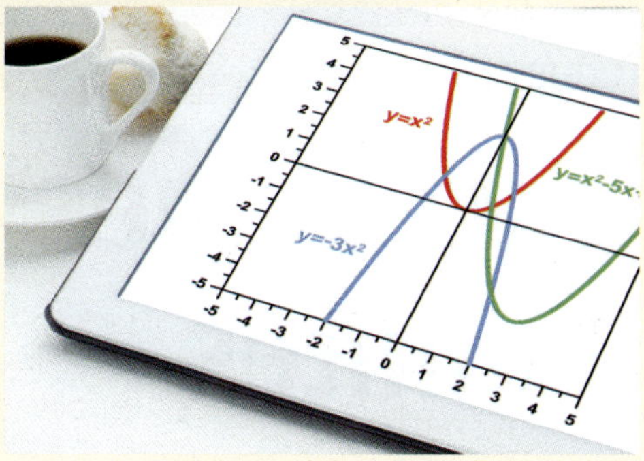

El trazado de todo tipo de gráficas de funciones se facilitó enormemente con la aparición en 1985 de la primera calculadora gráfica. Desde entonces, con la meteórica evolución de la tecnología informática y digital, las calculadoras gráficas actuales, junto con los ordenadores de bolsillo y otros dispositivos móviles, muestran con rapidez y calidad visual las gráficas de todo tipo de funciones, puesto que ya incorporan el correspondiente *software* para esta clase de actividades.

- Busca en Internet alguna aplicación que simule una calculadora gráfica científica. Explica cómo funciona e intenta resolver con ella algunas de las funciones planteadas en la unidad.
- ¿Qué ventajas e inconvenientes tiene dicha aplicación?

CRITICAL SENSE

EL RIESGO DE EXTRAPOLAR...

En determinados experimentos, podemos anticipar resultados a partir de los datos de experiencias previas si los datos de estas se **extrapolan,** aunque siempre pueden darse errores...

Imagina que de un muelle se han ido colgando diferentes pesos y se han anotado los resultados: 0,5 kg/2 cm de deformación, 1,3 kg/ 5,2 cm, 3 kg/12,5 cm. Realiza una **extrapolación a trozos** para saber cuánto se ha alargado el muelle si de él se cuelga un peso de 10 kg.

- Desde un punto de vista algebraico, ¿puede ser fiable el resultado final?
- Considerando el material de fabricación del muelle, ¿tenemos la certeza absoluta de que la extrapolación realizada será correcta? Razona tu respuesta.

CRITICAL SENSE

¿BAJA EL PRECIO DEL TAXI?

El precio en este tipo de transporte suele constar de dos conceptos básicos: la bajada de bandera (por ejemplo, 2,05 €) y el precio por kilómetro recorrido (por ejemplo, 0,98 €/km). Imagina que se publica el siguiente cambio de tarifas: 1,84 € por bajada de bandera y 1,05 € por kilómetro recorrido. A partir de estos datos:

- Convierte a función el precio de un recorrido según cada una de las tarifas y, mediante alguna calculadora gráfica, encuentra qué distancia puede hacerse en taxi con las dos tarifas de manera que el precio final sea el mismo.
- A igual recorrido, ¿realmente disminuye el precio del taxi, pese a que hay una rebaja en uno de los conceptos? ¿Dónde suele ponerse el énfasis al anunciar este tipo de cambios? Razona tus respuestas.

11

BLOQUE 3. ANÁLISIS

Sucesiones y límites

- **1. Sucesiones**
  - 1.1. Límite de una sucesión
  - 1.2. Operaciones con sucesiones
- **2. Sucesiones en la matemática financiera**
  - 2.1. Interés simple
  - 2.2. Interés compuesto
- **3. Límite de funciones**
  - 3.1. Límite de una función en un punto
  - 3.2. Límites en el infinito
- **4. Cálculo de límites**
  - 4.1. Operaciones con límites
  - 4.2. Indeterminaciones
- **5. Límites y asíntotas**
- **6. Continuidad de funciones**
  - 6.1. Tipos de discontinuidad

Simulador

Problemas interactivos

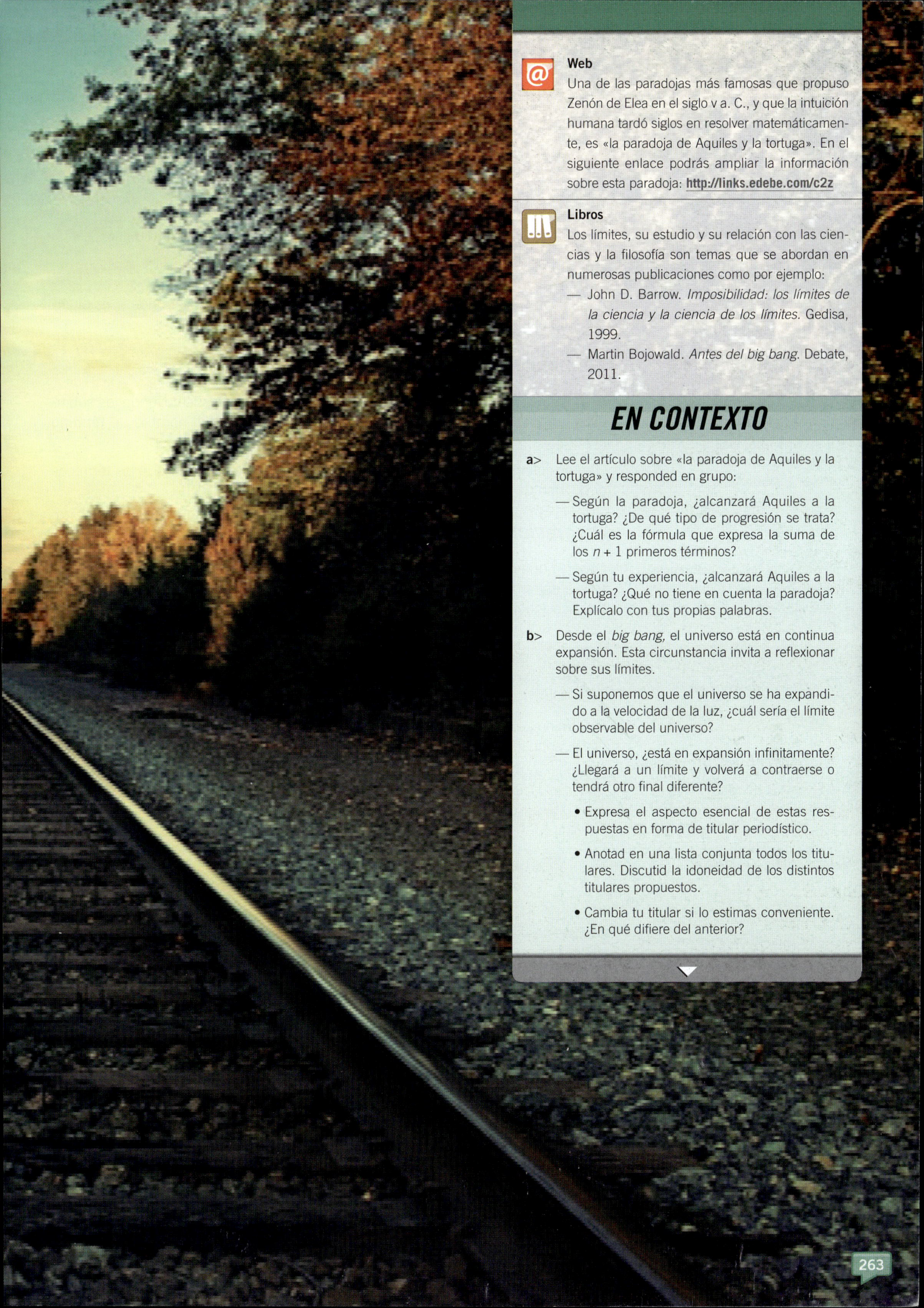

Web

Una de las paradojas más famosas que propuso Zenón de Elea en el siglo v a. C., y que la intuición humana tardó siglos en resolver matemáticamente, es «la paradoja de Aquiles y la tortuga». En el siguiente enlace podrás ampliar la información sobre esta paradoja: **http://links.edebe.com/c2z**

Libros

Los límites, su estudio y su relación con las ciencias y la filosofía son temas que se abordan en numerosas publicaciones como por ejemplo:

— John D. Barrow. *Imposibilidad: los límites de la ciencia y la ciencia de los límites.* Gedisa, 1999.

— Martin Bojowald. *Antes del big bang.* Debate, 2011.

EN CONTEXTO

a> Lee el artículo sobre «la paradoja de Aquiles y la tortuga» y responded en grupo:

— Según la paradoja, ¿alcanzará Aquiles a la tortuga? ¿De qué tipo de progresión se trata? ¿Cuál es la fórmula que expresa la suma de los $n + 1$ primeros términos?

— Según tu experiencia, ¿alcanzará Aquiles a la tortuga? ¿Qué no tiene en cuenta la paradoja? Explícalo con tus propias palabras.

b> Desde el *big bang,* el universo está en continua expansión. Esta circunstancia invita a reflexionar sobre sus límites.

— Si suponemos que el universo se ha expandido a la velocidad de la luz, ¿cuál sería el límite observable del universo?

— El universo, ¿está en expansión infinitamente? ¿Llegará a un límite y volverá a contraerse o tendrá otro final diferente?

- Expresa el aspecto esencial de estas respuestas en forma de titular periodístico.
- Anotad en una lista conjunta todos los titulares. Discutid la idoneidad de los distintos titulares propuestos.
- Cambia tu titular si lo estimas conveniente. ¿En qué difiere del anterior?

1. Sucesiones
1.1. Límite de una sucesión
1.2. Operaciones con sucesiones

1. Sucesiones

Un conjunto de elementos ordenados que se suceden unos a otros se denomina **sucesión.**

Una **sucesión** es un conjunto infinito de números, llamados **términos,** ordenados por un **subíndice.**

Podemos escribir una sucesión como un conjunto a_1, a_2, a_3... donde a_i es el término de subíndice *i* o *i*-ésimo.

Término general y ley de recurrencia

A veces, es posible obtener los términos de una sucesión sustituyendo los subíndices en una expresión algebraica. Esta expresión recibe el nombre de **término general.**

Otra posibilidad es que exista una **ley de recurrencia,** de forma que los términos dependan de otros términos anteriores.

Progresiones aritméticas y geométricas

Observa que la sucesión 2, 4, 6, 8... es la sucesión de los múltiplos de 2. La diferencia entre dos de sus términos consecutivos es constante e igual a 2. Este tipo de sucesiones reciben el nombre de **progresiones aritméticas.**

Una **progresión aritmética** es una sucesión en la que cada término se obtiene sumando una cantidad constante al anterior.

El término general de una progresión aritmética es $\mathbf{a_n = a_1 + (n - 1) \cdot d}$, donde *d* es la cantidad sumada, que llamaremos **diferencia** de la progresión.

Observa ahora la sucesión de las potencias de 3, de términos 1, 3, 9, 27, 81, 343... El cociente entre 2 elementos consecutivos es constante e igual a 3. Este tipo de sucesiones reciben el nombre de **progresiones geométricas.**

Una **progresión geométrica** es una sucesión en la que cada término se obtiene multiplicando el anterior por una cantidad constante.

En este caso, $\mathbf{a_n = r^{n-1} \cdot a_1}$, donde *r* es la cantidad, a la que llamaremos **razón,** por la que multiplicamos cada término para obtener el siguiente.

INTERNET

La sucesión de Fibonacci ha llamado, durante siglos, la atención de los matemáticos por sus propiedades y su sorprendente presencia en fenómenos naturales.

http://links.edebe.com/kp3d

FÍJATE

— La sucesión de cuadrados perfectos tiene como término general $a_n = n^2$, es decir:

$a_1 = 1^2 = 1$, $a_2 = 2^2 = 4$, ..., $a_{12} = 12^2 = 144$...

— La sucesión de Fibonacci se basa en una **ley de recurrencia** en que $a_1 = a_2 = 2$ y el resto se obtienen sumando los dos anteriores: $a_3 = a_1 + a_2 = 1 + 1 = 2$, $a_4 = a_2 + a_3 = 1 + 2 = 3$...

AMPLÍA

Existen expresiones para calcular la suma de los *n* primeros términos de las progresiones aritméticas:

$$S_n = \frac{(a_1 + a_n) \cdot n}{2}$$

Y también de las geométricas:

$$S_n = \frac{a_n \cdot r - a_1}{r - 1}$$

donde *r* es la razón de la progresión.

1 EJEMPLO

El término 45-ésimo de una progresión aritmética de diferencia 10 es 442. Halla su término general y S_{10}.

Solución

COMPRENSIÓN: Para hallar el término general, deberemos determinar el término a_1.

RESOLUCIÓN: $a_{10} = a_1 + (10 - 1) \cdot d$. Por lo tanto:

$$442 = a_1 + (45 - 1) \cdot 10 \rightarrow 442 = a_1 + 440 \rightarrow a_1 = 2$$

Ahora, como $a_{10} = 2 + (10 - 1) \cdot 10 = 2 + 90 = 92$:

$$S_{10} = \frac{(2 + 92) \cdot 10}{2} = \frac{940}{2} = 470$$

COMPROBACIÓN: Hallamos los 10 primeros términos de la sucesión y los sumamos comprobando que el resultado coincide con el obtenido.

Sucesiones monótonas y acotadas

Para clasificar una sucesión, es importante conocer si el valor de sus términos crece o decrece, es decir, su **monotonía.**

Una sucesión es **monótona creciente** si cada término es mayor o igual que el anterior, y es **monótona decreciente** si cada término es menor o igual que el anterior.

También es importante saber cuánto crecen o decrecen sus términos:

Una sucesión es acotada superiormente si sus términos son menores o iguales que un valor K, llamado **cota superior,** y está acotada inferiormente si son mayores o iguales que un valor K', llamado **cota inferior.**

Por ejemplo, la sucesión de los números primos es creciente y no acotada superiormente, mientras que la sucesión 0, 1, 0, 1, 0, 1... está acotada superiormente por cualquier $K \geq 1$, inferiormente por cualquier $K' \leq 0$', pero no es monótona.

1.1. Límite de una sucesión

Denominamos límite de una sucesión al valor que toma esta para términos muy grandes. Según sea este valor finito o no, clasificaremos las sucesiones en **convergentes** o **divergentes.**

Una sucesión a_n es **convergente** si, al aumentar n, sus términos se aproximan cada vez más a un valor finito L, llamado **límite.**

Una sucesión a_n es **divergente** si al aumentar n, sus términos crecen o decrecen indefinidamente.

Por ejemplo, a medida que aumentamos n, la sucesión $a_n = \dfrac{3n-6}{2n+4}$ se acerca al valor 1,5 ($a_{10} = 1$; $a_{100} = 1{,}44\ldots$; $a_{1000} = 1{,}494\ldots$; $a_{10000} = 1{,}499\ldots$).

Decimos que el límite de a_n es 1,5 y escribiremos: $\lim\limits_{n\to+\infty} a_n = 1{,}5$.

Del mismo modo, sucesiones como $a_n = 3^{n+1}$ y $b_n = -n^2$ son divergentes, pues sus términos crecen o decrecen indefinidamente.

LENGUAJE MATEMÁTICO

Las sucesiones acotadas tienen infinitas cotas, pero las que nos interesan son dos: la menor de las cotas superiores, que se llama **supremo,** y la mayor de las inferiores, el **ínfimo.**

Las sucesiones acotadas y monótonas convergen hacia ellas.

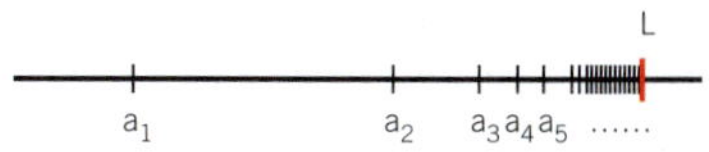

FÍJATE

El límite de $a_n = \dfrac{3n-6}{2n+4}$ es 1,5, que coincide con el cociente de los términos que acompañan a la n.

Esta propiedad se cumple siempre que la n aparezca con el mismo grado en el numerador y el denominador. Así, por ejemplo:

$$\lim_{n\to+\infty} \frac{3n^2+n^2-1}{6n^2+2} = \frac{3}{6} = 0{,}5$$

LENGUAJE MATEMÁTICO

El símbolo $+\infty$ (más infinito) se utiliza para simbolizar un valor mayor que cualquier otro, es decir, un número infinitamente grande.

Así, la expresión $\lim\limits_{n\to+\infty} a_n$ significa el límite de a_n cuando n es un número infinitamente grande.

— Explica con tus propias palabras qué significa el símbolo $-\infty$.

2 EJEMPLO

Sin calcular ningún término, demuestra que $a_n = \dfrac{1}{n}$ es una sucesión convergente.

Solución

COMPRENSIÓN: Debemos demostrar que la sucesión es monótona y acotada para asegurar que es convergente.

RESOLUCIÓN: El numerador y el denominador del término general de a_n son positivos, de forma que todos sus términos también lo serán.

La sucesión, por lo tanto, está acotada inferiormente por $k \leq 0$.

$$a_{n+1} - a_n = \frac{1}{n+1} - \frac{1}{n} = \frac{n-n-1}{n\cdot(n+1)} = \frac{-1}{n\cdot(n+1)} < 0$$

para todo n

Todo término es menor que su anterior por lo tanto, la sucesión es decreciente. Al estar acotada y ser decreciente, la sucesión es convergente.

COMPROBACIÓN: Si das valores a n, verás que la sucesión es convergente y que su límite es 0.

INTERNET

En este enlace encontrarás algunas técnicas útiles para calcular límites de sucesiones:

http://links.edebe.com/wpzd

El número e

Observa la siguiente sucesión y calculemos algunos de sus términos:

$$a_n = \left(1 + \frac{1}{n}\right)^n$$

$a_1 = 2$	$a_{10} = 2{,}5937424...$	$a_{1000} = 2{,}71692393...$
$a_2 = 2{,}25$	$a_{100} = 2{,}7048138...$	$a_{10000} = 2{,}7181459...$
$a_3 = 2{,}37037...$	$a_{500} = 2{,}715568521...$	$a_{100000} = 2{,}71826823...$

A partir de los resultados, vemos que esta sucesión es monótona creciente y, además, acotada, pues sus términos son siempre inferiores a valores como, por ejemplo, el 2,8.

Un estudio más cuidadoso de esta sucesión permitió establecer su límite, que se corresponde al número irracional $e = 2{,}718281828...$ Así, el número e quedó definido como el límite de una sucesión.

$$e = \lim_{n \to +\infty} \left(1 + \frac{1}{n}\right)^n$$

FÍJATE

Para poder definir la división entre dos sucesiones, la que desempeña el papel de divisor no debe tener términos nulos.

Por ejemplo, no es posible definir $\frac{a_n}{b_n}$ con $a_n = n + 1$ y $b_n = -3 + n$ porque $b_3 = 0$ y, por lo tanto, $\frac{a_3}{b_3}$ no existe.

1.2. Operaciones con sucesiones

Al tratarse de conjuntos ordenados por subíndices, con las sucesiones podemos efectuar operaciones aritméticas como sumas, restas, multiplicaciones, divisiones... Sin embargo, más que el resultado de estas operaciones, el aspecto que interesa es ver qué sucede con los límites de estas operaciones.

Límites y operaciones

Al operar con sucesiones, los límites se transmiten al resultado de la operación. Por ejemplo, dadas las sucesiones $a_n = \frac{1}{n}$ cuyo límite es 0 y $b_n = \frac{3n-6}{2n+4}$ cuyo límite es 1,5:

$$\lim_{n \to +\infty} (a_n - b_n) = \lim_{n \to +\infty} a_n - \lim_{n \to +\infty} b_n = 0 - 1{,}5 = -1{,}5$$

$$\lim_{n \to +\infty} \left(\frac{a_n}{b_n}\right) = \frac{\lim_{n \to +\infty} a_n}{\lim_{n \to +\infty} b_n} = \frac{0}{1{,}5} = 0 \qquad \lim_{n \to +\infty} a_n^{b_n} = \left(\lim_{n \to +\infty} a_n\right)^{\lim_{n \to +\infty} b_n} = 0^{1{,}5} = 0$$

Problemas resueltos
A

Ejercicios y problemas
9 a 20

3 EJEMPLO

Calcula el límite de la sucesión $a_n = \left(1 + \frac{1}{n}\right)^{3n+2}$ sin dar valores a n.

Solución

COMPRENSIÓN: Expresaremos a_n como una multiplicación utilizando las propiedades de las potencias y determinaremos los límites de las sucesiones que aparezcan.

RESOLUCIÓN:

$$a_n = \left(1 + \frac{1}{n}\right)^{3n+2} = \left(1 + \frac{1}{n}\right)^{3n} \left(1 + \frac{1}{n}\right)^2 = \left[\left(1 + \frac{1}{n}\right)^n\right]^3 \cdot \left(1 + \frac{1}{n}\right)^2$$

Podemos expresar a_n como $a_n = (b_n)^3 \cdot (1 + c_n)^2$, donde:

$$b_n = \left(1 + \frac{1}{n}\right)^n \text{ y } c_n = \frac{1}{n}$$

Luego:

$$\lim_{n \to +\infty} b_n = \lim_{n \to +\infty} \left(1 + \frac{1}{n}\right)^n = e^3 \text{ y } \lim_{n \to +\infty} c_n = \lim_{n \to +\infty} \left(\frac{1}{n}\right) = 0$$

Entonces:

$$\lim_{n \to +\infty} a_n = \left(\lim_{n \to +\infty} b_n\right)^3 \cdot \left(1 + \lim_{n \to +\infty} c_n\right) = e^3 \cdot (1 + 0) = e^3$$

COMPROBACIÓN: Calcula términos de subíndice cada vez mayor y verás que sus valores tienden a $e^3 =$ $= 20{,}08553691$.

2. Sucesiones en la matemática financiera
2.1. Interés simple
2.2. Interés compuesto

2. Sucesiones en la matemática financiera

Además de un concepto matemático, las sucesiones son de uso habitual en la matemática financiera. Concretamente, las progresiones aritméticas y geométricas se utilizan en las fórmulas de cálculo de los intereses simple y compuesto. Las entidades financieras pagan una cantidad de dinero a las personas o entidades que depositan su dinero, y cobran dinero por dar préstamos a quienes los soliciten (interés de colocación).

El **tipo de tasa de interés** indica qué porcentaje de dinero se obtendrá como beneficio al depositar una cantidad de dinero en el banco. En caso de un préstamo, indica el porcentaje que habrá que pagar además de devolver la cantidad prestada.

2.1. Interés simple

Cuando al finalizar el período de inversión los intereses no se acumulan al capital inicial, se dice que está invertido a **interés simple**.

Los intereses producidos por un capital inicial C_0 al tipo de interés simple anual r% durante t años son:

$$I = C_0 \cdot \frac{r}{100} \cdot t = C_0 \cdot i \cdot t$$

Fíjate en que si inviertes un capital C_0 y los intereses no se acumulan al capital, el dinero que tendrás cada año aumentará en $C_0 \cdot i$:

$$C_0, C_0 + C_0 \cdot \frac{r}{100}, C_0 + C_0 \cdot \frac{r}{100} \cdot 2, C_0 + C_0 \cdot \frac{r}{100} \cdot 3, \ldots$$

Esta expresión se corresponde a una **progresión aritmética** de término inicial C_0 y diferencia $C_0 \cdot \frac{r}{100}$, cuya expresión es:

$$C = C_0 + C_0 \cdot i \cdot t = C_0 \cdot (1 + i \cdot t)$$

Cuando la tasa de interés es anual y queremos calcular los intereses en períodos de tiempo menores usamos la siguiente tabla:

PERÍODO DE CÁLCULO	INTERESES	PERÍODO DE CÁLCULO	INTERESES
Días	$I = C_0 \cdot \frac{i}{360} \cdot t$, t en días	Trimestres	$I = C_0 \cdot \frac{i}{4} \cdot t$, t en trimestres
Meses	$I = C_0 \cdot \frac{i}{12} \cdot t$, t en meses	Cuatrimestres	$I = C_0 \cdot \frac{i}{3} \cdot t$, t en cuatrimestres

LENGUAJE MATEMÁTICO

i es el tipo o tasa de interés expresado en tanto por uno (interés).

r es el tipo de interés en tanto por ciento (rédito).

Es decir, un 3 % de rédito es un 0,03 de interés.

FÍJATE

En un depósito, el cliente del banco se compromete a mantener el capital durante un cierto tiempo fijado.

Por otra parte, en la tabla del final de la página verás que para simplificar los cálculos comerciales, se utiliza el **año comercial** de 360 días, formado por 12 meses de 30 días cada uno.

AMPLÍA

En general, el interés es de tipo anual, pero también puede ser cuatrimestral, trimestral, mensual... En cualquier caso, tiene que haber una correlación entre el tipo de interés y el tiempo, que debe expresarse en cuatrimestres en el primer caso, en trimestres en el segundo, etc.

Ejercicios y problemas 21

4 EJEMPLO

Calcula el capital que tendrás al cabo de 3 años si ingresas 1 000 euros en el banco al 3 % de interés simple anual.

Solución

COMPRENSIÓN: El capital acumulado se corresponde a una progresión aritmética.

DATOS: $C_0 = 1000$, $r = 3$, $i = \frac{3}{100} = 0{,}003$, $t = 3$ años

RESOLUCIÓN: El capital que tendrás al cabo de 3 años será:

$$C_0 = 1000 \cdot (1 + 0{,}03 \cdot 3) = 1090 \text{ €}$$

COMPROBACIÓN: Podemos construir la progresión geométrica que forman los capitales que tendrás al cabo de cada año. Como la diferencia de la progresión es $C_0 \cdot i = 1000 \cdot 0{,}03 = 30$ €: 1 000 € (capital inicial), 1 030 € (1.er año), 1 060 € (2.° año) y 1 090 € (3.er año).

2.2. Interés compuesto

Decimos que un capital está invertido a **interés compuesto** cuando los intereses producidos al finalizar el período se acumulan junto al capital inicial para producir nuevos intereses. Estos períodos de tiempo se denominan **intereses de capitalización**.

Supongamos, como en el ejemplo de la página anterior, que contratamos un depósito bancario con un capital de 1000 euros, pero esta vez al 3% de interés compuesto anual, es decir, los intereses se acumulan al capital del depósito.

Veamos en la siguiente tabla cómo determinar el capital que tendremos al cabo de 3 años:

AÑO	CAPITAL INICIAL (€)	INTERESES ANUALES (€)	CAPITAL ACUMULADO (€)
1	1000	3% de 1000 = 30	1000 + 30 = 1030
2	1030	3% de 1030 = 30,9	1030 + 30,9 = 1060,9
3	1060,90	3% de 1060,9 = 31,83	1060,9 + 31,83 = 1092,73

Observa que los intereses generados han sido superiores aplicando interés compuesto que interés simple.

El capital final C producido por el capital inicial C_0 al tipo de interés compuesto anual r% durante t años es:

$$C = C_0 \cdot \left(1 + \frac{r}{100}\right)^t = C_0 \cdot (1+i)^t$$

En este caso, el capital acumulado cada año forma una progresión geométrica de término inicial C_0 y razón $1 + i$, es decir:

$$C_0,\ C_0 \cdot (1+i),\ C_0 \cdot (1+i)^2,\ C_0 \cdot (1+i)^3 \ldots$$

Cuando la tasa de interés es anual, pero capitalizamos en períodos menores que un año, deberemos expresar el tipo de interés y el tiempo en función de los períodos de capitalización:

$$C = C_0 \cdot \left(1 + \frac{i}{n}\right)^{n \cdot t}$$

i es el tipo de interés anual; n, los períodos de capitalización, y t, el tiempo en años.

FÍJATE

CAPITALIZACIÓN	PERÍODOS DE CAPITALIZACIÓN EN UN AÑO (n)
Anual	1
Semestral	2
Cuatrimestral	3
Trimestral	4
Mensual	12

LENGUAJE MATEMÁTICO

Un concepto asociado al interés compuesto es la **tasa anual equivalente,** que se calcula de la siguiente forma:

$$\text{TAE} = \left(1 + \frac{i}{n}\right)^n - 1$$

Este valor, que se expresa en tanto por ciento, indica la tasa de interés anual real que se aplica si los períodos de capitalización son inferiores al año.

En estos casos, los intereses aumentan a medida que se incrementa la frecuencia de capitalización. Por lo tanto, los intereses producidos son superiores al tipo de interés que el banco declara como tipo anual.

Ejercicios y problemas 22 a 26

5 EJEMPLO

Carmen invierte 12000 euros durante 3 años con una tasa de interés compuesto del 3,5%. ¿Qué opción de capitalización de los intereses le resulta más ventajosa: anual, cuatrimestral o mensual?

Solución

COMPRENSIÓN: Debemos aplicar la fórmula de interés compuesto adaptando los períodos de capitalización.

DATOS: $n = 1$ para liquidación anual, $n = 3$ para liquidación cuatrimestral y $n = 12$ para liquidación mensual.

$C_0 = 12000$; $i = 0{,}035$; $t = 3$ años

RESOLUCIÓN:

$$C = C_0 \cdot \left(1 + \frac{i}{n}\right)^{n \cdot t}$$

— Capitalización anual ($n = 1$):

$$C = 12000 \cdot (1 + 0{,}035)^3 = 13304{,}61\ €$$

— Capitalización trimestral ($n = 3$):

$$C = 12000 \cdot \left(1 + \frac{0{,}035}{3}\right)^{3 \cdot 3} = 13\,320{,}43\ €$$

— Capitalización mensual ($n = 12$):

$$C = 12000 \cdot \left(1 + \frac{0{,}035}{12}\right)^{12 \cdot 3} = 13\,326{,}49\ €$$

Es más ventajosa la capitalización mensual.

3. Límite de funciones
3.1. Límite de una función en un punto
3.2. Límites en el infinito

3. Límite de funciones

Para estudiar el comportamiento de las funciones, tanto en el entorno de un punto como en el infinito, es muy importante el estudio de límites.

3.1. Límite de una función en un punto

Observa las siguientes gráficas:

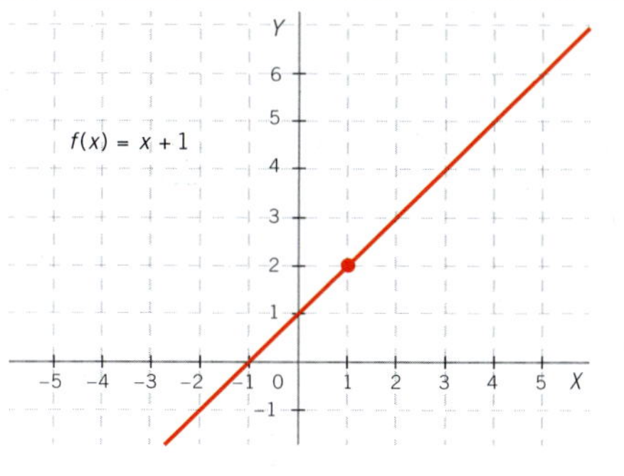

Para valores muy próximos a $x = 1$, tanto por la derecha (mayores que 1) como por la izquierda (menores que 1), las imágenes de la función se aproximan a 2. Por lo tanto:

$$\lim_{x \to 1} f(x) = 2$$

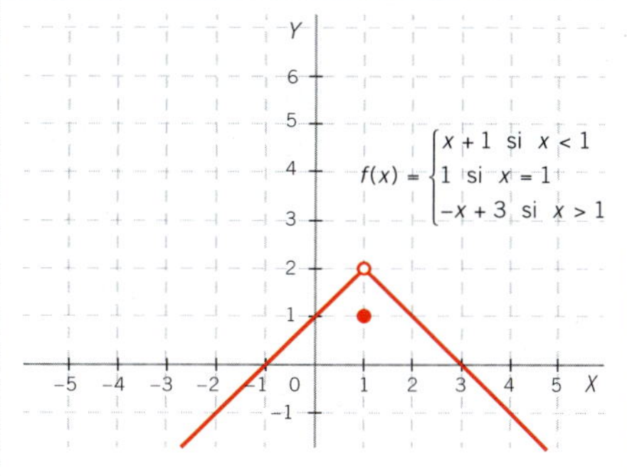

En la aproximación a $x = 1$, tanto por la derecha como por la izquierda, sus imágenes se aproximan a 2:

$$\lim_{x \to 1} f(x) = 2$$

aunque $f(2) = 1$.

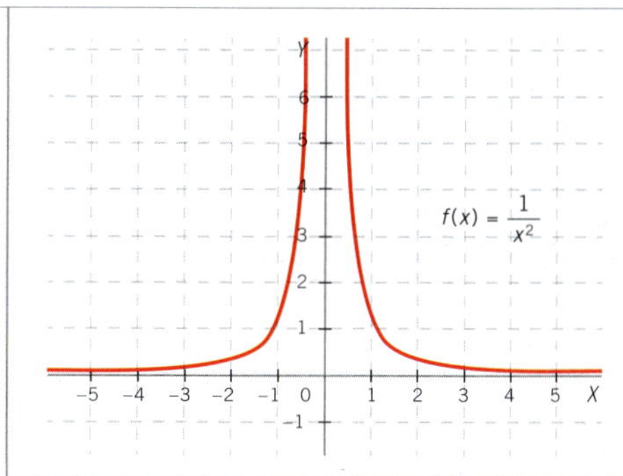

En $x = 0$ la función no está definida, pero a medida que nos acercamos a 0, las imágenes se hacen cada vez mayores en valores positivos.

En estas condiciones, decimos que:

$$\lim_{x \to 0} f(x) = +\infty$$

El límite de una función f cuando x tiende a x_0 es el valor, en caso de que exista, al que se aproxima $f(x)$ cuando x se acerca a x_0.

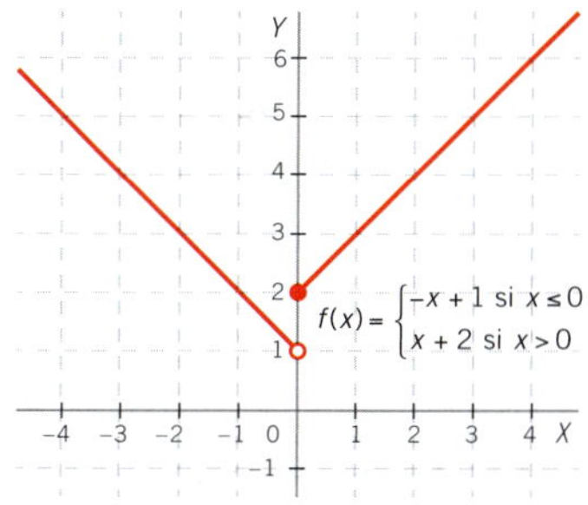

En general, para hallar el límite de una función en un punto, bastará con sustituir dicho punto en la función $\lim_{x \to x_0} f(x) = f(x_0)$.

Así:

$$\lim_{x \to 2}(2x^2 + 3) = 2 \cdot 2^2 + 3 = 11; \ \lim_{x \to 3} \sqrt{x + 6} = \sqrt{3 + 6} = 3; \ \lim_{x \to 0} \cos x = \cos 0 = 1$$

Límites laterales

Fíjate en la función del margen: en el punto $x = 0$, el valor de la función tiende a 1 cuando nos aproximamos a 0 desde la izquierda y tiende a 2 cuando nos aproximamos a 0 desde la derecha. Estos conceptos son los que definimos como límites laterales:

Se denomina **límite lateral** por la derecha (izquierda) de x_0 de la función $f(x)$, y se expresa $\lim_{x \to x_0^+} f(x)$ ($\lim_{x \to x_0^-} f(x)$) al valor al que se acercan las imágenes de la función cuando x toma valores próximos a x_0, pero mayores (menores).

Para que el límite de una función exista en un punto y sea igual a L, deben existir los dos límites laterales y ser iguales:

$$\lim_{x \to x_0^-} f(x) = \lim_{x \to x_0^+} f(x) = L \text{ entonces: } \lim_{x \to x_0} f(x) = L$$

FÍJATE

Las tablas de valores son una herramienta muy útil para calcular límites de funciones:

$f(-1) = 2$	$f(1) = 3$
$f(-0{,}1) = 1{,}1$	$f(0{,}1) = 2{,}1$
$f(-0{,}01) = 1{,}01$	$f(0{,}01) = 2{,}01$
$f(-0{,}001) = 1{,}001$	$f(0{,}001) = 2{,}001$
$\lim_{x \to 0^-} f(x) = 1$	$\lim_{x \to 0^+} f(x) = 2$

Ejercicios y problemas
27 y 29 a 31

3.2. Límites en el infinito

En muchas ocasiones, nos interesará estudiar hacia dónde tiende la función cuando x crece indefinidamente ($x \longrightarrow +\infty$) o decrece indefinidamente ($x \longrightarrow -\infty$), es decir, ver cómo la función se comporta en el infinito.

En el infinito, la función puede tender a un número real L, puede crecer infinitamente ($+\infty$) o decrecer infinitamente ($-\infty$).

CURIOSIDADES

Los antiguos griegos utilizaban procedimientos basados en límites para calcular áreas.

Sin embargo, no es hasta 1817 que aparece la notación que conocemos hoy en día, por parte de Bolzano y más tarde demostrada por Weierstrass.

Se denomina **límite infinito de $f(x)$,** y se expresa $\lim\limits_{x \to +\infty} f(x)$ ($\lim\limits_{x \to -\infty} f(x)$), **al valor L al que se acercan las imágenes de la función cuando x crece (decrece) indefinidamente.**

Para referirnos a estos límites, escribimos:

$$\lim_{x \to +\infty} f(x) = L \qquad \lim_{x \to -\infty} f(x) = L$$

Problemas resueltos
B

Ejercicios y problemas
28

Si alguno de estos límites existe y es un número real ($L \in \mathbb{R}$), la gráfica de la función tiende a la recta $y = L$ sin llegar a tocarla. Diremos que el límite de la función, cuando x tiende $a + \infty$ (o $- \infty$), es L.

Si por el contrario, el valor de L no tiende a ningún número real sino que crece (o decrece) indefinidamente con la función, diremos que el límite de la función, cuando x tiende $a + \infty$ (o $- \infty$), es más infinito (o menos infinito).

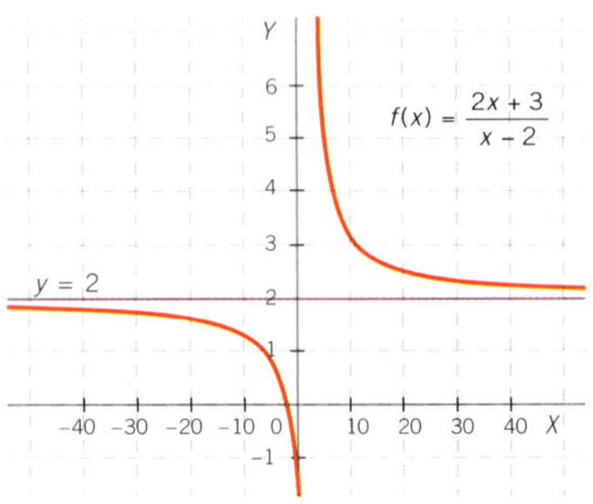

Para valores muy elevados de x (tanto negativos como positivos), las imágenes de la función tienden a acercarse a $y = 2$:

$f(-10^3) = 1{,}993$
$f(-10^6) = 1{,}999993$
$f(10^3) = 2{,}007$
$f(10^6) = 2{,}000007$

$$\lim_{x \to +\infty} f(x) = \lim_{x \to -\infty} f(x) = 2$$

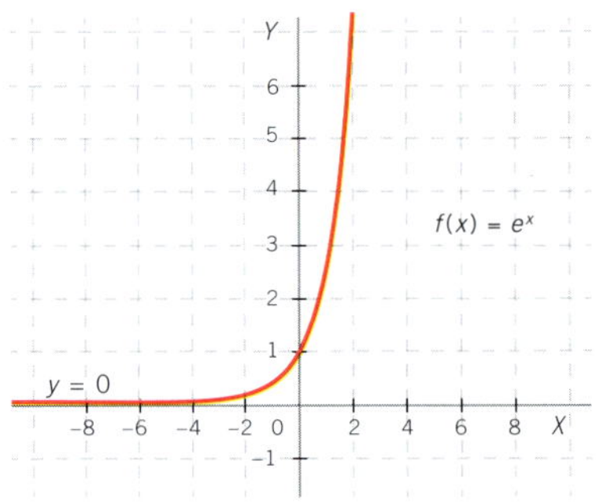

Para valores negativos de x, las imágenes de la función tienden a $y = 0$. En cambio, para valores de x muy elevados, el valor de la función crece indefinidamente:

$f(-10) = 4{,}54 \cdot 10^{-5}$
$f(-10^2) = 3{,}73 \cdot 10^{-44}$
$f(10) = 22026{,}5$
$f(10^2) = 1{,}99 \cdot 10^{45}$

$$\lim_{x \to +\infty} f(x) = +\infty \quad \text{y} \quad \lim_{x \to -\infty} f(x) = 0$$

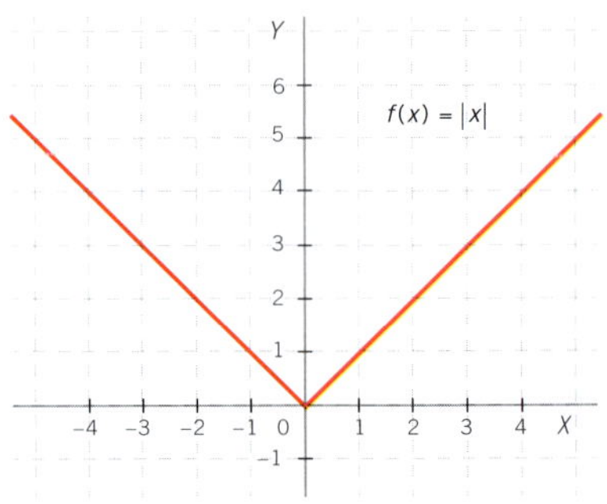

Para valores muy elevados de x (tanto negativos como positivos), las imágenes se hacen cada vez mayores:

$f(-10^3) = 10^3$
$f(-10^6) = 10^6$
$f(10^3) = 10^3$
$f(10^6) = 10^6$

$$\lim_{x \to +\infty} f(x) = \lim_{x \to -\infty} f(x) = +\infty$$

Existen funciones, como por ejemplo las funciones periódicas, las trigonométricas o las oscilantes, en las que el límite en el infinito no es ni un valor concreto L, ni crecen indefinidamente, ni decrecen indefinidamente. En este tipo de funciones, decimos que el límite en el infinito no existe.

4. Cálculo de límites
4.1. Operaciones con límites
4.2. Indeterminaciones

4. Cálculo de límites

Veamos ahora los límites de las funciones más sencillas para, a continuación, extender su cálculo a funciones más complejas.

Función constante $f(x) = k$

— Límite en un punto x_0: $\lim_{x \to x_0} f(x) = k$

— Límite en el infinito: $\lim_{x \to +\infty} f(x) = k$;

Función polinómica $f(x) = P(x) = a_n x_n + \ldots + a_1 x + a_0$

— Límite en un punto x_0: $\lim_{x \to x_0} f(x) = P(x_0)$

— Límite en el infinito:

- Si $a_n > 0$ y n es par, $\lim_{x \to +\infty} f(x) = +\infty$; $\lim_{x \to -\infty} f(x) = +\infty$
- Si $a_n > 0$ y n es impar, $\lim_{x \to +\infty} f(x) = +\infty$; $\lim_{x \to -\infty} f(x) = -\infty$
- Si $a_n < 0$ y n es par, $\lim_{x \to +\infty} f(x) = -\infty$; $\lim_{x \to -\infty} f(x) = -\infty$
- Si $a_n < 0$ y n es impar, $\lim_{x \to +\infty} f(x) = -\infty$; $\lim_{x \to -\infty} f(x) = +\infty$

Función $f(x) = \dfrac{k}{P(x)}$ donde $k \in \mathbb{R}$

$$\lim_{x \to x_0} f(x_0) = \frac{k}{P(x_0)} \text{ si } P(x_0) \neq 0; \qquad \lim_{x \to \pm\infty} f(x) = \frac{k}{\pm\infty} = 0$$

4.1. Operaciones con límites

Veamos a continuación las reglas para efectuar operaciones con límites.

Consideraremos que $\lim_{x \to a} f(x) = L_1$ y $\lim_{x \to a} g(x) = L_2$, y que estos límites son finitos.

— $\lim_{x \to a} [f(x) \pm g(x)] = \lim_{x \to a} f(x) \pm \lim_{x \to a} g(x) = L_1 \pm L_2$

— $\lim_{x \to a} [f(x) \cdot g(x)] = \lim_{x \to a} f(x) \cdot \lim_{x \to a} g(x) = L_1 \cdot L_2$

— $\lim_{x \to a} \dfrac{f(x)}{g(x)} = \dfrac{\lim_{x \to a} f(x)}{\lim_{x \to a} g(x)} = \dfrac{L_1}{L_2}$, siempre que $\lim_{x \to a} g(x) \neq 0$

— $\lim_{x \to a} f(x)^{g(x)} = \left[\lim_{x \to a} f(x)\right]^{\lim_{x \to a} g(x)} = L_1^{L_2}$, $\lim_{x \to a} f(x) \geq 0$

FÍJATE

En general, para calcular el límite de una función en un punto, se sustituye el punto en la función.

Del mismo modo, para calcular el límite de una función en el infinito, podemos hallar el valor para números muy grandes de la variable e intuir su comportamiento, o bien podemos sustituir el infinito en la función y evaluar el resultado obtenido. Para ello, deberás tener en cuenta que:

1. $k + \infty = +\infty \qquad k - \infty = -\infty$
2. $+\infty + \infty = +\infty \qquad -\infty - \infty = +\infty$
3. $\pm\infty \cdot \pm\infty = \pm\infty$
4. $k \cdot \pm\infty = \pm\infty \quad \text{si } k \neq 0$
5. $\dfrac{k}{\pm\infty} = 0 \qquad \dfrac{\pm\infty}{k} = \pm\infty$
6. $k^{+\infty} = +\infty \quad \text{si } k > 1$

   $k^{-\infty} = \dfrac{1}{k^\infty} = 0 \quad \text{si } k > 1$

6 EJEMPLO

Calcula los siguientes límites si $P(x) = 2x^2 + 2x - 1$ y $Q(x) = 4x^3 + 2x^2 - 2x$.

a) $\lim_{x \to 1} P(x)$ **b)** $\lim_{x \to 1} Q(x)$ **c)** $\lim_{x \to 1} \dfrac{P(x)}{Q(x)}$ **d)** $\lim_{x \to 1} P(x)^{Q(x)}$

Solución

COMPRENSIÓN: Calcularemos los límites de los polinomios en los puntos indicados y aplicaremos las reglas de operaciones con límites.

RESOLUCIÓN:

a) $\lim_{x \to 1} P(x) = P(1) = 2 \cdot 1^2 + 2 \cdot 1 - 1 = 3$

b) $\lim_{x \to 1} Q(x) = Q(1) = 4 \cdot 1^3 + 2 \cdot 1^2 - 2 \cdot 1 = 4$

c) Aplicamos la regla que hace referencia a la división:

$$\lim_{x \to 1} \frac{P(x)}{Q(x)} = \frac{\lim_{x \to 1} P(x)}{\lim_{x \to 1} Q(x)} = \frac{3}{4}$$

d) Aplicamos la regla que hace referencia a la potenciación:

$$\lim_{x \to 1} P(x)^{Q(x)} = \lim_{x \to 1} P(x)^{\lim_{x \to 1} Q(x)} = 3^4 = 81$$

4.2. Indeterminaciones

FÍJATE

En ocasiones, al calcular el límite de una función en un punto ($\lim_{x \to x_0} f(x)$), podemos obtener una expresión del tipo $\frac{k}{0}$ con $k \in \mathbb{R}$.

En este caso, para saber si el límite existe o no, deberemos calcular los límites laterales, que serán $+\infty$ o $-\infty$.

Si coinciden, este será el valor del límite. Si no coinciden, el límite no existirá.

Observa:

$$\lim_{x \to 2} \frac{5}{x-2} = \frac{5}{0}$$

En este caso el límite no existe, pues:

$$\lim_{x \to 2^-} P(x) = \frac{5}{0^-} = -\infty \text{ y}$$

$$\lim_{x \to 2^+} P(x) = \frac{5}{0^+} = +\infty$$

En muchos casos, al efectuar operaciones con límites, obtenemos expresiones cuyo resultado dependerá de las funciones que intervengan en la operación.

Los tipos de indeterminación que pueden aparecer son:

$$\frac{0}{0}, \frac{\infty}{\infty}, \infty \cdot 0, \infty - \infty, 1^\infty, 0^0, \infty^0$$

Veamos a continuación algunos métodos para resolver las dos primeras.

Indeterminación $\frac{0}{0}$

Para resolver este tipo de indeterminaciones, intentaremos factorizar numerador y denominador y simplificar la expresión obtenida.

Consideremos la función $f(x) = \frac{x^2-4}{x-2}$ y calculemos $\lim_{x \to 2} f(x)$:

$$\lim_{x \to 2} f(x) = \lim_{x \to 2} \frac{P(x)}{Q(x)} = \frac{P(2)}{Q(2)} = \frac{2^2-4}{2-2} = \frac{0}{0}$$

Si factorizamos el numerador y el denominador y simplificamos, obtendremos el límite de esta función:

$$\lim_{x \to 2} \frac{x^2-4}{x-2} = \lim_{x \to 2} \frac{(x-2)(x+2)}{x-2} = \lim_{x \to 2} (x+2) = 4$$

7 EJEMPLO

Calcula $\lim_{x \to 1} \frac{x^3+2x^2-x-2}{x^3+2x^2-3x}$.

Solución

COMPRENSIÓN: Calcularemos el valor del límite. Si obtenemos una indeterminación del tipo $\frac{0}{0}$, factorizaremos el numerador y el denominador y simplificaremos para resolver la indeterminación.

RESOLUCIÓN: Calculamos el valor del límite en $x = 1$, sustituyendo este valor en el numerador y el denominador.

$$\lim_{x \to 1} \frac{x^3+2x^2-x-2}{x^3+2x^2-3x} = \frac{\lim_{x \to 1} P(x)}{\lim_{x \to 1} Q(x)} = \frac{1^3+2\cdot 1^2-1-2}{1^3+2\cdot 1^2-3\cdot 1} = \frac{0}{0}$$

Para resolver la indeterminación, debemos factorizar los polinomios para intentar simplificar la expresión:

$x^3+2x-x-2 = (x-1)\cdot(x+2)\cdot(x+1)$ y $x^3+2x-x = x\cdot(x-1)\cdot(x+3)$. Luego:

$$\lim_{x \to 1} \frac{x^3+2x^2-x-2}{x^3+2x^2-3x} = \lim_{x \to 1} \frac{(x-1)(x+2)(x+1)}{x(x-1)(x+3)}$$

Simplificamos ahora los factores comunes y podremos calcular el límite:

$$\lim_{x \to 1} \frac{(x-1)(x+2)(x+1)}{x(x-1)(x+3)} = \lim_{x \to 1} \frac{(x+2)(x+1)}{x(x+3)} = \frac{(1+2)(1+1)}{1\cdot(1+3)} = \frac{6}{4} = \frac{3}{2}$$

COMPROBACIÓN: Si sustituimos el valor de x por valores cercanos a 1 por la derecha o la izquierda, el valor de la función se acerca a $\frac{3}{2} = 1,5$.

FÍJATE

Para hallar los límites del polinomio del numerador y del denominador, sumamos los límites de cada monomio por separado.

Ejercicios y problemas 32 y 33

Indeterminación $\frac{\infty}{\infty}$

Este tipo de indeterminación aparece al calcular el límite infinito de algunas funciones racionales. Para solucionar esta indeterminación, dividiremos numerador y denominador por la indeterminada de mayor exponente que aparece en el cociente, teniendo en cuenta que:

$$\lim_{x\to+\infty}\frac{k}{P(x)}=\frac{\lim_{x\to+\infty}k}{\lim_{x\to+\infty}P(x)}=\frac{k}{\pm\infty}=0\text{, donde } k\in\mathbb{R} \text{ y } P(x) \text{ es un polinomio.}$$

Consideremos, por ejemplo, la función $f(x)=\frac{x^3-4x+15}{x^2-x-50}$ y calculemos $\lim_{x\to+\infty} f(x)$:

$$\lim_{x\to+\infty}\frac{x^3-4x+15}{x^2-x-50}=\lim_{x\to+\infty}\frac{P(x)}{Q(x)}=\frac{\lim_{x\to+\infty}P(x)}{\lim_{x\to+\infty}Q(x)}=\frac{\infty}{\infty}$$

Al dividir numerador y denominador por la indeterminada de mayor exponente que aparece en el cociente (x^2), obtenemos:

$$\lim_{x\to+\infty}\frac{x^3-4x+15}{x^2-x-50}=\lim_{x\to+\infty}\frac{\frac{x^3}{x^2}-\frac{4x}{x^2}+\frac{15}{x^2}}{\frac{x^2}{x^2}-\frac{x}{x^2}-\frac{50}{x^2}}=\lim_{x\to+\infty}\frac{x-\frac{4}{x}+\frac{15}{x^2}}{1-\frac{1}{x}-\frac{50}{x^2}}$$

Teniendo en cuenta los límites de cada término, obtenemos:

$$\lim_{x\to+\infty}\frac{x-\frac{4}{x}+\frac{15}{x^2}}{1-\frac{1}{x}-\frac{50}{x^2}}=\frac{+\infty-0+0}{1-0-0}=\frac{+\infty}{1}=+\infty$$

AMPLÍA

Al resolver una indeterminación del tipo $\frac{\infty}{\infty}$ según el grado del numerador ($P(x)$) y del denominador ($Q(x)$), podemos obtener tres casos:

— Si grado $P(x)$ > grado $Q(x)$

$$\lim_{x\to+\infty} f(x)=+\infty$$

— Si grado $P(x)$ < grado $Q(x)$

$$\lim_{x\to+\infty} f(x)=0$$

— Si grado $P(x)$ = grado $Q(x)$

$$\lim_{x\to+\infty} f(x)=\frac{a_n}{b_n}$$

FÍJATE

El cálculo de límites en $-\infty$ se reduce al caso de $+\infty$ considerando que, si x tiende a $-\infty$, entonces $-x$ tiende a $+\infty$.

$$\lim_{x\to-\infty} f(x)=\lim_{x\to+\infty} f(-x)$$

Ejercicios y problemas 34 y 35

8 EJEMPLO

Calcula: a) $\lim_{x\to+\infty}\frac{2x^3-x+2}{x^4+3x}$ **b)** $\lim_{x\to+\infty}\frac{4x^6+2x^5+7x-2}{2x^6+x^4+2x}$

Solución

COMPRENSIÓN: Al ser un límite infinito de funciones racionales, obtendremos la indeterminación $\frac{\infty}{\infty}$. Para resolverla, dividiremos numerador y denominador por la indeterminada de mayor exponente del denominador.

RESOLUCIÓN: a) Dividimos el numerador y el denominador entre x^4, que es la indeterminada de mayor exponente del denominador, teniendo en cuenta que $\lim_{x\to+\infty}\frac{k}{x}=0$ y que $\frac{0}{k}=0$.

$$\lim_{x\to+\infty}\frac{2x^3-x+2}{x^6+3x^2}=\lim_{x\to+\infty}\frac{\frac{2x^3}{x^6}-\frac{x}{x^6}+\frac{2}{x^6}}{\frac{x^6}{x^6}+\frac{3x^2}{x^6}}=\lim_{x\to+\infty}\frac{\frac{2}{x^3}-\frac{1}{x^5}+\frac{2}{x^6}}{1+\frac{3}{x^4}}=\frac{0-0+0}{1+0}=\frac{0}{1}=0$$

b) Dividimos el numerador y el denominador entre x^6, que es la indeterminada de mayor exponente del denominador, teniendo en cuenta que $\lim_{x\to+\infty}\frac{k}{x}=0$.

$$\lim_{x\to+\infty}\frac{4x^6+2x^5+7x-2}{2x^6+x^4+2x}=\lim_{x\to+\infty}\frac{\frac{4x^6}{x^6}+\frac{2x^5}{x^6}+\frac{7x}{x^6}-\frac{2}{x^6}}{\frac{2x^6}{x^6}+\frac{x^4}{x^6}+\frac{2x}{x^6}}=\frac{4+\frac{2}{x}+\frac{7}{x^5}-\frac{2}{x^6}}{2+\frac{1}{x^4}+\frac{2}{x^5}}=\frac{4+0+0-0}{2+0+0}=\frac{4}{2}=2$$

COMPROBACIÓN: Si en ambos casos vamos calculando el valor de la función para valores de x muy grandes, observaremos que la primera función crece indefinidamente y la segunda tiende a 2.

RECUERDA

Las asíntotas son rectas a las que la gráfica de la función se acerca indefinidamente.

FÍJATE

Los valores de x para los que $x = k$ es asíntota vertical no pertenecen al dominio de la función.

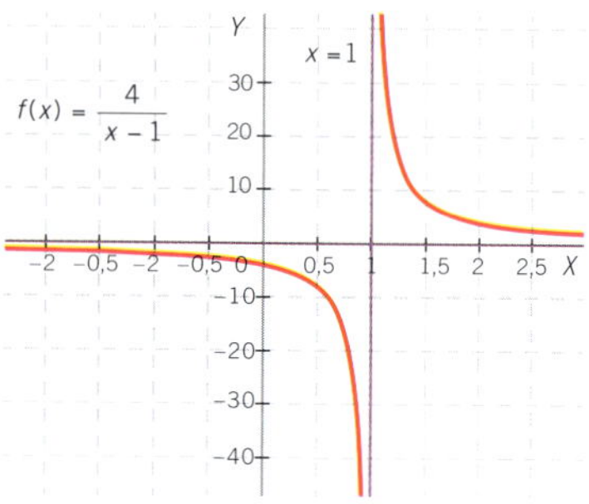

Asíntota vertical en $x = 1$ y horizontal en $y = 0$

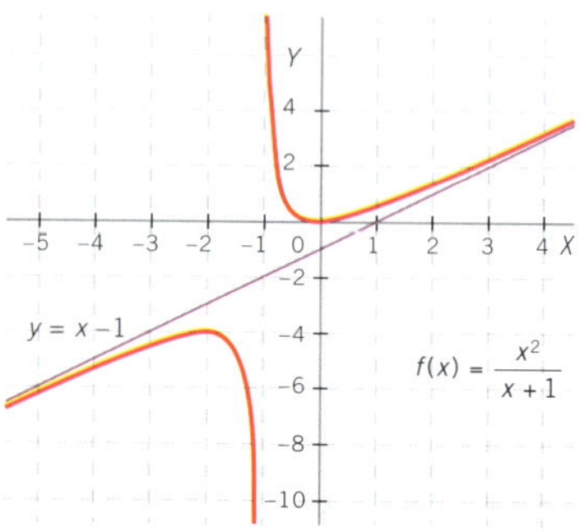

Asíntota oblicua $y = x - 1$ y asíntota vertical en $x = -1$

Problemas resueltos
C

Ejercicios y problemas
36 a 41

5. Límites y asíntotas

Una de las aplicaciones del cálculo de límites es la determinación de las asíntotas de una función.

Asíntotas verticales

La recta vertical $x = k$ con $k \in \mathbb{R}$ es una **asíntota vertical** de la función f si los límites laterales de la función en $x = k$ son infinitos.

$$\lim_{x \to k^+} = \pm\infty \text{ y } \lim_{x \to k^-} = \pm\infty$$

Asíntotas horizontales

La recta $\mathbf{y = k}$ es una **asíntota horizontal** de una función f si alguno de los límites en el infinito de la función f es k.

Como máximo, existirán dos asíntotas horizontales, que provienen de calcular los límites $\lim_{x \to +\infty} f(x)$ y $\lim_{x \to -\infty} f(x)$.

Asíntotas oblicuas

La recta $\mathbf{y = mx + n}$ es una **asíntota oblicua** de $f(x)$ si existen y son finitos los límites:

$$m = \lim_{x \to \pm\infty} \frac{f(x)}{x} \text{ y } n = \lim_{x \to \pm\infty} \left(f(x) - mx\right) \text{ con } m \neq 0$$

Si f no está definida a trozos y tiene asíntotas horizontales, no tiene oblicuas.

Funciones racionales y asíntotas

Al buscar asíntotas de una función racional $\frac{P(x)}{Q(x)}$, ten en cuenta que:

— **Asíntotas verticales (A. V.):** coincidirán con los valores de x que anulen el denominador $\longrightarrow x = k$, tales que $Q(k) = 0$, pero $P(k) \neq 0$.

— **Asíntotas horizontales (A. H.):**

- Si grado $P(x) <$ grado $Q(x) \longrightarrow$ Asíntota horizontal en $y = 0$.
- Si grado $P(x) =$ grado $Q(x) = n \longrightarrow$ Asíntota horizontal en $y = \frac{a_n}{b_n}$, donde a_n y b_n son los coeficientes de los términos de mayor grado.
- Si grado $P(x) >$ grado $Q(x) \longrightarrow$ No hay asíntotas horizontales.

— **Asíntotas oblicuas (A. O.):** si grado $P(x)$ = grado $Q(x) + 1$, la función tiene asíntota oblicua.

9 EJEMPLO

Estudia las asíntotas de las siguiente función: $f(x) = \frac{x+2}{(x^2-4)}$.

Solución

COMPRENSIÓN: Para hallar las asíntotas nos fijaremos en el valor que anula el denominador y los grados de $P(x)$ y $Q(x)$

RESOLUCIÓN: A. V. $Q(x) = x^2 - 4 = 0 \longrightarrow x_1 = -2$ y $x_1 = 2$

Como el numerador $P(x)$ también se anula en $x_1 = -2$, este valor no determina una asíntota.

La única asíntota vertical está en $x = 2$.

A. H.: $\lim_{x \to +\infty} f(x) = \lim_{x \to +\infty} \frac{x+2}{x^2-4} = \lim_{x \to +\infty} \frac{\frac{x}{x^2} + \frac{2}{x^2}}{\frac{x^2}{x^2} - \frac{4}{x^2}} = \frac{0}{1} = 0$

La asíntota horizontal es $y = 0$.

6. Continuidad de funciones

La continuidad de una función depende de la existencia de límites en los puntos de su dominio.

Una función $f(x)$ es **continua** en un punto $a \in D(f)$ si $f(a)$ existe y los límites laterales son finitos e iguales a $f(a)$.

$$\lim_{x \to a^+} f(x) = \lim_{x \to a^-} f(x) = f(a)$$

Si $f(x)$ no cumple alguna de estas premisas, se dice que $f(x)$ es **discontinua** en $x = a$ o que tiene una discontinuidad en $x = a$.

Estudiar la continuidad de una función es conocer todos los puntos del dominio en los que es continua.

RECUERDA

Sabemos que una función es continua cuando la podemos dibujar sin tener que levantar el lápiz del papel.

Operaciones con funciones continuas

De las propiedades de las operaciones con límites, se demuestra que si $f(x)$ y $g(x)$ son funciones continuas en $x = a$:

1. $(f \pm g)(x) = f(x) \pm g(x)$ es continua en $x = a$.

   Como f y g son continuas en $x = a$, $f(a) = \lim_{x \to a} f(x) = L_1$ y $g(a) = \lim_{x \to a} g(x) = L_2$.

   Por lo tanto: $\lim_{x \to a} [f(x) \pm g(x)] = \lim_{x \to a} f(x) \pm \lim_{x \to a} g(x) = L_1 + L_2 = f(a) \pm g(a)$

2. $(f \cdot g)(x) = f(x) \cdot g(x)$ es continua en $x = a$.

La aplicación de estas dos propiedades permite determinar la continuidad de cualquier polinomio.

3. $\left(\dfrac{f}{g}\right)(x) = \dfrac{f(x)}{g(x)}$ es continua en $x = a$ si $g(a) \neq 0$.

4. $(f^g)(x) = f(x)^{g(x)}$ es continua en $x = a$ si $f(a) \geq 0$.

FÍJATE

Para que una función sea continua en un punto $x = a$, deben existir los límites laterales de la función alrededor de este punto y ser iguales. Es decir, debe existir el límite de la función en este punto.

10 EJEMPLO

Determina en qué puntos las siguientes funciones son continuas: a) $f(x) = e^{\sqrt{x}}$ b) $g(x) = \begin{cases} x \text{ si } x \neq 0 \\ 1 \text{ si } x = 0 \end{cases}$

Solución

COMPRENSIÓN: Determinaremos en qué puntos del dominio cumple cada función la definición de continuidad.

RESOLUCIÓN:

a) Puesto que el exponente es un radical, el dominio de la función es $[0, +\infty)$.

De las reglas de cálculo con límites, se sigue que para cualquier $a > 0$, $\lim_{x \to a} \sqrt{x} = \sqrt{a}$.

Por lo tanto, por la propiedad 4, si $\sqrt{x}$ es continua en $(0, +\infty)$, $f(x)$ también es continua.

b) La función es continua en los intervalos $(-\infty, 0)$ y $(0, +\infty)$, pues la función $g(x) = x$ lo es. Así, debemos estudiar la continuidad en el punto $x = 0$.

En este punto, la función está definida $g(0) = 1$. Si ahora calculamos los límites laterales:

$$\lim_{x \to 0^+} g(x) = \lim_{x \to 0^-} g(x) = 0 \neq g(x)$$

Por lo tanto, la función está definida en $x = 0$, los límites laterales existen y son finitos, pero no coinciden con $g(0)$.

Concluimos, entonces, que $g(x)$ es continua en $(-\infty, 0) \cup (0, +\infty)$ y discontinua en $x = 0$.

LENGUAJE MATEMÁTICO

En los valores de x para los que una función no está definida en uno de sus lados, decimos que la función es de **segunda especie** o **esencial.**

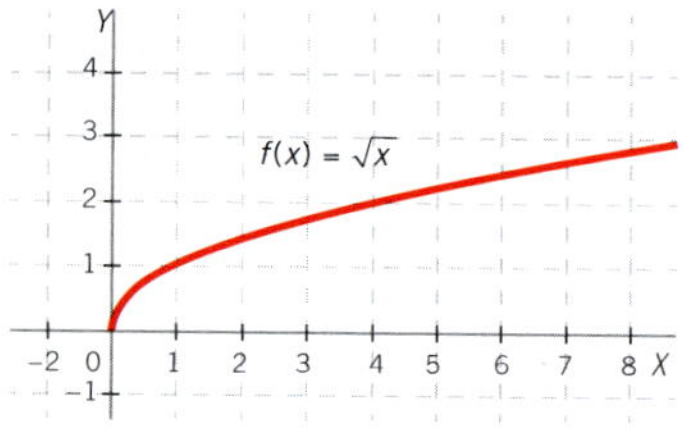

$\sqrt{x}$ tiene una discontinuidad de **segunda especie** en $x = 0$ porque la función no está definida en uno de los laterales de este punto.

FÍJATE

La traducción gráfica de las discontinuidades asintóticas son las asíntotas verticales.

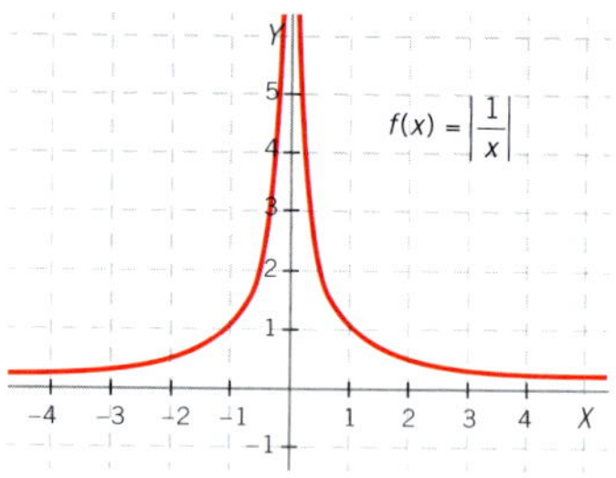

Problemas resueltos
D

Ejercicios y problemas
42 a 48

Síntesis
49 a 53

6.1. Tipos de discontinuidad

Las discontinuidades se estudian a partir de la definición de continuidad en un punto y se clasifican según la parte de la definición que cumplen.

Discontinuidad evitable

Es aquella en la que $f(x_0)$ **no** existe, pero los límites laterales de la función en x_0 existen, son finitos y coinciden.

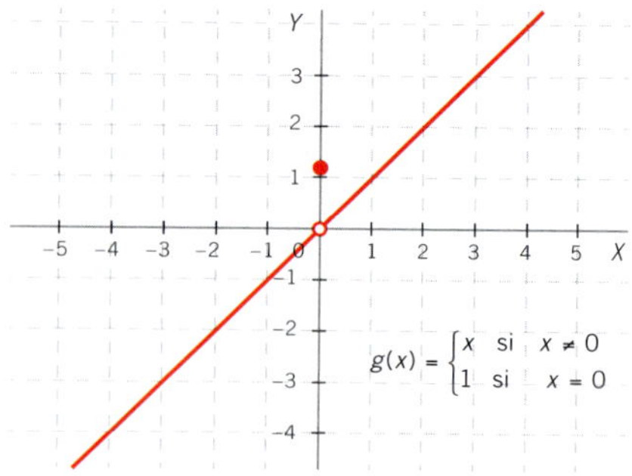

Discontinuidad evitable en $x_0 = 0$

Discontinuidad primera especie o no evitable

Las discontinuidades no evitables aparecen cuando los límites laterales no existen o alguno de ellos es infinito.

— Si los límites laterales existen, son finitos, pero distintos → **discontinuidad salto finito.**

— Si los límites existen y uno de ellos es infinito → **discontinuidad de salto infinito.**

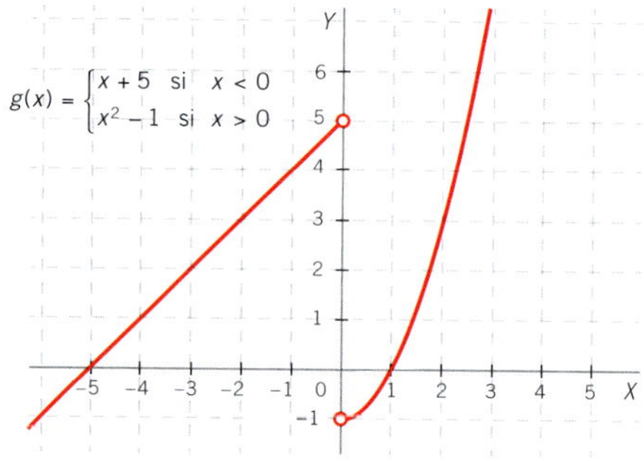

Discontinuidad de salto finito

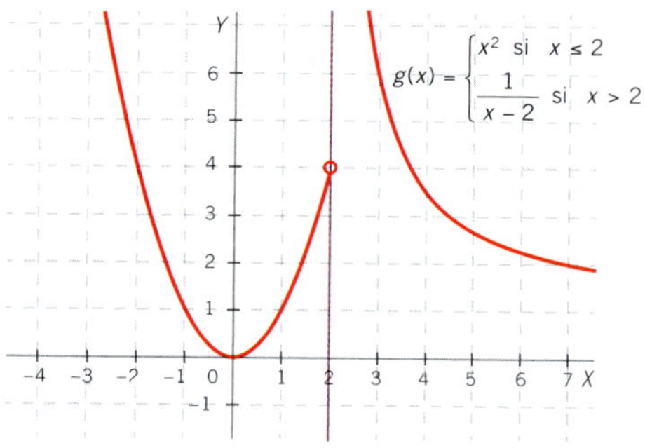

Discontinuidad de salto infinito

Si los límites laterales son infinitos, decimos que la discontinuidad es **asintótica.**

11 EJEMPLO

Estudia la continuidad de las siguientes funciones: a) $f(x) = \dfrac{x^2-4}{x+2}$ b) $f(x) = \begin{cases} 2x-3 & si\ x \leq 0 \\ x+2 & si\ x > 0 \end{cases}$

Solución

COMPRENSIÓN: En la primera función, al ser racional, estudiaremos los puntos donde se anula el denominador y, en la segunda, el tramo donde cambia la función.

RESOLUCIÓN: a) $f(-2)$ no existe, pero al calcular el límite:

$$\lim_{x\to-2} \frac{x^2-4}{x+2} = \lim_{x\to-2} \frac{\cancel{(x+2)}(x-2)}{\cancel{x+2}} = -4$$

En $x = -2$ tenemos una discontinuidad evitable.

b) $f(0) = -3$. Si ahora calculamos los límites laterales:

$\lim\limits_{x\to0^-} f(x) = \lim\limits_{x\to0}(2x-3) = -3$ y $\lim\limits_{x\to0^+} f(x) = \lim\limits_{x\to0}(x+2) = 2$

Es una discontinuidad de salto finito en $x = 0$.

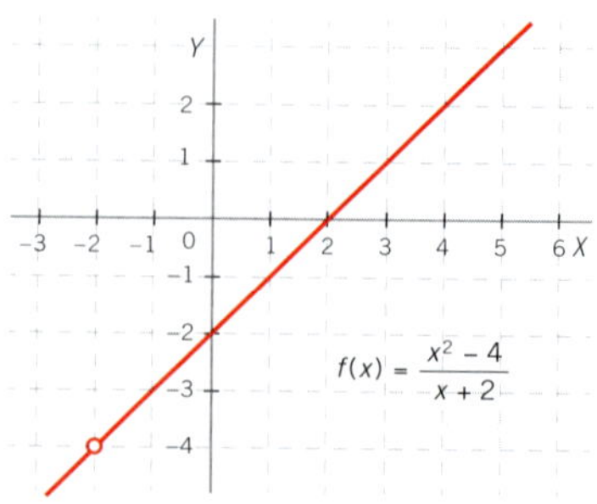

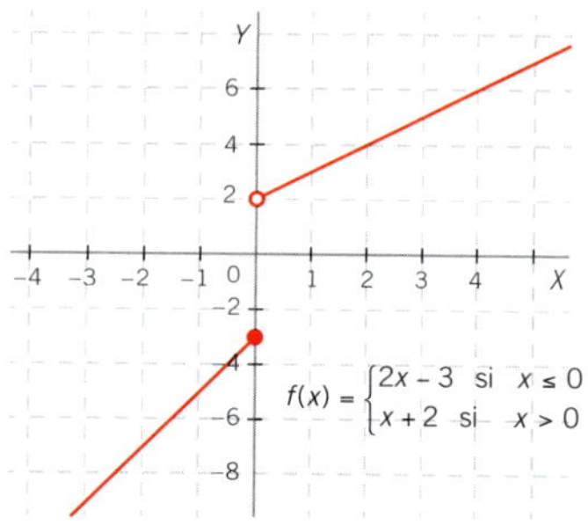

Problemas RESUELTOS

A PROGRESIONES GEOMÉTRICAS

Un coche pierde el 10% de su valor cada año. Si su precio inicial es de 20000 €, ¿qué valor tendrá después de 10 años? ¿Cuántos años tienen que pasar para que su valor se reduzca a la mitad?

Solución

COMPRENSIÓN: La evolución del valor del coche viene descrito por una progresión geométrica con término inicial $a_1 = 20000$

RESOLUCIÓN: Intenta resolver el problema tú solo. Para ello, oculta la respuesta y sigue estos pasos:

Pasos

1. Determinamos la razón geométrica que define la proporción como una disminución porcentual.
2. Hallamos la expresión de la progresión geométrica.
3. Calculamos el valor del coche a los 10 años sustituyendo en la expresión general.
4. Para hallar el tiempo que debe pasar hasta que el precio se reduzca a la mitad, sustituimos los datos en la expresión general y lo aplicamos.

Respuesta

1. Si n es un año cualquiera: $\frac{a_{n+1}}{a_n} = 0{,}9$
2. $a_1 = 20000,\ r = 0{,}9 \rightarrow a_n = 20000 \cdot 0{,}9^n$
3. $a^{10} = 20000 \cdot 0{,}9^{10} = 6973{,}57$ €
4. $10000 = 20000 \cdot 0{,}9^t \rightarrow 0{,}5 = 0{,}9^t \rightarrow$

$$\rightarrow \ln 0{,}5 = t \cdot \ln 0{,}9 \rightarrow t = \frac{\ln 0{,}5}{\ln 0{,}9} = 6{,}58 \text{ años}$$

1. ★★☆ Dos amigos cobran una paga durante doce días, por trabajar, de diferente manera. El primero recibe 40 € el primer día, 43 € el segundo, 46 € el tercero, y así sucesivamente. El segundo recibe 0,10 € el primer día, 0,20 € el segundo día, 0,40 € el tercer día, 0,80 € el cuarto día, y así sucesivamente.

a) Calcula el término general de cada sucesión.

b) Calcula la paga cobrada por cada amigo el último día.

2. ★★☆ Depositamos 2 000 € en un banco a un interés anual del 2%.

a) Halla la expresión que determina la evolución del capital si el tipo de interés es simple.

b) Halla la expresión que determina la evolución del capital si el interés es compuesto.

c) Calcula el capital después de 10 años en ambos casos.

B CÁLCULO DE LÍMITES

Una población crece según la siguiente función: $f(t) = \frac{5000t + 1000}{2t + 1}$, donde t es el número de años transcurridos.

a) Calcula la población actual. b) ¿Crecerá indefinidamente la población?

Solución

COMPRENSIÓN: Deberemos estudiar la función en $t = 0$ y en el infinito.

RESOLUCIÓN:

a) La población actual será para $t = 0$:

$$f(0) = \frac{5000 \cdot 0 + 1000}{2 \cdot 0 + 1} = 1000 \text{ habitantes}$$

b) $\lim_{x \to +\infty} \frac{5000x + 1000}{2x + 1} = \frac{\infty}{\infty}$ El resultado es una indeterminación. Como el numerador y el denominador son polinomios del mismo grado, la solución es el cociente entre los términos que acompañan al término de mayor grado:

$$\lim_{x \to +\infty} \frac{5000x + 1000}{2x + 1} = \frac{5000}{2} = 2500$$

La población no pasará de los 2500 habitantes.

3. ★☆☆ Una población de insectos crece según la función $f(t) = 2e^t$, siendo t el tiempo en meses.

a) Calcula la población inicial de insectos.

b) Calcula el límite de la población.

4. ★☆☆ Un objeto se enfría según la expresión: $f(t) = 25 + 50e^{-t}$, siendo t el tiempo en minutos.

a) Calcula la temperatura inicial.

b) Calcula el límite de la temperatura.

C ASÍNTOTAS DE UNA FUNCIÓN

Halla las asíntotas de la siguiente función $f(x) = \dfrac{3x^2}{x-2}$.

Solución

COMPRENSIÓN: Al ser una función racional, tendrá una asíntota vertical en el punto en que se anule el denominador. Al ser el numerador un grado mayor que el del denominador, no existirá una asíntota horizontal, pero sí una asíntota oblicua.

RESOLUCIÓN:

A. V.: $Q(x) = 0 \longrightarrow x - 2 = 0 \longrightarrow x = 2$

A. H.: No existe, pues la función crece y decrece indefinidamente. $\lim\limits_{x\to\pm\infty} \dfrac{3x^2}{x-2} = \pm\infty$

A. O.: Buscamos la asíntota oblicua $y = mx + n$.

$$m = \lim_{x\to\pm\infty} \frac{\frac{3x^2}{x-2}}{x} = \lim_{x\to\pm\infty} \frac{3x}{x-2} = 3$$

$$n = \lim_{x\to\pm\infty} \left(\frac{3x^2}{x-2} - 3x\right) = \lim_{x\to\pm\infty} \frac{6x}{x-2} = 6$$

La asíntota oblicua es: $y = 3x + 6$

COMPROBACIÓN: Podemos comprobar los resultados con un programa de representaciones gráficas.

5. ★★☆ La cantidad de unidades de producción de una fábrica de televisores viene dada por la función $f(t) = \dfrac{20t^2}{t+3}$, donde t es el tiempo en días.

a) Estudia y razona el sentido de las asíntotas.

b) ¿Cuántas unidades se fabrican el primer día?

6. ★★☆ Busca información sobre la energía total relativista y estudia su fórmula. @

a) Halla las asíntotas.

b) Razona su significado.

D CONTINUIDAD

Halla el valor de a para que $f(x) = \dfrac{x^2+x-2}{x^2-x-a}$ sea discontinua en $x_0 = 3$ y clasifica todas sus discontinuidades.

Solución

COMPRENSIÓN: Para que una función racional sea discontinua, debemos hallar los puntos que anulen el denominador.

RESOLUCIÓN: a) Si f es discontinua en $x_0 = 3$:

$$3^2 - 3 - a = 0 \Rightarrow a = 6$$

Por lo tanto: $f(x) = \dfrac{x^2+x-2}{x^2-x-6}$

Para hallar el resto de discontinuidades, buscaremos las soluciones de $x^2 - x - 6 = 0 \Rightarrow x_1 = -2,\ x_2 = 3$.

— Analicemos $x_1 = -2$:

$$\lim_{x\to-2} \frac{x^2+x-2}{x^2-x-6} = \frac{0}{0}$$

El resultado es una indeterminación, así que intentaremos factorizar y simplificar.

$$\lim_{x\to-2} \frac{x^2+x-2}{x^2-x-6} = \frac{\cancel{(x+2)}\cdot(x-1)}{\cancel{(x+2)}\cdot(x-3)} = \frac{3}{5}$$

$f(-2)$ no existe, pero sí existe el límite. En $x = -2$, la función presenta una discontinuidad evitable.

— Analicemos $x_2 = 3$:

$$\lim_{x\to3^-} \frac{x^2+x-2}{x^2-x-6} = -\infty$$

$$\lim_{x\to3^+} \frac{x^2+x-2}{x^2-x-6} = +\infty$$

$f(3)$ no existe y los límites laterales son infinitos. En $x = 3$, la función presenta una discontinuidad asintótica o de salto infinito.

7. ★★☆ Halla a de forma que $f(x) = \dfrac{x+2}{x^3+ax^2+16x}$ sea discontinua en $x_0 = 4$ y clasifica sus discontinuidades.

Sol.: $a = -8$

8. ★★★ Halla el valor de k para que la siguiente función tenga una discontinuidad no evitable de salto infinito en $x_0 = -2$:

$$f(x) = \frac{3x^2+4x-k}{2x+4}$$

Sol.: $k \neq 4$

EJERCICIOS Y PROBLEMAS

1 SUCESIONES

9. ★☆☆ Calcula el término general de estas sucesiones:

a) −1, 2, 5, 8, 11...

b) 1, −2, 3, −4, 5...

Sol.: a) $a_n = 3n - 4$; b) $a_n = (-1)^{n+1} \cdot n$

10. ★☆☆ A partir de las siguientes leyes de recurrencia, halla los diez primeros términos de las sucesiones:

a) $a_1 = \pi \quad a_2 = \frac{\pi}{2} \quad a_n = \frac{a_{n-1} + a_{n-2}}{2}$

b) $a_1 = -1 \quad a_2 = 1 \quad a_n = -a_{n-1} \cdot a_{n-2}$

11. ★☆☆ Indica si las siguientes sucesiones son progresiones aritméticas, geométricas o de ninguno de los dos tipos. Escribe el término general de las progresiones.

a) 3, 8, 13, 18, 23...

b) −1, −3, −9, −27, −81...

c) 2, 2, 2, 2, 2...

d) 2, 3, 5, 8, 12...

e) −1, 3, −9, 27, −81...

f) 2, 0,5, −1, −2,5, −4...

12. ★☆☆ Calcula el límite de $a_n = \frac{1+2n}{n}$ y, a continuación, los límites de:

a) $e^{\frac{1+2n}{n}}$

b) $\sqrt{\frac{1+2n}{n}}$

Sol.: a) e^2; b) $\sqrt{2}$

13. ★☆☆ Sabiendo que $\lim_{n\to\infty} a_n = -6$, $\lim_{n\to\infty} b_n = 4$ y $\lim_{n\to\infty} c_n = 0$, calcula los límites de las siguientes sucesiones:

a) $a_n + b_n + c_n$

b) $a_n \cdot b_n$

c) $\frac{b_n}{a_n}$

d) $b_n - a_n$

e) $(b_n)^{a_n}$

d) $\left(\frac{a_n}{b_n}\right)^{c_n}$

14. ★★☆ Halla a_{10} y a_{25} de las siguientes progresiones aritméticas:

a) 1, 2, 3, 4, 5...

b) $a_1 = 3$ $d = 2,5$

Sol.: a) $a_{10} = 10$, $a_{25} = 25$; b) $a_{10} = 25,5$, $a_{25} = 63$

15. ★★☆ Según la leyenda del inventor del ajedrez, este solicitó al rey un grano de trigo para la primera casilla, 2 para la segunda, 4 para la tercera, y así hasta las 64 casillas. @

a) Escribe los diez primeros términos de la sucesión.

b) Halla el término general de la sucesión.

c) Halla la cantidad de granos de la última casilla.

d) Busca información sobre la cosecha mundial de trigo y compárala con las cantidades obtenidas.

Sol.: b) $a_n = 2^n$; c) $9,2 \cdot 10^{18}$ granos

16. ★★★ Halla el límite de las siguientes sucesiones:

a) $a_n = \frac{4n-8}{5n}$

b) $a_n = \frac{1000n}{n^2 - 2n}$

c) $a_n = 2 - n$

d) $a_n = \left(\frac{5+2n}{2n} - \frac{n+6}{n+2}\right)$

Sol.: a) $\frac{4}{5}$; b) 0; c) $-\infty$; d) 0

17. ★★★ Halla el límite de las siguientes sucesiones:

a) $a_n = \left(1 + \frac{1}{n}\right)^{4n}$

b) $a_n = \frac{2n^3 - 8}{2n^3}$

c) $a_n = \left(1 + \frac{1}{4n}\right)^{n}$

d) $a_n = \frac{2n^3 - 8}{2n^4}$

Sol.: a) e^4; b) 1; c) $e^{1/4}$; d) 0

18. ★★★ Cada año nos aumentan el salario en una cantidad fija. Si sabemos que el segundo año ganaremos 21 500 € y el quinto año 23 000 €, calcula:

a) El término general de la progresión.

b) El salario del primer año.

c) El salario del décimo año.

d) Si en vez de una cantidad fija nos ofrecen un 2,3 % de subida anual, ¿cuánto ganaré el quinto año?

e) ¿Cuál es el término enésimo de esta segunda opción?

f) ¿A partir de qué año cobraré más con la segunda oferta?

Sol.: a) $21\,000 + 500n$; b) 21 000 €; c) 25 500 €; d) 22 999,68 €; e) $21\,000 \cdot 1,023n$; f) sexto año

19. ★★★ En una progresión geométrica, $a_4 = 12$ y la diferencia entre a_3 y a_5 es de −18. Calcula su término general.

Sol.: $a_n = 96 \cdot 0,5^{n-1}$

20. ★★★ Considera una sucesión geométrica $a_n = a_1 \cdot r^{n-1}$ con $r < 1$.

a) ¿Qué puedes decir de la monotonía de esta sucesión? ¿Es acotada? ¿Es convergente?

b) Recuerda que la suma de los n primeros términos de una sucesión era $S_n = \frac{a_n \cdot r - a_1}{r - 1}$ y demuestra que la suma de todos los términos de una progresión geométrica es $S_n = \frac{a_1}{1 - r}$.

2 SUCESIONES EN LA MATEMÁTICA FINANCIERA

21. ★☆☆ Ana invierte 7 000 euros en Letras del Tesoro a 3 años al 2,85 % anual. Cada año se depositan los intereses generados en una cuenta. Calcula el dinero que tendrá al finalizar los 3 años.

Sol.: 7 598,50 €

22. ★☆☆ Un banco en línea ofrece a sus clientes una cuenta ahorro al 2,75 % de interés compuesto anual con pago mensual de intereses. Javier decide depositar 15 000 euros en esta cuenta. Halla el capital acumulado al cabo de 4 años.

Sol.: 16 742,06 €

23. ★★☆ ¿Cuánto tiempo tarda en duplicarse un capital invertido al 5 % de interés simple anual? ¿Y si el interés es compuesto?

Sol.: 20 años; 14,21 años

24. ★★☆ Un capital está sometido a un régimen de interés compuesto de tipo nominal anual del 8 % con liquidación de intereses trimestral.

a) Calcula la TAE.

b) Razona si este capital genera más o menos intereses con un tipo nominal anual del 7,8 % con liquidación de intereses mensual.

c) Cuando el tipo nominal es del 7,8 %, ¿cuántos meses deben pasar para que un capital de 12 000 euros se transforme en un capital de 15 000 euros?

Sol.: a) 8,24 %; b) 8,08 %; c) 35 meses

25. ★★☆ Calcula cuánto tiempo debe mantenerse un depósito bancario para que un capital inicial de 7 000 euros al 7 % de interés compuesto anual genere unos intereses de 2 000 euros.

Sol.: 3,7 años

26. ★★☆ ¿A qué tipo de interés compuesto deben invertirse 3 000 euros para que en 6 años generen unos intereses de 600 euros?

Sol.: 3,08 %

3 LÍMITE DE FUNCIONES

27. ★☆☆ Calcula los siguientes límites:

a) $\lim\limits_{x\to 2} 3^{x-1}$

b) $\lim\limits_{x\to 3} \sqrt{x-2}$

c) $\lim\limits_{x\to 90^{\circ}} \operatorname{sen} x$

d) $\lim\limits_{x\to e} \ln x$

Sol.: a) 3; b) 0; c) 1; d) 1

28. ★☆☆ Halla los límites de las siguientes funciones para $x \longrightarrow +\infty$ y para $x \longrightarrow -\infty$:

a) $f(x) = \dfrac{x}{3-x^3}$

b) $f(x) = \dfrac{6-x}{2-x}$

c) $f(x) = \dfrac{6x^4+1}{2x^4+1}$

d) $f(x) = \dfrac{-6x^4+1}{2x^3+1}$

Sol.: a) 0, 0; b) 0, +∞; c) 3; d) +∞, −∞

29. ★★☆ Halla los límites laterales de las siguientes funciones y decide si existe el límite:

a) $f(x) = \dfrac{x}{x-3}$ para $x = 3$

b) $f(x) = \dfrac{2x}{x^2+2x+1}$ para $x = 1$

Sol.: a) no existe; b) $\dfrac{1}{2}$

30. ★★☆ Calcula a si $f(x)$ cumple:

— $f(x) = \dfrac{ax^2-8}{x}$ y $\lim\limits_{x\to 2} f(x) = -1$

Sol.: 3 / 2

31. ★★☆ Observa la función representada y halla:

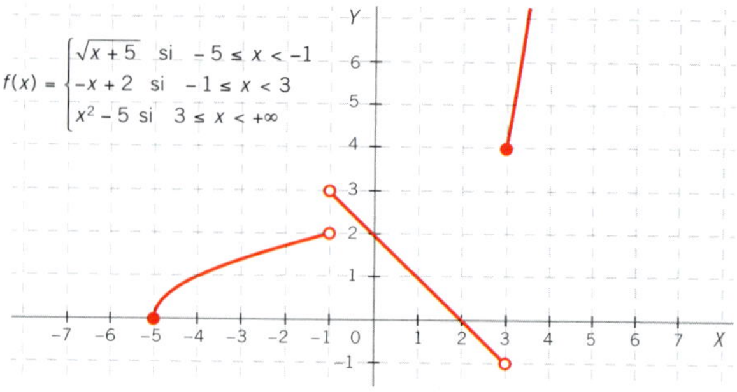

a) $\lim\limits_{x\to -1} f(x)$

b) $\lim\limits_{x\to +3^-} f(x)$

c) $\lim\limits_{x\to +3^+} f(x)$

d) $\lim\limits_{x\to +1} f(x)$

e) $\lim\limits_{x\to -5} f(x)$

f) $\lim\limits_{x\to 0} f(x)$

Sol.: a) no existe; b) −1; c) 4; d) 1; e) 0; f) 2

4 CÁLCULO DE LÍMITES

32. ★☆☆ Calcula los siguientes límites:

a) $\lim\limits_{x\to 0} x \cdot 3^{x-1}$

b) $\lim\limits_{x\to 0} \dfrac{\ln(x+1)}{2x+2}$

c) $\lim\limits_{x\to 2} \dfrac{x-1}{\sqrt{2-x}+x}$

d) $\lim\limits_{x\to -2} \dfrac{x^3+5x^2+8x+4}{x^3+x^2-8x-12}$

e) $\lim\limits_{x\to 5} \sqrt{(x^2-16)^{x-5}}$

f) $\lim\limits_{x\to -2} \left(\dfrac{x-2}{2-x}\right)^{\frac{-4}{x}}$

Sol.: a) 1; b) 0; c) 0,5; d) 1 / 5; e) 1; f) 1

33. ★☆☆ Dadas las siguientes funciones:

$f(x) = x^2 - 1$ $\qquad g(x) = \sqrt{2x-8}$

$h(x) = \dfrac{1}{x^2-9}$ $\qquad j(x) = \dfrac{(2+x)^2-4}{x}$

Halla estos límites:

a) $\lim\limits_{x\to 2} \left(\dfrac{h(x)}{f(x)}\right)$

b) $\lim\limits_{x\to 4} (f(x)+g(x))$

c) $\lim\limits_{x\to 2} (f(x)-g(x))$

d) $\lim\limits_{x\to -1} (f(x)\cdot j(x))$

e) $\lim\limits_{x\to 6} (f(x)\cdot h(x))$

f) $\lim\limits_{x\to 2} [j(x)]^{f(x)}$

Sol.: a) −1 / 15; b) 15; c) no existe; d) 0; e) 1; f) 216

34. ★★★ Calcula los siguientes límites:

a) $\lim\limits_{x\to+\infty} \dfrac{2x^3+4x^2-18}{x^4+3x-6}$ e) $\lim\limits_{x\to+\infty} \dfrac{\sqrt{x^2+1}}{x}$

b) $\lim\limits_{x\to+\infty} \dfrac{4x^2-5x-18}{3x-6}$ f) $\lim\limits_{x\to+\infty} \left(\dfrac{2}{x} : \dfrac{x-1}{x^2+5}\right)$

c) $\lim\limits_{x\to+\infty} \dfrac{3x^2+2x}{2x^2}$ g) $\lim\limits_{x\to-2} \dfrac{x^5-4x^3}{2x^2-8}$

d) $\lim\limits_{x\to+\infty} \dfrac{x^3+2x}{500x^2}$ h) $\lim\limits_{x\to-2} \dfrac{x^3+5x^2+8x+4}{x^2+4x+4}$

Sol.: a) 0; b) $+\infty$; c) 1,5; d) $+\infty$; e) 1; f) 2; g) -4; h) -1

35. ★★★ Halla el valor de a para que se cumpla:

$$\lim_{x\to+\infty}\left(\frac{x^2+a}{x-a}-\frac{x^2-a}{x+a}\right)=6$$

Sol.: $a = 3$

5 LÍMITES Y ASÍNTOTAS

36. ★☆☆ Halla las asíntotas verticales de:

a) $f(x)=\dfrac{2}{x-2}$ c) $f(x)=\dfrac{x}{(x+2)\cdot(x-3)}$

b) $f(x)=\dfrac{x}{x^2-16}$ d) $f(x)=\dfrac{4}{x^3-4x}$

Sol.: a) $x = 2$; b) $x = \pm 4$; c) $x = -2$, $x = 3$; d) $x = 0$, $x = \pm 2$

37. ★☆☆ Halla las asíntotas horizontales de:

a) $f(x)=\dfrac{4x+2}{2x-3}$ c) $f(x)=\dfrac{(x+2)^2}{2x^2-3}$

b) $f(x)=\dfrac{4x+2}{2x^2-3}$ d) $f(x)=2-\dfrac{5}{2x+1}$

Sol.: a) $y = 2$; b) $y = 0$; c) $y = 0,5$; d) $y = 2$

38. ★★☆ Halla las asíntotas de las siguientes funciones racionales:

a) $f(x)=\dfrac{2x+3}{4x-8}$ c) $f(x)=\dfrac{2x}{x-4}$

b) $f(x)=\dfrac{x^2}{x-4}$ d) $f(x)=\dfrac{2-x}{x}$

Sol.: a) $x = 2$, $y = 0,5$; b) $x = 4$, $y = x + 4$;
c) $x = 4$, $y = 2$; d) $x = 0$, $y = -1$

39. ★★☆ Halla las asíntotas de estas funciones:

a) $f(x)=\dfrac{x^2-1}{x^2-2}$ c) $f(x)=\dfrac{x^4}{2x^3+4}$

b) $f(x)=\dfrac{5}{x^2-2x}$ d) $f(x)=\dfrac{x^2}{x-1}$

Sol.: a) $x = +2$, $x = -2$, $y = 0,5$; b) $x = 0$, $x = 2$, $y = 0$;
c) $x = -1,2599$, $y = 0,5x$; d) $x = 1$, $y = x + 1$

40. ★★☆ El decrecimiento de una población animal, debido a la falta de alimentación, viene dado por la función $f(x) = 10 + 24\,000 \cdot e^{-3t}$, siendo t el tiempo en meses.

a) Calcula las asíntotas de la función.

b) Estudia su significado.

Sol.: a) $f(x) = 10$

41. ★★★ Como ya sabes, la función tangente resulta de dividir la función seno entre la función coseno. Halla:

a) Las asíntotas de la función.

b) Representa, aproximadamente, la función.

Sol.: a) $x = 180° \cdot (k + 90°)$, siendo k entero

6 CONTINUIDAD DE FUNCIONES

42. ★☆☆ Indica si las siguientes funciones son continuas o discontinuas. En el caso de las funciones discontinuas, señala en qué puntos se da la discontinuidad y de qué tipo es.

a)

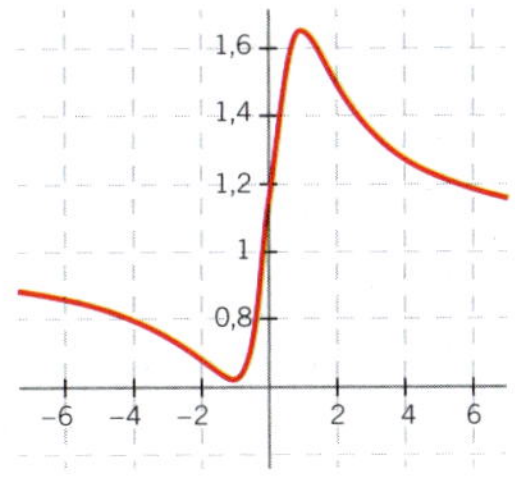

c)

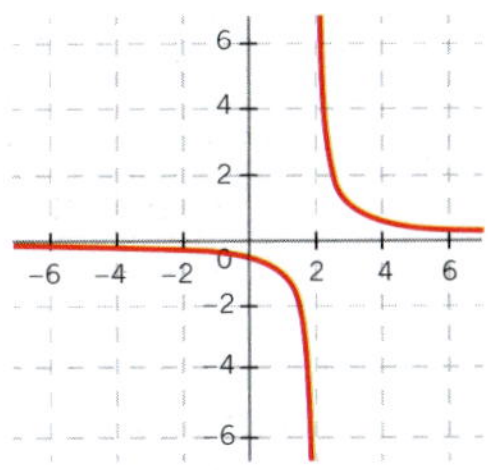

b)

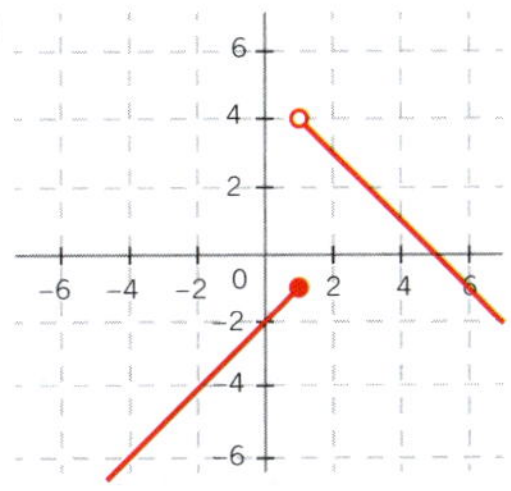

d)

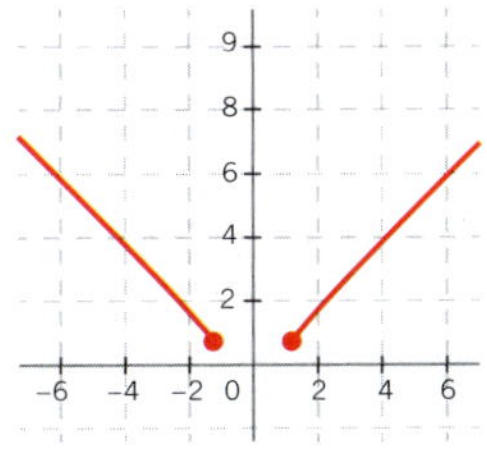

43. ★☆☆ Halla los puntos de discontinuidad de las siguientes funciones.

a) $f(x) = x^2 + 4x - 2$ b) $f(x)=\dfrac{x-1}{x+5}$

Sol.: b) $x = -5$

44. ★☆☆ La tarifa que pagamos por el alquiler de un coche depende de un fijo y de la distancia recorrida, y viene dada por la siguiente función representada:

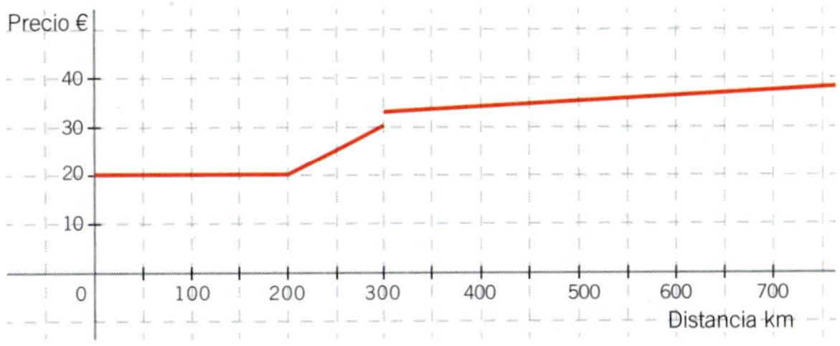

a) Estudia la continuidad de la función.

b) ¿Tendría sentido una discontinuidad inevitable? Razona tu respuesta.

45. ★☆☆ Estudia la continuidad de la siguiente función:

$$f(x)=\begin{cases}2x+4 & \text{si } x\le -2\\ x & \text{si } -2<x\le 2\\ -3x+2 & \text{si } x>2\end{cases}$$

46. ★★☆ Estudia la continuidad de las siguientes funciones a partir de sus representaciones gráficas y halla los límites cuando $x \longrightarrow 0$, $x \longrightarrow 2$ y $x \longrightarrow -2$:

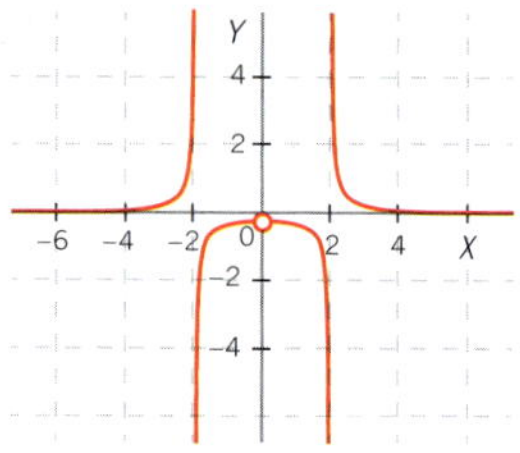

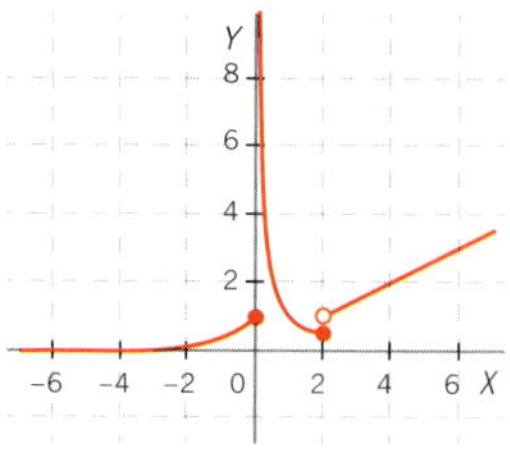

47. ★★☆ Dibuja una función que cumpla:

— Discontinuidad evitable en $x = 3$.

— Discontinuidad de salto infinito en $x = 6$.

— Discontinuidad esencial en $x = -2$.

48. ★★★ Halla los valores de las constantes k y m de la siguiente función, para que sea continua para todos los valores de x:

$$f(x) = \begin{cases} kx + m & \text{si} \quad x \leq 0 \\ \dfrac{2k}{x-1} & \text{si} \quad 0 < x < 3 \\ kx^2 - m + 5x & \text{si} \quad x > 3 \end{cases}$$

SÍNTESIS

49. ★★☆ Observa la gráfica representada y calcula:

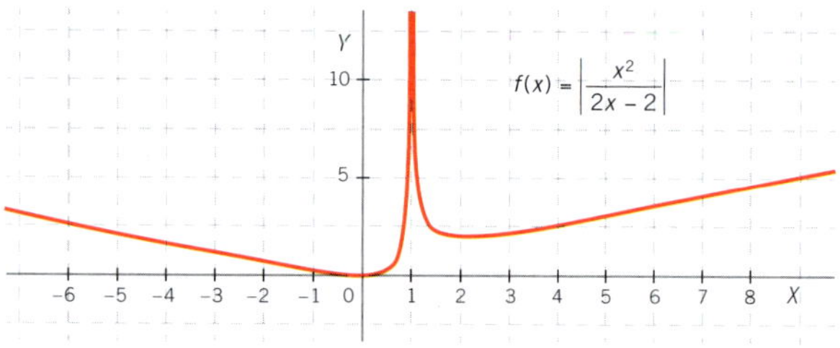

a) Los límites laterales en $x = 1$.

b) El límite cuando x tiende a infinito.

c) El límite cuando x tiende a menos infinito.

d) Los límites laterales en $x = 0$.

e) El límite en $x = 2$.

f) El límite en $x = -2$.

50. ★★☆ El siguiente límite es una indeterminación del tipo $0/0$:

$$\lim_{x \to +2} \left(\frac{x^2 + 2x - a}{x^2 - bx + 2} \right)$$

a) Calcula los valores de a y b.

b) Halla el valor del límite.

Sol.: a) $a = 8$, $b = 3$; b) 6

51. ★★☆ Los datos obtenidos en la realización de diversos experimentos se representan en la siguiente gráfica:

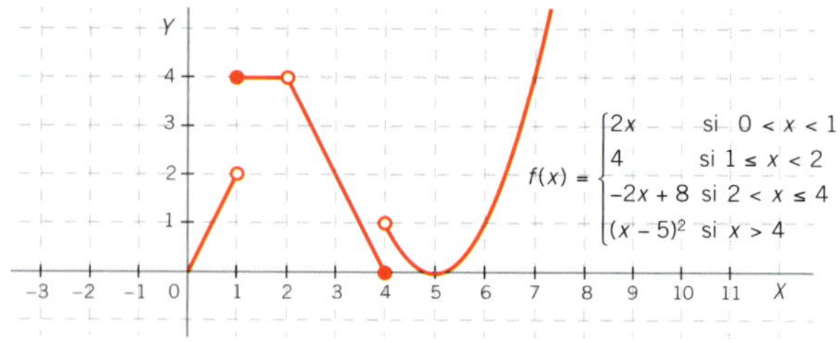

a) Explica los diferentes tipos de discontinuidad en la gráfica.

A continuación calcula:

b) $\lim_{x \to 1^-} f(x)$

c) $\lim_{x \to 1^+} f(x)$

d) $\lim_{x \to 2} f(x)$

e) $\lim_{x \to 4^-} f(x)$

f) $\lim_{x \to 4^+} f(x)$

g) $\lim_{x \to 4} f(x)$

h) $\lim_{x \to 0} f(x)$

i) $\lim_{x \to 6} f(x)$

Sol.: b) 2; c) 4; d) 4; e) 0; f) 1; g) no ex.; h) no ex.; i) 1;

52. ★★☆ Si $f(x)$ es la siguiente función definida a trozos:

$$f(x) = \begin{cases} 2x + 4 & \text{si} \quad x \leq 0 \\ \dfrac{1}{x-2} & \text{si} \quad 0 < x < 3 \\ e^{x-3} & \text{si} \quad x > 3 \end{cases}$$

a) Halla los valores de los límites en los puntos donde cambia el tramo de la función.

b) ¿Qué tipos de discontinuidades existen y en qué puntos?

c) ¿Existen asíntotas horizontales?

d) Representa la función.

53. ★★★ Dibuja una función que cumpla las siguientes condiciones:

— Continua entre $[-1, 1]$.

— Discontinuidad de salto igual a 1 en cada número entero entre 1 y 10.

— Discontinuidad evitable en $x = -1$.

— Discontinuidad esencial en $x = -2$.

— Un mínimo de dos asíntotas.

54. ★★★ Razona si son ciertas o no las siguientes afirmaciones. En caso afirmativo, da un ejemplo.

a) Una función puede tener infinitas asíntotas verticales.

b) Una función puede tener infinitas asíntotas horizontales.

c) Las funciones polinómicas pueden presentar alguna asíntota.

d) Una función puede tener dos asíntotas oblícuas.

Síntesis

1. Sucesiones
2. Sucesiones en la matemática financiera
3. Límite de funciones
4. Cálculo de límites
5. Límites y asíntotas
6. Continuidad de funciones

Sucesiones

Conjunto infinito de números ordenados por un subíndice.
Pueden definirse por un término general o una ley de recurrencia.

Progresiones

Progresiones aritméticas:

$a_n = a_1 + (n-1) \cdot d$

Progresiones geométricas:

$a_n = r^{n-1} \cdot a_1$

Interés

Simple: $C = C_0 \cdot (1 + i \cdot t)$

Compuesto: $C = C_0 \cdot (1 + i)^t$

Límite de sucesiones

Valor L al que se aproxima una sucesión para términos muy grandes. Si L es finito, la sucesión es **convergente**, y si es infinito, la sucesión es **divergente**.

Operaciones con sucesiones

Con las sucesiones podemos realizar sumas, restas, multiplicaciones, divisiones... Los límites se transmiten al resultado de la operación.

Límite de funciones

Permite conocer el comportamiento de las funciones en un punto o en el infinito.

Límite en un punto: $\lim_{x \to x_0} f(x) = L$

Límites laterales: $\lim_{x \to x_{0^+}} f(x) = L_1 \quad \lim_{x \to x_{0^-}} f(x) = L_2$

Límite en el infinito: $\lim_{x \to +\infty} f(x) = L \quad \lim_{x \to -\infty} f(x) = L$

Cálculo de límites

- $\lim_{x \to a} [f(x) \pm g(x)] = \lim_{x \to a} f(x) \pm \lim_{x \to a} g(x) = L_1 + L_2$
- $\lim_{x \to a} [f(x) \cdot g(x)] = \lim_{x \to a} f(x) \cdot \lim_{x \to a} g(x) = L_1 \cdot L_2$
- $\lim_{x \to a} \dfrac{f(x)}{g(x)} = \dfrac{\lim_{x \to a} f(x)}{\lim_{x \to a} g(x)} = \dfrac{L_1}{L_2}$, siempre que $\lim_{x \to a} g(x) \neq 0$
- $\lim_{x \to a} f(x)^{g(x)} = \left[\lim_{x \to a} f(x)\right]^{\lim_{x \to a} g(x)} = L_1^{L_2}$, $\lim_{x \to a} f(x) \geq 0$

Asíntotas

El cálculo de límites permite calcular las asíntotas de una función, que pueden ser **verticales, horizontales** y **oblicuas.**

Continuidad de funciones

$f(x)$ es continua en un punto a si $\lim_{x \to a} f(x)$ existe, es finito y coincide con $f(a)$.

Indeterminaciones

Surgen al aplicar las reglas de cálculo en algunas funciones.

1 Calcula los ángulos de un hexágono, sabiendo que se encuentran en progresión aritmética y que el más pequeño de ellos mide 40°.

Sol.: 40, 72, 104, 136, 168, 200

2 Considera la siguiente sucesión: 54, 18, 6, 2, 0,666…, 0,2222…

a) Halla el término general.

b) Halla el término octavo y décimo.

Sol.: a) $54 \cdot (1/3)^n$; b) 0,0247; 0,0027

3 En una progresión aritmética, el segundo término es 42 y la diferencia de este con el quinto término es de 15.

a) Halla el primer término.

b) Halla el término enésimo.

Sol.: a) 37; b) $37 + 5^n$

4 Determina el capital inicial que hay que invertir al 4 % de interés simple anual durante 5 cuatrimestres para obtener 9000 € de interés.

Sol.: 135000 €

5 Se deposita un capital de 5000 € a un interés compuesto del 2 % anual durante 10 años. Halla el interés compuesto anual que debería dar una entidad financiera para que un capital de 4000 €, en un período de 15 años, se convirtiera en el mismo capital en que se habrán convertido los 5000 € al cabo de 10 años.

Sol.: 2,85 %

6 Calcula los límites de las siguientes sucesiones:

a) $\lim\limits_{n \to +\infty} \dfrac{6 - 4n^2}{2n^2}$

b) $\lim\limits_{n \to +\infty} \dfrac{4n^2 + 3n - 2}{2n^3 - 4n}$

c) $\lim\limits_{n \to +\infty} \dfrac{2n^3 - 4n}{4n}$

Sol.: a) –2; b) 0; c) +∞

7 Calcula los siguientes límites:

a) $\lim\limits_{x \to 2^-} \dfrac{3x}{x^2 - 4}$

b) $\lim\limits_{x \to 2^+} \dfrac{3x}{x^2 - 4}$

c) $\lim\limits_{x \to -\infty} \left(\dfrac{x + 2}{x + 1} \cdot \dfrac{x - 7}{x - 3} \right)$

d) $\lim\limits_{x \to +\infty} \dfrac{-8x^4 + 2}{2x^2 + 4}$

Sol.: a) –∞; b) +∞; c) 1; d) –∞

8 Busca las asíntotas de las siguientes funciones:

a) $f(x) = \dfrac{2x^3 - 3x}{5x^2 - 10}$

b) $f(x) = \dfrac{4x^2 - 5}{2x}$

c) $f(x) = 2x - \dfrac{1}{2 - x}$

d) $f(x) = \dfrac{4x^2 - 5}{x^2 + 2}$

Sol.: a) $x = \pm\sqrt{2}$, $y = 0{,}4x$; b) $x = 0$, $y = 2x$; c) $x = 2$, $y = 2x$; d) $y = 4$

9 Considera la gráfica de la función *f*:

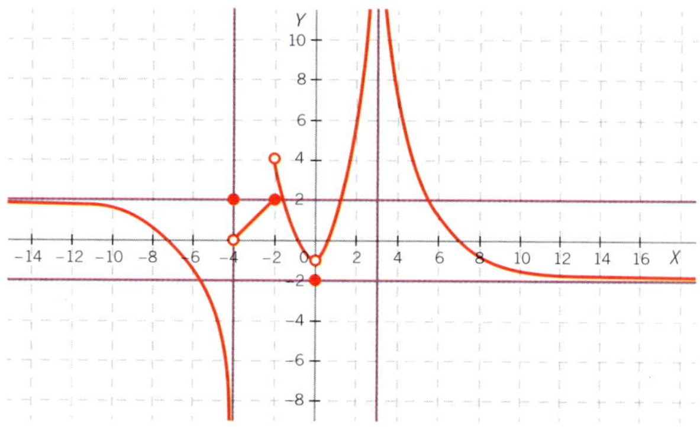

Halla los siguientes límites:

a) $\lim\limits_{x \to -\infty} f(x)$

b) $\lim\limits_{x \to +\infty} f(x)$

c) $\lim\limits_{x \to -4^-} f(x)$

d) $\lim\limits_{x \to -4^+} f(x)$

e) $\lim\limits_{x \to -4} f(x)$

f) $\lim\limits_{x \to -2^-} f(x)$

g) $\lim\limits_{x \to -2^+} f(x)$

h) $\lim\limits_{x \to -2} f(x)$

i) $\lim\limits_{x \to 3^-} f(x)$

j) $\lim\limits_{x \to 3^+} f(x)$

k) $\lim\limits_{x \to 3} f(x)$

l) $\lim\limits_{x \to 0} f(x)$

— Indica en qué puntos *f* no es continua y qué tipo de discontinuidad presenta.

10 Estudia la continuidad de las siguientes funciones:

a) $f(x) = \begin{cases} \dfrac{1}{2x} & \text{si} \quad x < 0 \\ x + 1 & \text{si} \quad 0 \le x < 2 \\ 5 - x & \text{si} \quad x \ge 2 \end{cases}$

b) $f(x) = \begin{cases} \dfrac{x^2 - 1}{x - 1} & \text{si} \quad x = 1 \\ 2 & \text{si} \quad x = 1 \end{cases}$

SOCIETY

El número *e* y las finanzas

A pesar de que fue **Leonhard Euler** (1707-1783) quien sistematizó el uso del número *e* como una constante (e = 2,718281828 4...), su descubrimiento y definición se debe al matemático suizo **Jakob Bernoulli** (1654-1705).

Jakob Bernoulli relacionó el número *e* con el estudio en las finanzas del interés compuesto. Definió el número *e* como: $\lim_{n\to\infty}\left(1+\frac{1}{n}\right)^n$, siendo *n* el número de pagos de intereses a realizar cuando se invierte un determinado capital.

En el enlace **http://links.edebe.com/g8z** encontrarás otras definiciones del número *e* mediante expresiones factoriales y fraccionarias.

Teorema del «sándwich»

Este teorema se basa en el hecho de que si dos funciones tienden al mismo límite en un punto, cualquier otra función acotada entre las dos anteriores tendrá el mismo límite en aquel punto. Este teorema fue usado en la antigua Grecia por **Arquímedes** (287 a. C. - 212 a. C.) y **Eudoxo** (390 a. C. - 337 a. C.), en sus esfuerzos por calcular el valor de π.

«Aquello que no cae...»

Esta expresión es la definición informal de *asíntota*, derivada del griego clásico. Esta interpretación se debe al geómetra heleno **Apolonio de Perge** (262 a. C. - 180 a. C.), quien se refirió a ella para expresar que una determinada recta no cortaba a la rama de una hipérbola.

Apolonio de Perge.

NEW

Velocidad de la gripe

Una de las aplicaciones actuales de los límites es calcular la rapidez de crecimiento de las enfermedades y de las colonias bacterianas. En general, este tipo de propagaciones corresponde a funciones exponenciales que, llevadas a un tiempo *t* prolongado ($t \to \infty$), nos permiten conocer cuántas personas pueden llegar a infectarse. Cada enfermedad tiene su función de crecimiento asociada; por ejemplo, para una determinada gripe sería $P(t) = \frac{2}{1+3e^{-0,8t}}$, donde *P* es la población infectada (en miles de habitantes) transcurrido un tiempo *t* (en semanas).

- En el caso descrito, ¿cuántas personas habrían contraído la gripe al cabo de 4 semanas? Y a largo plazo, ¿cuándo *t* tiende a infinito?
- Accede a **http://links.edebe.com/a4h** y podrás observar otros ejemplos similares aplicados a diversas disciplinas: psicología, demografía, biología, etc.

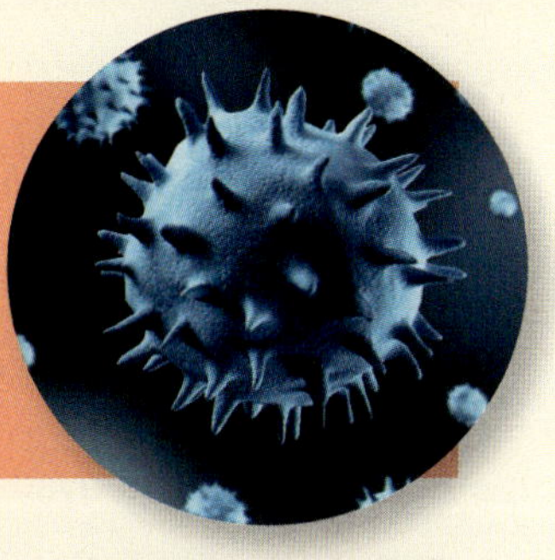

CRITICAL SENSE

LA EVOLUCIÓN DEL PRECIO DE UN ARTÍCULO

A partir del precio conocido de un artículo en dos períodos de tiempo cercanos, se puede llegar a conocer la tendencia de dicho precio a largo plazo. Supongamos que un componente informático hoy cuesta 6,50 € y el próximo año 6 €, y que ambos valores se rigen por la función $P(t) = \frac{at+8}{t+b}$, donde *P* es el precio en un momento dado, *t* es el tiempo transcurrido, y *a* y *b* son dos valores reales. Mediante un sistema de ecuaciones, se pueden calcular los valores *a* y *b* para $t = 1$ año y para $t = 2$ años, y hallar la función resultante $P(t)$. Obteniendo el límite de dicha función para $t \to \infty$, se podrá saber el precio del artículo a largo plazo.

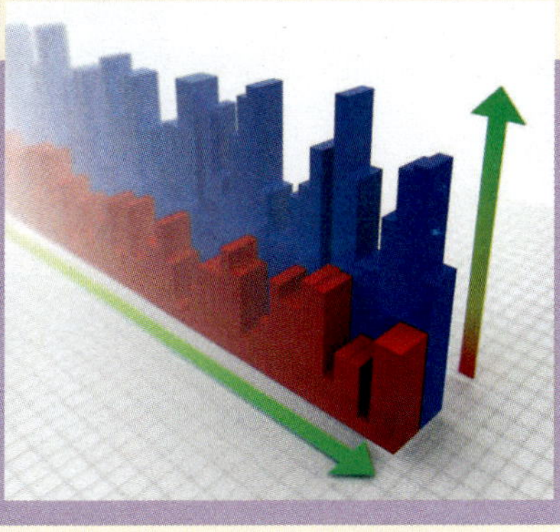

- ¿Cuál es la tendencia de la evolución del precio de dicho componente informático que refleja la respuesta anterior?
- ¿Se podría aplicar este tipo de algoritmos a las tendencias de los precios a largo plazo de los carburantes o de los suministros domésticos (agua, gas, luz...)? Razona tus respuestas.

12

BLOQUE 3. ANÁLISIS

Derivadas

1. Tasa de variación

2. Derivada de una función
- 2.1. Derivada de una función en un punto
- 2.2. Interpretación geométrica de la derivada
- 2.3. Función derivada

3. Cálculo de derivadas
- 3.1. Derivadas de las funciones elementales
- 3.2. Función derivada y operaciones

4. Aplicación de las derivadas
- 4.1. Monotonía de una función
- 4.2. Problemas de optimización

Simulador Problemas interactivos Presentación

Noticias

Usain Bolt ya lideraba a los 20 metros y alcanzó una velocidad de 44,7 km/h

El jamaicano Usain Bolt no fue el más rápido en reaccionar en la salida de los 100 metros del mundial de Berlín, [...] pero a los 20 m ya era el líder. [...] tomó el mando y no lo dejó hasta la línea de meta, donde paró el cronómetro en un nuevo récord del mundo: 9,58 segundos con un total de 41 zancadas. [...] el tiempo de reacción de Bolt fue de 0,146 segundos y la mayor velocidad la alcanzó entre los 60 y los 80 metros con 44,7 kilómetros por hora.

http://links.edebe.com/r94

Web

En el siguiente enlace, encontrarás un artículo y unas gráficas que analizan la carrera que hizo Usain Bolt en los Juegos Olímpicos de Pekín 2008:

http://links.edebe.com/b3uk35

EN CONTEXTO

A partir de las gráficas que puedes observar en el enlace propuesto en el apartado «Web», responde a las siguientes preguntas: (360)

a> ¿En qué momento de la carrera fue mayor la aceleración del corredor? Razona tu respuesta.

b> Compara las gráficas y explica razonadamente la forma de cada una de ellas.

c> Lee detenidamente las predicciones de los científicos que realizaron el estudio. ¿Se han cumplido estas predicciones?

d> Busca información sobre casos prácticos en las ciencias donde se apliquen las derivadas.

1. Tasa de variación

FÍJATE

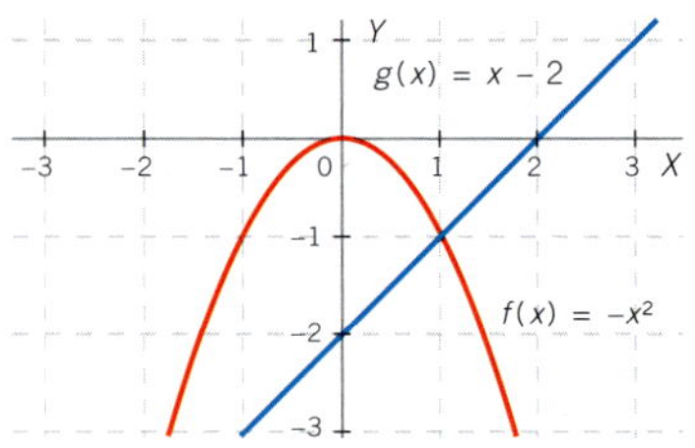

Las funciones $f(x)$ y $g(x)$ coinciden en $x = 1$, si bien su comportamiento en el entorno de este punto es muy distinto.

— Explica el comportamiento de cada una de las funciones entorno a $x = 1$.

Observa las funciones $f(x) = -x^2$ y $g(x) = x - 2$. En $x = 1$ ambas valen -1 si bien se comportan de forma muy distinta en torno a este punto. Para interpretar una función, no basta con analizar los valores de las variables, sino que debemos observar cómo crecen o decrecen y la rapidez con que lo hacen.

Tasa de variación media

Un primer paso en el estudio de cómo crece o decrece una función es analizar su comportamiento entre dos puntos. La **tasa de variación media** relaciona la variación de una función en un intervalo con la amplitud de dicho intervalo.

Si la función f está definida en un intervalo $[a, b]$, la tasa de variación media de f en $[a, b]$ es el cociente entre la variación de la función y la longitud del intervalo:

$$TVM_{[a,\, b]}f(x) = \frac{f(b) - f(a)}{b - a}$$

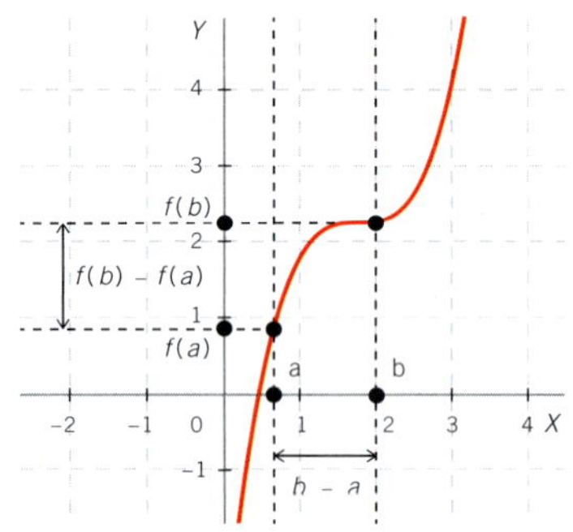

1 EJEMPLO

Calcula la tasa de variación media de la función $f(x) = x^2 - 1$ en el intervalo $[1, 3]$.

Solución

COMPRENSIÓN: Calcularemos los valores que toma la función en los extremos del intervalo y utilizaremos la expresión de la tasa de variación media.

RESOLUCIÓN: $f(1) = 1^2 - 1 = 0$ $\quad f(3) = 3^2 - 1 = 8$

$$TVM_{[1,3]}f(x) = \frac{f(3) - f(1)}{3 - 1} = \frac{8 - 0}{2} = 4$$

Observa que la tasa de variación media coincide con la pendiente de la recta secante a la función que pasa por los puntos $(a, f(a))$ y $(b, f(b))$.

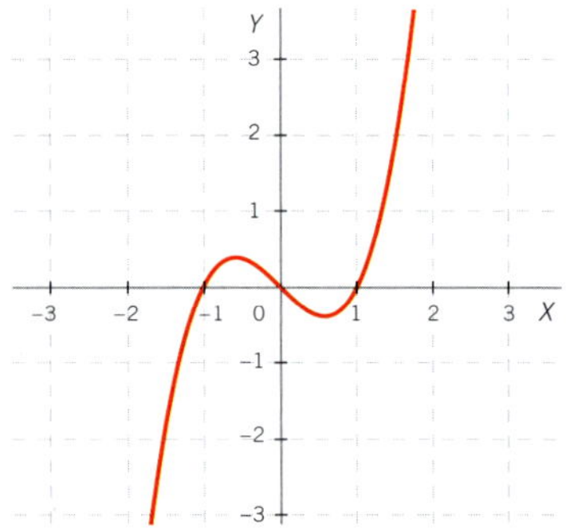

Tasa de variación instantánea

Calculemos ahora la TVM de la función $f(x) = x^3 - x$ en el intervalo $[-1, 1]$:

$$TVM_{[-1,\, 1]}f(x) = \frac{1^3 - 1 - [(-1)^3 - (-1)]}{1 - (-1)} = \frac{0}{2} = 0$$

Si dibujas la gráfica de la función observarás, sin embargo, que esta presenta importantes variaciones en este intervalo.

La TVM no deja de ser un promedio y, por lo tanto, interesa que los intervalos escogidos sean lo más pequeños posibles para conocer de forma precisa cómo se comporta la función cerca de cualquier punto. El límite en que los extremos de los intervalos de la TVM son infinitamente próximos se conoce como **tasa de variación instantánea.**

La tasa de variación instantánea de una función f en $x = a$ es el valor, en caso de que exista, al que tiende la tasa de variación media en los intervalos $[a, x]$ cuando $x \longrightarrow a$. Es decir:

$$TVI_a f(x) = \lim_{x \to a} \frac{f(x) - f(a)}{x - a}$$

LENGUAJE MATEMÁTICO

Una forma equivalente de expresar la **TVI** de $f(x)$ en $x = a$ es:

$$\lim_{h \to 0} \frac{f(a + h) - f(a)}{h}$$

Esta expresión puede resultar muy útil para realizar cálculos.

Ejercicios y problemas
6 a 12

2. Derivada de una función
2.1. Derivada de una función en un punto
2.2. Interpretación geométrica de la derivada
2.3. Función derivada

2. Derivada de una función

El estudio de funciones experimentó una revolución con su sistematización en entornos cada vez más pequeños. El concepto de derivada es parte fundamental de esta sistematización, y de la rama de las matemáticas llamada cálculo diferencial.

2.1. Derivada de una función en un punto

La tasa de variación instantánea de una función en un punto es el concepto básico a partir del cual se desarrolla toda la teoría del cálculo diferencial, y se conoce con el nombre de **derivada de una función en un punto.**

Se denomina derivada de la función f en $x = a$, y se representa por $f'(a)$ al valor, en caso de que exista y sea finito:

$$f'(a) = \lim_{x \to a} \frac{f(x) - f(a)}{x - a}$$

En este caso, decimos que f es **derivable** en $x = a$.

Observa que si una función es derivable en un punto, puede demostrarse que es continua en él:

$$\lim_{x \to a} [f(x) - f(a)] = \lim_{x \to a} \frac{f(x) - f(a)}{x - a} \cdot (x - a) = f'(a) \cdot \lim_{x \to a} (x - a) = f'(a) \cdot 0 = 0$$

Por lo tanto, la derivabilidad de una función f en $x = a$ implica la continuidad en ese punto, si bien, tal como veremos en los siguientes ejemplos, el recíproco no es cierto.

2 EJEMPLO

Dada la función $f(x) = x^2 - 4x$, calcula la derivada en el punto $x = -1$.

Solución

COMPRENSIÓN: Debemos calcular el límite de la definición, tomando $a = -1$.

RESOLUCIÓN: $f'(-1) = \lim_{x \to -1} \frac{x^2 - 4x - [(-1)^2 - 4 \cdot (-1)]}{x - (-1)} = \lim_{x \to -1} \frac{x^2 - 1 - 4(x + 1)}{x + 1} =$

$$= \lim_{x \to -1} \frac{x^2 - 1}{x + 1} - 4 = \lim_{x \to -1} (x - 1) - 4 = -6$$

3 EJEMPLO

Estudia la continuidad y la derivabilidad de $f(x) = |x|$ en $x = 0$.

Solución

COMPRENSIÓN: Para estudiar la continuidad, escribiremos f como una función definida a trozos.

RESOLUCIÓN: $f(x) = \begin{cases} x & \text{si } x \geq 0 \\ -x & \text{si } x < 0 \end{cases}$

La función es continua en $x = 0$ porque los dos límites laterales existen y valen 0.

Por otra parte, $f'(0^-) = \lim_{x \to 0^-} \frac{|x|}{x} = -1 \quad f'(0^+) = \lim_{x \to 0^+} \frac{|x|}{x} = +1$

Como los límites laterales no coinciden, no existe ni el límite ni la derivada en $x = 0$.

En $x = 0$, $f(x) = |x|$ es un ejemplo de función **continua,** pero **no derivable**.

INTERNET

En este enlace, encontrarás una introducción al concepto de derivada de una función en un punto en la que se usa la llamada **notación incremental:**

http://links.edebe.com/hpbrd

LENGUAJE MATEMÁTICO

Si una función f es derivable en todos los puntos de un intervalo, decimos que es derivable en ese intervalo.

FÍJATE

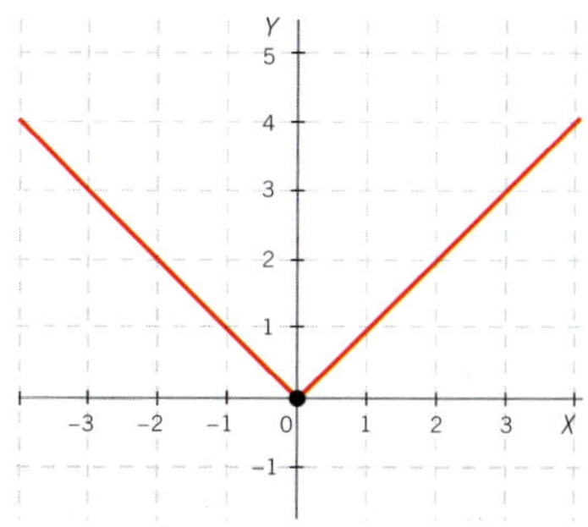

$f(x) = |x|$ es continua en $x = 0$, pero su variación presenta una discontinuidad que gráficamente se manifiesta como un punto anguloso.

Problemas resueltos
B

Ejercicios y problemas
13, 18 y 19

2.2. Interpretación geométrica de la derivada

AMPLÍA

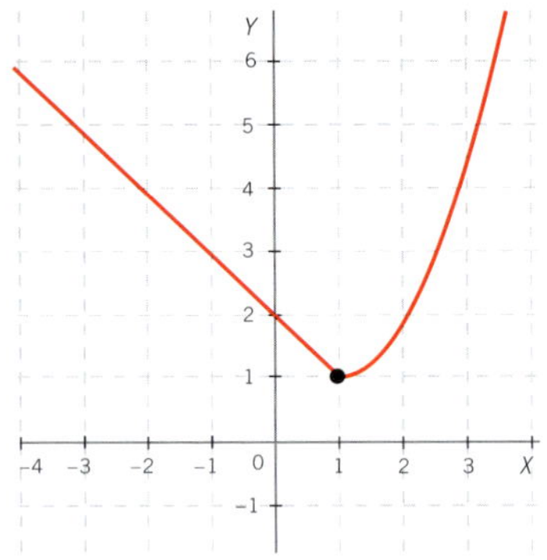

En el punto *a*, la pendiente de la recta tangente por la izquierda y la derecha son distintas. Por lo tanto, la función no es derivable en este punto.

Hemos visto que la tasa de variación media de una función *f*, en el intervalo [*a*, *b*], es la pendiente de la recta secante a la gráfica de la función por los puntos $P = (a, f(a))$ y $Q = (b, f(b))$.

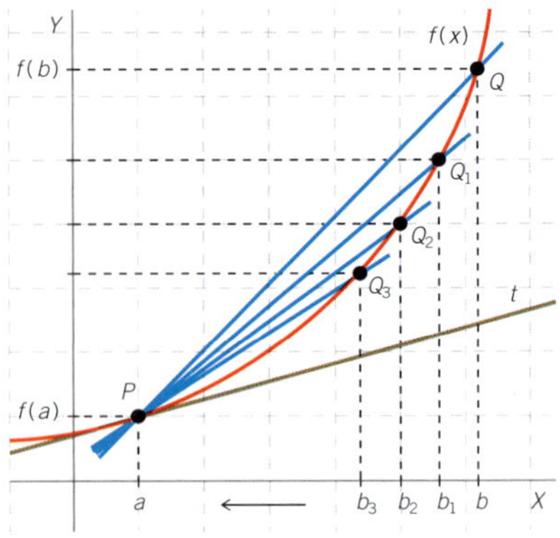

Al tomar valores b_1, b_2, b_3... cada vez más próximos a *a*, las correspondientes rectas secantes PQ_1, PQ_2, PQ_3... se van aproximando a una recta *t*, a la que llamamos recta tangente a la gráfica de la función en el punto de abscisa *a*.

La pendiente de esta recta será el límite de las pendientes de las rectas secantes PQ_n, es decir, el límite de las TVM de *f* en los intervalos $[a, b_n]$. Pero este límite es lo que hemos definido como $f'(a)$.

Pendiente de la recta secante PQ_n = TVM $[a, b_n]$.

↓ ↓

Pendiente de la recta tangente en $P = f'(a)$.

Por tanto, podemos afirmar que:

La derivada de la función *f* en el punto de abscisa $x = a$ es la pendiente de la recta tangente a la gráfica de la función en el punto $(a, f(a))$.

FÍJATE

La recta **normal** a la gráfica de una función en un punto es la perpendicular a la tangente. Por tanto, su ecuación es:

$$y - f(a) = -\frac{1}{f'(a)} \cdot (x - a)$$

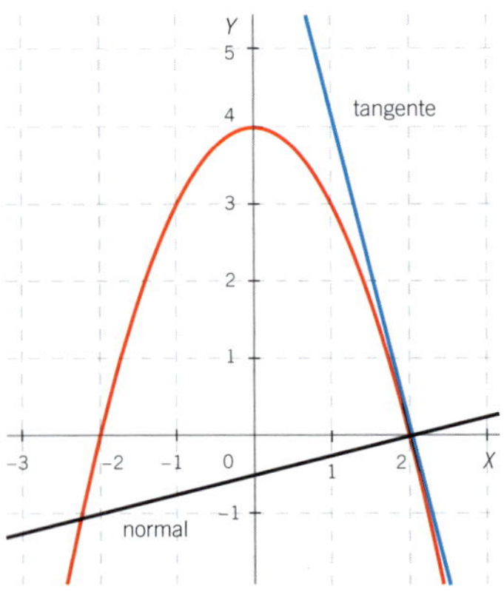

Ecuación de la recta tangente

Recuerda que la ecuación punto-pendiente de una recta es:

$$y - y_0 = m \cdot (x - x_0)$$

donde (x_0, y_0) es un punto de la recta y *m*, su pendiente. Puesto que $f'(a)$ nos da la pendiente de la recta tangente a *f* en el punto $(a, f(a))$, se tiene:

La ecuación de la recta tangente en el punto $(a, f(a))$ es:

$$y - f(a) = f'(a) \cdot (x - a)$$

4 EJEMPLO

Halla la ecuación de la recta tangente a $f(x) = 3x^2 - 4x + 2$ en $x = 1$.

Solución

COMPRENSIÓN: Para determinar la ecuación de la recta, necesitamos calcular $f(1)$ y $f'(1)$, en caso de que exista.

RESOLUCIÓN: $f(1) = 3 \cdot 1^3 - 4 \cdot 1 + 2 = 1$

$$f'(1) = \lim_{x \to 1} \frac{3x^3 - 4x + 2 - (3 - 4 + 2)}{x - 1} = \lim_{x \to 1} \frac{3(x^3 - 1) - 4(x - 1)}{x - 1} =$$

$$= \lim_{x \to 1} 3 \cdot (x^2 + x + 1) - 4 = 9 - 4 = 5$$

La ecuación de la recta es, por lo tanto: $y - 1 = 5 \cdot (x - 1) \rightarrow y = 5x - 4$.

Problemas resueltos
C

Ejercicios y problemas
14, 16, 30 a 36 y 47 a 52

2.3. Función derivada

Hemos visto que si una función f es derivable en $x = a$, el valor de la derivada $f'(a)$ es un número real. De esta forma, podemos definir una nueva función f' que asigne a cada punto de abscisa x el valor de la derivada de f en este punto.

$$f': \mathbb{R} \longrightarrow \mathbb{R}$$
$$x \longrightarrow f'(x) = \lim_{h \to 0} \frac{f(x+h) - f(x)}{h}$$

La función así definida recibe el nombre de **función derivada** de f o, simplemente, **derivada.**

El cálculo de la función derivada simplifica el proceso del cálculo del valor de la derivada de f en diferentes puntos.

FÍJATE

Observa que el dominio de la función f' es el conjunto de valores del dominio de f para los que la función es derivable, es decir:

$$D(f') \subseteq D(f)$$

5 EJEMPLO

Halla la función derivada de las siguientes funciones y calcula sus valores en los puntos $x = 1$ y $x = 2$:

a) $f(x) = \dfrac{2}{x}$ b) $g(x) = \sqrt{x+1}$

Solución

COMPRENSIÓN: Hallaremos en cada caso la función derivada y, a continuación, calcularemos su valor para los puntos $x = 1$ y $x = 2$.

RESOLUCIÓN:

a) $$f'(x) = \lim_{h \to 0} \frac{\dfrac{2}{x+h} - \dfrac{2}{x}}{h} = \lim_{h \to 0} \frac{\dfrac{2x - 2x - 2h}{x \cdot (x+h)}}{h} = \lim_{h \to 0} \frac{-2}{x \cdot (x+h)} = \frac{-2}{x^2}$$

$$f'(1) = \frac{-2}{1^2} = -2 \qquad f'(2) = \frac{-2}{2^2} = -0{,}5$$

b) $$g'(x) = \lim_{h \to 0} \frac{\sqrt{x+h+1} - \sqrt{x+1}}{h} \cdot \frac{\sqrt{x+h+1} + \sqrt{x+1}}{\sqrt{x+h+1} + \sqrt{x+1}} =$$

$$= \lim_{h \to 0} \frac{x+h+1-x-1}{h \cdot \left(\sqrt{x+h+1} + \sqrt{x+1}\right)} = \lim_{h \to 0} \frac{1}{\sqrt{x+h+1} + \sqrt{x+1}} = \frac{1}{2\sqrt{x+1}}$$

$$g'(1) = \frac{1}{2\sqrt{1+1}} = 0{,}35 \qquad g'(2) = \frac{1}{2\sqrt{2+1}} = 0{,}29$$

COMPROBACIÓN: Si aplicamos la definición de derivada en un punto a cada una de las funciones, comprobaremos que el resultado obtenido es el mismo.

INTERNET

El matemático alemán K. T. Weierstrass dio un ejemplo de función continua en todos los puntos y no derivable en ningún punto. Para más información sobre la función de Weierstrass, consulta el siguiente enlace:

http://links.edebe.com/rca

Derivadas sucesivas

La función derivada f' es una herramienta muy útil para estudiar la función f, pero, además, al ser a su vez una función, puede resultar útil también su estudio. Repitiendo el proceso desarrollado a partir de la función f, podemos definir la **derivada segunda** de f:

$$f''(x) = \lim_{h \to 0} \frac{f'(x+h) - f'(x)}{h}$$

Análogamente podemos definir las funciones f''', $f^{(4)}$, $f^{(5)}$..., denominadas derivadas tercera, cuarta, quinta...

FÍJATE

El orden de las derivadas sucesivas se podría confundir con un exponente, de forma que se pone entre paréntesis o se indica con números romanos.

Ejercicios y problemas
15, 17 y 20

3. Cálculo de derivadas
3.1. Derivadas de las funciones elementales
3.2. Función derivada y operaciones

3. Cálculo de derivadas

Para hallar la función derivada de una función dada, es útil conocer las derivadas de las funciones más habituales y cómo afectan las operaciones entre funciones al proceso de derivación.

3.1. Derivadas de las funciones elementales

Aplicando la definición de la función derivada, obtenemos la siguiente tabla de derivadas para las funciones más comunes:

	FUNCIÓN	FUNCIÓN DERIVADA
FUNCIÓN CONSTANTE	$f(x) = k,\ k \in \mathbb{R}$	$f'(x) = 0$
FUNCIÓN POTENCIAL	$f(x) = ax^n$	$f'(x) = n \cdot ax^{n-1}$
FUNCIÓN EXPONENCIAL	$f(x) = e^x$	$f'(x) = e^x$
	$f(x) = a^x$	$f'(x) = a^x \cdot \ln a$
FUNCIÓN LOGARÍTMICA	$f(x) = \ln x$	$f'(x) = \dfrac{1}{x}$
	$f(x) = \log_a x$	$f'(x) = \dfrac{1}{x \cdot \ln a}$
FUNCIÓN SENO	$f(x) = \operatorname{sen} x$	$f'(x) = \cos x$
FUNCIÓN COSENO	$f(x) = \cos x$	$f'(x) = -\operatorname{sen} x$

6 EJEMPLO

Demuestra que las derivadas de las siguientes funciones son las que aparecen en la tabla:

a) $f(x) = k$ **b)** $g(x) = kx$ **c)** $h(x) = \dfrac{1}{x}$ **d)** $j(x) = ax^n$

Solución

COMPRENSIÓN: Aplicaremos la definición de derivada en todos los casos y comprobaremos que el resultado coincide con el de la tabla.

RESOLUCIÓN:

a) $f'(x) = \lim\limits_{h\to 0} \dfrac{k-k}{h} = \lim\limits_{h\to 0} \dfrac{0}{h} = 0$

b) $g'(x) = \lim\limits_{h\to 0} \dfrac{k(x+h)-kx}{h} = \lim\limits_{h\to 0} \dfrac{kh}{h} = k$

c) $h'(x) = \lim\limits_{h\to 0} \dfrac{\dfrac{1}{x+h} - \dfrac{1}{x}}{h} = \lim\limits_{h\to 0} \dfrac{\dfrac{x-x-h}{x\cdot(x+h)}}{h} = \lim\limits_{h\to 0} \dfrac{-1}{x\cdot(x+h)} = \dfrac{-1}{x^2}$

d) $j'(x) = \lim\limits_{h\to 0} \dfrac{a(x+h)^n - ax^n}{h} =$

$= \lim\limits_{h\to 0} \dfrac{a\left(x^n + \dfrac{n}{1!}\cdot x^{n-1}\cdot h + \dfrac{n\cdot(n-1)}{2!}\cdot x^{n-2}\cdot h^2 + \ldots\right) - ax^n}{h} = a \cdot nx^{n-1}$

COMPROBACIÓN: Las derivadas f', g' y j' coinciden con las funciones derivadas de la tabla correspondientes. Por su parte, h puede expresarse como una función potencial con $a = 1$ y $n = -1$; según la tabla, su derivada debería ser $h'(x) = -x^{-1-1} = -x^{-2} = -1/x^2$, que es el resultado que hemos obtenido.

CALCULADORA

Las calculadoras programables disponen normalmente de una función para obtener la expresión analítica de la derivada de una función.

RECUERDA

El número e es un número irracional: $e = 2{,}718281\ldots$

AMPLÍA

La inversa de la función x^n:

$$f(x) = \left(\frac{1}{x^n}\right)$$

puede escribirse de la siguiente forma:

$$f(x) = x^{-n}$$

Se trata, por lo tanto, de una función potencial y su derivada es la siguiente:

$$f'(x) = -nx^{-n-1} = \frac{-n}{x^{n+1}}$$

— ¿Cuál es la derivada de la función $f(x) = \sqrt{x}$?

Ejercicios y problemas
21, 39 a 43 y 46

3.2. Función derivada y operaciones

Veamos, a continuación, las reglas que hay que tener en cuenta para hallar las expresiones de las derivadas de funciones que se obtienen operando y componiendo las de la tabla de la página anterior.

Derivada de la función suma

La derivada de la función suma de funciones será la suma de sus derivadas. Lo mismo ocurre con la resta:

$$f(x) = g(x) + h(x) \longrightarrow f'(x) = g'(x) + h'(x)$$
$$f(x) = g(x) - h(x) \longrightarrow f'(x) = g'(x) - h'(x)$$

Ten en cuenta que para que la derivada de la f esté definida deberán estarlo las derivadas de las funciones g y h, es decir:

$$D(f') = D(g') \cap D(h')$$

Por lo tanto, f es derivable para los valores en los que g y h lo son.

FÍJATE

La derivada de un polinomio no es más que la suma de funciones potenciales de los diferentes monomios, así que podemos calcularla derivando cada monomio y sumándolos.

7 EJEMPLO

Calcula la derivada de la función $f(x) = 2x^3 + 4x^2 - 1$.

Solución

COMPRENSIÓN: La función f es una suma de tres funciones ($f = f_1 + f_2 + f_3$). Así, f' será la suma de las derivadas de estas tres funciones: $f' = f'_1 + f'_2 + f'_3$.

RESOLUCIÓN:

$$f_1(x) = 2x^3 \longrightarrow f'_1(x) = 3 \cdot 2x^2 = 6x^2$$
$$f_2(x) = 4x^2 \longrightarrow f'_2(x) = 2 \cdot 4x^1 = 8x$$
$$f_3(x) = 1 \longrightarrow f'_3(x) = 0$$
$$f'(x) = f'_1 + f'_2 + f'_3 = 6x^2 + 8x + 0 = 6x^2 + 8x$$

AMPLÍA

La regla de la derivación en el caso de sumas y productos de dos funciones se puede generalizar:

Dadas las funciones $f_1, f_2, ..., f_n$:

— $(f_1 + f_2 + ... + f_n)'(x) = f'_1(x) + f'_2(x) + ... + f'_n(x)$

— $(f_1 \cdot f_2 \cdot ... \cdot f_n)'(x) = f'_1(x) \cdot f_2(x) \cdot ... \cdot f_n(x) + ... + f_1(x) \cdot f'_2(x) \cdot ... \cdot f_n(x) + ... + f_1(x) \cdot f_2(x) \cdot ... \cdot f_n(x)$

También puede demostrarse que la derivada enésima del producto de dos funciones, u y v, es:

$$f^{(n)}(x) = (u \cdot v)^{(n)} = u^{(n)}v + nu^{(n-1)}v' + \frac{n(n-1)}{1 \cdot 2}u^{(n-2)}v'' + ... + uv^{(n)}$$

Esta fórmula es conocida como fórmula de Leibniz.

Derivada del producto de dos funciones

La derivada del producto de dos funciones viene dado por la siguiente expresión:

$$f(x) = g(x) \cdot h(x) \longrightarrow f'(x) = g'(x) \cdot h(x) + g(x) \cdot h'(x)$$

Como en el caso de la suma, el producto de funciones es derivable para los valores de x en los que lo son los factores.

Observa que, en el caso de que $g(x) = k$, constante, $f'(x) = k \cdot h'(x)$.

8 EJEMPLO

Calcula la derivada del producto entre $g(x) = x^2$ y $h(x) = \ln x$.

Solución

COMPRENSIÓN: Hallaremos las derivadas de las funciones para, a continuación, aplicar la fórmula de la derivada del producto de dos funciones.

RESOLUCIÓN: $g(x) = x^2 \longrightarrow g'(x) = 2x$ $\quad h(x) = \ln x \longrightarrow h'(x) = \frac{1}{x}$

$$f(x) = g(x) \cdot h(x) \longrightarrow f'(x) = 2x \cdot \ln x + x^2 \cdot \frac{1}{x} = x \cdot (2\ln x + 1)$$

Derivada del cociente de dos funciones

La derivada del cociente de dos funciones viene dada por la siguiente expresión:

$$f(x) = \frac{g(x)}{h(x)} \longrightarrow f'(x) = \frac{g'(x) \cdot h(x) - g(x) \cdot h'(x)}{[h(x)]^2}$$

En este caso, la función f es derivable en los valores de x para los que lo son las funciones g y h, con excepción de aquellos para los que la función $h(x)$ se anule.

9 EJEMPLO

Calcula la derivada de la función $f(x) = \text{tg}\, x$.

Solución

COMPRENSIÓN: Escribimos $f(x)$ como cociente de funciones y aplicamos la expresión anterior.

RESOLUCIÓN: $f(x) = \text{tg}\,(x) = \dfrac{\text{sen}\, x}{\cos x} = \dfrac{g(x)}{h(x)}$ $\quad g'(x) = \cos x \quad h'(x) = -\text{sen}\, x$

$$f'(x) = \frac{\cos x \cdot \cos x - \text{sen}\, x \cdot (-\text{sen}\, x)}{\cos^2 x} = \frac{1}{\cos^2 x}$$

FÍJATE

La **composición** de funciones es asociativa y tiene elemento neutro en la función identidad. Sin embargo, no es conmutativa.

Derivada de la función compuesta: regla de la cadena

Multitud de funciones se obtienen por composición, es decir, por aplicación sucesiva de otras funciones. Así, por ejemplo, la función $f(x) = \dfrac{1}{\ln x}$ es la composición de $h(x) = \ln x$ y $g(x) = \dfrac{1}{x}$, pues:

$$f(x) = g(h(x)) = g(\ln x) = \frac{1}{\ln x}$$

Para derivar funciones compuestas, utilizamos la llamada **regla de la cadena:**

$$f(x) = (g \circ h)(x) \longrightarrow f'(x) = g'(h(x)) \cdot h'(x)$$

En este caso, para que $f(x)$ sea derivable, $h(x)$ también debe serlo y $g(x)$ tiene que serlo en la imagen de h.

AMPLÍA

La derivada de la composición de más de dos funciones es una ampliación de la de dos funciones. Por ejemplo, para tres funciones f, g y h, tenemos:

$$j(x) = (h \circ g \circ h)(x) = h(g(f(x)))$$
$$j'(x) = h'(g(f(x))) \cdot g'(f(x)) \cdot f'(x)$$

10 EJEMPLO

Calcula la derivada de las siguientes funciones: a) $f(x) = \text{sen}\, x^2$ b) $g(x) = \ln(\cos x)$

Solución

COMPRENSIÓN: Identificaremos en cada caso a partir de la composición de qué funciones se obtienen f y g, luego, aplicaremos la regla de la cadena.

RESOLUCIÓN: a) $f(x)$ es composición de $g(x) = \text{sen}\, x$ y $h(x) = x^2$, pues:

$$f(x) = g(h(x)) = g(x^2) = \text{sen}\, x^2$$

Como $g'(x) = \cos x$ y $h'(x) = 2x$, aplicando la regla de la cadena:

$$f'(x) = 2x \cos(x^2)$$

b) $g(x)$ es composición de las funciones $r(x) = \ln x$ y $s(x) = \cos x$, pues:

$$g(x) = r(s(x)) = r(\cos x) = \ln(\cos x)$$

Como $r'(x) = 1 / x$ y $s'(x) = -\text{sen}\, x$, aplicando la regla de la cadena obtenemos:

$$g(x) = \frac{1}{\cos x} \cdot (-\text{sen}\, x) = \frac{-\text{sen}\, x}{\cos x} = -\text{tg}\, x$$

AMPLÍA

A partir de la derivada del producto de dos funciones, y de la regla de la cadena, demuestra la expresión de la derivada del cociente de dos funciones.

Ejercicios y problemas
22 a 29, 44, 45, 53 y 54

4. Aplicación de las derivadas

El principal interés de la derivada, y la razón por la que es utilizada en numerosos contextos científicos y tecnológicos, es la correspondencia entre su signo y el crecimiento o decrecimiento de la función original.

4.1. Monotonía de una función

El uso de derivadas puede ayudarnos a determinar el crecimiento o decrecimiento de una función a partir del signo de la derivada.

Recuerda la definición de derivada de una función f en un punto $x = a$.

$$f'(a) = \lim_{x \to a} \frac{f(x) - f(a)}{x - a}$$

Supongamos que $f'(a) > 0$. Por la definición de límite, para valores de x suficientemente próximos a a, se cumple que $\frac{f(x) - f(a)}{x - a} > 0$, lo que significa que:

$$\begin{cases} x - a > 0 \Rightarrow f(x) - f(a) > 0 \\ x - a < 0 \Rightarrow f(x) - f(a) < 0 \end{cases}$$

O equivalentemente:

$$\begin{cases} x > a \Rightarrow f(x) > f(a) \\ x < a \Rightarrow f(x) < f(a) \end{cases}$$

Entonces, podemos afirmar que existe un entorno de a en el que la función es creciente. Decimos que f es creciente en $x = a$.

Análogamente, si $f'(a) < 0$ obtenemos que la función es decreciente en $x = a$.

Si $f'(a) > 0$, f es **creciente** en $x = a$ y si $f'(a) < 0$, f es **decreciente** en $x = a$.

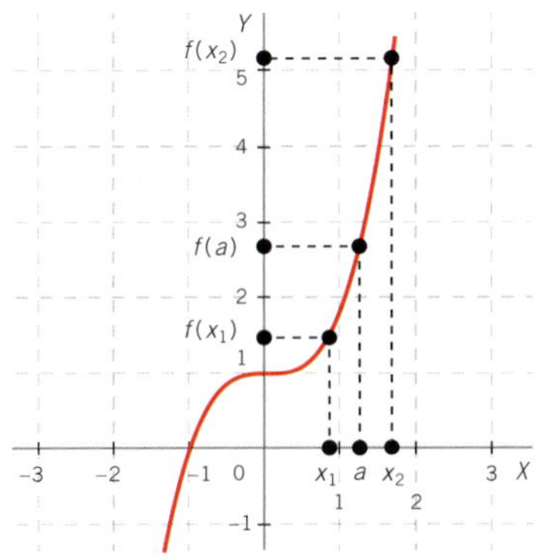

Función creciente.

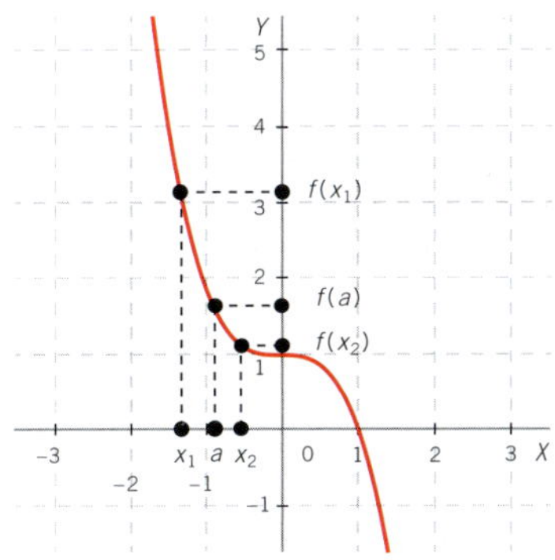

Función decreciente.

11 EJEMPLO

Indica si la función $f(x) = \frac{3x^2}{x-1}$ es creciente o decreciente en los puntos $x = -1$, $x = 0,5$ y $x = 3$.

Solución

COMPRENSIÓN: Para conocer la monotonía de las funciones en dichos puntos, debemos asegurar que los puntos pertenecen al dominio de la función y de la función derivada.

RESOLUCIÓN:

$$f(x) = \frac{3x^2}{x-1} \qquad f'(x) = \frac{6x(x-1) - 3x^2}{(x-1)^2} = \frac{3x(x-2)}{(x-1)^2}$$

El punto que anula el denominador en ambos casos es $x = 1$. Luego podemos asegurar que los puntos que hay que estudiar pertenecen al dominio $D(f) = D(f') = \mathbb{R} - \{1\}$.

Ahora podemos calcular la derivada para estos valores:

$$f'(-1) = 2,25 > 0$$

$$f(0,5) = -9 < 0$$

$$f(3) = 2,25 > 0$$

La función es creciente en $x = -1$ y $x = 3$, y decreciente en $x = 0,5$.

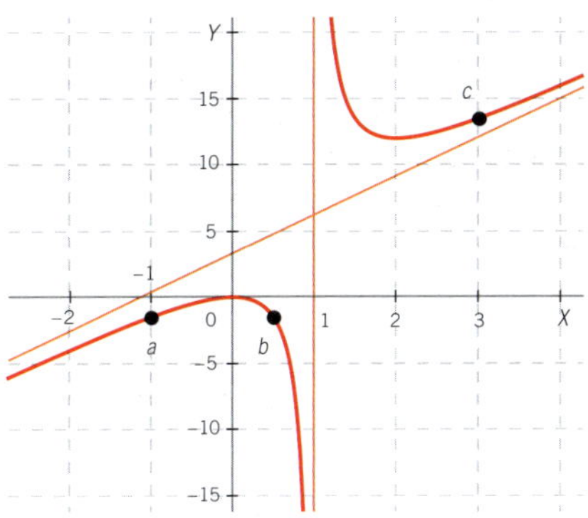

FÍJATE

Una función puede tener un extremo en puntos donde la función no es derivable.

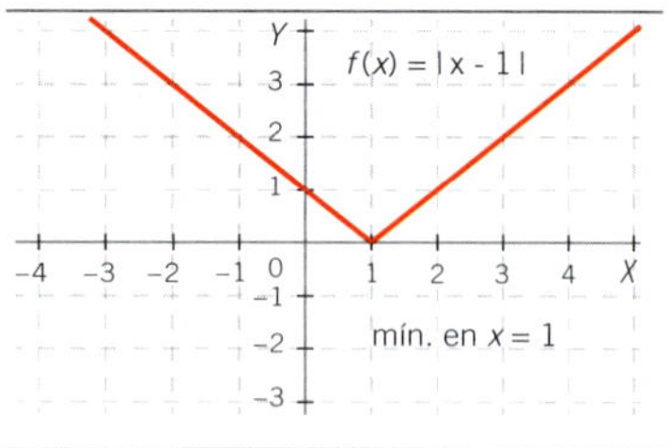

AMPLÍA

Si bien la derivada se anula en los extremos de una función, el recíproco no es cierto. Dada una función derivable, la derivada puede anularse en puntos en los que la función no es un extremo. Por ejemplo, para $x = 0$, la derivada de $f(x) = x^3$ es nula:

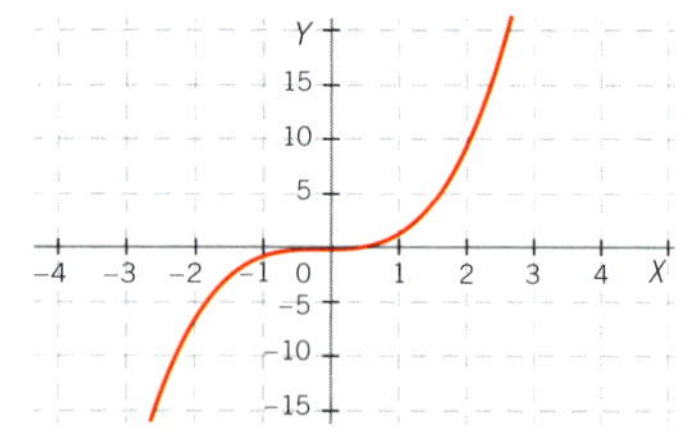

Problemas resueltos
A

Ejercicios y problemas
1, 55 a 62, 66 y 67

Extremos de una función

La función representada en la figura tiene dos extremos relativos: un máximo en $x = 1$ y un mínimo en $x = 3$.

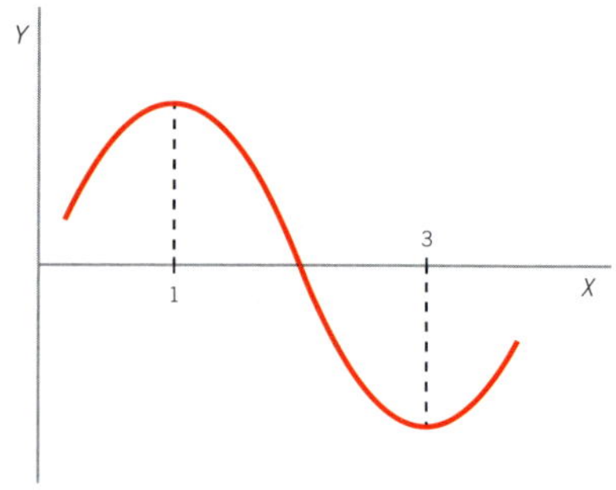

En estos puntos la función no es ni creciente ni decreciente.

Entonces en ellos la derivada es cero, ya que no puede ser ni positiva ni negativa.

Así, podemos afirmar que:

Si una función derivable tiene un extremo relativo en el punto $x = a$, entonces $f'(a) = 0$.

Un método para determinar si el extremo relativo es **máximo** o **mínimo** consiste en determinar el comportamiento de la función a ambos lados del punto.

Si $f(a)$ es un máximo relativo, la derivada pasará a ser **positiva** para valores de x situados a la izquierda de $x = a$, y a ser **negativa** para valores de x situados a la derecha del punto $x = a$.

Si, por el contrario, $f(a)$ es un mínimo relativo, la derivada pasará de ser negativa a positiva para puntos situados a la izquierda y a la derecha respectivamente de $x = a$.

Así, el comportamiento que presentaría la derivada de una función f derivable con un máximo relativo en $x = a$ y un mínimo relativo en $x = b$ sería:

	$x < a$	a	$x > a$	$x < b$	b	$x > b$
$f'(x)$	+	0	–	–	0	+
$f(x)$	↗	máximo	↘	↘	mínimo	↗

12 EJEMPLO

Halla los extremos relativos de la función $f(x) = x^3 - 4x^2 + 4x + 2$.

Solución

COMPRENSIÓN: Hallaremos los valores para los que se anula la derivada y estudiaremos su signo en torno a ellos.

RESOLUCIÓN: $f'(x) = 3x^2 - 8x + 4$. Los puntos en que la derivada vale 0 son:

$$3x^2 - 8x + 4 = 0 \rightarrow x = \frac{8 \pm \sqrt{64 - 48}}{6} = \frac{8 \pm 4}{6} \Rightarrow \begin{cases} x_1 = \dfrac{2}{3} \\ x_2 = 2 \end{cases}$$

Escogemos valores cercanos y a ambos lados de los puntos en que se anula la derivada para saber si son máximos o mínimos:

$f'(0) = 4 \qquad f'(1) = -1 \qquad f'(1{,}5) = -1 \qquad f'(3) = 7$

	$x = 0$	$x = 2/3$	$x = 1$	$x = 1{,}5$	$x = 2$	$x = 3$
$f'(x)$	+	0	–	–	0	+
$f(x)$	↗	máximo	↘	↘	mínimo	↗

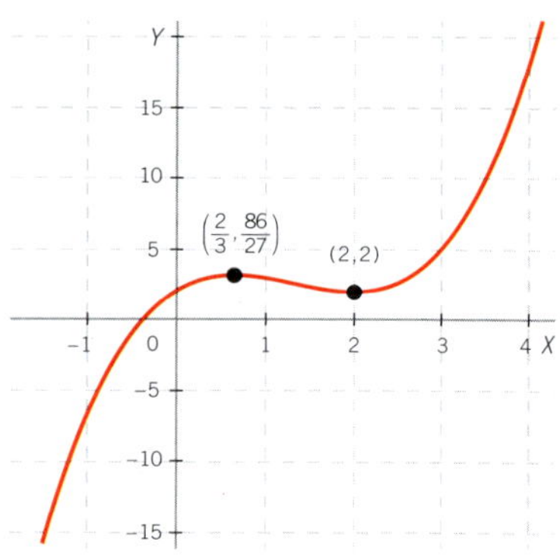

La función tiene un máximo en el punto $x = 2/3$ y un mínimo en $x = 2$.

4.2. Problemas de optimización

Ya tenemos las herramientas para buscar los máximos y mínimos de una función a partir de su derivada. De esta forma, estamos en disposición de solucionar una de las clases de problemas que más aplicaciones tienen en contextos reales: los problemas de optimización.

Optimizar consiste en buscar los máximos o mínimos de una función que define un fenómeno.

Por ejemplo, en un proceso de producción industrial es necesario minimizar gastos, mientras que en cualquier comercio conviene hacer los ajustes necesarios para maximizar los beneficios.

Para resolver un problema de optimización, es aconsejable seguir estos pasos:

1. Relacionar las diferentes variables y plantear la función que tenemos que optimizar.
2. Derivar la función y encontrar los valores en los que la derivada se anula.
3. Determinar si estos valores son máximos o mínimos y calcular su imagen.
4. Comprobar si los resultados obtenidos son compatibles con el enunciado del problema.

AMPLÍA

La derivada segunda de una función sirve para comprobar si un valor $x = a$ tal que $f'(a) = 0$ es máximo o mínimo:

$f''(a) < 0 \rightarrow f$ tiene un máximo en $(a, f(a))$

$f''(a) > 0 \rightarrow f$ tiene un mínimo en $(a, f(a))$

Esta regla recibe el nombre de **criterio de la derivada segunda.**

Ejercicios y problemas 63 a 65 y 68

Síntesis 69 a 78

13 EJEMPLO

Queremos construir un triángulo isósceles con un perímetro de 18 cm. Calcula las dimensiones que deberá tener este triángulo para que el área sea máxima.

Solución

COMPRENSIÓN: Para resolver el problema, primero deberemos expresar el área del triángulo como una función que dependa únicamente de una variable. Una vez conseguida la expresión, buscaremos para qué valores el área es máxima.

DATOS:

$P = 18$ cm; longitud de los lados iguales: x; altura: h

RESOLUCIÓN:

Un dibujo nos ayudará en la comprensión del problema.

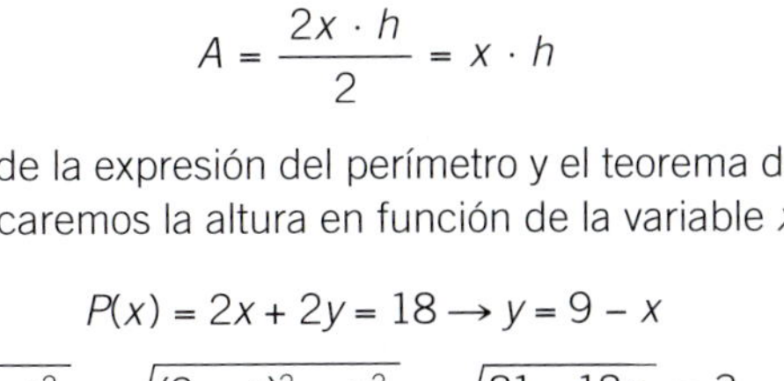

1. La función que representa el área del triángulo es:

$$A = \frac{2x \cdot h}{2} = x \cdot h$$

A partir de la expresión del perímetro y el teorema de Pitágoras, indicaremos la altura en función de la variable x:

$$P(x) = 2x + 2y = 18 \rightarrow y = 9 - x$$

$$h = \sqrt{y^2 - x^2} = \sqrt{(9-x)^2 - x^2} = \sqrt{81 - 18x} = 3 \cdot \sqrt{9 - 2x}$$

Sustituyendo en la fórmula del área, obtenemos la función que deberemos derivar:

$$A(x) = x \cdot h = x \cdot 3\sqrt{9 - 2x} = 3\sqrt{9x^2 - 2x^3}$$

2. La expresión del área es la composición de las funciones $g(x) = 3\sqrt{x}$ y $h(x) = 9x^2 - 2x^3$ y su derivada será:

$$A'(x) = g'(f(x)) \cdot f'(x) = \frac{3}{2 \cdot \sqrt{9x^2 - 2x^3}} \cdot (18x - 6x^2) =$$

$$= \frac{18x \cdot (3 - x)}{2x \cdot \sqrt{9 - 2x}} = \frac{9 \cdot (3 - x)}{\sqrt{9 - 2x}}$$

Vemos que la derivada se anula en $x = 3$.

3. Para determinar si el valor es máximo o mínimo, escogemos un valor de x mayor que 3 y otro menor del dominio de definición de f'. Por ejemplo, $x = 0$, $x = 4$:

$$A'(0) = 3\sqrt{9} > 0$$

$$A'(4) = -9 < 0$$

Luego, $x = 3$ es un máximo y el triángulo deberá tener base de $2 \cdot 3 = 6$ cm y lados iguales de $y = 9 - 3 = 6$ cm.

4. El resultado del problema indica que el triángulo isósceles de área máxima es, de hecho, un triángulo equilátero de lado 6 cm.

Problemas RESUELTOS

A ESTUDIO DE UNA FUNCIÓN

Estudia y representa la gráfica de la función $f(x) = \dfrac{x^3}{x^2 - 1}$.

Solución

COMPRENSIÓN: Para estudiar y representar la función, analizaremos aspectos como el dominio, el recorrido, la simetría, los cortes con los ejes, los extremos y la monotonía y las asíntotas.

RESOLUCIÓN: Intenta resolver el problema individualmente. Para ello, tapa la respuesta y sigue estos pasos:

Pasos

1. Dominio y recorrido: la función es una fracción algebraica y, por lo tanto, para estudiar el dominio debemos analizar para qué valores de x se anula el denominador.
2. Simetría: para determinar la simetría, comparamos la función original con la función $f(-x)$.
3. Cortes con ejes: determinamos los puntos de corte con el eje de ordenadas evaluando la función en $x = 0$ y las soluciones de la ecuación $f(x) = 0$.
4. Extremos y monotonía: para conocer los extremos, buscamos los puntos en que la derivada es 0 y evaluamos el signo de los puntos a la derecha e izquierda de estos.
5. Asíntotas: para determinar las asíntotas, debemos estudiar cómo se comporta la función en el infinito (a. horizontal), alrededor de los valores de x que no están en el dominio (a. vertical) y si existe una recta $y = mx + n$ tal que:

$$m = \lim_{x \to \pm\infty} \frac{f(x)}{x} \qquad n = \lim_{x \to \pm\infty} [f(x) - mx] \text{ (a. oblicua)}$$

6. Representación gráfica: con los datos conseguidos y algunos puntos de la función, obtenemos la representación gráfica.

Respuesta

1. Igualamos el denominador a 0: $x^2 - 1 = 0 \rightarrow x = \pm 1$.

   Luego el dominio es: $D(f) = \mathbb{R} - \{-1, 1\}$.

   En este caso, la función puede tener como imagen cualquier número real. Entonces, el recorrido es $R(f) = \mathbb{R}$.

2. $f(-x) = \dfrac{(-x)^3}{(-x)^2 - 1} = \dfrac{-x^3}{x^2 - 1} = -f(x)$

   Al ser $f(-x) = -f(x)$, la función es impar. Luego es simétrica respecto al origen de coordenadas.

3. Corte con el eje horizontal: $f(0) = 0$.

   La función corta el eje de abscisas en el punto (0, 0).

   Corte con el eje vertical:

$$f(x) = 0 \rightarrow \frac{x^3}{x^2 - 1} = 0 \rightarrow x = 0$$

   La función corta el eje vertical en el punto (0, 0).

4. Calculamos la derivada de $f(x)$ y la igualamos a 0:

$$f'(x) = \frac{3x^2 \cdot (x^2 - 1) - x^3 \cdot 2x}{(x^2 - 1)^2} = \frac{x^4 - 3x^2}{(x^2 - 1)^2}$$

$$\frac{x^4 - 3x^2}{(x^2 - 1)^2} = 0 \rightarrow x^4 - 3x^2 = 0 \rightarrow$$

$$\rightarrow x_1 = -\sqrt{3};\ x_2 = 0;\ x_3 = \sqrt{3}$$

   Evaluamos la función a derecha e izquierda de los puntos hallados.

	$x = -2$	$x = -0,5$	$x = 0,5$	$x = 1,5$	$x = 2$
$f'(x)$	+	–	–	–	+
f	↗	↘	↘	↘	↗

   La función presenta un máximo en $x = -\sqrt{3}$ y un mínimo en $x = \sqrt{3}$.

6. • Asíntotas horizontales: $\lim\limits_{x \to \pm\infty} f(x) = \pm\infty$

   • Asíntotas verticales: $\lim\limits_{x \to \pm 1^-} f(x) = -\infty \quad \lim\limits_{x \to \pm 1^+} f(x) = +\infty$

   • Asíntota oblicua:

$$\lim_{x \to \pm\infty} \frac{f(x)}{x} = 1;\ \lim_{x \to \pm\infty} [f(x) - mx] = 0$$

   La función presenta asíntotas verticales en $x = \pm 1$ y contiene una asíntota oblicua de ecuación $y = x$.

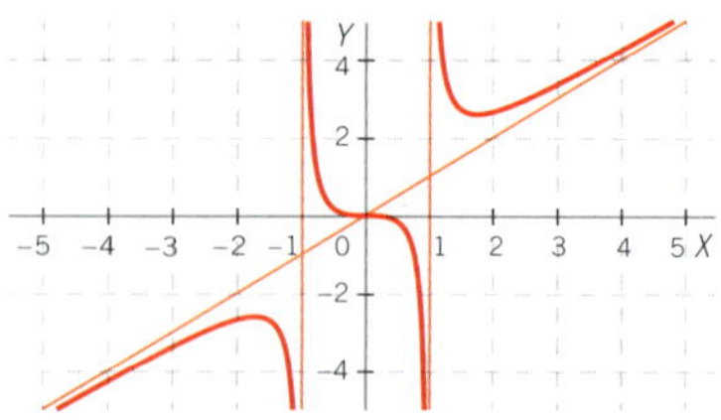

1. ★★☆ Estudia y representa la función definida a trozos.

$$f(x) = \begin{cases} x - 3 & \text{si} \quad x \le 0 \\ x^2 + 1 & \text{si} \quad 0 < x \le 2 \\ \dfrac{5}{x - 1} & \text{si} \quad x > 2 \end{cases}$$

B INTERPRETACIÓN GEOMÉTRICA DE LA DERIVADA

El crecimiento de una población invasora en un ecosistema, con 10 individuos iniciales, viene dado por la siguiente función: $f(t) = 10 \cdot 1{,}3^t$, donde t representa el tiempo en meses. Calcula:

a) La ecuación de la recta tangente a la gráfica de la función cuando han pasado 2 meses.

b) La ecuación de la recta normal a la gráfica de la función cuando han pasado 2 meses.

Solución

COMPRENSIÓN: Calcularemos la derivada de la función en un punto, para aplicar la fórmula de la recta tangente y posteriormente la de la recta normal.

DATOS: $t_1 = 2$ meses

RESOLUCIÓN:

a) La ecuación de la recta tangente viene dada por:

$$y - f(a) = f'(a) \cdot (x - a)$$

Calculamos la derivada de la función:

$$f'(t) = 10 \cdot 1{,}3^t \ln 1{,}3$$

Para $t = 2$:

$$f(2) = 10 \cdot 1{,}3^2 = 16{,}9 \quad f'(2) = 10 \cdot 1{,}3^2 \cdot \ln 1{,}3 = 4{,}43$$

La ecuación de la recta tangente será:

$$y - 16{,}9 = 4{,}43 \cdot (x - 2)$$

$$y = 4{,}43x + 8{,}04$$

b) La ecuación de la recta normal viene dada por:

$$y - f(a) = \frac{-1}{f'(a)}(x - a)$$

Sustituyendo los valores obtenidos en el apartado anterior:

$$y - 16{,}9 = \frac{-1}{4{,}43} \cdot (x - 2)$$

$$y = \frac{-x}{4{,}43} + 17{,}35$$

2. ★★☆ Halla la ecuación de la recta tangente a la gráfica de la función que expresa la superficie del círculo en función del radio en $r = 2$.

Sol.: $y = 4\pi\,(r - 1)$

3. ★★☆ Encuentra la recta tangente y la recta normal en $t = 2$, en un movimiento parabólico dado por la ecuación:

$$x(t) = 2t^2 - t + 2$$

Sol.: $x = 7t - 6$

$x = -\frac{1}{7}(t - 58)$

C DERIVABILIDAD Y CONTINUIDAD

Estudia la continuidad y la derivabilidad de la siguiente función:

$$f(x) = \begin{cases} 3x - 1 & \text{si } x \le 2 \\ x^2 + 1 & \text{si } x > 2 \end{cases}$$

Solución

COMPRENSIÓN: Al tratarse de funciones polinómicas, son continuas y derivables en sus respectivos dominios. Podemos, por lo tanto, reducir el estudio de la función en el punto $x = 2$.

RESOLUCIÓN: Comprobamos, en primer lugar, si la función $f(x)$ es continua en $x = 2$:

$$\lim_{x \to 2^-} f(x) = \lim_{x \to 2^-} 3x - 1 = 5 \qquad \lim_{x \to 2^+} f(x) = \lim_{x \to 2^+} x^2 + 1 = 5$$

$$f(2) = 3 \cdot 2 - 1 = 5$$

Al coincidir ambos límites con el valor de la función en el punto $x = 2$, podemos asegurar que la función es continua.

Seguidamente, derivamos la función:

$$f'(x) = \begin{cases} 3 & \text{si } x < 2 \\ 2x & \text{si } x > 2 \end{cases}$$

Veamos cómo se comporta la derivada en entorno a $x = 2$:

$$f'(2^-) = 3 \qquad f'(2^+) = 4$$

Los límites laterales no coinciden y, por lo tanto, la función no es derivable en $x = 2$.

COMPROBACIÓN: Para comprobar la solución dibujamos la gráfica y observamos que en $x = 2$ la función es continua pero no derivable, pues las pendientes no coinciden.

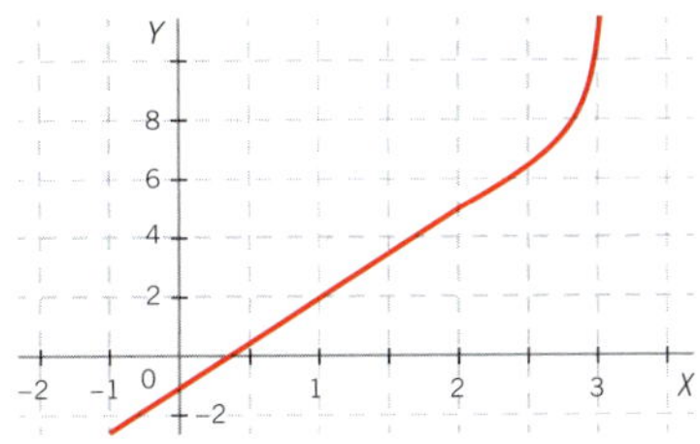

4. ★★☆ Estudia la continuidad y la derivabilidad de la siguiente función definida a trozos:

$$f(x) = \begin{cases} 2x - 1 & \text{si } x \le 1 \\ x^2 & \text{si } 1 < x \le 3 \\ x^3 + 2x - 1 & \text{si } x > 3 \end{cases}$$

5. ★★★ Estudia la continuidad y la derivabilidad de la siguiente función definida a trozos. Halla los valores de a, para que la función sea continua en $x = 2$.

$$f(x) = \begin{cases} 2x + 1 & \text{si } x \le 0 \\ ax & \text{si } 0 < x \le 2 \\ \sqrt{x + 2} & \text{si } x > 2 \end{cases}$$

Sol.: $a = 1$

EJERCICIOS Y PROBLEMAS

1 TASA DE VARIACIÓN

6. ★☆☆ Halla la tasa de variación media de las siguientes funciones para los intervalos indicados:

a) $f(x) = x^3 - 4x + 6$ en $[0, 2]$

b) $f(x) = \sqrt{x-3}$ en $[3, 7]$

c) $f(x) = (x-1)^2$ en $[-3, 0]$

d) $f(x) = \dfrac{x-1}{x+2}$ en $[-1, 2]$

Sol.: a) 0; b) 0,5; c) –5; d) 0,75

7. ★☆☆ Calcula la tasa de variación media de las siguientes funciones en los intervalos:

a) $[0, 2]$ b) $[2, 4]$ c) $[4, 10]$

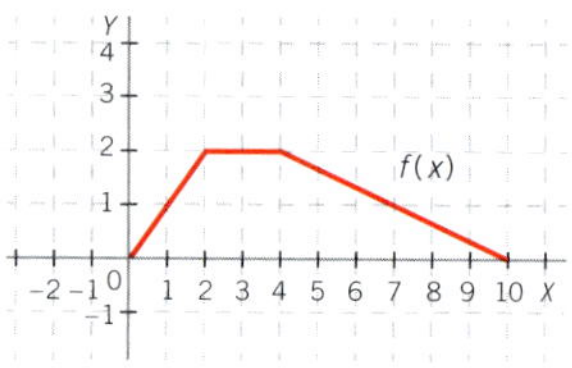

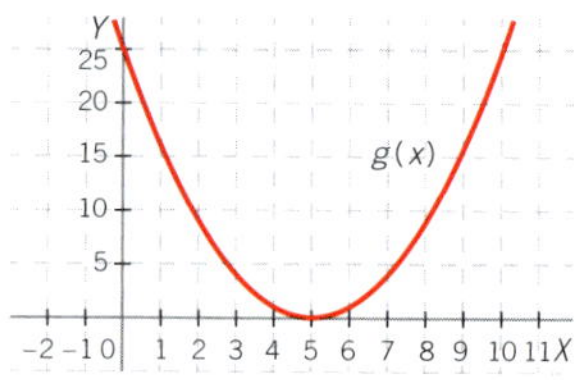

Sol.: a) TVM $f(x) = 1$; TVM $g(x) = -8$; b) TVM $f(x) = 0$; TVM $g(x) = -4$; c) TVM $f(x) = -1/3$; TVM $g(x) = 4$

8. ★☆☆ Dos atletas realizan una carrera de 10 km. Observa sus evoluciones en las siguientes gráficas:

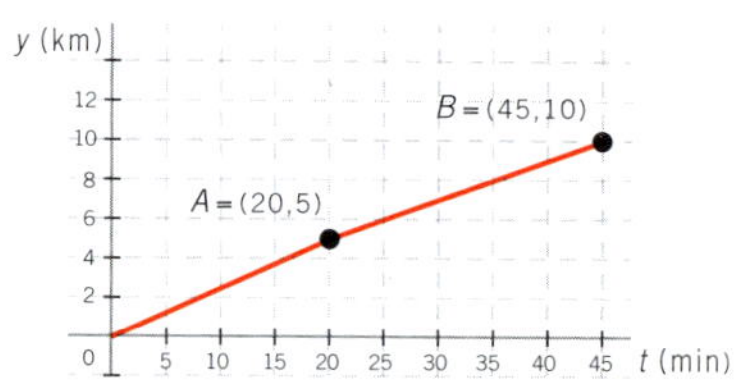

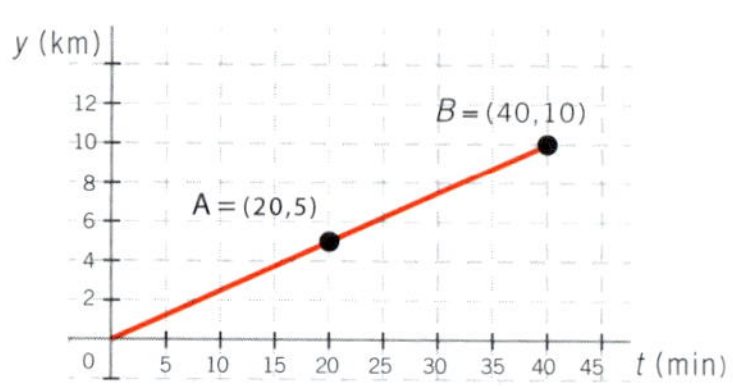

Para cada atleta, halla:

a) La tasa de variación media de los 5 primeros kilómetros.

b) La tasa de variación media de los últimos 5 kilómetros.

c) La tasa de variación media total.

d) ¿Qué significado físico tienen los valores encontrados?

Sol.: a) 0,25 km/min, 0,25 km/min; b) 0,20 km/min, 0,25km/min; c) 0,222 km/min, 0,25 km/min

9. ★★☆ En un estudio llevado a cabo por el departamento de biología, han determinado que la población de un tipo de hormiga crece según la función $f(x) = 1 + 2e^x$, donde $f(x)$ indica el número de hormigas en miles y x el tiempo transcurrido en meses.

Calcula:

a) La tasa de variación media de una población de hormigas durante los dos primeros meses.

b) La tasa de variación media de la población del tercer al sexto mes.

c) La tasa de variación instantánea de la población en el sexto mes si $\lim_{h \to 0} e^h \simeq 1 + h$.

Sol.: a) 6,39; b) 255,56; c) 806,86

10. ★★☆ Calcula la tasa de variación instantánea de las siguientes funciones en los puntos indicados:

a) $f(x) = 2x + 3$ en $x = 2$

b) $f(x) = \dfrac{1}{x}$ en $x = 2$

c) $f(x) = x^2 - 1$ en $x = 0$

d) $f(x) = x^3 + 2x - 4$ en $x = 1$

Sol.: a) 2; b) –0,25; c) 0; d) 5

11. ★★☆ Calcula la tasa de variación media de las siguientes funciones en el intervalo $[1, 1 + h]$:

a) $f(x) = x$

b) $f(x) = x^2$

c) $f(x) = \sqrt{x}$

d) $f(x) = \dfrac{1}{x}$

Sol.: a) 1; b) $h + 2$; c) $\dfrac{\sqrt{1+h} - 1}{h}$; d) $\dfrac{-1}{1+h}$

12. ★★★ Disponemos de un círculo del cual podemos modificar la longitud de su radio. Halla la función que representa el área del círculo y calcula:

a) La tasa de variación media del área en el intervalo del radio $[2, 4]$.

b) La tasa de variación media de las 10 primeras unidades.

c) La tasa de variación instantánea para $r = 2$.

d) La tasa de variación instantánea para $r = 10$.

e) La tasa de variación instantánea para $r = 100$.

— Explica, brevemente, cómo irá modificándose la tasa de variación instantánea según aumente el radio.

Sol.: a) 18,85; b) 31,41; c) 12,57; d) 62,8; e) 628,3

2 DERIVADA DE UNA FUNCIÓN

13. ★☆☆ A partir de la definición de derivada en un punto, halla la derivada de las siguientes funciones en $x = 1$:

a) $f(x) = -x + 6$

b) $f(x) = \dfrac{x}{2} - 1$

c) $f(x) = -x^2 + 2x + 1$

d) $f(x) = \dfrac{2}{x}$

Sol.: a) -1; b) $1/2$; c) 0; d) -2

14. ★☆☆ Halla la ecuación de la recta tangente en $x = 2$, de la función $f(x) = x^2 - 3x + 5$.

Sol.: $y = x + 1$

15. ★☆☆ Un objeto se mueve bajo la trayectoria dada por la siguiente ecuación:

$$f(x) = 3x^2 - 4x + 6$$

Utilizando la definición de derivada, calcula:

a) La derivada para $x = 2$.

b) La derivada para $x = -1$.

Sol.: a) 8; b) -10

16. ★★☆ Dado el volumen de una esfera:

$$V(r) = \frac{4}{3}\pi r^3$$

halla la ecuación de la recta tangente para $r = 1$, utilizando la definición de derivada.

Sol.: $y = 12{,}57x - 8{,}38$

17. ★★☆ Halla la derivada de las siguientes funciones en el punto $x = a$, aplicando la definición de derivada en un punto:

a) $f(x) = 3x^2 - 4x + 5$

b) $f(x) = 3x + 80$

Sol.: a) $6a - 4$; b) 3

18. ★★☆ Estudia la continuidad y la derivabilidad de la función representada en la siguiente gráfica:

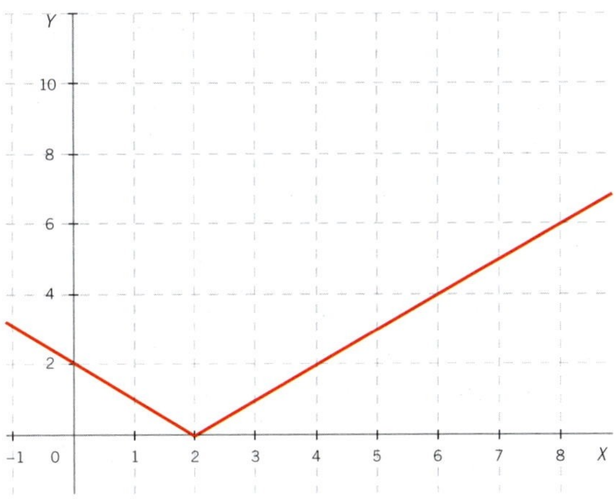

19. ★★☆ Determina los valores de x para los cuales la siguiente función no es derivable:

$$f(x) = \begin{cases} x - 1 & si \quad x < 0 \\ x^2 & si \quad 0 \le x \le 2 \\ 2x & si \quad x > 0 \end{cases}$$

Sol.: $x = 0$, $x = 2$

20. ★★★ En grupo, hallad un método para encontrar la función derivada de las siguientes funciones y elaborad un documento explicando los pasos que habéis seguido para obtenerlas:

a) $f(x) = 2x^3 + 1$

b) $f(x) = \sqrt{x + 1}$

3 CÁLCULO DE DERIVADAS

21. ★☆☆ Calcula la función derivada de las siguientes funciones:

a) $f(x) = x^5$

b) $f(x) = x^{-4}$

c) $f(x) = \dfrac{1}{x^3}$

d) $f(x) = \sqrt[4]{x}$

e) $f(x) = \sqrt[5]{x^3}$

f) $f(x) = \dfrac{1}{\sqrt{x}}$

22. ★☆☆ Aplica la regla de la suma para calcular las derivadas de $f + g$ y $f - g$ de las siguientes funciones:

a) $f(x) = 3x^5$ $\quad g(x) = \cos x$

b) $f(x) = \sqrt{x}$ $\quad g(x) = \ln x$

c) $f(x) = 2x^3$ $\quad g(x) = \dfrac{1}{x}$

d) $f(x) = \text{sen}\, x$ $\quad g(x) = 5e^x$

e) $f(x) = \log_3 x$ $\quad g(x) = 3^x$

23. ★☆☆ Aplica la regla del producto para calcular las derivadas de las siguientes funciones:

a) $f(x) = x^6 \cdot \text{sen}\, x$

b) $f(x) = x^2 \cdot \sqrt{x}$

c) $f(x) = x^2 \cdot \ln x$

d) $f(x) = (x^3 - 2x) \cdot e^x$

e) $f(x) = \ln x \cdot \cos x$

f) $f(x) = \text{sen}\, x \cdot \cos x$

g) $f(x) = \sqrt{x} \cdot \text{sen}\, x$

h) $f(x) = 3^x \cdot x$

24. ★☆☆ Aplica la regla del cociente para calcular las derivadas de las siguientes funciones:

a) $f(x) = \dfrac{\text{sen}\, x}{x}$

b) $f(x) = \dfrac{2x^3 - 4x}{3x - 2}$

c) $f(x) = \dfrac{2\sqrt{x}}{x}$

d) $f(x) = \dfrac{x}{\ln x}$

e) $f(x) = \dfrac{\ln x}{\text{sen}\, x}$

f) $f(x) = \dfrac{e^x}{\sqrt{x}}$

25. ★☆☆ Dadas las funciones $f(x) = 2x^2 - 4x + 6$ y $g(x) = -x^2 + 2x$, halla la derivada de las siguientes funciones:

a) $h(x) = f(x) + g(x)$
b) $i(x) = g(x) - f(x)$
c) $j(x) = f(x) \cdot g(x)$
d) $k(x) = f(x) / g(x)$

26. ★★☆ Aplica la regla de la cadena para calcular las derivadas de las siguientes funciones:

a) $f(x) = (2x^2 - 4x + 3)^3$
b) $f(x) = \ln(\cos x)$
c) $f(x) = \sqrt{3x^2 + 6x}$
d) $f(x) = e^{x^2+2x}$
e) $f(x) = \sqrt{e^x}$
f) $f(x) = \operatorname{sen}(\cos x)$
g) $f(x) = \cos(\ln x)$
h) $f(x) = \sqrt{\dfrac{x+1}{x}}$

27. ★★☆ Deriva las siguientes funciones:

a) $f(x) = \sqrt{\operatorname{sen} x}$
b) $f(x) = \ln(\cos \sqrt{x})$
c) $f(x) = a^{\operatorname{tg} x}$
d) $f(x) = \cos(x^2)$
e) $f(x) = \ln\left(\dfrac{\operatorname{sen} x}{x}\right)$
f) $f(x) = \operatorname{sen}(\ln x)$

28. ★★☆ Calcula las derivadas de las siguientes funciones, definidas a trozos:

a) $f(x) = \begin{cases} x^2 & \text{si } x \le 1 \\ 2x^2 - 1 & \text{si } x > 1 \end{cases}$

b) $f(x) = \begin{cases} x^3 - 3x - 2 & \text{si } x \le 2 \\ \sqrt{x-2} & \text{si } x > 2 \end{cases}$

c) $f(x) = \begin{cases} \cos x & \text{si } x \le 0 \\ e^x & \text{si } 0 < x < 1 \\ x \cdot e^x & \text{si } x \ge 1 \end{cases}$

29. ★★☆ Halla la derivada de las siguientes funciones, utilizando dos métodos distintos:

a) $f(x) = 2x - 6$
b) $f(x) = -x$
c) $f(x) = \sqrt{x+1}$
d) $f(x) = \dfrac{2x}{x-5}$

30. ★★☆ Halla las ecuaciones de la recta tangente y de la recta normal de las siguientes funciones en los puntos indicados:

a) $f(x) = \ln(x+1)$ en $x = 2$.
b) $f(x) = \sqrt{x-2}$ en $x = 6$.
c) $f(x) = 2e^x$ en $x = 0$.
d) $f(x) = \ln(x+1)$ en $x = 0$.

Sol.: a) $y_t = 5 \cdot (2x - 3)$; $y_n = -(x + 52)/10$; b) $y_t = (x + 2)/4$; $y_n = -4x + 26$; c) $y_t = 2x + 2$; $y_n = -x/2 + 2$; d) $y_t = x$; $y_n = -x$

31. ★★☆ Encuentra las ecuaciones de la recta tangente y de la recta normal a la función $f(x) = x^3 - 3x^2 - x + 5$ en el punto $A = (3, 2)$.

Sol.: a) $y_t = 8x - 22$; $y_n = -(x/8) + 19/8$

32. ★★☆ Determina la ecuación de la recta perpendicular a la función $f(x) = x^2 - x - 6$, en el punto $x = -6$.

Sol.: $y = (x + 474)/13$

33. ★★☆ Halla la ecuación de la recta tangente de las siguientes funciones, la pendiente de la cual sea 2:

a) $f(x) = x^2 - 4$
b) $f(x) = -\dfrac{2}{x}$
c) $f(x) = x^2 - 4x$
d) $f(x) = \ln x$

Sol.: a) $y = 2x - 5$; b) $y = 2x - 4$; $y = 2x + 4$; c) $y = 2x - 9$; d) $y = 2x - 1{,}69$

34. ★★☆ Determina la ecuación de la recta normal de las siguientes funciones cuya pendiente sea igual a 1:

a) $f(x) = -2 \cdot \sqrt{x}$
b) $f(x) = -x^3 + 11x$
c) $f(x) = x^2 - 7x + 7$
d) $f(x) = 0{,}5x^2 + 2$

Sol.: a) $y = x - 3$; b) $y = x + 12$, $y = x - 12$; c) $y = x - 8$; d) $y = x + 3{,}5$

35. ★★☆ Determina los puntos en los cuales la tangente a la función dada sea horizontal:

$$f(x) = x^3 - 4x^2 + 4x - 10$$

Sol.: $(2/3, -238/27)$, $(2, -10)$

36. ★★☆ Considera la función $f(x) = \dfrac{x-2}{x+1}$ y encuentra la tangente y la normal para $x = 2$.

Sol.: $y_t = x/3 - 2/3$; $y_n = -3x + 6$

37. ★★☆ Estudia la continuidad y la derivabilidad de las siguientes funciones:

a) $f(x) = |x - 1|$
b) $f(x) = \dfrac{1}{(x-1)^2}$
c) $f(x) = \begin{cases} x - 1 & \text{si } x < 0 \\ -\cos x & \text{si } x \ge 0 \end{cases}$
d) $E(x)$, parte entera de x
e) $f(x) = \dfrac{2}{x+1}$
f) $f(x) = |2x + 4|$
g) $f(x) = \begin{cases} x^2 + 1 & \text{si } x < 1 \\ \sqrt{x+3} & \text{si } x \ge 1 \end{cases}$
h) $f(x) = |\operatorname{sen} x|$

38. ★★☆ Determina a y b para que la siguiente función sea diferenciable en todo su dominio:

$$f(x) = \begin{cases} ax^2 + b & \text{si } x < 1 \\ bx + 3 & \text{si } x \ge 1 \end{cases}$$

Sol.: $a = 3$, $b = 6$

39. ★★☆ Calcula la derivada segunda de las siguientes funciones:

a) $f(x) = 4x$
b) $f(x) = 3x - 2$
c) $f(x) = x^2 - 3x + 2$
d) $f(x) = x^2 - 16$
e) $f(x) = x^3 - 3x + 2$
f) $f(x) = \sqrt{x-1}$
g) $f(x) = x^4 - 2x$
h) $f(x) = (x-2)^3$

Sol.: a) 0; b) 0; c) 2; d) 2; e) $6x$; f) $\dfrac{-1}{4\sqrt{(x-1)^3}}$; g) $12x^2$; h) $6(x-2)$

40. ★★☆ Calcula la derivada cuarta de las siguientes funciones:

a) $f(x) = 4x^3 + 2x^2 - 3x - 80$
b) $f(x) = e^x$
c) $f(x) = \ln x$
d) $f(x) = \text{sen } x$
e) $f(x) = \cos x$
f) $f(x) = \dfrac{1}{x-2}$
g) $f(x) = \cos(2x)$
h) $f(x) = 3x^4 + 70x$
i) $f(x) = \sqrt{2x^3}$
j) $f(x) = 40x^3 + 2x^2$

Sol.: a) 0; b) e^x; c) $-6x^{-4}$; d) sen x; e) cos x; f) $24(x-2)-5$; g) 16 cos $(2x)$; h) 72; i) $\dfrac{9\sqrt{2}}{16}x^{-5/2}$; j) 0

41. ★★☆ Calcula el valor de las tres primeras derivadas de las siguientes funciones, para $x = 1$:

a) $f(x) = 4x^3 + 5x^2$
b) $f(x) = \dfrac{1}{x}$
c) $f(x) = \sqrt{2x+2}$
d) $f(x) = e^{2x}$
e) $f(x) = x \cdot \ln x$
f) $f(x) = x^2$

Sol.: a) 22, 34, 24; b) –1, 2, –6; c) 0,5, –0,125, 0,094; d) $2e^2$, $4e^2$, $8e^2$; e) 1, 1, –1; f) 2, 2, 0

42. ★★☆ El movimiento de un móbil viene dado por la siguiente ecuación:

$$f(t) = 5 + 3t - 4{,}9t^2$$

donde $f(x)$ es la posición en metros y t es el tiempo en segundos.

Calcula:

a) La velocidad para $t = 0$ s.
b) La velocidad para $t = 2$ s.
c) La velocidad en cualquier punto.
d) La aceleración para $t = 0$ s.
e) La aceleración en cualquier punto.
f) Encuentra la derivada enésima.

Sol.: a) $v = 3$ m/s; b) $v = -16{,}6$ m/s; c) $v = 3 - 9{,}8t$; d) $a = -9{,}8$ m/s²; e) $a = -9{,}8$ m/s²; f) $f^n(x) = 0$

43. ★★☆ Calcula la derivada enésima de la función:

$$f(x) = x \cdot e^x$$

Sol.: $f^n(x) = (n + x) \cdot e^x$

44. ★★☆ Calcula las siguientes derivadas y comprueba el resultado utilizando el programa Derive: @

a) $f(x) = (2x^4 - 4x^2 + 3)^5$
b) $f(x) = \ln(\cos(\text{sen } x))$
c) $f(x) = \ln(\arccos^2 x)$
d) $f(x) = \dfrac{2x^3 - x^2 + 1}{3x^4 - 2}$
e) $f(x) = \dfrac{\cos x^{-2} + \text{sen } x}{e^x}$
f) $f(x) = \dfrac{\sqrt{x}}{3 - \sqrt{x}}$
g) $f(x) = e^{\cos(3x)}$
h) $f(x) = \sqrt{\text{tg } x}$
i) $f(x) = \text{tg}\sqrt{2x}$
j) $f(x) = \text{sen}\left(\cos\dfrac{1}{x}\right)$
k) $f(x) = \dfrac{\text{tg } x}{\sqrt{x}}$
l) $f(x) = \sqrt{7^{1+x^2}}$

45. ★★☆ Calcula derivadas sucesivas y encuentra una expresión para la derivada enésima de las siguientes funciones:

a) $f(x) = \ln x$
b) $f(x) = \text{sen } x$
c) $f(x) = x^{12} + x^4 + 2$
d) $f(x) = e^x - e^{-x}$
e) $f(x) = e^{2x}$
f) $f(x) = \cos(2x)$
g) $f(x) = x^{-1}$

46. ★★☆ El movimiento ondulatorio viene definido por la ecuación $f(t) = A$ sen $(\omega t + \phi)$, donde A es la amplitud, ω es la velocidad angular y ϕ es el ángulo inicial y son constantes.

Encuentra:

a) La primera derivada.
b) La segunda derivada.
c) La derivada enésima.

Sol.: a) $A\omega \cos(\omega t + \phi)$; b) $-A\omega^2 \text{sen}(\omega t + \phi)$; c) si $n = 2k$, $(-1)^k A\omega^n \text{sen}(\omega t + \phi)$; si $n = 2k + 1$, $(-1)^k A\omega^n \cos(\omega t + \phi)$

47. ★★★ Calcula el área del triángulo formado por los ejes de coordenadas y la normal en el punto $x = \pi/4$ de la siguiente función: @

$$f(x) = \cos(2x)$$

Comprueba el resultado dibujando la gráfica de la función y de la recta normal hallada mediante el programa GeoGebra.

Sol.: $A = 0{,}15$

48. ★★★ Halla las ecuaciones de las rectas tangentes en los puntos de corte con los ejes de abscisas de la función:

$$f(x) = x^2 + x - 2$$

Comprueba la solución dibujando la parábola y las tangentes con el programa GeoGebra. @

49. ★★★ Determina la ecuación de la tangente a $f(x) = x^2 - 6x + 1$ en el punto donde es paralela a la recta $y = 4x$. @

Representa la gráfica de su función y la tangente obtenida con el programa informático GeoGebra.

Sol.: $y = 4x - 24$

50. ★★★ Calcula el área del triángulo limitado por los ejes de coordenadas y la recta tangente a la función $f(x) = -x^2 + 1$, en el punto $x = 1$. @

Comprueba la solución dibujando la parábola y la tangente con el programa GeoGebra.

Sol.: 1

51. ★★★ Calcula el área del triángulo limitado por el eje de abscisas y las rectas tangentes a la función $f(x) = -(x^2 - 4)$, en el punto $x = 1$ y en el punto $x = -1$. @

Comprueba la solución dibujando la parábola y las tangentes con el programa GeoGebra.

Sol.: 12,5

52. ★★★ Determina:

a) La ecuación de la tangente de la función $f(x) = x^2 - 4x + 1$ en el punto donde es paralela a la recta $y = 4x$.

b) La recta normal en el mismo punto.

c) Las coordenadas del punto.

Sol.: a) $y = 4x - 15$; b) $y = -0{,}25x + 2$; c) (4, 1)

53. ★★★ Utiliza la regla de la cadena para demostrar la igualdad:

$$(f^{-1}(x))' = \frac{1}{f'(f^{-1}(x))}$$

Donde $(f^{-1})(x)$ es la función inversa de *f*, es decir, aquella que cumple:

$$f(f^{-1})(x)) = f^{-1}(f(x)) = Id(x) = x$$

54. ★★★ Recuerda que en el caso de las funciones trigonométricas, la inversa de una función se indica con el prefijo *arc*. Utiliza la expresión anterior para calcular las derivadas de las siguientes funciones:

a) $f(x) = \text{arc sen } x$

b) $f(x) = \text{arc cos } x$

c) $f(x) = \text{arc tg } x$

4 APLICACIÓN DE LAS DERIVADAS

55. ★☆☆ Determina los intervalos de monotonía de las siguientes funciones:

a) $f(x) = x^2 - 3x + 2$

b) $f(x) = x^2 - 4$

c) $f(x) = x^3$

d) $f(x) = x^4$

e) $f(x) = x^3 - 12x$

f) $f(x) = 4x - 80$

g) $f(x) = 2 \cdot \ln x$

h) $f(x) = x^5$

56. ★☆☆ Halla los máximos y mínimos de las siguientes funciones:

a) $f(x) = x^2 - 3x + 2$

b) $f(x) = x^2 - 4$

c) $f(x) = 2x^3 - 3x^2 + 2$

d) $f(x) = x^3 - 12x - 1$

e) $f(x) = x^2 - 2$

f) $f(x) = 3x - 20$

Sol.: a) mín (1,5, – 0,25); b) mín (0, – 4); c) máx (0, 2), mín (1, 1); d) máx (– 2, 15), mín (2, – 17); e) mín (0,– 2); f) no hay

57. ★☆☆ Si uno de los catetos de un triángulo rectángulo tiene una longitud de $b = 3$ cm:

a) Calcula la derivada de la hipotenusa *a* como función dependiente del cateto *c*.

b) Calcula la segunda derivada.

c) Determina los intervalos de crecimiento y decrecimiento de la función.

Sol.: a) $\dfrac{c}{\sqrt{9 + c^2}}$; b) $\dfrac{9}{\sqrt{(9 + c^2)^3}}$; c) decrece $(-\infty, 0)$, crece $(0, +\infty)$

58. ★★☆ Las trayectorias de dos cuerpos vienen definidas por las siguientes funciones:

$$f(x) = 2x^2 - 5x + 1 \qquad g(x) = \frac{1}{4}x^4 - \frac{1}{2}x^2$$

a) Determina los intervalos de crecimiento y decrecimiento de cada uno de los ellos.

b) Halla los extremos de cada una de las trayectorias.

Sol.: $f(x)$: crece $(-\infty, 1{,}25)$, decrece $(1{,}25, +\infty)$; $g(x)$: decrece $(-\infty, -1)$, $(0, 1)$, crece $(-1, 0)$, $(1, +\infty)$

59. ★★☆ Determina los intervalos de monotonía de las siguientes funciones y los máximos y mínimos:

a) $f(x) = x^3 + 2x^2 + x + 1$

b) $f(x) = \text{sen } (2x),\ x \in [0, \pi]$

c) $f(x) = e^{x^2 - 1}$

d) $f(x) = (x - 2)^3$

e) $f(x) = 0{,}5x^2 + 2$

f) $f(x) = \ln (x^2 + 1)$

60. ★★☆ En las siguientes gráficas de funciones, indica los intervalos en los cuales la derivada de la función será positiva y los intervalos en los que será negativa. Razona tu respuesta.

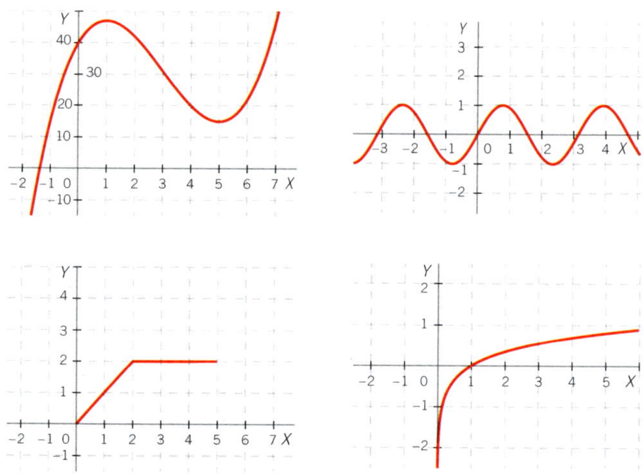

61. ★★☆ Considera la función $f(x) = x \cdot e^x$ y determina:

a) Los intervalos de crecimiento y decrecimiento.

b) Los máximos y mínimos.

Sol.: a) decrece $(-\infty, -1)$, crece $(-1, +\infty)$; b) mín (– 1, – 0,37)

62. ★★☆ El movimiento de un objeto viene dado por la siguiente ecuación:

$$f(x) = x^4 - 2x^2 + 1$$

Determina:

a) Los intervalos de crecimiento y decrecimiento.

b) Los máximos y mínimos.

Sol.: a) decrece $(-\infty, -1)$, $(0, 1)$, crece $(-1, 0)$, $(1, \infty)$; b) máx (0, 1), mín (– 1, 0), (1, 0)

63. ★★☆ Tenemos dos números que multiplicados dan un resultado de 128.

Halla estos dos números, de forma que la suma de la cuarta parte del primero más la mitad del segundo sea mínima.

Sol.: 16, 8

64. ★★☆ Los beneficios de una empresa vienen dados por la siguiente ecuación: $f(x) = x^3 - 2x^2 + x - 4$, donde x son los años transcurridos y $f(x)$, el beneficio en miles de euros.

Calcula:

a) El momento en el cual el beneficio sea mínimo.

b) El valor de este beneficio.

Sol.: a) $x = 1$ año; b) $-4\,000$ euros

65. ★★★ Determina las dimensiones del ortoedro de superficie mínima, sabiendo que su altura es de 2 m y su volumen es de 18 m³.

Sol.: $a = 3$ m, $b = 3$ m, $c = 2$ m

66. ★★★ Determina los intervalos de crecimiento y decrecimiento y los extremos de las siguientes funciones. Para ello, utiliza el criterio de la derivada segunda:

a) $f(x) = x^2 - 5x + 4$

b) $f(x) = \dfrac{3x - 4}{2}$

c) $f(x) = \dfrac{4}{x}$

d) $f(x) = \dfrac{1}{x^2 + 1}$

e) $f(x) = x^4 - 5x + 1$

f) $f(x) = \sqrt{2x - 8}$

g) $f(x) = x^3 - 12x + 6$

h) $f(x) = x^4 - 1$

i) $f(x) = e^{x^3 - 3x + 1}$

j) $f(x) = \ln(x^2 - 2x + 3)$

67. ★★★ Estudia la monotonía y los extremos de las siguientes funciones:

a) $f(x) = \begin{cases} x + 2 & \text{si} \quad x \le 1 \\ 3 & \text{si} \quad 1 < x \le 3 \\ 2x - 3 & \text{si} \quad x > 3 \end{cases}$

b) $f(x) = \begin{cases} -(x - 1)^2 & \text{si} \quad x \le 0 \\ \sqrt{x} & \text{si} \quad x > 0 \end{cases}$

Sol.: a) crece $(-\infty, 1)$, $(3, +\infty)$, sin extremos
b) crece $(-\infty, 0)$, $(0, +\infty)$, sin extremos

68. ★★★ Una ONG tiene unos ingresos mensuales que se repiten cada año, según la función: $f(x) = \dfrac{10x}{x^2 + 4}$, donde x es el mes y $f(x)$ son los ingresos en miles de euros.

a) Determina el mes en que el ingreso será máximo.

b) ¿Cuál es la cantidad ingresada dicho mes?

Sol.: a) febrero; b) 2 500 €

SÍNTESIS

69. ★★☆ Esboza las gráficas de las funciones que tienen las siguientes derivadas:

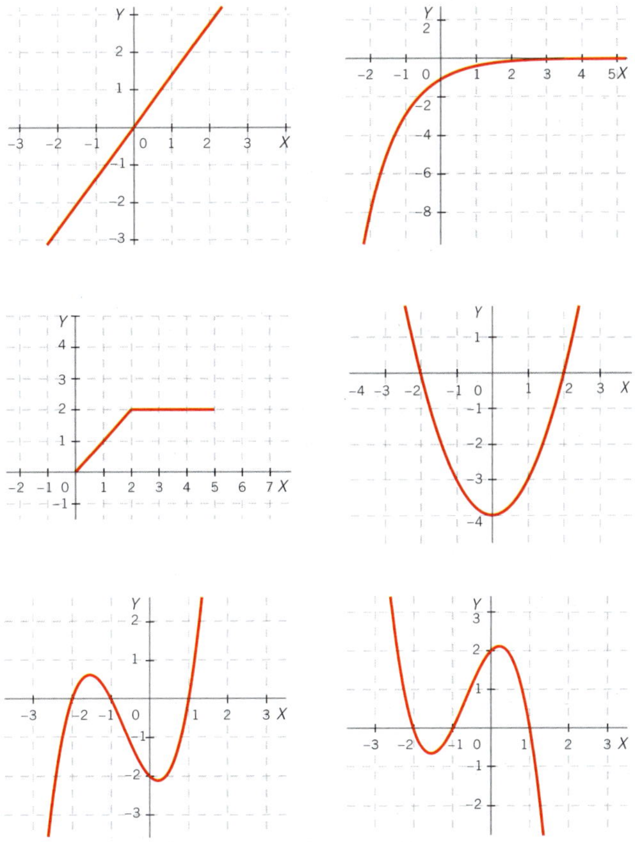

Compara los resultados con tus compañeros. ¿Habéis obtenido todos las mismas gráficas? ¿A qué crees que es debido?

70. ★★☆ Halla los vértices de las siguientes parábolas:

a) $f(x) = x^2 - 4$

b) $f(x) = x^2 - 4x$

c) $f(x) = x^2 - 4x + 4$

d) $f(x) = (x + 3)^2$

e) $f(x) = 4x^2 - 16$

f) $f(x) = x^2 + x - 6$

g) $f(x) = -2\,(x + 3)^2 - 8$

h) $f(x) = -x^2 + 3(x + 2) - 1$

A continuación, deriva las expresiones, busca los extremos y comprueba que coinciden con los vértices que has encontrado.

— ¿En qué casos se trata de máximos? ¿Y de mínimos?

— ¿Qué relación tienen los extremos relativos con los coeficientes de la parábola?

Sol.: a) mín $(0, -4)$; b) mín $(2, -4)$; c) mín $(2, 0)$; d) mín $(-3, 0)$; e) mín $(0, -16)$; f) mín $(-0{,}5, -6{,}25)$; g) máx $(-3, -8)$; h) máx $(3/2, 29/4)$

71. ★★☆ Determina los valores de a, b y c de la parábola $f(x) = x^2 + bx + c$, para que su vértice esté en el punto $(2, 1)$.

Sol.: $b = -4$, $c = 5$

72. ★★★ El valor de un mineral es directamente proporcional al cuadrado de su masa. Si hemos extraído un mineral de 50 g y lo queremos dividir en dos trozos que minimicen su precio, encuentra la masa de los dos trozos.

Sol.: 25 g

73. ★★★ Si tenemos la siguiente función:

$$f(x) = x^2 - 2x + 4$$

Calcula:

a) La tasa de variación media en el intervalo [2, 3].

b) La tasa de variación instantánea para $x = 1$.

c) La ecuación de la recta tangente para $x = 0$.

d) La ecuación de la recta normal para $x = 0$.

e) Las n derivadas primeras.

f) Los intervalos de crecimiento y decrecimiento.

g) Los máximos y los mínimos.

Sol.: a) TVM = 3; b) TVI = 0; c) $y = -2x + 4$; d) $y = 0{,}5x + 4$; e) $f'(x) = 2x - 2$, $f''(x) = 2$, $f'''(x) = 0$, ..., $f^n(x) = 0$, f) decrece $(-\infty, 1)$, crece $(1, +\infty)$, g) mín (1, 3)

74. ★★★ Considera las siguientes funciones:

$$f(x) = (x - 5)^2 \quad g(x) = e^x$$

Determina:

a) La tasa de variación media en el intervalo [0, 3].

b) La tasa de variación instantánea para $x = 1$.

c) La ecuación de la recta tangente para $x = 0$.

d) La derivada de la suma de las dos funciones.

e) La derivada del producto de las dos funciones.

f) La derivada del cociente de las dos funciones.

g) Los intervalos de crecimiento y decrecimiento.

h) Los máximos y los mínimos.

75. ★★★ Dada la función:

$$f(x) = \frac{5}{3x - 2}$$

Determina:

a) La tasa de variación media en el intervalo [1, 2].

b) La tasa de variación media en el intervalo [0, 4].

c) La tasa de variación instantánea para $x = 1$.

d) La tasa de variación instantánea para $x = 0$.

e) La ecuación de la recta tangente para $x = 0$.

f) La ecuación de la recta normal para $x = 0$.

g) La continuidad y la derivabilidad.

h) La segunda derivada.

i) Los intervalos de crecimiento y decrecimiento.

Sol.: a) −3,75; b) 0,75; c) −15; d) −3,75; e) $y = -3{,}75x - 2{,}5$; f) $y = 0{,}27x - 2{,}5$; g) cont. y der. en $(-\infty, 2/3)$ y $(2/3, +\infty)$; h) $\frac{90}{(3x-2)^3}$; i) decrece $(-\infty, 2/3)$ y crece $(2/3, +\infty)$

76. ★★★ El movimiento de dos ondas viene dado por las siguientes ecuaciones:

$$F(x) = 2 \text{ sen } (2x) \quad g(x) = 0{,}5\cos\left(x - \frac{\pi}{2}\right)$$

Halla para cada función:

a) La tasa de variación media en el intervalo $[0, \pi]$.

b) La tasa de variación instantánea para $x = \pi/2$.

c) La ecuación de la recta tangente para $x = 0$.

d) La ecuación de la recta normal para $x = 0$.

e) La derivada de $f + g$.

f) La derivada de $f \cdot g$.

g) Los intervalos de crecimiento y decrecimiento en el intervalo $[-\pi, \pi]$.

h) Los máximos y los mínimos en el intervalo $[-\pi, \pi]$.

i) La derivada de f/g.

j) La derivada de g/f.

77. ★★★ Se dice que una función derivable varias veces en $x = a$ tiene un punto de inflexión en $(a, f(a))$ si $f''(a) = 0$ y el mínimo n tal que $f^{(n)}(a) = 0$ es impar. @

Investiga en Internet qué relación tienen los puntos de inflexión con la curvatura de una función y encuentra los puntos de inflexión de las siguientes funciones:

a) $f(x) = x^3$

b) $f(x) = \text{sen } x + \cos x$, con $x \in [0, 2\pi]$

c) $f(x) = xe^x$

Sol.: a) (0, 0); b) $(3\pi/4, 0)$, $(7\pi/4, 0)$; c) $(-2, -2/e^2)$

78. ★★★ Recuerda que el criterio de la derivada segunda afirma que si f es derivable más de una vez en $x = a$ y además $f'(a) = 0$:

si $f''(a) < 0 \rightarrow f$ tiene un máximo en $(a, f(a))$

si $f''(a) > 0 \rightarrow f$ tiene un mínimo en $(a, f(a))$

Demuéstralo.

Derivadas

Tasa de variación

Tasa de variación media (TVM):

$$TVM_{[a,b]}f(x) = \frac{f(b)-f(a)}{b-a}$$

Tasa de variación instantánea (TVI):

$$TVI_a f(x) = \lim_{x \to a} \frac{f(x)-f(a)}{x-a}$$

Derivada de una función

Derivada de una función en un punto $f'(a)$:

$$f'(a) = \lim_{x \to a} \frac{f(x)-f(a)}{x-a}$$

La derivada de una función en un punto es el valor de la pendiente de la recta tangente en este punto.

Recta tangente: $y - f(a) = f'(a) \cdot (x-a)$

Recta normal: $y - f(a) = -\frac{1}{f'(a)} \cdot (x-a)$

Continuidad: una función derivable en un punto es continua en este punto.

Función derivada $f'(x)$:

$$f'(x) = \lim_{h \to 0} \frac{f(x+h)-f(x)}{h}$$

$f'(x)$ asigna a cada punto de la función f el valor de su derivada.

Derivada segunda:

$$f''(x) = \lim_{h \to 0} \frac{f'(x+h)-f'(x)}{h}$$

Cálculo de derivadas

Funciones elementales:

FUNCIÓN	FUNCIÓN DERIVADA
$f(x) = k, k \in \mathbb{R}$	$f'(x) = 0$
$f(x) = ax^n$	$f'(x) = nax^{n-1}$
$f(x) = e^x$	$f'(x) = e^x$
$f(x) = a^x$	$f'(x) = a^x \cdot \ln a$
$f(x) = \ln x$	$f'(x) = \frac{1}{x}$
$f(x) = \log_a x$	$f'(x) = \frac{1}{x \cdot \ln a}$
$f(x) = \operatorname{sen} x$	$f'(x) = \cos x$
$f(x) = \cos x$	$f'(x) = -\operatorname{sen} x$

Suma de funciones:

$f(x) = g(x) + h(x) \longrightarrow f'(x) = g'(x) + h'(x)$

Producto de dos funciones:

$f(x) = g(x) \cdot h(x)$

$f'(x) = g'(x) \cdot h(x) + g(x) \cdot h'(x)$

Cociente de dos funciones:

$$f(x) = \frac{g(x)}{h(x)}$$

$$f'(x) = \frac{g'(x) \cdot h(x) - g(x) \cdot h'(x)}{[h(x)]^2}$$

Composición de funciones:

$f(x) = (g \circ h)(x)$

$f'(x) = g'(h(x)) \cdot h'(x)$

Aplicación de las derivadas

- Monotonía de una función
- Extremos de una función
  - Optimización de funciones

1 Calcula la tasa de variación media de las siguientes funciones, en el intervalo [1, 4]:

a) $f(x) = 4x^2 - 2x + 18$ c) $f(x) = 4 \cdot \ln x$

b) $f(x) = \sqrt{x^2 + 1}$ d) $f(x) = \dfrac{12}{5x + 4}$

Sol.: a) 18; b) 0,9; c) 1,85; d) −0,28

2 Si el movimiento de un proyectil viene dado por la ecuación $x(t) = 5t^2 + 2t - 2$, siendo x la distancia expresada en metros y t el tiempo en segundos, calcula:

a) La velocidad inicial.

b) La velocidad después de 3 segundos.

c) La aceleración inicial.

d) La aceleración después de 10 segundos.

Sol.: a) 2 m/s; b) 32 m/s; c) 10 m/s²; d) 10 m/s²

3 Determina la ecuación de la recta tangente y la recta normal a las siguientes funciones en el punto indicado:

a) $f(x) = \dfrac{2}{x}$ para $x = 1$

b) $f(x) = x^2 - 2x + 3$ para $x = 3$

c) $f(x) = x^2 - 2x + 3$ para $x = -1$

d) $f(x) = \ln x$ para $x = 1$

e) $f(x) = \cos x$ para $x = \pi$

4 Calcula las derivadas de las siguientes funciones utilizando las propiedades de la suma, el producto o el cociente de derivadas:

a) $f(x) = 3x^2 + \text{sen}\, x$ c) $f(x) = \dfrac{x \cdot \cos x}{\sqrt{x + 1}}$

b) $f(x) = \ln x \cdot (x^2 + 2x + 1)$ d) $f(x) = \dfrac{\cos x}{\sqrt{x + 1}}$

5 Estudia la continuidad y la derivabilidad de la siguiente función, definida a trozos:

$$f(x) = \begin{cases} x + 1 & \text{si} \quad x \le 1 \\ 0,5x^2 + 1,5 & \text{si} \quad 1 < x \le 5 \\ 2x - 1 & \text{si} \quad x > 5 \end{cases}$$

6 Estudia la monotonía de las siguientes funciones:

a) $f(x) = \cos(\pi x)$ d) $f(x) = \dfrac{1}{x^2 + 1}$

b) $f(x) = x^3 - 1$ e) $f(x) = e^x$

c) $f(x) = x^2 - 3x + 2$ f) $f(x) = \ln x - x$

Sol.: a) $(2k + 1, 2k + 2)$; $(2k, 2k + 1)$; b) $(-\infty, 0) \cup (0, +\infty)$; c) $(1,5, +\infty)$; $(-\infty, 1,5)$; d) $(-\infty, 0)$; $(0, +\infty)$; e) $(-\infty, +\infty)$; f) $(0, 1)$; $(1, +\infty)$

7 Determina los extremos relativos de las siguientes funciones:

a) $f(x) = x^2 - 3x + 2$ c) $f(x) = \dfrac{1}{x^2 + x + 1}$

b) $f(x) = \text{sen}\,(\pi x)$ d) $f(x) = x \cdot \ln x$

Sol.: a) $(3/2, -1/4)$; b) $\left(\dfrac{1 \pm 4k}{2}, 1\right), \left(\dfrac{-1 \pm 4k}{2}, -1\right)$; c) $(-1/2, 4/3)$; d) $(1/e, -1/e)$

8 Indica, en cada una de las siguientes gráficas, los intervalos en los cuales la derivada será positiva y en los que será negativa:

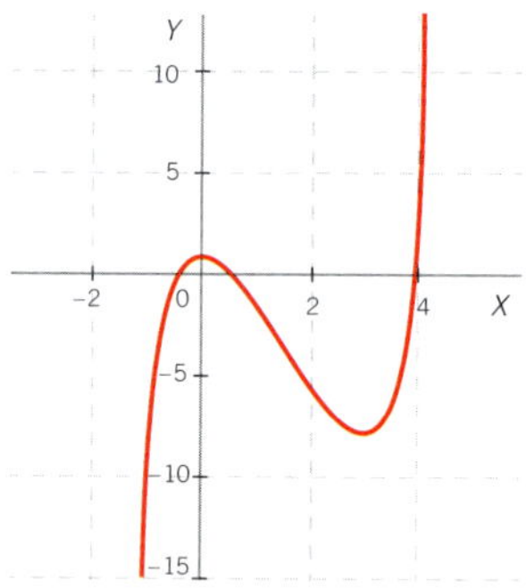

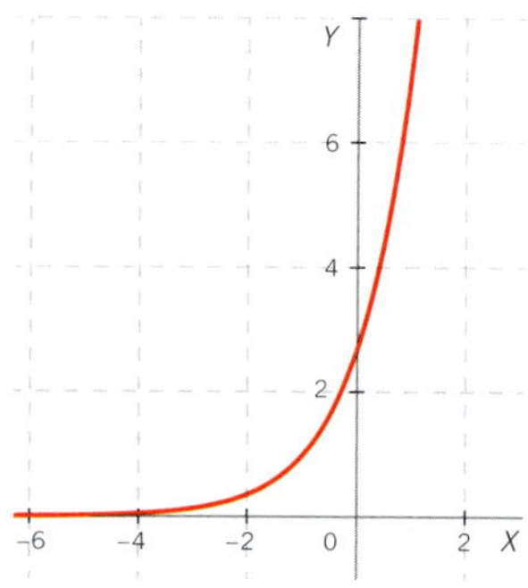

9 Descompón el número 10 en dos sumandos tales que el cuadrado del primero más el séxtuplo del segundo sea un mínimo.

Sol.: 3 y 7

10 Halla el punto de la recta de ecuación $y = = 3x - 2$ más cercano al punto de coordenadas (4, 1).

Sol.: (13/10, 19/10)

SOCIETY

Teoría de los extremos

Uno de los conceptos que relaciona las derivadas con la geometría es la **teoría de los extremos:** la derivada en los máximos y mínimos de una función se anula. Así lo enunció el jurista y matemático francés **Pierre de Fermat** (1601-1665). También es conocido por su llamado último teorema de Fermat, que no fue resuelto hasta 1995.

SOCIETY

La derivada y su notación

Las reglas del cálculo de las derivadas se deben al británico **Isaac Newton** (1642-1727) y al alemán **Gottfried Leibniz** (1646-1716). Aunque sus trabajos coincidieron, mantenían cierta diferencia de criterios en aspectos como la manera de nombrar la derivada de una función; mientras que Newton la expresaba como $f(x)$, Leibniz lo hacía con $\frac{dy}{dx}$.

Años más tarde, el italiano **Joseph-Louis Lagrange** (1736-1813) introdujo la notación $f'(a)$ para referirse a la derivada de una función en un punto.

OPINION

La maratón

«Si quieres ganar, corre cien metros.
Si quieres experimentar la vida, corre una maratón».

Esta afirmación la realizó el gran atleta y medallista olímpico de origen checo, **Emil Zátopek** (1922-2000), más conocido como la *Locomotora humana.* La frase hace referencia a la experiencia vital que supone correr una carrera de este tipo, más allá de las victorias y marcas que se puedan conquistar.

- Esta y otras pruebas deportivas pueden ser estudiadas matemáticamente a través de las derivadas; en el caso de la maratón, puede analizarse cómo varía la velocidad del atleta a lo largo de cada instante de dicha carrera. Accede a **http://links.edebe.com/mx94x** y conocerás en qué consiste la relación existente entre esta prueba deportiva y la derivación de funciones.
- Entra también en **http://links.edebe.com/bdkxk** y **http://links.edebe.com/5ys** para obtener más información sobre las aplicaciones de las derivadas en otros deportes.

CRITICAL SENSE

ECONOMÍA Y DERIVADAS

En economía, las derivadas también pueden resultar útiles; por ejemplo, para conocer a partir de qué nivel de producción los costes serán mínimos, sabiendo la función de los costes de fabricación. Supongamos que el coste de un producto viene dado por la función $C(x) = \frac{x^2}{5} + 2x + 300$, donde x es la cantidad de unidades producidas. ¿Qué nivel de producción tendrá un coste mínimo por unidad? ¿Cuál será dicho coste?

- A partir de la derivada de la función coste-promedio, sabremos el nivel de producción con coste mínimo. A continuación, aplicando el nivel de producción hallado a la función coste-promedio, conoceremos el coste solicitado.
- ¿Qué uso puede dar un empresario a estos datos en relación con sus beneficios?

NEW

EL PUENTE MATEMÁTICO

En la famosa **Universidad de Cambridge** (Reino Unido) existe un puente de madera conocido como el *Puente Matemático,* pues en su estructura se aprecian varias tangentes a la curva sobre el río donde está erigido. La leyenda dice que fue construido por **Isaac Newton** sin usar tornillos, pero la historia del puente está llena de contradicciones...

- Entra en el siguiente enlace y conocerás más detalles sobre este puente: **http://links.edebe.com/u7u**
- Descubre qué relación existe entre la estructura del puente y las derivadas.
- Investiga sobre las citadas contradicciones que existen sobre este puente accediendo al enlace: **http://links.edebe.com/bkppz** (Cambridge).

Funciones y gráficas

Utilizando simultáneamente las Vistas Algebraica y Gráfica, podemos analizar las características de muchos tipos de funciones.

Veamos algunos casos:

PASO 1. Desplegamos la **Vista Gráfica *(Graphics)***, con los ejes de coordenadas y la cuadrícula, y la **Vista Algebraica *(Algebra)***.

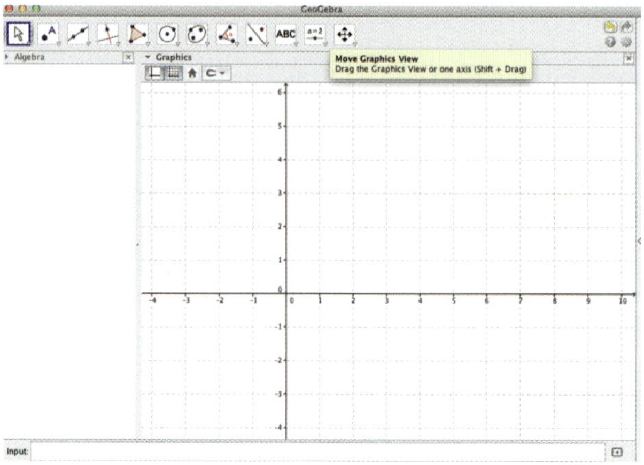

PASO 2. Definimos unos **deslizadores *(sliders)*** para dibujar cualquier función. Observamos que en la pantalla algebraica aparecen los tres deslizadores que hemos definido con el valor que tienen en este momento. Si aplicamos la flecha sobre los deslizadores, cambiamos su valor.

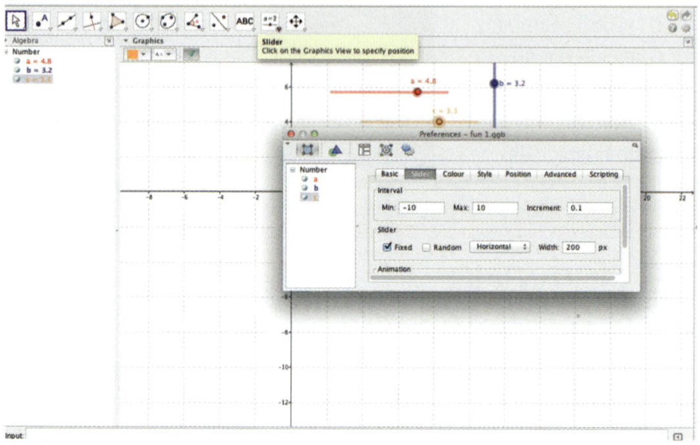

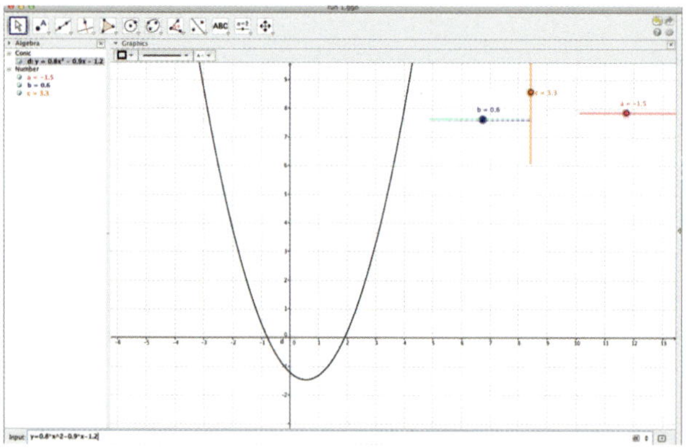

PASO 3. Introducimos las funciones en el campo **Entrada *(Input)*:**

3.1. Para multiplicar, se utiliza el símbolo*: b*.

3.2. Para escribir una potencia, se usa el símbolo ^: a*x^2.

En nuestro ejemplo:

y = 0.8*x^2-0.9*x-1.2

3.3. Al ir variando el valor de los deslizadores, vemos cómo se modifican las diferentes funciones.

En el desplegable que hay junto a la Barra de Entrada están definidas muchas funciones.

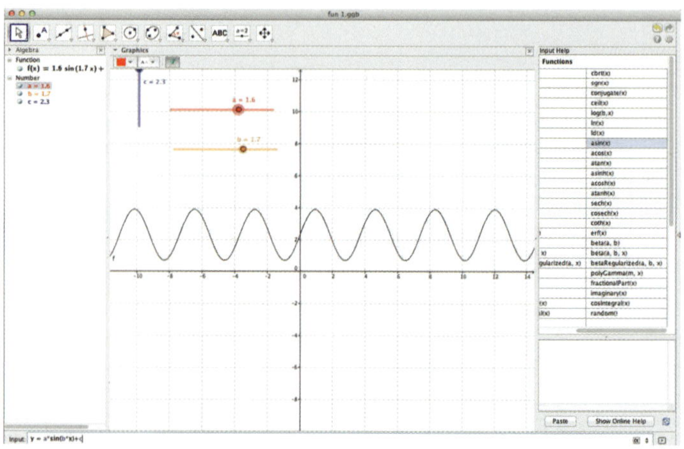

Derivadas

Para determinar derivadas, podemos utilizar la **Vista Gráfica** y los iconos:

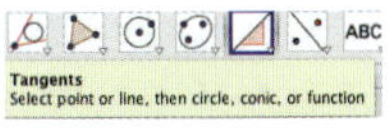

Tangentes (Tangents)

Pendiente (Slope)

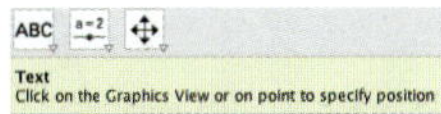

El icono ***Texto (Text)*** permite incorporar texto y fórmulas a cualquier documento GeoGebra.

Observa esta función:

$f(x) = 2x^2 - 2$

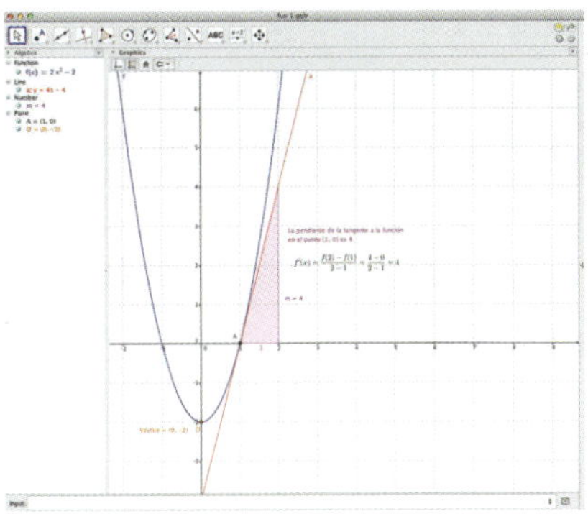

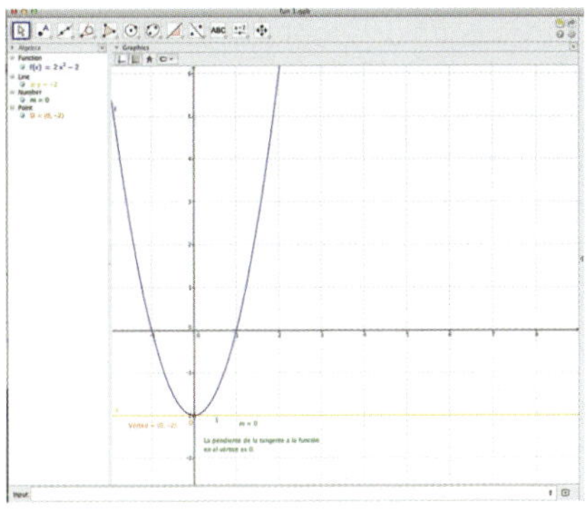

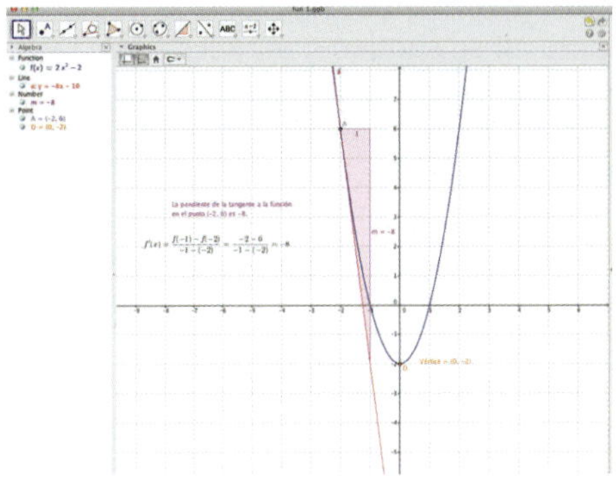

Podemos analizar el valor de la pendiente de la tangente de la función en cada uno de los puntos indicados. Deducimos que en el punto (1, 0) la función es creciente; en el (−2, 6) es decreciente y, en el vértice, la función presenta un extremo relativo (mínimo).

1. Dibuja con GeoGebra, en una misma ventana gráfica, una función lineal, una cuadrática y una cúbica. Define todos los deslizadores que necesites. Determina el dominio y el recorrido de cada función.

2. Dibuja con GeoGebra las funciones:

$$f(x) = \text{sen}\, x \text{ y } g(x) = \cos x$$

a) Dibuja con ayuda del deslizador las funciones:

$$h(x) = \text{sen}\, x + a$$

$$k(x) = \cos x - b$$

— ¿Qué observas?

b) Determina el dominio y el recorrido, los intervalos de crecimiento y de decrecimiento, y la continuidad de las funciones $f(x)$, $g(x)$, $h(x)$ y $k(x)$.

c) Determina con la ayuda del desplegable los máximos y los mínimos de las funciones $f(x)$, $g(x)$, $h(x)$ y $k(x)$.

3. Dibuja con GeoGebra y con ayuda de los deslizadores:

$$f(x) = a^x \text{ y } g(x) = b^{-x}$$

Estudia el crecimiento y el decrecimiento de las dos funciones. Presta especial atención al definir los deslizadores.

— Determina el punto de intersección de $f(x)$ y $g(x)$ con los ejes. Para ello, utiliza el desplegable que aparece en el icono resaltado.

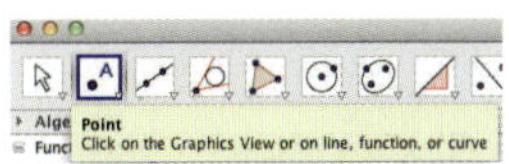

4. Determina las características de la función de la figura. Selecciona cuatro puntos y halla la pendiente de cada uno de ellos.

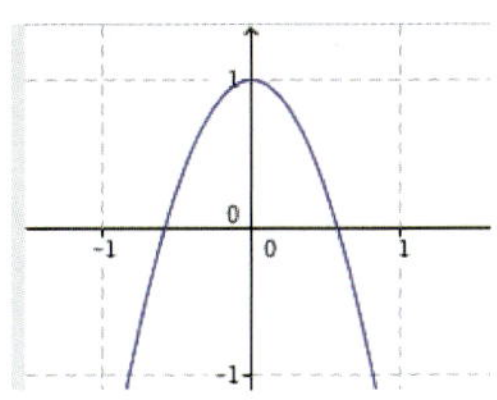

ESTADÍSTICA Y PROBABILIDAD

>> LA ESTADÍSTICA DEL PASADO

El término *estadística* comparte la misma raíz que la palabra *estado,* tanto en su sentido habitual de *situación* como en su sentido político de *nación.* Esta semejanza histórica no se detiene en la forma, sino que resulta ser mucho más profunda. Durante siglos, el significado de la palabra *estadística* ha sido el de la descripción de la situación de la nación; es decir, de sus características sociales, geográficas y económicas.

Según este criterio histórico, la primera noticia que se tiene sobre la elaboración de un estudio estadístico se remonta a finales del cuarto milenio antes de Cristo. En aquel tiempo, según el historiador griego **Herodoto,** se efectuó en Egipto un censo con el fin de preparar la construcción de las pirámides.

En la Roma clásica encontramos la estadística convertida en un verdadero instrumento al servicio de la administración pública. En la época imperial era común la elaboración periódica de registros tributarios, comerciales, militares...

La llegada de la Edad Media supuso un retroceso de la ciencia occidental en su conjunto y, en particular, un abandono casi absoluto del interés por la estadística. Más tarde, la época renacentista trajo consigo el desarrollo de una nueva rama de las matemáticas que influyó de forma notable en la evolución de esta disciplina: el *cálculo de probabilidades.*

>> LA ESTADÍSTICA MODERNA

El inglés **J. Graunt** publicó en 1662 su *Natural and Political Observations upon the Bills of Mortality,* considerado el primer trabajo sobre *estadística de la población.*

Algo más tarde, en 1671, el holandés **J. de Witt** protagonizó un importante avance en este campo al incorporar a esta disciplina los trabajos sobre probabilidad de Ch. Huygens. En esta línea, a lo largo del siglo XVIII se desarrolló una cada vez más intensa relación entre la estadística y el cálculo de probabilidades.

Esta empresa culminó en 1835 de la mano del astrónomo belga **L. A. J. Quételet.** Sus investigaciones le llevaron a la conclusión de que la información contenida en grandes masas de datos podía estudiarse teniendo como modelo la distribución normal. A él se deben también conceptos fundamentales en estadística como *media* o *desviación.*

El primer censo del que se tiene noticia se elaboró con el fin de preparar la construcción de las pirámides de Egipto. El fresco de la figura, descubierto en la ciudad de Tebas, representa el levantamiento de un muro.

>> LA ESCUELA ANGLOAMERICANA

Las ideas de L. A. J. Quételet fueron el origen de un rápido desarrollo en la aplicación de las técnicas estadísticas. Tienen especial relevancia los estudios del naturalista inglés **F. Galton,** en los que introdujo el concepto de *correlación* y los fundamentos del actual *análisis de regresión.*

La herencia de F. Galton se reconoce en la llamada *escuela angloamericana,* cuyos máximos exponentes fueron **K. Pearson** y **R. A. Fisher.**

>> HERRAMIENTA DE FUTURO

Gran parte de los logros de la estadística se derivan del interés de los científicos por desarrollar modelos que expliquen los fenómenos cotidianos.

La estadística se utiliza en la investigación científica y en la toma de decisiones bajo condiciones de incertidumbre y riesgo. En las ciencias naturales se emplea en la descripción de modelos termodinámicos complejos (mecánica estadística), en física cuántica, en mecánica de fluidos o en la teoría cinética de los gases. En las ciencias de la salud permite establecer pautas sobre la evolución de las enfermedades y los enfermos, los índices de mortalidad asociados a procesos morbosos o el grado de eficacia de un medicamento.

En la actualidad, los avances tecnológicos en el campo de la informática

UD 13. Estadística bidimensional
UD 14. Probabilidad

La estadística resulta una herramienta muy útil en una amplia variedad de disciplinas, desde la física hasta las ciencias sociales, desde las ciencias de la salud hasta el control de calidad.

permiten trabajar con cantidades cada vez mayores de datos, lo que redunda en una mejora sustancial de la calidad de las muestras y en el análisis y el procesado de los datos.

>> LA CIENCIA QUE NACIÓ DEL JUEGO

El estudio de la *probabilidad* nació del interés por conocer las leyes que gobiernan los juegos de azar. No obstante, a pesar de que este interés es tan antiguo como la civilización, no se conoció ningún avance en este campo hasta mediados del siglo XVI.

En esa época, los italianos **G. Cardano** y **N. Tartaglia** mantuvieron una encendida polémica sobre diversas cuestiones matemáticas. Fruto de esa disputa, G. Cardano publicó un escrito en el que se indagaba la solución de algunos problemas referidos al lanzamiento de un dado.

No fue hasta 1654 cuando se establecieron los principios fundamentales del cálculo de probabilidades. Aquel año, los matemáticos franceses **B. Pascal** y **P. de Fermat** mantuvieron un intercambio de correspondencia sobre este tema, animados por el aristócrata y apasionado jugador **A. Gombaud,** caballero de Méré. Inspirado por esta correspondencia, el naturalista holandés **Ch. Huygens** publicó en 1657 *De ratiociniis in ludo aleae,* que se considera el primer tratado sobre el cálculo de probabilidades.

>> UN NOMBRE PROPIO: PIERRE SIMON DE LAPLACE

Sin duda, quien más ayudó a esta disciplina a dar los primeros pasos fue el matemático suizo **J. Bernoulli.** Durante más de veinte años dedicó gran parte de sus esfuerzos a reflexionar sobre el cálculo de probabilidades. Los resultados de esta investigación se publicaron póstumamente en 1713 con el título de *Ars conjectandi.* Del contenido de esta obra destaca la primera referencia conocida a la *distribución binomial,* así como una primitiva versión de la *ley de los grandes números,* origen de la *definición experimental de la probabilidad.*

Cabe destacar también los trabajos de **A. De Moivre,** que publicó en 1718 un tratado titulado *Doctrine of Chances,* en el que aparece por primera vez la que hoy conocemos como *distribución normal.* Durante el resto del siglo XVIII hubo algunas otras aportaciones al cálculo de probabilidades, entre las que destaca la de **T. Bayes,** que en 1763 dio a conocer el teorema que lleva su nombre.

Hubo que esperar hasta el año 1812 para que el matemático y astrónomo francés **P. S. de Laplace** sistematizara en su *Théorie analityque des probabilités* los conocimientos de su época sobre este tema. Además de nuevas técnicas matemáticas, el autor incluyó en su obra numerosas aplicaciones a problemas prácticos. La obra de P. S. de Laplace fue la base sobre la que matemáticos como **C. F. Gauss** o **S. D. Poisson** desarrollaron el cálculo de probabilidades a lo largo del siglo XIX.

La probabilidad nació del interés de los jugadores por conocer las leyes que gobiernan los juegos de azar con el fin de lograr apuestas ventajosas.

>> LA ESCUELA DE SAN PETERSBURGO

La evolución general de las matemáticas pronto dejó obsoleta la obra de P. S. de Laplace. Esto hizo necesaria una reformulación del concepto de probabilidad, que en su mayor parte corrió a cargo de un grupo de matemáticos rusos de la llamada *escuela de San Petersburgo,* cuyo fundador fue **P. L. Chébishev.**

En el período comprendido entre 1870 y 1930, P. L. Chébishev y sus discípulos formalizaron definitivamente el cálculo de probabilidades. Por su dedicación a este empeño merecen una mención especial **A. A. Márkov, A. M. Liapunov** y **A. N. Kolmogórov,** a quien se debe la *definición axiomática de la probabilidad.*

13

BLOQUE 4. ESTADÍSTICA Y PROBABILIDAD

Estadística bidimensional

1. Variable estadística bidimensional
- 1.1. Tablas estadísticas
- 1.2. Diagrama de dispersión o nube de puntos
- 1.3. Distribuciones marginales y condicionadas

2. Relación entre variables estadísticas: correlación
- 2.1. Sentido y grado
- 2.2. Covarianza
- 2.3. Coeficiente de correlación lineal de Pearson

3. Regresión lineal
- 3.1. Rectas de regresión

Simulador

Problemas interactivos

Presentación

Noticias

Baja el precio del suelo urbano un 11,5 % y las ventas, un 22 %

En el primer trimestre del año 2013 las ventas de pisos bajaron un 22 %, y el precio del metro cuadrado bajó un 11,5 % en comparación con el año anterior. En las poblaciones más habitadas el precio del metro cuadrado ha disminuido un poco más, llegando al 20 %.

El País, 18-6-2013.

Web

En la siguiente web puedes encontrar todo tipo de datos y encuestas. También hay juegos y un poco de historia, que te ayudarán con la estadística:

http://www.ine.es/explica/explica.htm

Esta otra página te servirá como apoyo durante estos temas. En ella podrás repasar la teoría y dispondrás de una evaluación al final:

http://links.edebe.com/zkbk

Películas

Ciudad mágica, de William A. Wellman (1947). Una empresa que se dedica a elaborar sondeos y busca una ciudad en la que la opinión de cuyos habitantes sea representativa de la de todo el país.

EN CONTEXTO

a> Observa el gráfico que encontrarás en el siguiente enlace y contesta razonadamente a las preguntas:

http://links.edebe.com/ixn

— ¿Puedes describir la trayectoria del gráfico?

— ¿Podrías predecir lo que va a ocurrir en los próximos cuatrimestres?

— ¿Te podrías fiar de esta predicción?

b> Lee la noticia anterior y responde a las siguientes cuestiones:

— ¿Crees que existe una relación entre la bajada del precio del metro cuadrado y la disminución de transacciones de suelo urbano?

— ¿Consideras que influye la provincia en la que estemos? ¿Por qué? ¿En qué medida?

— ¿Qué tipo de relación crees que deben tener la disminución del precio de un artículo con las ventas de ese producto, o con la provincia en la que estemos?

c> Busca otros gráficos e intenta predecir lo que va a suceder. ¿Qué ocurre en la realidad?

1. Variable estadística bidimensional
1.1. Tablas estadísticas
1.2. Diagrama de dispersión o nube de puntos
1.3. Distribuciones marginales y condicionadas

RECUERDA

La población es el conjunto sobre el que queremos elaborar el estudio. En caso de que no sea posible estudiar la totalidad de la población, por ejemplo, debido al coste económico que supondría, se toma una **muestra**.

Decimos que una muestra es representativa si su estudio permite obtener conclusiones sobre la población.

INTERNET

Los parámetros estadísticos más habituales cuando estudiamos variables unidimensionales son:

Media: $\bar{x} = \frac{1}{N}\sum_{i=1}^{n} x_i \cdot f_i$

Varianza: $\sigma^2 = \frac{1}{N}\sum_{i=1}^{n} x_i^2 \cdot f_i - \bar{x}^2 = \frac{1}{N}\sum_{i}(x_i - \bar{x})^2 \cdot f_i$

Desviación típica: $\sigma = \sqrt{\sigma^2}$

Donde f_i son las frecuencias absolutas de x_i.

Puedes recordar su significado en este enlace:

http://links.edebe.com/snpi

FÍJATE

Si f_{ij} son las frecuencias recogidas en una tabla de contingencia y hemos efectuado N observaciones, la suma total de las frecuencias debe dar como resultado N.

1. Variable estadística bidimensional

La estadística permite interpretar y representar datos recopilados sobre las características de una población a través de una muestra representativa.

Las características de la población que van a ser objeto de estudio se denominan **variables estadísticas.**

Recuerda que un estudio estadístico unidimensional consiste en escoger una característica X de una población y llevar a cabo N observaciones. De esta forma, se obtienen $x_1, x_2, \dots x_n$ valores de la variable ($n \leq N$). Al número de veces que aparece cada valor x_i se le llama **frecuencia absoluta**, f_i, y, por lo tanto, $f_1 + \dots + f_n = N$.

En este tema estudiaremos la relación entre dos características, (X, Y), es decir, trabajaremos la **estadística bidimensional**.

1.1. Tablas estadísticas

Supongamos que preguntamos a 5 alumnos las notas de Matemáticas (X) y Física (Y) obtenidas en el curso anterior y las respuestas han sido: (7, 8), (5, 5), (6, 8), (6, 5) y (9, 7). Con estos datos, podemos construir la siguiente tabla estadística:

X	7	5	6	6	9
Y	8	5	8	5	7

Tablas de doble entrada o de contingencia

Efectuamos ahora la misma pregunta a 30 alumnos y las respuestas son: (7, 8), (5, 5), (6, 8), (6, 5), (9, 7), (5, 6), (5, 5), (7, 6), (8, 5), (6, 7), (9, 6), (6, 7), (9, 9), (5, 7), (7, 9), (6, 6), (5, 6), (7, 5), (5, 5), (7, 8), (5, 7), (8, 6), (5, 6), (8, 7), (6, 8), (5, 7), (9, 6), (6, 7), (6, 7), (8, 6).

En este caso, debido al gran número de datos recogidos, resultará más eficiente representarlos en una **tabla de doble entrada** que relacionará los pares de valores con su frecuencia absoluta.

Para construirla, se asignan las filas de la tabla a una de las variables y las columnas a la otra, y en cada casilla se anota la **frecuencia absoluta f_{ij}** del par de valores correspondiente (x_i, y_j). Con estos datos, obtendríamos:

X \ Y	5	6	7	8	9
5	3	3	3	0	0
6	1	1	4	2	0
7	1	1	0	2	1
8	1	2	1	0	0
9	0	2	1	0	1

Este tipo de tablas permite visualizar la **distribución** de las frecuencias.

En este caso, la frecuencia absoluta f_{11} que representa el par $(x_1, y_1) = (5, 5)$ es 3, ya que este par de valores aparece 3 veces en las respuestas facilitadas por los alumnos.

Del mismo modo, la frecuencia absoluta $f_{3,\,2}$ del par de valores $(x_3, y_2) = (7, 7)$ es 0, pues nadie sacó un 7 en las materias de Matemáticas y Física.

1.2. Diagrama de dispersión o nube de puntos

Las variables bidimensionales pueden representarse mediante diagramas de barras o histogramas. Sin embargo, lo más habitual es usar **diagramas de dispersión** o **nubes de puntos**, pues permiten visualizar mejor la relación entre las variables implicadas.

Para construir un diagrama de dispersión, asignamos a cada variable un eje de coordenadas y consideramos los pares de valores como puntos del plano.

Así, en el ejemplo de la página anterior, a las notas de Matemáticas les correspondería el eje de abscisas y a las de Física, el eje de ordenadas. Representando en el plano los puntos correspondientes (7, 8), (5, 5), (6, 8), (6, 5), (9, 7), obtendríamos la nube de puntos.

1.3. Distribuciones marginales y condicionadas

La estadística bidimensional permite recuperar la información de las variables por separado, obteniendo las **distribuciones marginales**:

— **Distribución marginal de X.** Es el resultado de calcular la frecuencia acumulada de cada valor x_i de la variable X observado: $f_{i\cdot} = \sum_j f_{ij}$.

— **Distribución marginal de Y.** Es el resultado de calcular la frecuencia acumulada de cada valor y_j de la variable Y observado: $f_{\cdot j} = \sum_i f_{ij}$.

A partir de las distribuciones marginales, pueden obtenerse de cada variable las **medias marginales** ($\bar{x}$ o $\bar{y}$) y las desviaciones marginales (σ_x, σ_y).

También permite estudiar una de las variables cuando la otra cumple una condición. Obtendremos de esta forma las **distribuciones condicionadas**:

— **Distribución de X condicionada a $Y = y_j$.** Es la formada por las frecuencias $f_{1 \mid y_j} = f_{1,j}$, $f_{2 \mid y_j} = f_{2,j}$, ..., $f_{n \mid y_j} = f_{n,j}$, es decir, las de la columna j-ésima de la tabla de contingencia.

— **Distribución de Y condicionada a $X = x_i$.** Es la formada por el conjunto de frecuencias $f_{1 \mid x_i} = f_{i,1}$, $f_{2 \mid x_i} = f_{i,2}$, ..., $f_{m \mid x_i} = f_{i,m}$, es decir, las de la fila i-ésima.

1 EJEMPLO

Con los datos de los 30 alumnos de la página anterior, calcula la distribución de las notas de Física y la distribución de las notas de Matemáticas de los alumnos que obtuvieron un 8 en Física.

Solución

COMPRENSIÓN: La distribución de las notas de Física es la marginal de X. La distribución de las notas de Matemáticas que obtuvieron un 8 en Física se corresponde a la distribución de Y condicionada a $X = 8$.

RESOLUCIÓN: Marginal de X:

X	5	6	7	8	9
f_i	9	8	5	4	4

Y condicionada a $X = 8$

Y	5	6	7	8	9
$f_{j \mid X=8}$	1	2	1	0	0

RECUERDA

Las variables estadísticas se dividen en **cualitativas** y **cuantitativas**.

Las cualitativas pueden ser ordinales (clasificación) o nominales (color de ojos). Las cuantitativas pueden ser **discretas** (edad en años) o **continuas** (altura en cm). Para representar las variables continuas, se utilizan **intervalos**.

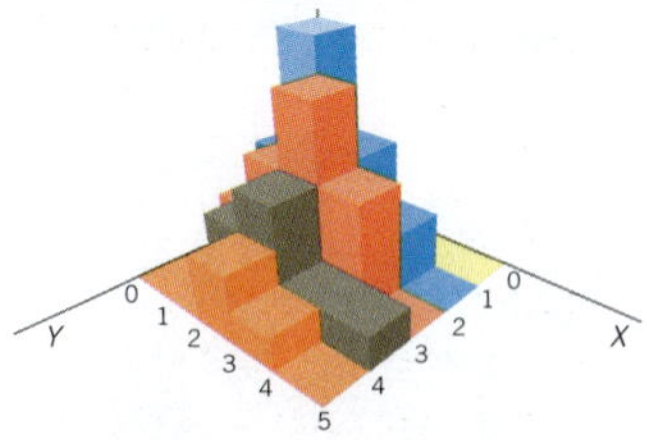

Los histogramas se usan si los datos están agrupados en intervalos o las variables son continuas.

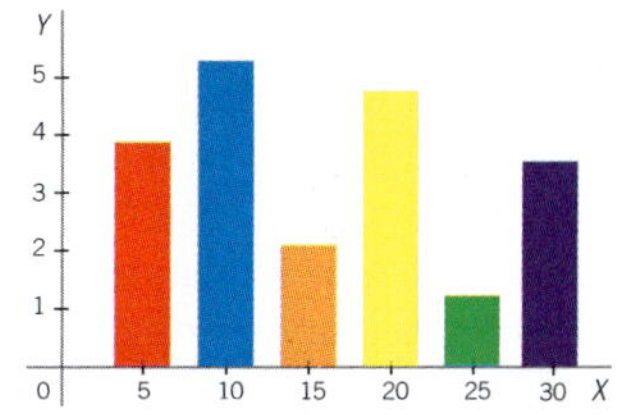

Los diagramas de barras se usan cuando las variables son discretas y los datos no están agrupados.

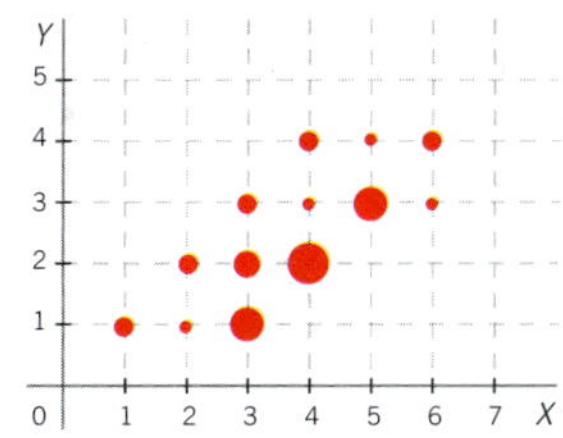

Si las variables son discretas, puedes representar la frecuencia mediante el área de los círculos: a mayor área, mayor frecuencia.

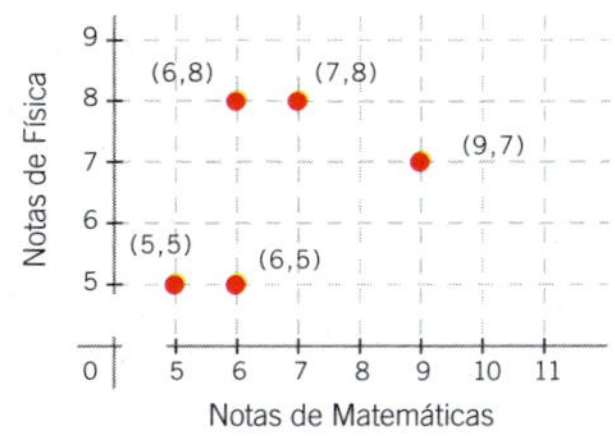

Si las variables son continuas o los datos están agrupados, puedes dividir el plano en cuadrados y representar en cada uno tantos puntos como indique la frecuencia.

Ejercicios y problemas 4 a 8

2. Relación entre variables estadísticas: correlación
2.1. Sentido y grado
2.2. Covarianza
2.3. Coeficiente de correlación lineal de Pearson

2. Relación entre variables estadísticas: correlación

Cuando disponemos de los datos relativos a dos variables estadísticas, interesa estudiar en qué medida se influyen la una a la otra.

La **correlación** es la relación existente entre las variables estadísticas bidimensionales.

Veamos a continuación qué relaciones pueden darse entre dos variables estadísticas, analizando primero las nubes de puntos para, a continuación, calcular parámetros que aportarán rigor matemático al análisis.

Dependencia funcional

Si recogemos datos sobre el radio (X) de distintas circunferencias y su longitud (Y) y los representamos en un diagrama de dispersión, veremos que los puntos obtenidos se encuentran sobre la gráfica de la función $f(x) = 2\pi x$.

Si al representar los puntos de un diagrama de dispersión, estos coinciden con la gráfica de una función real de variable real, decimos que las variables estadísticas tienen una **dependencia funcional**.

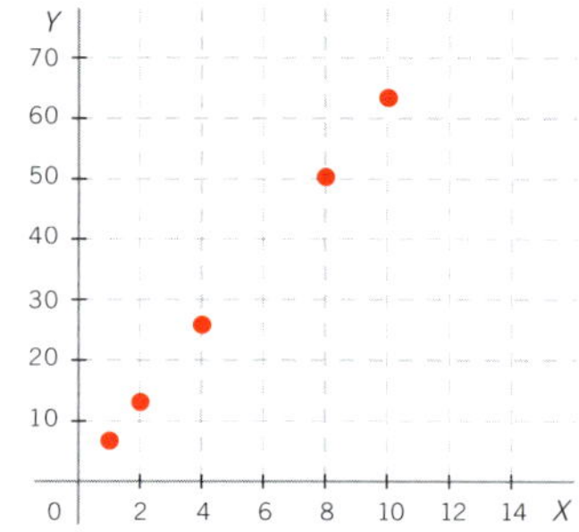

Variables independientes

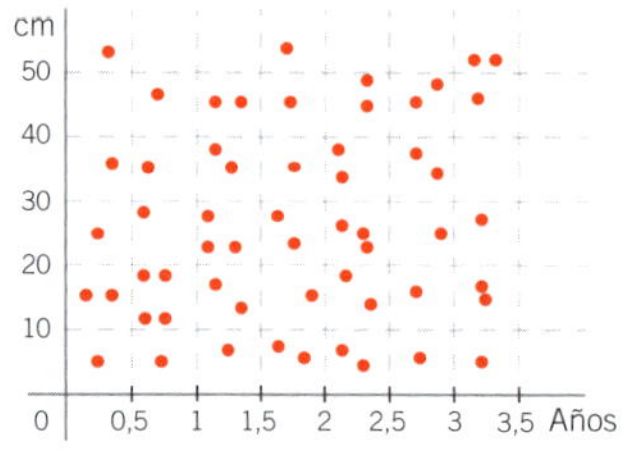

En esta nube de puntos se representan la esperanza de vida de distintos insectos (X) y su tamaño (Y).

Observa que el conjunto de puntos se distribuirá sobre el plano sin orden aparente. Diremos entonces que estas variables estadísticas son **variables independientes**.

Dependencia estadística

Por último, observa el diagrama de dispersión que representa el estudio estadístico de los ingresos familiares (Y), y el gasto que hacen en vacaciones (X).

En este caso, observamos que si bien la distribución no se ajusta perfectamente a una función de variable real, sí que parece que hay una relación entre las variables.

Decimos entonces que las variables tienen una **dependencia estadística**.

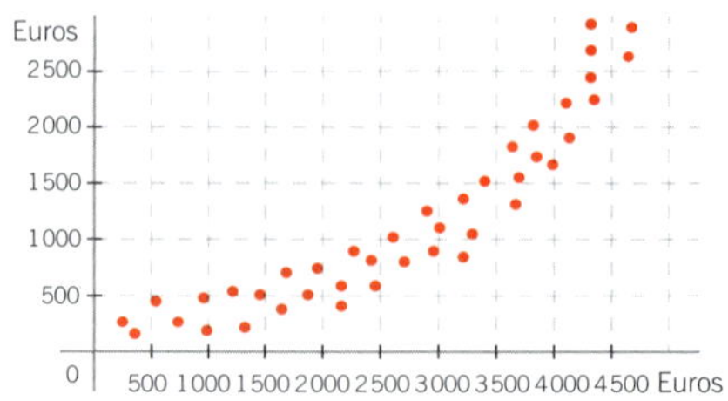

Francis Galton

Francis Galton (1822-1911) fue antropólogo, geógrafo, explorador, inventor, meteorólogo, psicólogo y estadístico británico. Primo de Charles Darwin, viajero y aventurero de joven, decide en 1860 dedicarse a la investigación. Lleva a cabo estudios muy diversos gracias a la recién nacida estadística en muchos campos: meteorología, psicología, biología, demografía... Realiza aportaciones a la teoría del origen de las especies de su primo e introdujo el concepto de *correlación*.

Ejercicios y problemas
9

2.1. Sentido y grado

La dependencia entre dos variables estadísticas puede, a su vez, clasificarse en función de su sentido y de su grado.

Sentido

— Decimos que la dependencia entre dos variables es **positiva** cuando al aumentar una variable también incrementa la otra.

— Decimos que la dependencia entre dos variables es **negativa** cuando al aumentar el valor de una variable el valor de la otra disminuye.

Esta relación puede darse en casos de dependencia lineal y curvilínea.

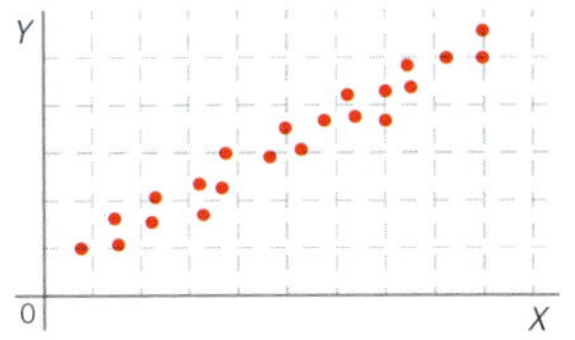

Sentido positivo

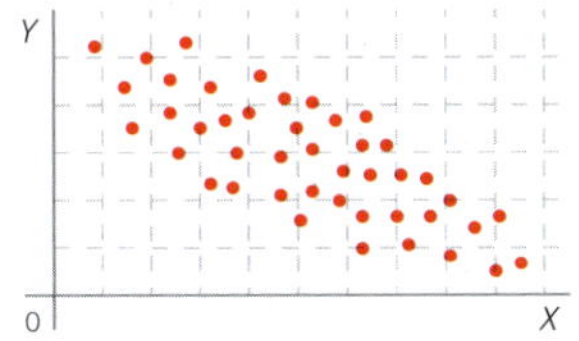

Sentido negativo

Grado

— La dependencia entre dos variables es **fuerte** si se aproxima a una dependencia funcional.

— La dependencia entre dos variables es **débil** si se aproxima a la independencia.

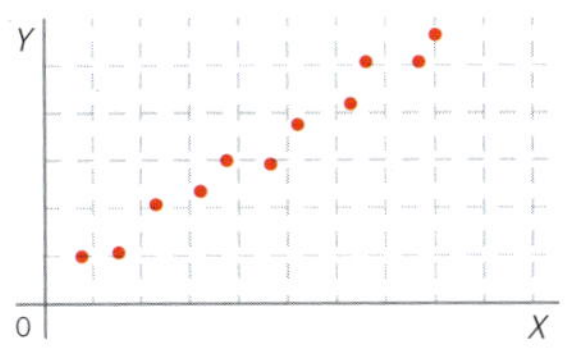

Grado fuerte

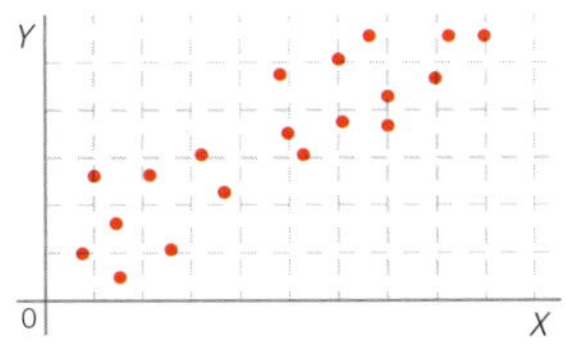

Grado débil

2 EJEMPLO

Clasifica la relación entre los pares de variables estadísticas que representan los siguientes diagramas de dispersión.

a) 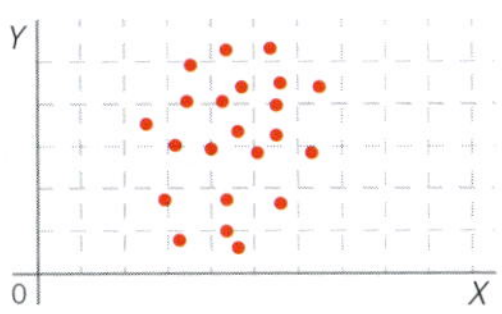

b) 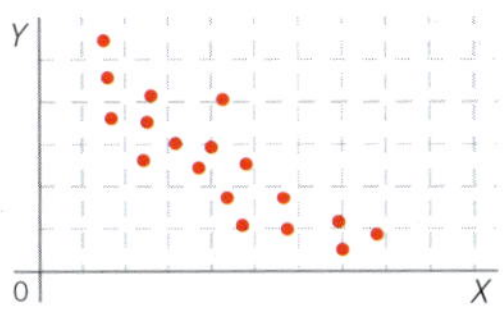

c) 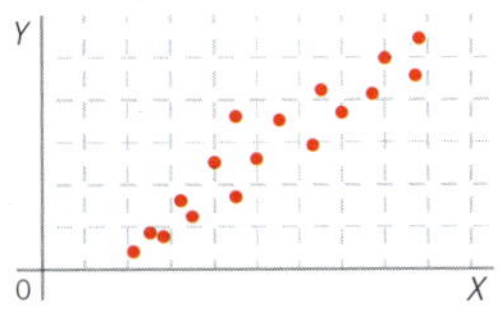

d) 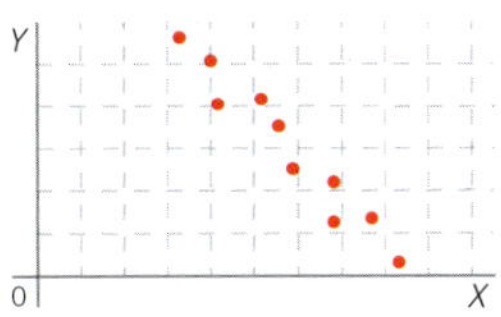

e) 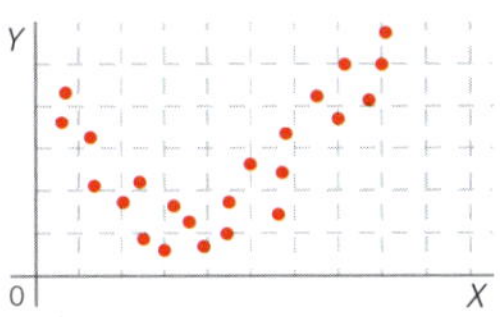

f) 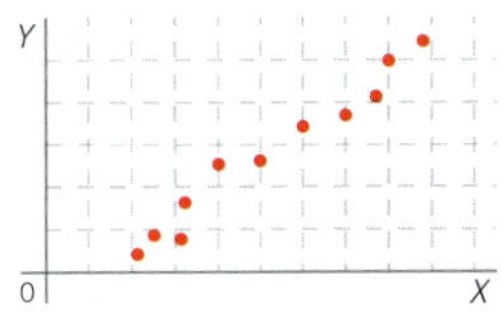

Solución

COMPRENSIÓN: Analizaremos los diagramas de dispersión y aplicaremos las definiciones que hemos visto hasta el momento.

RESOLUCIÓN: a) son independientes; b) dependencia lineal negativa débil; c) lineal positiva débil; d) lineal negativa fuerte; e) curvilínea débil; f) lineal positiva fuerte.

FÍJATE

En ocasiones, los puntos del diagrama de dispersión parecen agruparse alrededor de una curva.

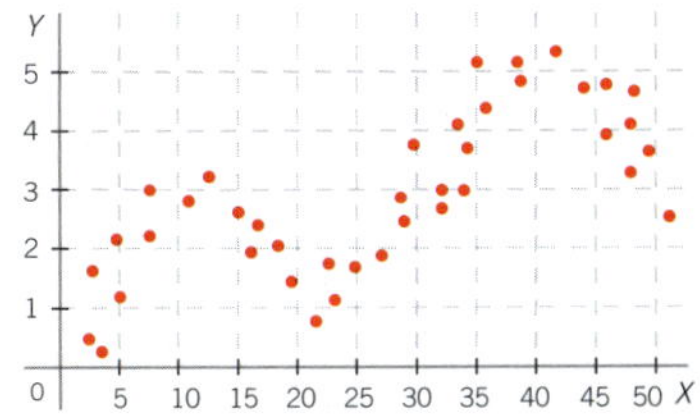

Decimos que este tipo de relación es **curvilínea**; y cuando se agrupan alrededor de una recta, decimos que es **lineal**.

RECUERDA

TIPO	Lineal / Curvilínea
SENTIDO	Positivo / Negativo
GRADO	Fuerte / Débil

Ejercicios y problemas 19

2.2. Covarianza

El análisis de la nube de puntos puede ofrecer pistas sobre la relación entre las variables, pero en muchas ocasiones no nos aportará suficiente información para llegar a conclusiones fiables. Por ello, es necesario el cálculo de parámetros que, por ejemplo, no dependan de lo que el observador considere «fuerte» o «débil».

La **covarianza** de una variable bidimensional es el parámetro estadístico que permite estudiar el sentido de la distribución y viene definida por la siguiente expresión:

$$\sigma_{XY} = \frac{1}{N}\sum_{i}^{n}\sum_{j}^{m}(x_i - \bar{x}) \cdot (y_j - \bar{y}) \cdot f_{ij}$$

siendo N el tamaño total de la muestra, y $\bar{x}$ e $\bar{y}$ las medias de las variables X e Y.

— Si es positiva, las variables tienen una dependencia **positiva.**

— Si es negativa, la dependencia es **negativa.**

FÍJATE

Otra fórmula para calcular la covarianza es la siguiente:

$$\sigma_{XY} = \frac{1}{N}\sum_{i}^{n}\sum_{j}^{m} x_i \cdot y_j \cdot f_{ij} - \bar{x} \cdot \bar{y}$$

INTERNET

Los cálculos de parámetros estadísticos pueden resultar muy laboriosos y puede que se cometan errores. Así pues, cuando sea posible, es aconsejable disponer de calculadoras adecuadas o programas informáticos que te ayuden a resolver esta tarea.

En los siguientes enlaces, encontrarás un resumen de las principales funciones estadísticas en distintos programas:

http://links.edebe.com/uesf

http://links.edebe.com/xac7hz

3 EJEMPLO

Un estudio realizado en 25 aeropuertos analizó el tráfico de pasajeros en miles (X) y el tanto por ciento de vuelos que sufrieron retrasos de más de 15 minutos (Y) durante las vacaciones de Navidad.

Calcula la covarianza entre las variables, a partir de los datos de la tabla.

X \ Y	(0, 2)	(2, 4)	(4, 6)	(6, 8)	(8, 10)
(0, 10)	0	3	1	2	0
(10, 20)	2	0	1	2	1
(20, 30)	0	2	4	0	1
(30, 40)	2	0	1	0	3

Solución

COMPRENSIÓN: Las variables son continuas. Por lo tanto, para calcular los parámetros, necesitamos un representante de cada intervalo: una marca de clase (M. C.), que normalmente es la media de los extremos de dicho intervalo. Luego, efectuaremos los cálculos en la tabla.

RESOLUCIÓN:

	M. C. Y	1	3	5	7	9		
M. C. X	X \ Y	(0, 2)	(2, 4)	(4, 6)	(6, 8)	(8, 10)	f_i	$X_i \cdot f_i$
5	(0, 10)	0	3	1	2	0	6	30
15	(10, 20)	2	0	1	2	1	6	90
25	(20, 30)	0	2	4	0	1	7	175
35	(30, 40)	2	0	1	0	3	6	210
	f_j	4	5	7	4	5	25	505
	$Y_j \cdot f_j$	4	15	35	28	45	127	

A partir de la tabla $\bar{x} = \frac{505}{25} = 20,2$; $\bar{y} = \frac{127}{25} = 5,08$

Por otra parte: $\sigma_{XY} = \frac{1}{N}\sum_{i}^{n}\sum_{j}^{m} x_i \cdot y_j \cdot n_{ij} - \bar{x} \cdot \bar{y}$

$$\sigma_{XY} = \frac{1}{25}(5 \cdot 1 \cdot 0 + 5 \cdot 3 \cdot 3 + ... + 35 \cdot 9 \cdot 3) - 20,2 \cdot 5,08 = \frac{1}{25} \cdot 2655 - 102,606 = 3,594$$

Como la covarianza es mayor que cero, la relación entre las variables es directa y, por lo tanto, a mayor tráfico del aeropuerto correspondería un mayor porcentaje de vuelos con retraso.

RECUERDA

Marcas de clase

En los estudios estadísticos, si las variables son continuas, se representan como intervalos. Para realizar cálculos estadísticos, se escogen representantes de cada uno de ellos, que se denominan *marcas de clase*. Como marca de clase, se escoge normalmente la media de los extremos de cada intervalo.

Problemas resueltos
A

Ejercicios y problemas
10, 12 y 14 a 18

2.3. Coeficiente de correlación lineal de Pearson

Para obtener un valor cuantitativo de la correlación existente entre dos variables, este debe ser adimensional. Para estos casos, se suele considerar el llamado **coeficiente de correlación de Pearson**.

El coeficiente de Pearson de una variable bidimensional es un parámetro definido por la expresión: $r = \dfrac{\sigma_{XY}}{\sigma_X \cdot \sigma_Y}$, donde σ_{XY} es la covarianza entre X e Y y σ_X, σ_Y son las desviaciones típicas.

Se puede demostrar que este coeficiente está siempre comprendido entre −1 y 1.

El coeficiente de correlación de Pearson aportará información sobre la intensidad de la independencia y el grado de linealidad de dos variables.

— Si es próximo a 1 o a −1, las variables tienen una fuerte dependencia lineal. Si es 1 o −1, la dependencia lineal es funcional.

— Si es próximo a 0, tienen una dependencia débil. Si es 0, las variables son independientes.

Observa que el signo del coeficiente de Pearson coincide con el de la covarianza.

4 EJEMPLO

Una web de turismo compara la oferta de plazas en habitaciones dobles (X) y la cantidad de habitaciones totales (Y) en diversos hoteles. A partir de los datos recogidos en la tabla, calcula el coeficiente de correlación entre las variables.

X	10	12	14	16	18	20
Y	15	17	18	20	23	25

Solución

COMPRENSIÓN: Completamos la tabla con las columnas que necesitaremos para calcular el coeficiente de correlación y, finalmente, calcularemos los parámetros necesarios.

RESOLUCIÓN:

	X	Y	X^2	Y^2	$X \cdot Y$
	10	15	100	225	150
	12	17	144	289	204
	14	18	196	324	252
	16	20	256	400	320
	18	23	324	529	414
	20	25	400	625	500
SUMAS	90	118	1420	2392	1840

$$\bar{x} = \frac{90}{6} = 15; \ \bar{y} = \frac{118}{6} = 19{,}67$$

$$\sigma_X^2 = \frac{1}{N}\sum_i x_i^2 - (\bar{x})^2 = \frac{1}{6} \cdot 1420 - 15^2 = \frac{35}{3} \simeq 11{,}67$$

$$\sigma_Y^2 = \frac{1}{N}\sum_i y_i^2 - (\bar{y})^2 = \frac{1}{6} \cdot 2392 - (19{,}67)^2 \simeq 11{,}76$$

$$\sigma_{XY} = \frac{1}{N}\sum_i^n x_i \cdot y_i - \bar{x} \cdot \bar{y} = \frac{1}{6} \cdot 1840 - 15 \cdot 19{,}67 = 11{,}617$$

$$r = \frac{\sigma_{XY}}{\sqrt{\sigma_X{}^2 \cdot \sigma_Y{}^2}} = \frac{11{,}617}{\sqrt{11{,}67 \cdot 11{,}76}} \simeq 0{,}99$$

Como es un valor muy cercano a 1, podemos concluir diciendo que las variables tienen una fuerte dependencia lineal directa.

LENGUAJE MATEMÁTICO

El valor de la covarianza no es **adimensional,** lo que significa que su valor dependerá de las unidades en las que se expresen las variables.

— ¿Por qué es importante que el coeficiente de correlación de Pearson sea adimensional?

INTERNET

Otro coeficiente es el de determinación, que se puede obtener como:

$$r^2 = \frac{\sigma_{XY}{}^2}{\sigma_X{}^2 \cdot \sigma_Y{}^2}$$

Luego: $0 \leq r^2 \leq 1$.

Encontrarás información sobre cómo interpretarlo en el siguiente enlace:

http://links.edebe.com/a8

FÍJATE

El signo del coeficiente de correlación coincide con el de la covarianza, ya que el signo de las varianzas y las desviaciones típicas siempre es positivo.

Ejercicios y problemas
11, 13, 20 y 37

3. Regresión lineal
3.1. Rectas de regresión

3. Regresión lineal

Uno de los objetivos que se persiguen al estudiar dos variables es poder llevar a cabo predicciones teóricas sobre los valores que tomará una variable, conocida la otra.

Así, si hay una curva sobre la que se agrupan los puntos de una nube de puntos, esta será una buena aproximación de los valores reales de dichos puntos.

El análisis que pretende determinar la función que mejor se aproxima a un diagrama de dispersión recibe el nombre de *regresión*. Si la función que mejor se aproxima es una recta, nos encontramos en el caso de las rectas de regresión.

3.1. Rectas de regresión

Cuando obtenemos un coeficiente de correlación cercano a 1 o −1, las variables presentan una fuerte dependencia lineal y los datos se agrupan en torno a una recta del plano.

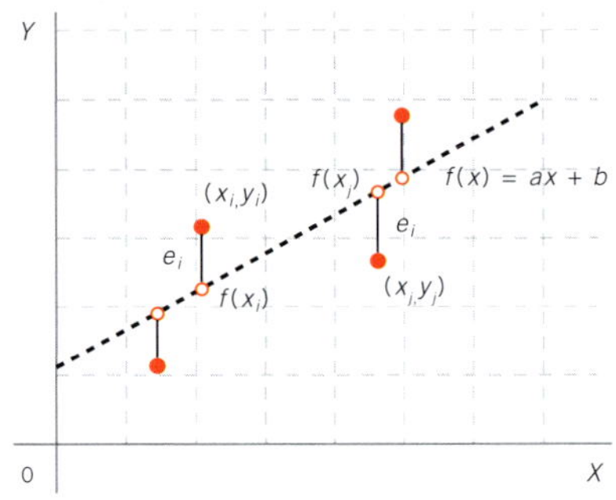

Para conocer la ecuación de esta recta, se utiliza el criterio de mínimos cuadrados, que proporciona una recta ajustada a la distribución, de modo que la suma de los cuadrados de las diferencias entre los datos teóricos y los reales sea lo menor posible.

Es decir, si $f(x) = ax + b$ es la recta que hemos encontrado, (x_i, y_i), $i = 1, \ldots, N$ son nuestros datos y $e_i = |f(x_i) - y_i|$ son los **errores** o **residuos**. La regresión lineal es el método que garantiza que $\sum_{i=1}^{N} e_i^2$ es mínimo.

Según este criterio, la **recta de regresión de *Y* sobre *X*** será de la forma:

$$y = a + bx, \text{ donde } b = \frac{\sigma_{XY}}{\sigma_X^2} \text{ y } a = \bar{y} - b\bar{x}$$

Otra forma de escribirla es: $y - \bar{y} = \dfrac{\sigma_{XY}}{{\sigma_X}^2} \cdot (x - \bar{x})$.

Esta recta permite predecir, para un valor de *X*, qué valor de *Y* cabe esperar.

Análogamente, para predecir un valor de la variable *X* en función de la variable *Y*, utilizaremos la **recta de regresión de *X* sobre *Y***. En este caso:

$$x = a + by, \text{ donde } b = \frac{\sigma_{XY}}{\sigma_Y^2} \text{ y } a = \bar{x} - b\bar{y}$$

Otra forma de escribirla es: $x - \bar{x} = \dfrac{\sigma_{XY}}{{\sigma_Y}^2} \cdot (y - \bar{y})$.

Las dos rectas de regresión se cortan en el punto $(\bar{x}, \bar{y})$, que recibe el nombre de **centro de gravedad** de la distribución.

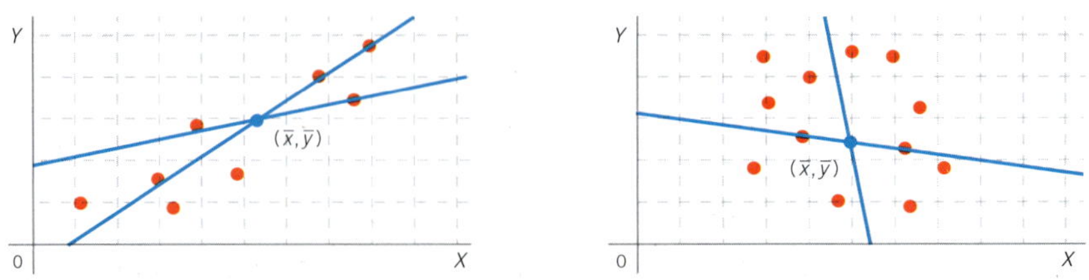

Rectas de regresión de pendientes positivas y negativas que se cortan en el centro de gravedad.

FÍJATE

A las pendientes de las rectas se las conoce como *coeficientes de regresión*.

INTERNET

En el siguiente enlace, dispones de una justificación teórica de por qué la regresión lineal es un método de mínimos cuadrados:

http://links.edebe.com/pnacr

AMPLÍA

Las rectas de regresión de *Y* sobre *X* y de *X* sobre *Y* cumplen estas propiedades:

— Solo coinciden cuando las variables tienen dependencia funcional.

— Cuanto mayor sea el coeficiente de correlación entre las variables, más juntas estarán las rectas de regresión.

— Si las variables son independientes, las rectas serán perpendiculares entre sí y paralelas a los ejes de coordenadas.

- Por parejas, intentad demostrar las primeras propiedades de las rectas de regresión.

Problemas resueltos
B

Ejercicios y problemas
21 a 32, 34, 36 y 39

Predicciones

Las predicciones que efectuaremos con este método serán más fiables cuanto más cercano a 1 o −1 sea el coeficiente de correlación; es decir, cuanto mayor sea la correlación lineal entre las variables y, por lo tanto, menor sea la suma de los errores $\sum_{i=1}^{N} e_i^2$.

5 EJEMPLO

Los datos, en miles, de simpatizantes registrados (X) en la web de un partido político y de afiliados que pagan una cuota (Y) son los siguientes:

X	182	187	190	197	201	203
Y	80	85	92	94	100	105

a) Construye la recta de regresión de Y sobre X a partir de estos datos e indica cuántos afiliados se debe esperar que paguen la cuota cuando haya 209 000 personas registradas como simpatizantes.

b) Construye la recta de regresión de X sobre Y e indica cuántas personas se puede esperar que haya registradas en la web si pagan su cuota 120 000 afiliados.

Solución

COMPRENSIÓN: Realizaremos los cálculos a partir de la siguiente tabla:

	X	Y	X^2	Y^2	$X \cdot Y$
	182	80	33 124	6 400	14 560
	187	85	34 969	7 225	15 895
	190	92	36 100	8 464	17 480
	197	94	38 809	8 836	18 518
	201	100	40 401	10 000	20 100
	203	105	41 209	11 025	21 315
SUMAS	1 160	556	224 612	51 950	107 868

RESOLUCIÓN:

$$\bar{x} = \frac{1}{N}\sum_{i=1}^{n} x_i = \frac{1}{6} \cdot 1160 = 193{,}33 \qquad \bar{y} = \frac{1}{N}\sum_{j=1}^{n} y_j = \frac{1}{6} \cdot 556 = 92{,}667$$

Así, $\sigma_X^2 = \frac{1}{N}\sum_i x_i^2 - (\bar{x})^2 = \frac{1}{6} \cdot 224612 - 193{,}33^2 \simeq 57{,}556$.

Y $\sigma_Y^2 = \frac{1}{N}\sum_i y_i^2 - (\bar{y})^2 = \frac{1}{6} \cdot 51950 - 92{,}667^2 \simeq 71{,}22$.

La covarianza es: $\sigma_{XY} = \frac{1}{N}\sum_i^{n} x_i \cdot y_i - \bar{x} \cdot \bar{y} = \frac{1}{6} \cdot 107868 - 193{,}33 \cdot 92{,}66 = 62{,}44$

a) $b = \frac{\sigma_{XY}}{\sigma_X^2} = \frac{62{,}44}{57{,}556} = 1{,}085 \qquad a = \bar{y} - b\bar{x} = 92{,}667 - 1{,}085 \cdot 193{,}33 = -117{,}09$

Luego, la recta de regresión de Y sobre X es $y = -117{,}09 + 1{,}085x$.

Por lo tanto, si $x = 209 \longrightarrow y = -117{,}09 + 1{,}085 \cdot 209 = 109{,}675 \longrightarrow$ Unas 110 000 personas pagarán la cuota si hay 209 000 simpatizantes registrados en la web.

b) $b = \frac{\sigma_{XY}}{\sigma_Y^2} = \frac{62{,}44}{71{,}22} = 0{,}8767 \qquad a = \bar{x} - b\bar{y} = 193{,}33 - 0{,}8767 \cdot 92{,}667 = 112{,}09$

Luego, la recta de regresión de X sobre Y es $x = 112{,}09 + 0{,}8767y$.

Por lo tanto, si $y = 120 \longrightarrow x = 112{,}09 + 0{,}8767 \cdot 120 = 217{,}294$. Si 120 000 personas pagan la cuota, es de esperar que haya unas 218 000 registradas en la web.

FÍJATE

Para medir la fiabilidad de una recta de regresión, hay que tener en cuenta las siguientes limitaciones:

— Las predicciones no son fiables si r no es próxima a 1.

— La fiabilidad es mayor cuanto mayor sea el número de datos utilizados para calcularla.

— Las predicciones obtenidas para puntos medios de la distribución son más fiables que las obtenidas para puntos muy alejados.

CALCULADORA

Las calculadoras científicas permiten efectuar cálculos estadísticos bidimensionales, aunque, dependiendo del modelo, se procede de distintas formas.

— Busca en Internet un tutorial que explique cómo hacer cálculos bidimensionales con el modelo de calculadora que tienes (o similar).

— Redacta un breve manual de instrucciones que incluya los siguientes apartados:

a) En qué modo debe estar la calculadora.

b) Cómo se introducen los datos.

c) Cómo se calculan los diferentes parámetros.

— Graba un vídeo didáctico para explicar cómo funciona tu calculadora.

Problemas resueltos C

Ejercicios y problemas 33, 35, 38, 40, 41 y 42

Síntesis 44 a 53

Problemas RESUELTOS

A VARIABLE ESTADÍSTICA BIDIMENSIONAL

En una prueba con los 35 alumnos de una clase se recogen en *X* las notas de la prueba de Lengua y en *Y* las notas de Matemáticas, obteniendo la siguiente tabla de doble entrada:

a) ¿Cuál es la distribución marginal de las notas de Matemáticas? ¿Y la de las notas de Lengua?

b) Calcula la nota media de los alumnos en Matemáticas y en Lengua.

c) Calcula la covarianza entre las variables *X* e *Y* e interpreta su valor.

X \ Y	(0, 2)	(2, 4)	(4, 6)	(6, 8)	(8, 10)
(0, 2)	1	0	1	0	0
(2, 4)	1	3	1	1	0
(4, 6)	0	2	7	5	0
(6, 8)	0	2	2	5	1
(8, 10)	0	0	1	1	1

Solución

COMPRENSIÓN:

Para resolver las marginales solo necesitamos la tabla, pero para calcular la media o la covarianza, necesitaremos calcular primero la marca de clase de cada intervalo, efectuando la media de los extremos de cada uno. Para facilitar los cálculos, completaremos la tabla con otras columnas.

	y_j	1	3	5	7	9
x_i	X \ Y	(0, 2)	(2, 4)	(4, 6)	(6, 8)	(8, 10)
1	(0, 2)	1	0	1	0	0
3	(2, 4)	1	3	1	1	0
5	(4, 6)	0	2	7	5	0
7	(6, 8)	0	2	2	5	1
9	(8, 10)	0	0	1	1	1

RESOLUCIÓN:

a) Marginal de *X*:

	1	3	5	7	9
X	(0, 2)	(2, 4)	(4, 6)	(6, 8)	(8, 10)
f_i	2	6	14	10	3

Marginal de *Y*:

	1	3	5	7	9
Y	(0, 2)	(2, 4)	(4, 6)	(6, 8)	(8, 10)
f_j	2	7	12	12	2

b) $\overline{x} = \frac{1}{N}\sum_{i=1}^{n} x_i \cdot f_{i\cdot} = \frac{1}{35} \cdot (1 \cdot 2 + 3 \cdot 6 + 5 \cdot 14 + 7 \cdot 10 + 9 \cdot 3) = 5{,}34$

$\overline{y} = \frac{1}{M}\sum_{j=1}^{m} y_j \cdot f_{\cdot j} = \frac{1}{35} \cdot (1 \cdot 2 + 3 \cdot 7 + 5 \cdot 12 + 7 \cdot 12 + 9 \cdot 2) = 5{,}29$

c) $\sigma_{XY} = \frac{1}{N}\sum_{i}^{n}\sum_{j}^{m} x_i \cdot y_j \cdot n_{ij} - \overline{x} \cdot \overline{y}$ $\quad \sigma_{XY} = 1 \cdot 1 \cdot 1 + 1 \cdot 3 \cdot \frac{0+1}{35} \cdot 5 \cdot 1 + \ldots + 9 \cdot 9 \cdot 1 - 5{,}34 \cdot 5{,}29 = \frac{1081}{35} - 28{,}25 = 2{,}64$

Como el valor de la covarianza es mayor que cero, podemos decir que la relación que existe entre las variables es directa, es decir, a mejores notas en una de las asignaturas, mejor nota sacará en la otra.

1. ★★☆ Queremos realizar un estudio sobre el tiempo dedicado al ordenador y la edad de las personas, para comprobar si existe una relación entre estas variables. Para ello, se selecciona a 100 personas y se obtienen los siguientes resultados:

EDAD / TIEMPO (HORAS)	0-15	15-20	20-25	25-30	30-35	35-40	40-75
0-1	7	5	3	2	4	4	6
1-2	4	5	5	6	2	3	5
2-3	2	2	4	2	5	4	3
3-4	1	1	2	2	2	2	1
4-5	1	1	0	2	1	1	0

Calcula la covarianza entre las variables. ¿Qué puedes concluir del resultado obtenido?

Sol.: $\sigma_{XY} = -0{,}115$

B RELACIÓN ENTRE DOS VARIABLES ESTADÍSTICAS

Las rectas de regresión correspondientes a dos variables estadísticas (X, Y) son $r: y = 0,3 - 0,3x$; $s: x = -1 - 2,5y$.

a) Calcula la media de X y la media de Y.

b) Demuestra que r es la recta de regresión de Y sobre X y s la recta de regresión de X sobre Y.

c) ¿Cuál es el coeficiente de correlación lineal? ¿Qué indica?

Solución

COMPRENSIÓN: En este caso, la información que tenemos es la de las rectas de regresión que se ajustan a dos variables estadísticas. Deberemos tener en cuenta el significado del centro de gravedad de una distribución y de los parámetros de una recta de regresión.

RESOLUCIÓN: Intenta resolver el problema individualmente. Para ello, oculta la respuesta y sigue estos pasos:

Pasos

1. Las rectas de regresión se cortan en el centro de gravedad de una distribución, es decir, en el punto $(\overline{x}, \overline{y})$. Si planteamos un sistema de ecuaciones con las dos rectas, el punto de corte se corresponderá con las medias de X y de Y.
2. Para efectuar esta demostración, debemos utilizar el método de reducción al absurdo (suponer como cierta la opción contraria) y calcular el coeficiente de Pearson para este caso. En función del valor de este coeficiente, sabremos si la suposición que hemos hecho es la correcta o no.
3. Para analizar la validez de la regresión, calcularemos el coeficiente de correlación.

Respuestas

1. Planteamos el sistema:

$$\left.\begin{aligned} y &= 0,3 - 0,3x \\ x &= -1 - 2,5y \end{aligned}\right\}$$

Podemos resolverlo utilizando el método de sustitución (por ejemplo, sustituimos en la primera ecuación la expresión correspondiente al valor de x):

$$y = 0,3 - 0,3 \cdot (-1 - 2,5y) \longrightarrow 0,25y = 0,6$$

$$y = 2,4$$

$$x = -1 - 2,5 \cdot 2,4 = -7$$

La solución del sistema es el punto (–7, 4) que se corresponde con el centro de gravedad de la distribución, y coincide con las medias de x e y respectivamente.

La media de x es –7, y la media de y es 4.

2. Si consideramos como cierta la opción contraria (que s es la regresión de Y sobre X) deberemos despejar la variable x en esta expresión y la variable y en la recta r:

$$y = 0,3 - 0,3x \qquad x = 1 - 3,33y$$

$$x = -1 - 2,5y \qquad y = -0,4 - 0,4x$$

Si estas fueran las rectas de regresión, tendríamos:

$$\frac{\sigma_{XY}}{\sigma_Y{}^2} = -3,33 \text{ y } \frac{\sigma_{XY}}{\sigma_Y{}^2} = -0,4$$

El coeficiente de Pearson es: $r = \dfrac{\sigma_{XY}}{\sigma_X \cdot \sigma_Y}$

$$r^2 = \frac{\sigma_{XY}^2}{\sigma_X^2 \cdot \sigma_Y^2} \longrightarrow r = \sqrt{\frac{\sigma_{XY}}{\sigma_X^2} \cdot \frac{\sigma_{XY}}{\sigma_Y^2}}$$

Sustituyendo los datos que hemos obtenido:

$$r = \sqrt{\frac{\sigma_{XY}}{\sigma_X{}^2}\frac{\sigma_{XY}}{\sigma_Y{}^2}} = \sqrt{-3,33 \cdot (-0,4)} = 1,154 > 1$$

Llegamos así a una contradicción, pues este coeficiente no puede ser mayor que 1. La opción contraria a lo que pretendemos demostrar nos ha llevado a una situación absurda; por lo tanto, no puede ser cierta. De este modo, queda demostrado que r es la recta de regresión de Y sobre X.

3. El coeficiente de correlación es:

$$r = \pm\sqrt{\frac{\sigma_{XY}}{\sigma_X{}^2}\frac{\sigma_{XY}}{\sigma_Y{}^2}} = \pm\sqrt{-0,3 \cdot (-2,5)} = \pm 0,866$$

En este caso es –0,866, pues las pendientes de las rectas son negativas y estas tienen el signo de la covarianza y, por lo tanto, también el del coeficiente de correlación. Como es cercano a –1, podemos concluir que la regresión es buena.

2. ★★☆ Dadas las siguientes rectas de regresión $r: y = 1,5x - 1$, $s: x = 0,3y + 0,5$.

a) Calcula la media de ambas variables.

b) ¿Cuál es la recta de regresión de X sobre Y? ¿Y la de Y sobre X?

c) ¿Cuál es el coeficiente de correlación? ¿Qué interpretas?

Sol.: $\overline{x} = 0,36, \overline{y} = -0,45; r = 0,67$

C REGRESIÓN LINEAL

Una pequeña empresa está decidiendo cuánto dinero gastar en publicidad en la siguiente temporada. Para ello, se fija en los datos obtenidos en campañas anteriores, dados en miles de euros.

a) Si decide gastar 6 000 € en publicidad, ¿cuánto esperará vender?

b) ¿Debería confiar en los resultados obtenidos?

GASTO EN PUBLICIDAD	0	1	2,5	4	5	6,5
VENTAS DEL PRODUCTO	7	9	14	16	18	22

Solución

COMPRENSIÓN: Sea *X* la variable que indica el gasto en publicidad de una empresa e *Y* la variable que representa las ventas del producto de la empresa, ambas calculadas en miles de euros. En la tabla disponemos de pocos datos y con frecuencias unitarias, así que no es necesario construir una tabla de contingencia. Como vamos a calcular el coeficiente de correlación y la recta de regresión, vendrá bien que la completemos con las columnas que vayamos a necesitar para aplicar las fórmulas de la manera más sencilla.

DATOS:

	X	Y	X^2	Y^2	$X \cdot Y$
	0	7	0	49	0
	1	9	1	81	9
	2,5	14	6,25	196	35
	4	16	16	256	64
	5	18	25	324	90
	6,5	22	42,25	484	143
Suma	19	86	90,5	1390	341

Si representamos los datos mediante un gráfico de dispersión, obtenemos:

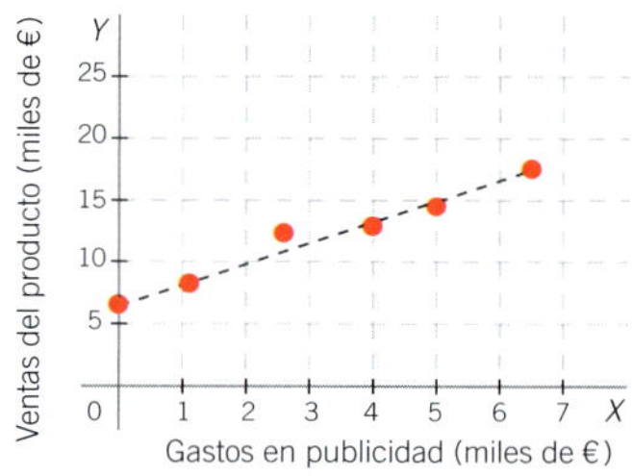

Como podemos observar, se ajusta bien a una recta, que vamos a calcular.

RESOLUCIÓN:

a) Para calcular los parámetros *a* y *b* de la recta, necesitamos las medias, la covarianza y la varianza de *X*:

$$\overline{x} = \frac{1}{N}\sum_i X_i = \frac{1}{6} \cdot 19 = 3{,}17$$

$$\overline{y} = \frac{1}{N}\sum_i Y_i = \frac{1}{6} \cdot 86 = 14{,}33$$

$$\sigma_{XY} = \frac{1}{N}\sum_i x_i \cdot y_i - \overline{x} \cdot \overline{y} = \frac{1}{6} \cdot 341 - 3{,}17 \cdot 14{,}33 = 11{,}41$$

$$\sigma_X^2 = \frac{1}{N}\sum_i x_i^2 - (\overline{x})^2 = \frac{1}{6} \cdot 90{,}5 - 3{,}17^2 = 5{,}03$$

Por lo tanto:

$$b = \frac{\sigma_{XY}}{\sigma_X^2} = \frac{11{,}41}{5{,}03} = 2{,}27$$

$$a = \overline{y} - b\overline{x} = 14{,}33 - 2{,}27 \cdot 3{,}17 = 7{,}13$$

La recta de regresión es:

$$y = 7{,}13 + 2{,}27 \cdot x$$

Si $x = 6 \rightarrow y = 7{,}13 + 2{,}27 \cdot 6 = 20{,}75$

Si gastan 6000 € en publicidad, esperan vender 20750 €.

b) Para calcular el coeficiente de correlación $r_{XY} = \dfrac{\sigma_{XY}}{\sqrt{\sigma_X{}^2 \cdot \sigma_Y{}^2}}$ nos falta calcular la varianza de *Y*:

$$\sigma_Y^2 = \frac{1}{N}\sum_i y_i^2 - (\overline{y})^2 = \frac{1}{6} \cdot 1390 - 14{,}33^2 = 26{,}32$$

Sustituimos:

$$r_{XY} = \frac{\sigma_{XY}}{\sqrt{\sigma_X^2 \cdot \sigma_Y^2}} = \frac{11{,}41}{\sqrt{5{,}03 \cdot 26{,}32}} = 0{,}99$$

Como es un valor muy cercano a 1, podemos considerar que la aproximación es correcta.

3. ★★★ Sea *X* la variable que representa el salario mensual, en miles de euros, e *Y* la variable que indica los años de antigüedad en una empresa. A partir de los siguientes datos, calcula:

a) El coeficiente de correlación.

b) La recta de regresión de *X* sobre *Y*.

c) Si una persona lleva 5 años trabajando en la empresa, ¿qué salario percibirá?

X	1	1,5	2	1,5	2	2,5
Y	0	3	3	2	4	10

Sol.: a) 0,9; b) $x = 1{,}24 + 0{,}14y$; c) 1 940 €

EJERCICIOS Y PROBLEMAS

1 VARIABLE ESTADÍSTICA BIDIMENSIONAL

4. ★☆☆ Decide si las siguientes variables estadísticas son cualitativas o cuantitativas y, en este caso, si son continuas o discretas:

a) Peso y talla de una persona.

b) Hora del día y temperatura en ese momento.

c) Provincia y color de coche más vendido.

d) Número de habitantes y de televisiones en una casa.

5. ★★☆ A partir de los siguientes datos procedentes de una distribución bidimensional (X, Y): @

(0, 5), (2, 3), (4, 1), (0, 2), (3, 2), (5, 4), (1, 1), (5, 1), (2, 5), (0, 2), (1, 3), (4, 1), (5, 5), (1, 5), (2, 4), (2, 0), (3, 1), (5, 0), (4, 1), (0, 4), (1, 3), (2, 1), (5, 4), (2, 2), (0, 3), (4,3), (1, 2). (4, 2), (5, 1), (1, 3), (0, 3), (2, 0), (5, 1), (5, 2), (3, 1), (2, 3)

a) Construye una tabla de doble entrada.

b) Representa los datos en un diagrama de dispersión utilizando la herramienta de Google Docs:

http://www.docs.google.com/

6. ★★☆ A partir de los siguientes datos procedentes de la distribución bidimensional (X, Y):

X \ Y	[0, 3)	[3, 6)	[6, 9)
[0, 10)	1	0	1
[10, 20)	2	1	2
[20, 30)	1	3	4

a) Calcula las marcas de clase.

b) Representa el histograma correspondiente.

c) Dibuja el diagrama de puntos.

7. ★★★ Sea (X, Y) una variable bidimensional distribuida como indica la tabla de doble entrada. A partir de los datos:

a) Dibuja un diagrama de puntos.

b) Construye las distribuciones marginales.

c) Calcula la media de cada variable.

d) Calcula la desviación típica de cada variable.

X \ Y	1	3	5	7	9
0	1	0	1	0	0
2	2	3	1	0	1
4	0	2	3	4	0
6	0	2	2	6	1
8	2	0	1	1	1

Sol.: c) $\bar{x} = 4{,}588$, $\bar{y} = 5$; d) $\sigma_X = 2{,}25$, $\sigma_Y = 2{,}42$

8. ★★★ Las calificaciones obtenidas por 40 alumnos en Matemáticas y Física son:

X = NOTAS DE MATEMÁTICAS	3	4	5	6	6	7	7	8	10
Y = NOTAS DE FÍSICA	2	5	5	6	7	6	7	9	10
N.º DE ALUMNOS	4	6	12	4	5	4	2	1	2

a) Construye una tabla de doble entrada.

b) Dibuja un diagrama de dispersión.

c) ¿Qué relación tienen las variables?

2 RELACIÓN ENTRE VARIABLES ESTADÍSTICAS: CORRELACIÓN

9. ★☆☆ Decide si las siguientes variables tienen dependencia estadística o funcional, o bien si son independientes:

a) Peso-altura.

b) Radio de circunferencia-longitud de la circunferencia.

c) Velocidad de un coche-gasto de gasolina.

d) Cantidad de lluvia-renta anual.

10. ★☆☆ Sea X la variable que representa la renta anual de las familias e Y la variable que identifica el gasto en vacaciones de 50 familias, calculadas en miles de euros:

X \ Y	1	1,5	2	3
12	12	3	1	0
15	6	4	4	1
20	2	2	4	4
25	0	1	1	5

Calcula: a) la media de cada variable; b) la varianza de cada variable; c) la covarianza entre las variables X e Y.

Sol.: a) $\bar{x} = 16{,}64$, $\bar{y} = 1{,}7$; b) $\sigma_X^2 = 20{,}19$, $\sigma_Y^2 = 0{,}56$; c) $\sigma_{XY} = 2{,}302$

11. ★☆☆ Calcula el coeficiente de correlación a partir de los datos expresados en la siguiente tabla:

— ¿Qué puedes decir de la relación entre las variables?

Sol.: $r = 0{,}62$

X	0	0	1	1	1	2	2	2	3	3
Y	1	2	2	3	3	3	1	2	4	4

12. ★★☆ Sea (X, Y) una variable bidimensional distribuida como indica la tabla:

a) Representa estos datos en un diagrama de puntos.

b) Calcula la covarianza entre las variables X e Y.

X	0	1	2	3	4	5	6	7	8	9
Y	1	2	2	3	3	3	1	2	4	4

Sol.: b) $\sigma_{XY} = 1{,}75$

13. ★★☆ En una prueba con los 230 alumnos de un instituto, se recogen en X las faltas ortográficas de la prueba de Lengua y en Y los errores de cálculo de la de Matemáticas, obteniendo la siguiente tabla de doble entrada, siendo X el número de errores de cálculo e Y las faltas ortográficas:

X \ Y	0	1	2	3	4	5	6
0	25	15	17	1	0	0	0
1	16	30	12	5	1	0	0
2	8	13	16	3	1	0	0
3	6	6	6	8	2	1	0
4	3	2	4	4	6	2	1
5	0	0	2	2	1	5	1
6	0	0	0	1	1	1	2

a) ¿Cuál es la tabla de distribución marginal del número de errores y la de las faltas de ortografía?

b) Halla el coeficiente de correlación.

c) Indica qué tipo de relación tienen estas dos variables estadísticas.

Sol.: b) $r = 0{,}6$

14. ★★☆ Las distancias medias de los ocho planetas al Sol frente a su temperatura media son las que se expresan en la siguiente tabla:

PLANETAS	DISTANCIA	TEMPERATURA
Mercurio	0,39	180
Venus	0,72	456
Tierra	1	14,8
Marte	1,52	−45
Júpiter	5,2	−121
Saturno	9,54	−139
Urano	19,19	−196
Neptuno	30,07	−223

Halla la covarianza entre las variables.

Sol.: $\sigma_{XY} = -1\,432{,}29$

15. ★★☆ Un alumno ha recogido, en la siguiente tabla, la cantidad de hermanos y hermanas que tienen los 30 alumnos de su clase:

(Hermanos, hermanas)	(0, 0)	(0, 1)	(1, 0)	(1, 1)
Frecuencia absoluta	7	6	7	5

(Hermanos, hermanas)	(2, 1)	(1, 2)	(2, 2)	(3, 2)
Frecuencia absoluta	2	1	1	1

a) Representa estos datos en una tabla de doble entrada.

b) Construye la tabla de distribución marginal para los hermanos y para las hermanas.

c) Halla la covarianza entre las variables.

Sol.: $\sigma_{XY} = 0{,}24$

16. ★★☆ A partir de los datos de la tabla, representa la nube de puntos correspondiente y calcula la covarianza entre las dos variables:

Sol.: $\sigma_{XY} = 1{,}75$

X	15	16	15	18	18	16	14	13	14	16
Y	5	4	6	6	8	7	3	5	3	8

17. ★★☆ Resuelve el ejercicio anterior utilizando las funciones estadísticas de tu calculadora. @

18. ★★☆ Construye la tabla de doble entrada y las tablas marginales correspondientes a los siguientes datos. Calcula también la covarianza entre las dos variables.

(6, 8), (9, 7), (9, 6), (5, 7), (8, 7), (5, 9), (6, 6), (5, 7), (7, 5), (9, 6), (9, 6), (6, 7), (6, 5), (8, 5), (9, 5), (7, 7), (8, 6), (5, 9), (5, 7), (8, 7), (6, 8), (7, 6), (5, 9), (7, 7), (9, 8), (8, 8), (6, 7), (9, 7), (6, 6), (6, 8), (5, 7), (7, 5), (5, 6), (5, 7), (8, 6), (7, 8)

Sol.: $\sigma_{XY} = -0{,}59$

19. ★★☆ ¿Qué puedes decir de los coeficientes de correlación lineal que corresponden a estos diagramas de dispersión?

a)

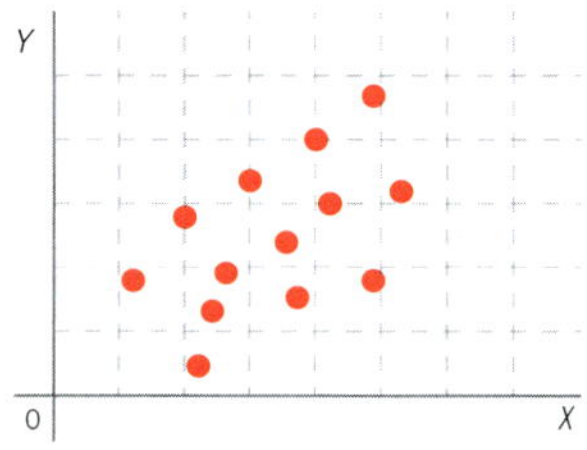

b)

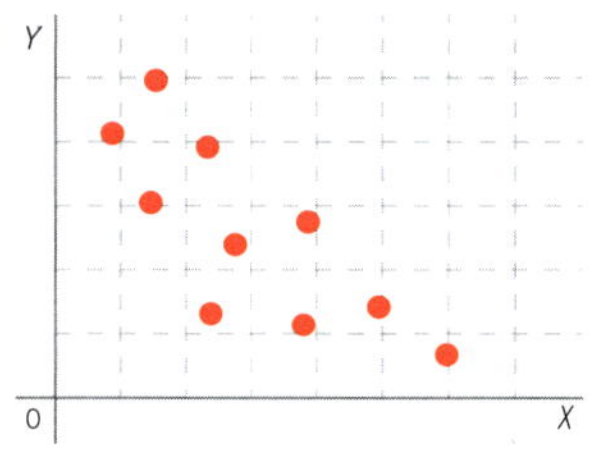

c)

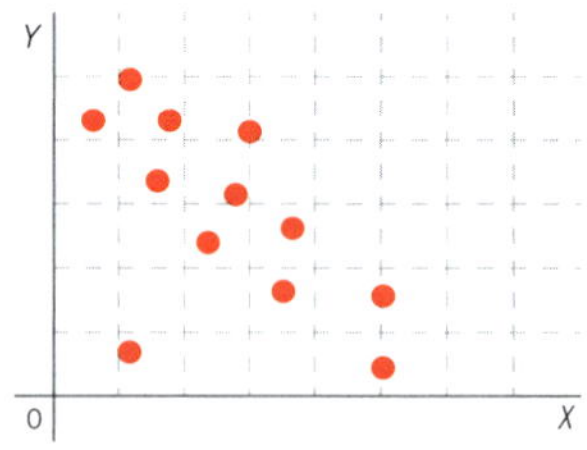

20. ★★☆ A partir de los siguientes datos, calcula el coeficiente de correlación entre las dos variables:

¿Qué puedes decir de la relación entre las variables?

X \ Y	1	2	3	4	5
1	0	2	5	7	11
2	5	1	0	2	3
3	2	4	1	8	0
4	3	0	2	0	1
5	1	5	6	2	7

Sol.: $r = -0{,}18$

3 REGRESIÓN LINEAL

21. ★☆☆ A partir de los siguientes gráficos, indica la relación entre las variables. ¿Hay alguno que no pueda representar rectas de regresión? ¿Por qué?

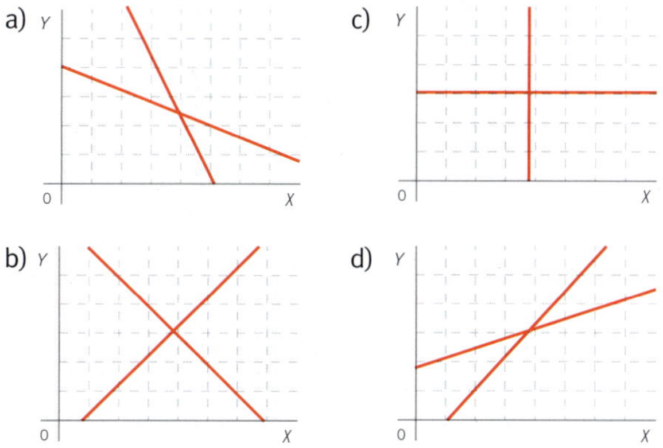

22. ★☆☆ A partir de los siguientes datos:

X	8	10	12	14	16
Y	0,5	0,8	1,5	1,3	2

a) Calcula la recta de regresión de *Y* sobre *X*.

b) ¿Cuál es el coeficiente de regresión?

c) ¿Cuál es el coeficiente de correlación?

d) ¿Y el de determinación?

Sol.: a) $y = -0{,}88 + 0{,}175x$; b) 0,175; c) $r^2 = 0{,}88$ d) $r = 0{,}94$

23. ★☆☆ A partir de los datos recogidos en la siguiente tabla:

X	4	7	10	16	20
Y	10	9	7	4	3

a) Representa el diagrama de dispersión.

b) Calcula la recta de regresión de *X* sobre *Y*.

c) Calcula la recta de regresión de *Y* sobre *X*.

Sol.:b) $x = 25{,}45 - 2{,}13y$; c) $y = 11{,}87 - 0{,}46x$

24. ★☆☆ A partir de los datos recogidos en la siguiente tabla:

X	2	4	6	8	10
Y	0,5	0,8	0,1	−0,4	−1

a) Representa el diagrama de dispersión.

b) Calcula la recta de regresión de *Y* sobre *X*.

c) Calcula la recta de regresión de *X* sobre *Y*.

Sol.: b) $y = 1{,}26 - 0{,}21x$; c) $x = 6 - 4{,}078y$

25. ★☆☆ Observa los siguientes gráficos e indica qué tipo de relación tienen las variables *X* e *Y*. ¿Qué puedes decir de las rectas de regresión, en cada caso?

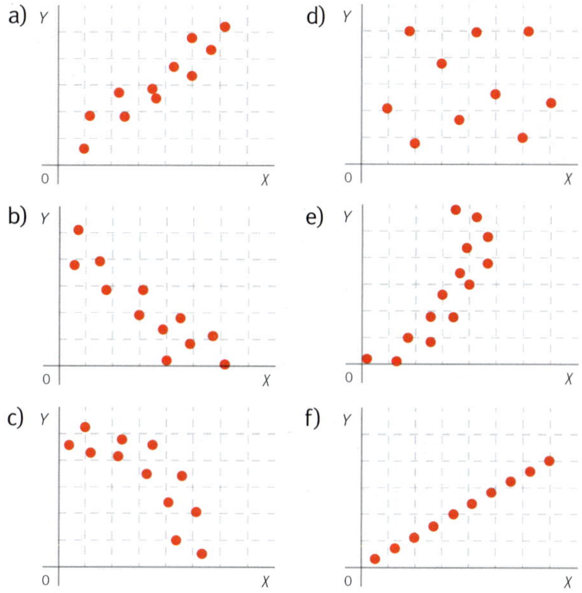

26. ★☆☆ Se han recogido datos de los últimos fallecimientos. Se ha preguntado si los fallecidos fumaban y durante cuánto tiempo lo hicieron. El resultado está recogido en la siguiente tabla:

AÑOS	30	35	20	10	3	0
EDAD	68	72	75	77	80	85

Calcula:

a) El coeficiente de correlación entre las variables.

b) La recta de regresión de la edad en función de los años fumando.

Sol.: $r = -0{,}917$; $y = 82{,}4 - 0{,}38x$

27. ★★☆ El director de una empresa piensa que la demanda de un producto que comercializa depende únicamente del precio de venta al público. Para estudiar la demanda de este producto pretende estimar el siguiente modelo, siendo *Y* la cantidad vendida anualmente del producto y *X* el precio medio al cual se vendió este durante distintos años. Disponemos de los siguientes datos:

AÑOS	2004	2005	2006	2007	2008
X	10	12	13	14	15
Y	19	18	16	15	15

AÑOS	2009	2010	2011	2012	2013
X	17	20	21	22	20
Y	14	14	13	12	13

a) Halla el coeficiente de correlación e indica qué representa dicho valor.

b) Halla la recta de regresión de *Y* sobre *X*.

Sol.: a) $r = -0{,}94$; b) $y = 42{,}8 - 1{,}77x$

28. ★★☆ ¿Cuál de estas dos distribuciones bidimensionales tiene una relación más fuerte? Justifícalo.

a) $\sigma_{XY} = 0{,}8$, $\sigma_X = 0{,}95$, $\sigma_Y = 0{,}89$

b) Rectas de regresión: $y = 0{,}81x + 0{,}5$, $x = 1{,}12y - 0{,}7$

Sol.: b) Pues $r_a = 0{,}946$ y $r_b = 0{,}952$.

29. ★★☆ Un grupo de seis atletas ha realizado pruebas de salto de longitud y de altura. Las dos se han puntuado en una escala de 0 a 5. Los resultados obtenidos han sido los siguientes:

LONGITUD (*X*)	5	4	5	4	4	3
ALTURA (*Y*)	4	4	5	3	4	3

a) Representa un gráfico de dispersión con los datos.

b) Calcula ambas rectas de regresión.

c) ¿Cuál es el coeficiente de correlación?

d) A partir de los resultados obtenidos en el apartado anterior, ¿es bueno el ajuste realizado?

Sol.: b) $y = 0{,}65 + 0{,}76x$; $x = 1{,}24 + 0{,}76y$; c) $r = 0{,}76$

30. ★★☆ Resuelve el ejercicio anterior utilizando las herramientas que encuentres en la siguiente página: @

http://links.edebe.com/enj

31. ★★☆ El tiempo que tarda un sistema informático en red en ejecutar una instrucción depende del número de usuarios conectados al sistema. Si no hay usuarios, el tiempo es 0. Hemos recogido los siguientes datos:

N.º DE USUARIOS (*X*)	10	15	20	20	25	30
TIEMPO DE EJECUCIÓN (*Y*)	1,0	1,2	2,0	2,1	2,2	2,0

a) Representa los datos en un diagrama de dispersión.

b) Obtén la recta de regresión de *Y* sobre *X* y represéntala sobre la nube de puntos.

Sol.: $y = 0{,}55 + 0{,}06x$

32. ★★☆ Hemos realizado un estudio para conocer la relación entre las alturas de los progenitores y la de 10 compañeros de clase. Se han obtenido los siguientes pares de datos, siendo *X* la altura del estudiante e *Y* la media de la altura de los dos progenitores (las dos variables en centímetros):

X	165	167	173	175	177
Y	172	167	170	172	175

X	180	182	182	185	190
Y	177	178	180	185	185

a) Calcula el coeficiente de correlación entre las variables.

b) Calcula la recta de regresión de *Y* sobre *X*.

Sol.: a) $r = 0{,}91$; b) $y = 50{,}26 + 0{,}7x$

33. ★★☆ Se ha realizado un estudio estadístico del número de horas de estudio en un determinado grupo de estudiantes y la media de sus notas. Los datos vienen recogidos en la siguiente tabla:

HORAS	7	12	8	3	5	10	15	20
NOTAS	4	6	5	3	5	6	7	8

HORAS	13	12	9	10	15	14	12
NOTAS	7	7	5	6	6	8	6

a) Representa los datos en un diagrama de dispersión.

b) ¿Sería apropiado aproximar los datos mediante una recta? ¿Por qué?

c) Halla la recta de regresión de la nota media en función de las horas estudiadas.

d) Si un alumno estudia un par horas a la semana, ¿cuál será la nota media que esperará obtener?

Sol.: c) $y = 2{,}8 + 0{,}28x$; d) $y = 3{,}37$

34. ★★☆ En un municipio donde se permite la tala de árboles, se ha realizado un estudio para observar la relación entre la masa forestal (*X*) y la cantidad de lluvia anual (*Y*). Los resultados de 6 años han sido los siguientes:

X	40	38	35	37	30	25
Y	780	750	700	720	690	650

Calcula:

a) El coeficiente de correlación entre las variables.

b) La recta de regresión de *Y* sobre *X*.

Sol.: a) $r = 0{,}939$; b) $y = 453{,}6 + 7{,}65x$

35. ★★☆ La siguiente tabla relaciona la inversión, en millones, y la rentabilidad obtenida, en tanto por ciento, de 6 inversores:

INVERSIÓN	10	12	14	14	15	15
RENTABILIDAD (%)	4	4	5	4	5	5

a) Calcula la media y la desviación típica de las variables inversión y rentabilidad.

b) Halla el coeficiente de correlación e interprétalo.

c) Halla las rectas de regresión.

d) Si un inversionista invierte 13,5 millones, ¿qué rentabilidad puede esperar?

e) Si un inversionista ha obtenido una rentabilidad del 5,5 %, ¿qué capital habrá invertido?

Sol.: a) $\bar{x} = 13{,}\widehat{3}$, $\bar{y} = 4{,}5$; $\sigma_X = 1{,}8$; $\sigma_Y = 0{,}5$; b) $r = 0{,}74$; c) $y = 1{,}74 + 0{,}2x$; $x = 1{,}33 + 2{,}67y$; d) $y = 4{,}53$; e) $x = 16$

36. ★★☆ Halla el coeficiente de correlación de una distribución bidimensional de la que conocemos la recta de regresión de *Y* sobre *X*: $y = 0{,}95x + 1$, y la de *X* sobre *Y*: $x = 1{,}01y + a$, siendo *a* una variable desconocida.

Sol.: $r = 0{,}9795$

37. ★★☆ Para unas determinadas variables aleatorias X e Y, hemos obtenido que sus varianzas son 0,8 y 1,1, respectivamente. Sabemos que la relación entre las variables es bastante fuerte, pues $r = 0{,}99$. ¿Cuánto vale la covarianza entre las variables?

Sol.: $\sigma_{XY} = 0{,}9287$

38. ★★☆ Se cree que los resultados del concurso de primavera de matemáticas están muy relacionados con las notas de los alumnos obtenidas en la asignatura de Matemáticas. Para comprobarlo, seleccionamos 8 alumnos al azar y les preguntamos sus resultados. Se obtiene la siguiente tabla:

CONCURSO PRIMAVERA	2	3	3	4	5	7	7	8
MATEMÁTICAS	7	6	8	5	6	7	8	9

a) ¿Es cierto que ambas variables están relacionadas?

b) Si un alumno ha obtenido un 7,5 en el concurso, ¿qué nota se espera que obtenga en Matemáticas?

Sol.: b) 7,75

39. ★★☆ Dadas las rectas $3x - y = -0{,}8$ y $x - 1{,}1y = 1$:

a) ¿Pueden ser las rectas de regresión de alguna variable bidimensional? ¿Por qué?

b) ¿Cuál de ellas es la de X sobre Y y la de Y sobre X?

40. ★★★ Dada la siguiente distribución de datos en la que se han considerado la estatura (m) y el peso (kg) de ciertos alumnos de 1.º de Bachillerato:

ESTATURA	1,6	1,64	1,66	1,68	1,7	1,73	1,75	1,77
PESO	60	62	66	69	72	74	76	78

Obtén:

a) Las medias y varianzas de las distribuciones marginales.

b) La covarianza y el coeficiente de correlación lineal.

c) La nube de puntos correspondiente a dicha distribución.

d) La ecuación de la recta de regresión del peso sobre la estatura.

e) El valor del peso previsto cuando la estatura tiene el valor 1,69.

f) ¿Es buena la predicción que se ha obtenido en el apartado anterior?

Sol.: a) $\bar{x} = 1{,}69$; $\bar{y} = 69{,}63$; b) $\sigma_X = 0{,}003$; $\sigma_Y = 37{,}5$; $\sigma_{XY} = 0{,}327$; d) $y = -120{,}2 + 112{,}2x$; e) $y = 69{,}48$

41. ★★★ Resuelve el ejercicio anterior entrando en la siguiente página web:

http://links.edebe.com/jany

42. ★★★Dada la siguiente tabla que describe la relación que existe entre las variables tiempo de ejecución de un trabajo por una determinada máquina eléctrica (X) y la temperatura que alcanza la resistencia del motor (Y):

X	0,1	0,2	0,3	0,4	0,5
Y	0,61	0,75	0,91	1,11	1,36
X	0,6	0,7	0,8	0,9	1
Y	1,66	2,03	2,48	3,02	3,69

a) Analiza la covarianza y deduce si la regresión lineal produciría buenos resultados.

b) Realiza un ajuste exponencial. Calcula el coeficiente de correlación lineal entre las variables transformadas. Interprétalo.

Sol.: a) $\sigma_{XY} = 0{,}27$; b) $r = 0{,}97$

43. ★★★ Vamos a realizar un experimento para determinar el valor de la constante de gravedad (g). Para ello, dejamos caer una masa de 1 kg desde diferentes alturas (Y).

La fórmula que relaciona estos datos es: $Y = mg\dfrac{t^2}{2}$.

Medimos el tiempo en caer a partir de la fórmula $X = \dfrac{t^2}{2}$, y obtenemos los siguientes resultados:

X	10	12	15	8
Y	100	118	150	80

a) Escribe la relación entre las dos variables y la gravedad.

b) ¿Que valor de la constante g obtenemos para estos valores?

Sol.: $g = 9{,}94$

SÍNTESIS

44. ★☆☆ Sea (X, Y) una variable bidimensional con la siguiente distribución:

X \ Y	1	2	3	4
10	2	0	1	0
15	5	4	2	1
20	1	3	6	3
25	0	2	2	5

a) Construye una tabla en la que se recojan las distribuciones marginales de la variable X y la variable Y.

b) Represéntala gráficamente utilizando el gráfico más apropiado.

c) Calcula la media de cada variable.

d) Calcula la desviación típica de cada variable.

e) Calcula la covarianza entre las variables.

Sol.: c) $\bar{x} = 18{,}78$; $\bar{y} = 2{,}57$; d) $\sigma_X = 4{,}56$; $\sigma_Y = 1{,}08$; e) $\sigma_{XY} = 2{,}68$

45. ★★☆ A partir de los siguientes datos procedentes de una distribución bidimensional (X, Y):

(0,3, 4,7), (2,1, 3,4), (4,4, 1,8), (0,2, 2,3), (3,1, 2,6), (2,6, 1,4), (1,7, 1,8), (1,8, 3,1), (2,4, 4,3), (0,9, 3,2), (1,3, 1,3), (4,8, 2,1), (4,8, 2,2), (1,2, 0,8), (2,4, 4,2), (2,5, 0,1), (3,6, 1,4), (0,5, 0,7), (4,7, 4,1), (0,4, 1,6), (1,5, 3,1), (2,8, 1,8), (3,9, 1,4), (2,7, 2,2), (0,9, 3,8), (4,6, 3,1), (1,5, 2,2). (4,8, 2,1), (2,7, 1,4), (1,8, 2,3), (0,4, 1,3), (2,8, 0,2), (2,5, 1,3), (1,4, 2,9), (3,1, 1,2)

a) Construye una tabla de doble entrada agrupando los datos en intervalos de amplitud 1 e indica la marca de clase de cada intervalo.

b) Utiliza el siguiente enlace para representar el diagrama de dispersión:

http://www.onlinecharttool.com/

46. ★★☆ Sea X la variable que representa la renta anual (en miles de euros) e Y la variable que indica el número de hijos. Indica el coeficiente de correlación y escribe la recta de regresión de X sobre Y. ¿Qué tipo de relación tienen estas variables?

X	12	15	15	18	20	24	30	32	32	35
Y	1	2	0	1	3	3	1	2	2	4

Sol.: $r = 0{,}52$; $x = 16{,}33 + 3{,}67y$

47. ★★☆ Se observaron las edades de 5 niños y sus respectivos pesos, y se obtuvieron estos resultados:

EDAD DE LOS NIÑOS (X)	2	4,5	6	7,2	8
PESO EN KG (Y)	15	19	25	33	34

a) Halla el coeficiente de correlación y las rectas de regresión.

b) ¿Qué peso corresponderá a un niño de 5 años? ¿Qué edad corresponderá a un peso de 36 kg?

Sol.: a) $r = 0{,}967$; $y = 6{,}34 + 3{,}4x$; $x = -1{,}38 + 0{,}27y$; b) $y = 23{,}34$; $x = 8{,}34$

48. ★★☆ Los siguientes datos representan puntuaciones en un test de capacidad memorística y en un test de coeficiente intelectual, obtenidas por 6 individuos:

CAPACIDAD MEMORÍSTICA	17	23	25	36	38	40
COEFICIENTE INTELECTUAL	37	58	14	43	27	60

a) Halla las rectas de regresión lineal.

b) Obtén el coeficiente de correlación lineal e interpreta el resultado.

Sol.: a) $y = 29{,}268 + 0{,}35x$; $x = 25{,}9 + 0{,}1y$; b) $r = 0{,}18748$

49. ★★☆ Un estudio realizado en 7 ciudades pretende determinar una relación entre las cenizas sulfurosas contenidas en el aire en µg/m^3, y el número, por cada 100 000 habitantes, de personas hospitalizadas más de 7 días por problemas respiratorios. Los datos obtenidos fueron los siguientes:

	PARÍS	BERLÍN	BARCELONA	VALENCIA
µG/M^3	15	20	14	8
N.º PERSONAS	20	22	17	10

	SEVILLA	CÓRDOBA	HUELVA
µG/M^3	12	7	8
N.º PERSONAS	15	8	4

a) Calcula la recta de regresión de la concentración de cenizas en función del número de personas hospitalizadas por cada 100 000 habitantes.

b) ¿Cuántas personas por cada 100 000 habitantes se prevé que se hospitalizarán en una ciudad en la que se han medido 20 µg/m^3 de cenizas sulfurosas?

Sol.: a) $x = 2{,}87 + 0{,}67y$; b) $y = 24{,}1$

50. ★★★ En el cultivo de bacterias, el número de bacterias por unidad de volumen corresponde a la siguiente tabla:

TIEMPO (HORAS)	1	2	3	4
N.º BACTERIAS	7	55	400	3 000

a) Expresa el número de bacterias en función del tiempo. ¿Cuál será el número de bacterias en la siguiente hora?

b) ¿Crees que este es un buen ajuste? ¿Por qué? ¿Qué tipo de ajuste consideras que sería más conveniente?

Sol.: a) $y = 932{,}4x - 1\,465{,}5$; $y = 3\,196{,}5$

51. ★★★ Indica si son posibles los siguientes resultados entre sí. Justifica tu respuesta.

a) $\sigma_{XY} = 0{,}3$, $b < 0$

b) $r = 0{,}9$, $b < 0$

c) $\sigma_{XY} = 120$, $\sigma_X^2 = 9$, $\sigma_Y^2 = 15$

d) $\sigma_{XY} = 15$, $\sigma_X^2 = 30$, $\sigma_Y^2 = 15$

52. ★★★ Las rectas r: $3x + 2y = 7$ y s: $x + 4y = 5$:

a) ¿Pueden ser las rectas de regresión de alguna variable bidimensional?

b) ¿Cuál es la recta de regresión de X sobre Y y cuál la de Y sobre X?

Síntesis

1. Variable estadística bidimensional
2. Relación entre variables estadísticas: correlación
3. Regresión lineal

Variable unidimensional *X*

Distribución marginal y condicionada

Variable bidimensional (*X*, *Y*)

Distribución marginal y condicionada

Variable unidimensional *Y*

Media:

$$\overline{x} = \frac{1}{N} \sum_{i=1}^{n} x_i \cdot f_i$$

Varianza:

$$\sigma^2 = \frac{1}{N} \sum_{i=1}^{n} x_i^2 \cdot f_i - \overline{x}^2$$

Desviación típica:

$$\sigma = \sqrt{\sigma^2}$$

Representación de datos

Tabla estadística

Nube de puntos

Análisis de la correlación

Covarianza

$$\sigma_{XY} = \frac{1}{N} \sum_{i}^{n} \sum_{j}^{m} (x_i - \overline{x}) \cdot (y_j - \overline{y}) \cdot f_{ij}$$

Coeficiente de correlación lineal

$$r = \frac{\sigma_{XY}}{\sigma_X \cdot \sigma_Y}$$

Predicciones

Rectas de regresión:

$$y - \overline{y} = \frac{\sigma_{XY}}{\sigma_X^2} \cdot (x - \overline{x})$$

$$x - \overline{x} = \frac{\sigma_{XY}}{\sigma_Y^2} \cdot (y - \overline{y})$$

EVALUACIÓN 13

ESTADÍSTICA BIDIMENSIONAL

1 Indica de qué tipo son las siguientes variables estadísticas bidimensionales:

a) Color de pelo y color de ojos.

b) Número de hermanos y número de ordenadores en casa.

2 Hemos preguntado a los alumnos de 1.º de Bachillerato de un instituto por las horas que dedican al deporte (*X*) y el número de asignaturas que han suspendido (*Y*). Se han obteniendo los siguientes resultados:

X \ *Y*	0-2	2-4	4-6	6-8	8-10	10-12
0	3	5	8	7	5	3
1	1	2	4	7	3	1
2	1	1	1	1	1	0
3	0	1	1	0	0	1
4	0	0	1	0	1	0
5	0	0	0	0	0	1

a) Calcula la media y la varianza de cada variable.

b) Calcula la covarianza entre las variables.

c) ¿Qué tipo de relación existe entre estas variables?

Sol. a) $\bar{x} = 6{,}13$; $\bar{y} = 0{,}83$; b) $\sigma_X^2 = 7{,}92$; $\sigma_Y^2 = 1{,}34$; $\sigma_{XY} = 0{,}42$; c) $r = 0{,}129$

3 Calcula la media de ambas variables y el coeficiente de correlación de las siguientes rectas de regresión: $y = 2{,}6x - 2{,}55$; $x = 0{,}36y + 1$.

Sol.: $\bar{x} = 1{,}28$; $\bar{y} = 0{,}78$; $r = 0{,}967$

4 Halla el coeficiente de correlación de una variable bidimensional tal que la recta de regresión de *Y* sobre *X* es $y = 3x - 1$, y además $\sigma_Y = 2$ y $\sigma_{XY} = 0{,}6$.

Sol.: $r = 0{,}67$

5 Sea *X* la variable que representa los días de lluvia al año e *Y* la variable que indica las toneladas de cosecha expresada en millones, calcula:

a) El coeficiente de correlación y la recta de regresión de *Y* sobre *X*.

b) Si un año llueve 135 días, ¿cuál podemos predecir que será la cosecha?

X	132	140	144	146	150
Y	13	14	14	18	20

Sol. a) $r = 0{,}848$, $y = 0{,}376x - 37{,}75$; b) 13,01 millones de toneladas

6 Se han recogido datos del consumo de gasolina, en miles de litros, y la renta per cápita, en miles de euros, de una provincia española en 6 años. Los resultados obtenidos han sido los siguientes:

GASOLINA	36	39	37	38	39	40
RENTA	25	31	27	30	28	29

a) Representa un gráfico de dispersión con los datos.

b) Calcula ambas rectas de regresión.

c) ¿Qué indica el coeficiente de correlación?

Sol.: b) $y = 1{,}077x - 12{,}77$; $x = 0{,}5y + 24$

7 Indica razonadamente cómo es la correlación entre las variables, indicando el tipo, el sentido y el grado de correlación, en cada caso:

a)
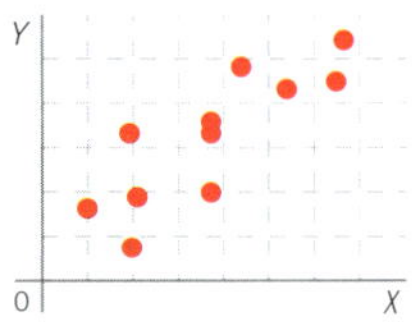

c)
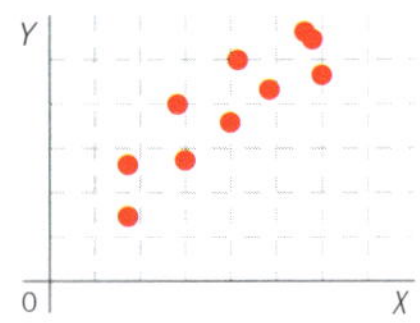

b)
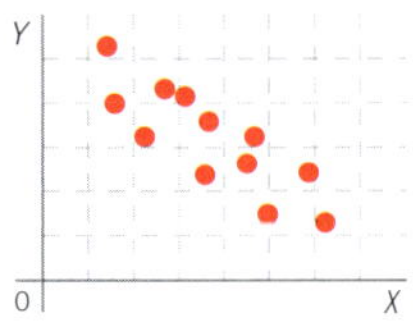

d)
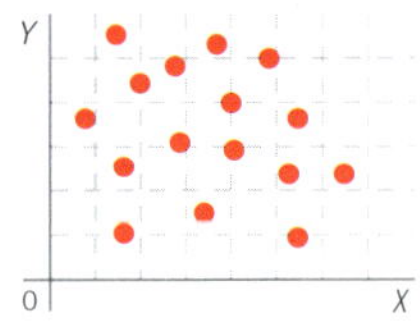

8 Indica si son posibles los siguientes resultados entre sí. Justifica tu respuesta.

a) $\sigma_{XY} = 0{,}3$, $r = -0{,}7$

b) $\sigma_{XY} = 1{,}3$, $r = 1{,}2$

c) $\sigma_{XY} = 1{,}7$, $r = 0{,}8$

d) $\sigma_{XY} = -2{,}8$, $r = -0{,}7$

Sol.: a) No. b) Sí. c) No. d) Sí.

9 Sean las rectas $7x + 3y = 2$, $2x + 6y = 9$.

a) ¿Pueden ser las rectas de regresión de alguna variable bidimensional?

b) ¿Cuál es la de *X* sobre *Y* y cuál es la de *Y* sobre *X*?

Sol.: b) $7x + 3y = 2$, la de *X* sobre *Y*; $2x + 6y = 9$, la de *Y* sobre *X*

10 A partir de la distribución indicada en la tabla, representa los datos mediante una nube de puntos y di cuál de estos valores te parece más apropiado para el coeficiente de correlación:

a) 0,99 b) −0,4 c) −0,83 d) 0,4

X	9	5	4	3	7	5	6	7	8	3
Y	6	7	2	4	8	5	6	4	5	5

SOCIETY

Fueron los primeros...

Uno de los primeros vestigios de **anotaciones estadísticas** se encuentra en la isla italiana de Cerdeña, donde existen unos monumentos megalíticos de basalto construidos hacia el año 3000 a. C. por los primeros habitantes de la isla, los **nuragas.** En dichas construcciones se han encontrado muescas y toscos signos con los que, al parecer, se llevaban las cuentas de la caza y del ganado.

Monumento construido por los nuragas (Cerdeña).

SOCIETY

Lo último en estadística

Con la tecnología actual ya es posible aplicar una de las últimas novedades en este campo: la **estadística en tiempo real.** Con ella podemos saber cuántas personas hay hoy en el planeta o los ordenadores que se venden al día. Mediante la web **http://links.edebe.com/si5,** accederemos a un algoritmo que se actualiza cada milisegundo y que está gestionado por un equipo internacional de expertos en la materia, procedentes de prestigiosas organizaciones y oficinas estadísticas.

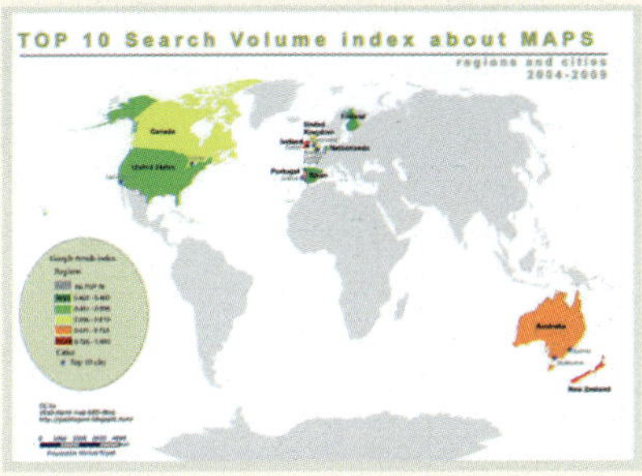

Estadística de accesos instantáneos a un determinado navegador.

OPINION

El nacimiento de la estadística aplicada

«Hasta que los fenómenos de cualquier rama del conocimiento no hayan sido sometidos a medida y número, no puede decirse que se trate de una ciencia».

Esta frase es del matemático y pensador británico Karl Pearson (1857-1936) que, entre otros aspectos, estableció las bases de la estadística matemática del siglo XX llegando a definir los conceptos de desviación típica, correlación y análisis de la regresión.

Entra en Internet y averigua qué relación guardaba Pearson con otro científico británico y primo de Charles Darwin, Francis Galton (1822-1911), en cuanto al concepto de correlación que ambos trabajaron.

Se sabe que el valor del coeficiente de correlación de Pearson está comprendido entre −1 y 1, y que existe una escala graduada que interpreta diferentes intervalos de valores de este coeficiente. Busca en Internet información sobre esta escala y qué significado otorga a cada grupo de valores.

NEW

¿Cuántos vamos a ser?

Según algunos estudios estadísticos, la población europea puede decrecer hasta un 6,9 % en los próximos 35 años, si se mantienen las actuales tendencias demográficas, de manera que en 2080 podría invertirse la pirámide poblacional europea.

- Formad grupos de tres componentes y distribuid los roles para investigar cuáles podrían ser las causas de estas predicciones.
- ¿Esta predicción es aplicable a todos los países europeos?
- Llevad a cabo una exposición a partir de los datos obtenidos y explicad distintas propuestas que podrían ayudar a revertir esta situación.

CRITICAL SENSE

CORRELACIONES QUE CONFUNDEN

En general es posible efectuar correlaciones con todo tipo de variables, aunque hay algunas de ellas cuyas conclusiones no se consideran fiables o que son poco auténticas; son las llamadas **correlaciones espurias.** ¿Puede haber alguna correlación entre la tasa de enfermos de pulmonía y la venta de calefactores? Obviamente sí, pero puede ser debido a una tercera variable como, por ejemplo, el frío.

- Busca en un diccionario etimológico el origen de la palabra *espurio/a.*

14

BLOQUE 4. ESTADÍSTICA Y PROBABILIDAD

Probabilidad

- **1. Experimentos aleatorios**
  - 1.1. Espacio muestral
- **2. Sucesos**
  - 2.1. Tipos de sucesos
  - 2.2. Operaciones con sucesos
- **3. Probabilidad**
  - 3.1. Propiedades de la probabilidad
  - 3.2. Cálculo de probabilidades: regla de Laplace
- **4. Probabilidad condicionada**
  - 4.1. Sucesos independientes
  - 4.2. Teorema de la probabilidad total
  - 4.3. Teorema de Bayes

Simulador Presentación Problemas interactivos

Noticias

Lotería de Navidad: ni trucos ni números bonitos, la probabilidad de ganar es del 5,3%

Así lo ha relatado a la agencia EFE Miguel Córdoba Bueno, profesor de Matemática aplicada de la Universidad CEU San Pablo, quien ha agregado: «No existe ningún truco; no se puede influir en nada».

Este sábado se celebra el tradicional sorteo de la Lotería de Navidad y, como el pasado año, la probabilidad de triunfar es del 5,3%. Según este matemático, existe un 10% de probabilidades de que te toque el reintegro –no ganas nada, pues te devuelven lo jugado– y casi un 85% de probabilidades de perder lo que se apuesta.

La Vanguardia, 21-12-2012.

Libros

Reseñamos a continuación unos libros que te pueden resultar de interés para ampliar tu formación.

— Marie Berrondo-Agrell, *100 enigmas de probabilidad, decisión y juego.* Ed. CEAC, 2008, Barcelona.

— Fernando Corbalán y Gerardo Sanz, *La conquista del azar.* RBA Libros, 2011, Barcelona.

Web

En el siguiente enlace, encontrarás información sobre la teoría de juegos:

http://links.edebe.com/8ukfh

Para obtener información sobre el origen de la teoría de la probabilidad, entra en este enlace:

http://links.edebe.com/h6a4x

EN CONTEXTO

a> Lee la noticia anterior y contesta:

— ¿Tienen algunos números mayor probabilidad de salir premiados que otros?

— ¿Cómo interpretas el hecho de que algunas administraciones de lotería suscriben que han vendido muchos más números premiados que otras?

— Busca información sobre la estructura de los premios de la lotería del Niño, de la lotería semanal y de la lotería primitiva, y justifica cuál de estos sorteos es más «rentable» desde el punto de vista probabilístico. 360

b> Reflexiona y responde:

— ¿Qué otras situaciones conoces que están asociadas a la probabilidad?

Poned en común vuestras aportaciones.

1. Experimentos aleatorios
1.1. Espacio muestral
2. Sucesos
2.1. Tipos de sucesos
2.2. Operaciones con sucesos

1. Experimentos aleatorios

Existen múltiplos experimentos en que, por muchas veces que se repitan, no se puede saber de antemano su resultado. Son los experimentos aleatorios.

Un **experimento** es **aleatorio** si no podemos predecir su resultado, a pesar de conocer las condiciones en las que se realiza.

Así, el experimento lanzar un dado sobre una mesa es aleatorio, pues no es posible predecir el resultado que vamos a obtener.

1.1. Espacio muestral

Para estudiar un experimento aleatorio, es importante conocer el conjunto de resultados posibles que pueden darse.

El **espacio muestral** de un experimento aleatorio es el conjunto de los posibles resultados que pueden darse y se representa por la letra Ω.

En el experimento lanzar un dado y anotar la puntuación que sale, el espacio muestral lo forman las distintas puntuaciones que pueden darse, es decir: $\Omega = \{1, 2, 3, 4, 5, 6\}$.

Si un experimento consiste en la realización de varios experimentos, se llamará **experimento compuesto;** por ejemplo, lanzar dos veces un dado.

2. Sucesos

Si en lugar de considerar todo el espacio muestral nos quedamos con un subconjunto de él, estaremos hablando de sucesos.

Un **suceso** es cualquier subconjunto del espacio muestral.

2.1. Tipos de sucesos

Se pueden distinguir los siguientes tipos de sucesos:

— **Suceso elemental:** suceso formado por un único elemento del espacio muestral.

— **Suceso compuesto:** suceso formado por dos o más elementos del espacio muestral.

— **Suceso seguro:** suceso que se verifica siempre. Es el suceso formado por todos los elementos del espacio muestral.

— **Suceso imposible:** suceso que no se verifica nunca.

— **Sucesos incompatibles:** dos sucesos son incompatibles si no tienen elementos en común.

Por ejemplo, si consideramos el experimento lanzar un dado, el suceso $A = \{2\}$ es elemental, $B = \{1, 3\}$ es compuesto, $\Omega = \{1, 2, 3, 4, 5, 6\}$ es seguro, $C = \{7\}$ es imposible, y A y B son incompatibles.

RECUERDA

Un **experimento** es **determinista** si, al realizarlo, sabemos el resultado que va a dar.

CURIOSIDADES

Hasta el Renacimiento, no se empieza a pensar en el azar. Anteriormente, se creía que todo estaba determinado por los dioses o una mano divina que decidía el resultado de cada lanzamiento.

AMPLÍA

Para trabajar con experimentos compuestos, es útil representar el espacio muestral en un diagrama de árbol o ayudarse con una tabla de doble entrada o de contingencia.

Por ejemplo, en el experimento del lanzamiento de tres monedas, el espacio muestral se podría plantear mediante un diagrama de árbol:

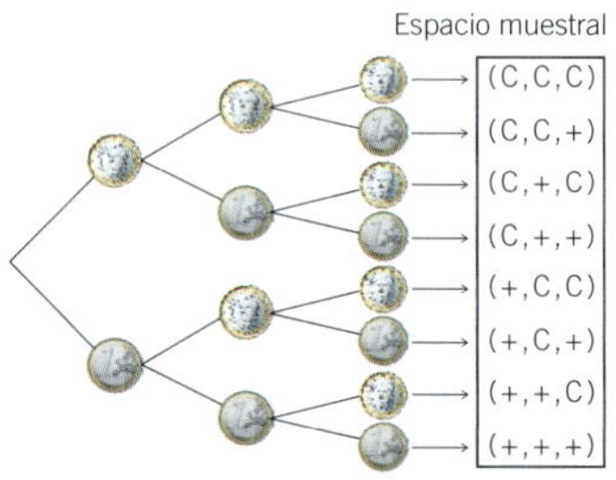

Y si estudiamos los efectos de un medicamento en distintos grupos de personas, plantearíamos una tabla de contingencia:

	HOMBRES	MUJERES
EFECTO CORRECTO	34	56
EFECTO INCORRECTO	17	28
NO HACE EFECTO	75	23

Ejercicios y problemas
6 a 8

2.2. Operaciones con sucesos

Al ser los sucesos subconjuntos del espacio muestral, podremos efectuar con ellos las operaciones propias de los conjuntos.

UNIÓN	INTERSECCIÓN	COMPLEMENTARIO	DIFERENCIA
Se llama **unión** de los sucesos A y B ($A \cup B$) al suceso formado por todos los resultados que están en A o en B.	Se llama **intersección** de los sucesos A y B ($A \cap B$) al suceso cuyos elementos pertenecen a ambos sucesos a la vez, es decir, que están en A y en B.	Se llama **complementario** de A ($\overline{A} = A'$) al suceso cuyos elementos son resultado del experimento, pero no pertenecen al suceso A.	Se llama **diferencia** entre A y B ($A - B$) al suceso cuyos elementos pertenecen a A, pero no a B.
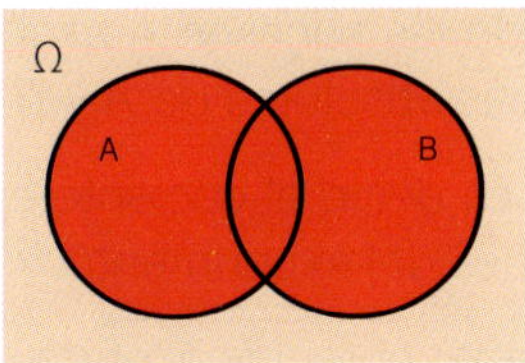	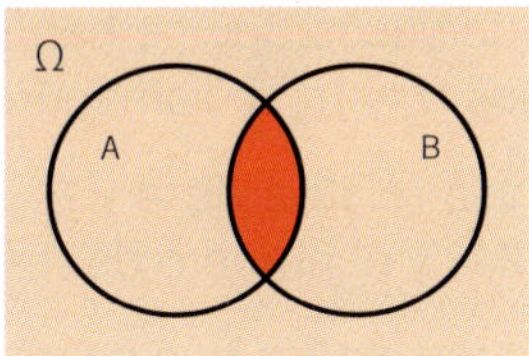	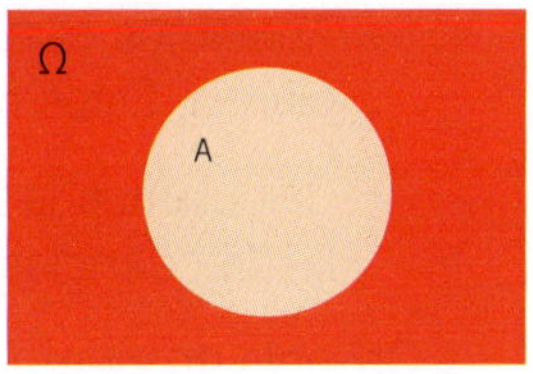	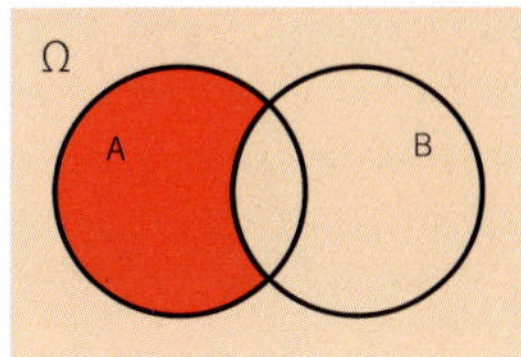

Propiedades de las operaciones con sucesos

De las operaciones con sucesos, se derivan las siguientes propiedades:

CONMUTATIVA	$A \cup B = B \cup A$	$A \cap B = B \cap A$
ASOCIATIVA	$(A \cup B) \cup C = A \cup (B \cup C)$	$(A \cap B) \cap C = A \cap (B \cap C)$
DISTRIBUTIVA	$A \cup (B \cap C) = (A \cup B) \cap (A \cup C)$	$A \cap (B \cup C) = (A \cap B) \cup (A \cap C)$
ELEMENTO NEUTRO	$A \cup \varnothing = A$	$A \cap \Omega = A$
COMPLEMENTACIÓN	$A \cup \overline{A} = \Omega$	$A \cup \overline{A} = \Omega$
LEYES DE MORGAN	$(\overline{A \cup B}) = \overline{A} \cap \overline{B}$	$(\overline{A \cap B}) = \overline{A} \cup \overline{B}$

LENGUAJE MATEMÁTICO

$A \cup B = \{x \in \Omega \,/\, x \in A \text{ o } x \in B\}$

$A \cap B = \{x \in \Omega \,/\, x \in A \text{ y } x \in B\}$

$\overline{A} = A' = \{x \in \Omega \,/\, x \notin A\}$

$A - B = \{x \in \Omega \,/\, x \in A \text{ y } x \notin B\}$

AMPLÍA

Demuestra las leyes de Morgan mediante la representación gráfica de conjuntos.

1 EJEMPLO

Lanzamos un dado y consideramos los sucesos: A, sacar par; B, sacar un impar distinto de 5; C, sacar un número mayor que 2. a) Expresa los siguientes sucesos: $\overline{B}$, $A \cup B$, $A \cap C$, $B - C$. b) Comprueba que se cumplen las siguientes identidades: $\overline{A} \cap \overline{B} = \overline{A \cup B}$ y $\overline{B} \cup \overline{C} = \overline{B \cap C}$.

Solución

COMPRENSIÓN: Primero identificamos el espacio muestral y los distintos sucesos. Después, vamos resolviendo lo que pide el ejercicio.

RESOLUCIÓN: $\Omega = \{1, 2, 3, 4, 5, 6\}$, $A = \{2, 4, 6\}$, $B = \{1, 3\}$, $C = \{3, 4, 5, 6\}$

a) $\overline{B} = \{2, 4, 5, 6\}$, $A \cup B = \{1, 2, 3, 4, 6\}$, $A \cap C = \{4, 6\}$, $B - C = \{1\}$

b) Veamos que se cumple $\overline{A} \cap \overline{B} = \overline{A \cup B}$:

Como $\overline{A} = \{1, 3, 5\}$ y $\overline{B} = \{2, 4, 5, 6\}$, entonces $\overline{A} \cap \overline{B} = \{5\}$.

Por otro lado, como $A \cup B = \{1, 2, 3, 4, 6\}$ y $\overline{A \cup B} = \{5\}$, luego son iguales.

Para ver que se cumple $\overline{B} \cup \overline{C} = \overline{B \cap C}$, procedemos de la misma forma:

Como $\overline{B} = \{2, 4, 5, 6\}$ y $\overline{C} = \{1, 2\}$, tenemos que $\overline{B} \cup \overline{C} = \{1, 2, 4, 5, 6\}$.

Y $B \cap C = \{3\}$, luego $\overline{B \cap C} = \{1, 2, 4, 5, 6\}$, por lo que se cumple la igualdad.

INTERNET

Además de las propiedades descritas en la tabla, existen otras denominadas idempotente, simplificativa e involución. Busca información acerca de estas propiedades y completa la tabla con ella.

Ejercicios y problemas
9 y 10

3. Probabilidad
3.1. Propiedades de la probabilidad
3.2. Cálculo de probabilidades: regla de Laplace

INTERNET

En el siguiente enlace, encontrarás una simulación de la ley de los grandes números aplicada a un dado:

http://links.edebe.com/xcb

— ¿Qué conclusiones puedes sacar de la observación de dicho experimento?

3. Probabilidad

Para estudiar los sucesos en un experimento aleatorio y saber cuáles pueden darse más frecuentemente, se utiliza una medida denominada **probabilidad.**

Definición experimental: ley de los grandes números

Si realizamos el experimento consistente en extraer una bola de una urna donde hay 7 bolas azules y 3 blancas, ¿qué posibilidades hay de que la bola sea azul?

Un modo de dar respuesta a esta pregunta es llevar a cabo muchas veces este experimento. Así, podemos efectuar varias series de *N* realizaciones de él, y en cada una de ellas:

— Anotamos el número de veces que se han verificado los sucesos *A* azul y *B* blanca. Estos resultados n_a y n_b se llaman frecuencias absolutas de *A* y *B.*

— Calculamos la frecuencia relativa de *A* y *B,* f_a y f_b, es decir, el cociente entre las frecuencias absolutas y el número de realizaciones del experimento.

Observa un ejemplo de los resultados que podríamos haber obtenido al efectuar 8 series, donde en cada una se realizan 50 veces el experimento:

SUCESO		REALIZACIONES DEL EXPERIMENTO							
		50	100	150	200	250	300	350	400
AZUL	n_a	32	72	93	131	160	201	242	278
	f_a	0,640	0,720	0,620	0,655	0,662	0,688	0,691	0,695
BLANCO	n_b	18	28	57	69	90	99	108	122
	f_b	0,36	0,28	0,380	0,354	0,338	0,312	0,309	0,305

Si observas las frecuencias relativas, estas tienden a situarse en torno a un cierto valor a medida que va aumentando el número de realizaciones del experimento.

Esta propiedad se observa, de forma más evidente, si representamos gráficamente las frecuencias relativas de cada suceso en función del número de extracciones.

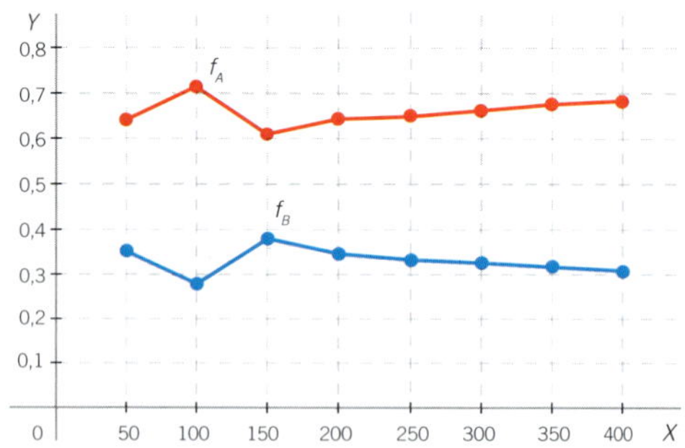

Esta propiedad permite dar una definición experimental de la probabilidad de un suceso:

Dado un suceso *A* asociado a un experimento aleatorio, llamamos probabilidad de *A*, *P*(*A*), al número al que tiende a estabilizarse la frecuencia de *A*, al aumentar el número de realizaciones del experimento.

Esta definición de probabilidad basada en un número *n* muy grande de experimentos es la denominada **ley de los grandes números.**

Definición axiomática de la probabilidad

Si bien la definición experimental parece muy intuitiva, tiene ciertos inconvenientes, como son la necesidad de repetir un número infinito de veces un experimento para conocer con exactitud la frecuencia en la que se estabiliza un suceso, o bien que nada asegura que, al repetir los experimentos, las frecuencias obtenidas vayan a repetirse.

Para evitar estos inconvenientes, se da una definición axiomática de la probabilidad de un suceso, matemáticamente más rigurosa:

Dado un espacio muestral Ω asociado a un experimento, definimos la **probabilidad** como una función que asocia a cada suceso un número real $P(A)$, que cumple los siguientes axiomas:

— La probabilidad de cualquier suceso A es positiva o 0: $P(A) \geq 0$.

— La probabilidad del suceso seguro es 1: $P(\Omega) = 1$.

— La probabilidad de la unión de dos o más sucesos incompatibles dos a dos, $A_1..., A_i...$, es la suma de las probabilidades de sucesos:

$$P(A_1 \cup ... \cup A_i \cup ...) = P(A_1) + ... + P(A_i) + ...$$

LENGUAJE MATEMÁTICO

En matemáticas, un axioma es una proposición que se acepta sin demostración.

RECUERDA

Dos sucesos son incompatibles si no tienen elementos en común.

Dos sucesos son incompatibles dos a dos si es incompatible cualquier pareja que se pueda formar entre ellos.

Dos sucesos son compatibles si pueden verificarse simultáneamente, es decir, si tienen algún elemento en común.

2 EJEMPLO

Tenemos un dado no equilibrado tal que la probabilidad de cada cara es proporcional al número que indica. ¿Cuál es la probabilidad de cada cara?

Solución

COMPRENSIÓN: Para hallar la probabilidad, tendremos en cuenta que el espacio muestral de este experimento está formado por 6 sucesos elementales incompatibles.

RESOLUCIÓN: Al ser sucesos incompatibles, la suma de sus probabilidades será igual a la probabilidad de la unión de todos ellos, que es el suceso seguro $P(\Omega) = 1$:

$$k \cdot 1 + k \cdot 2 + k \cdot 3 + k \cdot 4 + k \cdot 5 + k \cdot 6 = 1 \rightarrow k \cdot 21 = 1, \text{ por lo que } k = 1/21$$

Luego, la probabilidad de la cara 1 es $\frac{1}{21}$; de la 2, $\frac{2}{21}$; de la 3, $\frac{3}{21}$; de la 4, $\frac{4}{21}$; de la 5, $\frac{5}{21}$, y de la 6, $\frac{6}{21}$.

Andréi N. Kolmogorov

Andréi N. Kolmogorov (1903 - 1988) fue un matemático ruso profesor de la Universidad de Moscú, donde desarrolló la totalidad de su labor docente e investigadora.

En 1933 publicó el libro Los fundamentos de la teoría de la probabilidad, donde introdujo la definición axiomática, lo cual sentó las bases de la moderna teoría de la probabilidad.

3.1. Propiedades de la probabilidad

La definición axiomática de la probabilidad permite demostrar, entre otras, las siguientes propiedades:

P1. La probabilidad de un suceso *A* y su complementario suma 1.

$$P(A) + P(\bar{A}) = 1$$

P2. La probabilidad de un suceso *A* contenido en otro suceso *B* es menor o igual que la probabilidad de *A*.

$$A \subset B \Rightarrow P(A) \leq P(B)$$

P3. La probabilidad de la unión de dos sucesos compatibles *A* y *B* es la suma de sus probabilidades menos la de su intersección.

$$P(A \cup B) = P(A) + P(B) - P(A \cap B)$$

Ejercicios y problemas 14, 15 y 17 a 23

RECUERDA

Para determinar el número de casos favorables o casos posibles, es conveniente determinar si el orden es importante o si los elementos del suceso pueden repetirse o no. Las técnicas de recuento denominadas combinación, variación y permutación resumidas en la unidad 0 pueden ayudarte a realizar estos cálculos.

Permutaciones

$$P_n = n!$$

$$PR_n = \frac{P_n}{a! \cdot b! \cdot c! \cdot ...}$$

Variaciones

$$V_m^n = \frac{m!}{(m-n)!}$$

$$VR_m^n = m^n$$

Combinaciones

$$C_m^n = \frac{m!}{n!(m-n)!}$$

$$CR_m^n = \frac{(m+n-1)!}{n!(m-1)!}$$

FÍJATE

Diagrama en árbol

Al representar experimentos compuestos mediante diagramas en árbol, cada rama tendrá asignada una probabilidad. Así, para calcular la probabilidad de un suceso compuesto, deberemos tener en cuenta los siguientes aspectos:

1. La probabilidad de un camino es igual al producto de las probabilidades de las ramas de este camino.
2. La probabilidad de un suceso es la suma de cada uno de los caminos que conducen a la verificación de este suceso.

Problemas resueltos
A

Ejercicios y problemas
11 a 13 y 16

3.2. Cálculo de probabilidades: regla de Laplace

En cualquier experimento aleatorio en el que los sucesos elementales son equiprobables, podemos aplicar la llamada **regla de Laplace:**

La **probabilidad del suceso *A*** se obtiene dividiendo el número de resultados que forman el suceso *A* entre el número de resultados posibles:

$$P(A) = \frac{\text{Casos favorables a } A}{\text{Casos posibles}}$$

3 EJEMPLO

Si cogemos al azar una ficha de dominó, calcula la probabilidad de estos sucesos:

a) Que la ficha sea un doble. **b) Que los puntos de la ficha sumen 10.**

Solución

COMPRENSIÓN: En ambos casos, se trata de un experimento equiprobable y deberemos determinar el número de casos favorables frente a los casos posibles.

RESOLUCIÓN: a) Número de casos favorables: **7** (0, 0), (1, 1), (2, 2), (3, 3), (4, 4), (5, 5), (6, 6).

Número de casos posibles: **28** fichas de dominó.

Luego: $P(A) = \frac{7}{28} = \frac{1}{4} = 0,25$

b) Número de casos favorables: **3** (4, 6), (5, 5), (6, 4).

Número de casos posibles: **28** fichas de dominó.

Luego: $P(A) = \frac{2}{28} = \frac{1}{14} = 0,07$

4 EJEMPLO

Una bolsa contiene tres bolas rojas y dos azules. Extraemos sucesivamente y con reposición dos bolas, y observamos el color. ¿Cuál es la probabilidad del suceso *S*: «obtener una bola roja y una bola azul sin que importe el orden»?

Solución

COMPRENSIÓN: Se trata de un experimento compuesto, por lo que nos ayudaremos de un diagrama en árbol. En cada rama, indicaremos la probabilidad del suceso correspondiente calculado a partir de la regla de Laplace.

RESOLUCIÓN: Denominamos a los sucesos *R*: «sacar bola roja» y *A*: «sacar bola azul». En la primera extracción, hay dos casos favorables a *R* y 3 favorables a *A*, frente a los 5 casos totales. En la segunda extracción, las probabilidades son las mismas, pues las extracciones son con reposición. Ahora ya podemos dibujar el diagrama y señalaremos los caminos favorables al suceso *S*.

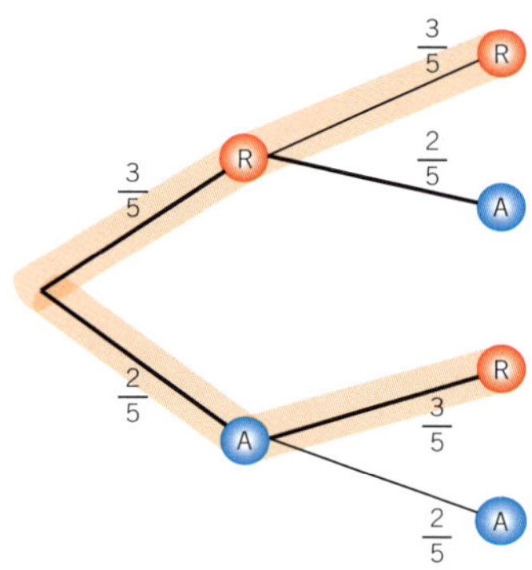

La probabilidad de cada camino es el producto de probabilidades:

$$P(\{R, A\}) = \frac{3}{5} \cdot \frac{2}{5} = \frac{6}{25} \quad P(\{A, R\}) = \frac{2}{5} \cdot \frac{3}{5} = \frac{6}{25}$$

Si sumamos las probabilidades de cada camino, obtenemos la probabilidad del suceso *S*:

$$P(S) = \frac{6}{25} + \frac{6}{25} = \frac{12}{25} = 0,48$$

4. Probabilidad condicionada
4.1. Sucesos independientes
4.2. Teorema de la probabilidad total
4.3. Teorema de Bayes

4. Probabilidad condicionada

Disponer de información previa sobre un suceso hace que varíe su probabilidad. Así, si queremos calcular la probabilidad de un suceso A pero condicionado a otro suceso B, deberemos calcular la **probabilidad de *A* condicionada a *B*.**

Dados dos sucesos A y B tales que $P(B) \neq 0$, se llama **probabilidad de *A* condicionada a *B*** a $P(A/B)$ al cociente:

$$P(A/B) = \frac{P(A \cap B)}{P(B)}, \text{ siendo } P(B) \neq 0$$

De la relación anterior, se deduce una expresión que resulta muy útil en el cálculo de probabilidades en experimentos compuestos:

$$P(A \cap B) = P(B) \cdot P(A/B)$$

5 EJEMPLO

Lanzamos un dado y nos dicen que la puntuación ha sido un número par. ¿Cuál es la probabilidad de que el resultado haya sido el número 2?

Solución

COMPRENSIÓN: Al tratarse de un experimento condicionado, deberemos calcular $P(A/B)$, siendo A el suceso «obtener un 2» y B el suceso «obtener un número par». Para ello, antes tendremos que aplicar la regla de Laplace para determinar $P(A \cap B)$ y $P(B)$.

RESOLUCIÓN: El suceso $A \cap B = \{2\}$; por lo tanto, $P(A \cap B) = \frac{1}{6}$.

El suceso B es $B = \{2, 4, 6\}$, $P(B) = \frac{3}{6} = \frac{1}{2}$.

Luego: $P(A/B) = \frac{P(A \cap B)}{P(B)} = \frac{\frac{1}{6}}{\frac{1}{2}} = \frac{2}{6} = \frac{1}{3}$

COMPROBACIÓN: En este caso, podríamos haber calculado la probabilidad mentalmente, pues de los 3 resultados favorables (número par) había un único resultado posible, el 2.

6 EJEMPLO

Tenemos una urna con 5 bolas rojas y 3 bolas negras. Extraemos dos bolas sin reemplazamiento. ¿Cuál es la probabilidad de que la primera bola extraída sea roja y la segunda sea negra?

Solución

COMPRENSIÓN: Consideramos los sucesos R_1: «la primera bola extraída es roja» y N_2: «la segunda bola extraída es negra». Nos preguntan $P(R_1 \cap N_2)$, que calculamos mediante $P(R_1 \cap N_2) = P(R_1) \cdot P(N_2/R_1)$.

RESOLUCIÓN: $P(R_1) = \frac{5}{8}$ y la $P(N_2/R_1) = \frac{3}{7}$, pues al sacar una bola roja disponemos de una bola menos de este color, pero del mismo número de bolas negras.

Por lo tanto, $P(R_1 \cap N_2) = P(R_1) \cdot P(N_2/R_1) = \frac{5}{8} \cdot \frac{3}{7} = \frac{15}{56}$.

La probabilidad de que la primera bola extraída sea roja y la segunda negra es $\frac{15}{56}$.

INTERNET

En el siguiente enlace podrás ver, paso a paso, un ejemplo de un problema de probabilidad condicionada:

http://links.edebe.com/q3r24

Pierre Simon Laplace

Pierre Simon Laplace (1740 - 1827) fue un matemático francés que formalizó la teoría de probabilidades en su libro *Teoría analítica de las probabilidades*. Su increíble capacidad intelectual le hizo sobresalir en campos tan dispares como la astronomía, la mecánica celeste, la geodesia, la teoría de la probabilidad, el cálculo y las ecuaciones diferenciales.

Problemas resueltos B

Ejercicios y problemas 24, 26 a 28 y 34

4.1. Sucesos independientes

Si lanzamos dos veces un dado, el hecho de que se verifique o no un suceso A (por ejemplo, que salga un número par) en la primera tirada no influirá en que suceda o no otro suceso B (por ejemplo, que salga un número primo) en la segunda tirada. Decimos que estos sucesos son **independientes.**

Así, la probabilidad del suceso A no está condicionada al suceso B, y viceversa.

Dos sucesos A y B asociados a un mismo experimento son independientes si se verifica que $P(A/B) = P(A)$, siendo $P(B) \neq 0$, o si $P(B/A) = P(B)$, siendo $P(B) \neq 0$.

A partir del principio de probabilidad compuesta, también se puede verificar si dos sucesos son independientes.

Si $P(A/B) = P(A)$ y $P(B/A) = 0 \longrightarrow P(A \cap B) = P(B) \cdot P(A/B) = P(B) \cdot P(A)$

FÍJATE

Si A y B **no** son **independientes:**

$$P(A \cap B) = P(A) \cdot P(B/A)$$

Si A y B son **independientes:**

$$P(A \cap B) = P(A) \cdot P(B)$$

Si A y B son **incompatibles:**

$P(A \cap B) = 0$; luego, para que además sean independientes: $P(A) = 0$ o $P(B) = 0$

7 EJEMPLO

Siendo el espacio muestral: $E = \{a,b,c,d,e,f\}$, consideramos los sucesos: $A = \{a,c,d\}$, $B = \{b,e,f\}$ y $C = \{a,b,c,f\}$. Comprueba si son independientes A y B, A y C, B y C y A de $B \cup C$.

Solución

COMPRENSIÓN: Para comprobar si dos sucesos son independientes, basta con probar cualquiera de las dos definiciones.

RESOLUCIÓN:

$$P(A/B) = \frac{P(A \cap B)}{P(B)} = \frac{0}{3/6} = 0 \neq P(A), \text{ por lo que } A \text{ y } B \text{ son dependientes.}$$

$$P(A/C) = \frac{P(A \cap C)}{P(C)} = \frac{2/6}{4/6} = \frac{2}{4} = \frac{1}{2} = P(A) \longrightarrow A \text{ y } B \text{ son sucesos independientes.}$$

$$P(B/C) = \frac{P(B \cap C)}{P(C)} = \frac{2/6}{4/6} = \frac{2}{4} = \frac{1}{2} \neq P(B) \longrightarrow B \text{ y } C \text{ son sucesos dependientes.}$$

$$P(A/B \cup C) = \frac{P(A \cap (B \cup C))}{P(B \cup C)} = \frac{2/6}{5/6} = \frac{2}{5} \neq P(A) \longrightarrow A \text{ es dependiente de } B \cup C.$$

INTERNET

En el siguiente enlace, además de la definición de *suceso independiente,* encontrarás un ejemplo resuelto y la generalización de la condición de independencia de tres sucesos:

http://links.edebe.com/7g4i

Describe con tus propias palabras las condiciones que deberán cumplir tres sucesos para ser independientes.

8 EJEMPLO

Disponemos de una urna con 3 bolas verdes y 2 bolas amarillas. Extraemos dos bolas con reemplazamiento. ¿Cuál es la probabilidad de que las dos sean amarillas?

Solución

COMPRENSIÓN: Primero definimos los sucesos: A_1: «la primera bola extraída es amarilla», A_2: «la segunda bola extraída es amarilla». Al realizarse las extracciones con reemplazamiento, los sucesos son independientes, ya que la probabilidad de extraer una bola amarilla no se ve afectada por lo que se ha obtenido antes.

RESOLUCIÓN:

$$P(A_1 \cap A_2) = P(A_1) \cdot P(A_2/A_1) = P(A_1) \cdot P(A_2) = \frac{2}{5} \cdot \frac{2}{5} = \frac{4}{25}$$

Ejercicios y problemas 25

4.2. Teorema de la probabilidad total

Para calcular la probabilidad de que ocurra un suceso, hay que tener en cuenta todos los casos en los que este se verifica. Para ello, en experimentos compuestos, aplicaremos el **teorema de la probabilidad total:**

Sea $A_1, A_2, ..., A_n$ un sistema completo de sucesos y B un suceso cualquiera para el que se conoce $P(B/A_i)$, entonces la probabilidad del suceso B es:

$$P(B) = P(A_1) \cdot P(B/A_1) + P(A_2) \cdot P(B/A_2) + ... + P(A_n) \cdot P(B/A_n)$$

FÍJATE

$A_1, A_2, ..., A_n$ es un **sistema completo** de sucesos si la unión de ellos es el conjunto total:

$$(A_1 \cup A_2 \cup .... \cup ... A_n = \Omega)$$

y son incompatibles dos a dos ($A_i \cap A_j = \varnothing, i \neq j$) para cualquier par de sucesos.

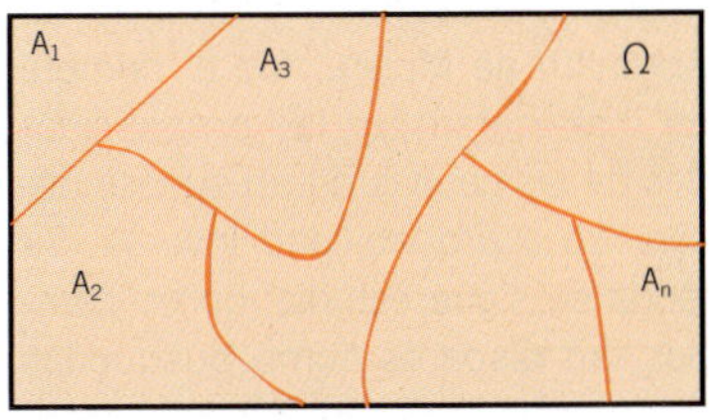

Sistema completo de sucesos.

9 EJEMPLO

Tenemos una urna con 7 bolas azules, 5 rojas y 3 negras. Extraemos dos bolas sin reemplazamiento. ¿Cuál es la probabilidad de que la segunda bola extraída sea roja?

Solución

COMPRENSIÓN: Primero, dibujaremos un diagrama en árbol, asignando las probabilidades a cada rama. A continuación, definiremos los distintos sucesos que pueden darse.

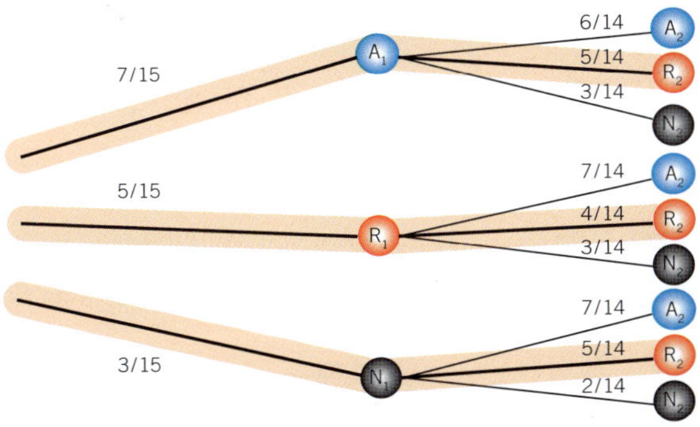

A_1: «La primera bola es azul»

R_1: «La primera bola es roja»

N_1: «La primera bola es negra»

A_2: «La segunda bola es azul»

R_2: «La segunda bola es roja»

N_2: «La segunda bola es negra»

Al ser un sistema completo, y al conocer los condicionantes que verifican que la segunda bola extraída sea roja, utilizaremos el teorema de la probabilidad total.

RESOLUCIÓN:

Aplicamos la fórmula de la probabilidad total a los sucesos que hemos definido:

$$P(R_2) = P(A_1) \cdot P(R_2/A_1) + P(R_1) \cdot P(R_2/R_1) + P(N_1) \cdot P(R_2/N_1)$$

Calculamos las probabilidades de cada uno de los sucesos:

$$P(A_1) = \frac{7}{15} \qquad P(R_1) = \frac{5}{15} = \frac{1}{3} \qquad P(N_1) = \frac{3}{15} = \frac{1}{5}$$

$$P(R_2/A_1) = \frac{5}{14} \qquad P(R_2/R_1) = \frac{4}{14} \qquad P(R_2/N_1) = \frac{5}{14}$$

Si sustituimos en la fórmula:

$$P(R_2) = \frac{7}{15} \cdot \frac{5}{14} + \frac{1}{3} \cdot \frac{2}{7} + \frac{1}{5} \cdot \frac{5}{14} = \frac{1}{6} + \frac{2}{21} + \frac{1}{14} = \frac{1}{3}$$

COMPROBACIÓN: A partir del diagrama en árbol, podemos comprobar el resultado. En este experimento hay un total de 9 resultados posibles, de los cuales 3 verifican que la segunda bola escogida sea la roja.

INTERNET

En la siguiente página web, encontrarás un ejemplo que te ayudará en la resolución y la comprensión de problemas relacionados con la probabilidad total:

http://links.edebe.com/fqm8d

Ejercicios y problemas
30, 32, 35 y 39

Thomas Bayes

Thomas Bayes (1702-1761), reverendo presbiteriano y alumno de Abraham de Moivre, fue el primero en interesarse por las probabilidades de las causas de un suceso observado o probabilidad inversa. Su teoría se sigue estudiando en campos tan dispares como búsquedas de Internet o desarrollos diagnósticos en medicina.

FÍJATE

$P(B/A_j)$ son probabilidades a priori, es decir, antes de realizar el experimento.

$P(A_i/B)$ son probabilidades a posteriori, o sea, después de realizar el experimento.

INTERNET

En la siguiente página web encontrarás una demostración del teorema de Bayes, a partir de la fórmula de la probabilidad condicionada:

http://links.edebe.com/tqg

— Demuestra, a partir de la fórmula de la probabilidad condicionada, que la fórmula utilizada en el ejemplo es la correcta.

Problemas resueltos
C

Ejercicios y problemas
29, 31, 33, 36, 37 y 40 a 45

Síntesis
46 a 58

4.3. Teorema de Bayes

En ocasiones, interesa calcular la probabilidad de las causas de un suceso compuesto, una vez que este ya se ha producido. Para calcular este tipo de probabilidades, se utiliza el **teorema de Bayes**:

Sean $A_1, A_2, ..., A_n$ un sistema completo de sucesos y B un suceso cualquiera para el que se conoce $P(B/A_j)$, con $j = 1, 2, ..., n$, entonces la probabilidad del suceso A_i condicionada por B es:

$$P(A_i/B) = \frac{P(A_i)\cdot P(B/A_i)}{P(A_1)\cdot P(B/A_1)+P(A_2)\cdot P(B/A_2)+...+P(A_n)\cdot P(B/A_n)}$$

Volvamos al ejemplo anterior.

10 EJEMPLO

Tenemos una urna con 7 bolas azules, 5 rojas y 3 negras, y extraemos dos bolas sin reemplazamiento. Si la segunda bola extraída resultó ser roja, ¿cuál es la probabilidad de que la primera fuera negra?

Solución

COMPRENSIÓN: Teníamos el siguiente planteamiento:

A_1: «La primera bola es azul» A_2: «La segunda bola es azul»

R_1: «La primera bola es roja» R_2: «La segunda bola es roja»

N_1: «La primera bola es negra» N_2: «La segunda bola es negra»

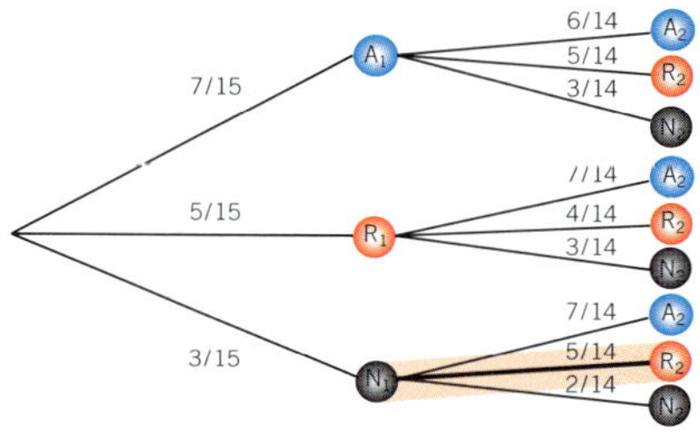

Ahora queremos calcular la probabilidad de que la primera bola sea negra, sabiendo que la segunda bola extraída ha sido roja; es decir, deberemos aplicar el teorema de Bayes.

RESOLUCIÓN:

Aplicamos la fórmula definida por el teorema de Bayes:

$$P(N_1/R_2) = \frac{P(N_1)\cdot P(R/N_1)}{P(A_1)\cdot P(R_2/A_1)+P(R_1)\cdot P(R_2/R_1)+P(N_1)\cdot P(R_2/N_1)}$$

Calculamos las probabilidades de cada uno de los sucesos:

$$P(A_1) = \frac{7}{15} \qquad P(R_1) = \frac{5}{15} = \frac{1}{3} \qquad P(N_1) = \frac{3}{15} = \frac{1}{5}$$

$$P(R_2/A_1) = \frac{5}{14} \qquad P(R_2/R_1) = \frac{4}{14} \qquad P(R_2/N_1) = \frac{5}{14}$$

Si sustituimos en la fórmula:

$$P(N_1/R_2) = \frac{\frac{1}{5}\cdot\frac{5}{14}}{\frac{7}{15}\cdot\frac{5}{14}+\frac{1}{3}\cdot\frac{2}{7}+\frac{1}{5}\cdot\frac{5}{14}} = \frac{\frac{1}{14}}{\frac{1}{3}} = \frac{3}{14}$$

Problemas RESUELTOS

A PROBABILIDAD

Extraemos 4 cartas de una baraja española. Calcula la probabilidad de obtener: a) dos reyes y dos ases; b) dos parejas distintas.

Solución

COMPRENSIÓN: Vamos a asignar probabilidades a los distintos sucesos. Utilizaremos la regla de Laplace, pues cada carta tiene la misma probabilidad de salir, contando los casos posibles y los casos favorables de cada suceso.

RESOLUCIÓN: Primero calculamos los casos posibles, ya que son los mismos en todo el ejercicio: $40 \cdot 39 \cdot 38 \cdot 37$. Observa que cada vez multiplicamos por un número menos porque cuando sacamos una carta, esta no puede volver a salir.

a) Para calcular los casos en los que aparecen dos reyes y dos ases, consideramos el caso en el que salen primero los dos reyes y luego los dos ases, es decir, los casos serán: $4 \cdot 3 \cdot 4 \cdot 3$. Ahora contamos las distintas posiciones de las 4 cartas, que son las combinaciones de 4 elementos tomados de 2 en 2:

$$C_{4,2} = \binom{4}{2} = \frac{4!}{2! \cdot (4-2)!} = \frac{4 \cdot 3 \cdot 2 \cdot 1}{2 \cdot 1 \cdot (2 \cdot 1)} = 6$$

Luego, la probabilidad es:

$$P(A) = \frac{4 \cdot 3 \cdot 4 \cdot 3 \cdot 6}{40 \cdot 39 \cdot 38 \cdot 37} = 0{,}0004$$

b) Para que salgan dos parejas distintas, primero puede salir cualquier pareja y luego otra diferente. Entonces, los casos son: $40 \cdot 3 \cdot 36 \cdot 3$.

Ahora tenemos que contar las distintas posiciones de esas 4 cartas, que son combinaciones de 4 elementos tomados de 2 en 2, y son 6.

Así pues, la probabilidad pedida es:

$$P(A) = \frac{4 \cdot 3 \cdot 4 \cdot 3 \cdot 6}{40 \cdot 39 \cdot 38 \cdot 37} = 0{,}0004$$

1. ★★☆ Extraemos 4 cartas de una baraja española con reemplazamiento. Calcula la probabilidad de obtener: a) dos reyes y dos ases; b) tres figuras y un as.

Sol.: a) 0,0024; b) 0,0648

2. ★★★ Seleccionamos 3 piezas de un dominó sin reemplazamiento. Calcula la probabilidad de obtener: a) tres piezas dobles; b) alguna pieza con un 1.

Sol.: a) 0,0107; b) 0,5453

B PROBABILIDAD CONDICIONADA

Sean A y B sucesos tales que $P(A) = \frac{1}{5}$, $P(B/A) = \frac{1}{4}$ y $P(A \cup B) = \frac{1}{3}$, calcula: a) $P(A \cap B)$; b) $P(B)$; c) $P(\bar{B}/A)$; d) $P(\bar{A}/\bar{B})$.

Solución

COMPRENSIÓN: Para resolver el ejercicio, utilizaremos las propiedades de la probabildad.

RESOLUCIÓN:

a) Tenemos $P(\bar{B}/A) = \frac{1}{4}$, y como $P(B/A) = \frac{P(A \cap B)}{P(A)}$, podemos despejar $P(A \cap B)$, obteniendo:

$$P(A \cap B) = P(A) \cdot P(B/A) = \frac{1}{5} \cdot \frac{1}{4} = \frac{1}{20}$$

b) Para hallar $P(B)$, como tenemos que $P(A \cup B) = \frac{1}{3}$ y

$P(A \cup B) = P(A) + P(B) - P(A \cap B)$, despejamos $P(B)$, obteniendo: $P(B) = P(A \cup B) - P(A) + P(A \cup B)$.

Luego, $P(B) = \frac{1}{3} - \frac{1}{5} + \frac{1}{20} = \frac{11}{60}$.

c) Para calcular $P(\bar{B}/A)$, utilizamos la fórmula directamente:

$$P(\bar{B}/A) = \frac{P(\bar{B} \cap A)}{P(A)} = \frac{P(A) - P(A \cap B)}{P(A)}$$

$$= \frac{\frac{1}{5} - \frac{1}{20}}{\frac{1}{5}} = \frac{\frac{4-1}{20}}{\frac{1}{5}} = \frac{3}{4}$$

d) Desarrollando la fórmula de la probabilidad condicionada, obtenemos: $P(\bar{A}/\bar{B}) = \frac{P(\bar{A} \cap \bar{B})}{P(\bar{B})} = \frac{P(\overline{A \cup B})}{1 - P(B)}$

$$P(\bar{A}/\bar{B}) = \frac{1 - P(A \cup B)}{1 - P(B)} = \frac{1 - \frac{1}{3}}{1 - \frac{11}{60}} = \frac{\frac{2}{3}}{\frac{49}{60}} = \frac{40}{49}$$

3. ★★☆ Sean A y B dos sucesos tales que $P(B/A) = 0{,}3$, $P(\bar{A}) = 0{,}4$ y $P(A \cup B) = 0{,}7$, calcula:

a) $P(A \cap B)$ b) $P(B)$ c) $P(\bar{B}/A)$ d) $P(A \cup \bar{B})$

Sol.: a) 0,18; b) 0,28; c) 0,7; d) 0,9

C TEOREMA DE LA PROBABILIDAD TOTAL Y TEOREMA DE BAYES

Una empresa fabrica bombillas. El 40 % de la producción son bombillas convencionales; el 30 %, halógenas, y el resto, led. De las bombillas convencionales, son defectuosas 1 de cada 50; de las bombillas halógenas, 1 de cada 70, y de las led, 1 de cada 100.

a) Calcula la probabilidad de que una bombilla elegida al azar resulte defectuosa.

b) Se elige una bombilla al azar y resulta que no funciona. ¿Cuál es la probabilidad de que sea convencional o halógena?

Solución

COMPRENSIÓN: Este problema lo podemos asimilar a un experimento compuesto, del que deberemos calcular la probabilidad total (elegir una bombilla y que sea defectuosa), y aplicar el teorema de Bayes (si una bombilla es defectuosa, qué probabilidad hay de que sea convencional o halógena).

DATOS:

40 % convencionales (C); 1 de 50 son defectuosas: $D(C)$

30 % halógenas (H); 1 de 70 defectuosas: $D(H)$

El resto, leds (L); 1 de 100 defectuosas: $D(L)$

RESOLUCIÓN:

Intenta resolver el problema tú solo. Para ello, tapa la respuesta y sigue estos pasos:

Pasos

1. Definimos los sucesos y les asignamos las probabilidades que les corresponden.
2. Dibujamos el diagrama en árbol que representa cada suceso, asignando a cada rama su probabilidad.
3. Aplicamos el teorema de la probabilidad total para responder el apartado a).
4. Aplicamos el teorema de Bayes para resolver el apartado b).

Respuesta

1. $P(C) = \frac{40}{100} = \frac{2}{5}$ $\quad D(C) = \frac{1}{50}$

$P(H) = \frac{30}{100} = \frac{3}{10}$ $\quad D(H) = \frac{1}{70}$

$P(L) = 1 - \frac{2}{5} - \frac{3}{10} = \frac{3}{10}$ $\quad D(L) = \frac{1}{1000}$

2.

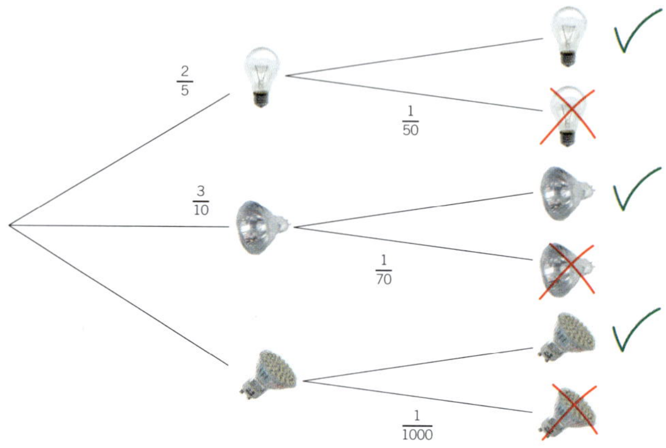

3. $P(D) = P(C) \cdot P(D/C) + P(H) \cdot P(D/H) + P(L) \cdot P(D/L)$

$$P(D) = \frac{2}{5} \cdot \frac{1}{50} + \frac{3}{10} \cdot \frac{1}{70} + \frac{3}{10} \cdot \frac{1}{100} = \frac{107}{7000}$$

4. $P(C \cup H/D) = \dfrac{P(C) \cdot P(D/C) + P(H) \cdot P(D/H)}{P(D)} =$

$$= \frac{\frac{2}{5} \cdot \frac{1}{50} + \frac{3}{10} \cdot \frac{1}{70}}{\frac{107}{7000}} = \frac{\frac{43}{35000}}{\frac{107}{7000}} = \frac{86}{107}$$

La probabilidad de escoger una bombilla defectuosa es de 0,015, y de que siendo defectuosa sea convencional o halógena, es de 0,80.

4. ★★★ Por un punto rojo de una autopista, el porcentaje de coches que pasan es del 60 %; de camiones, del 25 %, y el resto son motocicletas. La probabilidad de que tengan un accidente es 0,02 para un coche, 0,06 para un camión y 0,12 para una motocicleta. Un vehículo pasa por el punto rojo.

a) Calcula la probabilidad de que este vehículo tenga un accidente.

b) Si el vehículo ha tenido un accidente, ¿cuál es la probabilidad de que se trate de una motocicleta o un camión?

Sol.: a) 0,045; b) 0,733

5. ★★★ En Semana Santa, el 40 % de las personas viaja en autocar; el 25 %, en avión, y el resto, en tren. De los que viajan en avión, llega a su hora el 65 %. De los que viajan en tren, llega a su hora el 95 %. De los que viajan en autocar, llega a su hora el 10 %.

a) Calcula la probabilidad de llegar al destino sin retraso.

b) Si una persona llega tarde a su destino, ¿cuál es la probabilidad de que haya viajado en avión?

Sol.: a) 0,535; b) 0,188

EJERCICIOS Y PROBLEMAS

1 EXPERIMENTOS ALEATORIOS

6. ★☆☆ Justifica si los siguientes experimentos son aleatorios o no:

a) Extraer una bola de una urna con el mismo número de bolas rojas que blancas.

b) Extraer una bola de una urna donde únicamente hay bolas blancas.

c) Determinar el tiempo de caída de un cuerpo desde 1 m de altura y con masa conocida.

Sol.: a) sí; b) no; c) no

7. ★☆☆ Una urna contiene 3 bolas verdes, 1 amarilla y 2 blancas. Describe el espacio muestral si:

a) Extraemos dos bolas con reemplazamiento.

b) Extraemos dos bolas sin reemplazamiento.

8. ★☆☆ En las semifinales del Mundial de Fútbol, se enfrentan 4 equipos: España, Italia, Brasil y Argentina. Describe el espacio muestral de los partidos que se podrían jugar.

2 SUCESOS

9. ★☆☆ Sacamos una bola de una bolsa que contiene 1 bola roja, 1 blanca y una negra, y a continuación lanzamos un dado. Describe el espacio muestral y los siguientes sucesos:

a) Obtener una bola roja y un número impar.

b) Obtener una bola que no sea blanca y un múltiplo de 3.

c) Sacar un 2 en el dado y una bola negra.

d) Sacar una bola que no sea blanca y un número que no sea impar.

10. ★★☆ Sea $\Omega = \{a,b,c,d,e,f,g,h,i,j\}$ el espacio muestral de un experimento, consideramos los siguientes sucesos:

$A = \{a,e,f,g,j\}$ $\quad C = \{a,c,e,g\}$

$B = \{a,e,i\}$ $\quad D = \{b,c,d,e,f\}$

Determina:

a) $A \cap \bar{B}$ c) $B \cup (\overline{C \cap D})$ e) $D - (B \cap C)$

b) $\bar{A} \cap \bar{B}$ d) $C \cup \bar{D}$ f) $(A \cup B) - (C \cap D)$

3 PROBABILIDAD

11. ★☆☆ Tenemos una urna con 3 bolas verdes, 1 azul, 2 blancas y 4 rojas. Extraemos una bola. Calcula la probabilidad de que la bola extraída:

a) Sea verde. b) Sea blanca. c) No sea roja.

Sol.: a) 0,3; b) 0,2; c) 0,6

12. ★☆☆ Al lanzar dos dados, se suman los resultados. Describe el espacio muestral. ¿Son todos los resultados igual de probables? Halla sus probabilidades.

Sol.: 0,0278; 0,0556; 0,0833; 0,1111; 0,1389; 0,1667; 0,1389; 0,1111; 0,0833; 0,0556; 0,0278

13. ★☆☆ Calcula la probabilidad de que, al lanzar dos dados, la suma de los resultados sea:

a) Múltiplo de 3. b) Divisible por 4.

Sol.: a) 0,33; b) 0,25

14. ★★☆ Sean A y B dos sucesos tales que $P(A) = \frac{1}{3}$, $P(B) = \frac{1}{4}$ y $P(A \cap B) = \frac{1}{6}$, calcula:

a) $P(A \cup B)$ b) $P(\bar{A})$ c) $P(A \cap \bar{B})$ d) $P(\bar{A} \cap \bar{B})$

Sol.: a) 5 / 12; b) 2 / 3; c) 1 / 6; d) 7 / 12

15. ★★☆ En las pruebas para obtener el carné de conducir, la probabilidad de superar la parte teórica es 0,45; la práctica, 0,4, y ambas, 0,3. ¿Cuál es la probabilidad de superar alguna prueba?

Sol.: 0,55

16. ★★☆ Para comprar un antivirus, una empresa de videojuegos hace un estudio en 600 ordenadores durante 1 mes:

	ORDENADORES CON VIRUS	ORDENADORES SIN VIRUS
CON FALLOS DE *SOFTWARE*	17	40
SIN FALLOS	23	520

¿Cuál será la probabilidad de que se produzcan fallos en el *software*? ¿Y de que se infecte con algún virus?

Sol.: 0,095; 0,0667

17. ★★☆ Irene y María han quedado esta tarde. La probabilidad de que Irene llegue tarde es 0,34. La probabilidad de que llegue tarde María es 0,2. La probabilidad de que lleguen las dos tarde es 0,1. Calcula:

a) La probabilidad de que alguna llegue tarde.

b) La probabilidad de que ninguna llegue tarde.

Sol.: a) 0,44; b) 0,66

18. ★★☆ Lanzamos un dado en el que la probabilidad de que salga impar es el doble de que salga par. ¿Cuál es la probabilidad de que no salga divisor de 6?

Sol.: 1 / 3

19. ★★☆ Se extraen 3 cartas de una baraja española. Calcula la probabilidad de los siguientes sucesos:

a) Obtener 3 ases. c) Obtener 2 reyes y 1 tres.

b) Obtener 3 figuras o 3 ases. d) Alguna carta sea un oro.

Sol.: a) 0,0004; b) 0,0227; c) 0,002; d) 0,5891

20. ★★☆ En una clase de 34 alumnos, 15 de ellos chicos, 16 estudiantes han elegido francés como segundo idioma y el resto, alemán. De los que han elegido francés, 10 son chicas. Escogemos un alumno al azar. Calcula la probabilidad de que:

a) Sea chica y haya elegido alemán como segundo idioma.

b) Sea chico y no haya elegido francés.

Sol.: a) 0,2647; b) 0,2647

21. ★★★ Lanzamos un dado en el que la probabilidad de cada cara es inversamente proporcional al número que indica. ¿Cuál es la probabilidad de que salga múltiplo de 3 o 5?

Sol.: 0,2177

22. ★★★ En un congreso se reúne gente de Inglaterra, Francia y Alemania. El 85 % de personas habla inglés; el 60 %, alemán, y el 30 %, francés. Sabemos que el 44 % de las personas habla inglés y alemán, el 22 % habla inglés y francés, y el 1 % habla alemán y francés. Elegimos una persona al azar:

a) ¿Cuál es la probabilidad de que hable los tres idiomas?

b) ¿Cuál es la probabilidad de que hable inglés y alemán o francés y alemán?

c) ¿Cuál es la probabilidad de que solo hable un idioma?

Sol.: a) 0,01; b) 0,53; c) 0,27

23. ★★★ En la siguiente página, encontrarás un simulador del lanzamiento de una moneda: **http://links.edebe.com/gvkkx** @

a) ¿Qué representa la gráfica?

b) ¿Qué conclusiones puedes sacar?

c) ¿Cómo podrías comprobar que el comportamiento es totalmente aleatorio?

4 PROBABILIDAD CONDICIONADA

24. ★☆☆ Tenemos una urna con 10 bolas numeradas del 1 al 10. Si extraemos una bola, calcula la probabilidad de obtener:

a) Número primo.

b) Múltiplo de 3.

c) Menor que 4 o mayor o igual a 7.

d) Ni par ni 5.

e) Alguien saca una bola y nos dice que es par, ¿cuál es la probabilidad de que sea 4 u 8?

Sol.: a) 0,4; b) 0,3; c) 0,7; d) 0,4; e) 0,4

25. ★☆☆ Sean *A* y *B* sucesos tales que $P(A) = \frac{1}{2}$, $P(B) = \frac{1}{3}$ y $P(A \cap B) = \frac{1}{6}$, contesta razonadamente a las siguientes preguntas:

a) ¿Son *A* y *B* sucesos incompatibles?

b) ¿Son *A* y *B* sucesos independientes?

Sol.: a) no; b) sí

26. ★☆☆ En el comedor del colegio, ponen de postre natillas una vez por semana, pero el día de la semana varía. Si hoy lunes estoy enfermo en casa, ¿qué probabilidad tengo de que me haya perdido las natillas? Si el lunes no hubo natillas, ¿qué probabilidad hay de que las pongan el martes?

Sol.: 0,2; 0,25

27. ★★☆ Sean *A* y *B* sucesos con $P(A) = \frac{1}{3}$, $P(\bar{B}) = \frac{3}{4}$ y $P(A \cup B) = \frac{17}{36}$, calcula:

a) $P(A/B)$ b) $P(\bar{A}/B)$ c) $P(A \cup B/\bar{B})$

Sol.: a) 4 / 9; b) 5 / 9; c) 4 / 27

28. ★★☆ En una clase, hay 12 alumnos y 18 alumnas. El profesor saca a 4 personas a la pizarra. ¿Cuál es la probabilidad de que sean todos chicos?

Sol.: 0,018

29. ★★☆ ¿Cuál es la probabilidad de obtener 3 veces un seis al lanzar un dado 3 veces? Si ya has tirado 2 veces el dado y ha salido 2 veces un seis, ¿cuál es la probabilidad de que vuelva a salir un seis?

Sol.: 0,0046; 0,1667

30. ★★☆ En el año 2011, en España, el 51,6 % de la población eran mujeres. De ellas, el 21,3 % estaba en paro. De los hombres, el 20,8 % estaba en paro. ¿Cuál es la probabilidad de que una persona estuviera en paro?

Sol.: 0,2106

31. ★★☆ La probabilidad de sobrevivir sin daños graves en un accidente de tráfico es del 0,725. La probabilidad de llevar el cinturón de seguridad o sobrevivir sin daños es del 0,905. El porcentaje de personas que utilizan el cinturón de seguridad es del 90 %.

a) ¿Cuál es la probabilidad de llevar el cinturón y sobrevivir sin daños graves?

b) Si no llevas puesto el cinturón, ¿cuál es la probabilidad de sobrevivir sin daños graves?

Sol.: a) 0,72; b) 0,05

32. ★★☆ Supongamos que el 80 % de los alumnos que empiezan una carrera la terminan. De ellos, el 70 % encuentra trabajo durante el primer año de búsqueda. De los alumnos que no la terminan, encuentra trabajo en el primer año de búsqueda el 58 %. ¿Cuál es la probabilidad de encontrar trabajo el primer año de búsqueda para un alumno que ha empezado una carrera?

Sol.: 0,676

33. ★★☆ En la prueba de acceso a la universidad en la facultad de Matemáticas, se han examinado 3 institutos. Del primero, se han presentado 40 alumnos; del segundo, 60 alumnos, y del tercero, 75 alumnos. Del primer instituto ha aprobado el 80 % de los alumnos; del segundo, el 90 %, y del tercero, el 82 %.

a) ¿Cuál es la probabilidad de que un alumno elegido al azar haya superado la prueba?

b) Un alumno elegido al azar no ha superado la prueba. ¿Cuál es la probabilidad de que sea del primer instituto?

Sol.: a) 0,8429; b) 0,291

34. ★★☆ Sean A y B dos sucesos de un experimento tales que $P(A \cap B) = 0{,}2$, $P(\bar{A} \cap \bar{B}) = 0{,}3$ y $P(A/B) = 0{,}5$, calcula:

a) $P(B)$ b) $P(A \cup B)$ c) $P(A)$ d) $P(\bar{B}/\bar{A})$

Sol.: a) 0,4; b) 0,7; c) 0,5; d) 0,6

35. ★★☆ Una tienda vende tres tipos de ruedas: las mejores del mercado, las normales y las de baja calidad. Las mejores se pinchan con probabilidad 0,01; las normales, con probabilidad 0,1, y las de baja calidad, con probabilidad 0,2. Elijo una rueda al azar.

a) ¿Cuál es la probabilidad de que se pinche la rueda?

b) Si la rueda se pinchó, ¿cuál es la probabilidad de que fuese de baja calidad?

Sol.: a) 0,1033; b) 0,645

36. ★★★ Si realizamos al azar un código de 4 cifras, calcula la probabilidad de que sea:

a) Par.

b) Menor que 1 000.

c) Capicúa.

d) Divisible por 4.

e) Mayor o igual a 9 000 o par.

f) Contenga algún 7.

g) Si resulta ser divisible por 5, calcula la probabilidad de que sea mayor o igual a 9 000.

Sol.: a) 0,5; b) 0,1; c) 0,01; d) 0,25; e) 0,05; f) 0,3439; g) 0,1

37. ★★★ Rellenamos una quiniela con un dado que tiene tres caras con el número 1, dos con el número 2 y una con una X.

a) ¿Cuál es la probabilidad de marcar al menos 2 empates?

b) ¿Cuál es la probabilidad de marcar 9 unos y 6 doses?

c) Si hemos marcado 6 doses, ¿cuál es la probabilidad de marcar 9 unos?

Sol.: a) 0,74; b) 0,0134; c) 0,075

38. ★★★ El 48 % de los alumnos de 1.º de Bachillerato tiene móvil y ordenador personal. El 60 % de los que tienen móvil, también tienen ordenador. Si elegimos un estudiante de 1.º de Bachillerato al azar, ¿qué probabilidad hay de que no tenga móvil?

Sol.: 0,712

39. ★★★ Para el próximo examen de Biología, un alumno solo ha estudiado 4 temas de los 12 que entran. El examen consta de 3 temas de los cuales únicamente hay que desarrollar uno. ¿Cuál es la probabilidad de que le salga uno de los temas que ha estudiado?

Sol.: 0,509

40. ★★★ En los últimos segundos de un partido de baloncesto y con el marcador en empate, un jugador de nuestro equipo tiene dos tiros libres. Su porcentaje de acierto es del 62 %, pero si falla el primer tiro, la presión le baja un 10 % el porcentaje de acierto. ¿Qué probabilidad hay de que ganemos el partido?

Sol.: 0,8176

41. ★★★ En una urna vacía, se introducen bolas según el siguiente criterio: si al tirar una moneda sale cara, se introduce una verde; si sale cruz, una roja. Se lanza 2 veces la moneda y se extrae una bola de la urna. Halla la probabilidad de que dentro haya una bola roja y una verde.

Sol.: 0,5

42. ★★★ Disponemos de dos urnas. En una de ellas hay 5 bolas blancas, 2 rojas y 4 negras. La otra urna contiene 6 bolas rojas, 3 blancas y 4 negras. Para decidir de qué urna extraer una bola, lanzamos un dado. Si el resultado es múltiplo de 3, extraemos una bola de la primera urna; si no lo es, la sacamos de la segunda. Halla las probabilidades de obtener una bola blanca, roja y negra.

Sol.: 0,3054; 0,3683; 0,6853

43. ★★★ En el circuito de la figura, cada conmutador está abierto con probabilidad 1 / 2, siendo independientes entre ellos.

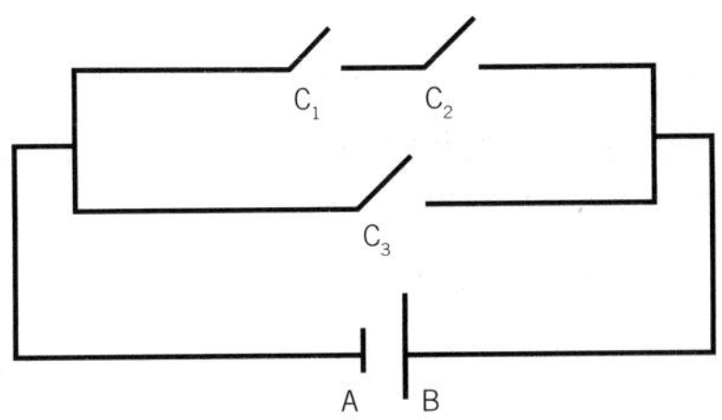

a) ¿Cuál es la probabilidad de que pase corriente de A a B?

b) Si pasa corriente de A a B, ¿cuál es la probabilidad de que C_1 esté cerrado?

Sol.: a) 0,625; b) 0,75

44. ★★★ En una pantalla de un videojuego, hay que elegir una puerta de tres. Si has elegido la puerta A, obtienes una moneda de oro. Si has escogido la puerta B, tienes que elegir entre dos bolsas opacas: una tiene una moneda de oro y la otra contiene una de plata. Si has seleccionado la puerta C, te muestran tres bolsas opacas: una con una moneda de oro, otra con una de plata y la tercera está vacía.

a) ¿Cuál es la probabilidad de obtener una moneda de oro?

b) ¿Cuál es la probabilidad de haber elegido la puerta B si hemos obtenido una moneda de plata?

Sol.: a) 0,5; b) 0,6

45. ★★★ Una urna tiene 6 bolas blancas y 8 negras. Extraemos una bola e introducimos en la urna una bola de distinto color al que hemos obtenido. A continuación, extraemos otra bola.

a) ¿Qué probabilidad hay de que la segunda bola extraída sea blanca? ¿Y negra?

b) Si la segunda bola extraída resultó ser negra, ¿cuál es la probabilidad de que en la primera extracción saliera una bola negra?

Sol.: a) 0,4286; 0,5714; b) 0,4615

SÍNTESIS

46. ★☆☆ Lanzamos una moneda. Si sale cara, sacamos una bola de una urna, que contiene 2 bolas blancas y 2 bolas negras. Si sale cruz, extraemos una bola de otra urna, que tiene 2 bolas rojas y 2 bolas negras. Describe el espacio muestral.

47. ★★☆ Para realizar un estudio médico, se distribuye una encuesta sobre los efectos del tabaco y problemas en el aparato respiratorio, obteniendo que de 2 300 encuestados 916 personas fuman. El número de los que fuman y tienen problemas respiratorios asciende a 732, aunque los que tienen problemas respiratorios son 984.

a) ¿Qué porcentaje de la población encuestada no fuma?

b) ¿Qué probabilidad hay de tener un problema respiratorio?

c) ¿Y si fumas? ¿Y si no fumas?

Sol.: a) 0,6017; b) 0,5722; c) 0,7991; 0,422

48. ★★☆ En una urna, hay 5 bolas negras y 2 rojas. Se extraen 3 bolas sin reemplazamiento. ¿Cuál es la probabilidad de que alguna sea roja?

Sol.: 5 / 7

49. ★★☆ Sean A y B sucesos con $P(A \cup B) = \frac{2}{3}$, $P(A \cap B) = \frac{1}{9}$ y $P(\overline{B}) = \frac{2}{3}$, calcula:

a) $P(B)$ b) $P(A)$ c) $P(A \cap \overline{B})$ d) $P(A/B)$

Sol.: a) 1 / 3; b) 4 / 9; c) 1 / 3; d) 1 / 3

50. ★★☆ En una empresa el 60 % son mujeres. De ellas el 5 % ocupa puestos directivos, mientras que el 20 % de los hombres ocupa un puesto directivo.

a) ¿Cuál es la probabilidad de que, al seleccionar un empleado al azar, sea mujer y directivo?

b) Si seleccionamos un directivo, ¿cuál es la probabilidad de que sea mujer?

Sol.: a) 0,03; b) 0,2727

51. ★★☆ La probabilidad de que una persona que practica diariamente deporte tenga en el futuro problemas de salud es 0,1, la probabilidad de que una persona que mantiene una dieta saludable tenga problemas de salud es 0,26, y la probabilidad de que una persona que practica deporte y hace una dieta equilibrada tenga problemas de salud es 0,05. Halla la probabilidad de que, en el futuro, una persona con buena salud:

a) Haya hecho alguna de las dos acciones.

b) Haya hecho solamente una de las dos.

Sol.: a) 0,31; b) 0,26

52. ★★☆ En el ascensor de un edificio de 6 plantas, si das a un número sin mirar, ¿cuál es la probabilidad de acertar? Si quien le da es tu hermano pequeño, que no llega al último botón, ¿cuál es la probabilidad de que le dé al cuarto?

Sol.: 0,1667; 0,2

53. ★★☆ Tu escudería está pensando en instalar una nueva pieza en el bólido de carreras que le dará más velocidad. El problema es que el calor excesivo la derrite y podría dañar el motor. El calor está condicionado por la lluvia. La probabilidad de calor excesivo es de 0,53, y con lluvia bajan 0.15. Estudiando la meteorología, la probabilidad de lluvia es de 0,65. ¿Cuál es la probabilidad de que en la pista haya un calor excesivo?

Sol.: 0,4325

54. ★★☆ En una granja, las gallinas ponen huevos blancos, moteados y marrones en unos porcentajes de 50 %, 15 % y 35 % aproximadamente. La probabilidad de que salgan huevos con dos yemas en los blancos es de 0,08; en los moteados, de 0,25, y en los marrones, de 0,12. Al elegir un huevo, ¿cuál es la probabilidad de que salga con dos yemas?

Sol.: 0,1195

55. ★★☆ Una empresa que fabrica tapones de botellas utiliza tres tipos de máquinas. La máquina *A* fabrica el doble que la máquina B. La máquina *C* produce un tercio de la máquina *A*. La proporción de tapones defectuosos que hace la máquina *A* es de 2 de cada 150 tapones. La máquina *B* produce 3 de cada 200 defectuosos, y la máquina *C*, 1 de cada 60.

a) Si seleccionamos un tapón al azar, ¿cuál es la probabilidad de que sea defectuoso?

b) Si resultó no ser defectuoso, ¿cuál es la probabilidad de que fuera fabricado por la máquina *B*?

Sol. a) 0,0144; b) 0,2725

★★☆ Un hombre y una mujer de la misma edad se casan. La probabilidad de que el hombre llegue a los 80 años es 0,76, y la de la mujer, 0,82. La probabilidad de que ambos lleguen a los 80 es 0,62. Halla la probabilidad de que a los 80 años:

a) Alguno viva.

b) Ninguno viva.

c) Solo viva la mujer.

d) Solo viva el hombre.

Sol.: a) 0,96; b) 0,04; c) 0,2; d) 0,14

56. ★★★ Lanzamos un dado. Si sale par, lanzamos dos monedas; si sale impar, lanzamos una moneda. Describe los sucesos $A \cap (B \cup D)$, $C \cap \overline{D}$ y $D \cap (\overline{B} \cap \overline{C})$, siendo *A*: «par y al menos una cara», *B*: «una cruz y mayor que 4», *C*: «impar» y *D*: «dos caras o impar y no cara».

57. ★★★ Decide razonadamente si las siguientes hipótesis son ciertas o no:

a) $P(A/B) + P(A/\overline{B}) = 1$

b) $P(A/B) + P(\overline{A}/B) = 1$

c) Si $P(A \cap B) = 0$, entonces *A* y *B* son sucesos independientes.

d) *A* y $\overline{A}$ son independientes.

e) $P(A \cup B) = P(A) + P(B)$

f) Si $A \subset B$, entonces $P(A) \leq P(B)$.

g) Si *A* y *B* son independientes y $C \subset A$, entonces *C* es independiente de *B*.

Sol.: a) no; b) sí; c) no; d) no; e) no; f) sí; g) no

1. Experimentos aleatorios
2. Sucesos
3. Probabilidad
4. Probabilidad condicionada

Experimento aleatorio

Experimento del que no podemos predecir su resultado antes de realizarlo.

Espacio muestral (Ω)

Conjunto de posibles resultados de un experimento aleatorio.

Sucesos

Denominamos suceso a cualquier subconjunto del espacio muestral. Según su relación con otros sucesos y el espacio muestral, pueden ser **elementales, compuestos, seguros, imposibles, incompatibles**...

Operaciones

Unión: $A \cup B$

Intersección: $A \cap B$

Complementario: $\overline{A} = A'$

Diferencia: $A - B$

Probabilidad

Definición experimental: Ley de los grandes números

La probabilidad de un suceso es la frecuencia relativa a la que tiende a estabilizarse dicho suceso cuando repetimos el experimento un número muy grande de veces.

Definición axiomática

La probabilidad de un suceso es una función que relaciona este suceso con un número real, de modo que debe cumplir:

— $P(A) \geq 0$

— $P(\Omega) = 1$

— $P(A_1 \cup ... \cup A_i \cup ...) = P(A) + ... + P(A_i) + ...$

Propiedades

$P(A \cup B) = P(A) + P(B) - P(A \cap B)$

$P(\overline{A}) = 1 - P(A)$

$P(A - B) = P(A) - P(A \cap B)$

Cálculo

Regla de Laplace:

$$P(A) = \frac{n.^\circ \text{ de casos favorables}}{n.^\circ \text{ de casos posibles}}$$

Probabilidad condicionada

$$P(A/B) = \frac{P(A \cap B)}{P(B)}$$

Sucesos independientes

Dos sucesos son independientes si el hecho de que ocurra primero uno, no influye en el otro.

$P(A/B) = P(A)$ o $P(B/A) = P(A)$

Teorema de la probabilidad total

$$P(B) = P(A_1) \cdot P(B/A_1) + P(A_2) \cdot P(B/A_2) + ... + P(A_n) \cdot P(B/A_n)$$

Teorema de Bayes

$$P(A_i/B) = \frac{P(A_i) \cdot P(B/A_i)}{P(A_1) \cdot P(B/A_1) + P(A_2) \cdot P(B/A_2) + ... + P(A_n) \cdot P(B/A_n)}$$

1 Se lanzan tres monedas y observamos qué sale.

a) Construye el espacio muestral.

b) Describe los sucesos A: «salir al menos una cara», B: «obtener al menos dos cruces», C: «la primera y la última sean caras».

c) Calcula $A \cap B$, $B \cap C$, $A - C$ y $A \cap (B \cup C)$.

2 Consideramos el experimento aleatorio de lanzar 2 dados, uno de seis caras y otro de doce, y sumar los resultados obtenidos. Describe el espacio muestral mediante una tabla de contingencia.

a) ¿Son todos los sucesos elementales equiprobables?

b) ¿Cuál es la probabilidad de obtener más de 14?

Sol.: b) 0,1389

3 Sean A y B sucesos con $P(\bar{A}) = \frac{3}{5}$, $P(B/A) = \frac{1}{2}$ y $P(A \cup B) = \frac{4}{5}$, calcula:

a) $P(B)$ b) $P(A \cup \bar{B})$ c) $P(A/\bar{B})$

Sol.: a) 0,6; b) 0,6; c) 0,5

4 Con un dado trucado la probabilidad de obtener un número par es de 0,8, la probabilidad de sacar un número mayor que 3 es de 0,75, y la probabilidad de que salga el 5 es 0,2. ¿Cuál es la probabilidad de obtener un 2?

Sol.: 0,25

5 Sean A y B sucesos con $P(A) = \frac{1}{2}$, $P(B/A) = \frac{1}{3}$ y $P(A \cup B) = \frac{2}{3}$, responde a las siguientes preguntas:

a) ¿Son A y B independientes?

b) ¿Son A y B excluyentes?

c) Calcula $P(B)$.

d) Calcula $P(A/\bar{B})$

Sol.: c) 0,333; d) 0,5

6 La probabilidad de que mañana llueva es 0,53, la probabilidad de que sople viento es 0,62, y la probabilidad de que ni llueva ni sople viento es 0,25.

a) ¿Cuál es la probabilidad de que mañana llueva y sople viento?

b) ¿Cuál es la probabilidad de que mañana solo llueva o solo sople viento?

Sol.: a) 0,4; b) 0,35

7 En un colegio en el que hay 900 alumnos, el 55 % son chicos. En el recreo juegan al fútbol 100 chicos y 65 chicas, y al baloncesto 45 chicos y 60 chicas.

a) ¿Cuál es la probabilidad de que un alumno elegido practique algún deporte?

b) ¿Cuál es la probabilidad de que sea chico y no juegue a nada?

c) Si es chico, ¿cuál es la probabilidad de que juegue al baloncesto?

	BALONCESTO	FÚTBOL	NADA
ALUMNOS			
ALUMNAS			

Sol.: a) 0,3; b) 0,3889; c) 0,0909

8 La probabilidad de que en un experimento de laboratorio fallen los aparatos es de 0,05; además, la probabilidad de tener un error al tomar las medidas es de 0,15. En cualquier caso, la probabilidad de que ocurra alguna de las dos cosas y que deba repetirse el experimento es de 0,18. ¿Cuál es la probabilidad de fallar al medir y, además, de que falle algún aparato?

Sol.: 0,02

9 Un acuario tiene un 30 % de posibilidades de tener una plaga de algas y un 15 % de posibilidades de falta de nitrógeno. Las probabilidades de supervivencia de los peces disco el primer mes es de 0,6, que mengua a 0,4 con plaga de algas y a 0,2 con falta de nitrógeno.

a) ¿Cuál es la probabilidad de que, al introducir un pez disco, este sobreviva?

b) ¿Cuál es la probabilidad de que el acuario tenga falta de nitrógeno si hay un pez disco vivo?

Sol.: a) 0,48; b) 0,0625

10 El número de estudiantes que vienen andando triplica al de los que vienen en bicicleta, que son el mismo número que los que vienen en coche. Además, las posibilidades de llegar tarde andando son del 20 %; en bicicleta, del 15 %, y en coche, del 30 %.

a) ¿Cuál es la probabilidad de que un alumno venga en bicicleta?

b) Si elegimos un alumno al azar, ¿cuál es la probabilidad de que llegue tarde?

c) Si un alumno llega tarde, ¿con qué probabilidad ha venido en bicicleta?

Sol.: a) 0,2; b) 0,21; c) 0,1428

SOCIETY

Blaise Pascal (1623-1662) fue un matemático y físico francés que también destacó en el campo de la filosofía cristiana y en la literatura. Son conocidos sus trabajos sobre la teoría de la probabilidad y su famosa apuesta sobre la existencia de Dios: «La razón es que, aun cuando la probabilidad de la existencia de Dios fuera extremadamente pequeña, tal pequeñez sería compensada por la gran ganancia que se obtendría, o sea, la gloria eterna».

NEW

Redes bayesianas

*En el año 2011 investigadores de la Universidad de Granada determinaron hasta 18 variables que pueden intervenir en un accidente mortal de tráfico, y solo con 7 de ellas ya es posible construir modelos probabilísticos basados en las **redes bayesianas**.*

- Entra en la red y accede a **http://links.edebe.com/myeyaq**, donde podrás encontrar más información al respecto. ¿Cuáles son estas 7 variables fundamentales? ¿En qué teorema probabilístico se basan?
- Busca información sobre otros ámbitos (científicos, técnicos, sociales...) en los que se pueden realizar modelos probabilísticos basados en las redes bayesianas. ¿Qué utilidad pueden tener dichos modelos?

CRITICAL SENSE

¿LA INTUICIÓN ENTIENDE DE PROBABILIDADES?

- En una administración de lotería, a una persona le dan a escoger entre el número 00005 y el 48679. ¿Qué número crees que escogerá? ¿Cuál es el razonamiento para elegir un número u otro? ¿Es un razonamiento matemático?
- Si a esta misma persona le dicen que en el último sorteo el primer premio fue para el número 48679, ¿qué número crees que escogerá? ¿Cuál será su razonamiento? ¿Es un razonamiento matemático?
- En una clase de 30 estudiantes, están discutiendo la probabilidad de que, como mínimo, dos de ellos hayan nacido el mismo día. ¿A qué conclusión crees que llegarán? ¿Cuál es su razonamiento? ¿Es un razonamiento matemático?

OPINION

La probabilidad de Dios

«Si Dios no existe, nada pierde uno en creer en Él, mientras que si existe, lo perderá todo por no creer» (Blaise Pascal).

Este planteamiento fue replicado por el etólogo y zoólogo **Richard Dawkins** (1941).

- Busca en Internet los cuatro escenarios con los que cada autor, mediante cuadros de doble entrada, defiende sus respectivas posturas.
- ¿Son estos planteamientos realmente matemáticos?

Hoja de cálculo y GeoGebra

Las **hojas de cálculo** permiten a los usuarios elaborar tablas que incluyan cálculos matemáticos mediante fórmulas con operadores: + (suma), – (resta), * (multiplicación), **/** (división) y **^** (potenciación). Además, pueden utilizarse elementos denominados *funciones*, que son unas expresiones matemáticas preconfiguradas, como la suma, la media aritmética, la mediana, etc.

Los valores obtenidos en una hoja de cálculo pueden exportarse al programa GeoGebra, el cual permite su interpretación gráfica.

Estadística unidimensional

En primer lugar, se definen en la hoja de cálculo los parámetros que se quieren estudiar, escribiendo ordenadamente los datos del enunciado; es decir, x_i y f_i. A partir de estos datos, se crean las columnas necesarias para calcular los parámetros estadísticos requeridos.

Deben sumarse, multiplicarse y dividirse los diferentes valores de las celdas. Las operaciones puede efectuarse de dos modos (A y B). En ambos casos la expresión debe comenzar con un signo «=».

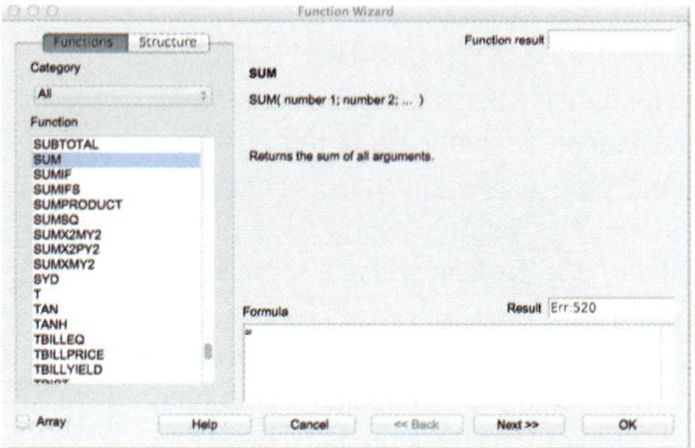

C12 =SUM(C6:C10)

One-dimensional statistics. Measures of central tendency

	Statistical variable	Frequency	Cumulative frequency	Relative frequency	Relative frequency %
	x_i	f_i	F_i	fr_i	$\%_i$
	0	1	1	0,071	7,14
	1	3	4	0,214	21,43
	2	5	7	0,357	35,71
	3	2	11	0,143	14,29
	4	3	14	0,214	21,43
TOTAL		14		1,000	100,00

E8 =(C8/D10)

One-dimensional statistics. Measures of central tendency

	Statistical variable	Frequency	Cumulative frequency	Relative frequency	Relative frequency %
	x_i	f_i	F_i	fr_i	$\%_i$
	0	1	1	0,071	7,14
	1	3	4	0,214	21,43
	2	5	7	0,357	35,71
	3	2	11	0,143	14,29
	4	3	14	0,214	21,43
TOTAL		14		1,000	100,00

A. Buscando en el desplegable la fórmula que necesitamos e insertándola en la barra de fórmulas.

Por ejemplo:

— En la celda C12 hemos insertado la función =suma(C6:C10)

— En la celda E8 se ha efectuado la operación =C8/D10

— En la celda F6 se ha aplicado la función =producto(E6;100)

B. Definiendo directamente la operación que queremos efectuar.

Se puede ampliar la tabla de frecuencias con las columnas necesarias para hallar los parámetros de dispersión como la varianza y la desviación típica.

La hoja de cálculo halla directamente el valor de estos parámetros, pero debe contener todos los valores de la variable estadística escritos y repetidos tantas veces como indique la frecuencia absoluta. Por este motivo, es preferible definir la fórmula que permite hallar dichos valores a partir de las nuevas columnas.

One-dimensional statistics. Measures of central tendency and variation

	Statistical variable	Frequency	Cumulative frequency	Relative frequency	Relative frequency %		
	x_i	f_i	F_i	fr_i	$\%_i$	$x_i \cdot f_i$	$x_i^2 \cdot f_i$
	0	1	1	0,0714	7,14	0	0
	1	3	4	0,214	21,43	3	3
	2	5	7	0,357	35,71	10	20
	3	2	11	0,143	14,29	6	18
	4	3	14	0,214	21,43	12	48
TOTAL		14		1,000	100,00	31	89

Estadística bidimensional

Al abrir el programa GeoGebra, debemos acceder a la vista **Hoja de cálculo *(Spreadsheet).***

— Copiamos los datos de la hoja de cálculo y clicamos en el icono destacado.

— Podemos representar la recta de regresión y los puntos eligiendo el modelo de regresión lineal ***(Two Variable Regression Analysis)*** en el desplegable. Pueden intercambiarse los ejes para obtener la recta de *x* sobre *y,* o bien para efectuar estimaciones.

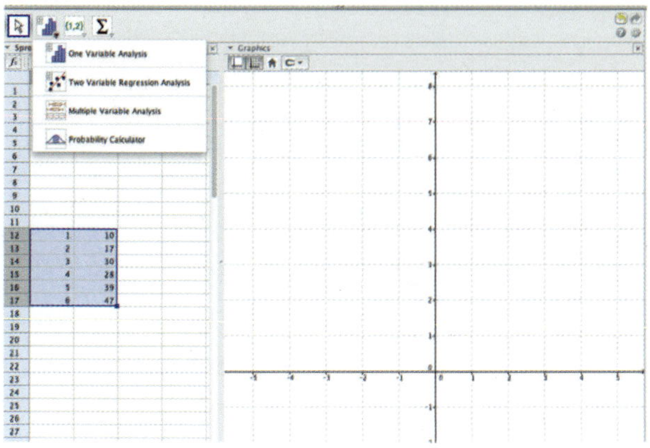

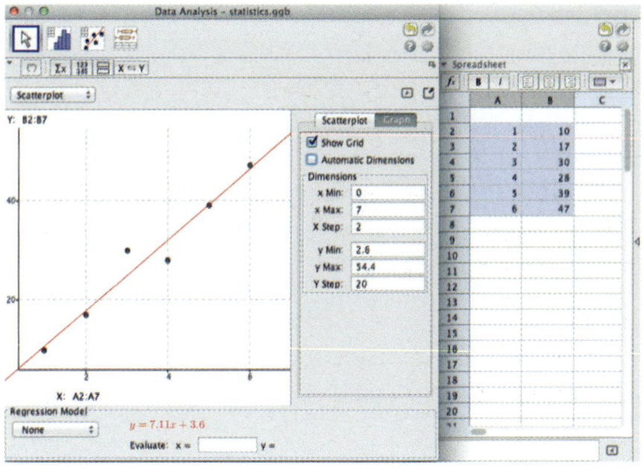

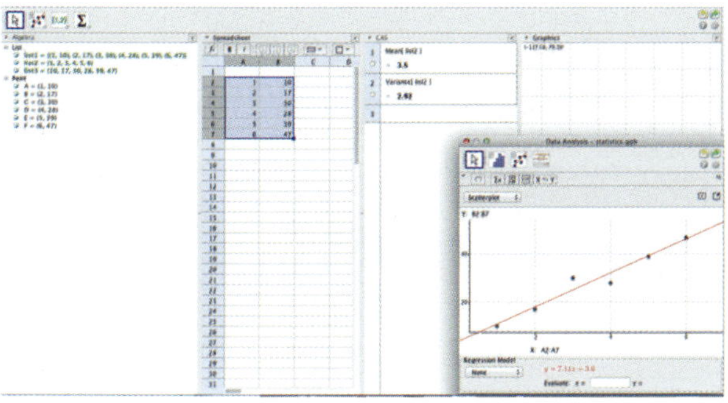

La vista **CAS** permite calcular los diferentes parámetros de la distribución.

Con la lista de puntos, podemos hallar el valor de los distintos parámetros estadísticos:

— Seleccionamos las celdas de los datos y creamos una lista de puntos con el botón derecho del ratón.

— Podemos trazar la recta de regresión lineal que coincide con la que se obtiene en la ventana anterior.

Utiliza una hoja de cálculo y el programa GeoGebra para resolver estas actividades:

1. En la fabricación de un determinado tipo de bombillas, se han detectado algunas defectuosas. Se han estudiado 200 cajas de 75 bombillas cada una y se han obtenido los siguientes resultados:

DEFECTUOSAS	1	2	3	4	5	6	7	8	
N.º DE CAJAS	5	15	38	42	49	32	17	2	200

a) Completa la tabla de frecuencias.

b) Calcula la mediana, la media aritmética, la varianza y la desviación típica de la distribución.

2. Un resorte se alarga cuando en el extremo se coloca una masa. La longitud del resorte (en centímetros) y la masa colgada (en gramos) viene dada por la siguiente tabla:

MASA	0	2	5	11	17
LONGITUD	11	22	31	49	67

a) Representa la nube de puntos, y a la vista de esta, justifica si existe correlación entre las variables e interpreta su valor.

b) Calcula el coeficiente de correlación. ¿Qué longitud se supone que tendrá el resorte al colgarle una masa de 6 g?

c) Halla y representa la recta de regresión de la longitud sobre la masa.